U0318478

从新手到高手

TArch
天正建筑设计与工程应用从新手到高手

□ 睢丹　李敏杰　编著

清华大学出版社
北　京

内 容 简 介

本书基于 TArch 2014 版本，详细讲解天正建筑设计与绘图中的各项功能。全书共 16 章，介绍 TArch 2014 基础知识，轴网、柱子、墙体、门窗、楼梯、室内外设施、房间及屋顶的创建与编辑，立面图和剖面图的生成，以及文字、表格、标注、文件布图、三维建模功能的应用等。最后，通过办公楼和住宅两个大型综合案例，进行全面实战演练。配套光盘除包括全书所有实例的源文件外，还提供了高清语音视频教程，手把手地指导读者学习，可以成倍提高学习兴趣和效率。

本书结构依据建筑图形的实际绘制流程来安排，特别适合教师讲解、学生自学，以及具备计算机基础知识的建筑设计师、工程技术人员及其他对天正建筑软件感兴趣的读者使用，也可作为高等院校及高职高专建筑专业教学的标准教材。

图书在版编目（CIP）数据

TArch 天正建筑设计与工程应用从新手到高手/睢丹，李敏杰编著. —北京：清华大学出版社，2016
（从新手到高手）
ISBN 978-7-302-41408-7

Ⅰ. ①T…　Ⅱ. ①睢…　②李…　Ⅲ. ①建筑设计－计算机辅助设计－应用软件　Ⅳ. ①TU201.4

中国版本图书馆 CIP 数据核字（2015）第 209181 号

责任编辑： 冯志强　王冰飞
封面设计： 吕单单
责任校对： 徐俊伟
责任印制： 何　芊

出版发行： 清华大学出版社
网　　址： http://www.tup.com.cn, http://www.wqbook.com
地　　址： 北京清华大学学研大厦 A 座　　**邮　　编：** 100084
社 总 机： 010-62770175　　**邮　　购：** 010-62786544
投稿与读者服务： 010-62776969，c-service@tup.tsinghua.edu.cn
质量反馈： 010-62772015，zhiliang@tup.tsinghua.edu.cn
印 刷 者： 北京富博印刷有限公司
装 订 者： 北京市密云县京文制本装订厂
经　　销： 全国新华书店
开　　本： 190mm×260mm　**印　张：** 17　　**字　数：** 490 千字
附光盘 1 张
版　　次： 2016 年 1 月第 1 版　　**印　次：** 2016 年 1 月第 1 次印刷
印　　数： 1～3000
定　　价： 59.80 元

产品编号：066182-01

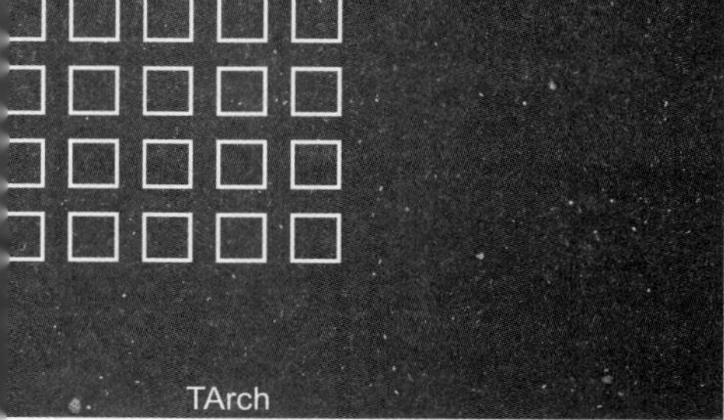

前　　言

TArch 2014 是天正建筑系列软件的最新版本，它以美国 Autodesk 公司开发的通用 CAD 软件 AutoCAD 为平台，按照国内当前最新建筑设计和制图规范、标准图集进行开发，是在国内建筑设计市场占有率长期居于领先地位的优秀国产建筑设计软件。

天正建筑软件是专业的建筑设计绘图软件。使用天正建筑绘制建筑施工图，不仅方便、快捷，减少工作量，还可以提高绘图的效率和质量。建筑、城市规划、房产开发、房产装饰、土木施工人员都可以采用天正建筑软件进行工作和设计。本书正是为这些人准备的。

1．本书内容介绍

全书共分为 16 章，具体内容如下。

第 1 章介绍天正建筑软件及建筑组成、结构等相关基础知识，为后面的深入学习打下坚实的基础。

第 2 章主要介绍 TArch 2014 中轴网的绘制、编辑和标注方法。

第 3 章主要介绍创建各类柱子的方法及技巧，以及编辑方法。

第 4 章主要介绍墙体的创建方法，并根据一些实例，介绍墙体的各种编辑和设置方法。

第 5 章主要介绍各类型门窗的创建方法，详细讲解门窗的编辑方法，以及门窗编号的设置和统计方法。

第 6 章主要介绍使用 TArch 2014 创建各类室外设施的方法，以及在室内创建各类楼梯、电梯、扶梯、扶手和栏杆的方法。

第 7 章主要介绍查询房间面积的各种方法，以及在房间内部添加踢脚线、分格和洁具的方法，并重点介绍创建各类屋顶对象的方法。

第 8 章主要介绍 TArch 2014 中文字和表格的创建及编辑方法。

第 9 章首先讲解 TArch 2014 创建各类型尺寸标注的方法，然后介绍天正建筑尺寸标注编辑工具。

第 10 章首先介绍标高符号的创建方法，然后介绍箭头、剖切、指北针、图名等工程符号的标注方法。

第 11 章首先介绍立面图的生成和创建方法，然后详细讲解天正立面的编辑和深化方法。

第 12 章首先介绍创建建筑剖面图的方法，然后详细讲解各剖面图的编辑和深化工具的使用方法，以创建出完整、准确的建筑剖面图。

第 13 章首先介绍三维造型工具的使用方法，然后介绍三维模型的一些编辑工具，最后介绍图形导出的方法。

第 14 章主要介绍图纸布局的方法，以及图纸布局使用到的天正命令和格式转换、图形转换命令。

第 15～16 章通过多个全套施工图案例，实战演练本书所学知识，积累实际工作经验。

2．本书特色

❑ 全面系统，专业品质

本书内容全面，详细介绍了天正建筑软件的设计和绘图技术。书中从设计和制图的实际工作出发，通过典型案例，阐述软件的应用和建筑设计标准，分享了作者多年的设计经验。

❑ 虚实结合，超值实用

根据实际应用安排知识点，重点和难点突出，对于主要理论和技术的剖析具有足够的深度和广度。

并且，在每章的最后还安排了综合案例和新手训练营，每个实例都包含相应工具和功能的使用方法和技巧介绍。在一些重点和要点处，还添加了大量的提示和技巧讲解，帮助读者理解和加深认识，从而真正掌握所学知识，达到举一反三、灵活运用的目的。同时还针对用户经常遇到的问题，逐一进行解答。

❑ **书盘结合，相得益彰**

随书配有大容量 DVD 光盘，提供多媒体语音视频讲解以及本书主要实例的最终效果图。书中内容与配套光盘紧密结合。读者可以通过交互方式，循序渐进地学习。

3．本书适用的对象

本书由建筑专业人士结合实践编写而成，力求内容的全面性、递进性和实用性。本书适合具备计算机基础知识的建筑设计师、工程技术人员及其他对天正建筑软件感兴趣的读者使用，也可作为高等院校及高职高专建筑专业教学的授课教材。

4．本书作者

本书由睢丹、李敏杰主编，其中睢丹老师编写了第 1～2 章和第 6～7 章，其他参与本书编写的人员，还有郑国栋、和平艳、余慧枫、庞婵婵、郑路、隋晓莹、张伟、刘文渊等人。由于时间仓促，水平有限，疏漏之处在所难免，欢迎读者朋友登录清华大学出版社的网站 www.tup.com.cn 与我们联系，帮助我们改进提高。

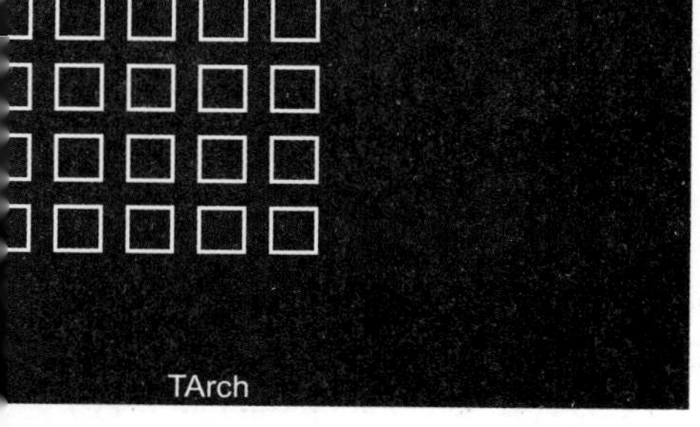

目 录

第 1 章

天正建筑 TArch 2014 概述

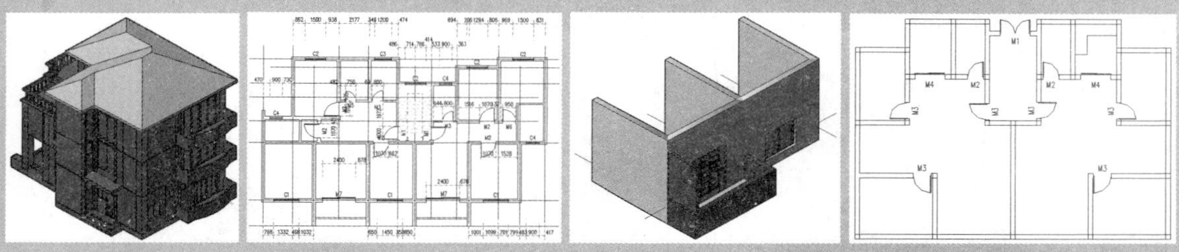

TArch 建筑软件由北京天正工程软件有限公司开发，是国内率先利用 AutoCAD 图形平台开发的建筑设计软件。它以先进的建筑对象概念服务于建筑施工图的设计，是国内目前应用最广泛的建筑设计软件。

本章主要讲解天正建筑与建筑设计的基本知识，为后面的深入学习打下坚实的基础。

TArch 1.1 天正建筑软件简介

天正建筑软件是目前中国建筑设计领域内，一款独立、强大、高效的绘制软件，是设计师和各专业人员之间交流的平台。在设计中实现专业化、可视化、智能化是天正建筑软件所考虑的首要开发目标。每个建筑设计师都应该掌握该软件的基本功能和用法。

1.1.1 二维图形与三维图形设计同步

当使用 TArch 软件绘制建筑二维图形时，基于二维图形的三维图形也可以同步生成。二维图形绘制完成后，单击绘图区左上角的【视图控件】按钮，将视图转换成东北等轴测视图。单击【视觉样式控件】按钮，将图形以【概念】样式显示，即可观看其三维效果，如图 1-1 所示。

1.1.2 TArch 软件绘图的优点

AutoCAD 与天正建筑软件 TArch 相比较，使用 TArch 软件绘制建筑图形，特别是比较复杂的大型工程的建筑施工图纸的时候，可以加快绘制速度，提高图形绘制的准确性，还可以提高绘图人员的工作效率。

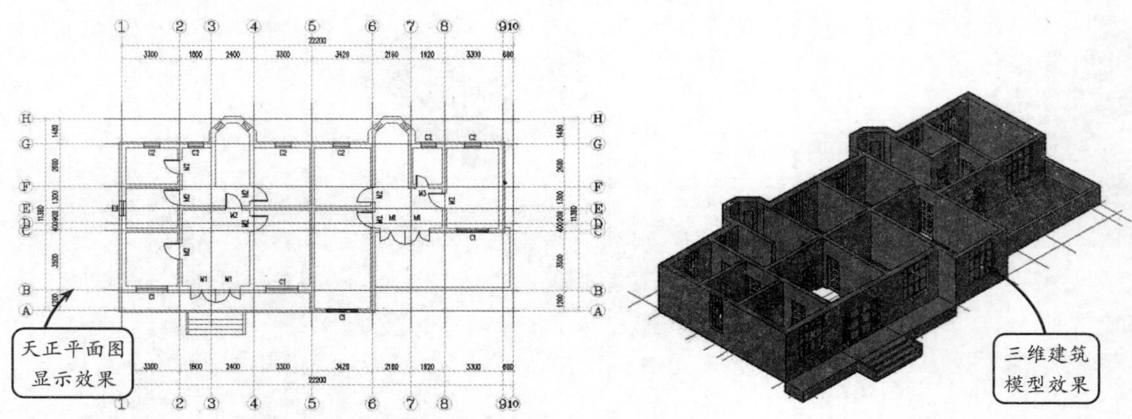

图 1-1 二维图形与三维模型同步生成

1. 以对话框的形式绘制建筑构件

在 TArch 2014 中，执行绘制建筑构件的【绘图】命令，打开相应的对话框。在对话框中设置相应的参数后，就能够快速、精确地绘制出墙体、柱子、门窗等建筑图形了。

用户可以使用【绘制墙体】命令，在弹出的【绘制墙体】对话框中对墙体的高度、厚度等参数进行设置后，即可在建筑平面图中绘制图形，如图 1-2 所示。

2. 智能特征的应用

预设智能特征是天正软件的一大特点，使其能够在方便、快捷地处理二维平面图形的同时，对三维效果进行同步的智能处理。比如，在插入门窗时，二维和三维效果中会自动在墙体开洞，并插入门窗，如图 1-3 所示，从而大大提高了绘图的效率。

图 1-2 绘制墙体

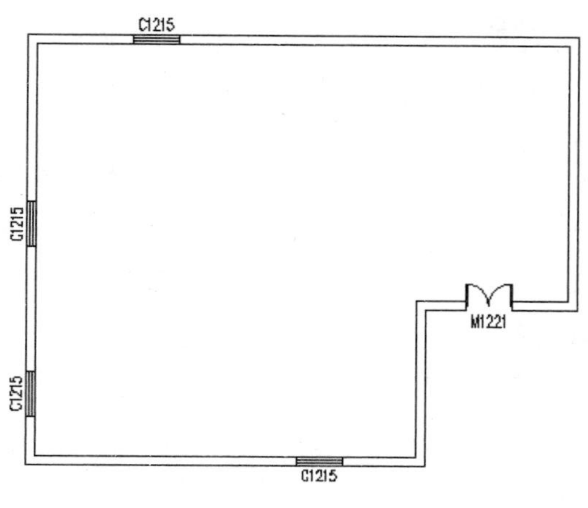

图 1-3　智能绘制门窗

3. 利用图库管理系统插入图块

TArch 有丰富的图块图库，里面收录了带有二维视图和三维视图的图块。打开【天正图库管理系统】对话框，选取所需的图块后，对其参数进行设置，即可将其插入图纸中。如图 1-4 所示。

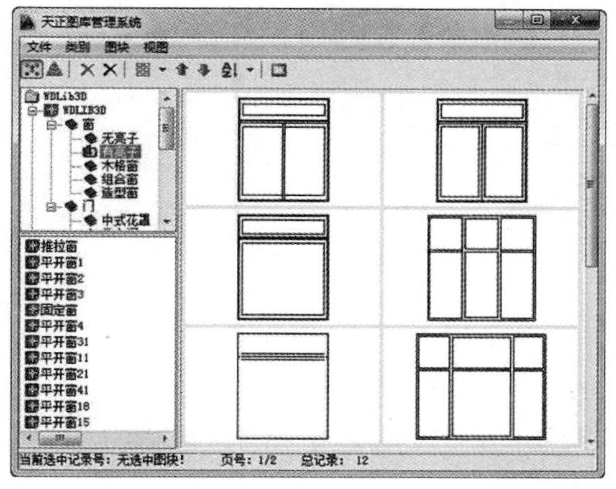

图 1-4 【天正图库管理系统】对话框

4. 个性化的文字表格功能

TArch 2014 提供了个性化的文字表格功能，以便高效地完成工程制表。为了方便绘制轴号，还提供了加圈文字。此外，还可以输入文字的上下标和特殊字符。

双击需要进行编辑修改的文字，即可进入在位编辑状态。对其进行修改后，按回车键即可退出文字编辑。

1.1.3　TArch 与 AutoCAD 的关系

TArch 软件需要在 AutoCAD 的平台上运行，不同版本的 TArch 软件需要在其相对应的 AutoCAD 平台上才能运行。天正建筑 TArch 2014 支持 32 位 AutoCAD 2004~2014 平台及 64 位 AutoCAD 2010~2014 平台。

因为 TArch 是在 AutoCAD 的基础上二次研发的，所以操作方式与 AutoCAD 大同小异，但是同时也保持了自身的特点。在天正建筑中，可以使用基本编辑命令、夹点编辑、对象编辑、对象特性编辑、特性匹配（格式刷）等 AutoCAD 通用的编辑功能。此外，在 TArch 中编辑图形对象时，可以用鼠标双击天正对象，直接进入对象编辑或对象特性编辑。

1.1.4　TArch 与 AutoCAD 的兼容性

由于自定义对象的导入，产生了图纸交流的问题。普通 AutoCAD 不能观察与操作图档中的天正对象。为了保持紧凑的 DWG 文件的容量，天正默认关闭了代理对象的显示，使得标准的 AutoCAD 无法显示这些图形。如果要在 AutoCAD 中显示天正对象，可以使用以下方法。

- **安装天正插件**　可以在天正官方网站（www.tangent.com.cn）下载【天正建筑-2014 插件】并安装。天正建筑-2014 插件支持 32 位 AutoCAD 2002~2014 以及 64 位 AutoCAD 2010~2014 平台。
- **图形导出**　如果不方便安装插件，可以在 TArch 软件中，选择【文件布图】|【图形导出】菜单命令，将天正建筑绘制的图形导出为【天正 3】文件格式。此格式的天正文件可以被 AutoCAD 大多数版本直接打开。
- **分解天正对象**　在 TArch 软件中，选择【文件布图】|【分解对象】菜单命令，对天正对象进行分解。分解后的图形可以被 AutoCAD 直接打开，但是无法再使用 TArch 的相关编辑工具对其进行编辑，同

时它也会失去部分特性。如，墙体被分解后，便不能通过双击墙体进入墙体编辑状态，来修改墙高、材料、用途、尺寸等参数。

在安装 TArch 软件后，首次运行的时候，系统会出现提示对话框，提醒用户选择该 TArch 软件在哪个 AutoCAD 平台上运行。假如用户所选择的 AutoCAD 版本与目前电脑中所安装的 TArch 软件不兼容，则用户需要更换 AutoCAD 版本，以适应 TArch 软件，保证其正常运行。

1.2 TArch 2014 软件交互界面

TArch 2014 是在 AutoCAD 的平台上运行的。它对 AutoCAD 2014 的交互界面进行了扩充，添加了天正特有的折叠菜单及工具栏，同时保留了 AutoCAD 所有的菜单项和图标，保持了 AutoCAD 原有的界面体系，以方便用户使用。图 1-5 所示为 TArch 2014 的操作界面。

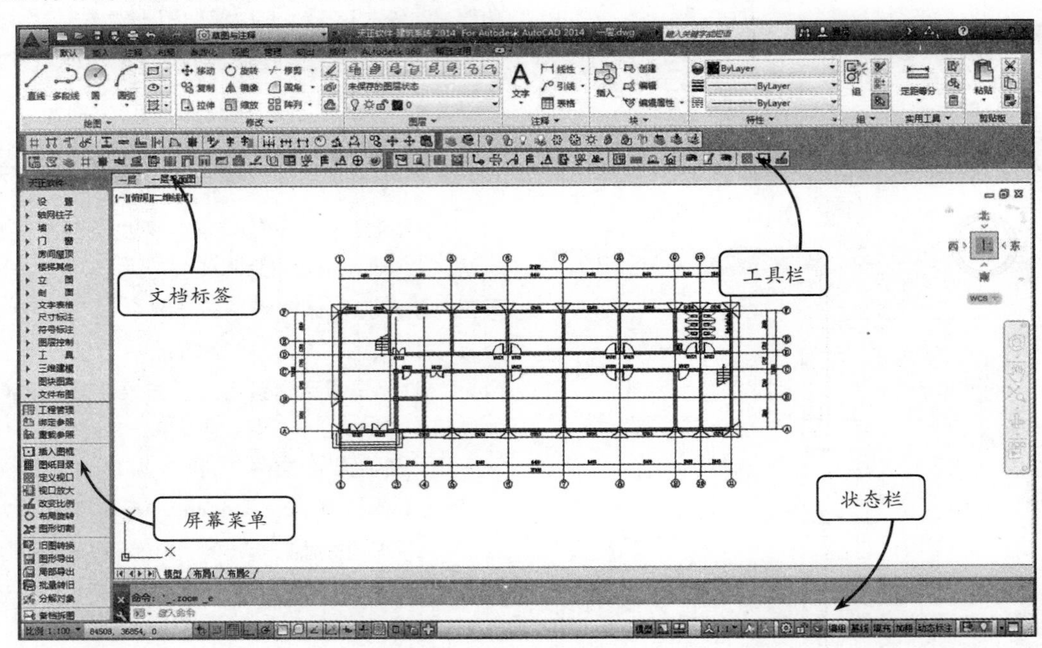

图 1-5　TArch 2014 操作界面

1.2.1　折叠式屏幕菜单

TArch 软件创新设计出了折叠式的屏幕菜单。在开启下一个菜单命令后，上一个打开的菜单命令会自动关闭，以适应下一个菜单的开启。

在折叠式屏幕菜单中可以找到 TArch 2014 绘制轴线、墙体、门窗等主要操作命令。单击菜单选项能展开下一级菜单，并且同级菜单之间会相互联系在展开另一级菜单时，已开启的菜单会自动收起。图 1-6 所示为【轴网柱子】菜单和【墙体】菜单。

折叠菜单系统除了界面图标使用了 256 色之外，还提供了多个菜单以供选择。每一个菜单还可以选择不同的使用风格。菜单系统支持鼠标滚轮操作，还可快速拖动个别过长的菜单。折叠菜单的优点是，操作中可以随时看到上层菜单项，以便直接切换其他子菜单，而不必返回上级菜单。菜单图标设计具有专业含义，以方便用户增强记忆，更快地确定菜单项的位置。当光标移到菜单项上时，

AutoCAD 的状态栏会出现该菜单项功能的简短提示，如图 1-7 所示。

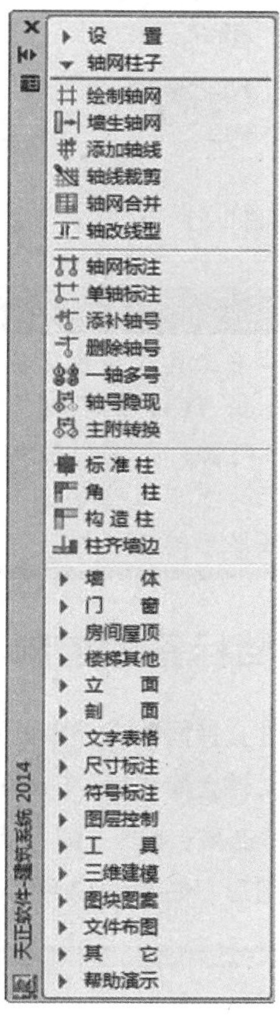

图 1-6　屏幕菜单

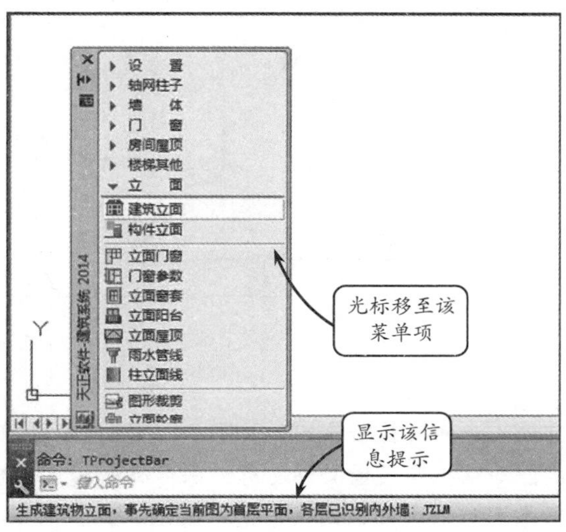

图 1-7　菜单选项功能提示

天正屏幕菜单在 2004 以上版本下支持自动隐藏功能。在光标离开菜单后，菜单可自动隐藏为一个标题。光标进入标题后，随即自动展开菜单，节省了宝贵的屏幕作图面积。

天正屏幕菜单可以通过热键 Ctrl++来控制。天正的屏幕菜单默认置于 AutoCAD 图形编辑界面的左侧，也可以拖动菜单标题，使菜单浮动在界面上或移至 AutoCAD 界面右侧。单击菜单标题右上角的按钮✖可以关闭菜单。

屏幕菜单支持弹出式以及翻页式分支子菜单。弹出式子菜单由右击当前菜单标题来实现。直接单击当前菜单标题，即可将当前翻页切换为该标题下的子菜单。天正的菜单项由三角图标动态显示当前菜单的层次。分支子菜单以向右实心三角▶表示，当前菜单以向下的三角图标▼表示，大部分菜单项都有图标，以方便用户更快地确定菜单项的位置。所有的菜单项都支持信息描述功能。在光标划过菜单项时，在屏幕下方的状态栏中会动态显示当前命令的功能描述信息。

1.2.2　默认与自定义图标工具栏

TArch 软件有 4 个工具栏，分别是 3 个常用工具栏和 1 个自定义工具栏。在常用工具有常用的绘制图形命令，比如，绘制轴网、绘制墙体等，如图 1-8 所示。

图 1-8　常用工具栏

在自定义工具栏上，可以自定义屏幕菜单、工具栏和快捷键，如图 1-9 所示。

图 1-9　自定义工具栏

在屏幕菜单中，单击【设置】|【自定义】选

项，将打开【天正自定义】对话框，选择【工具条】选项卡，通过单击【加入】和【删除】按钮，即可向自定义工具栏中添加和删除天正工具按钮。如图 1-10 所示。

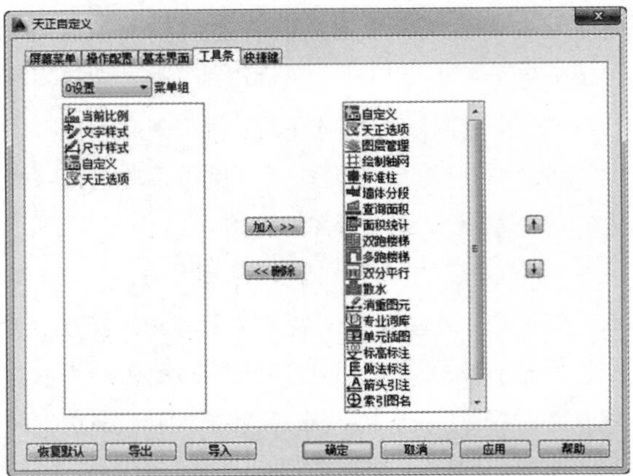

图 1-10 【天正自定义】对话框

TArch 2014 的工具栏由 3 个常用工具栏和 1 个自定义工具栏组成，如图 1-11 所示。其中，【常用快捷功能 1】、【常用快捷功能 2】工具栏提供了在绘图过程中经常使用的命令，【常用图层快捷工具】则向用户提供了快速操作图层的工具。

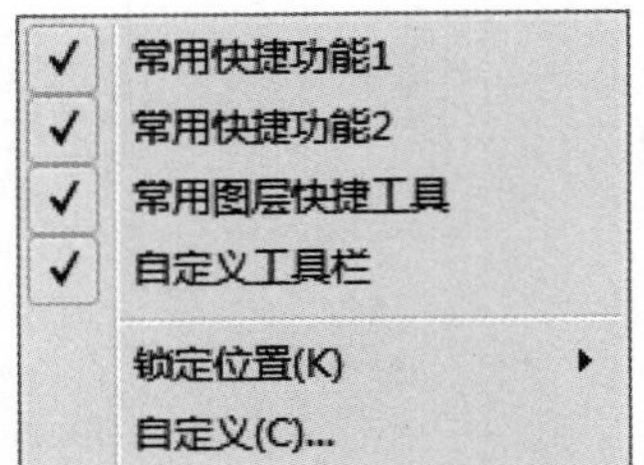

图 1-11 TCH 菜单

提示

用鼠标右键单击工具栏空白区域，在打开的快捷菜单中选择 TCH 菜单项，即可查看到 TArch 工具栏列表。在该列表中单击选择，可控制工具栏的显示或隐藏状态，其中带 ✓ 标记的为已经显示的工具栏。

1.2.3 文档标签的控制

TArch 软件支持同时打开多个图形文件。为方便在几个图形文件之间切换，TArch 软件提供了文档标签功能。单击某一标签，即可将该标签中的图形切换为当前图形，如图 1-12 所示。

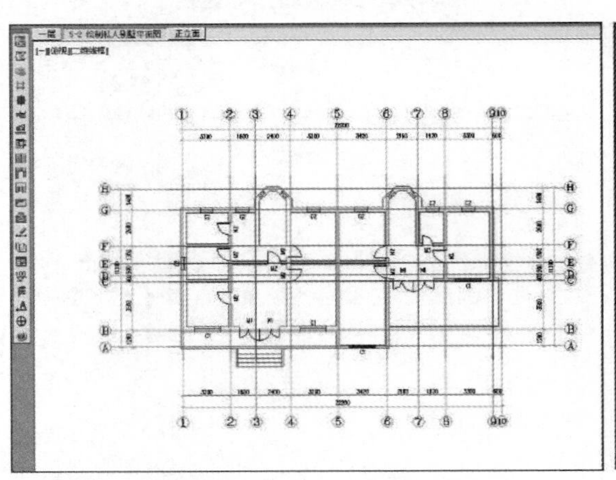

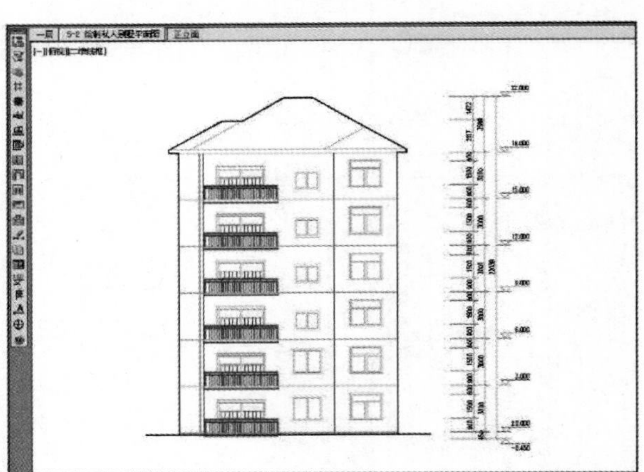

图 1-12 文档标签

在文档标签上单击鼠标右键，可以在弹出的快捷菜单中选择文档操作的相关命令，如图 1-13 所示。

选择【关闭文档】命令，可以关闭当前的文档；选择【图形导出】命令，可以在【图形导出】对话框中设置文件名称、保存类型和 CAD 版本等参数，然后对图形进行导出，如图 1-14 所示。

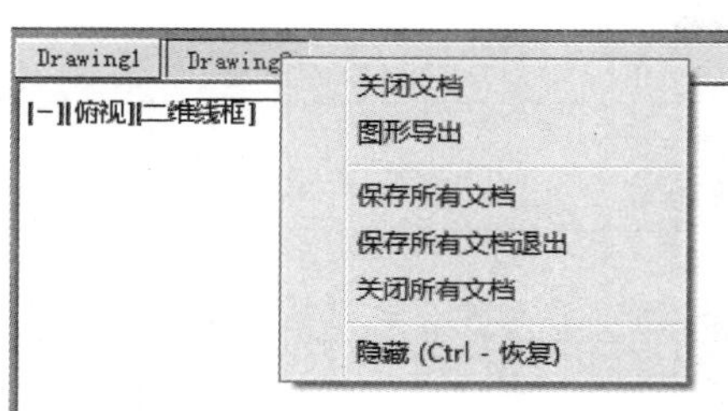

图 1-13　快捷菜单

图 1-14　【图形导出】对话框

选择【保存所有文档】命令，系统将打开【图形另存为】对话框，如图 1-15 所示，提示用户对当前打开的文档逐一进行保存。

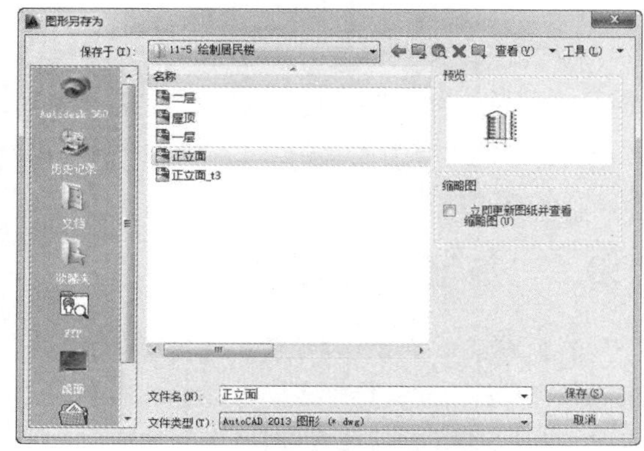

图 1-15　【图形另存为】对话框

1.2.4　状态栏

天正建筑在 AutoCAD 状态栏的基础上增加了比例设置下拉列表以及多个功能切换开关，如基线、填充、加粗和动态输入，墙基线、填充、加粗和动态标注的状态快速切换，如图 1-16 所示。

图 1-16　状态栏

1.2.5　工程管理工具

在绘制立面图和剖面图的时候，需要先使用【工程管理】命令，来新建工程，创建楼层表。在屏幕菜单中单击【文件布图】|【工程管理】命令，即可打开【工程管理】面板。在面板上单击【工程管理】选项，可以在弹出的下拉列表中选择【新建工程】、【打开工程】、【导入楼层表】等命令。

新建工程后，输入工程文件名并保存，在【图纸】选项区域会增加【平面图】、【立面图】、【剖面图】、【三维图】等选项。右击【平面图】选项，在弹出的菜单中即可选择【添加图纸】选项，如图 1-17 所示。

在打开图纸后，在【楼层】选项区域可创建楼层表，如图 1-18 所示。根据创建完成的楼层表，可以生成立面图或剖面图。

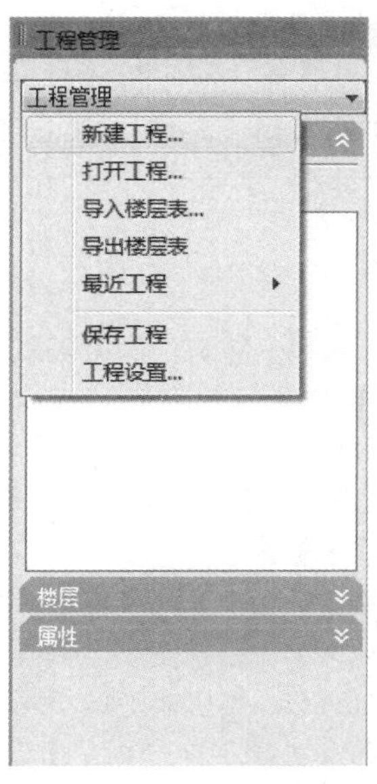

图 1-17　添加图纸

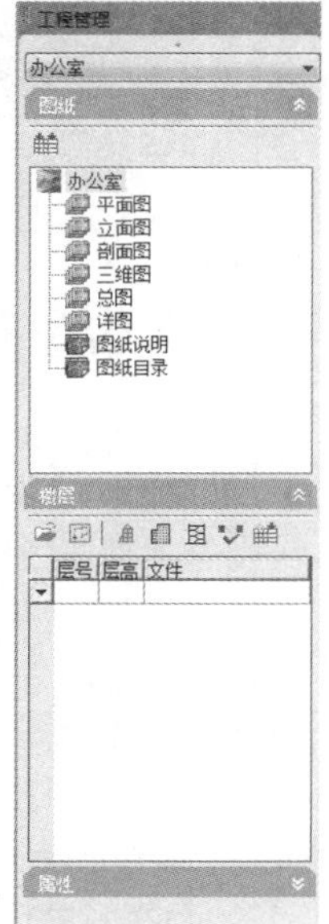

图 1-18　楼层表

1.3 TArch 软件设置

使用 TArch 2014 进行建筑设计的过程中，可以先对软件进行设置，包括热键、图层等各项参数的设置。本节为读者介绍 TArch 软件的设置方法。

1.3.1 热键与自定义热键

在屏幕菜单中单击【设置】|【自定义】选项，将打开【天正自定义】对话框，如图 1-19 所示。可以在【快捷键】选项卡中对【普通快捷键】和【一键快捷】进行查看和设置。TArch 软件常用热键及功能如表 1-1 所示。

图 1-19 【天正自定义】对话框

表 1-1 TArch 软件常用热键一览表

热键名	功　能	热键名	功　能
F1	AutoCAD 帮助文件的切换键	F11	对象追踪的开关键
F2	屏幕的图形显示与文本显示的切换键	Ctrl++	屏幕菜单的开关
F3	对象捕捉开关键	Ctrl+−	文档标签的开关键
F6	状态行的绝对坐标与相对坐标的切换键	Shift+F12	墙和门窗拖动时的模数开关键（仅限于 Auto CAD2006 以下版本）
F7	屏幕的栅格点显示状态的切换键	F12	Auto CAD2006 以上版本的 F12 键用于切换动态输入，天正提供显示捕捉的状态栏按钮
F8	屏幕的光标正交状态的切换键	~	以当前光标为中心放大视图（可选停用）
F9	屏幕的光标捕捉（光标模数）的开关键	Tab	以当前光标为中心缩小视图（可选切换对象捕捉）

1.3.2 图层设置

TArch 2014 提供了线型、线宽、颜色等属性设置，以方便标准图层的修改。

在屏幕菜单中单击【设置】|【图层管理】选项，将打开【图层管理】对话框，如图 1-20 所示。【图层管理】对话框主要选项的含义如下。

- ❑ **图层标准**　在【图层标准】的下拉列表中提供了 3 个图层标准，分别是，当前标准（TArch）、GBT18112—2000 标准、TArch 标准。选择某个图层标准后，单击【置为当前标准】按钮，即可将所选标准置为当前标准。

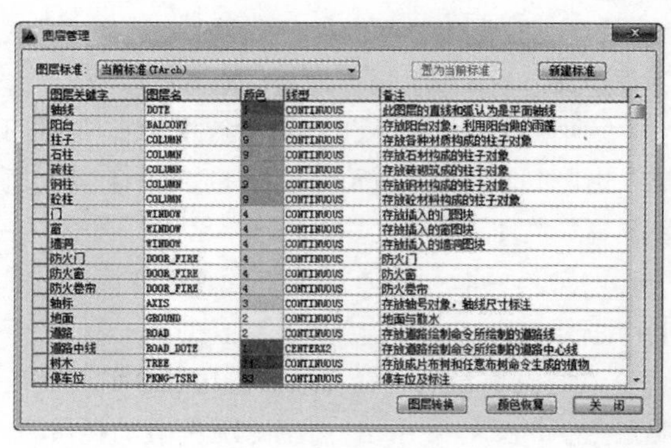

图 1-20 【图层管理】对话框

- **修改图层属性**　在图层编辑区单击【图层名】、【颜色】、【线型】、【备注】选项，可以修改图层的相应属性。
- **新建标准**　单击【新建标准】按钮，在弹出的【新建标准】对话框中输入标准名称，单击【确定】按钮即可新建图层标准。新建标准后，用户可自行对各图层的属性重新进行设置。

1.3.3　视口控制

为了方便用户从其他角度进行观察和设计，可以设置多个视口，并为每个视口选择不同的视图和显示样式。每一个视口可以有平面、立面、三维等不同的视图。TArch 提供了视口的快捷控制，如下所述。

1．新建视口

当光标移到当前视口的 4 个边界时，光标形状将发生变化。此时，拖动鼠标，就可以新建视口，如图 1-21 所示。

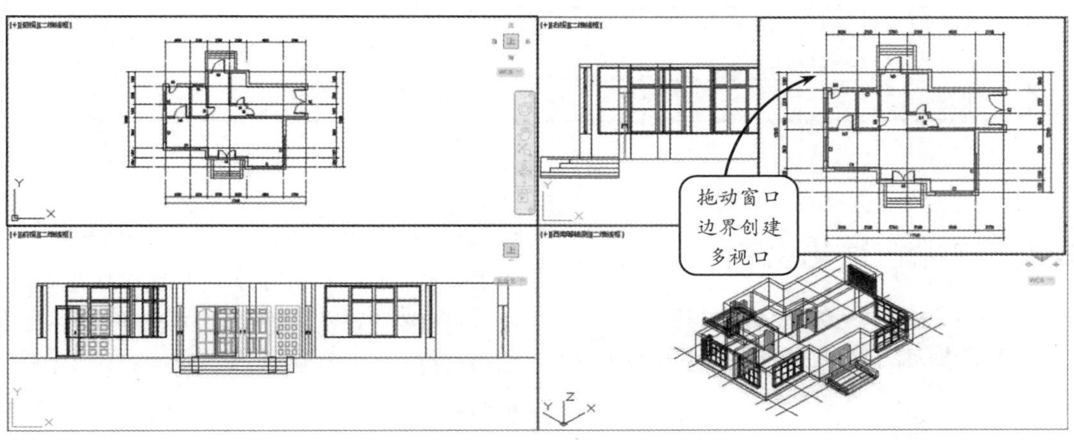

图 1-21　新建视口

2．更改视口大小

当光标移到视口边界或角点时，光标的形状会发生变化。此时，按住鼠标左键进行拖动，可以更改视口的尺寸，如图 1-22 所示。如不需改变边界重合的其他视口，可在拖动时按住 Ctrl 或 Shift 键。

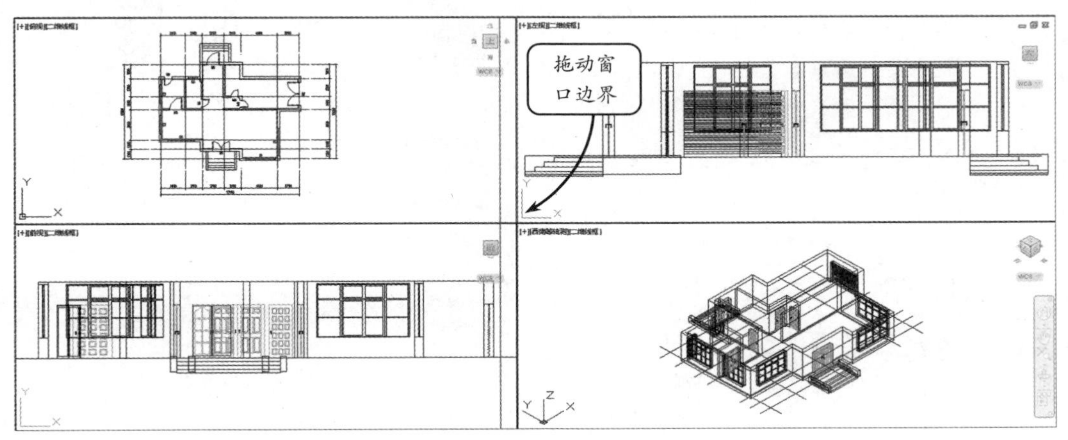

图 1-22　更改视口大小

3．删除视口

更改视口的大小，使它某个方向的边发生重合（或接近重合），此时视口将自动被删除，如图 1-23 所示。激活主视图，在视口相交位置拖动视口至整个绘图区，将仅仅显示主视图视口，其他视口自动被删除。

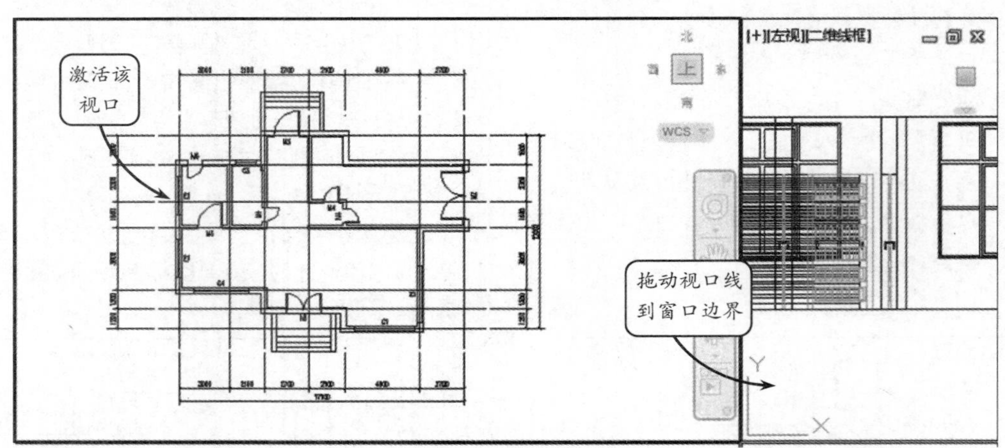

图 1-23　删除视口

1.3.4　软件初始化设置

在 TArch 2014 中，专门为用户提供了个性化设置软件的 3 种方式，分别是：基本设定、加粗填充以及高级选项。【基本设定】选项可以对图形、符号和圆圈文字进行设置；【加粗填充】选项可以对墙体和柱子的填充方式进行设置；【高级选项】可以对尺寸标注、符号标注等的标注方式和显示效果进行设置。

在屏幕菜单中选择【设置】|【天正选项】选项，或单击【自定义】工具栏中的【天正选项】按钮，将打开【天正选项】对话框，如图 1-24 所示。

图 1-24　【基本设定】选项卡

选择【加粗填充】选项卡，在该选项卡中，设置了【标准】和【详图】两种填充方式。可以根据客户需要进行设置和修改。该选项卡中还提供了向内加粗和填充图案的功能，用于设置墙体和柱子的填充形式，还能设置成出图比例大于设定比例时启动详图模式，如图 1-25 所示。

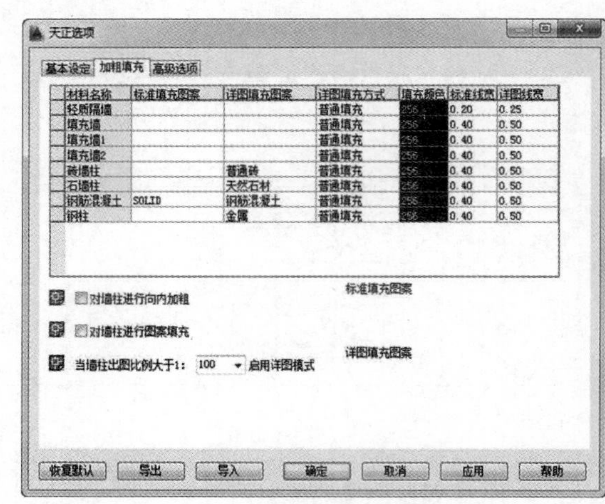

图 1-25　【加粗填充】选项卡

切换至【高级选项】选项卡，可以设置【尺寸标注】、【符号标注】、【立剖面】等项目，如图 1-26 所示。

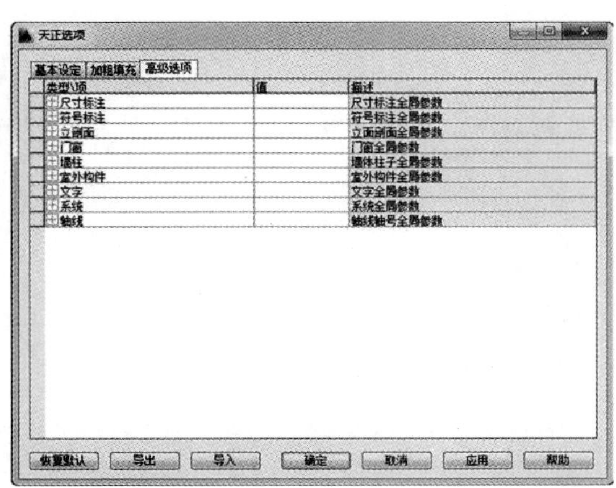

图 1-26 【高级选项】选项卡

提示

【标准】和【详图】两种填充方式，要由用户通过【当前比例】给出界定。当前的绘图比例大于【天正选项】对话框中所设置的比例界限时，墙体及柱子的填充样式将从【标准】样式切换至【详图】样式。该功能可满足不同施工图纸中类型填充和加粗填充程度的不同要求。

第 2 章

绘制轴网

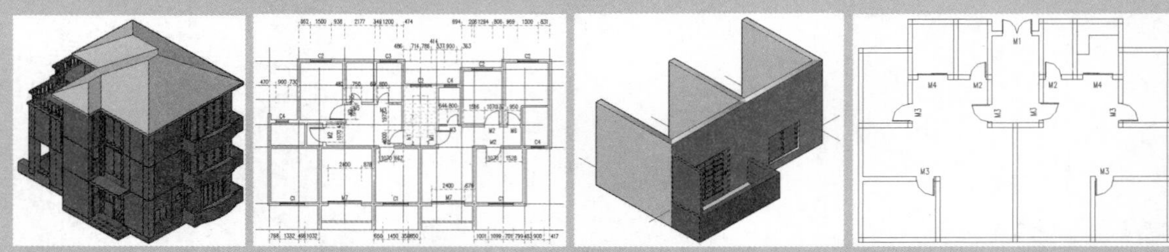

轴网是由轴线组成的平面网格。轴线是指建筑物组成部分的定位中心线，是设计中建筑物各组成部分的定位依据。绘制墙体、楼梯、门窗等均以定位轴线为基准，来确定其平面位置与尺寸。这些尺寸及位置的数据就是通过纵横交错的定位轴网及其柱子来设定的。其中，轴网是由两组以上的轴线与轴号、尺寸标注组成的平面网格。

本章主要讲解 TArch 2014 中轴网的绘制、编辑和标注的方法。

2.1 创建轴网

2.1.1　绘制直线轴网

直线轴网是指正交轴网、斜交轴网或单向轴网，它是建筑中用来定位墙体及主要建筑承重构件的主要依据。使用【绘制轴网】命令即可创建直线轴网。

在屏幕菜单中选择【轴网柱子】|【绘制轴网】选项，将打开【绘制轴网】对话框，从中定义轴网参数，即可获得轴网，如图 2-1 所示。

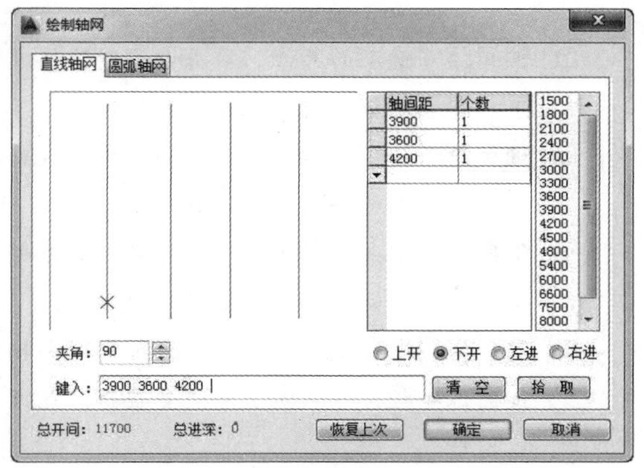

图 2-1　【绘制轴网】对话框

通过【绘制轴网】对话框可以看出，TArch 2014 软件直接将轴网分为了两种类型，即直线轴网和圆弧轴网。直线轴网的具体绘制方法如下所述。

1．直接输入

直接在【键入】文本框内键入轴网数据，每个数据之间用空格或英文逗号隔开，输入完毕后，按回车键即可生效。

2．间接设置

在电子表格中分别定义轴间距和个数，对于常用值，可以直接点取右方数据栏或下拉列表的预设数据，并且可以分别定义房间开间尺寸位置以及夹角，如图 2-2 所示。

- ❑ **上开**　在轴网上方进行轴网标注的房间开间尺寸。

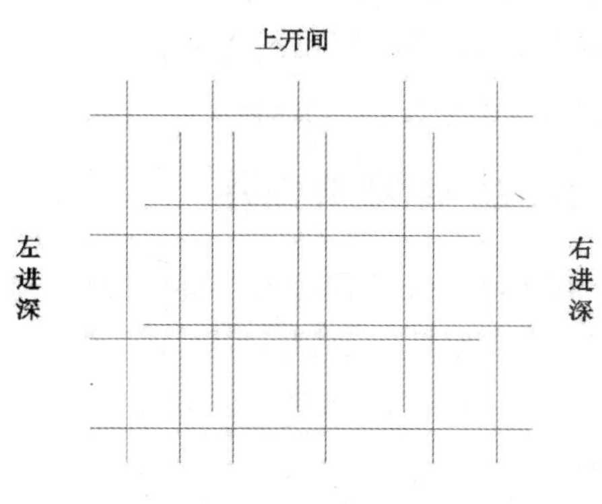

图 2-2　设置轴网

- ❑ **下开**　在轴网下方进行轴网标注的房间开间尺寸。
- ❑ **左进**　在轴网左侧进行轴网标注的房间进深尺寸。
- ❑ **右进**　在轴网右侧进行轴网标注的房间进深尺寸。
- ❑ **夹角**　开间与进深轴线之间的夹角，默认为 90°，可设置为任意角度，如图 2-3 所示。

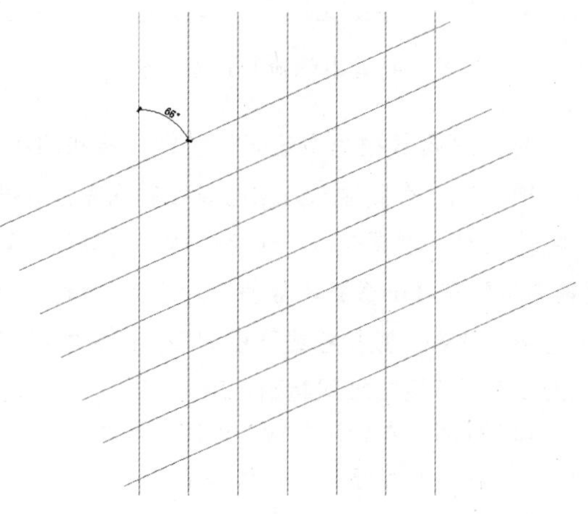

图 2-3　设定轴线夹角

如有必要，还可选中某一组开间或者某一组进深数据，然后单击【清空】按钮将其清空，而保留其他组的数据。也可单击【恢复上次】按钮，把上次绘制直线轴网的参数恢复到对话框中。此外，右击电子表格中的行首按钮，还可以执行新建、插入、删除与复制数据行的操作。

2.1.2 绘制圆弧轴网

圆弧轴网由一组同心弧线和不过圆心的径向直线组成，常用于组合其他轴网。端、径向轴线由两轴网共用。在绘制圆弧轴网时，需要指定圆心角、进深等参数。

选择【轴网柱子】｜【绘制轴网】选项，将打开【绘制轴网】对话框。切换到【圆弧轴网】选项卡，如图 2-4 所示，设置圆心角、进深等参数，然后单击【确定】按钮，即可创建圆弧轴网。

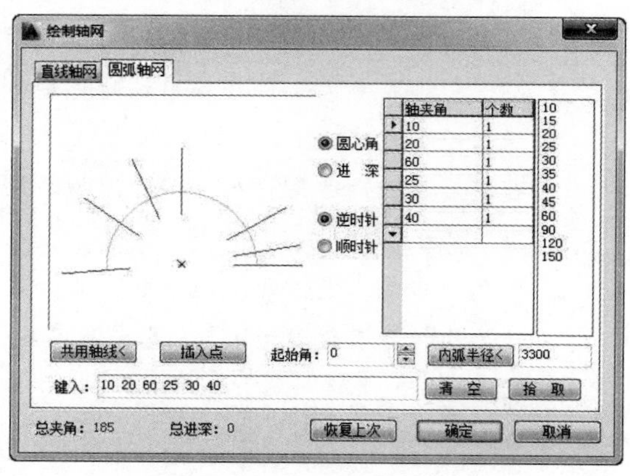

图 2-4 【圆弧轴网】选项卡

输入轴网数据的方法同样包括直接和间接输入两种。其中，直接输入方法与直线轴网完全相同；间接输入时，需要在电子表格中键入【轴间距】、【轴夹角】和【个数】等数值。对于常用值，同样可直接点取右方数据栏或下拉列表的预设数据。可按图 2-5 所示设置轴网起始角度。

- **进深** 在轴网径向，由圆心起算到外圆的轴线尺寸序列，单位为毫米。
- **圆心角** 由起始角起算，按旋转方向排列的轴线开间序列，单位为度。

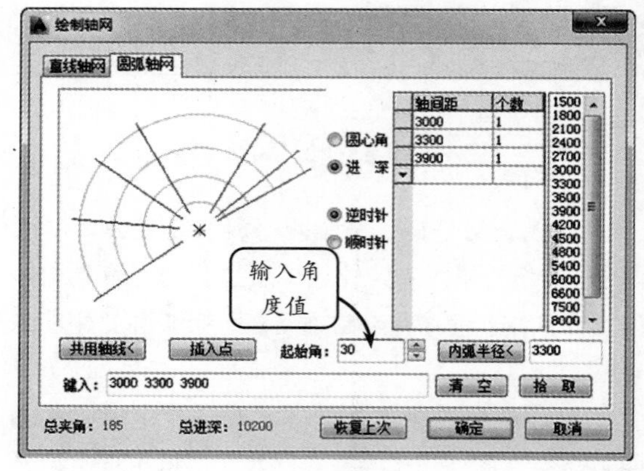

图 2-5 设置轴网起始角度

- **轴间距** 进深的尺寸，单击右方数值栏或下拉列表获得，也可以键入。
- **轴夹角** 开间轴线之间的夹角，常用数据从下拉列表获得，也可以键入。
- **个数** 栏中数据的重复次数，单击右方数值栏或下拉列表获得，也可以键入。
- **内弧半径<** 从圆心起算的最内侧环向轴线圆弧半径，可从图上取两点获得，也可以为 0。
- **起始角** X 轴正方向到起始径向轴线的夹角（按旋转方向定）。
- **逆时针、顺时针** 径向轴线的旋转方向。
- **共用轴线<** 在与其他轴网共用一根径向轴线时，从图上指定该径向轴线不再重复绘出，点取时通过拖动圆轴网确定与其他轴网连接的方向。
- **插入点** 选择【插入点】按钮，可改变默认的轴网插入基点位置。

2.1.3 墙生轴网

在建筑设计中，建筑师需反复修改平面图，如添加或删除墙体，以及修改开间、进深等。用轴线定位有时并不方便，为此，天正提供根据墙体生成轴网的功能。使用该功能，可以在参考栅格点上直接进行设计。待平面方案确定后，再用该功能生成轴网。也可以用【墙体】命令绘制平面草图，然后生成轴网。

选择【轴网柱子】|【墙生轴网】选项，命令行将显示“请选择墙体<退出>:”提示信息。此时，选取要生成轴网的所有墙体，将在墙体基线位置上自动生成没有标注轴号和尺寸的轴网，如图 2-6 所示。

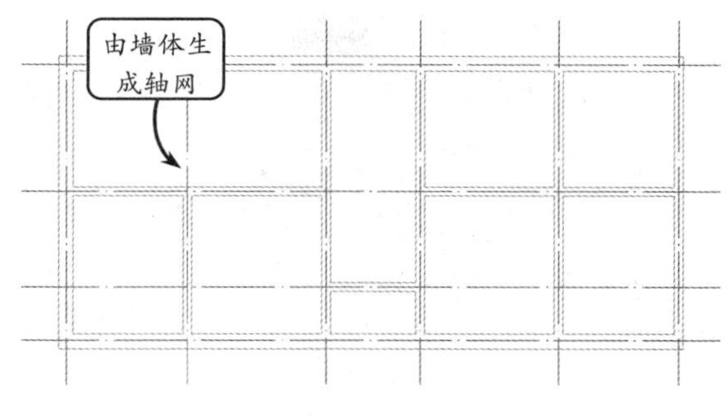

图 2-6　墙生轴网

2.2 编辑轴网

TArch 2014 提供了多种编辑轴网的工具，如【添加轴线】命令、【轴线裁剪】命令、【轴网合并】命令、【轴改线型】命令，来对轴号进行相关编辑。

2.2.1　添加轴线

添加轴线即参考某一根已经存在的轴线，在其任意一侧，根据需要添加新轴线，并指定与参考轴线的距离，按回车键即可完成添加轴线的操作。

选择【轴网柱子】|【添加轴线】选项或在命令行中输入 TJZX，将启用添加轴线功能。在命令行将显示“选择参考轴线”提示信息。此时选取轴网为参照轴线，如图 2-7 所示。

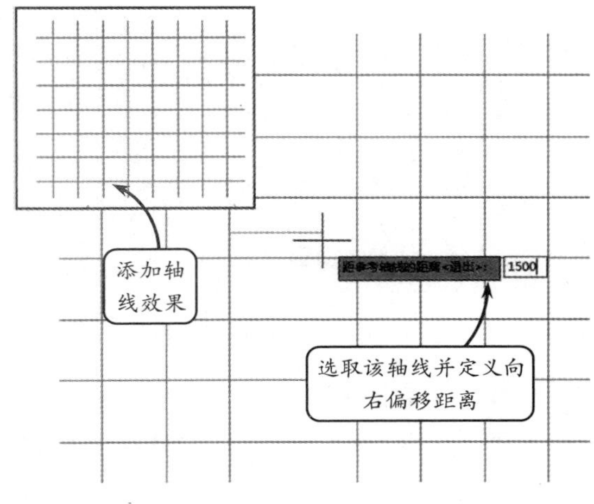

图 2-7　添加轴线

选取参考轴线后将显示“新增轴线是否为附加轴线？”的提示信息时。响应新增的轴线是否为附加轴线，Y 表示将新增的轴线作为附加轴线，N 表示将新增的轴线作为正常轴线。当出现“偏移方向”信息时，确定出所添加的轴线相对于参考轴线的位置，在参考轴线相应的一侧选择即可。

提示

当选择的参考轴线是弧形或圆形轴线上开间方向的轴线时，命令行的提示信息基本是相同的，所不同的是：需要确定所添加轴线相对于参考轴线的转角。

2.2.2　轴线裁剪

绘制完成的轴网通常需要进行修改，或删除不需要的部分，以便绘制墙体等图形。【轴线裁剪】命令可以矩形裁剪或多边形裁剪等方式裁剪掉轴网中不需要的内容。

选择【轴网柱子】|【轴线裁剪】选项，命令行将显示“矩形的第一个角点或【多边形裁剪(P)/轴线取齐(F)】<退出>:”提示信息，分别指定矩形的两个角点，则矩形区域内的轴线将被删除，如图 2-8 所示。

除了拖动矩形框来确定剪裁的区域外，也可以使用多边形确定裁剪的区域。即，在命令行输入 P，然后在视图中绘制多边形区域，按回车键，则多边形区域内轴线将被删除，如图 2-9 所示。

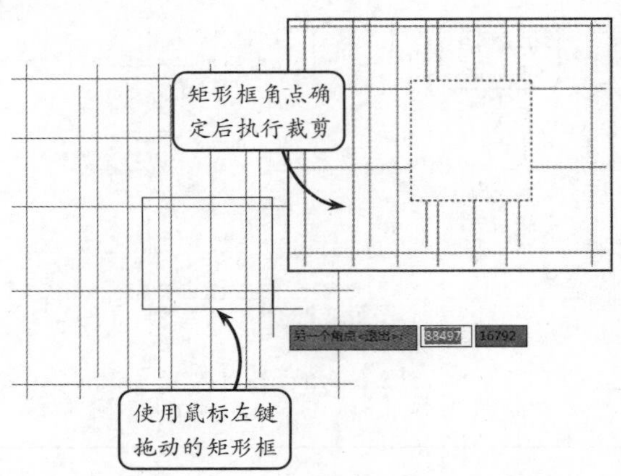

图 2-8　矩形虚线框内的轴线被剪裁掉

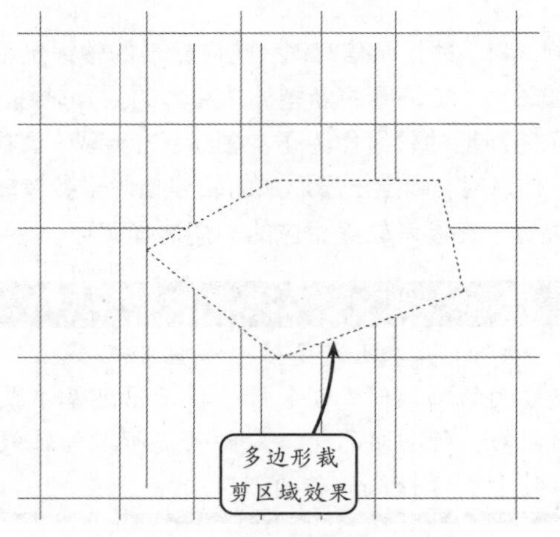

图 2-9　多边形裁剪区域

此外，还可在命令行中输入字母 F，然后在当前图形中选择一条轴线，并确定出裁剪的是哪一边的轴线，即可以所选择的轴线为边界，将其他的轴线裁剪整齐，如图 2-10 所示。

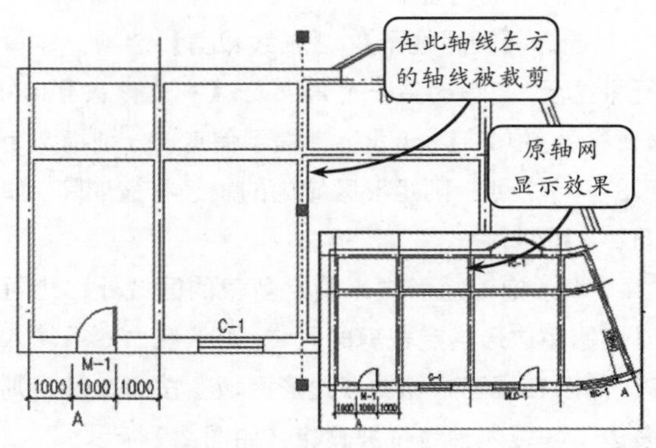

图 2-10　执行【轴线取齐】选项后的效果

技巧

在 AutoCAD 软件中，一个编辑命令通常会有多种操作方式。只要在启用此命令时，仔细浏览命令行的提示信息，就可发现很多种方法。例如，启用【轴线裁剪】选项后，就会在命令行中出现矩形裁剪、多边形裁剪及轴网取齐两种方法。

2.2.3　轴网合并

【轴网合并】命令用于将选定的多组轴线延伸到指定的对齐边界，从而组成一组轴网。

在 TArch 2014 中使用【轴网合并】工具，根据命令行的提示，选择需合并的轴网，并单击指定延伸的边界，即可完成轴网合并的操作。

选择【轴网柱子】|【轴网合并】选项，命令行将显示“请选择需要合并对齐的轴线<退出>:”提示信息。此时，框选多个轴网里面的轴线，对同一个轴网内的轴线没有合并必要，如图 2-11 所示。

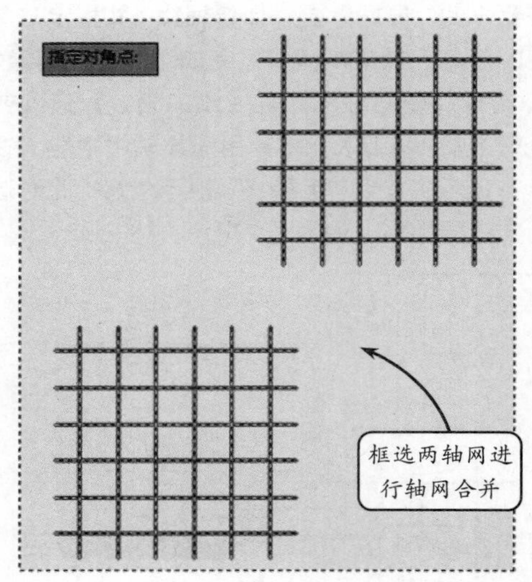

图 2-11　框选多个轴网

命令行将再次显示“请选择需要合并对齐的轴线<退出>:”提示信息，在图上显示出 4 条对齐边界，如图 2-12 所示。

此时可选取需要对齐的边界，系统将开始合并轴线，如图 2-13 所示。执行合并轴网操作后按“回车”键，结束合并。

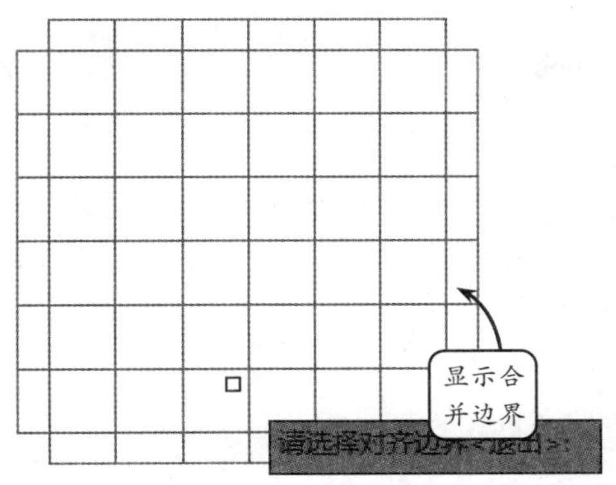

图 2-12　显示对齐边界

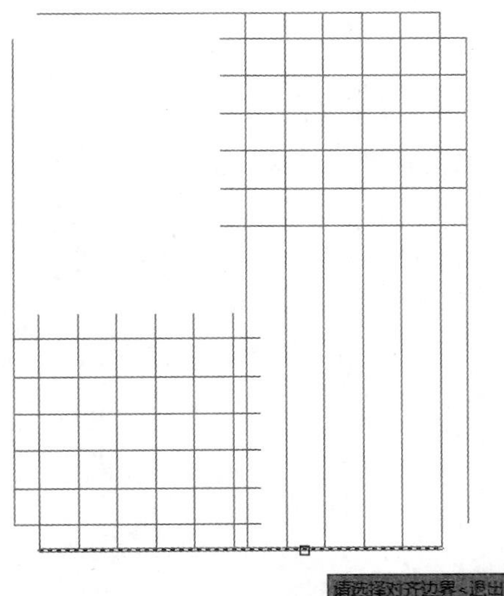

图 2-13　执行合并轴网操作

2.2.4　轴改线型

使用该工具在点划线和实线两种线型之间切换。建筑制图要求轴线必须使用点划线。但由于点划线不便于对象捕捉，常在绘图过程中使用实线，输出的时候再切换为点划线。

假如新创建的轴网中的线型为实线，执行该命令后可以将其转为点划线；反之，假如原来轴网中的线型为点划线，则执行该命令后可将其转为实线，如图 2-14 所示。

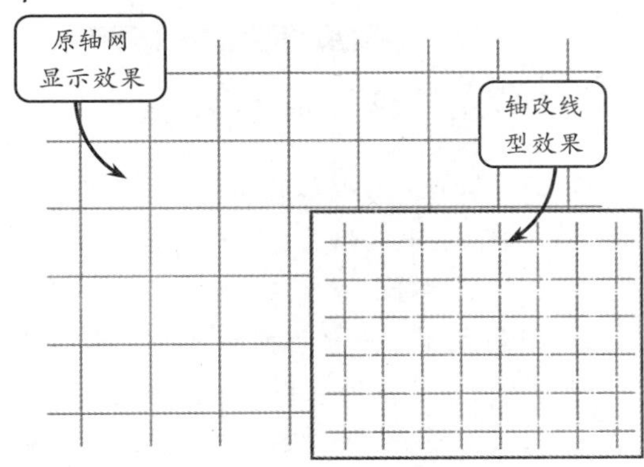

图 2-14　轴改线型

线型比例的数值越大，点划线的长度越长。如果使用模型空间出图，则线型比例用 10 倍当前比例决定，当出图比例为 1∶100 时，默认线型比例为 1000。如果使用图纸空间出图，天正建筑软件内容已经考虑了进行自动缩放。

> **提示**
> 在绘制建筑轴网时，系统默认使用的线型是实线。为了方便捕捉轴网，通常会在出图前使用【轴改线型】选项将实线改为点划线。

2.3　轴网标注

轴网绘制完成后，还需要对轴网进行标注。TArch 2014 提供了专业的轴网标注功能，通过该功能可快速地对轴网进行尺寸和轴号的同步标注。

2.3.1　轴网标注

【轴网标注】命令常用于标注轴网的进深、开间尺寸和轴号。【两点轴标】命令可对直线或弧线轴网进行智能化的标注。

在屏幕菜单中选择【轴网柱子】|【标注轴网】选项，也可以输入 ZWBZ 命令，打开【轴网标注】对话框，如图 2-15 所示。该对话框中各参数项的含义如下所述。

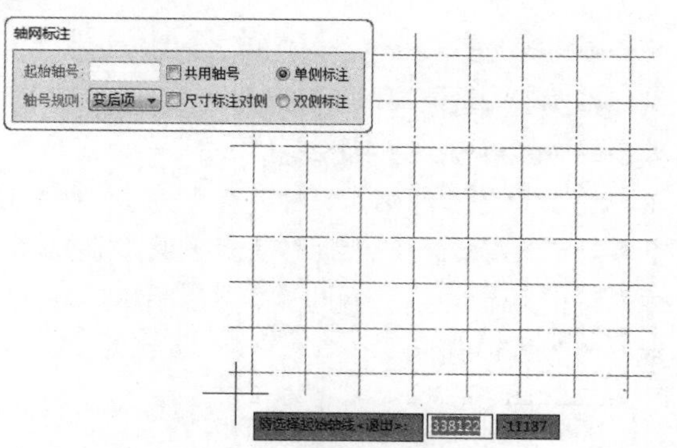

图 2-15 【轴网标注】对话框

- **起始轴号** 希望起始轴号不是默认值 1 或 A 时，在此处输入自定义的起始轴号，可以使用字母和数字组合轴号。
- **单侧标注** 表示当前所选的一侧的开间（进深）标注轴号和尺寸。系统默认该单选按钮处于选择状态，可直接选取起始和终止轴线，来显示单侧标注效果，如图 2-16 所示。

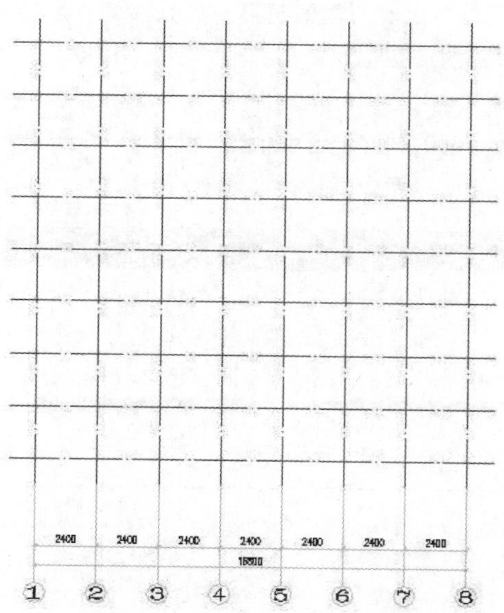

图 2-16 单侧标注

- **双侧标注** 表示在两侧的开间（进深）均标注轴号和尺寸。选择该单选按钮后，分别选择起始和终止轴线，将在轴网的两侧显示双侧标注效果，如图 2-17 所示。

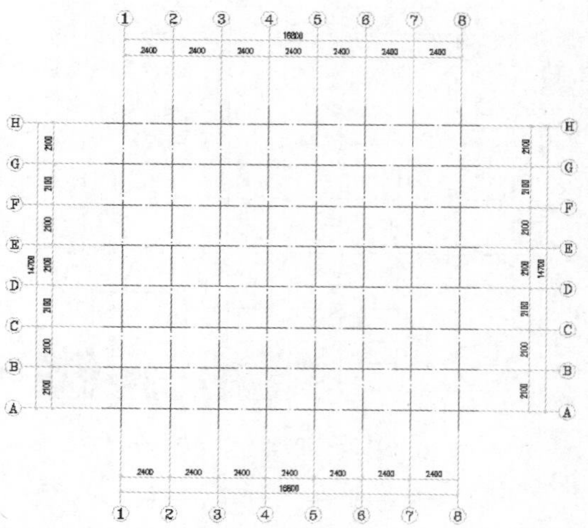

图 2-17 双侧标注

- **共用轴号** 启用后表示起始轴号由所选择的已有轴号后续数字或字母决定，前提条件是，已经有轴号。启用该复选框，分别选择起始和终止轴线，将显示共有轴线效果，如图 2-18 所示。

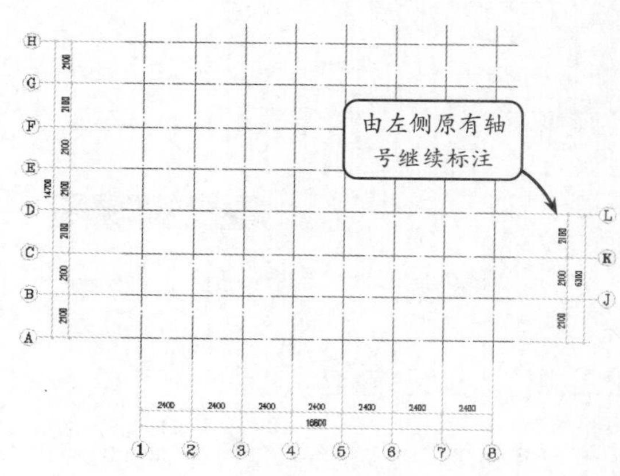

图 2-18 共有轴号

2.3.2 单轴标注

单个轴线标注轴号，轴号独立生成，不与已经存在的轴号和尺寸发生关联。常用于立面与剖面。按照制图范围的要求，选择需要标注的轴线，即可完成单轴标注的操作。

在屏幕菜单中选择【轴网柱子】|【单轴标注】选项，也可以输入 ZWBZ 命令，打开【单轴标注】

对话框，如图 2-19 所示。该对话框中各参数项的含义如下所述。

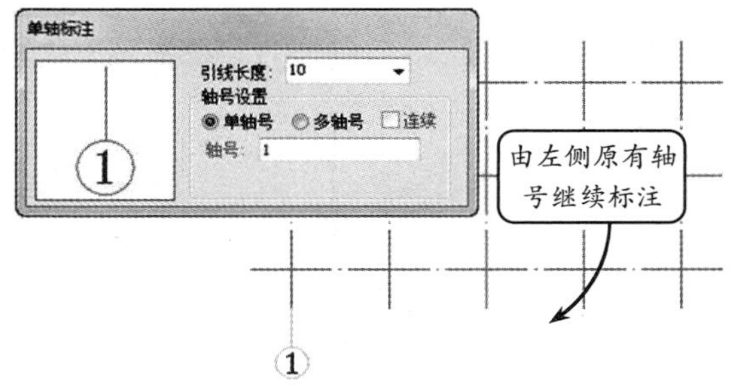

图 2-19 【单轴标注】对话框

多轴号在特殊情况下，当表示的轴号非连续时，应在编辑框中输入多个轴号，各轴号之间以逗号分隔。单击【单轴标注】命令，在【单轴标注】对话框中选择【多轴号】单选按钮，并进行参数设置，如图 2-20 所示。点取其他竖向轴线，标注结果如图 2-21 所示。

当表示的轴号连续排列时，单击【单轴标注】命令，在【单轴标注】对话框中，选择【连续】复选框，并进行参数设置，如图 2-22 所示。

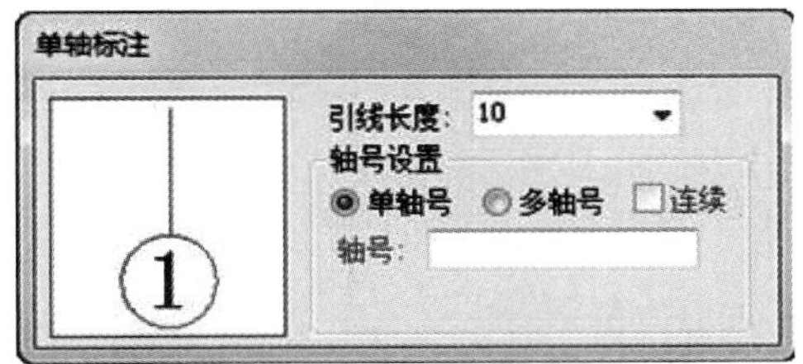

图 2-20 多轴号参数设置

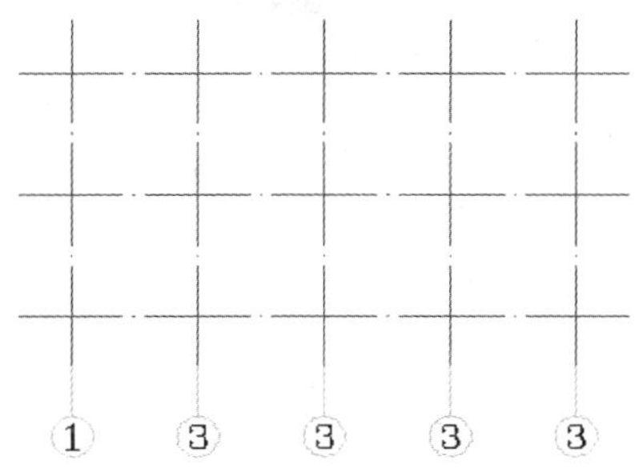

图 2-21 多轴号标注

图 2-22 单轴标注多轴号连续

点取其他竖向轴线，标注效果如图 2-23 所示。

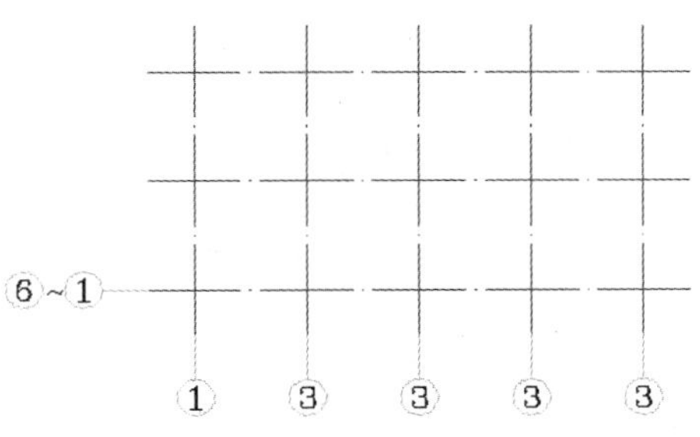

图 2-23 多轴号连续标注

2.4 编辑轴网号

对轴网进行轴号编辑后，可以对轴号进行添加、删除等操作。TArch 2014 提供了添补轴号、删除轴号、轴号隐现、重排轴号、倒排轴号等多种编辑轴号的工具。

2.4.1 添补轴号

【添补轴号】命令可以在已有轴号的基础上，关联增加新轴号。新增轴号对象成为原有轴号对象的一部分，但是并不会生成轴线，也不会更新尺寸标注，只适用于其他方式增添或修改轴线后进行的轴号标注。

在屏幕菜单中选择【轴网柱子】|【添补轴号】选项，或在命令行直接输入 TBZH，命令行将显示“请选择轴号对象<退出>:”提示信息。此时，

选取与新轴号相邻的已有轴号对象，不要选取原有轴线。如图 2-24 所示，选择 G 轴号作为参照，然后按命令行提示指定新轴号位置。

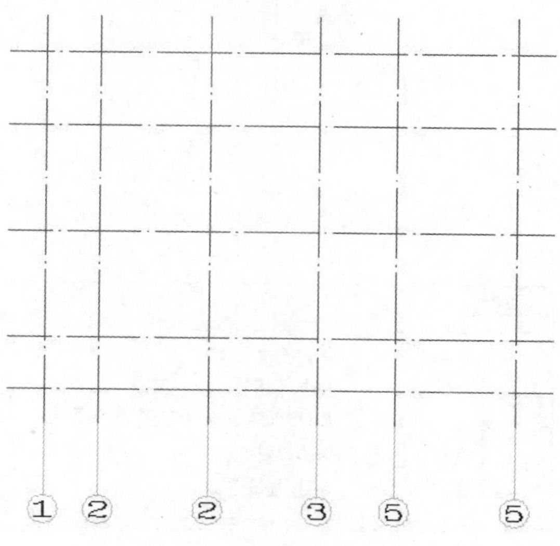

图 2-24　添补轴号

完成上述操作后，命令行将显示“新增轴号是否双侧标注？(Y/N)“Y”：”提示信息。可根据要求键入 Y 或 N，为 Y 时，两端标注轴号。命令行将显示“新增轴号是否为附加轴号？(Y/N)“N”：”提示信息。同样，根据要求键入 Y 或 N，为 N 时，其他轴号重排，为 Y 时则不重排。

2.4.2　删除轴号

【删除轴号】命令用于删除平面图中某个不需要的轴号，被删除轴号将自动合并其余的轴号。

在屏幕菜单中选择【轴网柱子】｜【删除轴号】选项，或在命令行直接输入 SCZH，然后使用窗选方式选取多个需要删除的轴号，按回车键退出选取状态。此时，命令行将显示“是否重排轴号？(Y/N)“Y”：”提示信息。可根据要求键入 Y 或 N，为 Y 时，其他轴号重排，为 N 时则不重排。图 2-25 所示为删除轴号后进行轴号重排的效果。

2.4.3　一轴多号

使用该【一轴多号】工具，可以用于在原轴号下增加新轴号，表示多个轴号共用一根轴线的情况。

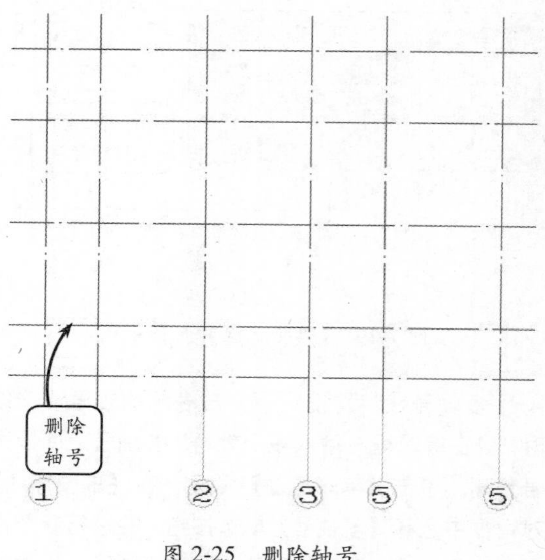

图 2-25　删除轴号

在屏幕菜单中选择【轴网柱子】|【一轴多号】选项，或在命令行直接输入 YZDH 命令，选择已有的轴号，并输入新轴号，按回车键即可完成一轴多号的操作。效果如图 2-26 所示。

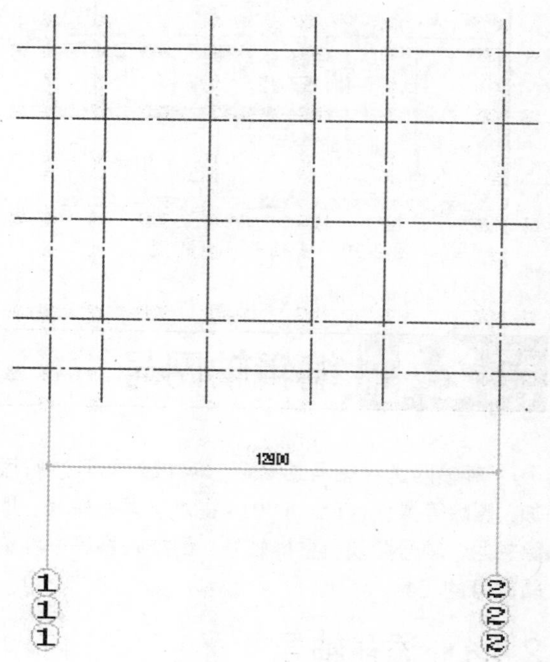

图 2-26　一轴多号

2.4.4　轴号隐现

使用【轴号隐现】工具，可以在平面轴网中控制单个或多个轴号的隐藏与显示。

在屏幕菜单中选择【轴网柱子】|【轴号隐现】选项，或在命令行直接输入 ZHYX 命令，选择需要隐藏的轴号，按回车键，即可完成轴号隐现的操作。效果如图 2-27 所示。

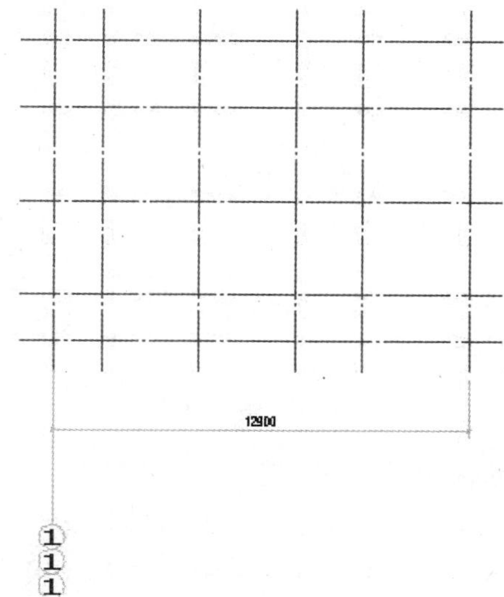

图 2-27　轴号隐现

2.4.5　重排轴号

使用重排轴号命令可以从选定的轴号位置开始，自定义新轴号，对轴网轴号进行重新排序，而选定轴号前的轴号排序则不受影响。

单击【重排轴号】按钮，命令行将显示"请选择需重排的第一根轴号<退出>:"提示信息。选择起始轴号，然后按命令行提示输入新的轴号，可以是数字、字母或它们的组合。系统从选择的某个轴号位置开始，对轴网的开间或者进深，按照默认从左到右或从下到上的方向，按输入的新轴号重新排序，如图 2-28 所示。

注意

执行重排轴号操作时，在此新轴号左（下）方的其他轴号不受本命令影响。此外，若轴号对象事先执行过倒排轴号，则重排轴号的排序方向将按当前轴号的排序方向。

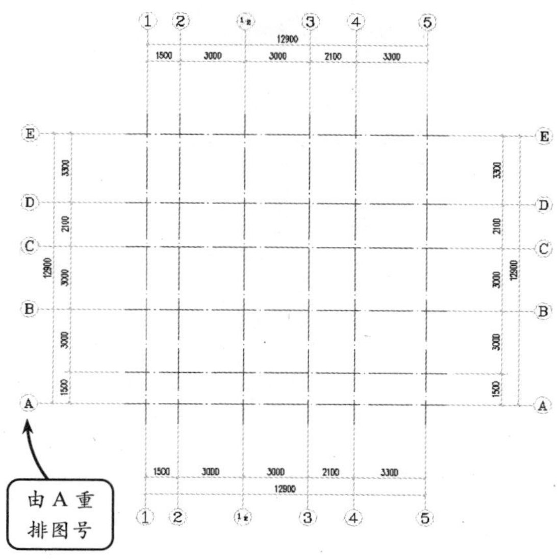

图 2-28　重排轴号

2.4.6　倒排轴号

倒排轴号是指改变一组轴网编号的排序方向，该组编号自动进行倒排序。例如，由原来从右到左 2-1 排序改为从左到右 1-2 排序，同时还会影响到今后该轴号对象的排序方向，如果倒排为从右到左的方向，重排轴号会按照从右到左的顺序进行，除非重新执行倒排轴号。

通过自定义按钮方式添加该工具。在【自定义】工具栏中单击【倒排轴号】按钮，然后选择轴号，即可对该行或该列轴号进行倒排轴号操作，如图 2-29 所示。

技巧

在对轴号进行编辑操作时，如果从右键快捷菜单中选择【在位编辑】选项，即可直接在当前轴号位置上改变编号。可方便地使用在位编辑来修改轴号。将光标置于轴号对象范围内，然后双击轴号文字，即可进入在位编辑状态，将在轴号上出现编辑框。如果要关联修改后续的多个编号，右击，出现快捷菜单，在快捷菜单中选择【重排轴号】选项，即可完成轴号排序，否则将只修改当前编号。

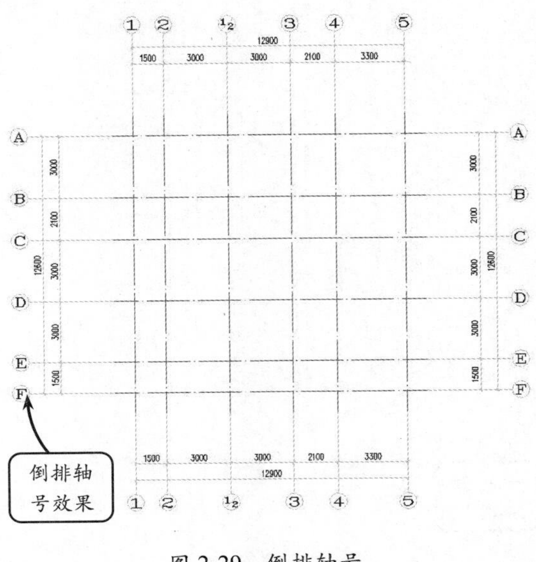

图 2-29 倒排轴号

2.4.7 编辑轴号对象

使用【对象编辑】工具，将光标移动到轴号上方，轴号对象亮显，右击将显示快捷菜单。可以通过快捷菜单进行添补与删除轴号、重排轴号以及单轴变标注侧、单轴变号等操作。

选择【对象编辑】选项，命令行将显示"选择 [变标注侧(M)/单轴变标注侧(S)/添补轴号(A)/删除轴号(D)/单轴变号(N)/重排轴号(R)/轴圈半径(Z)]<退出>:"提示信息，同时将显示快捷菜单，如图 2-30 所示。其主要编辑方式对应设置方法如下所述，其余几种功能与同名命令一致，在此不再赘述。

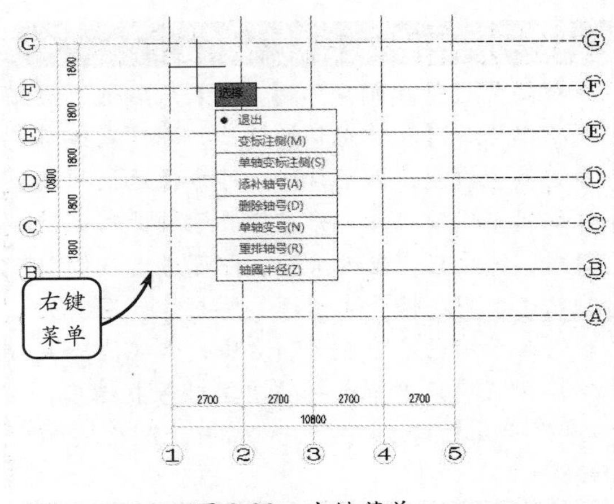

图 2-30 右键菜单

1. 变标注侧

用于控制轴号显示状态，可在本侧标轴号（关闭另一侧轴号）、对侧标轴号（关闭一侧轴号）和双侧标轴号（打开轴号）间切换，如图 2-31 所示。

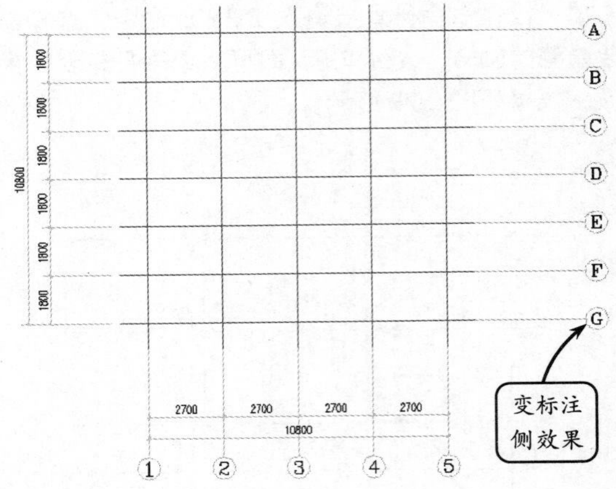

图 2-31 变标注侧

2. 单轴变标注侧

此功能可任由用户逐个点取要改变显示方式的轴号（在轴号关闭时点取轴线端点），轴号显示的 3 种状态将立刻改变。被关闭的轴号在编辑状态下会变成虚线，按回车键结束后将被隐藏，如图 2-32 所示。

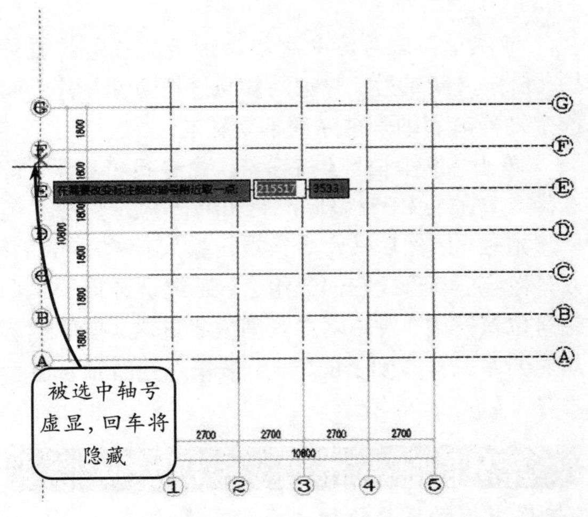

图 2-32 单轴变标注侧

3. 单轴变号

【单轴变号】选项主要用于更改轴网中单根轴

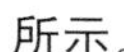

线的编号，其余轴线的编号维持不变。此命令在改变轴网编号的同时，并不影响整个轴网号的排序问题，如图 2-33 所示。

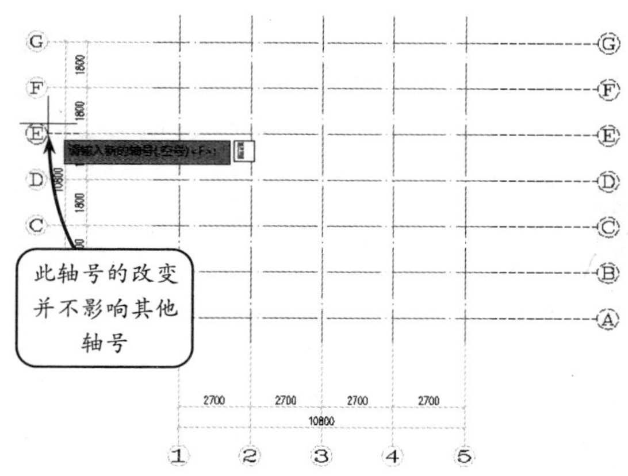

图 2-33　单轴变号

所示。

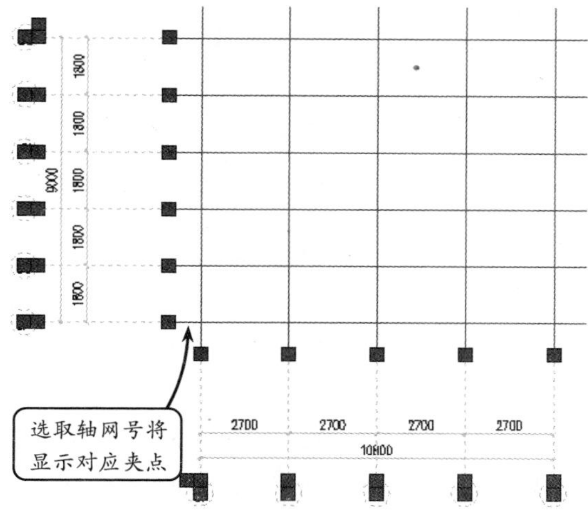

图 2-34　轴号夹点

2.4.8　编辑轴号夹点

有时候，由于轴网比较密集，会导致所标注的轴号紧靠在一起，从而显得图形杂乱。使用轴号夹点编辑功能，可改变轴号的位置及轴号引线的长度，从而使图形变得清晰美观。

选中轴网编号，将显示轴号夹点，如图 2-34 所示。其中，轴号的横移时，两侧号圈一致，而纵移则仅对单侧号圈有效，拖动每个轴号，引线端夹点都能拖动一侧轴号一起纵向移动。

此时，可双击任意轴号，显示对应轴号编辑框。选中轴号后，右击圈外，将显示右键菜单。可进行重排轴号和倒排轴号等操作，如图 2-35 所示。

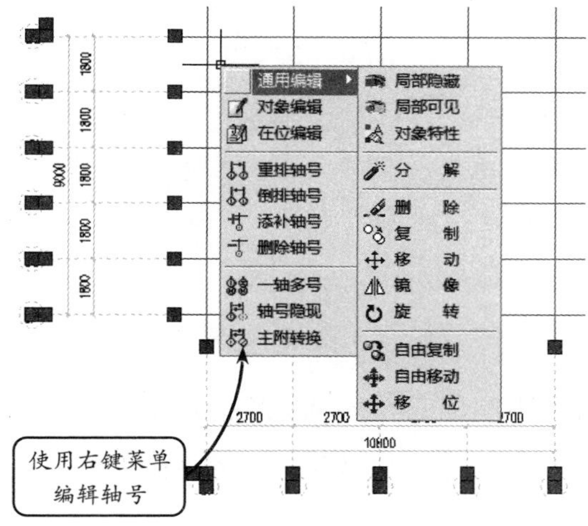

图 2-35　轴号夹点编辑

TArch 2.5 综合案例 1：绘制别墅平面图轴网

本例将绘制别墅平面轴网，效果如图 2-36 所示。在建筑设计中绘制轴线图，主要是为了方便施工。对于直线轴网，在砖混结构的建筑上使用最多。

绘制该别墅平面图，首先利用【轴网】工具绘制轴网，并利用【两点轴标】工具对轴网进行标注，这样可以清楚识别各条轴网线。

操作步骤

STEP|01 选择【轴网柱子】|【绘制轴网】选项，在打开的【绘制轴网】对话框中，切换至【直线轴网】选项卡，并选择【下开】单选按钮，然后按照图 2-37 所示内容设置下开参数。

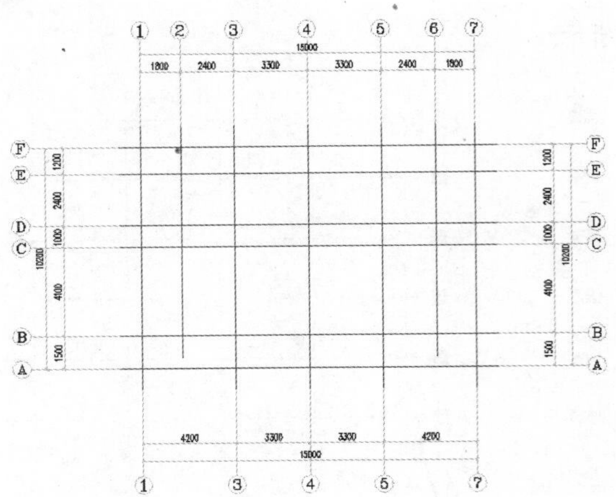

图 2-36　绘制别墅图轴网

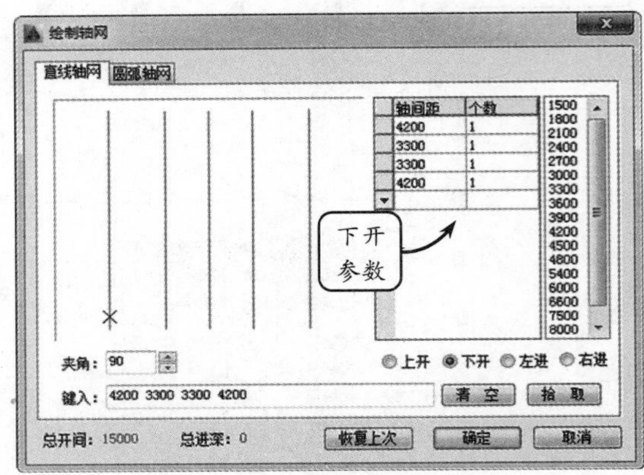

图 2-37　设置下开参数

STEP|02 在【绘制轴网】对话框中选择【上开】单选按钮，然后按照图 2-38 所示内容设置上开参数。

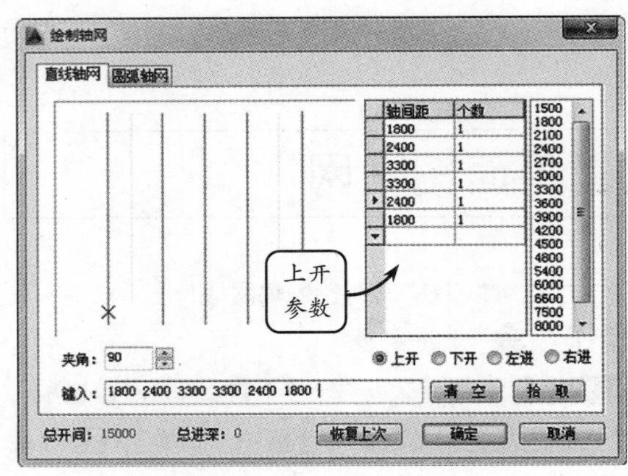

图 2-38　设置上开参数

STEP|03 在【绘制轴网】对话框中选择【左进】单选按钮，然后按照图 2-39 所示内容设置左进参数。

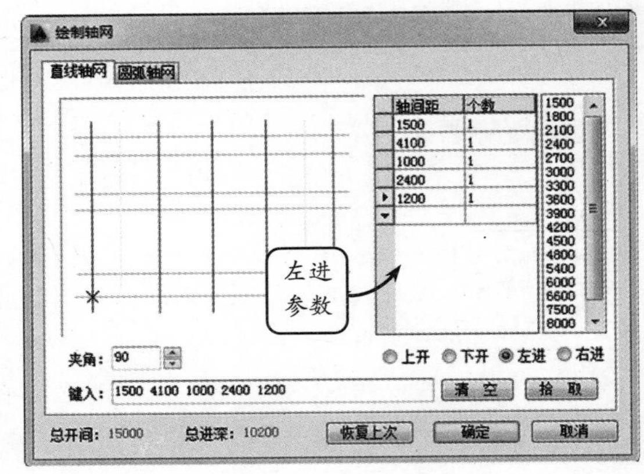

图 2-39　设置左进参数

STEP|04 在【绘制轴网】对话框中选择【右进】单选按钮，然后按照图 2-40 所示内容设置右进参数。

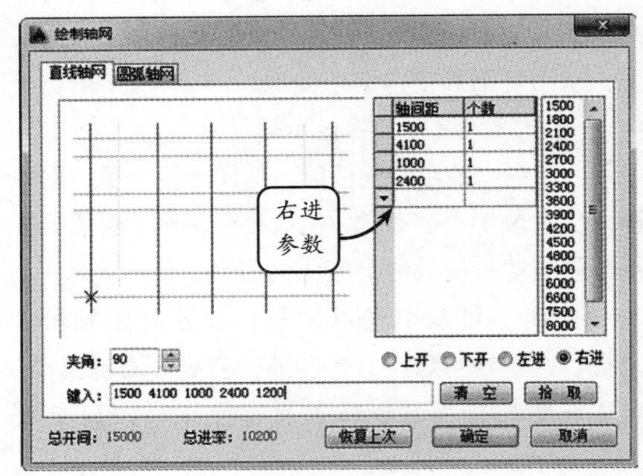

图 2-40　设置右进参数

STEP|05 单击【确定】按钮关闭对话框，在绘图窗口中指定轴网插入点，创建别墅平面图轴网，如图 2-41 所示。

STEP|06 选择【轴网柱子】|【两点轴标】选项，依次为横向的轴线与竖向的轴线标注尺寸，效果如图 2-42 所示。

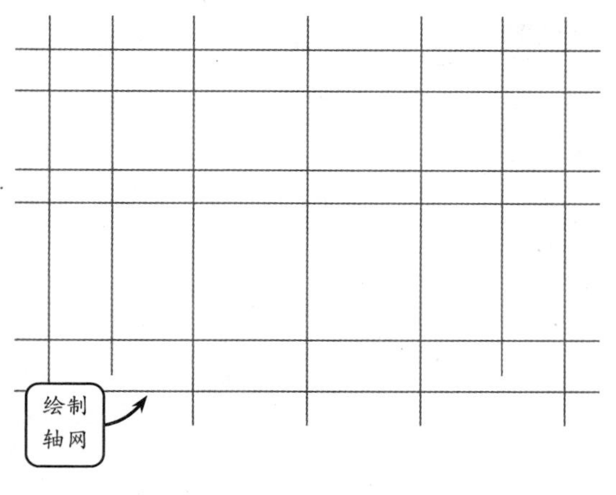

图 2-41　创建别墅平面图轴网

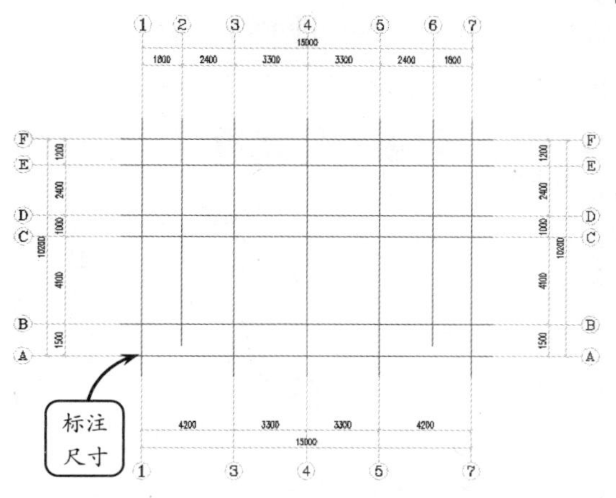

图 2-42　标注尺寸

2.6 综合案例 2：绘制办公室平面图轴网

本例将绘制办公室平面图轴网，效果如图 2-43 所示。在建筑施工时，会根据场地上建筑主轴线控制点或其他控制点，首先将房屋外墙轴线的交点用木桩测定于地上，并在桩顶钉上小钉作为标志。房屋外墙轴线测定后，再根据建筑物平面图，将内部开间所有轴线都一一测出。然后，检查房屋轴线的距离，其误差不得超过轴线长度的 1/2000。最后，根据中心轴线，用石灰在地面上撒出草槽开挖边线，以便开挖。

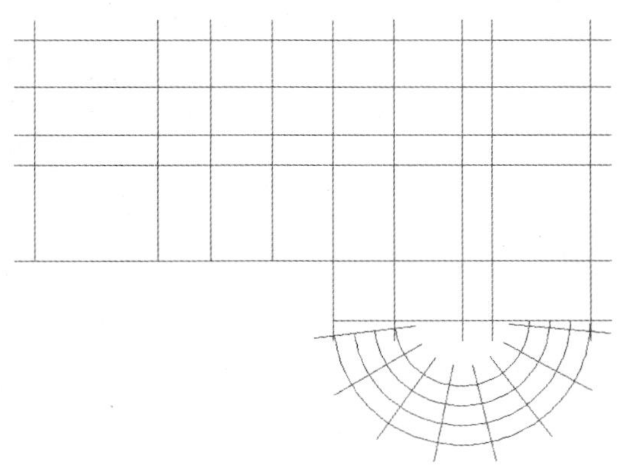

图 2-43　办公室平面图轴网

绘制该办公室平面图，可知其主要包括直线轴网和圆弧轴网两类轴网。因此，首先利用【绘制轴网】工具绘制直线轴网，并利用【轴网标注】工具进行标注，通过【添加轴线】工具添加所需的轴线，然后利用【轴线裁剪】工具修剪轴网，即可完成直线轴网的绘制。接着绘制圆弧轴网，即可完成轴网绘制。

操作步骤

STEP|01 选择【轴网柱子】|【绘制轴网】选项，在打开的【绘制轴网】对话框中，选择【下开】单选按钮，按照图 2-44 所示内容设置轴网的下开参数。

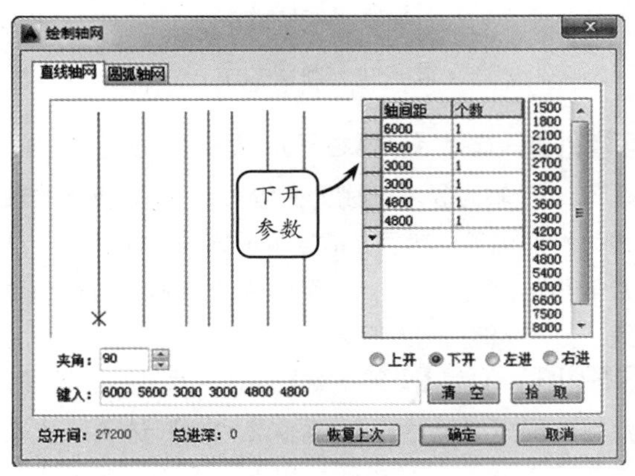

图 2-44　设置下开参数

STEP|02 在该对话框中选择【右进】单选按钮，并按照图 2-45 所示内容设置轴网的右进参数。

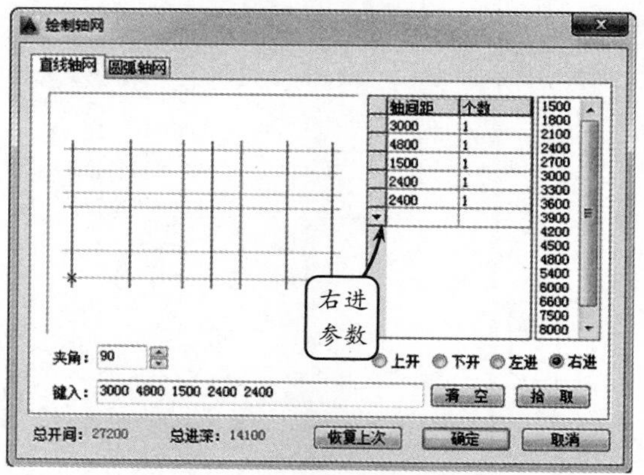

图 2-45 设置右进参数

STEP|03 在图中单击确定轴网的位置。然后选择【轴网柱子】|【轴网标注】选项，依次为横向的轴线与竖向的轴线标注尺寸，效果如图 2-46 所示。

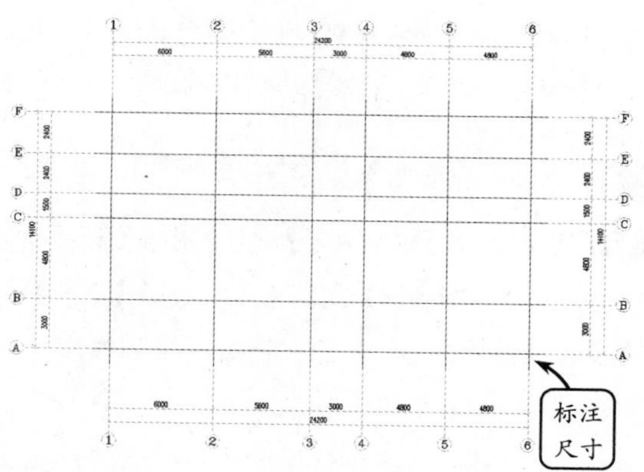

图 2-46 标注尺寸

STEP|04 选择【轴网柱子】|【添加轴线】选项，选取 2 号轴为参考轴线，并输入 Y 设置新增的轴线为附加轴线。然后，指定生成方向在左侧，并设置偏移距离为 2 000，即可添加 2 号轴线的附加轴线。效果如图 2-47 所示。

STEP|05 利用【局部隐藏】工具将尺寸标注隐藏，然后选择【轴网柱子】|【轴线裁剪】选项，依次选取图 2-48 所示的轴线的端点 A 和 B，确定修剪范围，即可将所指定范围内的轴线删除。

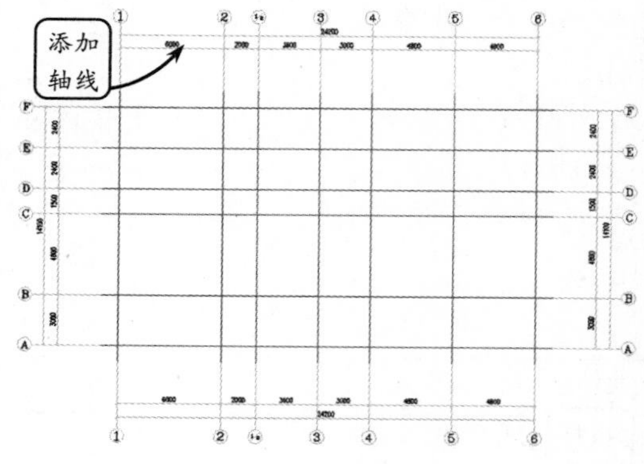

图 2-47 添加轴线

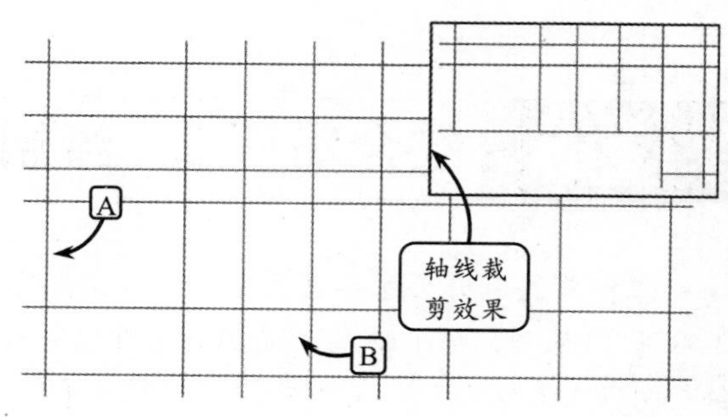

图 2-48 轴线裁剪

STEP|06 利用【添加轴线】工具选取图 2-48 所示的轴线为参考轴线，并输入 Y 设置新增的轴线为附加轴线。然后，指定生成方向在左侧，并设置偏移距离为 1 500，即可添加该轴线的附加轴线。效果如图 2-49 所示。

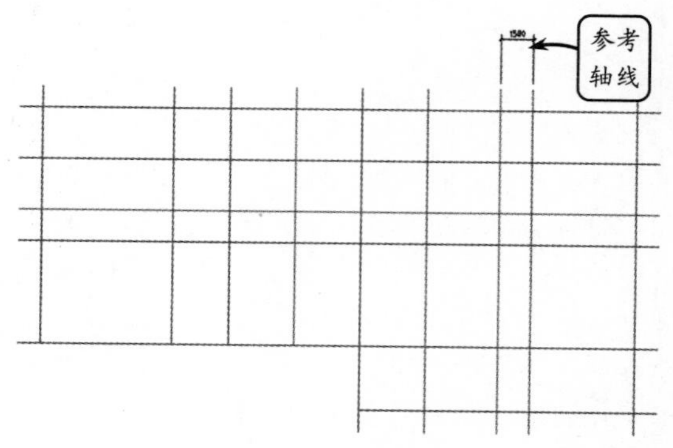

图 2-49 添加轴线

STEP|07 选择【轴网柱子】|【绘制轴网】选项，在打开的【绘制轴网】对话框中切换至【圆弧轴网】

选项卡。然后按照图 2-50 所示内容设置圆弧轴网的参数。

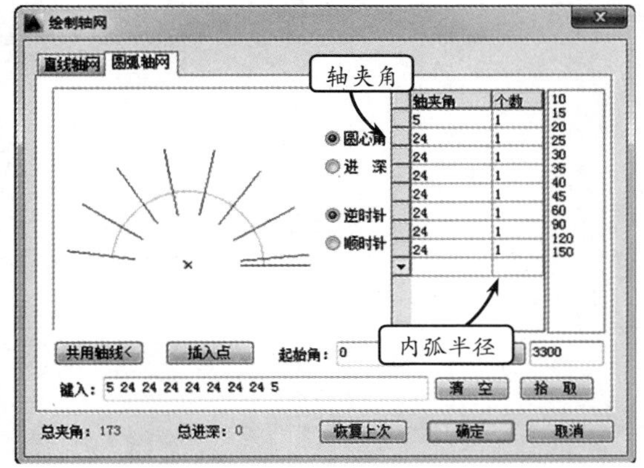

图 2-50 设置圆弧轴网参数

STEP|08 在【绘制轴网】对话框中选择【进深】单选按钮，然后按照图 2-51 所示内容设置圆弧轴网的参数。

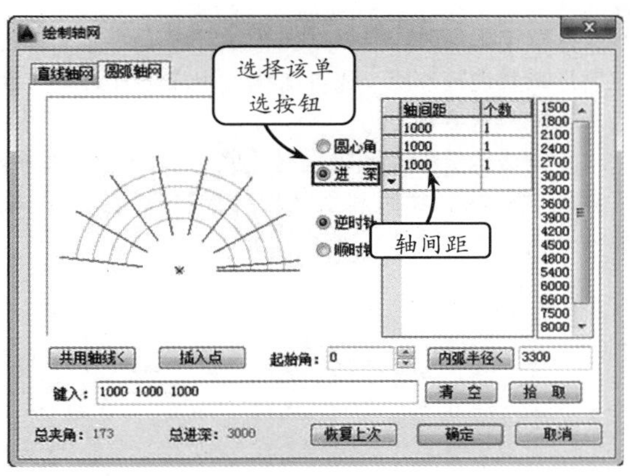

图 2-51　设置圆弧轴网参数

STEP|09 设置好圆弧轴网参数后，单击【确定】按钮。然后在命令行中输入 D，将圆弧轴网整体上下翻转。接着，选取图 2-52 所示的交点为插入点。

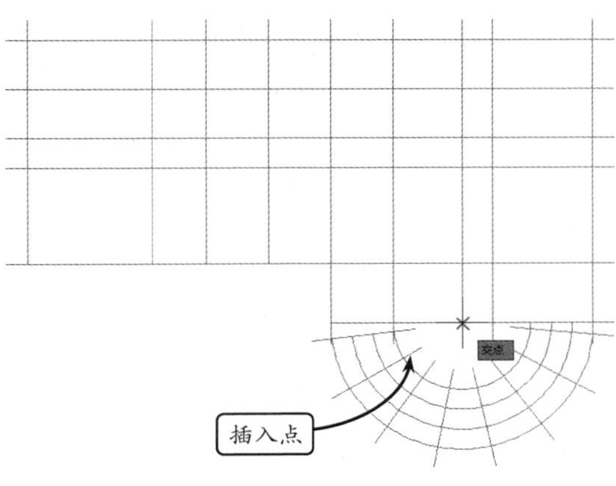

图 2-52　插入圆弧轴网

2.7 新手训练营

练习 1：绘制轴网

本练习绘制轴网，效果如图 2-53 所示。在实际生活中，经常会使用轴线来定位建筑物的方位及尺寸。学会绘制轴网是绘制复杂建筑图形的基础。图 2-53 中的轴网既有直线轴网，又有圆弧轴网。通过该图的练习，用户可以更深一步地掌握当直线轴网与圆弧轴网共存于图形中时，绘制轴网的技巧。

绘制该轴网图形，首先利用【绘制轴网】工具的直线轴网功能绘制图形的直线网格部分。然后利用【绘制轴网】工具的圆弧轴网功能，绘制圆弧网格部分。注意，两者共用一轴线 4 轴。最后利用【轴网标注】工具标注轴线号。

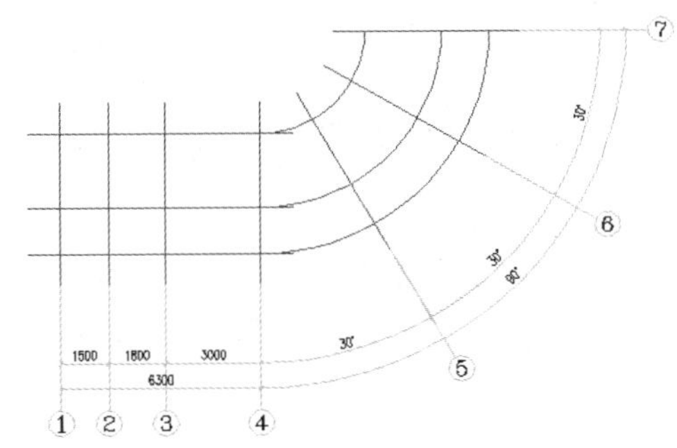

图 2-53　轴线网格图

练习 2：绘制建筑平面图轴网

本练习绘制建筑平面图轴网，效果如图 2-54 所示。在建筑施工时，会根据现场建筑施工上的主轴线控制点或其他控制点，通过此练习用户可以更深一步地掌握轴网的要领。

绘制该建筑平面图轴网时，首先利用【绘制轴网】工具绘制轴网，然后利用【轴网标注】工具标注轴线号。

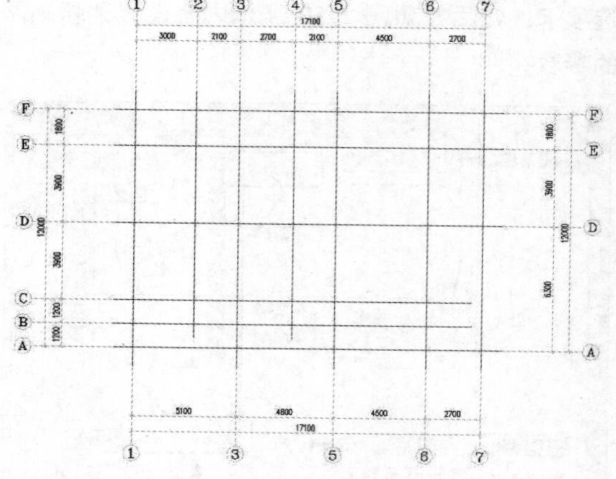

图 2-54　建筑平面图轴网

第 3 章

绘制柱子

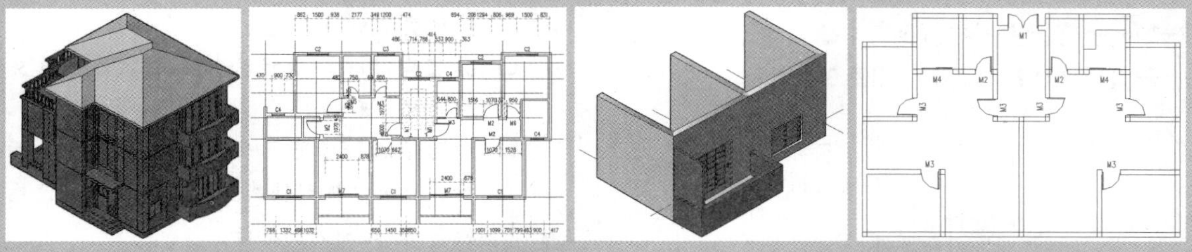

在建筑设计中，柱子是房屋建筑中不可缺少的一部分，是房屋的承重构件。柱子主要起到结构支撑的作用，同时还具有装饰美观的功能。有各种不同的柱子，标准柱用底标高、柱高和柱截面参数可描述其在三维空间中的位置和形状。构造柱用于砖混结构，它只有截面形状而没有三维数据描述，只用于施工图。

本章主要讲解创建各类柱子的方法与技巧，以及编辑方法等。

3.1 创建柱子

在建筑设计中，柱子的形状有很多种，TArch 2014 将按照柱子的形状分为标准柱、角柱和异形柱。可以根据实际需要选择创建柱子的类型。

3.1.1 标准柱

使用【标准柱】工具可以在轴线的交点或任何指定位置插入矩形柱、圆形柱、正多边形柱或异形柱。正多边形柱包括常用的三边形柱、五边形柱、六边形柱、八边形柱和十二边形柱。

在屏幕菜单中选择【轴网柱子】｜【标准柱】选项，也可以直接在命令行中输入字母 BZZ，将打开【标准柱】对话框，如图 3-1 所示。

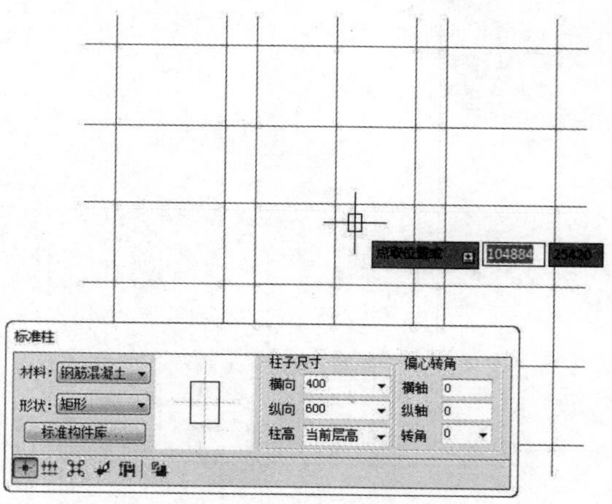

图 3-1 【标准柱】对话框

从【标准柱】对话框可以看出，柱子的参数，包括截面类型、截面尺寸和材料等。各参数项为具体含义如下所述。

- **柱子尺寸** 其中的参数因柱子形状不同而略有差异。可在【横轴】和【纵轴】文本框内输入相应的数值，用来指定柱子中心偏移定位轴交叉点水平和垂直方向的距离。
- **柱高** 柱高默认取当前层高，也可从下拉列表中选取常用高度。
- **偏心转角** 其中，旋转角度在矩形轴网中以 X 轴为基准线；在弧形、圆形轴网中以环向弧线为基准线，以逆时针为正，顺时针为负，自动设置。
- **材料** 从下拉列表中选择材料。柱子与墙之间的连接形式由两者的材料决定。目前可选材料包括砖、石材、钢筋混凝土或金属，默认为钢筋混凝土。
- **形状** 设定柱截面类型。下拉列表框中有矩形、圆形、正三角形等柱截面，选择任一种类型成为选定类型。
- **标准构件库** 从柱构件库中取得预定义柱的尺寸和样式。
- **点选插入柱子** 优先捕捉轴线交点插柱。如未捕捉到轴线交点，则在点取位置按当前 UCS 方向插柱。
- **沿一根轴线布置柱子** 在选定的轴线与其他轴线的交点处插柱。
- **矩形区域的轴线交点布置柱子** 在指定的矩形区域内所有的轴线交点处插柱。
- **替换图中已插入柱子** 以当前参数的柱子替换图上已有的柱子，可以单个替换，也可以窗选成批替换。
- **选择 Pline 创建异形柱** 以图上已绘制的闭合 Pline 线就地创建异形柱。
- **在图中拾取柱子形状或已有柱子** 以图上已绘制的闭合 Pline 线或者已有柱子作为当前标准柱读入界面，接着插入该柱。

通过选择上述 4 种方式中的任意一种，就可以根据不同的定位方式回应相应的命令行输入，来重复定位柱子的创建或者按回车键结束标准柱的创建。

例如，在轴网中插入矩形柱，截面尺寸为 240

×240，材料为钢筋混凝土。设置完参数后，在对话框底部选择矩形选定区域的方式来插入柱子。然后，在视图中，切换到插入标准柱状态，接着框选轴网网格，结果如图 3-2 所示。

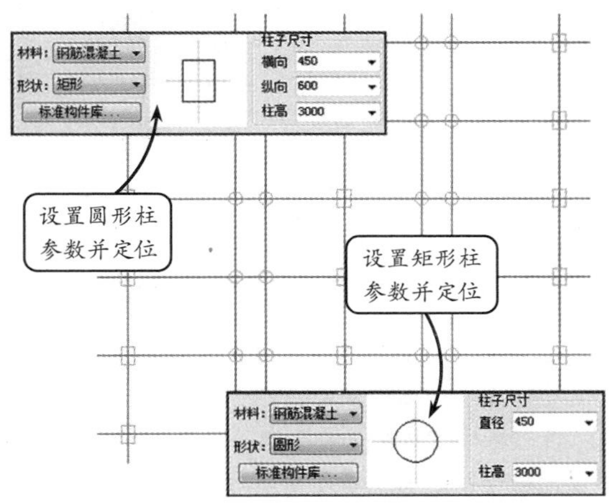

图 3-2　设置的标准柱参数

提示

在轴网的交点或任何位置插入矩形柱、圆柱或正多边形柱。正多边形柱包括常用的三边形柱、五边形柱、六边形柱、八边形柱、十二边形柱。插入柱子的基准方向总是沿着当前坐标系的方向。如果当前坐标系是 UCS，柱子的基准方向自动设为 UCS 的 X 轴方向，不必另行设置。

3.1.2　角柱

在屏幕菜单中选择【轴网柱子】|【角柱】选项，也可以直接在命令行输入 JZ 命令，在命令行将显示“请选取墙角或【参考点【R】】<退出>:”提示信息。此时，用鼠标选择需要添加角柱的墙角处定位轴网的交点即可，也可以选择该墙角墙体上的几何特性点。

选择墙角后，系统将打开如图 3-3 所示的【转角柱参数】对话框。在此对话框中，各选项的含义如下。

- **材料**　由下拉列表选择材料。柱子与墙之间的连接形式由两者的材料决定。目前，可选材料包括砖、石材、钢筋混凝土或金属，默认为钢筋混凝土。该列表与【标准柱参数】对话框中的【材料】列表选项相同，当选择的材料和墙体同材料时，将不显示接缝线。

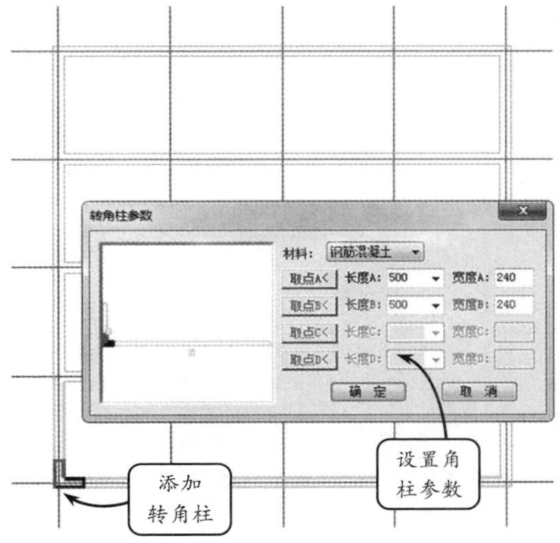

图 3-3　【转角柱参数】对话框

- **长度**　主要用于控制水平方向和垂直方向的长度。其中，旋转角度在矩形轴网中以 *X* 轴为基准线；在弧形、圆形轴网中以环向弧线为基准线，以逆时针为正，顺时针为负自动设置。当单击【取点 A<】或者【取点 B<】按钮时，可直接通过鼠标在屏幕上拾取点，得到真实长度。
- **宽度**　各分肢宽度默认等于墙宽，改变柱宽后，默认对中变化，即中轴不偏移。如果分肢轴线需要偏心，可通过夹点拖动调整。

对于这些参数选项，要根据墙体的交叉方式而定，即所选择的墙体交叉方式不同，系统打开的【转角柱参数】对话框中的可用选项就不同。设置完毕后，单击【确定】按钮即可完成角柱的插入，效果如图 3-4 所示。

在墙角插入轴网及形状与墙一致的角柱，可改动各肢长度以及各分肢的宽度。宽度默认居中，高度设为当前层高。生成的角柱与标准柱类似，每一边都有可调整长度和宽度的夹点，可以方便地按要求修改。如图 3-5 所示。

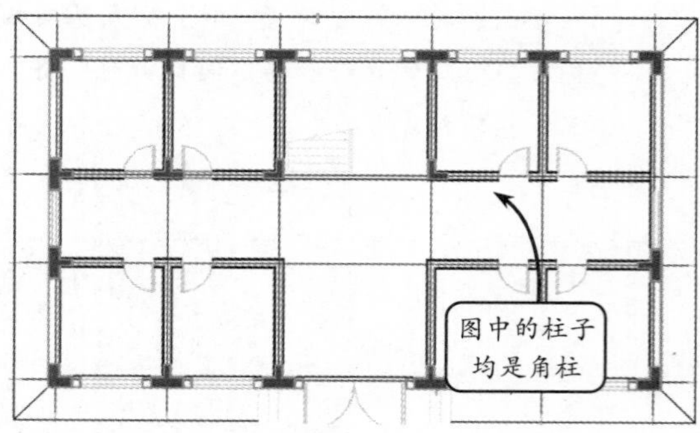

图 3-4　插入的角柱

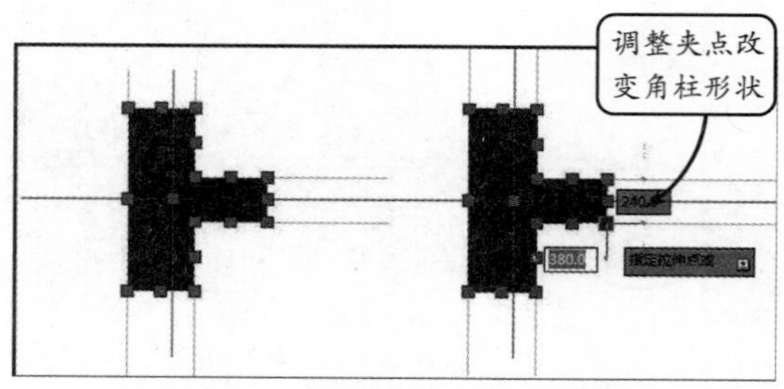

图 3-5 使用夹点调整角柱的形状

> **注意**
>
> 在执行角柱操作之前，视图中必须事先有一个绘制好的墙体平面图形。如果在选择【角柱】选项后，直接在轴网上选择，将不会看到任何效果。也就是说，【角柱】选项必须在已绘制墙体对象的图中才能使用。

3.1.3　构造柱

【构造柱】命令可用于在墙角交点处或墙体内插入构造柱，但是柱子的宽度不能超过墙体宽度。使用【构造柱】命令绘制的构造柱，是专门用于施工图设计的，对三维模型则不起作用。

在屏幕菜单中选择【轴网柱子】|【构造柱】选项，或直接在命令行输入 GZZ 命令，然后按命令行提示，选取要创建构造柱的墙角或墙中的任意位置，打开【构造柱参数】对话框，如图 3-6 所示。

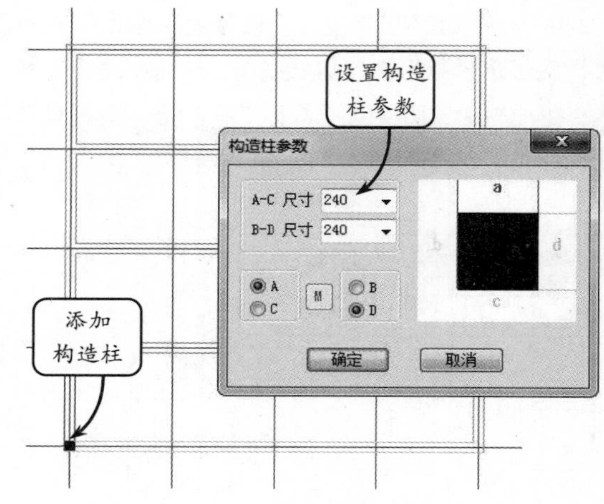

图 3-6　【构造柱参数】对话框

【构造柱参数】对话框中各选项的含义如下所示。在设置参数时，在右侧预览框内，会有图形实时反映构造柱与墙体的关系。

- **A-C 尺寸**　在该文本框中输入沿 A-C 方向的构造柱尺寸，最大不能超过墙厚。
- **B-D 尺寸**　在该文本框中输入沿 B-D 方向的构造柱尺寸，最大不能超过墙厚。
- **A、B、C、D**　这 4 个单选按钮是对齐边的互锁按钮。选择其中任意按钮，将只能对齐柱子的任意两边。
- **M**　该按钮是对中按钮。单击该按钮表示构造柱对中，对齐柱子到墙的两边。在墙厚较小时，此按钮呈灰化显示，即不能使用此功能。

在【构造柱参数】对话框输入各参数值后，选择构造柱要对齐的墙边，然后单击【确定】按钮，所选构造柱即可插入图中。如需修改构造标的长度与宽度，可通过夹点拖动进行调整。

> **注意**
>
> 使用【构造柱】命令绘制的构造柱，是专门用于施工图设计的，对三维模型不起作用。并且，使用【构造柱】命令绘制的构造柱属于非标准柱，不能使用对象编辑功能。

3.2 编辑柱子

对于绘制完成的柱子，可以对其进行编辑，如参数修改、类型修改、材料修改。在 TArch 2014 中，可以调用编辑柱子的命令对柱子进行编辑。

3.2.1 替换柱子

在添加柱子后，如有必要还可将原有的柱子替换为新的柱子类型，主要用于不同材料、形状和尺寸类型标准柱的切换。

在屏幕菜单中选择【轴网柱子】|【标准柱】选项，然后从打开的【标准柱】对话框中设置好柱子的新参数。选择 按钮，激活此按钮后，命令行将显示“选择替换的柱子”提示信息。此时，选择要替换的柱子。可通过用两点框选多个要替换的柱子区域，或者直接选取要替换的个别柱子，如图 3-7 所示。

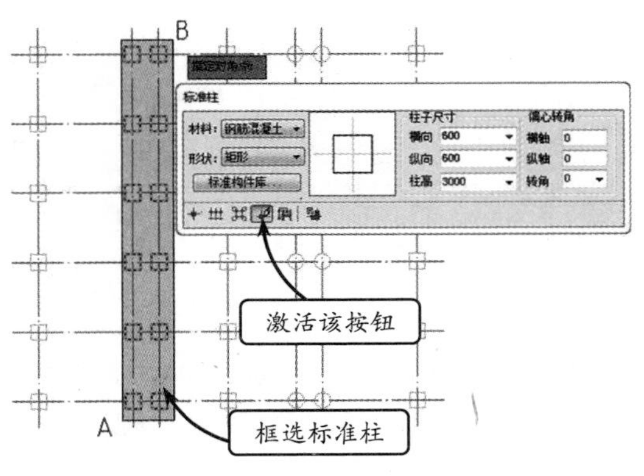

图 3-7　将图形中的标准柱进行替换

选取替换的柱子区域后，定义新的标准柱类型以及柱子参数，按回车键即可获得标准柱效果，如图 3-8 所示。

3.2.2 编辑柱子对象

编辑柱子与轴线编号对象编辑方法一样。双击待编辑的柱子，即可在打开的对话框中修改柱子的各种参数。

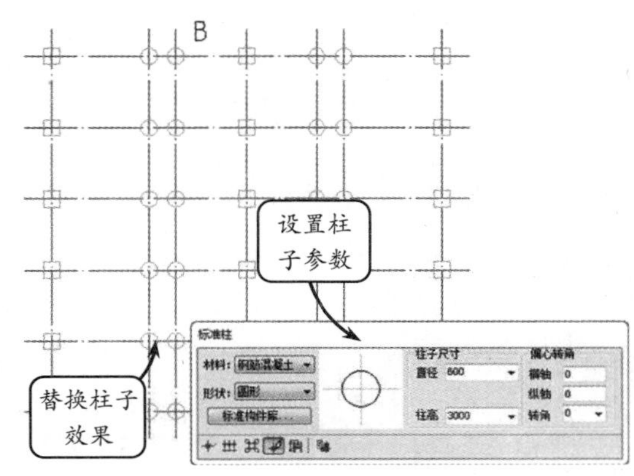

图 3-8　替换柱子

以编辑标准柱为例，在图形中双击待编辑的柱子，如图 3-9 所示。

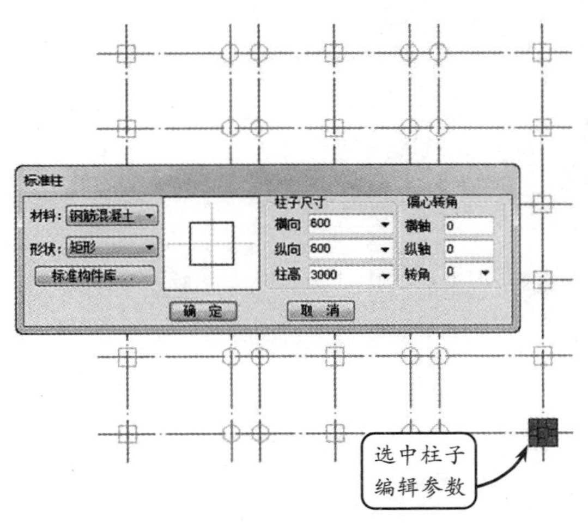

图 3-9　柱子的对象编辑对话框

在此对话框中设置好柱子的参数后，单击【确定】按钮，即可更新所选的柱子，从而完成相应的编辑操作。

技巧

AutoCAD 软件最方便快捷的方法就是使用夹点编辑图形对象，编辑柱子也不例外。可通过拖动柱子夹点改变柱子的尺寸或者位置，如矩形柱的边中夹点用于拖动改变柱子的边长、对角夹点用于改变柱子的大小、中心夹点用于改变柱子的转角或移动柱子，圆柱的边夹点用于改变柱子的半径、中心夹点用于移动柱子。

3.2.3 编辑柱子的特性

在插入柱子后，为了更加完善对柱子对象特性的描述，通过 AutoCAD 的对象特性表，我们可以方便地修改柱子对象的多项特性，而且还可成批修改参数。

选择【工具】|【选项板】|【特性管理器】选项，将打开【特性】选项板。此时，选中多个柱子，即可在特性表中修改柱子参数，被选中的所有柱子将自动更新，如图 3-10 所示。

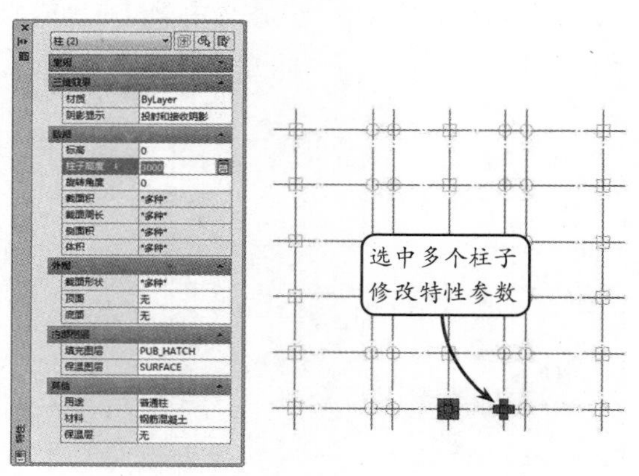

图 3-10 柱子的特性编辑窗口

3.2.4 柱齐墙边

使用该工具可将柱子边与指定墙边对齐。可一次选中多个柱子，一起完成墙边对齐操作。条件是，各柱都在同一墙段，且对齐方向的柱子尺寸相同。

在屏幕菜单中选择【轴网柱子】|【柱齐墙边】选项，在命令行将显示“请点取墙边<退出>:”提示信息。此时，在当前图形中点取作为柱子对齐基准的墙边，则命令行将显示“选择对齐方式相同的多个柱子<退出>:”提示信息。在视图中选择多个柱子，并按回车键结束，最后按照命令行提示在视图中选取对应柱子的对齐边，并按下回车键结束即可。效果如图 3-11 所示。

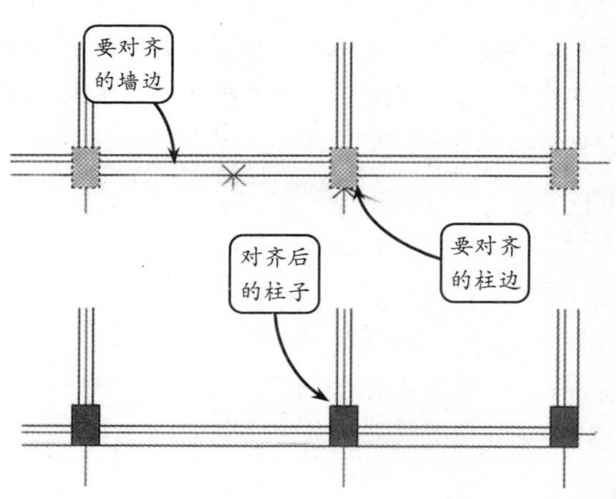

图 3-11 柱齐墙边的效果

3.3 综合案例 1：绘制建筑平面图柱子

本例将在绘制的建筑平面图中插入柱子，效果如图 3-12 所示。在建筑设计当中绘制的轴线图，根据场地上建筑主轴线控制点或其他控制点，主要为了方便于施工。对于直线轴网，在砖混结构的建筑物上使用最多。该图轴网上还要插入柱子，主要包括标准柱和角柱。

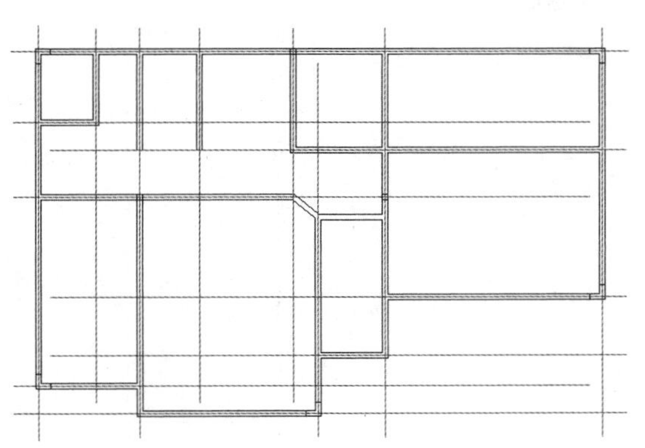

图 3-12　建筑平面图柱子

绘制该建筑平面图中插入柱子，首先该图中主要包括标准柱和角柱子，利用【标准柱】工具插入标准柱时，对于一条轴线上均匀规则排列的柱子，可通过沿一条轴线插入柱子的方式一次性插入即可。最后利用【角柱】工具选取各个墙角插入对应位置的角柱

操作步骤

STEP|01 在屏幕菜单中选择【轴网柱子】|【标准柱】选项，设置标准柱子的参数为 240×240，高度为 3300，将柱子依次插入到如图 3-13 所示位置。

STEP|02 利用【轴网柱子】|【角柱】选项，在墙体中插入角柱。由于角柱的形状会根据所选墙角发生变化，因此无法将所有角柱的参数列出来，但是它的分肢长度均为 500，效果如图 3-14 所示。

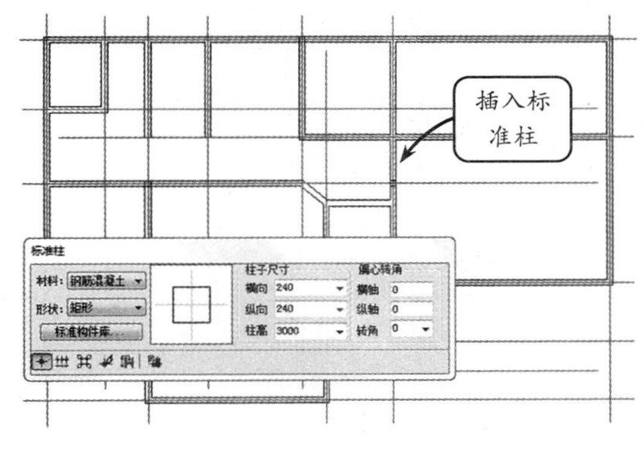

图 3-13 插入标准柱

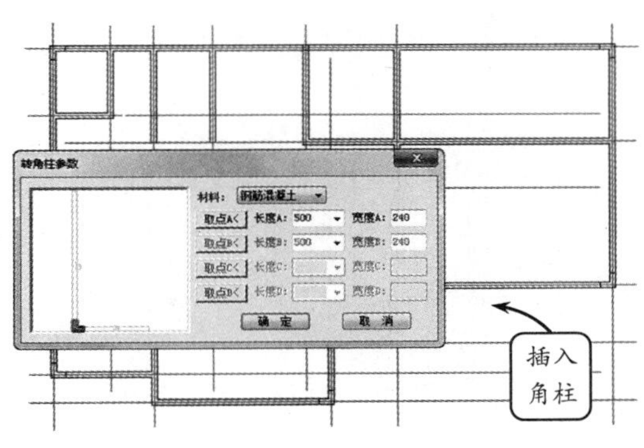

图 3-14　插入角柱

TArch 3.4 综合案例 2：绘制私人别墅平面柱子

本例将在私人别墅平面图中插入柱子，效果如图 3-15 所示。柱子是房屋建筑中不可缺少的一部分，是房屋的承重构件。该建筑平面图上还需要插入柱子。本图中，柱子类型主要分为标准柱和角柱。

绘制该图中的柱子。首先，该图中主要包括标准柱和角柱。利用【标准柱】工具插入标准柱时，指定轴网线上任意位置插入柱子。最后，利用【角柱】工具，选取各个墙角，将角柱插入对应位置即可。

操作步骤

STEP|01 在屏幕菜单中选择【轴网柱子】|【标准柱】选项，设置标准柱子的参数为 240×240，高度为 3000，将柱子插入图 3-16 所示位置。

STEP|02 利用【轴网柱子】|【角柱】选项，在墙体中插入角柱。由于角柱的形状会根据所选墙角发生变化，因此无法将所有角柱的参数列出来，但是它的分肢长度均为 500，效果如图 3-17 所示。

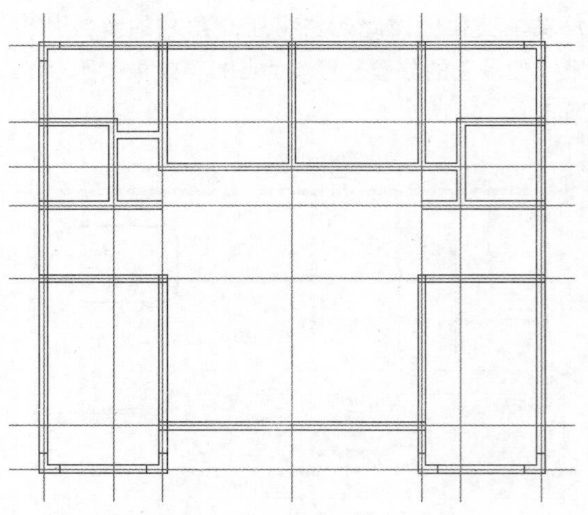

图 3-15 建筑平面图

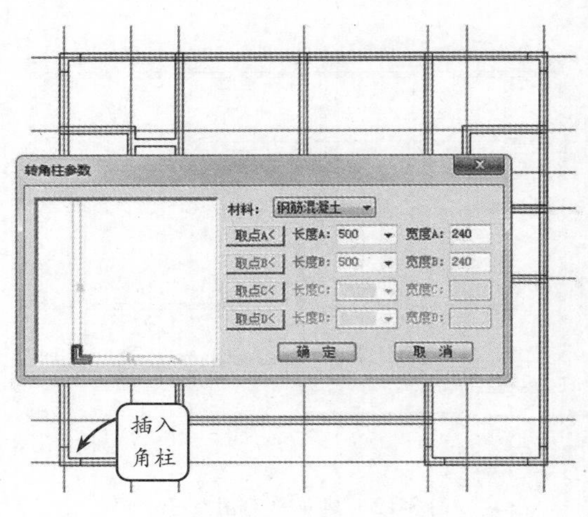

图 3-17 插入角柱

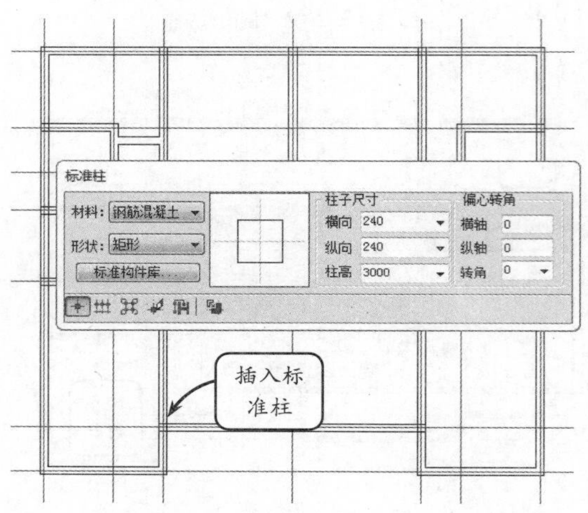

图 3-16 插入标准柱

3.5 新手训练营

练习 1：绘制居民平面图柱子

本练习将在居民楼平面图上插入柱子，效果如图 3-18 所示。在建筑中，柱子主要起到结构支撑的作用，有时候柱子也用于纯粹的装饰，要根据实际需要选择柱子的类型。本练习中的柱子类型主要为标准柱。

绘制该图中的柱子。在利用【标准柱】工具插入标准柱时，指定轴网上的任意点，将柱子插入合适的位置即可。

练习 2：绘制建筑平面图柱子

本练习将在平面图中插入柱子，效果如图 3-19 所示。根据建筑结构的类型，柱子可分为标准柱、角柱、构造柱。柱子在建筑物中的作用不同决定了它所采用的材料不同。本练习中的柱子类型主要为标准柱。

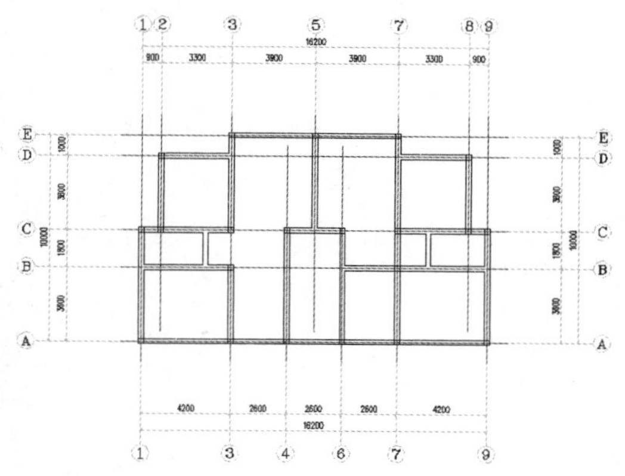

图 3-18 绘制柱子

在图 3-19 中插入柱子。首先，该图中主要包括标准柱和角柱。利用【标准柱】工具插入标准柱时，对于一条轴线上均匀排列的柱子，可通过沿一条轴线插入柱子的方式一次性插入。而对于位置不太规则的柱子，可通过点选插入，并适当调整位置。

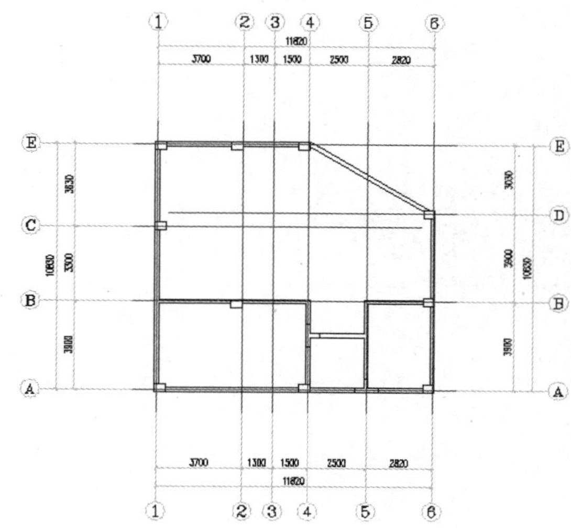

图 3-19 建筑平面图

第 4 章

绘制墙体

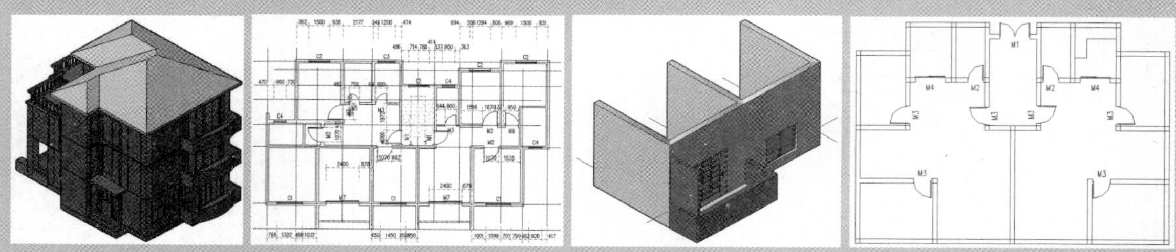

墙体是 TArch 软件中的核心对象，它模拟实际墙体的专业特性构建而成，因此可以实现墙角的自动修建、墙体之间按材料特性连接、与柱子和门窗互相关联等智能特性。TArch 提供了一系列编辑墙体图形的工具，比如等分加墙、墙体分段、倒墙角、倒斜角等。可以使用这些工具便捷地对墙体进行修改，从而满足设计的需要。

本章主要介绍墙体的创建方法，然后根据一些实例介绍墙体的各种编辑和设置方法。

4.1 创建墙体

墙体可以由【绘制墙体】命令直接创建，也可以由【单线变墙】命令和轴网转换而成。墙体是建筑房间的划分依据，理解墙对象的概念非常重要。墙对象不仅包含位置、高度、厚度这样的几何信息，还包括墙类型、材料、内外墙这样的内在属性。

4.1.1　墙体绘制

使用【绘制墙体】工具可以设定墙体参数并通过各种方式直接绘制墙体。墙线相交处可自动处理，墙款可随时定义、墙高可随时改变。在绘制过程中，墙端点可以回退。用户可以将用过的墙厚参数在数据文件中按不同材料分别保存起来。

选择【墙体】|【绘制墙体】选项，将打开【绘制墙体】对话框。直接在绘图区中指定墙体起始点和终止点，将生成具有一定高度的和样式的墙体，如图 4-1 所示。该对话框各参数项含义如下所述。

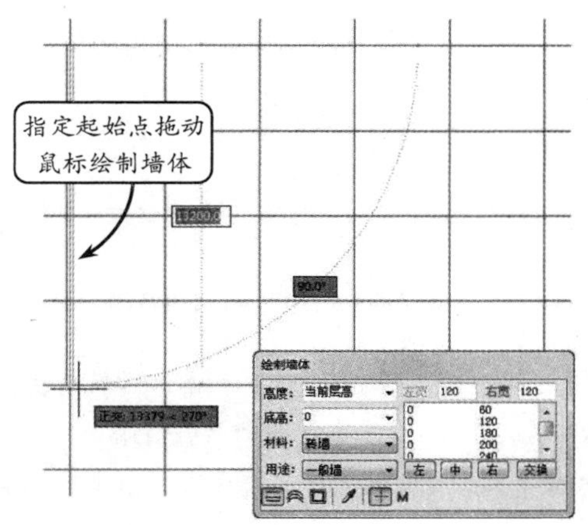

图 4-1　【绘制墙体】对话框

- ❑ **墙宽参数**　包括左宽、右宽两个参数，其中墙体的左、右宽度，指沿墙体定位点顺序，基线左侧和右侧部分的宽度。对于矩形布置方式，则分别对应基线内侧宽度和基线外侧的宽度，对话框中的相应提示将改为内宽、外宽。其中左宽（内宽）、右宽（外宽）可以是正数，也可以是负数，也可以为 0。
- ❑ **墙宽组**　在数据列表中预设有常用的墙宽参数，每一种材料都有各自常用的墙宽组系列供选用，用户自定义的墙宽组在使用后会自动添加进列表中。用户选择其中某组数据，按删除键，可删除当前墙宽组。
- ❑ **墙基线**　基线位置设有左、中、右、交换共 4 种控制方式。左、右是计算当前墙体总宽后，全部左偏或右偏的设置。例如，当前墙宽组为 120、240，按【左】按钮后即可改为 360、0，中是当前墙体总宽居中设置，上例单击【中】按钮后即可改为 180、180，交换就是把当前左、右墙厚交换方向，把上例数据改为 240、120。
- ❑ **高度/底高**　高度是指墙高，从墙底到墙顶计算的高度；底高是指墙底标高，从本图零标高（Z=0）到墙底的高度。
- ❑ **材料**　包括轻质隔墙、玻璃幕墙、填充墙到钢筋混凝土共 8 种材质，按照材质的具体密度预设了不同材质之间的遮挡关系，通过设置材料来绘制玻璃幕墙。选择不同的墙体类型绘制的墙体将以不同的颜色和宽度显示，如图 4-2 所示。

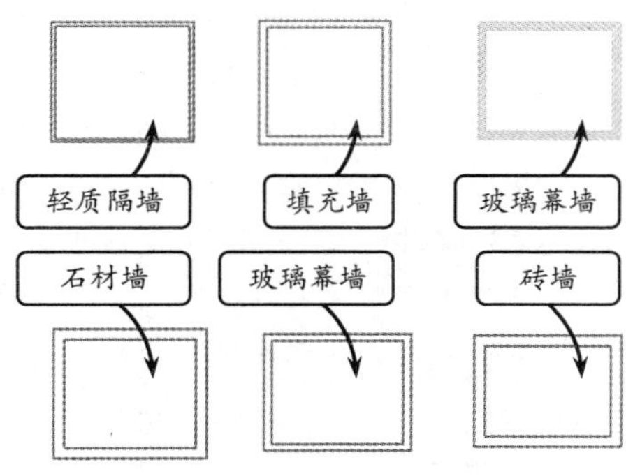

图 4-2　材料对比效果

其中玻璃幕墙是比较特殊的一种。它的参数控制较多，双击绘制的玻璃幕墙将打开【玻璃幕墙编辑】对话框，如图 4-3 所示。该对话框主要参数项设置方法如下所述。其中，【基本参数】选项卡中可以分别设置横向和纵向幕墙隔段的数目，并可以控制每两个隔段之间的高度间隔，而在【竖框】和【横框】选项卡中，则可以分别控制横框和竖框的高度和宽度值。

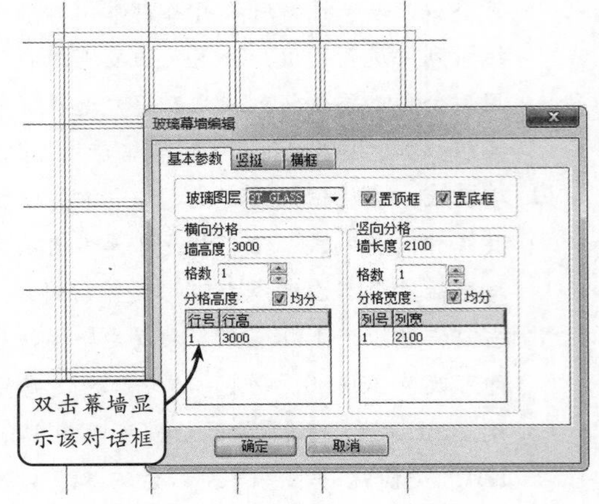

图 4-3 【玻璃幕墙编辑】对话框

➢ **基本参数** 在该选项卡中可以分别设置横向和纵向幕墙隔段的数目，并可以控制每两个隔段之间的高度间隔。在其中的【玻璃图层】列表框中选择图层名称，以便附给材质。

在【横向分格】选项组中进行高度方向分格设计默认的高度为创建墙体时的原高度，可以输入新高度。如果均分，系统将自动算出分格距离；不均分，需先确定格数，再从序号 1 开始，顺序填写各个分格距离。在【竖向分格】选项组中进行水平方向分格设计，操作程序与【横向分格】选项组相同。

➢ **竖挺/横框** 在【竖挺】和【横框】选项卡中可以分别控制横框和竖框的高度和宽度值。可在【图层】列表框中确定竖挺或者横框放置的图层。如果要进行渲染，请单独置于一层中，以方便附材质。

在其中的【截面宽】/【截面长】列表框中输入竖挺或横框的截面尺寸。可启用【垂直/水平隐框幕墙】复选框，竖挺或横框向内退到玻璃后面。禁用该复选框，则分别按【对齐位置】和【偏移距离】进行设置。

此外，在【玻璃偏移】/【横框偏移】列表框中可指定距离值，可定义本幕墙玻璃/横框与基准线之间的偏移。默认玻璃/横框在基准线上，偏移为 0。还可在【竖挺】选项卡中的【基线位置】下拉列表中预定义的墙基线位置，默认为竖梃中心。

幕墙和墙重叠时，幕墙可在墙内绘制，通过对象编辑修改墙高与墙底高，表达幕墙不落地或不通高的情况。幕墙与普通墙类似，可以在其中插入门窗。常常要求在幕墙中插入上悬窗，用于通风。

❑ **用途** 墙体的用途包括一般墙、卫生隔断、虚墙和矮墙 4 种类型。绘制的墙体将在绘图区中以不同的颜色和样式显示，如图 4-4 所示。

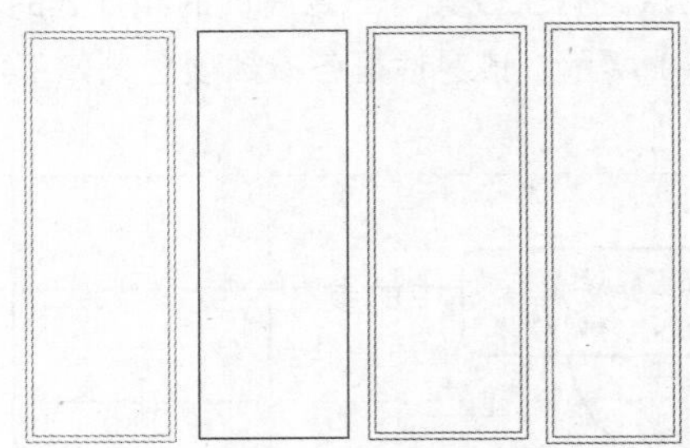
图 4-4 不同用途的墙体的显示

一般墙包括建筑物的内外墙，参与按材料的加粗和填充；虚墙用于空间的逻辑分隔，以便于计算房间面积；卫生隔断用于卫生间洁具隔断用的墙体或隔板，不参与加粗填充与房间面积计算；矮墙表示在水平剖切线以下的可见墙，如女儿墙，不参与加粗和填充。矮墙的优先级低于其他所有类型的墙。矮墙之间的优先级由墙高决定，不受墙体材料控制。

❑ **控制按钮** 在【绘制墙体】对话框的底部还有 4 个控制按钮，可以控制绘制墙体的模式，分别用来绘制直墙、圆弧墙以及矩形墙体。单击按钮 可以开启自动捕捉。

4.1.2　等分加墙

在建筑设计中，经常要绘制一些开间或进深都相等的房间，将一段墙进行纵向等分，并在垂直方向加入新墙体。此时可调用【等分加墙】命令来绘制。

选择【墙体】|【等分加墙】选项，或在命令行中输入 DFJQ，然后在绘图区中选取一段墙，将打开【等分加墙】对话框，如图 4-5 所示。

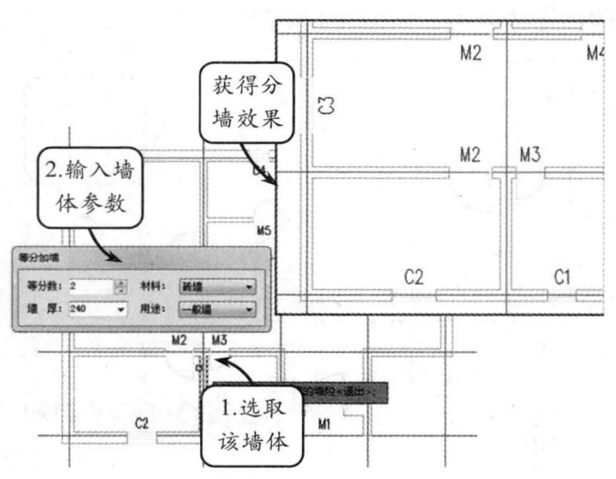

图 4-5　等分加墙

默认该对话框中的参数设置并选取另一个墙段，将显示中间加墙效果，如图 4-5 所示。该对话框各参数项含义如下所述。

- ❑ **等分数**　该参数选项用于设置等分的墙体数量。
- ❑ **墙厚**　该参数选项用于设置等分墙的厚度。
- ❑ **材料**　该参数选项用于设置等分墙的材料设置。
- ❑ **用途**　该参数选项用于选择等分墙的用途。

4.1.3　单线变墙

单线变墙命令有两个功能。一是，将直线、圆弧、多段线绘制的单线转为天正墙体对象。其中，墙体的基线与单线相重合。二是，基于设计好的轴网创建墙体，然后对其进行编辑。创建墙体后仍保留轴线。

选择【墙体】|【单线变墙】选项，或在命令行中输入 DXBQ，将打开【单线变墙】对话框。在对话框中对参数进行设置，然后在绘图区中选择需要转换的直线、圆弧或者多段线即可，如图 4-6 所示。

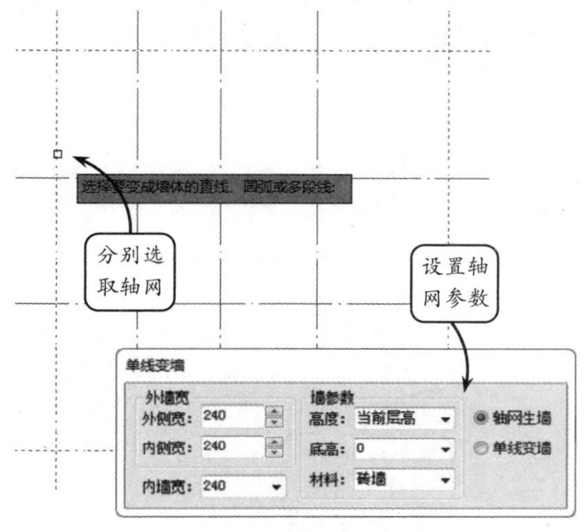

图 4-6　单线变墙

设置【单线变墙】对话框中的外墙和内墙宽度值，可以控制墙体厚度。禁用【轴线生墙】复选框，可以对直线、圆弧以及多段线进行操作。

另外一种生成墙体的方法就是启用【轴线生墙】复选框，然后在绘图区中选择轴线，将显示图 4-7 所示的结果。

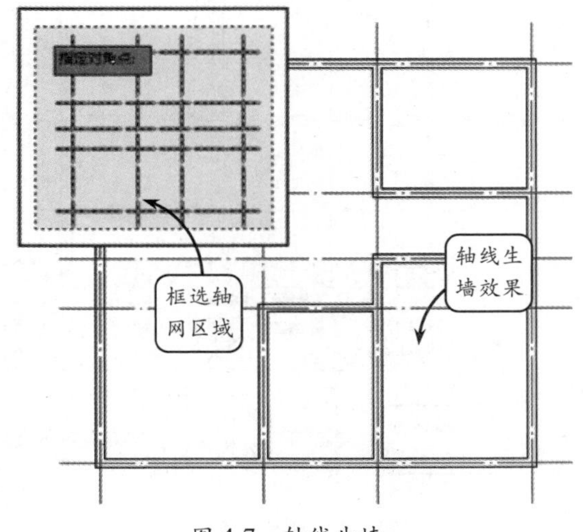

图 4-7　轴线生墙

4.1.4 墙体分段

【墙体分段】命令将原来的一段墙按给定的两点分为两段或者三段，两点间的墙段按新给定的材料和左右墙宽重新设置。

选择【墙体】|【墙体分段】选项，或在命令行中输入 QTFD，然后选取需要分段的墙体，分别点取起点 *A* 和终点 *B*。如图 4-8 所示。

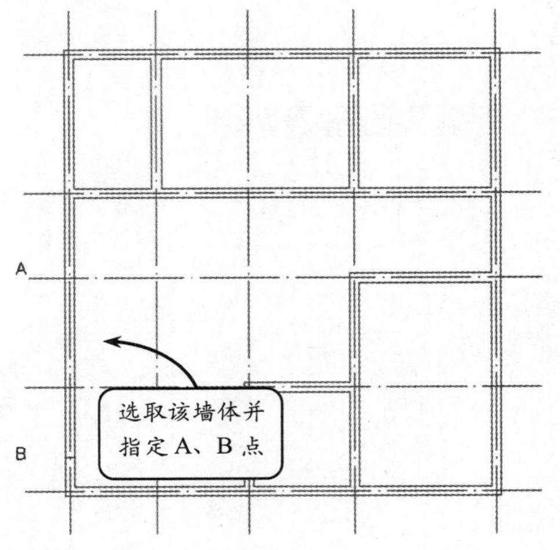

图 4-8 选取起点和终点

在打开的【墙体分段设置】对话框中修改墙体编辑参数，最后单击【确定】按钮，完成对分段墙体的操作，如图 4-9 所示。

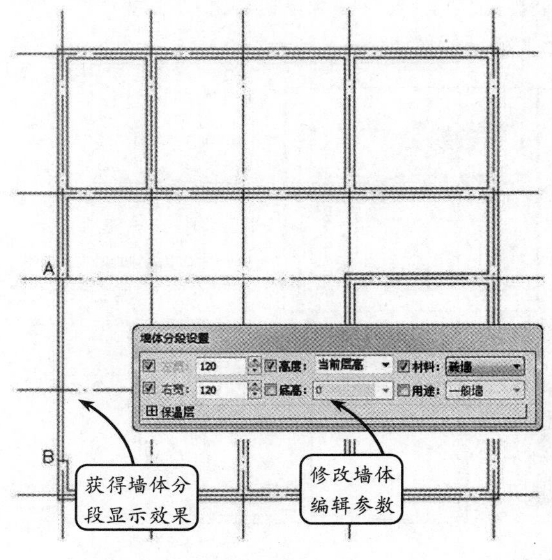

图 4-9 墙体分段

4.1.5 净距偏移

【净距偏移】命令用于在指定墙体偏移方向和偏移距离的情况下，生成新墙体。该命令的功能类似 AutoCAD 的【偏移】命令，命令自动处理墙端交接，但不处理由于多处净距偏移引起的墙体交叉。如果有墙体交叉，可使用【修墙角】命令进行处理。

选择【墙体】|【净距偏移】选项，或在命令行中输入 JJPY，然后按照命令提示输入偏移距离，即键入两墙之间偏移的净距。接着，选取偏移参照墙体，并指定偏移方向，按回车键，即可获得净距偏移墙体效果，如图 4-10 所示。

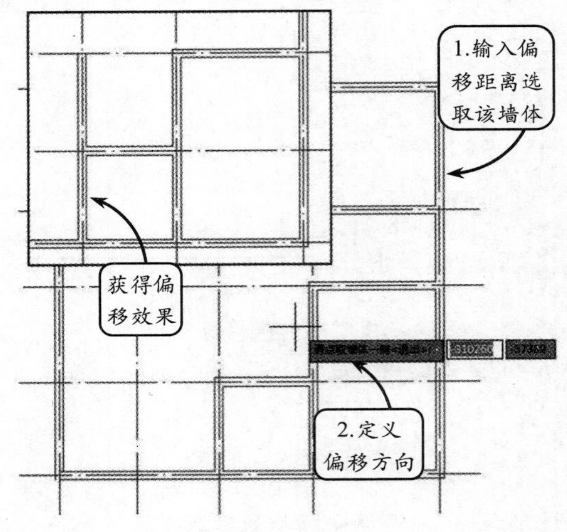

图 4-10 净距偏移

4.1.6 幕墙转换

利用【幕墙转换】命令可以把各种材料的墙与幕墙之间作双向转换。

选择【墙体】|【幕墙转换】选项，或在命令行中输入 MQZH，然后按命令行提示选取要转换的墙体，按回车键，即可将该墙体转化为幕墙，如图 4-11 所示。

提示

要转换的墙体改为按玻璃幕墙对象的表示方式和颜色显示，三线或者四线按当前比例是否大于设定的比例限值(如 1 : 100)而定。

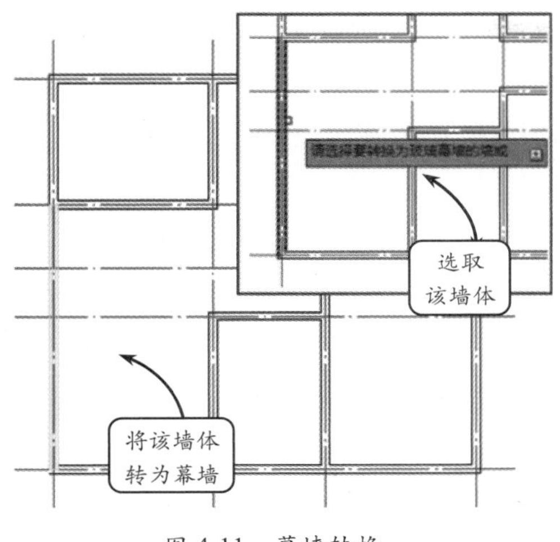

图 4-11　幕墙转换

4.2 编辑墙体

创建墙体后，根据绘图的实际需要，可以对其墙段的对象编辑修改。TArch 2014 提供的墙体编辑工具，在后期修改编辑工作，实现了便捷、准确、快速编辑图形的目的。

4.2.1　倒墙角

该工具与 AutoCAD 的【圆角】命令相似，专门用于处理两段不平行的墙体的端头交角，使两段墙以指定圆角半径进行连接，圆角半径按墙中线计算。需要注意的是：倒墙角对象的两段墙体厚度必须一致。

选择【墙体】|【倒墙角】选项，或在命令行中输入 DQJ，按照命令行提示首先输入字母 R，并输入圆角半径值，然后分别选取第一段墙和第二段墙，即可获得倒墙角效果。要获得图 4-12 所示的倒墙角效果，输入圆角半径 3 300，并分别选取两水平墙体即可。

注意

当圆角半径不为 0 时，两段墙体的类型、总宽和左右宽（两段墙偏心）必须相同，否则不能进行倒角操作；当圆角半径为 0 时，自动延长两段墙体进行连接，此时两墙段的厚度和材料可以不同。当参与倒角的两段墙平行时，系统自动以墙间距为直径加弧墙连接。

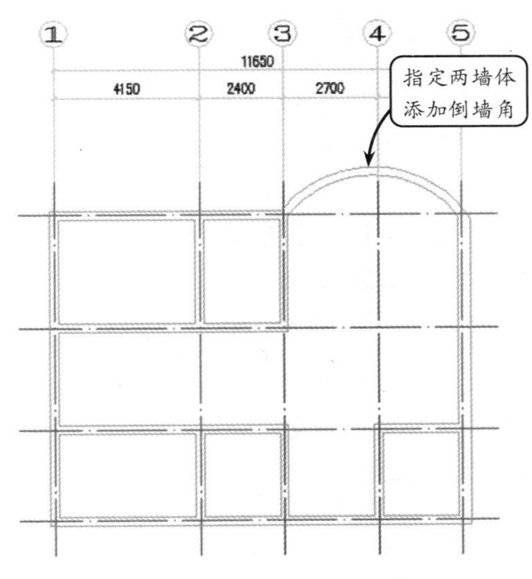

图 4-12　倒墙角

4.2.2　倒斜角

TArch 的【倒斜角】命令与 AutoCAD 的【倒角】命令相似，专门用于处理两段不平行的墙体的端头交角，使两段墙以指定倒角长度进行连接，倒角距离按墙中线计算。

选择【墙体】|【倒斜角】选项，或在命令行

中输入 DXJ，然后在命令行输入字母 D，并分别定义第一和第二倒角长度，接着分别选取第一和第二段墙，即可获得倒斜角效果。图 4-13 所示即是由两倒角长度为 500 获得的倒斜角效果。

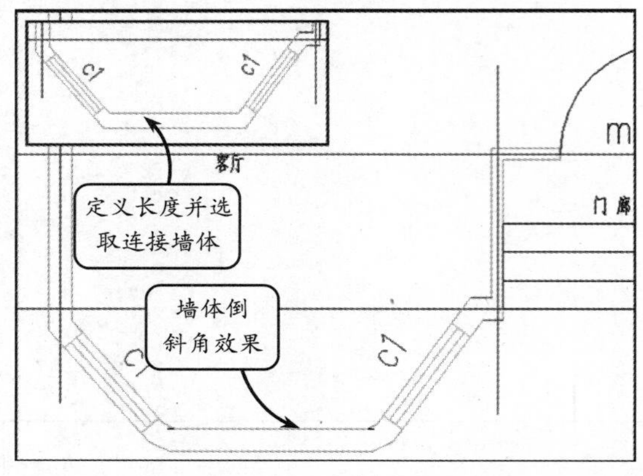

图 4-13　倒斜角

4.2.3　修墙角

使用该工具可以对未按要求修剪的墙角相交处进行清理，将相互交叠的两道墙分别在交点处断开并修理墙角。

选择【墙体】|【修墙角】选项，或在命令行中输入 XQJ，按命令行提示分别指定两角点，则矩形区域内的墙角将被修复，如图 4-14 所示。

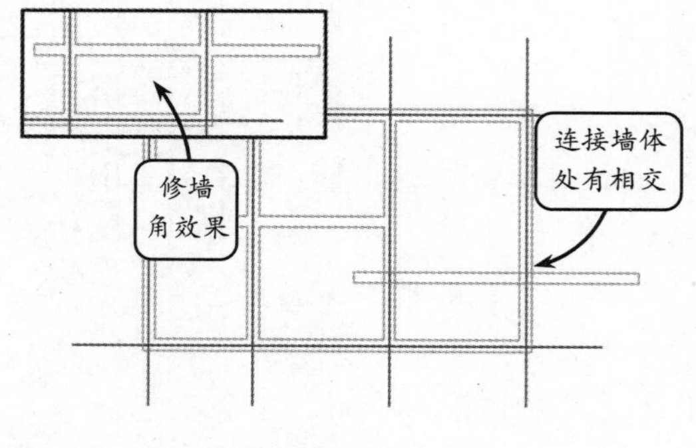

图 4-14　修墙角

观察视图，还有部分多余的墙体没有被修剪，这就是 TArch 默认的修剪方式。可以通过选择并删除多余的墙线来对墙体进行修正，结果如图 4-15 所示。

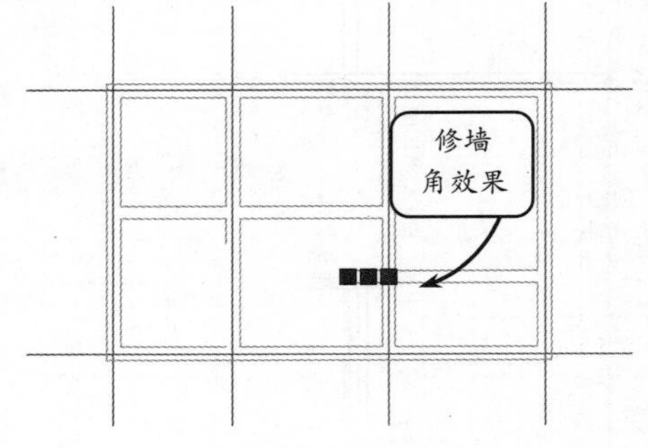

图 4-15　删除墙线

4.2.4　基线对齐

【基线对齐】命令用于纠正基线未对齐或未精确对齐的墙体。保持基线位置和总宽不变，通过修改左右宽度达到使边线与给定位置对齐的目的。

选择【墙体】|【基线对齐】选项，或在命令行中输入 JXDQ，按命令行提示选取点作为对齐点的一个基线端点，不应选取端点外的位置，如图 4-16 所示，选取 *A* 点。然后按命令行提示分别选取墙体。

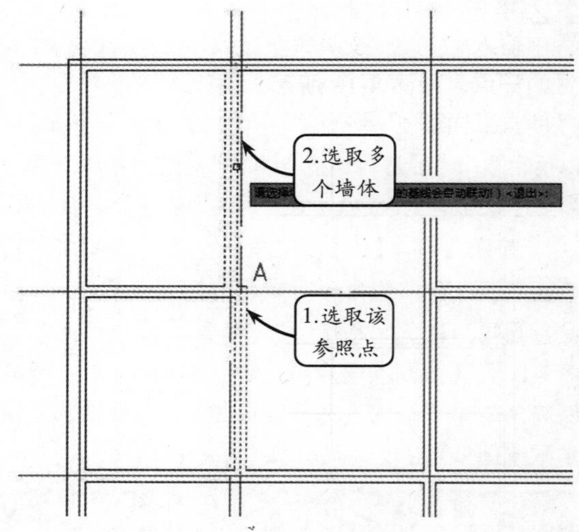

图 4-16　选取参照点和墙体

如果出现重合的墙体，将打开【发现重合的墙体】对话框。可根据需要选择对应单选按钮。本次操作选择默认单选按钮。依次单击【确定】按钮，即可获得基线对齐墙体效果，如图 4-17 所示。

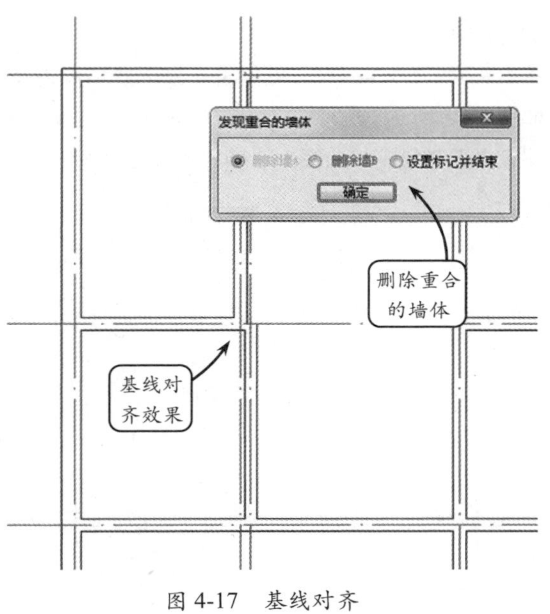

图 4-17　基线对齐

4.2.5　边线对齐

该工具用来对齐墙边，通常用于处理墙体与某些特定位置的对齐，并维持基线不变，通过修改左右宽度达到边线与给定位置对齐的目的。

选择【墙体】|【边线对齐】选项，或在命令行中输入 JXDQ，按照命令行提示选取墙体边线通过的一点。如图 4-18 所示，选取 *A* 点为墙边应通过的点。

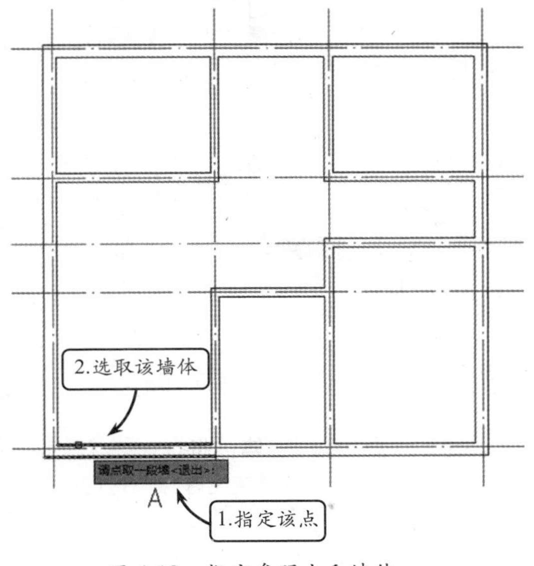

图 4-18　指定参照点和墙体

然后选取墙体边线，将打开【请您确认】对话框。可根据提示确认是否继续。单击【是】按钮，则被选墙体将与指定点（*A* 点）对齐。效果如图 4-19 所示。

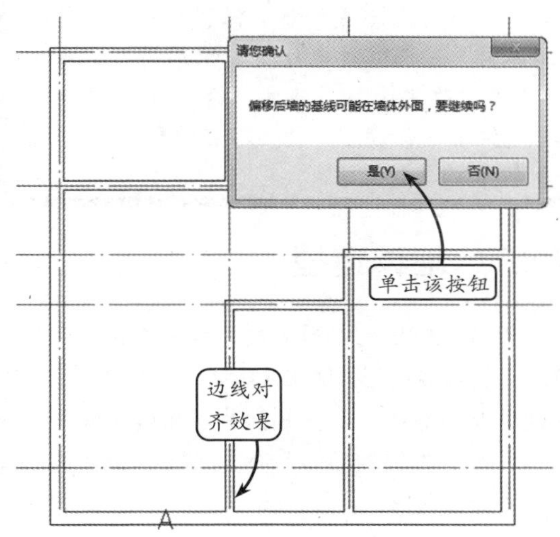

图 4-19　边线对齐

4.2.6　墙保温层

使用该工具可以在图中已有的墙段上加入或删除保温层线。遇到门后该线自动打断，遇到窗后将自动把窗厚度增加。

选择【墙体】|【墙保温层】选项，或在命令行中输入 QBWC，按照命令行提示选取墙上做保温的一侧。每次处理一个墙段，如图 4-20 所示。

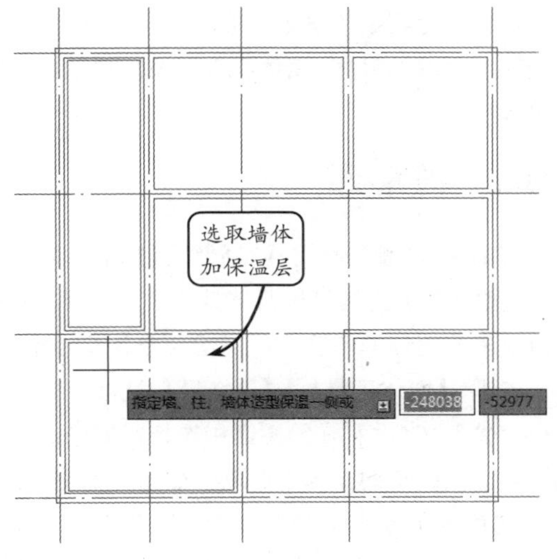

图 4-20　墙保温层

提示

选取墙的默认方式为逐段点取。输入 I 或 E，则提示选择外墙（系统自动排除内墙）。对选中外墙的内侧或外侧加保温层线。使用该工具前，应已做过内外墙的识别操作。输入 T，可以改变保温层厚度。输入 D，将删除指定位置的保温层，取代以前的【消保温层】命令。

4.2.7 墙体造型

在建筑物的内部和外部，有时候会有内凹或者外凸的墙体造型，使用【墙体造型】命令，可以快速地绘制墙体造型，并使造型和墙体成一个整体。常见的墙体造型包括墙垛、壁炉、烟道等与墙连通的建筑构造。

选择【墙体】|【墙体造型】选项，或在命令行中输入 QTZX，命令行将显示“选择 [外凸造型(T)/内凹造型(A)]<外凸造型>:”提示信息，可根据需要设置外凸或内凹造型，命令行将显示“墙体造型轮廓起点或 [点取图中曲线(P)/点取参考点(R)]<退出>:”提示信息，可分别指定点来创建墙体造型，如图 4-21 所示。也可在命令行中输入 P，接着在绘图区中选择绘制的曲线，这样墙体将与曲线合并。

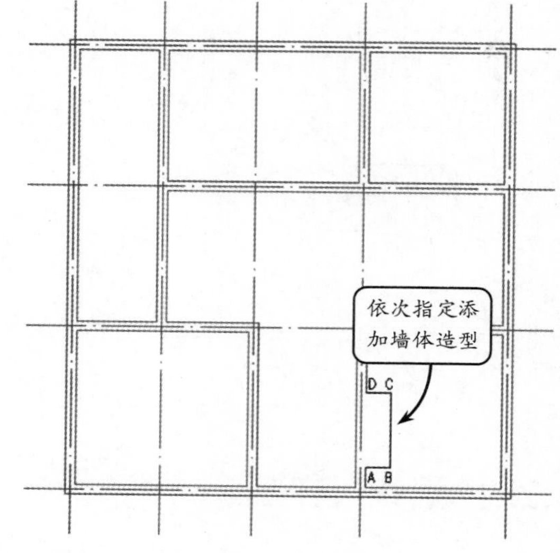

图 4-21 添加造型

4.3 墙体工具

墙体创建后，可以双击进行本墙段的对象编辑修改。对于多个墙段的编辑，可以使用 TArch 软件提供了专用编辑命令的墙体工具来进行修改，以便完成对墙体厚度、墙体高度以及墙体的封口处理等操作。

4.3.1 改墙厚

单段修改墙厚使用【对象编辑】工具即可。使用【改墙厚】工具可按照墙基线居中的规则，批量修改多段墙体的厚度，但不适合修改偏心墙。

选择【墙体工具】|【改墙厚】选项，或在命令行中输入 GQH，在绘图区中选择需要修改厚度的墙体，按回车键，结束选取，如图 4-22 所示。

在命令行或提示栏中输入需要改变的墙体厚度，将按照修改值更新所选墙体的厚度，并对墙段和其他构件的连接处进行处理，效果如图 4-23 所示。

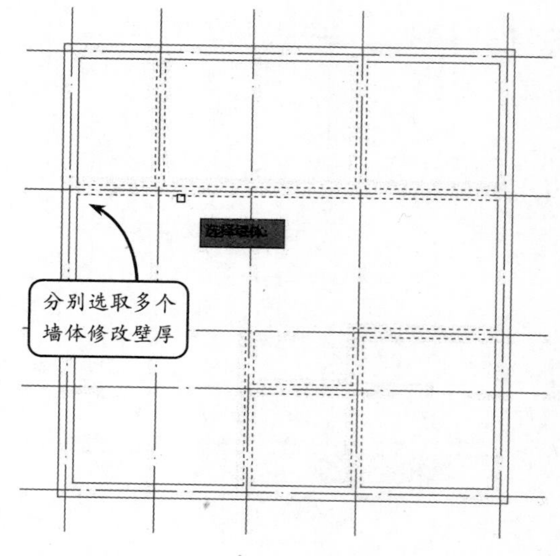

图 4-22 选取待修改的墙体

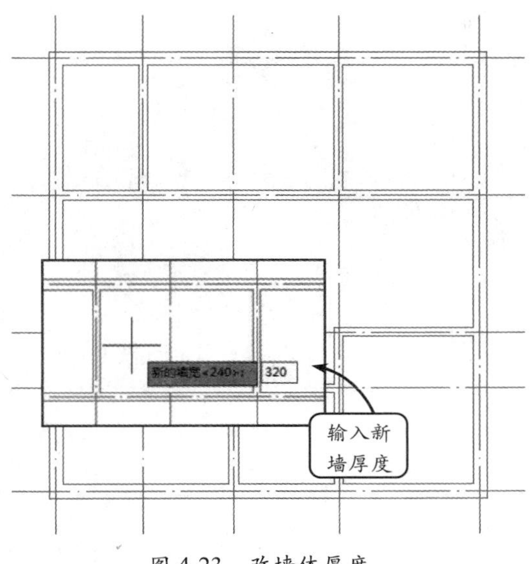

图 4-23　改墙体厚度

4.3.2　改外墙厚

有时候，建筑物的外墙和内墙尺寸是不一致的。在使用相同的尺寸绘制完墙体后，需要对外墙或者内墙的尺寸进行修改，以符合实际的情况。

选择【墙体工具】|【改外墙厚】选项，或在命令行中输入 GWQH，然后在绘图区中选择需要改变厚度的外墙，如图 4-24 所示。

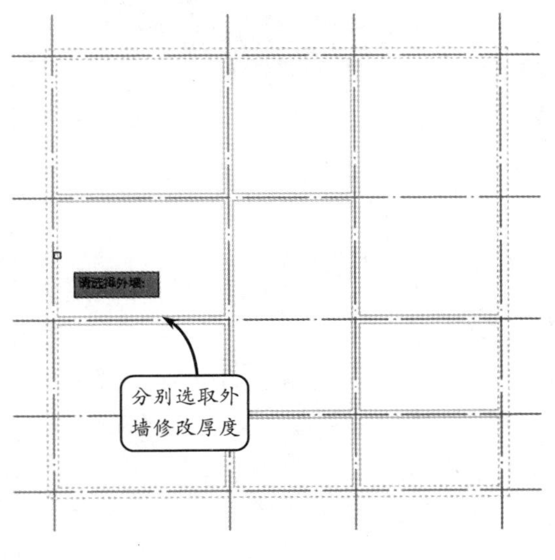

图 4-24　选取外墙

接着，在命令行输入外墙内侧边线到基线的距离，以及外墙外侧边线到基线的距离，即可更新外墙厚度，并对外墙与其他构件的连接进行处理。效果如图 4-25 所示。

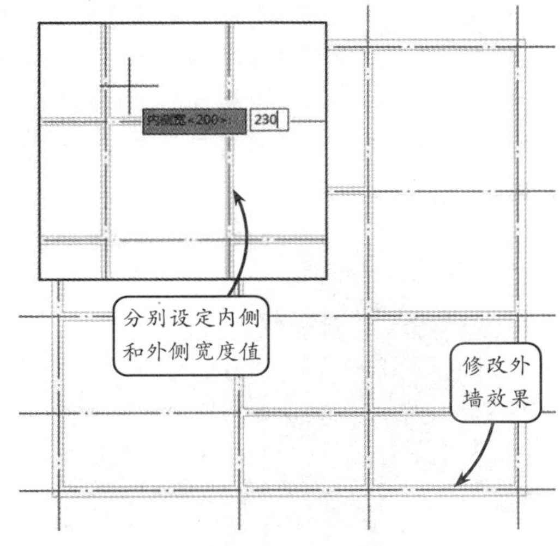

图 4-25　改外墙厚

4.3.3　改高度

使用此工具可以对选中的柱、墙体的高度和底标高进行成批的修改。它是调整上述这些构件竖向位置的主要手段。修改底标高时，门窗底的标高可以和柱、墙联动修改。

按住 Shift 键并拖动鼠标滚轮，则原墙体平面将以立体方式显示。此时，选择【墙体工具】|【改高度】选项，或在命令行中输入 GGD，并按命令行提示选取需要修改的建筑对象。如图 4-26 所示，在绘图区中选择两段墙体。

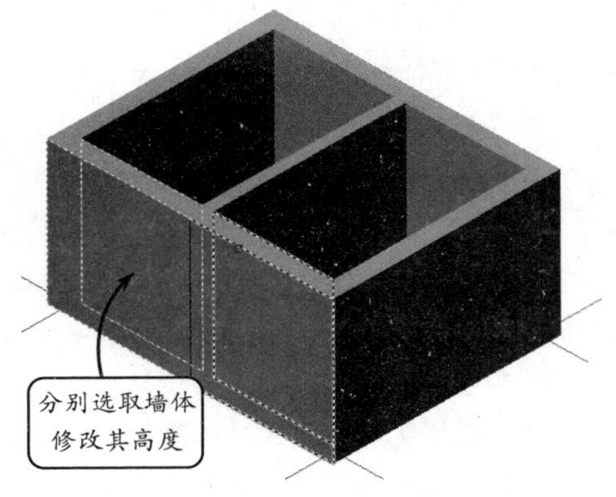

图 4-26　选择墙体

然后，分别在命令行中输入墙体的高度值和标高值。此时，命令行将显示“是否维持窗墙底部间距不变？（Y/N） [N]:”提示信息，可根据需要输入 Y 或 N，以确定门窗底标高是否同时修改。如图 4-27 所示，输入墙体新的高度值 500 和标高值 2 500，命令行将提示“是否维持窗墙底部间距不变？”。由于这里没有窗洞造型，所以直接按回车键即可。

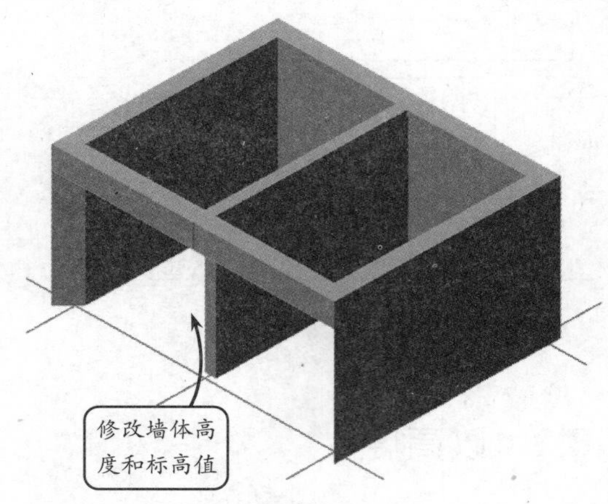

图 4-27 修改效果

被选中的柱、墙体及造型的高度和底标高将按给定值修改。如果墙底标高不变，窗墙底部间距不论输入 Y 还是 N 都没有关系。但如果墙底标高改变，就会影响窗台的高度。比如，底标高原来是 0，新的底标高是-500。以 Y 响应时，各窗的窗台相对墙底标高而言高度维持不变，但从立面图看就是窗台随墙下降了 500；如以 N 响应，则窗台高度相对于底标高间距就做了改变，而从立面图看窗台却没有下降。

4.3.4 改外墙高

该工具与【改墙高】工具类似，只是它只对外墙有效。该工具通常可以对选中墙体的高度和底标高进行成批的修改。

选择【墙体工具】|【改外墙高】选项，或在命令行中输入 GWQG，按命令行提示选取待编辑的外墙，如图 4-28 所示。

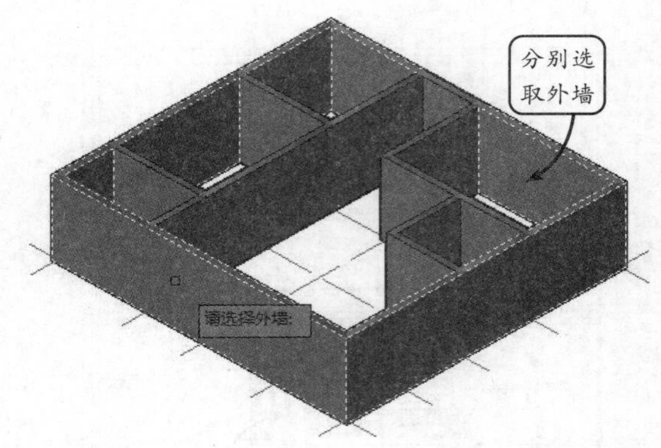

图 4-28 选取待编辑的外墙

选取外墙后，按命令行提示分别定义外墙高度和标高值，此时命令行将显示“是否维持窗墙底部间距不变？（Y/N） [N]:”提示信息。根据需要输入 Y 或 N，即可获得该外墙效果，如图 4-29 所示。

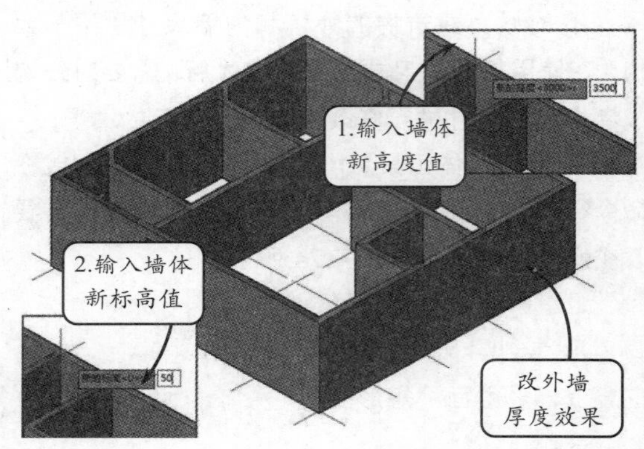

图 4-29 改外墙厚度

4.3.5 平行生线

【平行生线】命令类似于 AutoCAD 的【偏移】命令，用于生成一条与墙线（分侧）平行的曲线。也可以用于柱子，生成与柱子周边平行的一圈粉刷线。

选择【墙体工具】|【平行生线】选项，或在命令行中输入 PXSX，按命令行提示选取墙体的内皮或外皮，并输入墙皮到线的净距，即可获得平行生线效果，如图 4-30 所示。

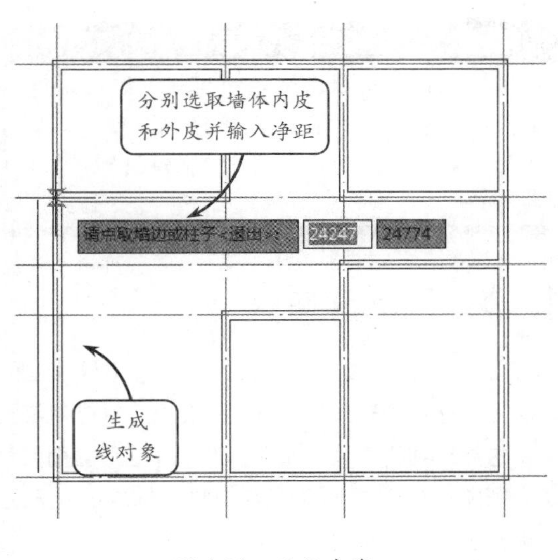

图 4-30　平行生线

4.3.6　墙端封口

使用该工具可以改变墙体对象自由端的二维显示形式，可以在封闭和开口两种形式之间互相转换，并且不影响墙体的三维效果，对已经与其他墙相接的墙端不起作用。

选择【墙体工具】|【墙端封口】选项，或在命令行中输入 QDFK，按命令行提示选择要改变端头形状的墙段，并按回车键确认操作，即可获得墙端封口效果，如图 4-31 所示。

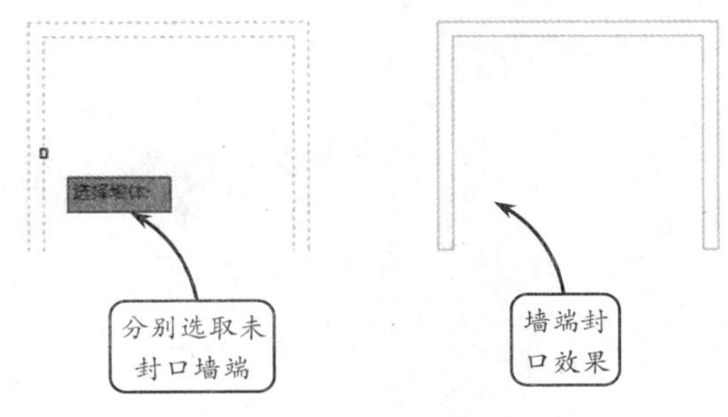

图 4-31　墙端封口

4.4　墙体立面工具

墙体立面工具不是在立面施工图上执行的命令，而是在平面图绘制时，为立面或三维建模做准备时而编制的几个墙体立面设计命令。包括墙面 UCS、异形立面、矩形立面这 3 个工具。

4.4.1　墙面 UCS

为了构造异形洞口或构造异形墙立面，必须在墙体立面上定位和绘制图元，需要把 UCS 设置到墙面上。本命令用于临时定义一个基于所选墙面（分侧）的 UCS 用户坐标系，在指定视口转为立面显示。

选择【墙体立面】|【墙面 UCS】选项，或在命令行中输入 QMUCS，然后在绘图区中选择绘制的一段墙体，视图将自动转换为正对墙体的立面图，图 4-32 所示的是墙面 UCS 显示前后的对比效果。通常可以配合其他命令使视图以双视口形式显示，以便完成其他复杂结构的绘制。

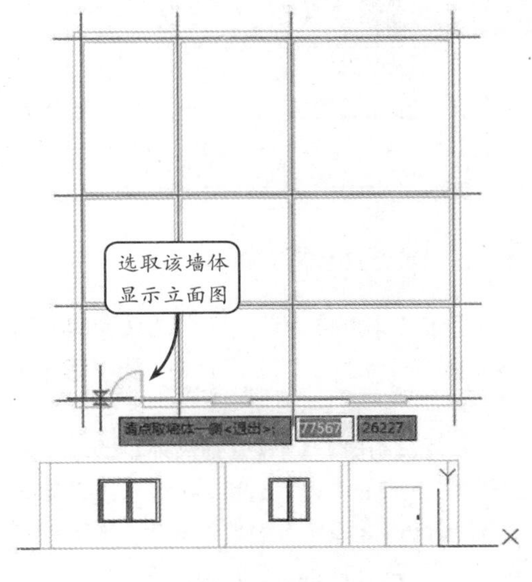

图 4-32　墙面显示

4.4.2　异形立面

使用该工具可以对矩形立面墙进行适当的剪

裁，以构造出不规则立面形状的特殊墙体，如创建双坡或单坡山墙与坡屋顶底面相交的结构。

在进行异形立面操作之前，首先利用【墙面UCS】工具将视图切换到侧视图，并使用【多段线】工具绘制一条折线。然后选择【墙体立面】|【异形立面】选项，或在命令行中输入 YXLM，按命令行提示在立面视口中选取范围线，并在平面或轴侧图视口中选取要改为异形立面的墙体（可多选），即可获得修剪效果，如图 4-33 所示。

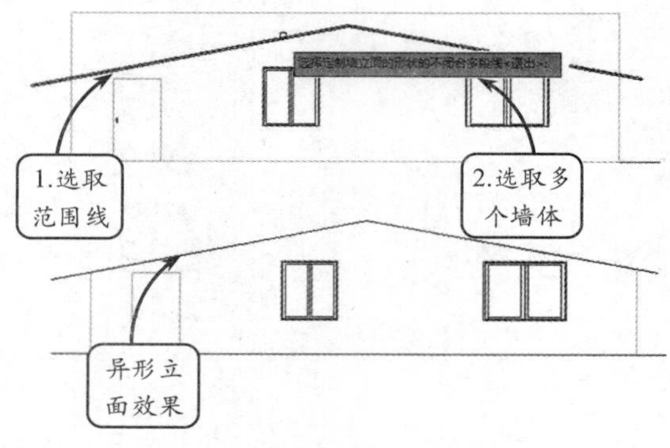

图 4-33　异形立面

> **提示**
>
> 选中墙体后，墙体将按照边界线，变为不规则立面形状，或者更新为新的立面形状。命令结束后，作为边界的多段线仍将保留，以备再用。

4.4.3　矩形立面

该工具是异形立面的逆命令，可将异形立面墙恢复为标准的矩形立面墙。在绘图区中选择需要恢复的异形立面墙体（允许多选），【矩形立面】命令会把所选中的异形立面墙恢复为标准的矩形立面墙。这里不再赘述。

4.5　内外识别工具

建筑物内外墙的属性是不一样的，所以在绘制的过程中，内外墙要区分开来，以方便对其进行表示和编辑。要对所绘制的墙体进行内外墙的识别，才能分别对内墙和外墙进行编辑修改。

4.5.1　识别内外墙

使用该工具可自动识别内、外墙，同时可设置墙体的内外特征。在节能设计中，要使用外墙的内外特征。

选择【识别内外】|【识别内外】选项，或在命令行中输入 SBNW，按命令行提示选择墙体对象。在绘图区中选择所有的墙体对象，连续按回车键确认选择，系统将自动识别内外墙。外墙将以红色虚线显示，如图 4-34 所示。

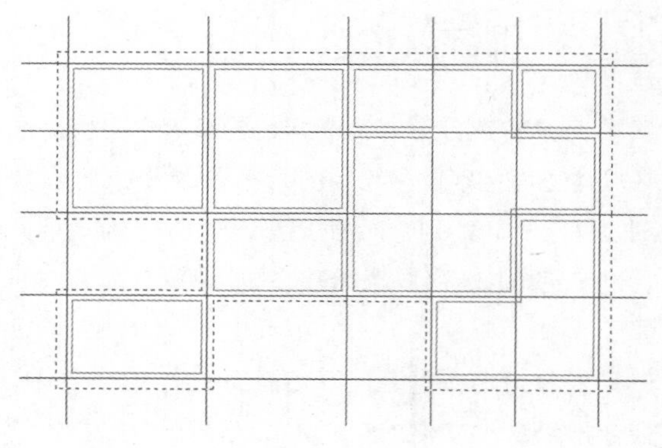

图 4-34　识别内外墙

4.5.2　指定内墙

使用该工具可以将普通的墙体转变为外墙，

选择【识别内外】|【指定内墙】选项，或在命令行中输入 ZDNQ，然后按命令行提示选取内墙的

墙体，按回车键结束墙体选取即可，效果如图 4-35 所示。

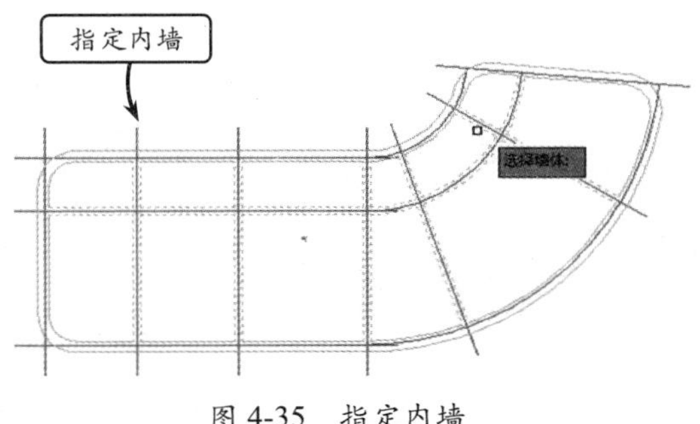

图 4-35　指定内墙

4.5.3　指定外墙

使用该工具可以将普通的墙体转变为外墙。

选择【识别内外】|【指定外墙】选项，或在命令行中输入 ZDWQ，逐段点取外墙的外皮一侧或幕墙框料边线。被选中的墙体的外边线将亮显。

4.5.4　加亮外墙

【加亮外墙】命令用于将当前图中所有外墙的外边线用红色虚线亮显，以便用户了解哪些墙是外墙，哪一侧是外侧。用【重画】命令可消除亮显虚线。

选择【识别内外】|【加亮外墙】选项，或在命令行中输入 JLWQ，系统将执行加亮外墙操作，如图 4-36 所示。

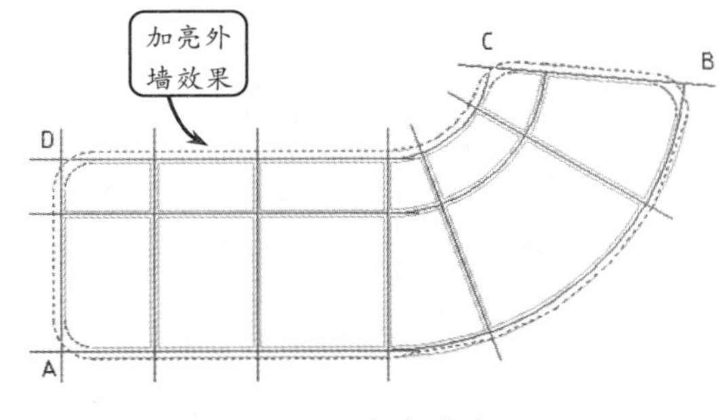

图 4-36　加亮外墙

TArch 4.6　综合案例 1：绘制农村住宅平面图

本例将绘制农村住宅平面图，效果如图 4-37 所示。墙体的绘制在建筑设计中占据了较大的比例，体现了建筑设计师的表达方式。所以，应熟练掌握绘制墙体的一些绘制方式，并能准确表达设计师的设计思想。最为重要的是，墙体是建筑的基本框架，绘制墙体是进行复杂建筑设计的前提。

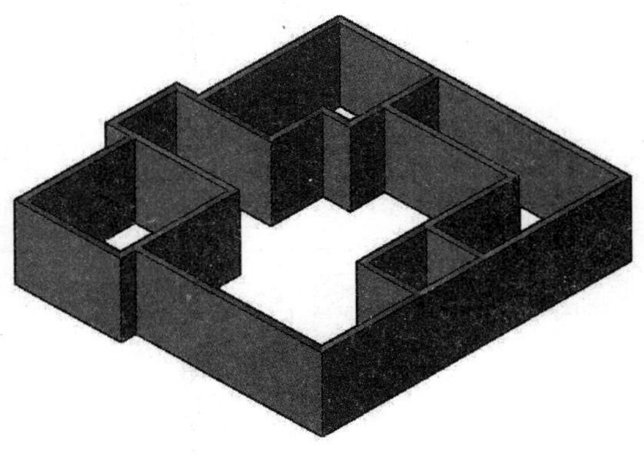

图 4-37　绘制农村住宅平面图

绘制该平面图时，首先应绘制该建筑的定位轴网，然后利用【绘制墙体】工具，沿着轴线绘制墙体。其中，需要用到【净距偏移】工具创建内墙。

操作步骤

STEP|01 选择【轴网柱子】|【绘制轴网】选项，在打开的【绘制轴网】对话框中依次设置下开、上开和右进的参数，效果如图 4-38 所示。

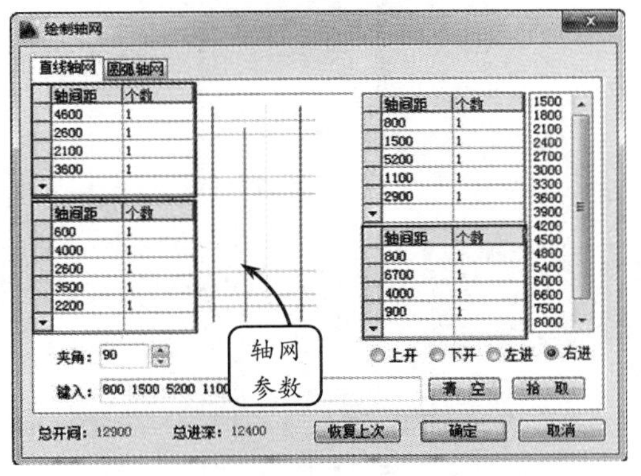

图 4-38　绘制轴网

STEP|02 确定轴网的位置。选择【墙体】|【绘制墙体】选项，在打开的对话框中设置墙参数，效果如图 4-39 所示。

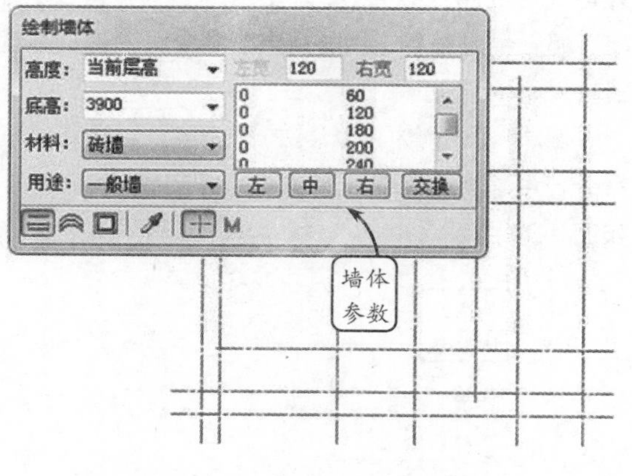

图 4-39　设置墙体参数

STEP|03 设置好墙体参数后，依次选取各轴线的交点，沿着轴线绘制墙体。绘制的墙体效果如图 4-40 所示。

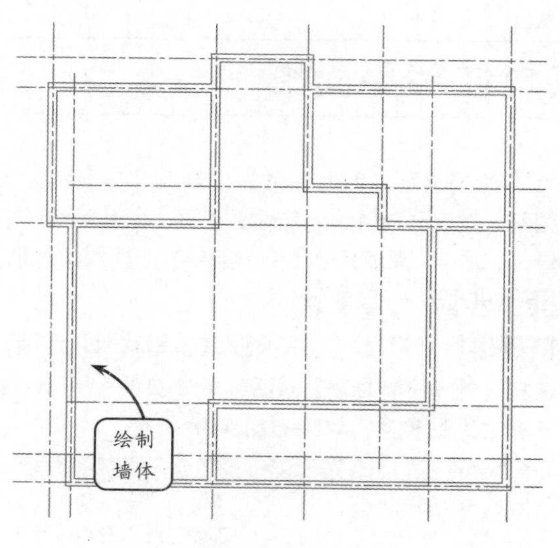

图 4-40　绘制墙体

STEP|04 将【轴线】图层隐藏。选择【墙体】|【净距偏移】选项，输入偏移距离为 2 600，指定最左端的竖直墙体向右偏移。效果如图 4-41 所示。

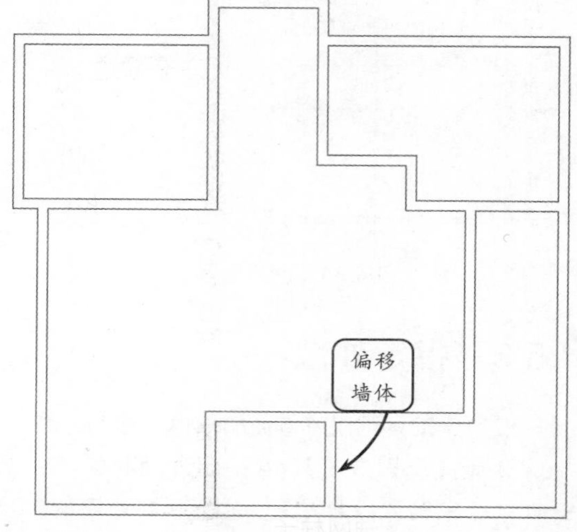

图 4-41　净距偏移

STEP|05 切换【东南等轴测】为当前视图，并切换【概念】为当前视觉样式，观察创建的墙体的三维效果，如图 4-42 所示。

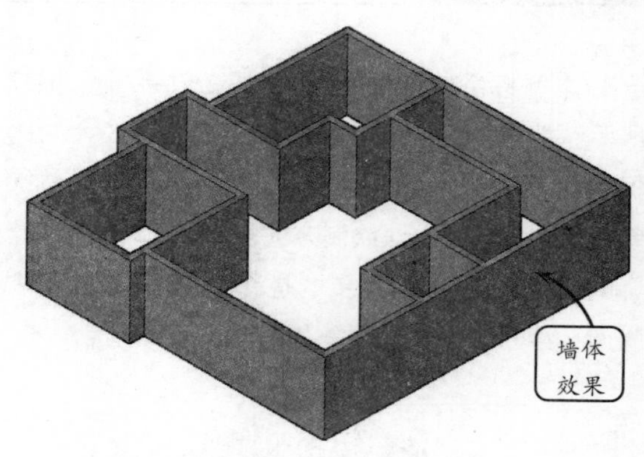

图 4-42　三维效果

4.7 综合案例 2：绘制别墅首层平面图

本例将绘制别墅首层平面图，效果如图 4-43 所示。墙体创建方法有很多种，且都比较简单。重要的是，如何在后期墙体的编辑中更方便有效地处理交接墙段，以达到预期的效果（如处理一些不同厚度的内墙），进而使用户熟练掌握墙体编辑的一些技巧。

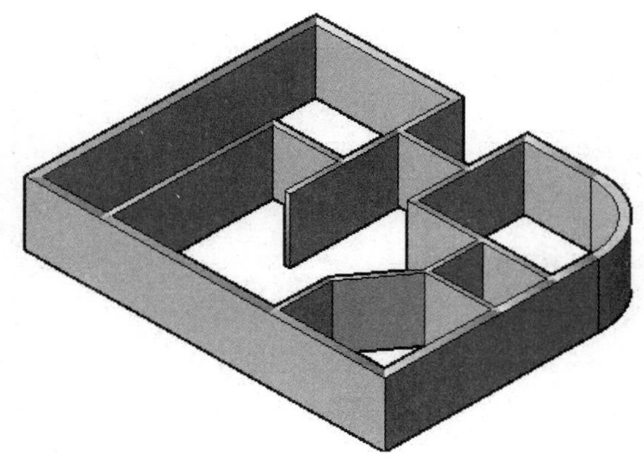

图 4-43　别墅首层平面图

操作步骤

STEP|01 选择【轴网柱子】|【绘制轴网】选项，在打开的【绘制轴网】对话框中依次设置下开轴网间距为 2 400，个数为 5；然后设置左进的轴间距为 3 000，个数为 5。效果如图 4-44 所示。

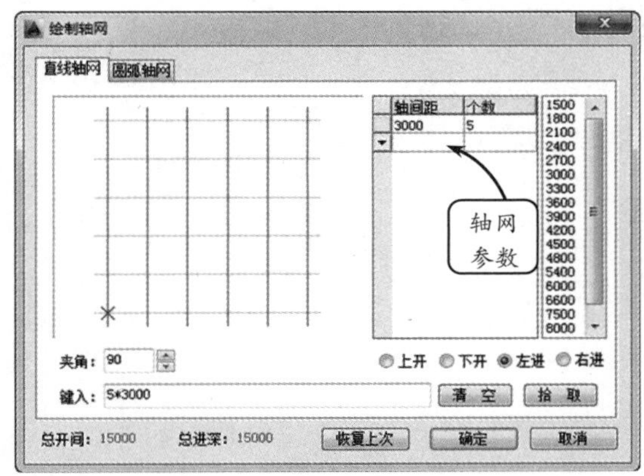

图 4-44　绘制轴网

STEP|02 在图中单击确定轴网的位置，然后选择【墙体】|【单线变墙】选项，在打开的【单线变墙】对话框中设置墙参数，效果如图 4-45 所示。

STEP|03 参数设置完毕后，在图中框选所有轴线，并单击鼠标右键，在轴线上创建墙体，即可按照默认的内墙和外墙，得到相应的宽度效果，如图 4-46 所示。

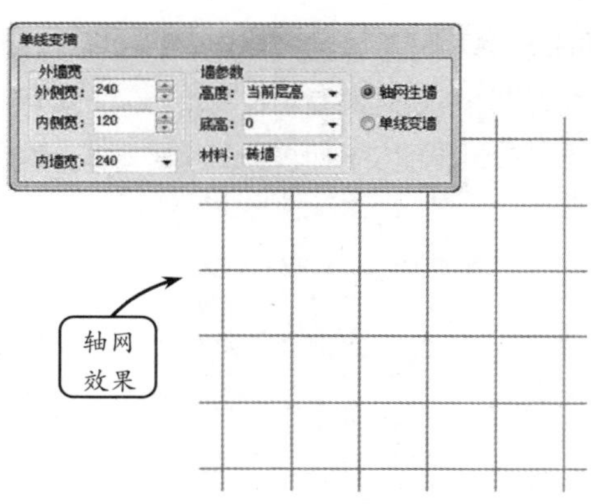

图 4-45　设置墙参数

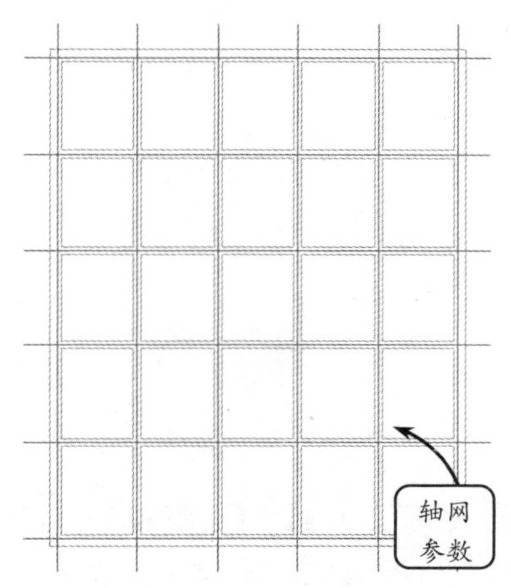

图 4-46　单线变墙

STEP|04 将【轴线】图层隐藏，使用单击选取的方式选取图 4-47 所示的墙体，并按 Delete 键将不需要的墙段删除掉。

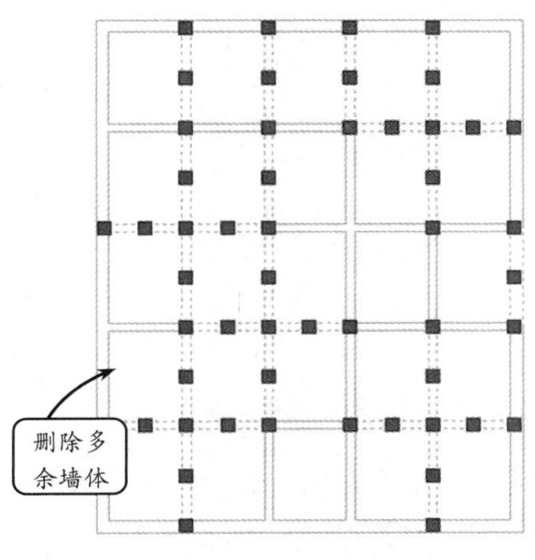

图 4-47　删除多余墙体

STEP|05 选择【墙体】|【倒墙角】选项，并在命令行中输入 R，设置圆角半径为 R3000。然后选取墙体下角的两段墙体，即可创建墙体圆角，效果如图 4-48 所示。

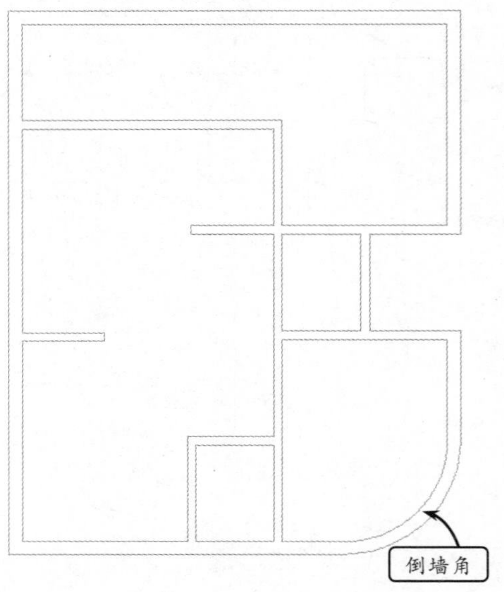

图 4-48　倒墙角

STEP|06 选择【墙体】|【净距偏移】选项，输入偏移距离为 1 000，将图 4-49 所示的墙体向下偏移。

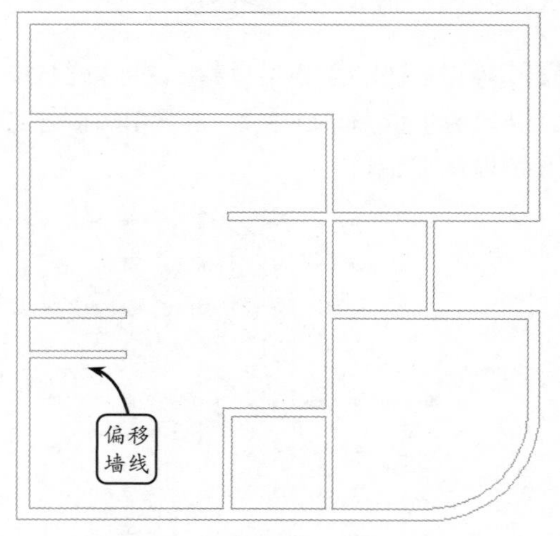

图 4-49　净距偏移

STEP|07 选择【墙体】|【绘制墙体】选项，在打开的【绘制墙体】对话框中设置墙体的宽度，并选择墙体的材料类型，然后在视图中捕捉两个端点，绘制墙体效果如图 4-50 所示。

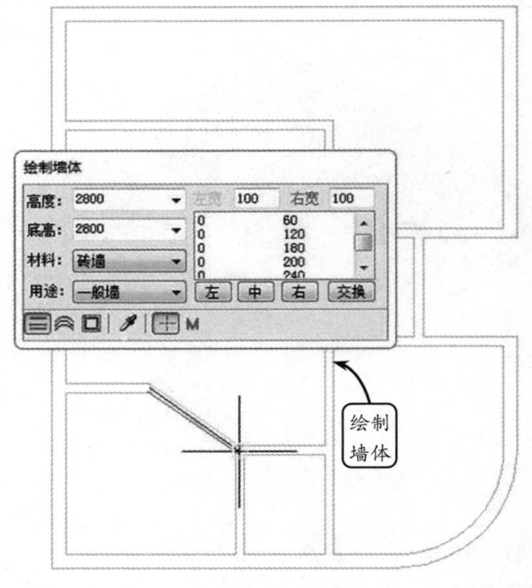

图 4-50　绘制墙体

STEP|08 选择【墙体】|【墙体工具】|【改墙厚】选项，将偏移墙体的厚度修改为 200。效果如图 4-51 所示。

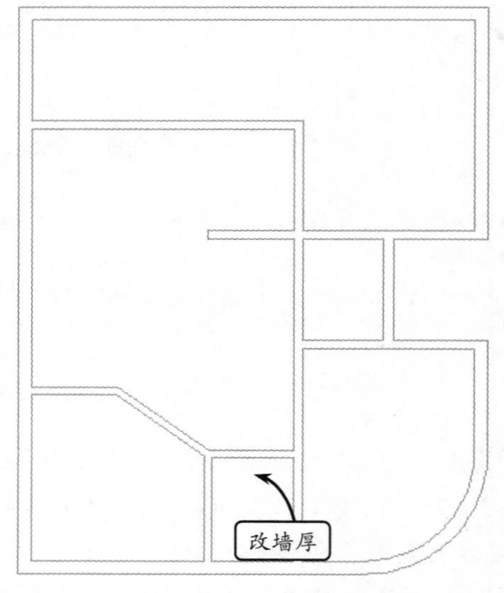

图 4-51　修改墙厚

STEP|09 切换【东南等轴测】为当前视图，并切换【概念】为当前视觉样式，观察创建的墙体的三

维效果，如图 4-52 所示。

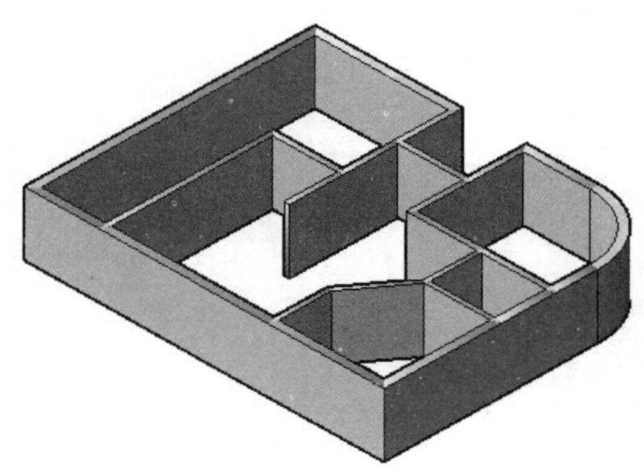

图 4-52　三维效果

4.8 新手训练营

练习 1：绘制别墅平面图

本练习要求绘制别墅平面图，效果如图 4-53 所示。普通墙体的创建方法有很多种，都比较简单。重要的是如何在后期墙体的编辑中方便有效地处理交接墙段，以达到预期的效果。如本例中的一些厚度不同的内墙以及弧形墙体的绘制。

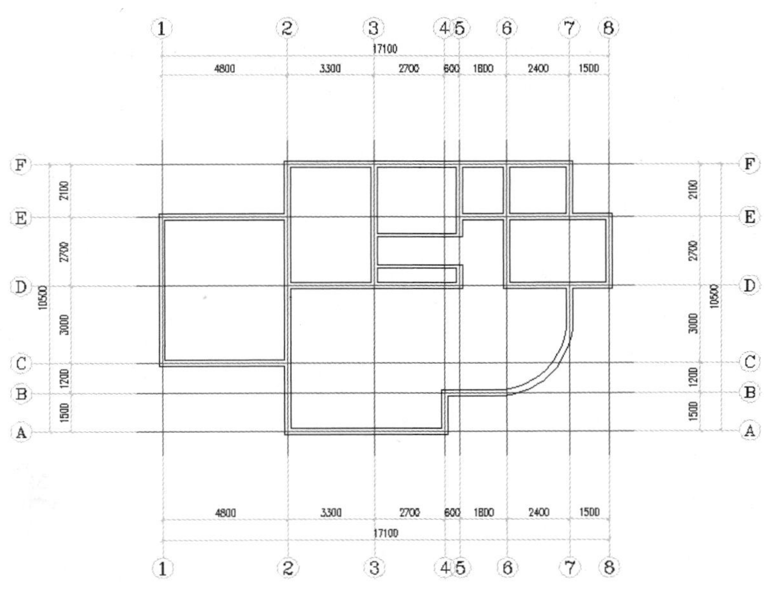

图 4-53　绘制别墅平面图

绘制该别墅平面图时，首先绘制轴网，并依据轴网绘制建筑的初步外墙体。然后，利用【倒墙角】工具为外墙添加圆角，即可完成弧形墙体的绘制。接着，利用【净距偏移】工具将墙体偏移，即可创建内墙。由于内墙厚度与外墙厚度并不一样，因此，利用【改墙厚】工具修改内墙的厚度。

练习 2：绘制住宅平面图

本练习要求绘制住宅平面图，效果如图 4-54 所示。墙体在建筑图中是最为基础的组件，占据了较大的比例。熟练掌握墙体的绘制方法，并能熟练地创建出一些简单建筑的基本框架，是进行其他更加复杂的建筑设计的前提。

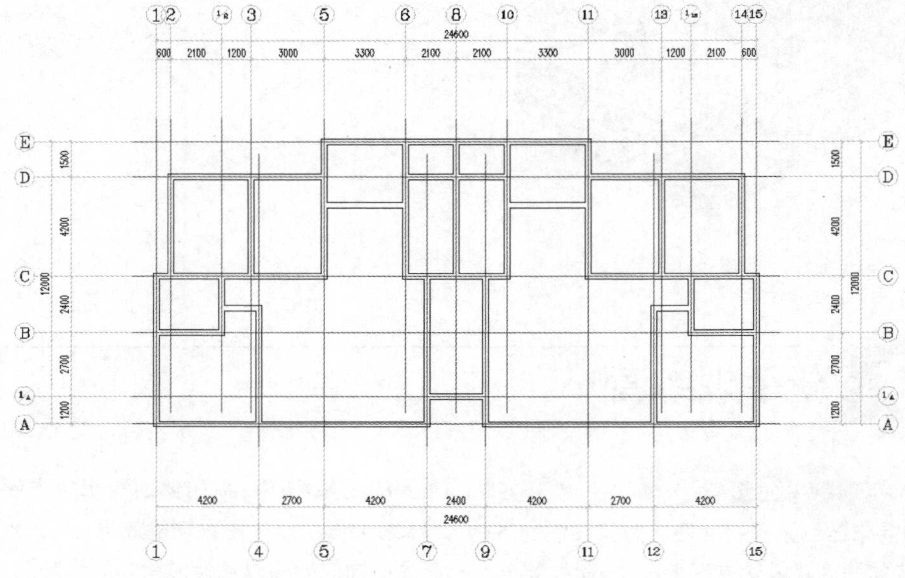

图 4-54　绘制住宅平面图

绘制该平面图时，首先绘制该建筑的定位轴网，然后利用【绘制墙体】工具，沿着轴线绘制墙体。其中，需要用到【净距偏移】工具创建建筑中的内墙。

第 5 章

门窗

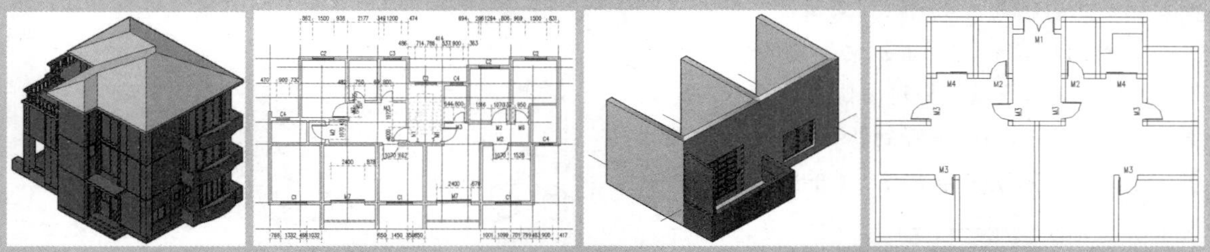

门窗是组成建筑物的重要构件，是建筑设计中仅次于墙体的重要对象，在建筑立面中起着建筑维护及装饰的作用。天正建筑门窗是一种附属于墙体，带有编号的自定义对象，它包括通透的和不通透的墙洞在内。门窗插入墙体后，墙体的外观几何尺寸不变，并可通过电子表格检查和统计整个工程的门窗编号。

本章主要讲解各类门窗的创建方法，并详细讲解门窗的编辑方法，最后介绍门窗编号的设置和统计方法。

5.1 创建门窗

天正建筑的门窗是自定义对象，用户可以在门窗对话框中设置所有的相关参数，包括几何尺寸、三维样式、编号和定位参考距离等。门窗插入墙体后，墙体的外观几何尺寸不变，但墙体对象的粉刷面积、开洞面积会立刻更新，以备查询。

5.1.1 普通门窗

【门窗】命令可以用来自定义门窗参数。用户可以在墙上插入各种门窗，主要包括平开窗、凸窗、平开门、子母门等常见的门窗类型。

选择【门窗】|【门窗】选项，或在命令行中输入 MC，将打开【门】对话框，如图 5-1 所示。其中，门槛高指门的下缘到所在的墙底标高的距离，该距离通常就是与本层地面的距离。

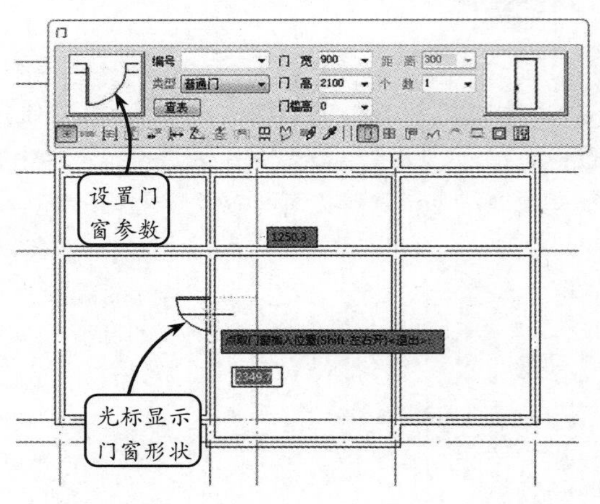

图 5-1 【门】对话框

在【门】对话框中有两组控制按钮，左边的一组控制按钮可以选择门窗的插入类型，右边一组控制按钮可选择门窗的类型，分别做如下介绍。

1. 门窗类型

在 TArch 2014 中，普通门、普通窗、弧窗、凸窗和矩形洞等的定位方式基本相同，因此用【门窗】命令即可创建这些门窗类型，简要介绍如下。

- **普通门** 二维视图和三维视图都用图块来表示，可以从门窗图库中分别挑选门窗的二维形式和三维形式，其合理性由用户自己来掌握。普通门的参数如图 5-1 所示。
- **普通窗** 其特性和普通门类似，具体参数如图 5-2 所示。它比普通门多一个【高窗】复选框控件，启用后按规范图例以虚线表示高窗。

图 5-2 【窗】对话框

- **弧窗** 安装在弧墙上，装有与弧墙具有相同曲率半径的弧形玻璃。二维视图用三线或四线表示，默认的三维视图为一弧形玻璃加四周边框。弧窗的参数如图 5-3 所示。用户可以用【窗棂展开】与【窗棂映射】命令来添加更多的窗棂分格。

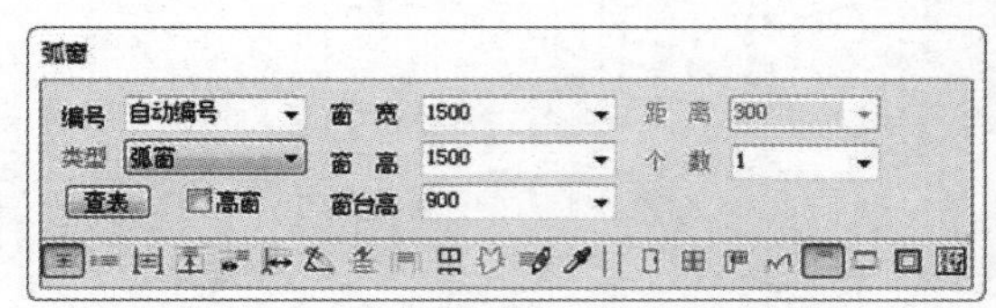

图 5-3 【弧窗】对话框

- **凸窗** 即外飘窗，二维视图依据用户选定的参数确定，默认的三维视图包括窗楣、窗台板、窗框和玻璃。对于楼板挑出的落地凸窗和封闭阳台，平面图应该使用带形窗来实现，如图 5-4 所示。

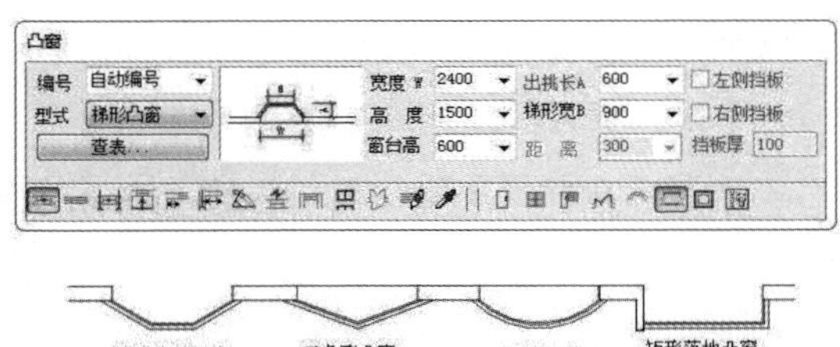

图 5-4 【凸窗】对话框

矩形凸窗还可以设置两侧为玻璃或挡板，侧面碰墙时它将自动被剪裁，以获得正确的平面图效果。天正提供了挡板厚度的设置，并可在特性栏中进行修改。

- **矩形洞** 墙上的矩形空洞，可以穿透也可以不穿透墙体，有多种二维形式可选，如图 5-5 所示。对于不穿透墙体的洞口，用户只能使用【异形洞】命令，给出洞口进入墙体的深度。矩形洞口与普通门一样，可以在图 5-4 的形式上添加门口线。

图 5-5 【矩形洞】对话框

- **门连窗** 门连窗是一个门和一个窗的组合，在门窗表中作为单个门窗进行统计。其缺点是，门的平面图例固定为单扇平开门，需要选择其他图例时可以使用组合门窗命令来代替，如图 5-6 所示。

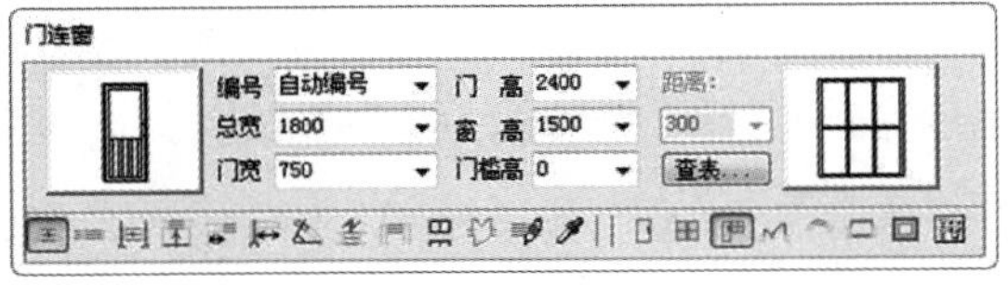

图 5-6 【门连窗】对话框

- **子母门** 子母门是两个平开门的组合，在门窗表中作为单个门窗进行统计。其缺点同上，优点是，参数定义比较简单，如图 5-7 所示。可以分别定义大、小门参数值。

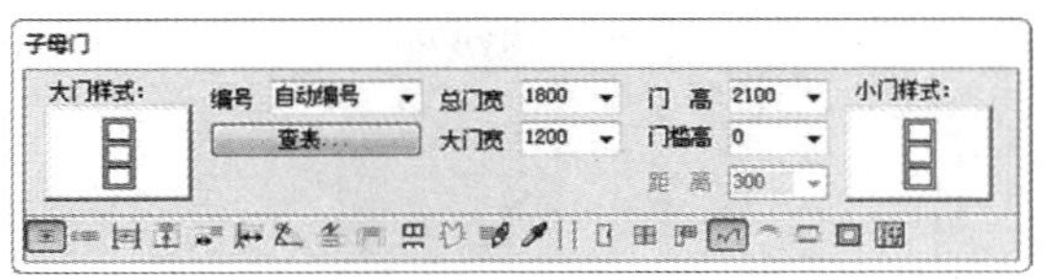

图 5-7 【子母门】对话框

此外，TArch 软件在该对话框下方的工具栏中还新增【标准构件库】按钮。单击该按钮将打开【天正图库管理系统】对话框。该对话框提供所有窗和门的类型，用户可以根据需要选择不同的类型，如图 5-8 所示。

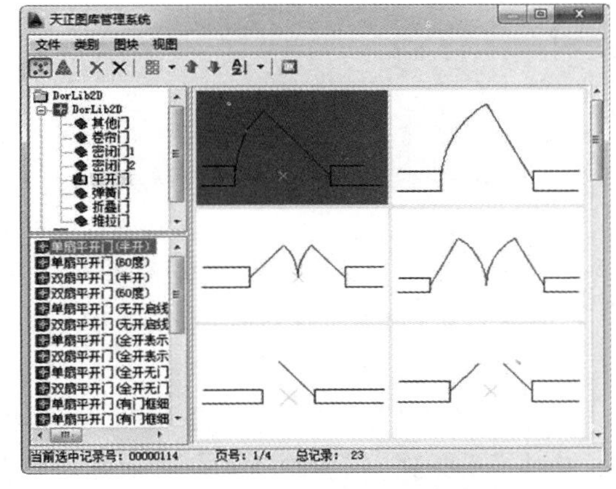

图 5-8 【天正图库管理系统】对话框

2. 门窗插入方式

门窗插入方式包括自由插入、沿着直墙顺序插入、轴线定距插入、充满整个墙段插入、替换插入等 10 种插入方法，现分别介绍如下。

- **自由插入** 可以在所绘制墙段的任意位置插入，并显示门窗两侧到轴线的动态尺寸。如果没有动态尺寸，说明光标并没有在墙体内（没有在基线附近），或者所处位置插入门窗后将与其他构件（如柱子、门窗）发生干预，但是用户仍然可以插入门窗。这种方法通常用在方案设计阶段。

单击按钮即可进行自由插入。以墙中线为分界，内外移动光标，可控制内外开启方向。按 Shift 键控制，左右开启方向。单击墙体后，门窗的位置和开启方向将完全确定，如图 5-9 所示。

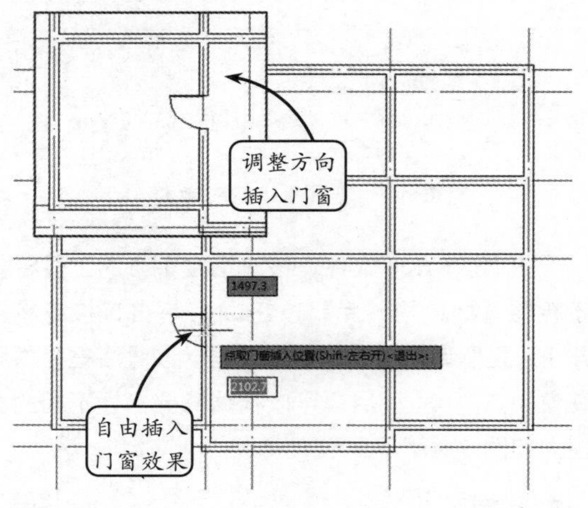

图 5-9　自由插入

- **沿着直墙的顺序插入**　以距离点取位置较近的墙边端点或基线端为起点，按给定距离插入选定的门窗。此后顺着前进方向连续插入。插入过程中可以改变门窗类型和参数。在弧墙顺序插入时，门窗按照墙基线弧长进行定位。

单击【沿着直墙的顺序插入】按钮，在绘图区中选择需要插入门窗的墙体，视图将显示偏移的基点。在命令行中输入偏移的距离，可以准确地确定插入门窗的位置。此时，命令行将显示"输入从基点到门窗侧边的距离或[左右翻转(S)/内外翻转(D)]<退出>:"提示信息。可以调整门窗的翻转设置，如图 5-10 所示。

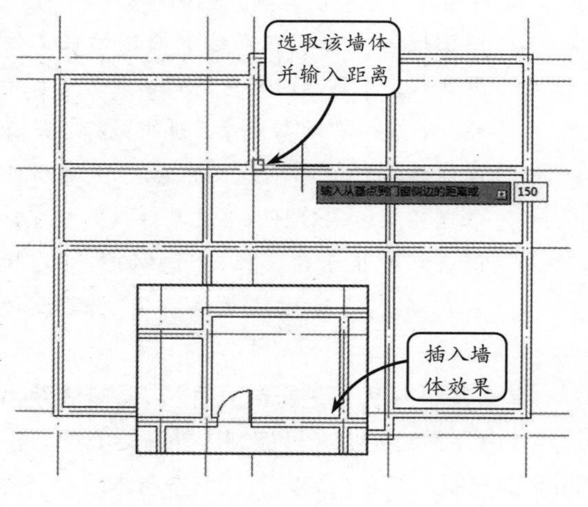

图 5-10　沿墙体插入

- **轴线等分插入**　使用该工具可以在墙体的两侧轴线之间进行等分插入。如果墙段内没有轴线，则按墙段等分插入，插入时屏幕将出现门窗的动态尺寸及开启方向。

单击【轴线等分插入】按钮，然后在需要插入门窗的位置单击，系统将自动查询轴线。接着，命令行提示用户输入插入门窗的数量。这里取 3 即可在墙体上插入门窗造型，如图 5-11 所示。

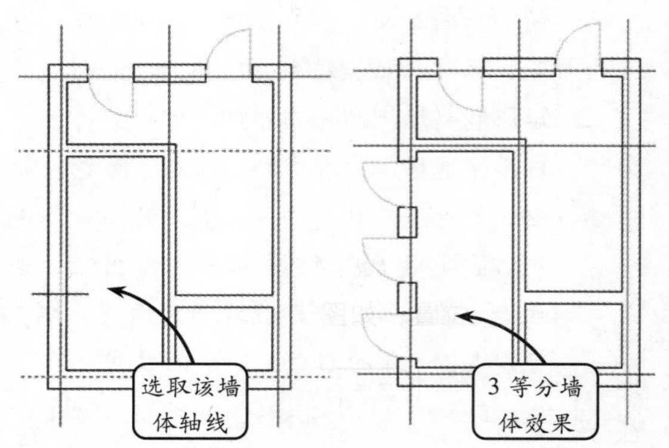

图 5-11　轴线等分插入

- **墙段等分插入**　该工具在一个墙段上按墙体较短的一侧边线，插入若干个门窗，按墙段等分，使各门窗之间墙垛的长度相等。该工具类似于轴线等分插入，不同的是，该方式是针对当前操作的墙体，而轴线等分则是针对当前操作墙体两端的轴线。

将一个或多个门窗等分插入到两根轴线间的墙段等分线中间。如果墙段内没有轴线，则该侧按墙段基线等分插入。

单击【墙段等分插入】按钮，按命令行提示在插入门窗的墙段上指定一点，然后输入插入门窗的个数，括号中给出按当前墙段与门窗宽度计算可用个数的范围。要获得图 5-12 所示的门窗分布效果，可首先选取左侧墙体，并输入门窗个数为 3 即可。

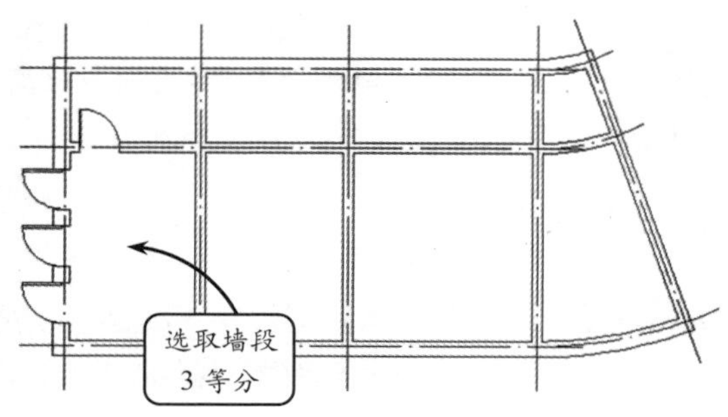

图 5-12 墙段等分插入

- **垛宽等距插入** 使用该工具可以自动选取墙体边线离点取位置最近的特征点，并快速插入门窗，特别适合插入室内门。

垛宽距离在【门】对话框中可以预设。单击【垛宽等距插入】按钮，按命令行提示选取参考垛宽一侧的墙段插入门窗，系统将根据垛宽距离和参照点确定门窗位置，如图 5-13 所示。

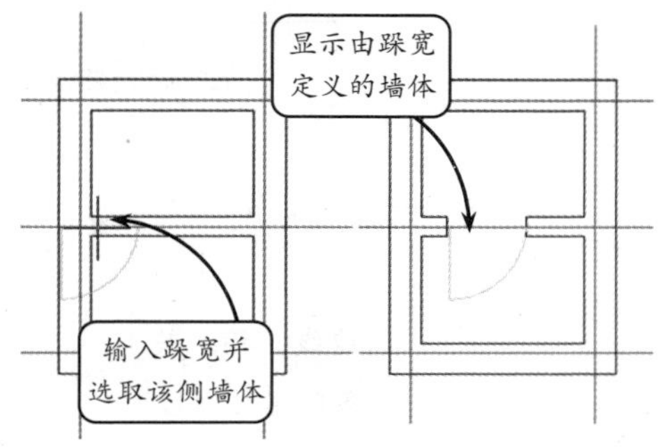

图 5-13 等距插入

- **轴线定距插入** 与垛宽定距插入相似，在【门】对话框中设置门窗的距离参数，然后使用该插入方式在墙体上单击，确定门窗的大体位置，系统将自动选取离墙体端点位置最近的轴线与墙体的交点，并将该点作为参考位置快速插入门窗。
- **角度插入** 选择该插入方式用于在弧墙中插入门窗，即按给定角度在弧墙上插入直线型门窗。插入的方法是：单击【角度插入】按钮，然后在绘图区中选择需要插入门窗的弧形墙，并设置插入时的角度值，按回车键，即可在绘图区中插入门窗，如图 5-14 所示。

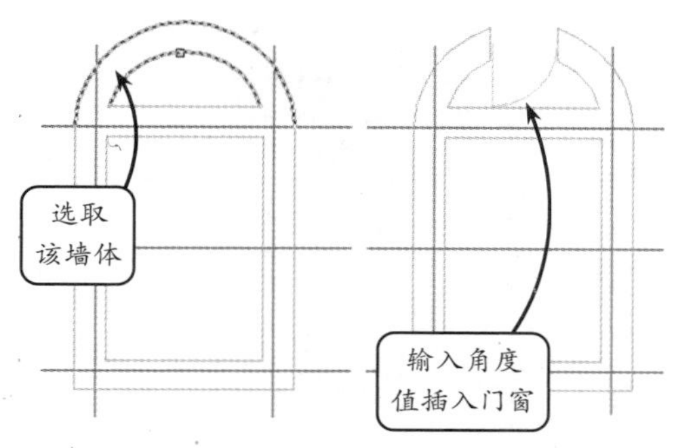

图 5-14 角度插入

- **充满整个墙段插入** 使用该工具插入门窗，则门窗的宽度由选择的墙段所决定，将在门窗宽度方向上完全充满一段墙。

单击【充满整个墙段插入】按钮，命令行将显示“点取门窗大致的位置和开向（Shift－左右开）<退出>:”提示信息。此时，选取墙段，按回车键，即可获得门窗插入效果，如图 5-15 所示。

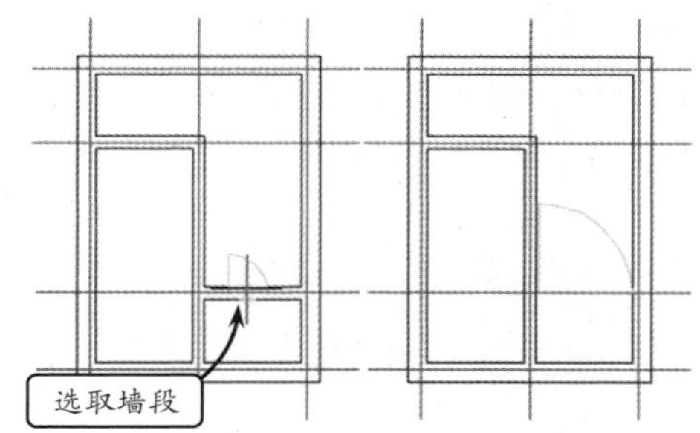

图 5-15 整段墙插入

- **插入上层门窗** 使用该插入方式可以在已经存在的门窗上再加一个宽度相同、高度不同的门窗，比如厂房或者大堂的墙体上经常会出现这样的情况。在平面视图中，上层门窗只显示编号。

单击【插入上层门窗】按钮，然后输入上层窗的编号、窗高和上下层窗间距离，再选取下层门窗即可。使用本方式时，注意，尺寸参数中上层窗的顶标高不能超过墙顶高，如图 5-16 所示。

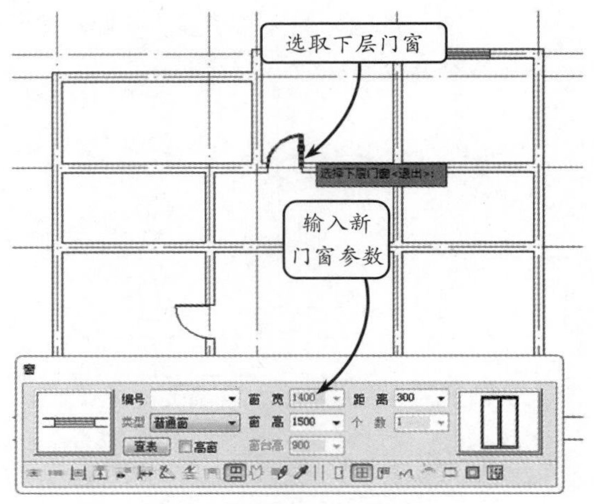

图 5-16　插入上层门窗

- **门窗替换**　该工具用于批量修改门窗参数、类型，可以以对话框内的参数作为目标参数，替换图中已经插入的门窗。

单击【替换】按钮，对话框右侧出现参数过滤开关。如果不打算改变某一参数，可禁用该参数对应的复选框，对话框中该参数按原图保持不变。例如，将门改为窗，要求宽度不变，应将宽度开关禁用。然后，分别设置门窗参数，并在绘图区中分别选取待替换的门窗，按回车键，即可获得替换门窗效果，如图 5-17 所示。

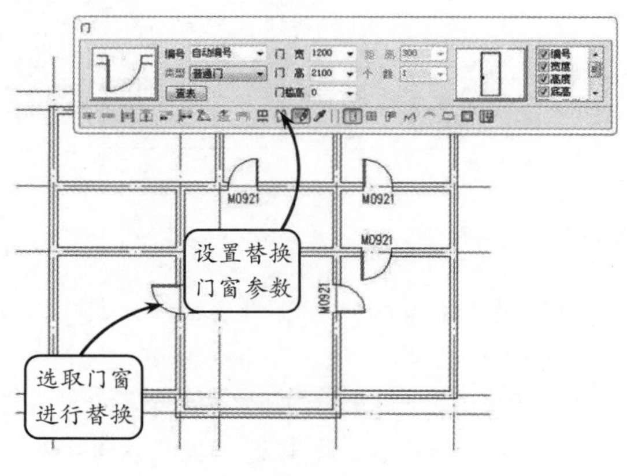

图 5-17　替换门窗

5.1.2　组合门窗

【组合门窗】命令用于将插入的两个以上的普通门和（或）窗组合为一个对象，并将其作为单个门窗对象统计。优点是，组合门窗各个成员的平面、立面都可以由用户单独控制。

选择【门窗】|【组合门窗】选项，或在命令行中输入 ZHMC，命令行将显示"选择需要组合的门窗和编号文字:"提示信息。此时，分别选取组合的各个门窗，并按回车键确认操作，如图 5-18 所示。

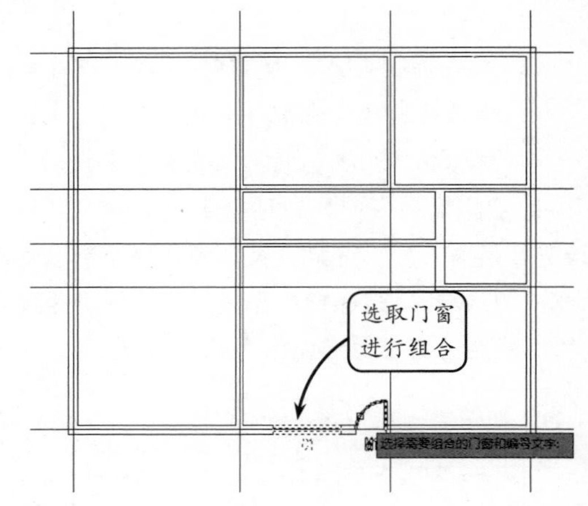

图 5-18　选取待组合的门窗

此时，命令行将显示"输入编号:"提示信息，可输入组合门窗编号，将这些门窗更新为组合门窗即可，如图 5-19 所示。

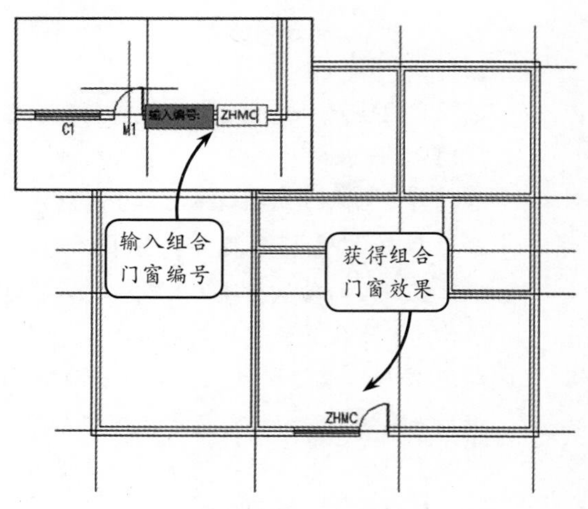

图 5-19　组合门窗

5.1.3 带形窗

使用该工具创建的窗台高与窗高相同，都是沿墙连续的带形窗对象。带形窗按一个门窗编号进行统计，带形窗转角可以被柱子、墙体造型遮挡。

选择【门窗】|【带形窗】选项，或在命令行中输入 DXC，将打开图 5-20 所示的【带形窗】对话框。可以在该对话框中设置插入的门窗的高度以及编号。

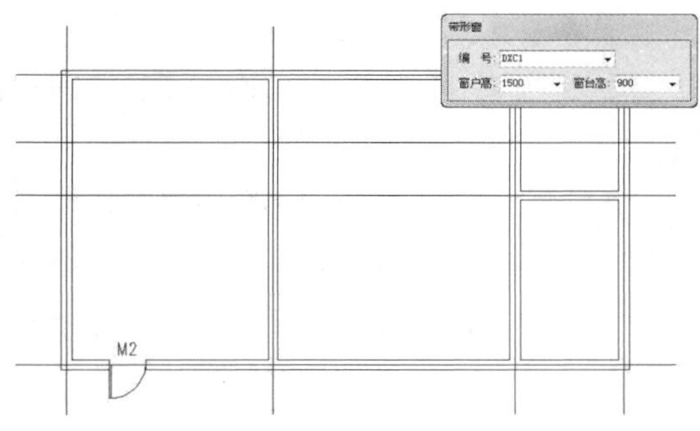

图 5-20 【带形窗】对话框

在绘图区中，使用对象捕捉功能选择带形窗的起点和终点。选择的点必须在墙体上，如果捕捉到轴线上的交点，系统将不承认所有的命令操作，如图 5-21 所示。

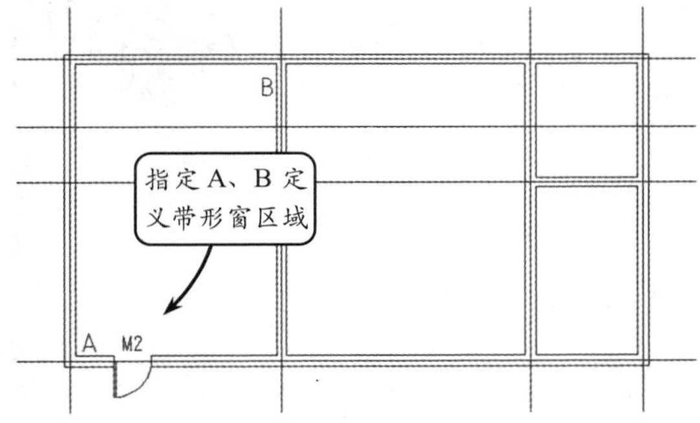

图 5-21 带形窗效果

接着，命令行会提示用户选择起点和终点之间的段墙。选择完毕后，连续按回车键确认选择，系统将在选择的墙体上自动生成带形窗，如图 5-22 所示。

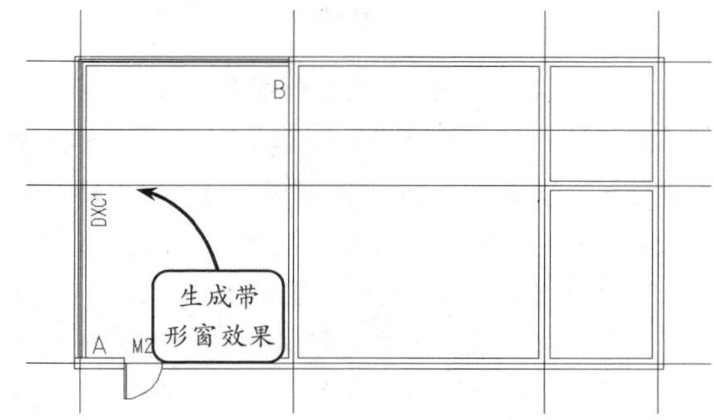

图 5-22 生成带形窗

注意

如果在带形窗经过的路径中存在相交的内墙，应把它们的材料级别设置得比带形窗所在墙低，才能正确表示窗墙相交的效果。玻璃分格的三维效果可使用【窗棂展开】与【窗棂映射】命令处理。带形窗暂时还不能设置为洞口。

5.1.4 转角窗

使用【转角窗】工具，可以在墙角插入转角窗或转角凸窗，两侧可以有挡板。转角窗指跨越两段相邻转角墙体的平窗或凸窗。

选择【门窗】|【转角窗】选项，或在命令行中输入 ZJC，将打开【绘制角窗】对话框，如图 5-23 所示。在对话框中，按设计要求选择转角窗的类型，转角窗共有 3 种类型：角窗、角凸窗与落地的角凸窗。

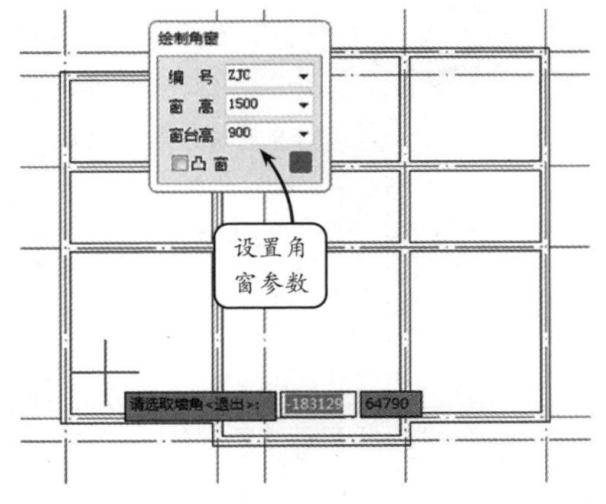

图 5-23 【绘制角窗】对话框

1. 普通角窗

默认不勾选【凸窗】复选框时，就是普通角窗，窗随墙布置。在【绘制角窗】对话框中输入角窗参数后，按命令行提示选取转角窗所在墙内角，窗长从内角起计算。然后分别给出两墙段的转角距离，并按回车键，即可获得角窗效果。

如图 5-24 所示，指定墙内角 *A*，然后分别输入转角距离为 1 500 和 1 000，按回车键，即可获得普通角窗效果。

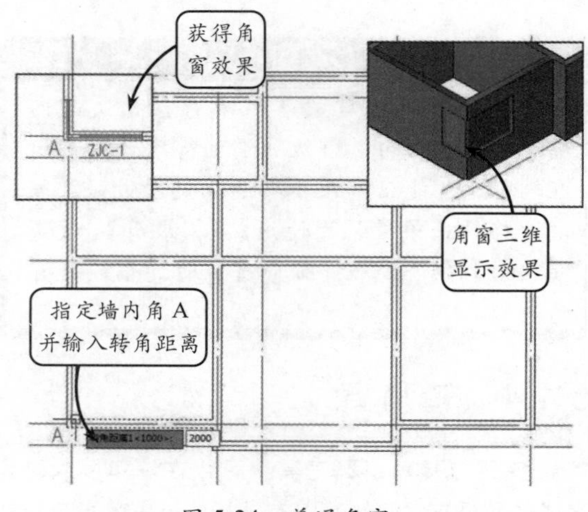

图 5-24 普通角窗

2. 角凸窗和落地凸窗

勾选【凸窗】复选框，并禁用【落地凸窗】复选框，就是普通的角凸窗，启用【落地凸窗】复选框则将创建落地凸窗，对话框如图 5-25 所示。各主要参数项含义如下所述。

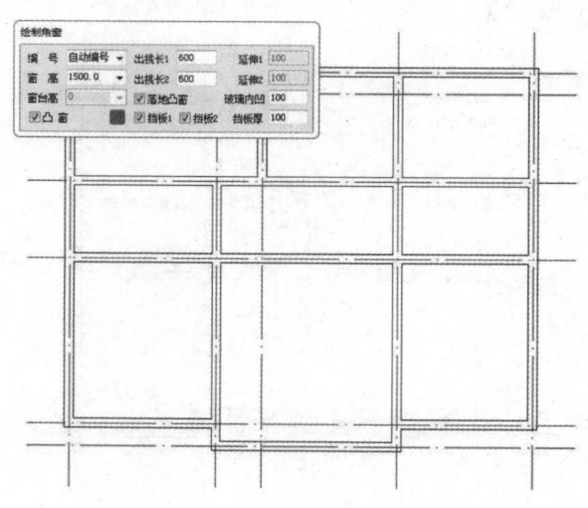

图 5-25 【绘制角窗】对话框

- **玻璃内凹** 窗玻璃到窗台外缘的退入距离。
- **延伸 1/延伸 2** 窗台板与檐口板分别在两侧延伸出窗洞口外的距离，常作为空调搁板花台等。
- **前凸距离** 凸窗窗台凸出于墙面外的距离。
- **落地凸窗** 启用该复选框后，墙内侧不画窗台线。
- **挡板 1/挡板 2** 启用该复选框后，凸窗的侧窗改为实心的挡板。
- **挡板厚** 挡板厚度默认为 100，启用挡板后可在这里修改挡板厚度。

例如，创建图 5-26 所示的角凸窗，可默认【绘制角窗】对话框的参数设置，然后指定墙内角 *B* 点，并分别输入转角距离为 2 100，按回车键即可。

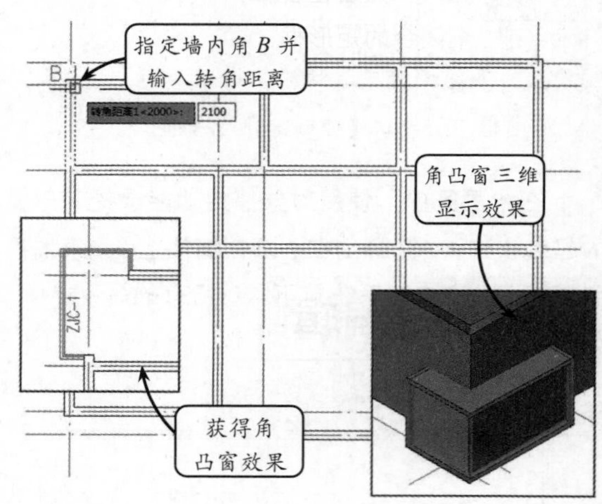

图 5-26 角凸窗

5.1.5 异形洞

使用该命令在直墙面上按给定的闭合 PLINE 轮廓线生成任意形状的洞口，平面图例与矩形洞相同。将屏幕设为两个或更多视口，分别显示平面和正立面。在立面用闭合多段线画出洞口轮廓线。最后使用本命令创建异形洞，注意本命令不适用于弧墙。

为了准确、快捷地选取图形参照对象，极有

必要创建多视口，即选择【视图】|【视口】|【新建视口】选项，打开【视口】对话框，在该对话框中按照图 5-27 所示内容进行设置。

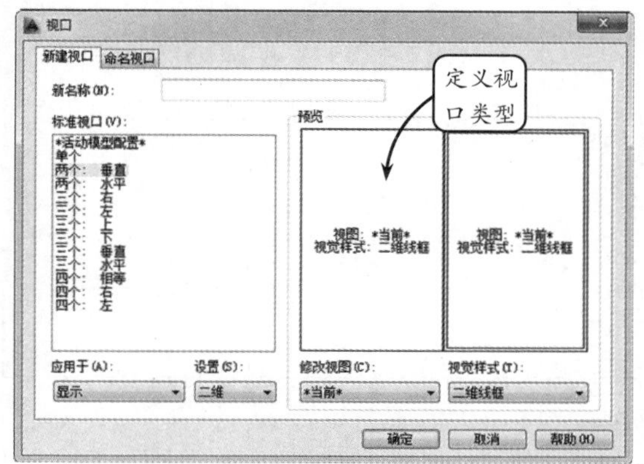

图 5-27　设置视口

单击【确定】按钮，将形成两个视口。在左视口中选择墙体，然后在右视口中，由【多段线】工具绘制一个闭合的矩形框，如图 5-28 所示。

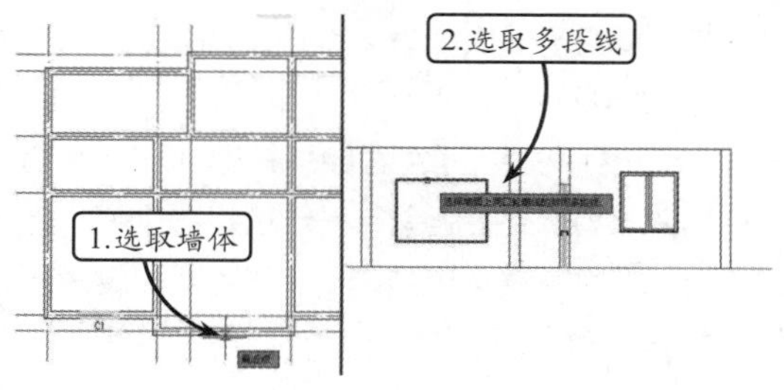

图 5-28　选取墙体和多段线

完成上述操作后，将打开【异形洞】对话框。在该对话框中输入编号，并启用或禁用【穿透墙体】复选框，单击【确定】按钮，即可获得异形洞效果，如图 5-29 所示。

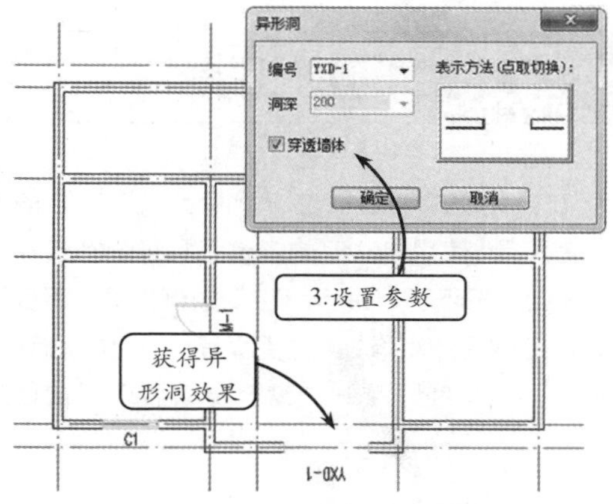

图 5-29　获得异形洞效果

5.2 编辑门窗

创建完成的墙体，需要根据实际的使用情况来对其进行编辑修改。TArch 2014 为用户提供了一系列墙体编辑工具，以便在绘图过程中减少烦琐的修改编辑工作，达到高效，快速地编辑图形的目的。

5.2.1　内外翻转

选择需要内外翻转的门窗，统一以门窗中线为轴线进行翻转，适用于一次处理多个门窗的情况，方向总是与原来相反。

选择【门窗】|【内外翻转】选项，或在命令行中输入 NWFZ，按命令行提示选择各个要求翻转的门窗，按回车键结束选择后即可对门窗进行翻转，如图 5-30 所示。

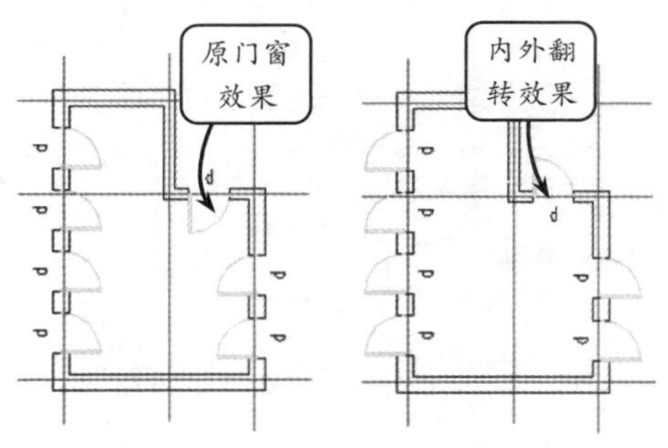

图 5-30　内外翻转

5.2.2　左右翻转

左右翻转的门窗，统一以墙中垂线为轴线进

行翻转，适用于一次处理多个门窗的情况，方向总是与原来相反。

选择【门窗】|【左右翻转】选项，或在命令行中输入 ZYFZ，按命令行提示选择各个要求翻转的门窗，按回车键结束选择后，即可对门窗进行翻转，如图 5-31 所示。

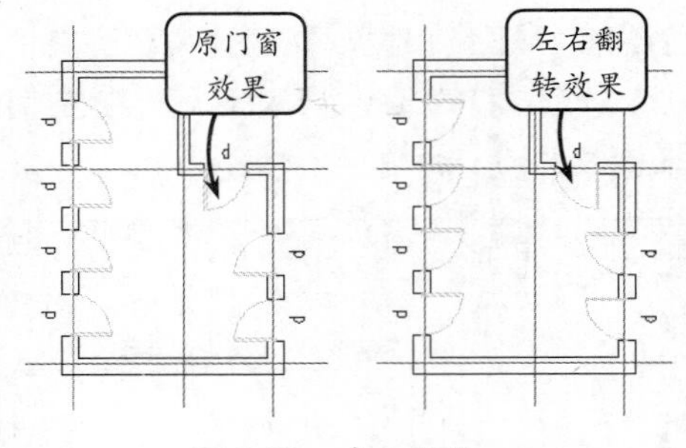

图 5-31　左右翻转

5.3 门窗工具

在实际的绘制过程中，难免会存在一定的错误或者不足，使用 TArch 的门窗工具可弥补这些错误或不足。不仅可以进行门窗的图例修改，而且可以进行必要的外观修饰，包括编号复位、编号后缀、门窗套、门口线、装饰门窗、窗棂展开、窗棂映射等。

5.3.1 编号复位

使用该工具可把门窗编号恢复到默认位置，特别适用于解决门窗“改变编号位置”夹点与其他夹点重合，而使两者无法分开的问题。

选择【门窗工具】|【编号复位】选项，或在命令行中输入 BHFW，然后分别点选或窗选门窗，按回车键即可获得编号复位效果，如图 5-32 所示。

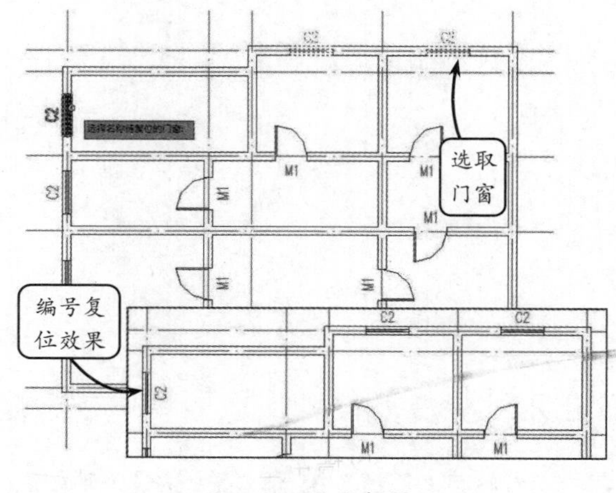

图 5-32　编号复位

5.3.2 编号后缀

使用该工具可为选定的一批门窗编号添加指定的后缀，适用于对称的门窗在编号后增加“反”缀号的情况。添加后缀的门窗与原门窗独立编号。

选择【门窗工具】|【编号后缀】选项，或在命令行中输入 BHHZ，按命令行提示点选或窗选门窗，可继续选取也可按回车键退出选择。最后键入新编号后缀或者按回车键增加“反”后缀。图 5-33 所示为输入新编号后缀（-1）获得的更新效果。

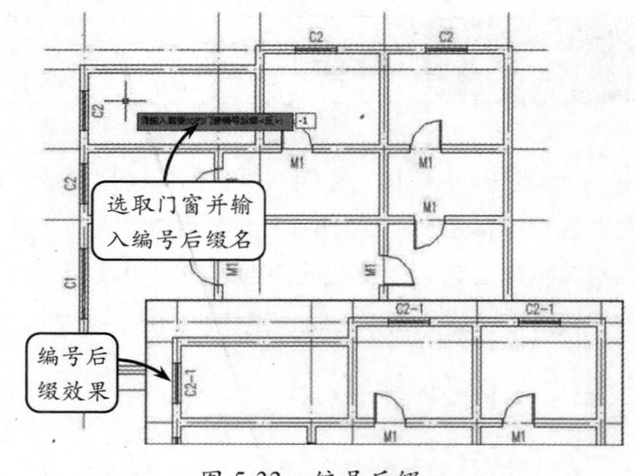

图 5-33　编号后缀

5.3.3 添加门口线

使用该工具可在平面图上指定的一个或多个门的某一侧添加门口线，以表明门槛或者门两侧地面标高不同。门口线是门的对象属性之一，因此门口线会自动随门移动。工程图中所添加的门口线只能在平面图中显示，对生成的三维图不起作用。所添加的门口线实际就是一条直线，可以单独选择该直线并进行删除。

选择【门窗工具】|【门口线】选项，或在命令行中输入 MKX，按命令行提示分别选取要添加门口线的门窗，如图 5-34 所示。

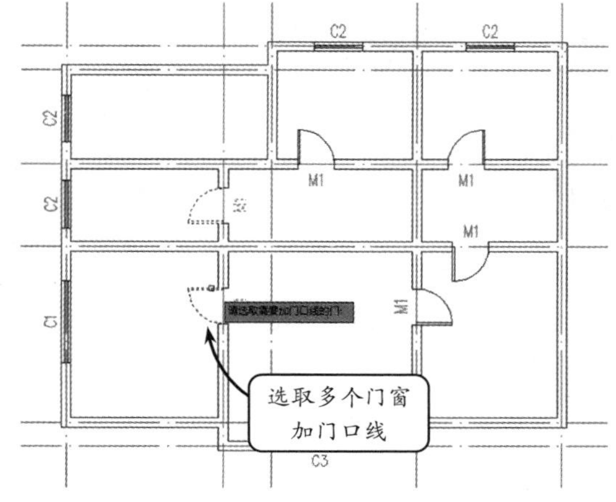

图 5-34　选取门窗

选取门窗后按回车键退出选择，此时命令行将显示“请点取门口线所在的一侧<退出>:”提示信息。依次选择墙体一侧，并按回车键，即可获得加门口线效果，如图 5-35 所示。

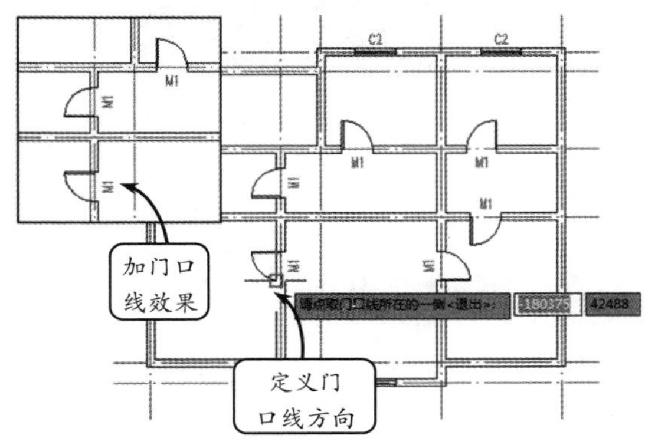

图 5-35　加门口线

提示

表示门槛时，门口两侧都要加门口线。这时需重复要执行本命令。对已有门口线一侧执行本命令，即可清除本侧的门口线。

5.3.4　添加门窗套

使用该工具可以在选择的门窗口上创建门套。可以对单个门窗添加门套也可以选择多个门窗来添加门套造型，还可以对门套的尺寸进行设置。添加的门套在立体视图中将出现在门洞的四周。

选择【门窗工具】|【门窗套】选项，或在命令行中输入 MCT，将打开【门窗套】对话框。在无模式对话框中默认选择【加门窗套】单选按钮，也可选择【消门窗套】单选按钮。在设置【伸出墙长度】和【门窗套宽度】参数后，移动光标进入绘图区。

按命令行提示选择要加门窗套的门窗，并按回车键结束选取。然后，给指定点定义窗套生成侧，按回车键，即可获得门窗套效果，如图 5-36 所示。

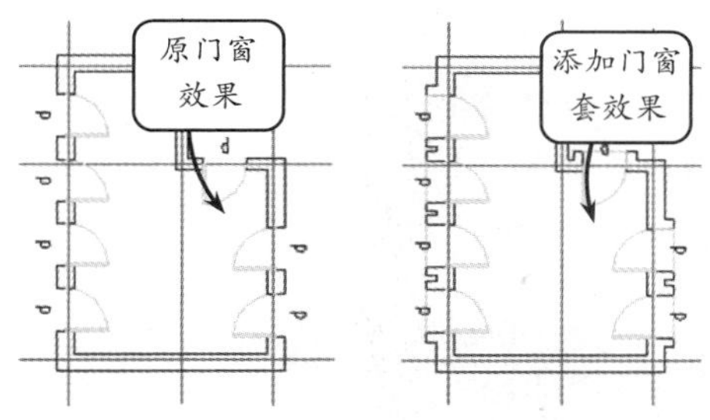

图 5-36　添加门窗套

为了对比三维视图的效果，可以选择【视图】|【三维视图】|【西南等轴侧视图】选项。图 5-37 所示的是对两个门洞添加门套的效果。

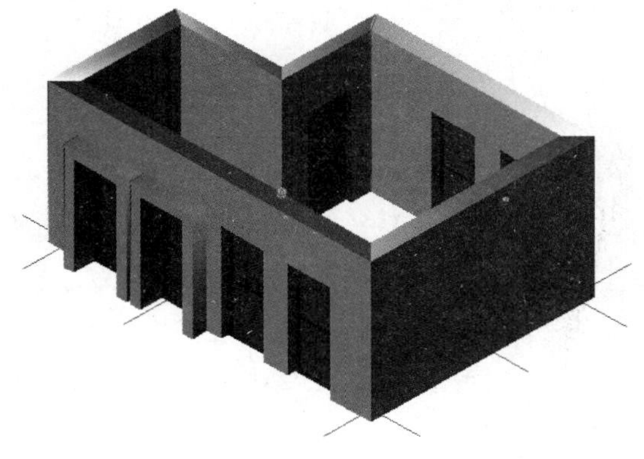

图 5-37　添加门套

提示

门窗套是门窗对象的附属特性。可通过特性栏设置门窗套的有无和参数，并且，门窗套在加粗墙线和图案填充时与墙一致。此外，此命令不可用于内墙门窗，内墙的门窗套是附加装饰物，由专门的【加装饰套】命令完成。

5.3.5 添加装饰套

使用该工具可以在选择的门窗洞周围添加装饰套。这种绘图方式在家装图中经常用到。可以在绘图区中预览装饰效果。该工具主要用于室内设计的三维建模以及通过立面、剖面模块生成立剖面施工图中的相应部分。如果不需要装饰套，可直接删除装饰套对象。

选择【门窗工具】|【加装饰套】选项，或在命令行中输入 JZST，将打开【门窗套设计】对话框，如图 5-38 所示。

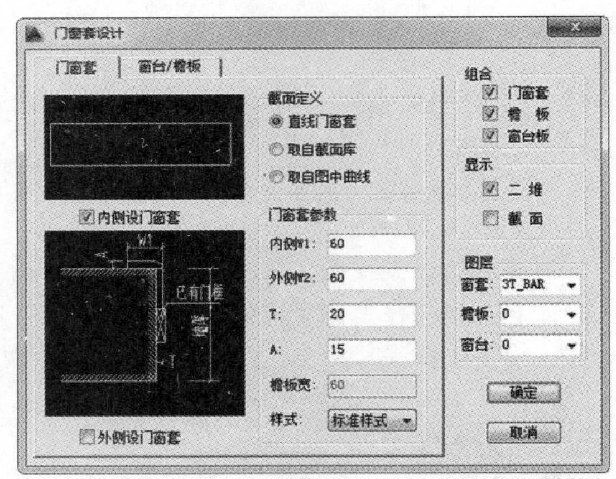

图 5-38 【门窗套设计】对话框

在【截面定义】选项组中可以设置门窗套的类型。选择【取自截面库】单选按钮，然后单击【选择截面形状】按钮，将打开【天正图库管理系统】对话框。从中可以选择我们需要的门窗套类型，如图 5-39 所示。

使用该工具后，在绘图区中选择需要添加装饰套的门窗，按回车键，然后在绘图区中单击确定装饰套的朝向，即可添加装饰套，如图 5-40 所示。

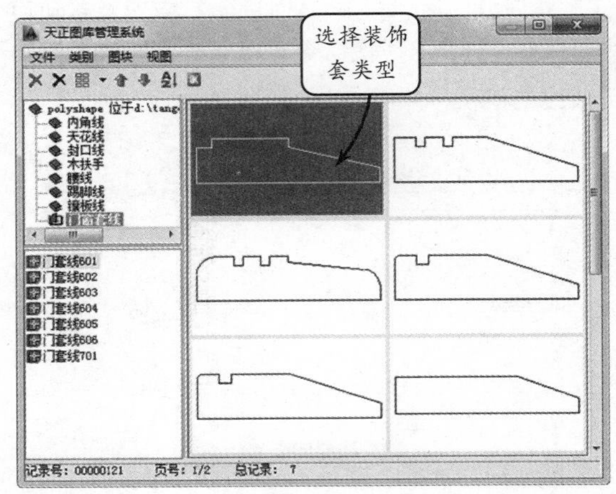

图 5-39 截面库

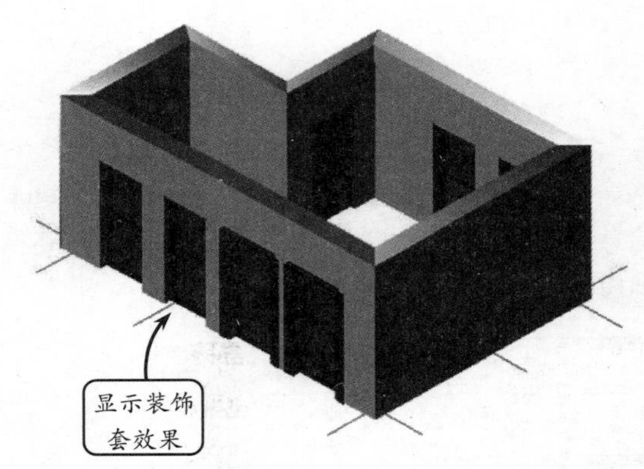

图 5-40 添加装饰套

5.3.6 窗棂展开

默认的门窗三维效果不包括玻璃的分格。可使用命令把窗玻璃在图上按立面尺寸展开。用户可以在上面以直线和圆弧添加窗棂分格线，通过命令【窗棂映射】创建窗棂分格。

选择【门窗工具】|【窗棂展开】选项，或在命令行中输入 CLZK，按命令行提示选择要展开的天正门窗，然后选取图中一个空白位置放置展开图即可，如图 5-41 所示。

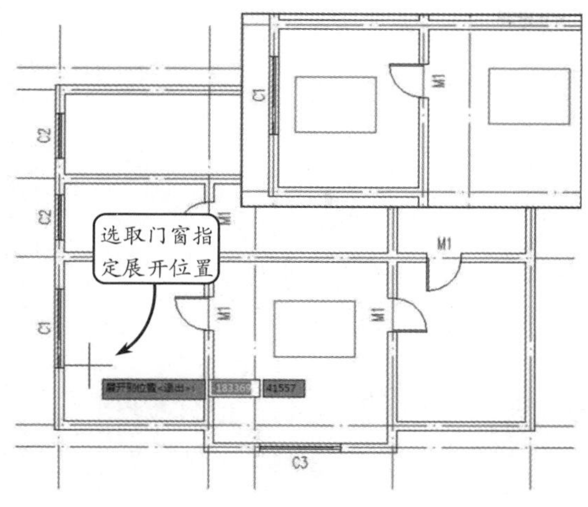

图 5-41 窗棂展开

5.4 门窗编号和表

在建筑绘图中，为方便查看门窗信息，可分别对建筑图中的门窗进行自动或手动编号，并可将门窗信息以图表的方式清晰显示。通过门窗检查功能可以检查当前图中所有被选中的插入的门窗数据是否合理。

5.4.1 门窗编号

使用此工具可以生成或者修改门窗编号。根据普通门窗的门洞尺寸大小，提供自动编号功能。可以删除（隐去）已经编号的门窗。转角窗和带形窗按默认规则编号。

选择【门窗】|【门窗编号】选项，或在命令行中输入 MCBH，按命令行提示选取编号的门窗，并按回车键，指定某一个门窗作为样板门窗，与其同尺寸同类型的门窗编号相同。也就是说，每一次执行只能对同一种门窗进行编号。使用相同方法对其他门窗进行编号。如图 5-42 所示。

如果修改门窗或生成编号，会根据以前门窗同尺寸大小编号，即可以删除已编辑的门窗编号，也会按照默认的规定编号。还有一个最快捷的门窗编号方法。就是选择【门窗编号】选项后，框选所有门窗，按回车键，然后在命令行输入字母 S，直接按照洞口尺寸自动编号。

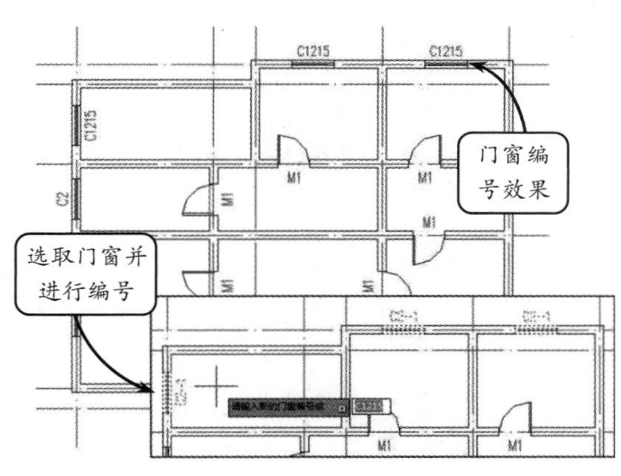

图 5-42 门窗编号

5.4.2 门窗检查

在工程图中绘制门窗构件时，要设计不同的尺寸、编号、视图样式（二维样式和三维样式）的门窗。为了更清晰、准确地查看所有门窗信息，可使用 TArch 2014 提供的【门窗检查】工具显示门窗参数电子表格，检查当前图中已插入的门窗数据是否合理。

选择【门窗】|【门窗检查】选项，或在命令行中输入 MCJC，将打开【门窗检查】对话框，如图 5-43 所示。该对话框内的各个项目的含义如下所述。

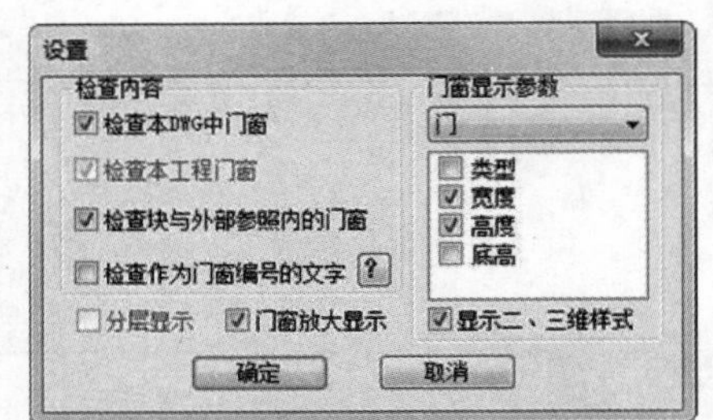

图 5-43 【门窗检查】对话框

- **编号** 显示当前绘图窗口中图形文件已有门窗的编号。相同尺寸、类型和样式的门窗允许有一个编号。对于没有编号的门窗对象，此单元格为空白。
- **新编号** 显示图线是图纸中已编号门的编号。对于没有编号的门窗，此项空白。
- **数量** 同类型门窗数量，即设置好参数的门窗在图中所插入的个数。
- **类型** 门窗的类型，比如类型在【门】对话框中还有弧窗、子母门、门联窗等，但在此显示的是已插入门窗类型名称。
- **宽度/高度** 显示已插入门窗的宽度值和高度值。
- **更新原图** 在电子表格中修改门窗参数、样式后，单击【更新原图】按钮，可以更新当前打开的图形，包括块参照内的门窗。更新原图的操作并不修改门窗参数表中各项的相对位置，也不修改【编号】一列的数值。它目前还不能对外部参照的门窗进行更新。
- **提取图纸** 单击【提取图纸】按钮后，树状结构图和门窗参数表中的数据会按当前图或当前工程中现有门窗的信息重新提取。最后，调入【门窗检查】对话框中的门窗数据将受设置中检查内容中 4 项参数的控制。更新原图后，表格中与原图不一致的以品红色显示的新参数值会在单击【提取图纸】按钮后变为黑色。
- **门窗放大显示** 勾选该复选框后，单击门窗表行首，会自动在当前视口内把光标所在行的门窗放大显示出来；不勾选时会平移图形，把当前门窗加红色虚框显示在屏幕中。当门窗在块内和外部参照内时，此功能无效。

5.4.3 门窗表

使用该工具统计当前图中使用的门窗参数。执行门窗检查后会生成传统样式门窗表或者符合国标样式的标准门窗表。该工具提供了用户定制门窗表的手段，各设计单位可以根据需要，定制自己的门窗表格入库。

选择【门窗】|【门窗表】选项，或在命令行中输入 MCB，按照命令行提示在绘图区中选择需要显示的门窗，然后按回车键，显示图 5-44 所示

的门窗表格。

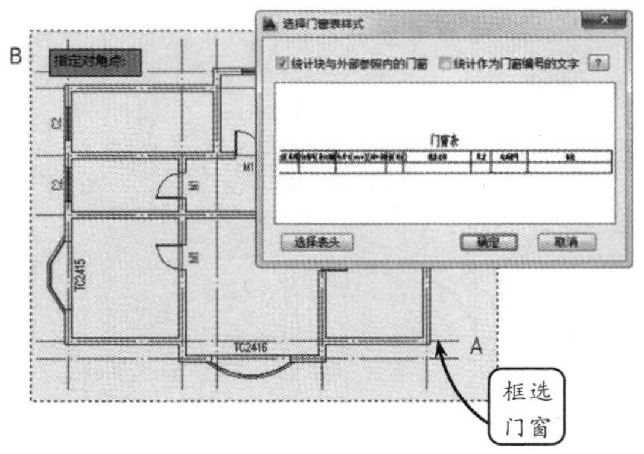

图 5-44　选取门窗

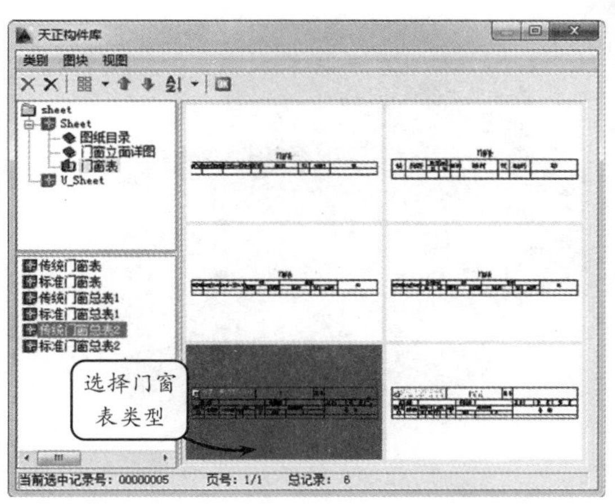

图 5-45　【天正构件库】对话框

在该对话框显示当前使用的门窗表表头样式，如果要选择其他门窗表表头，可单击【选择表头】按钮，然后从打开的【天正构件库】对话框中选择门窗表表头，如图 5-45 所示。

双击选取库内默认的【传统门窗表】、【标准门窗表】或者本单位的门窗表，将返回上级对话框，然后单击【确定】按钮，确认操作。最后，点取表格在图上的插入位置，即可获得门窗表效果，如图 5-46 所示。

提示

如果门窗中有数据冲突，程序会自动将冲突的门窗按尺寸大小归到相应的门窗类型中，同时在命令行提示出哪个门窗编号参数不一致。如果对生成的表格宽高及标题不满意，可以通过表格编辑或双击表格内容进入在位编辑，直接进行修改，也可以拖动某行到其他位置。

煤炭工业设计总公司 COAL PLANNING & ENGINEERING CO.,LTD.					门窗表		图号	
项目名称					子项名称		版次　共　页　第　页	
类型	设计编号	洞口尺寸(mm)	各层樘数 (楼层名)		总樘数	采用标准图集及编号 图集代号	编号	备注
普通门	M1	900X2100			6			
普通窗	C1	1500X1500			2			
	C2	1200X1500			2			
凸窗	TC2415	2400X1500			1			
	TC2416	2700X1500			1			

图 5-46　门窗表

5.5 综合案例 1：绘制别墅一层门窗

本例将绘制别墅一层窗户，效果如图 5-47 所示。门窗在建筑图中是最基本的组件，占据了较大的比例，是体现建筑设计师意图的设计表达。本例通过绘制别墅一层门窗，来向用户详细讲述平面图门窗的绘制方法，使用户能熟练地掌握窗户的绘制方法。

绘制该平面图时，首先可以利用【门窗】工具以相应的插入方式在墙体上插入门窗，并利用【左右翻转】和【内外翻转】工具控制门窗的开启方向。其中，每个房间均采用单扇实木门。窗户全是有亮子的玻璃窗，其他采用了凸窗。

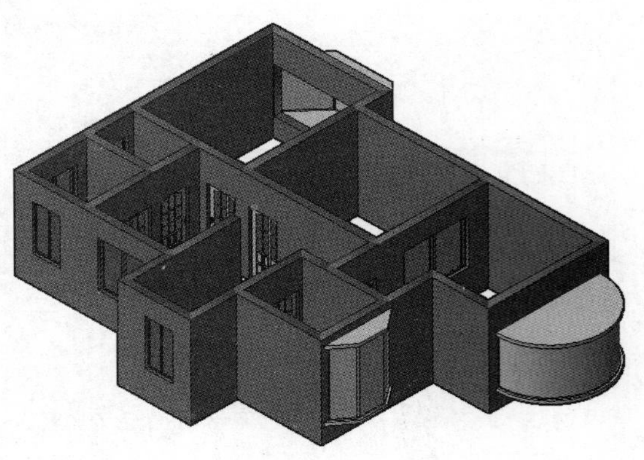

图 5-47　绘制别墅一层门窗

操作步骤

STEP|01 选择【门窗】|【门窗】选项，在打开的对话框中设置门窗编号为 C1。单击下面的【在点取的墙段上等分插入】按钮和【插窗】按钮，其他参数可以按照图 5-48 所示内容进行设置。

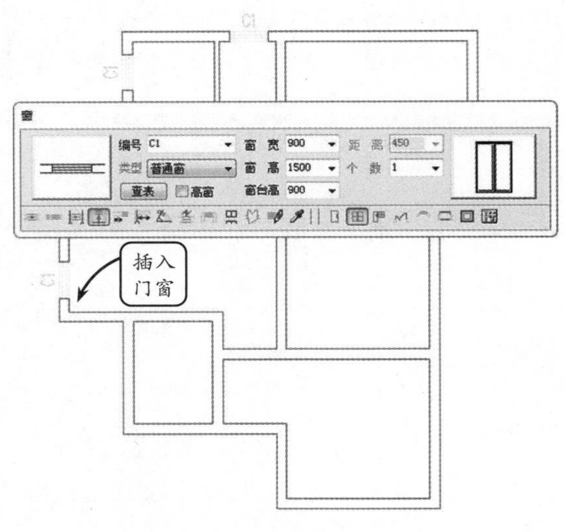

图 5-48　添加窗户

STEP|02 继续利用【门窗】工具创建 3 个与 C1 类型相同的窗户，编号分别为 C2、C3 和 C4，并设置窗口依次为 1 200、1 500 和 2 100。然后将这 3 个窗户分别以等分方式插入到图 5-49 所示的位置。

STEP|03 新建一编号为 C5，样式为折角凸窗的造型窗。然后将该窗户以等分方式插入到图 5-50 所示的位置。

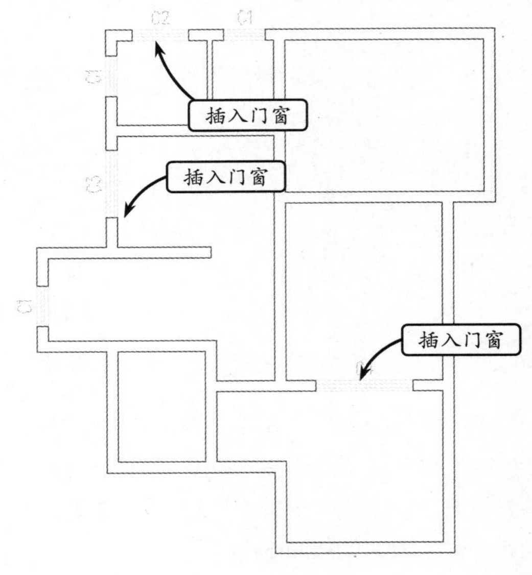

图 5-49　添加窗户

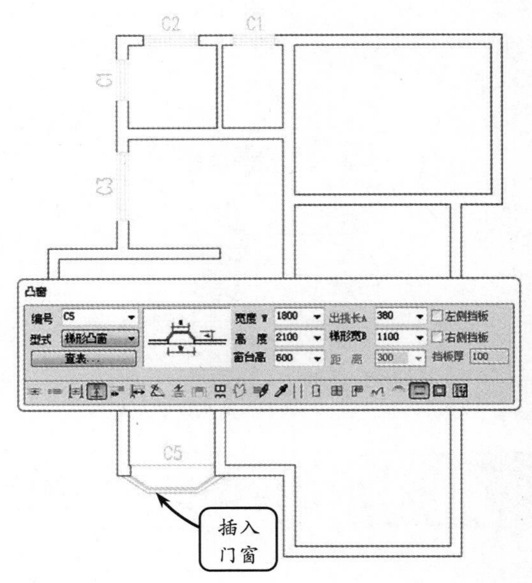

图 5-50　添加窗户

STEP|04 继续新建一编号为 C6，样式为折角凸窗的中型窗，然后将该窗户以等分方式插入到图 5-51 所示的位置。

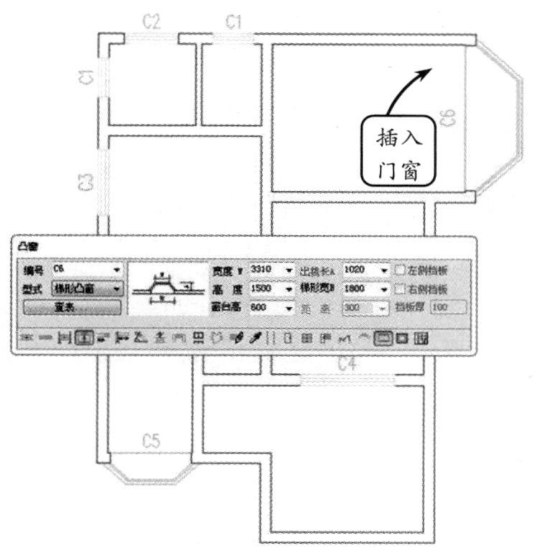

图 5-51　添加凸窗

STEP|05 最后，新建一编号为 C7，样式为折角凸窗的中型窗，将该窗户以等分方式插入到图 5-52 所示的位置。至此，该建筑所有的窗户均已添加完毕。

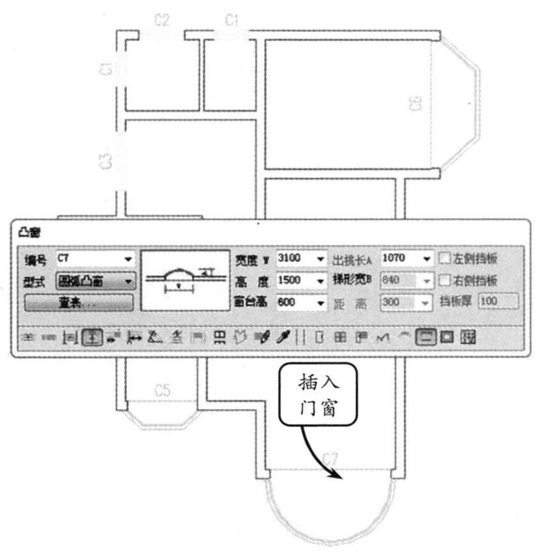

图 5-52　添加凸窗

STEP|06 切换【东南等轴测】为当前视图，并切换【概念】为当前视觉样式，观察所创建的窗户的三维效果，如图 5-53 所示。

STEP|07 返回到原来的视图。选择【门窗】|【门窗】选项，在打开的对话框中，单击下面的按钮。然后指定编号，设置门宽和门高，并选择门类型为单扇门、扇实木门 4，将该门插入到图 5-54 所示的位置。

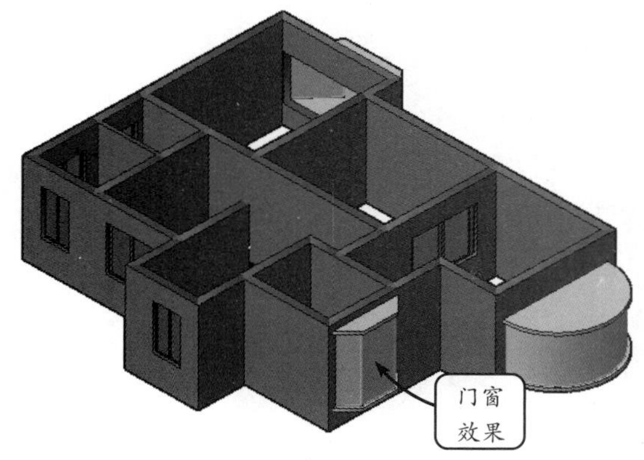

图 5-53　三维效果

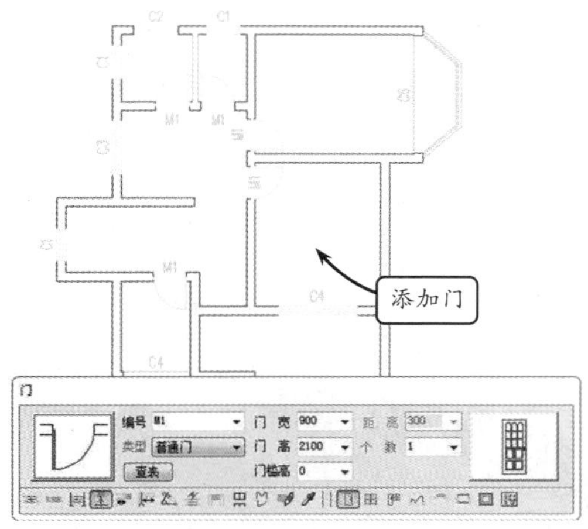

图 5-54　添加门

STEP|08 选择【门窗】|【门窗】选项，在打开的对话框中单击下面的【插入母门】按钮。然后设置门宽和门高，并选择图 5-55 所示的门类型，将该门以垛宽定距为 400 的方式插入到图形中。

STEP|09 切换【东南等轴测】为当前视图，并切换【概念】为当前视觉样式，观察所创建的门的三维效果，如图 5-56 所示。

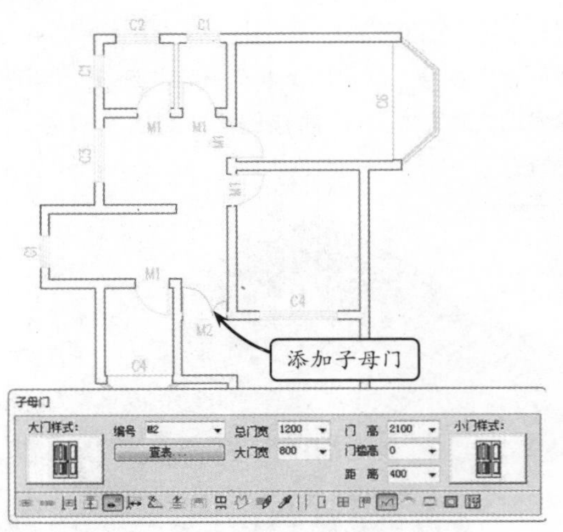

图 5-55　添加子母门

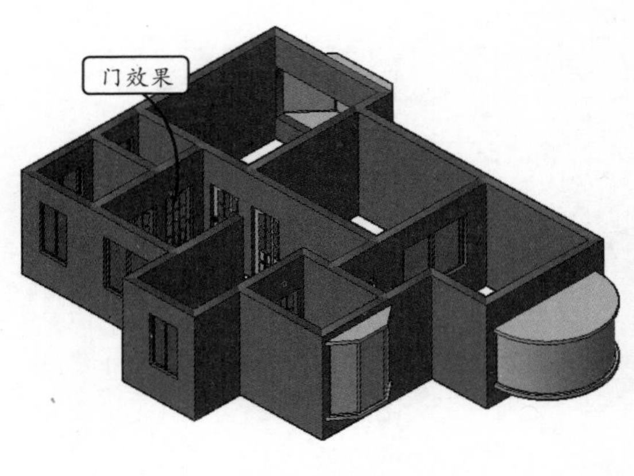

图 5-56　三维效果

5.6 综合案例 2：绘制简单户型门窗

本例将绘制简单户型平面图，效果如图 5-57 所示。现如今，客户对住房面积的要求越来越大，希望在购户型能够尽可能满足其对空间的需要，又能很好的采光纳风，使房屋空间更舒适。

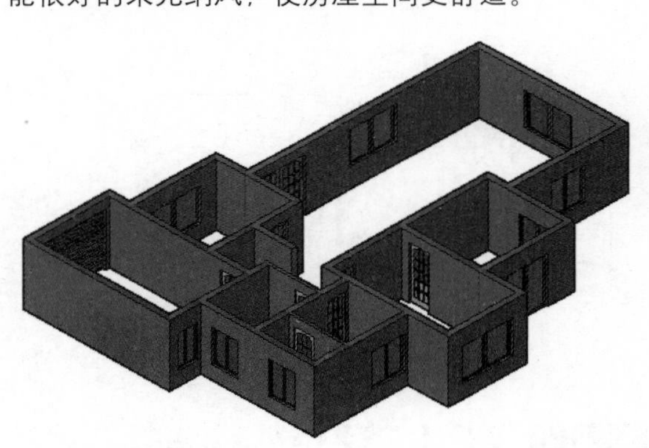

图 5-57　绘制简单户型门窗

绘制该建筑平面图时，首先在轻体上添加门窗。其中，弧形轻体上为带形窗，车库墙上为关闭卷帘门。

操作步骤

STEP|01 选择【门窗】|【门窗】选项，在打开的对话框中设置门窗编号为 C1，并单击下面的【在点取的墙段上等分插入】按钮和【插窗】按钮，其他参数可以参照图 5-58 所示内容进行设置。

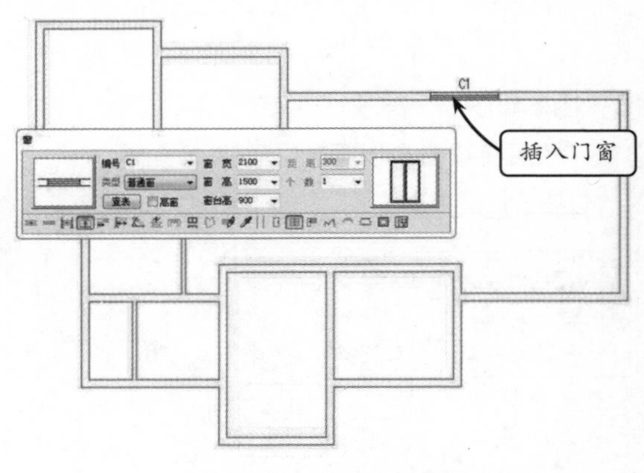

图 5-58　添加门窗

STEP|02 继续利用【门窗】工具创建窗户，编号分别为 C2、C3 和 C4，并设置窗口依次为 1 500、1 200、900。然后将这 3 个窗户分别以等分方式插入到图 5-59 所示的位置。

STEP|03 新建一编号为 C5，样式为凸窗（斜 135° 外凸）的造型窗。然后将该窗户以等分方式插入到图 5-60 所示的位置。

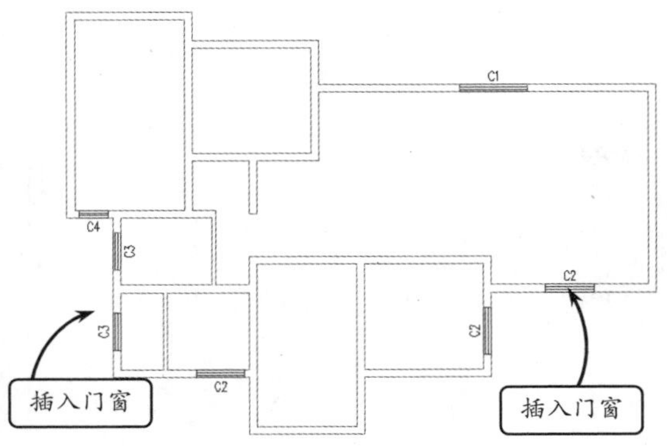

图 5-59　添加窗户

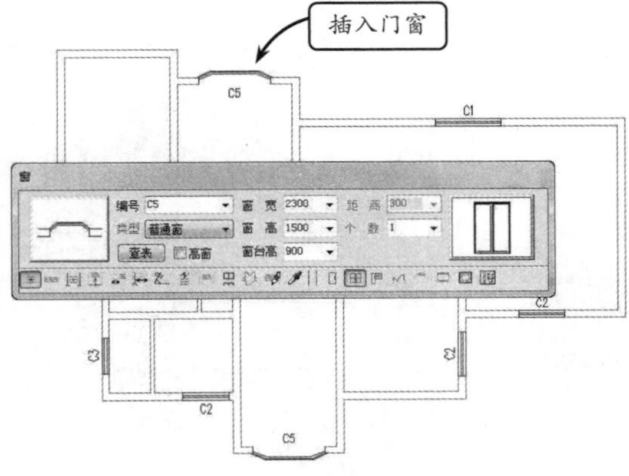

图 5-60　添加窗户

STEP|04 新建一编号为 C6，样式为折角凸窗的造型窗。然后将该窗户以等分方式插入到图 5-61 所示的位置。

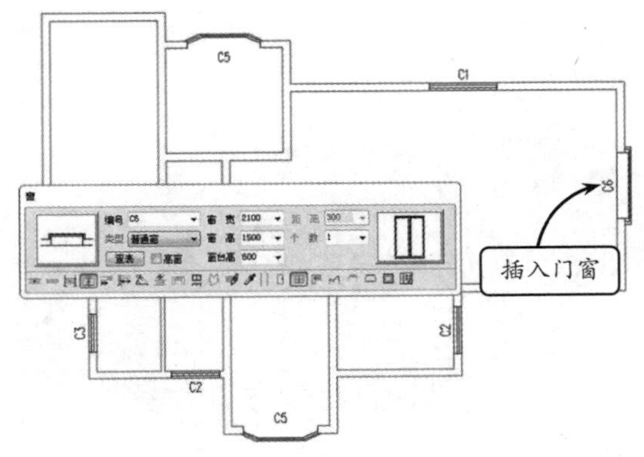

图 5-61　添加窗户

STEP|05 切换【东南等轴测】为当前视图，并切换【概念】为当前视觉样式。观察所创建的窗户的三维效果，如图 5-62 所示。

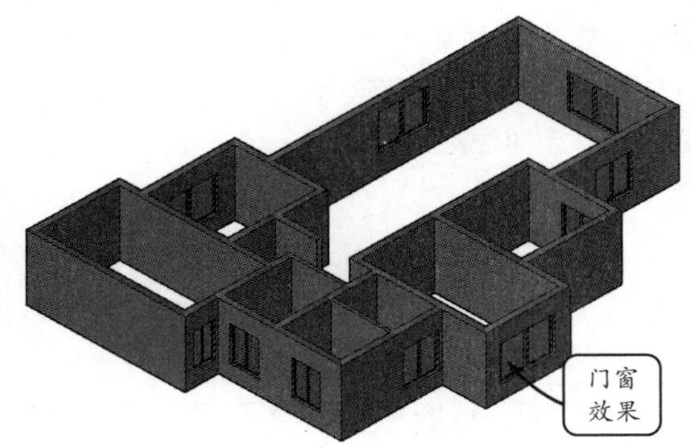

图 5-62　三维效果

STEP|06 选择【门窗】|【门窗】选项，在打开的对话框中单击下面的按钮。然后指定编号，设置门宽和门高，并选择门类型为双扇门，扇实木门 9，将该门插入到图 5-63 所示的位置。

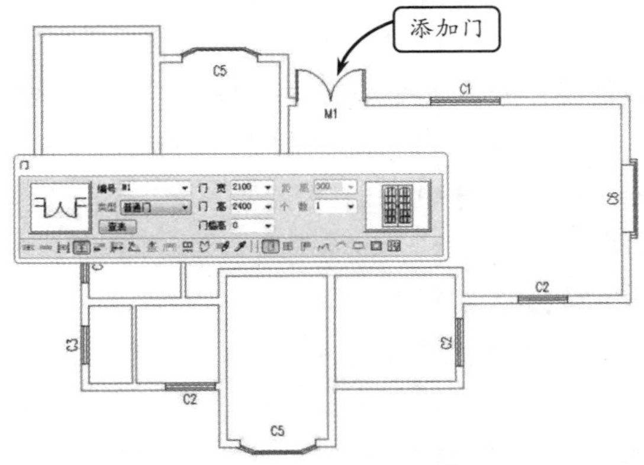

图 5-63　添加门

STEP|07 继续新建一编号为 M2、门宽为 900 的门。将该门插入到图 5-64 所示位置。

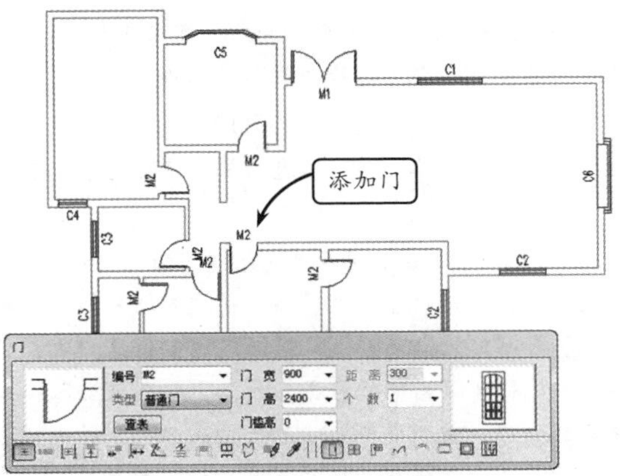

图 5-64　添加门

STEP|08 继续新建一编号为 M3、门宽为 3000 的门，并选择门类型为关闭、卷闸门。将该门插入到图 5-65 所示的位置。

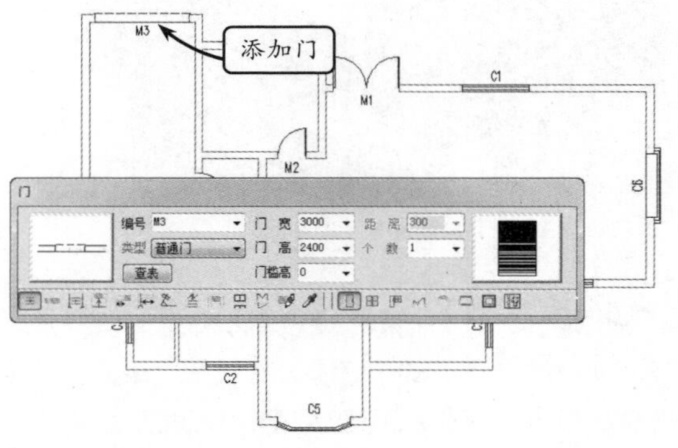

图 5-65　添加卷闸门

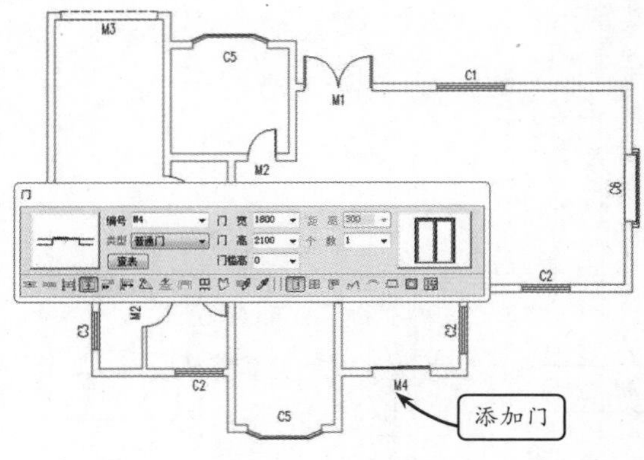

图 5-66　添加推拉门

STEP|09 继续新建一编号为 M4、门宽为 1 800 的门。并选择门类型为双扇推拉门。将该门以等分方式插入。效果如图 5-66 所示。

STEP|10 切换【东南等轴测】为当前视图，并切换【概念】为当前视觉样式。观察所创建的门的三维效果，如图 5-67 所示。

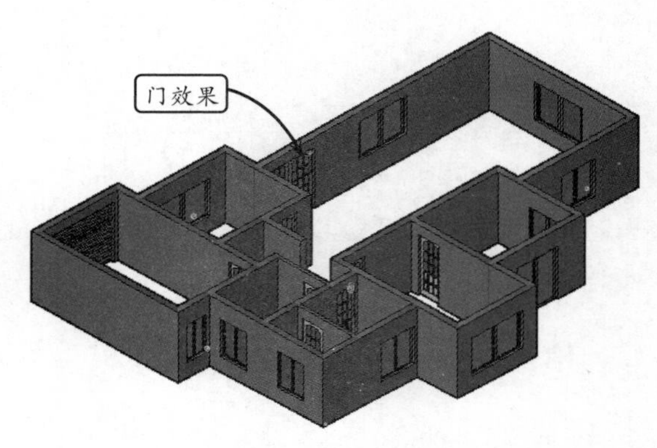

图 5-67　三维效果

5.7 新手训练营

练习 1：绘制别墅门窗

本练习要求绘制别墅平面图，效果如图 5-68 所示。门窗在建筑图中是最为基础的组件，占据了较大的比例。熟练掌握窗户的绘制方法，并熟练创建出一些简单建筑的基本框架，是进行其他更加复杂的建筑设计的前提。

绘制该平面图，首先利用【门窗】工具以相应的插入方式在墙体上插入门窗，并且可以利用【左右翻转】和【内外翻转】工具控制门窗的开启方向。其中，大门采用了普通的子母实木门，各个房间均采用单扇实木门，窗户全是有亮子的玻璃窗，只有主卧室采用了凸窗。另外，车库门为关闭的卷帘门。

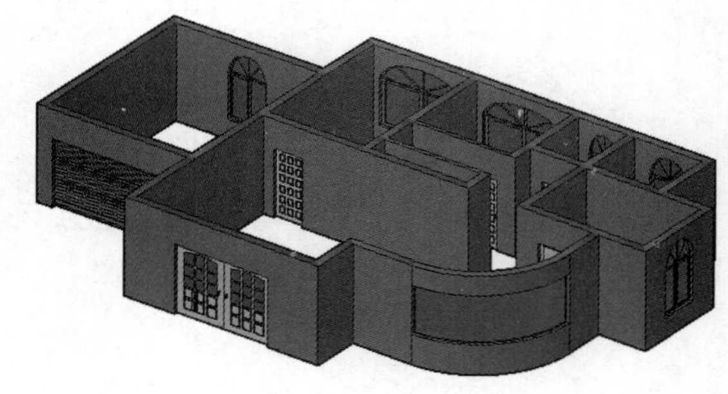

图 5-68　绘制别墅门窗

练习 2：绘制居民楼门窗

本练习要求绘制居民楼门窗，门窗的绘制方式有很多种，但方法都比简单，重要的是要在后期的墙体编辑中有效地处理交接的墙段，以达到我们的需要，效果如图 5-69 所示。

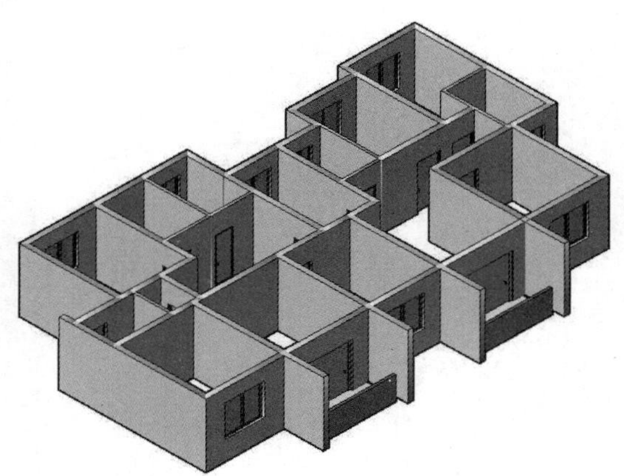

图 5-69　绘制居民楼门窗

绘制该居民门窗，首先利用【门窗】工具以相应的插入方式在墙体上插入门窗，并且，可以利用【左右翻转】和【内外翻转】工具控制门窗的开启方向。

第 6 章

创建室内外设施

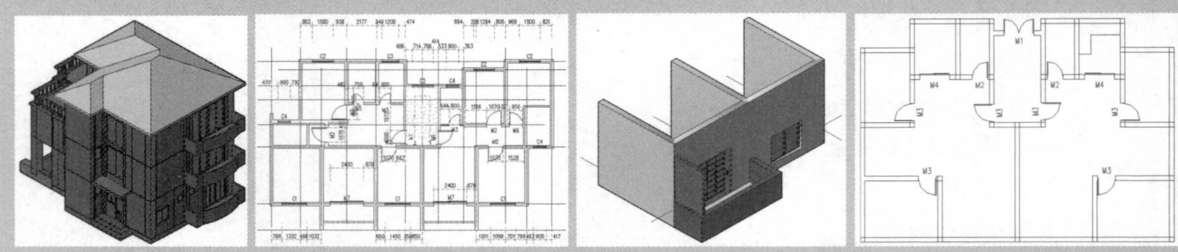

室内外构件同样是建筑设计的主要组成部分。在绘制建筑施工图时，还需要对室内外构件进行布置。室内构件主要包括楼梯、电梯、扶手和栏杆等，室外构件主要包括阳台、台阶、坡道和散水等。

本章主要讲解使用 TArch 2014 创建各类室外设施的方法，以及在室内创建各类楼梯、电梯、扶梯、扶手和栏杆的方法。

6.1 创建楼梯

楼梯是上下楼层之间的垂直交通设施。楼梯作为建筑物主体结构，还起着承重的作用，还有美观装饰等功能。楼梯的样式很多，如直线、圆弧、任意梯段、双跑楼梯、多跑楼梯等。它是由楼段、休息平台、扶手组成的。

6.1.1　直线梯段

直线梯段是最常见的楼梯样式之一，也是天正建筑中最基本的楼梯样式，属于单跑楼梯类型。直线楼梯通常用于进入楼层不高的室内空间，例如地下室和阁楼等。直线楼梯可以单独使用，或用于组合复杂的楼梯与坡道。

可以使用直线梯段命令绘制直线楼梯。

在屏幕菜单中选择【楼梯其他】|【直线梯段】选项，或在命令行中输入 ZXTD，打开【直线梯段】对话框，如图 6-1 所示。该对话框中各选项的含义及功能如下所述。

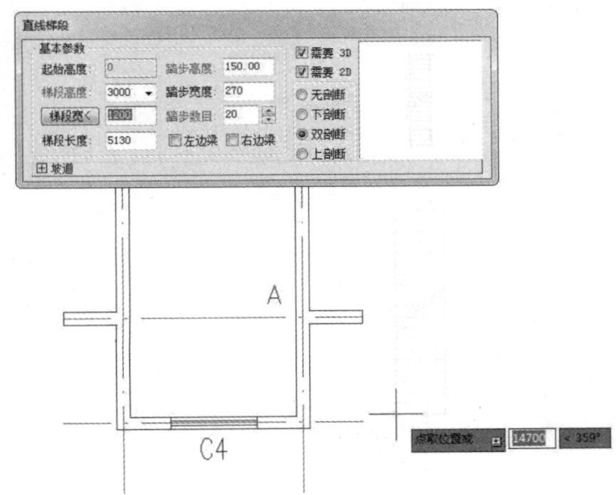

图 6-1　【直线梯段】对话框

- **起始高度**　是当前所绘梯段所在楼层地面起算的楼梯起始高度，梯段高以此算起。
- **梯段高度**　指当前所绘制直线梯段的总高度。
- **梯段宽<**　即梯段宽度，单击该按钮，可在图中点取两点获得梯段宽。
- **梯段长度**　是楼梯垂直方向上的长度。
- **踏步高度**　先输入一个踏步高设计初值，由楼梯高度推算出最接近初值的设计值。由于踏步数目是整数，梯段高度是一个给定的整数，因此踏步高度并非总是整数。用户给定一个粗略的目标值后，系统经过计算，才能确定踏步高度的精确值。
- **踏步数目**　其中【梯段高度】、【踏步高度】及【踏步数目】这 3 个文本框（选项的文字显示为蓝色）中的数值存在一定的逻辑关系，即梯段高度＝踏步高度×踏步数目。当确定好梯段的高度以后，在【踏步高度】和【踏步数目】两个选项中，只要确定其中的一个参数即可，另外一个参数由系统自动算出。
- **踏步宽度**　是在梯段中踏步板的宽度。
- **需要 3D/需要 2D**　主要用来设置楼梯段在视图中的显示方式。
- **剖断设置**　包括无剖断、下剖断、双剖断和上剖断 4 种设置。
- **作为坡道**　启用该复选框，将梯段转为坡道。

当在对话框中将直线梯段的参数设置完毕后，单击【确定】按钮，在命令行会显示提示信息。这些提示信息与上一节介绍的【坡道】选项的提示信息一样，可参照编辑坡道的方法调整楼梯位置。如图 6-2 所示，进行楼梯参数设置，然后指定插入点，即可获得直线楼梯创建效果。

注意

作为坡道时，防滑条的稀密是靠楼梯踏步表示的。要事先选好踏步数量。坡道的长度可由梯段长度直接给出，但会对踏步数与踏步宽做少量调整。剖切线在【天正选项】对话框下的【基本设定】选项卡中，可设置【单剖断】或【双剖断】样式。

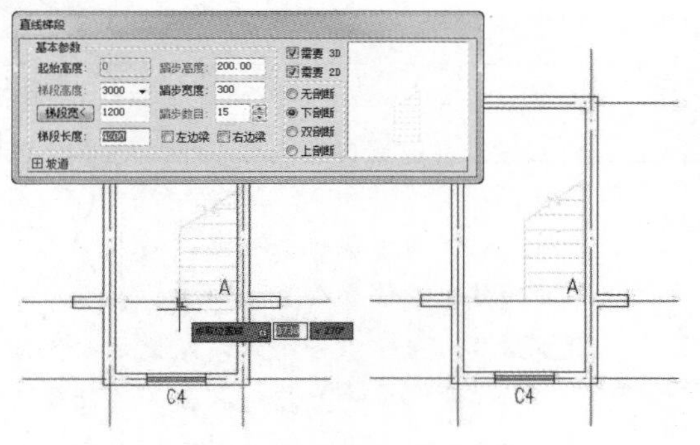

图 6-2　创建直线楼梯

6.1.2　圆弧梯段

圆弧梯段命令用于创建单段弧线形梯段，适合单独的圆弧楼梯，也可与直线梯段组合，创建复杂楼梯和坡道，在居住建筑中多用于别墅，而在公共建筑中，则多用于商场、酒店等人流量比较密集的地区。

选择【楼梯其他】|【圆弧梯段】选项，或在命令行中输入 YHTD，打开【圆弧梯段】对话框，如图 6-3 所示。

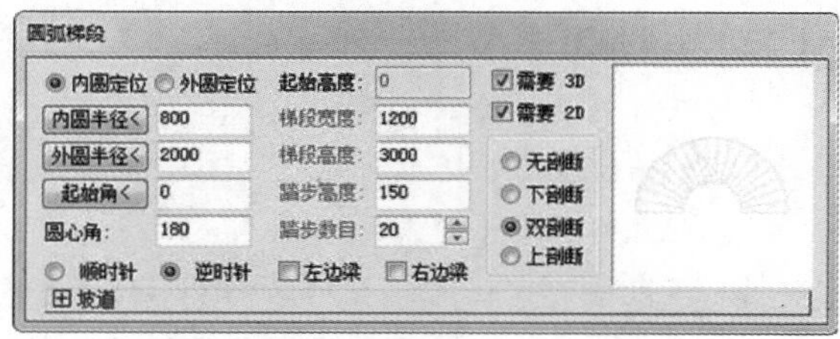

图 6-3　【圆弧梯段】对话框

在对话框中输入楼梯的参数，可根据对话框右侧的动态预览窗口，确定楼梯参数是否符合要求。此时光标位置显示圆弧梯段。如果梯段位置不正确，可按命令行提示进行调整。最后指定插入点，即可获得圆弧梯段绘制效果，如图 6-4 所示。

6.1.3　任意梯段

使用【任意梯段】命令可以将预先绘制的直线或弧线作为楼梯两侧的边线，从而绘制形状多变的楼梯。

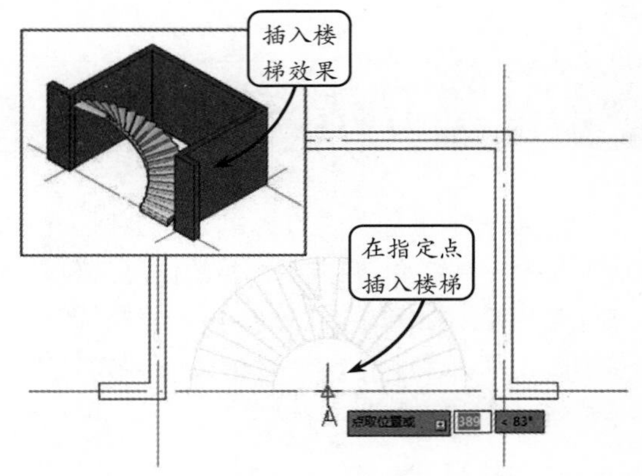

图 6-4　圆弧梯段

选择【楼梯其他】|【任意梯段】选项，或在命令行中输入 RYTD，然后按命令行提示分别选取梯段左侧边线和右侧边线，打开【任意梯段】对话框，如图 6-5 所示。

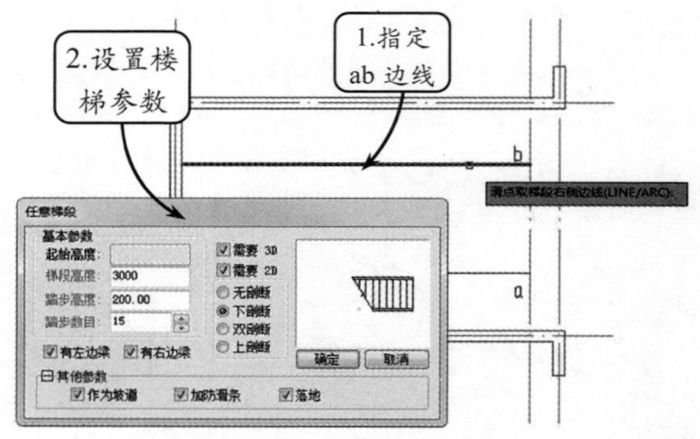

图 6-5　【任意梯段】对话框

在该对话框中，分别设置任意梯段参数。完成参数设置后，单击【确定】按钮，即可获得任意梯段效果，如图 6-6 所示。

6.1.4　双跑楼梯

双跑楼梯是由两跑直线梯段、一个休息平台、一个或两个扶手、一组或两组栏杆构成的自定义对象。使用【双跑楼梯】命令在对话框中输入楼梯参数，直接绘制双跑楼梯。

选择【楼梯其他】|【双跑楼梯】选项，或在命令行中输入 SPLT，打开【双跑楼梯】对话框，如图 6-7 所示。

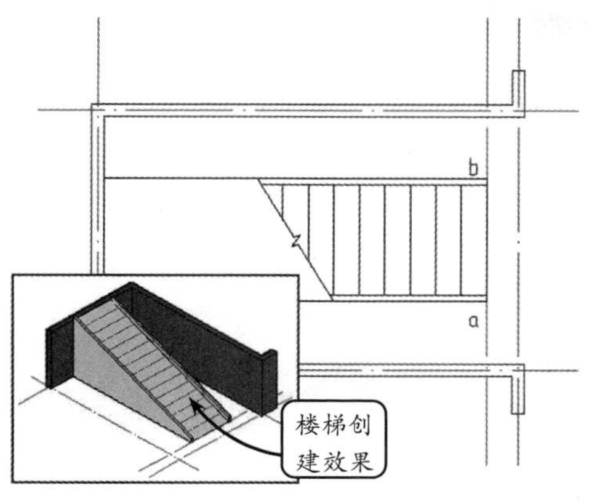

图 6-6　创建任意梯段

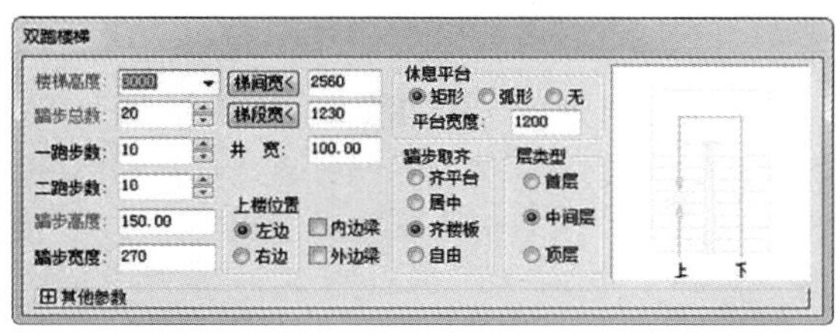

图 6-7　【双跑楼梯】对话框

在此对话框中，有部分选项与【直线梯段】对话框中的相同。接下来就针对对话框中特殊选项做如下说明。

- **梯间宽<**　指双跑楼梯的总宽度值（可以大于两个直线梯段的值，但不能够小于两个直线梯段的值），如图 6-8 所示。也可以单击【梯间宽<】按钮，直接到当前图形进行量取指定。

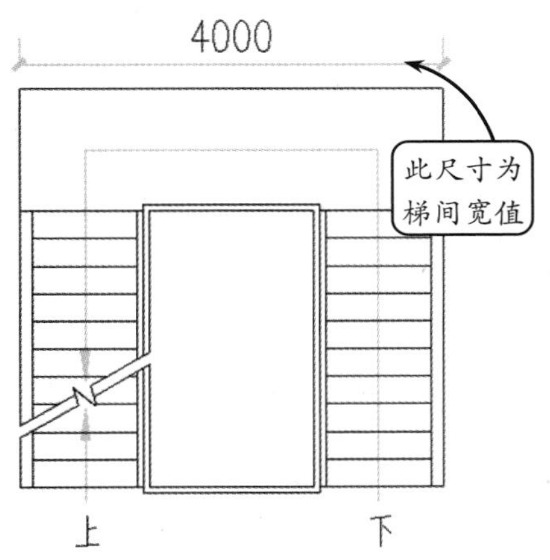

图 6-8　梯间宽度的尺寸值

- **梯段宽<**　指一个直线梯段的宽度值，可在文本框中输入宽度值，也可单击【梯段宽<】按钮，直接到当前图形中进行量取指定。
- **井宽**　指两个直线梯段在平面上的间距，也称为天井尺寸，最小井宽可以等于 0。井宽＝梯间宽－（2×梯段宽），这 3 个数值互相关联。
- **踏步总数**　是双跑楼梯的关键参数，默认踏步总数为 20。
- **一跑/二跑步数**　以踏步总数推算一跑与二跑步数，总数为奇数时先增二跑步数。
- **踏步高度**　用户可先输入大概的初始值，由楼梯高度与踏步数推算出最接近初值的设计值，推算出的踏步高有均分的舍入误差。
- **踏步宽度**　踏步沿梯段方向的宽度，是用户优先决定的楼梯参数，但在启用【作为坡道】复选框后，仅用于推算防滑条宽度。
- **休息平台**　有【矩形】、【弧形】、【无】3 个选项。对于非矩形休息平台，可以选无平台，以便自己用平板功能设计休息平台。
- **平台宽度**　按建筑设计规范，休息平台的宽度应大于梯段宽度，在选弧形休息平台时应修改宽度值，最小值不能为 0。
- **踏步取齐**　除了两跑步数不等时可直接在【齐平台】、【居中】、【齐楼板】中选择两梯段相对位置外，也可以通过拖动夹点，任意调整两梯段之间的位置。此时踏步取齐方式为【自由】。
- **层类型**　在平面图中按楼层分为 3 种类型绘制。其一，首层只给出一跑的下剖断；其二，中间层的一跑是双剖断；其三，顶层的一跑无剖断，如图 6-9 所示。
- **扶手高宽**　默认值分别为 900 高，60×100 的扶手断面尺寸。
- **扶手距边**　在 1:100 的图上，一般取 0；在 1:60 的详图上，应标以实际值。
- **转角扶手伸出**　设置在休息平台扶手转

角处的伸出长度，默认为 60，为 0 或负值时扶手不伸出。

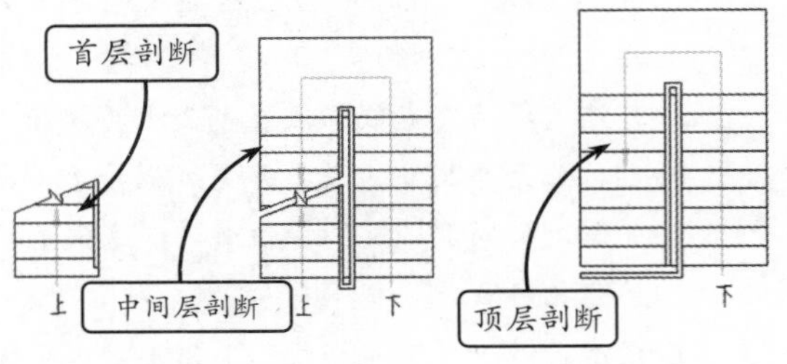

图 6-9　不同楼层的楼梯平面

- ❑ **层间扶手伸出**　设置在楼层间扶手起末端和转角处的伸出长度，默认为 60，为 0 或者负值时扶手不伸出。
- ❑ **扶手连接**　默认启用此项，扶手过休息平台和楼层时连接，否则扶手在该处断开。
- ❑ **有外侧扶手**　在外侧添加扶手，但不会生成外侧栏杆。
- ❑ **有外侧栏杆**　外侧绘制扶手也可选择是否启用绘制外侧栏杆，边界为墙时常不用绘制栏杆。
- ❑ **有内侧栏杆**　默认创建内侧扶手，启用此复选框自动生成默认的矩形截面竖栏杆。
- ❑ **标注上楼方向**　默认启用此项。在楼梯对象中，按当前坐标系方向创建标注上楼、下楼方向的箭头和“上”、“下”文字。
- ❑ **剖切步数（高度）**　作为楼梯时按步数设置剖切线中心所在位置，作为坡道时按相对标高设置剖切线中心所在位置。
- ❑ **作为坡道**　启用此复选框，楼梯段按坡道生成，对话框中会显示【单坡长度】的编辑框并要求输入长度。
- ❑ **单坡长度**　启用【作为坡道】复选框后，显示此编辑框。在这里输入其中一个坡道梯段的长度，但精确值依然受踏步数 x 踏步宽度的制约。

按照上面的说明，在对话框中将各参数设置好后，单击【确定】按钮，即可在当前图形的楼梯位置插入指定的楼梯。

> **注意**
>
> 启用【作为坡道】复选框前，要求楼梯的两跑步数相等，否则坡长不能准确定义。坡道的防滑条的间距用步数来设置。要在启用【作为坡道】复选框前完成此项设置。

6.1.5　多跑楼梯

使用【多跑楼梯】命令可以通过输入关键点来建立多跑楼梯。多跑楼梯用于创建由梯段开始且以梯段结束、梯段和休息平台交替布置的不规则楼梯。

选择【楼梯其他】|【多跑楼梯】选项，或在命令行中输入 DPLT，打开【多跑楼梯】对话框，如图 6-10 所示。

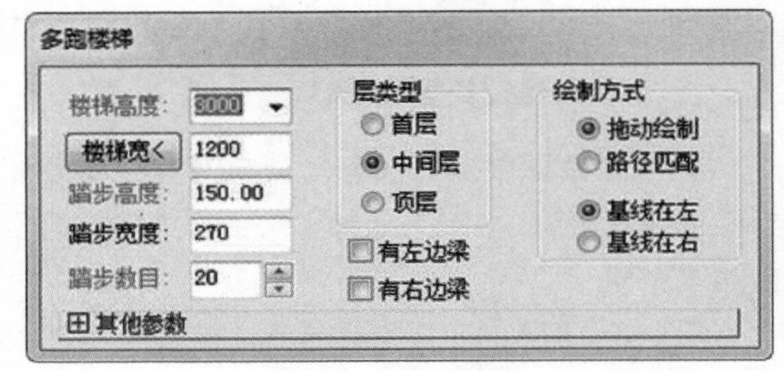

图 6-10　【多跑楼梯】对话框

在此对话框中，有部分选项与【双跑梯段】对话框中对应选项相同。接下来，就针对对话框中的特殊选项做如下说明。

- ❑ **拖动绘制**　暂时进入图形中量取楼梯间净宽作为双跑楼梯总宽。
- ❑ **路径匹配**　楼梯按已有多段线路径（红色虚线）作为基线绘制。线中给出梯段起末点，它们不可省略或重合，例如直角楼梯给 4 个点（3 段），三跑楼梯是 6 个点（5 段），路径分段数是奇数。
- ❑ **基线在左（右）**　基线在左拖动绘制时是以基线为标准的，这时楼梯画在基线右边；基线在右拖动绘制时也是以基线为标准的，但这时楼梯画在基线左边。对比效果如图 6-11 所示。

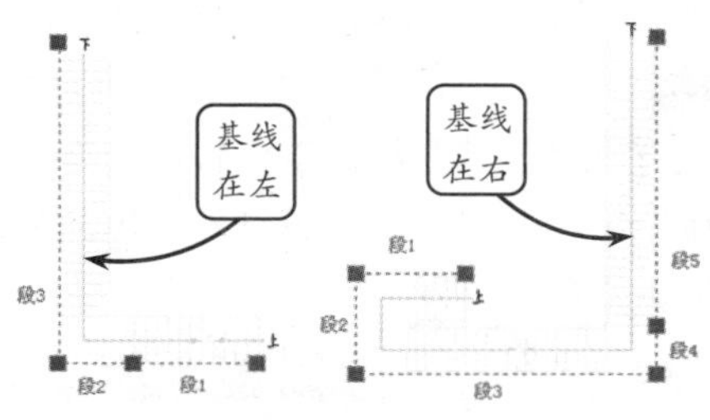

图 6-11　上楼方向

- **左边靠墙**　按上楼方向，左边不画出边线。
- **右边靠墙**　按上楼方向，右边不画出边线。

多跑楼梯由给定的基线来生成。基线就是多跑楼梯左侧或右侧的边界线。基线可以事先绘制好，也可以交互确定，但不要求基线与实际边界完全等长。按照基线交互点取顶点，当步数足够时结束绘制，基线的顶点数目为偶数，即梯段数目的 2 倍。图 6-12 所示的图形即为使用【多跑梯段】命令绘制的多跑楼梯类型。

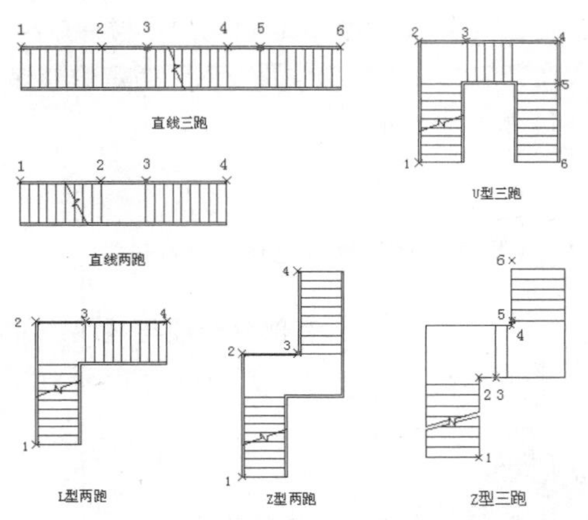

图 6-12　绘制的多跑楼梯

注意

在图 6-12 中，对应点 3 和点 6 处位于平台与梯段的交接处，指定这些位置点后，必须按回车键或输入字母 T，才能拖动绘制楼梯段，否则仍然绘制平台。

由于该对话框为无模式对话框，因此在设置楼梯参数后，可按命令行提示绘制楼梯。以绘制图 6-13 所示的多跑楼梯为例，命令行将显示"起点<退出>:"提示信息，此时选取首梯段起点 *P1* 位置。命令行将显示"输入下一点或［路径切换到左侧(Q)］<退出>:"提示信息，在楼梯转角处点取首梯段终点 *P2*，然后拖动楼梯转角后在休息平台结束处点取 *P3* 作为第二梯段起点。

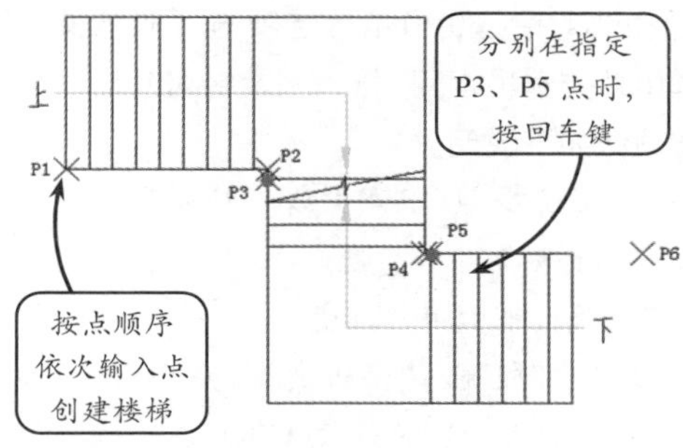

图 6-13　多跑楼梯

多跑楼梯的休息平台是自动确定的。休息平台的宽度与梯段宽度相同，休息平台的形状由相交的基线确定。默认的剖切线位于第一跑，可拖动改为其他位置。其中，右图为选路径匹配，基线在左时的转角楼梯生成，注意，即使 *P2*、*P3* 为重合点，在绘图时仍应分开两点绘制。

指定 *P3* 点后，按回车键或输入字母 T 结束休息平台绘制，切换到绘制梯段。如果要从左侧指定点，可键入 Q 切换路径到左侧。拖动绘制梯段到显示踏步数为 4，指定梯段结束点 *P4*。接着，拖动并转角后在休息平台结束处点取 *P6* 作为第三梯段起点，按回车键结束休息平台绘制，切换到绘制梯段。最后拖动绘制梯段到梯段结束，指定梯段结束点 *P6*，并按回车键，即可获得多跑楼梯绘制效果。

6.1.6　双分平行

双分平行楼梯指可以选择从中间梯段上楼或者从两边梯段上楼的平行楼梯。使用该命令可设定梯段参数，绘制双分平行楼梯，并通过设置平台宽度可以解决复杂的梯段关系。

选择【楼梯其他】|【双分平行】选项，或在命令行中输入 SFPX，打开【双分平行楼梯】对话框，如图 6-14 所示。

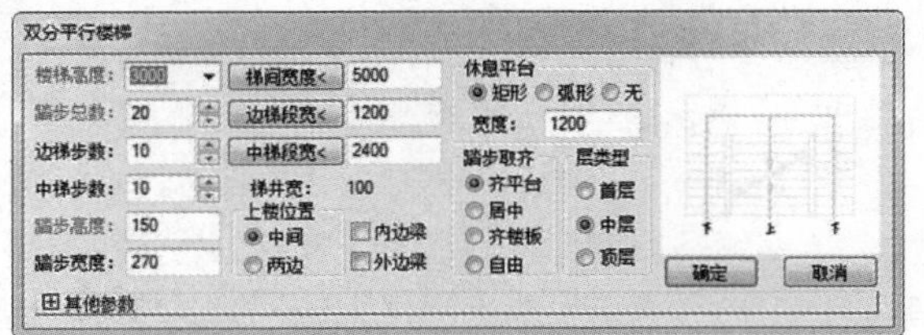

图 6-14 【双分平行楼梯】对话框

在此对话框中有部分选项与【双跑梯段】对话框中对应选项相同，接下来就针对对话框中的特殊选项做如下说明。

- **边梯步数/中梯步数** 双分平行楼梯两个梯段各自的步数，默认两个梯段步数相等，可由用户改变。
- **中梯段宽/边梯段宽** 两类楼梯段各自的梯段宽度。可在文本框中输入宽度值，也可单击对应按钮，直接到当前图形中进行量取指定。
- **剖切步数** 可选择楼梯的剖切位置，以剖切线所在踏步数定义。

在该对话框中设置双分平行楼梯参数后，单击【确定】按钮确认操作。此时光标位置将显示楼梯效果，这样，便在当前图形的楼梯位置插入了指定的楼梯，如图 6-15 所示。

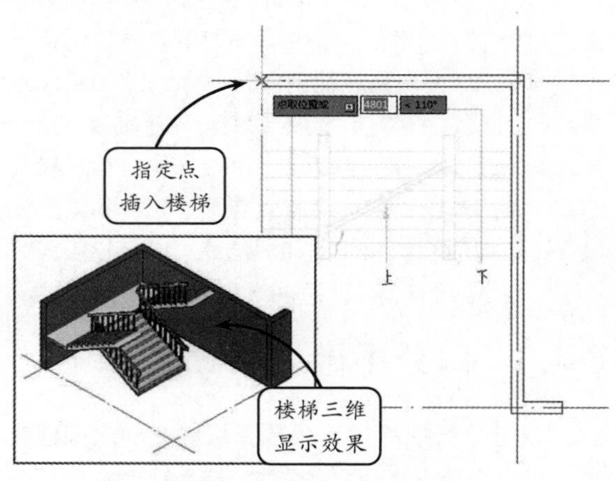

图 6-15 双分平行楼梯

6.1.7 双分转角

使用该工具可以选择从中间梯段上楼或者从两边梯段上楼的平面呈 T 字形的楼梯。使用双分平行楼梯，可以通过设置平台的宽度来解决复杂的梯段关系。

选择【楼梯其他】|【双分转角】选项，或在命令行中输入 SFZJ，将打开【双分转角楼梯】对话框，如图 6-16 所示。

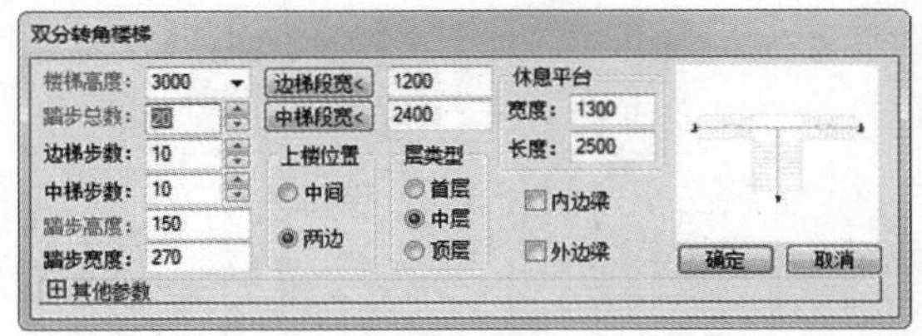

图 6-16 【双分转角楼梯】对话框

在此对话框中，所有选项均与【双分平行楼梯】对话框对应选项相同，唯一不同的是，在设置休息平台时，可分别设置宽度值和长度值。其中，休息平台的宽度是边跑的外侧到中跑边线，长度是两个边跑之间的距离。

在对话框中设置楼梯参数后，单击【确定】按钮确认操作。此时光标位置将显示楼梯效果，这样便在当前图形的楼梯位置插入了指定的楼梯，如图 6-17 所示。

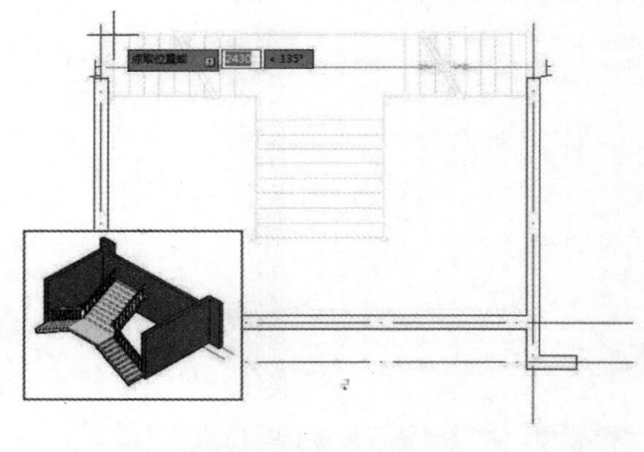

图 6-17 双分转角楼梯

6.1.8 双分三跑

双分三跑楼梯指可以选择从中间梯段上楼或者从两边梯段上楼，有 3 个休息平台的楼梯。

选择【楼梯其他】|【双分三跑】选项，或在命令行中输入 SFSP，打开【双分三跑楼梯】对话

框，如图 6-18 所示。

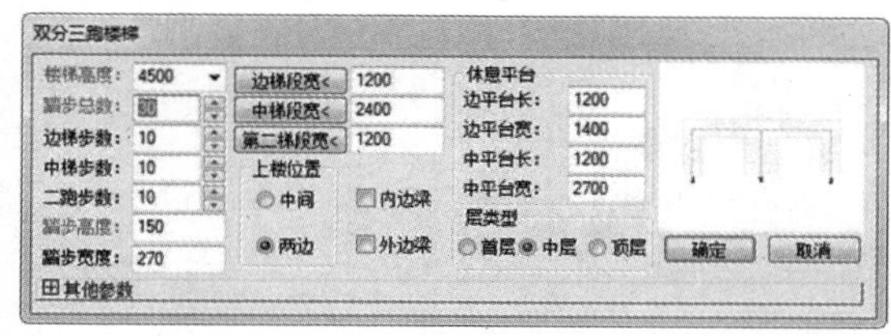

图 6-18　【双分三跑楼梯】对话框

在此对话框中有部分选项与【双分转角楼梯】对话框中对应选项相同。接下来就针对对话框中的特殊选项做如下说明。

- ❑ **边梯/中梯/二跑步数**　双分三跑楼梯 3 个梯段各自的步数。默认边梯和中梯步数一致，用户可以修改。
- ❑ **边梯/中梯/第二梯段宽**　3 个楼梯段各自的梯段宽度。
- ❑ **边休息平台长度/宽度**　边休息平台的长度是边梯段端线到第二梯段外侧的距离，宽度是边梯段外侧到第二梯段端线的距离，如图 6-19 所示。

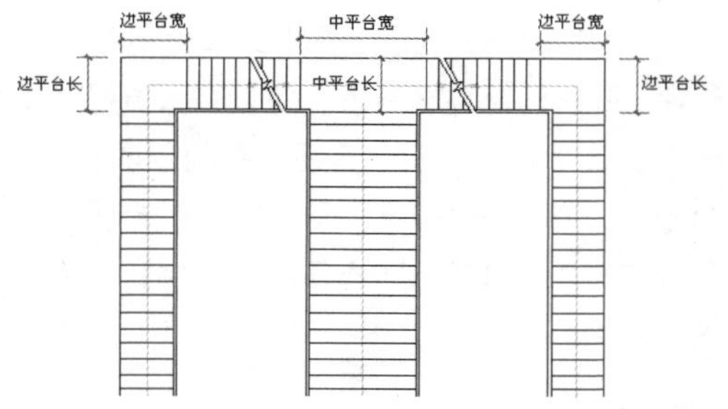

图 6-19　边休息平台长度/宽度

- ❑ **中休息平台长度/宽度**　中休息平台的长度是第二梯段外侧到中梯段边线的距离，宽度是两个第二梯段端线间的距离。
- ❑ **上楼位置**　可以绘制按从边跑或中跑上楼两种上楼位置，系统将自动处理剖切线和上楼方向线的绘制。
- ❑ **边梯扶手伸出**　两个边梯起步处的扶手伸出距离。
- ❑ **中梯扶手伸出**　中梯起步处的扶手伸出距离。

在对话框中设置楼梯参数后，单击【确定】按钮确认操作。此时光标位置将显示楼梯效果，这样便在当前图形的楼梯位置插入了指定的楼梯，如图 6-20 所示。

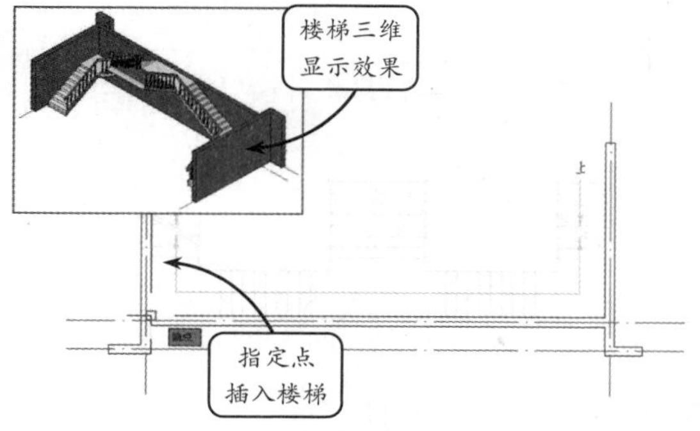

图 6-20　双分三跑楼梯

6.1.9　交叉楼梯

使用该工具可以通过在对话框中输入梯段参数绘制交叉楼梯，可以选择不同的上楼方向。

选择【楼梯其他】|【交叉楼梯】选项，或在命令行中输入 JCLT，打开【交叉楼梯】对话框，如图 6-21 所示。

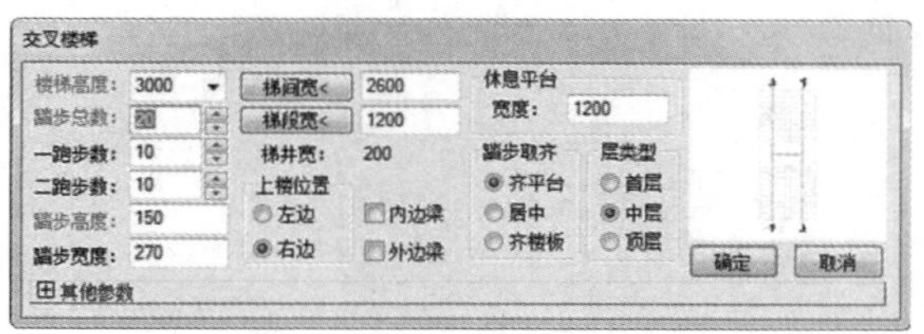

图 6-21　【交叉楼梯】对话框

此对话框中包含与【双跑楼梯】对话框中相同的常用选项，唯一不同的是，在设置休息平台时，无法定义平台其他类型，只能使用固定的平台类型。还有就是，在设置踏步取齐时，无法设置自由方式，即只能使用固定的 3 种踏步取齐方式。

在对话框中设置楼梯参数后，单击【确定】按钮确认操作。此时光标位置将显示楼梯效果，这样便在当前图形的楼梯位置插入了指定的楼梯，如图 6-22 所示。

TArch 天正建筑设计与工程应用从新手到高手

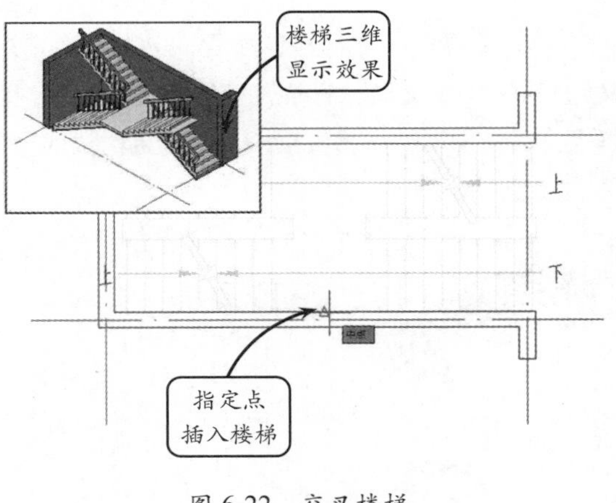

图 6-22　交叉楼梯

6.1.10　剪刀楼梯

通过【剪刀楼梯】命令可以在对话框中输入楼梯参数绘制剪刀楼梯。楼梯扶手和梯段各自独立，在首层和顶楼有多种梯段排列可供选择。剪刀楼梯就是在上下层之间的楼梯中设有拐弯，3 层楼的楼梯之间像一把剪刀的楼梯。

选择【楼梯其他】|【剪刀楼梯】选项，或在命令行中输入 JDLT，打开【剪刀楼梯】对话框，如图 6-23 所示。

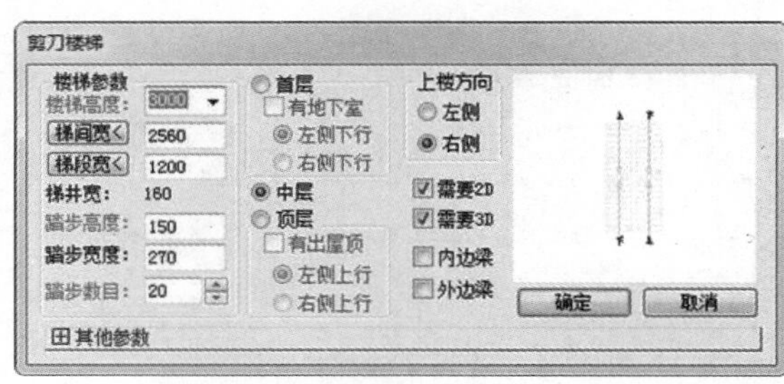

图 6-23　【剪刀楼梯】对话框

此对话框中包含与【双跑楼梯】对话框中相同的常用选项，唯一不同的是，在设置休息平台时，无法定义平台其他类型，只能使用固定的平台类型。还有就是，在设置踏步取齐时，无法设置自由方式，即只能使用固定的 3 种踏步取齐方式。

在对话框中设置楼梯参数后，单击【确定】按钮确认操作。此时光标位置将显示楼梯效果，这样便在当前图形的楼梯位置插入了指定的楼梯，如图 6-24 所示。

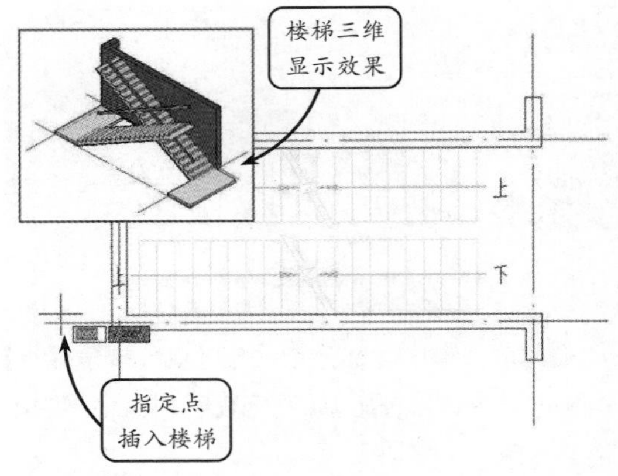

图 6-24　剪刀楼梯

注意

如果需要在顶层绘制楼板开洞，部分楼梯被楼板遮挡的情况，只要按开洞范围减少楼梯步数即可。因为顶层不创建三维图形，因此不会对三维效果的生成造成影响。

6.1.11　三角楼梯

使用该工具在对话框中输入梯段参数绘制三角楼梯，可以选择不同的上楼方向。三角楼梯指平面投影呈三角形，由多个直线楼梯组成的楼梯。

选择【楼梯其他】|【三角楼梯】选项，或在命令行中输入 SJLT，打开【三角楼梯】对话框，如图 6-25 所示。

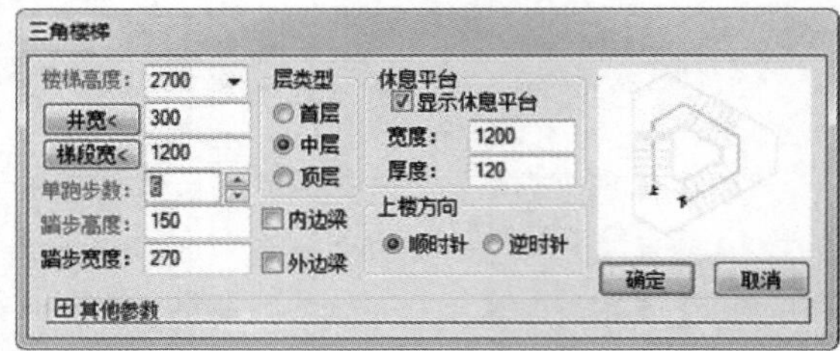

图 6-25　【三角楼梯】对话框

在此对话框中，有部分选项与【双跑楼梯】对话框中对应选项相同。接下来就针对对话框中的特殊选项做出如下说明。

- **井宽<**　由于三角楼梯的井宽参数是变化

的，这里的井宽是两个梯段连接处起算的初始值，最小井宽为 0，如图 6-26 所示。

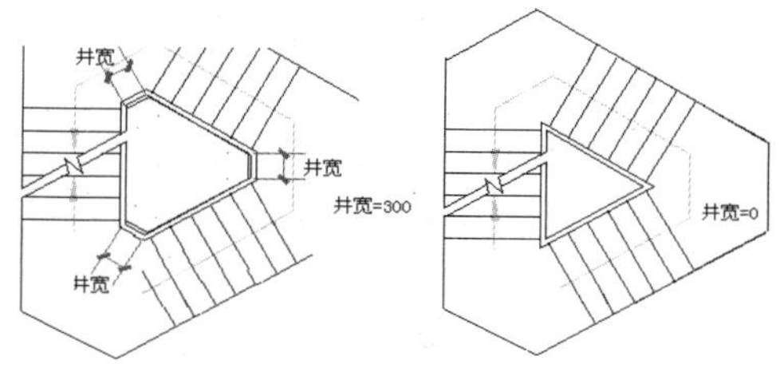

图 6-26　井宽

- ❑ **单跑步数**　根据楼梯高度，在建筑常用踏步高合理数值范围内，程序按三跑计算出的单跑步数。
- ❑ **显示休息平台**　禁用该复选框，表示不显示休息平台。在用户需要自行绘制非标准的休息平台时使用。
- ❑ **宽度/厚度**　休息平台宽度是梯段端线到平台角点的距离，如图 6-27 所示。厚度是平台的三维厚度。

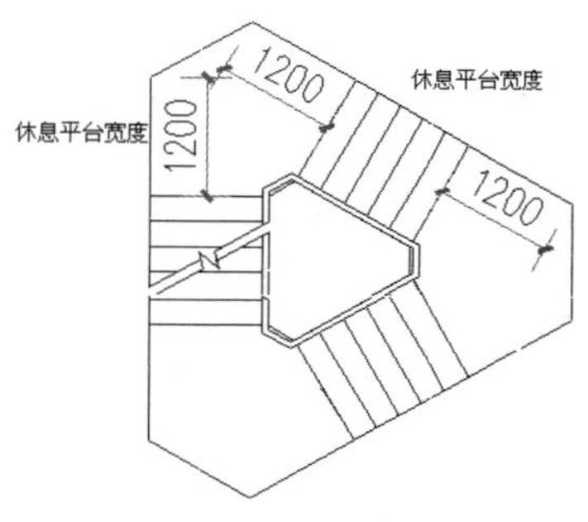

图 6-27　休息平台宽度

- ❑ **上楼方向**　可按设计要求，选择顺时针或逆时针方向，来确定上楼的梯段和剖切位置。
- ❑ **扶手连接**　默认启用，扶手经各休息平台时自动连接；禁用该复选框，用户可自己绘制楼梯柱或绘制圆弧等扶手。
- ❑ **扶手端头开口**　扶手在休息平台处的端头开口，便于用户自己插入楼梯柱等构件。
- ❑ **有外侧扶手**　楼梯外侧按照要求而定。启用该复选框后将绘制外侧扶手。如果楼梯间有墙，常不设外侧扶手。
- ❑ **伸出距离**　默认扶手上、下伸出距离相等，为负值时不伸出楼梯端线外。
- ❑ **标注上楼方向**　可选择是否标注上楼方向箭头线。
- ❑ **剖切步数**　可选择楼梯的剖切位置，以剖切线所在踏步数定义。

在对话框中设置楼梯参数后，单击【确定】按钮确认操作。此时光标位置将显示楼梯效果，这样便在当前图形的楼梯位置插入了指定的楼梯，如图 6-28 所示。

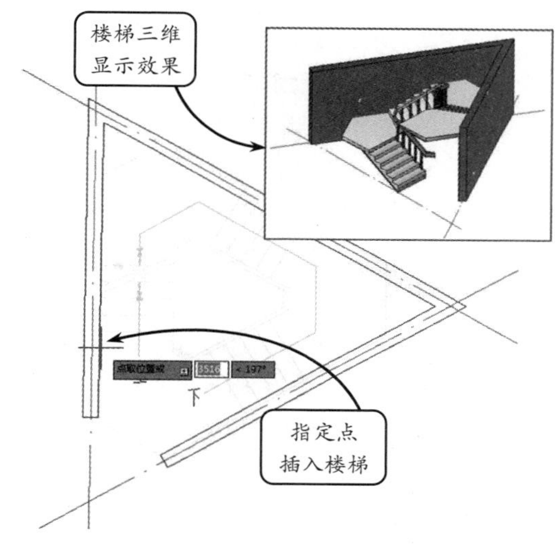

图 6-28　三角楼梯

6.1.12　矩形转角

使用该工具在对话框中输入梯段参数绘制矩形转角楼梯。梯跑数量可以从两跑到四跑，可选择两种上楼方向。

选择【楼梯其他】|【矩形转角】选项，或在命令行中输入 JXZJ，打开【矩形转角楼梯】对话框，如图 6-29 所示。

在此对话框中，有部分选项与【双跑楼梯】对话框中对应选项相同，接下来就针对对话框中的特殊选项做如下说明。

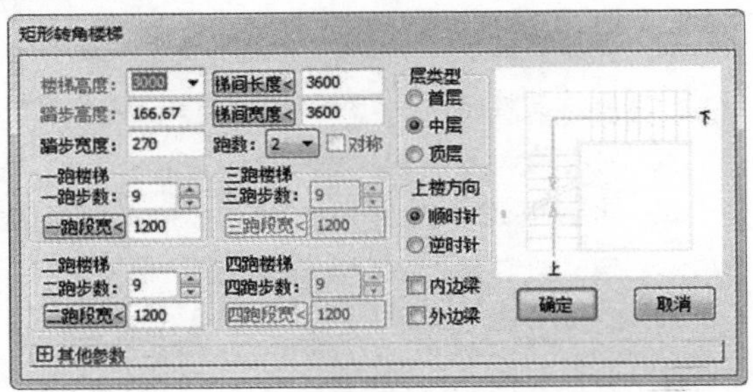

图 6-29 【矩形转角楼梯】对话框

- ❑ **X 跑步数** 第 X 跑的踏步数，由用户直接输入或者单击上下箭头步进改变。
- ❑ **X 跑段宽<** 第 X 跑的梯段宽，由用户直接输入或者单击【梯段宽<】按钮从平面图中直接量取。
- ❑ **跑数** 单击【跑数】下拉列表，从表中直接选取 2～4 的整数。
- ❑ **对称** 对于三跑、四跑楼梯，提供对称的复选框。启用该复选框后，对于三跑楼梯，第一和第三梯段参数相同（后者暗显）；对于四跑楼梯，第二跑还和第四跑相同（后者暗显）。
- ❑ **梯间长度** 第二跑梯段长度加两端休息平台的长度。可以从图中直接点取。输入参数小于容许最小长度时，自动取最小长度创建平台。
- ❑ **梯间宽度** 第一跑梯段长度加休息平台的宽度，可以从图中直接点取；在对称时起作用，非对称时暗显。输入参数小于容许最小宽度时，自动取最小宽度创建平台。
- ❑ **显示休息平台** 禁用该复选框表示不显示休息平台，用户需要自行绘制非标准的休息平台。
- ❑ **上楼方向** 可按设计要求，选择顺时针或逆时针方向，来改变上楼的梯段和剖切位置。
- ❑ **扶手连接** 默认启用，此时，扶手经楼层时将用栏杆连接；禁用该复选框时，用户在楼层间需自己绘制栏板或墙体。
- ❑ **有外侧扶手** 楼梯外侧按照要求而定。启用该复选框后将绘制外侧扶手。如果梯间有墙，常不设外侧扶手。
- ❑ **有外侧栏杆** 外侧绘制扶手也可选择是否启用绘制栏杆。边界为墙时常不用绘制栏杆。
- ❑ **有内侧栏杆** 楼梯内侧按照要求而定。启用该复选框后绘制内侧栏杆。默认有内侧扶手。
- ❑ **上端/下端伸出** 可以分别输入扶手上下端伸出距离，为负值时不伸出楼梯端线外。
- ❑ **标注上楼方向** 可选择是否标注上楼方向箭头线。

在对话框中设置楼梯参数后，单击【确定】按钮确认操作。此时光标位置将显示楼梯效果，这样便在当前图形的楼梯位置插入了指定的楼梯，如图 6-30 所示。

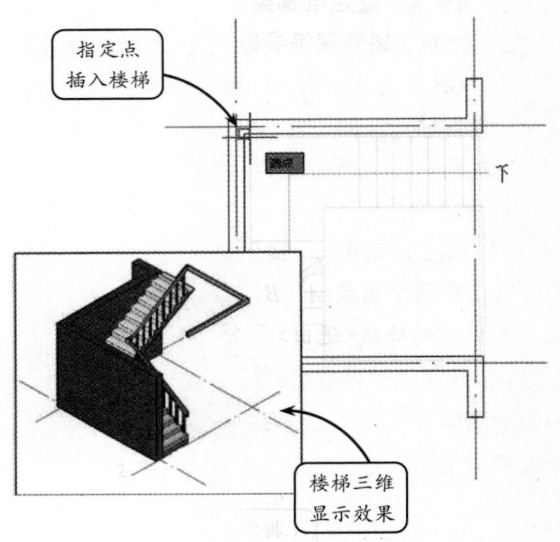

图 6-30 矩形转角楼梯

6.1.13 创建自动电梯

使用【电梯】命令可以绘制由轿厢、平衡块和电梯门等组成的电梯。电梯需要放入井道中，并需要为电梯设计专用的机房。天正墙体创建了封闭房间作为电梯井。如要求电梯井贯通多个电梯，要临时加虚墙分隔。电梯间一般为矩形，梯井道宽为开门侧墙长。电梯间绘制内容包括轿厢、平衡块和门。

选择【楼梯其他】|【电梯】选项，或在命令行中输入 DT，打开【电梯参数】对话框，如图 6-31 所示。

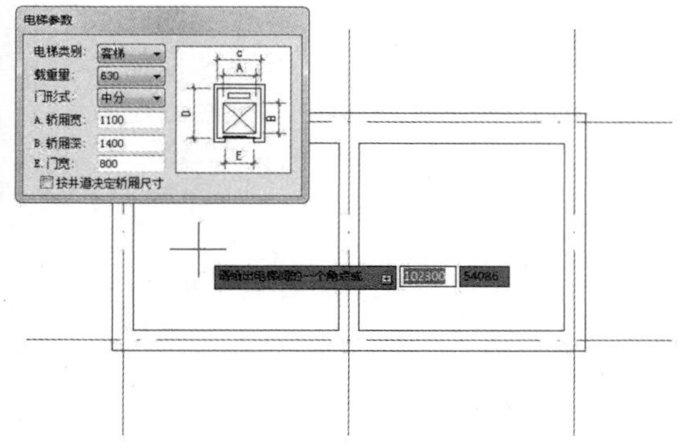

图 6-31　【电梯参数】对话框

在对话框中设定电梯类型、载重量、门形式、门宽、轿厢宽、轿厢深等参数。其中电梯类型有客梯、住宅梯、医院梯、货梯 4 种，每种电梯形式均有已设定好的不同的设计参数。输入参数后按命令行提示执行命令，不必关闭对话框。

命令行将显示“请给出电梯间的一个角点或[参考点（R）]<退出>:”提示信息，此时在绘图区中分别指定两个角点 *A*、*B*；命令行将显示“请点取开电梯门的墙线<退出>:”提示信息，选取开门墙线 *a*，开双门时可多选；然后选取平衡块所在的一侧的墙体 *l*；最后按回车键，即可获得电梯效果，如图 6-32 所示。

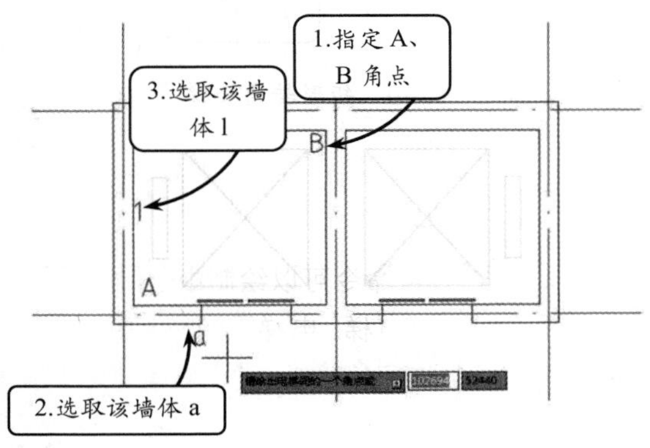

图 6-32　创建电梯

6.1.14　自动扶梯

【自动扶梯】命令仅用于二维图形的绘制，不能创建立面和三维模型。

使用【自动扶梯】工具，可分别设置自动扶梯的类型和梯段参数，用于绘制单梯和双梯及其组合。在顶层还设有洞口选项，拖动夹点可以进行楼板开洞时，扶梯局部隐藏的绘制。此外，该版本还支持自动步道、自动坡道等复杂样式，提供对象编辑功能。

选择【楼梯其他】|【自动扶梯】选项，或在命令行中输入 ZDFT，打开【自动扶梯】对话框，如图 6-33 所示。

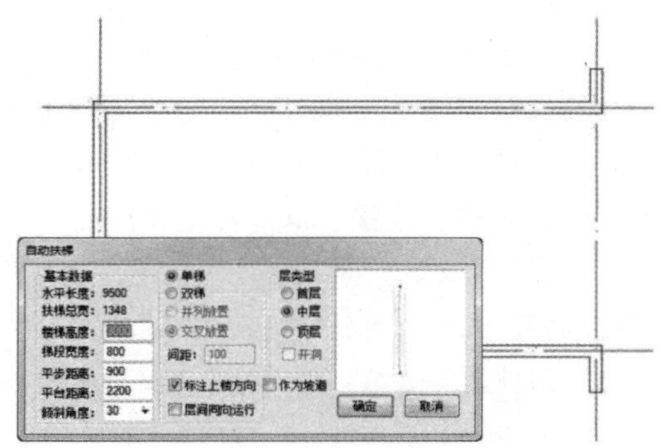

图 6-33　【自动扶梯】对话框

绘制单台或双台自动扶梯或自动人行步道（坡道）时，此命令只创建二维图形，对三维和立剖面的生成不起作用。该对话框主要参数含义如下所述。

- **平步距离**　从自动扶梯工作点开始到踏步端线的距离。为水平步道时，平步距离为 0，如图 6-34 所示。

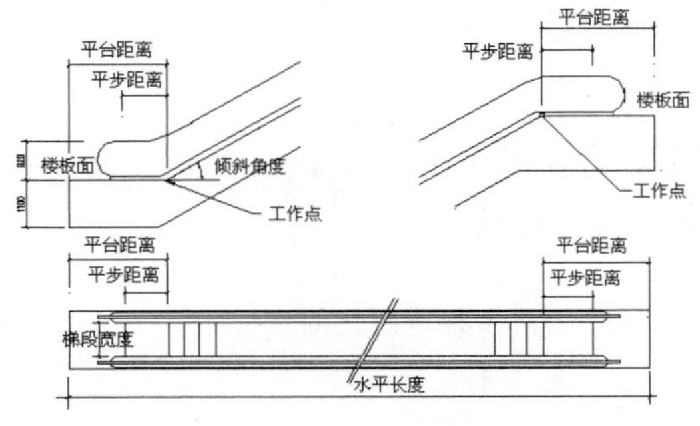

图 6-34　自动扶梯主要参数

- **平台距离** 从自动扶梯工作点开始到扶梯平台安装端线的距离。为水平步道时，平台距离需由用户重新设置。
- **倾斜角度** 自动扶梯的倾斜角，商品自动扶梯倾斜角度为 27.3°、30°、36°，其中，30°是优先选用的角度。坡道倾斜角度为 10°、12°，当倾斜角为 0°时，该坡道将作为步道，交互界面和参数应进行相应修改。
- **梯段宽度** 自动扶梯不算两侧裙板的活动踏步净长度作为梯段的净宽。宽度有 600 mm（单人）、800 mm（单人携物）、1 000 mm、1 200mm（双人）。
- **单梯与双梯** 可以一次创建成对的自动扶梯或者单台的自动扶梯。
- **并列与交叉放置** 双梯两个梯段的倾斜方向可选方向一致或者方向相反。
- **间距** 双梯之间相邻裙板之间的净距。
- **作为坡道** 启用此复选框，扶梯按坡道的默认角度 10° 或 12° 取值，长度重新计算。
- **标注上楼方向** 默认启用此复选框，标注自动扶梯上、下楼方向。默认为中层时，剖切到的上行和下行梯段运行方向箭头表示相对运行（上楼/下楼）。
- **层间同向运行** 启用此复选框后，默认为中层时，剖切到的上行和下行梯段运行方向箭头表示同向运行（都是上楼）。
- **开洞** 通过开洞功能可绘制顶层板开洞的扶梯，并隐藏自动扶梯洞口以外的部分。启用【开洞】复选框后，将遮挡扶梯下端，同时提供一个夹点，可拖动该夹点，改变洞口长度，如图 6-35 所示。

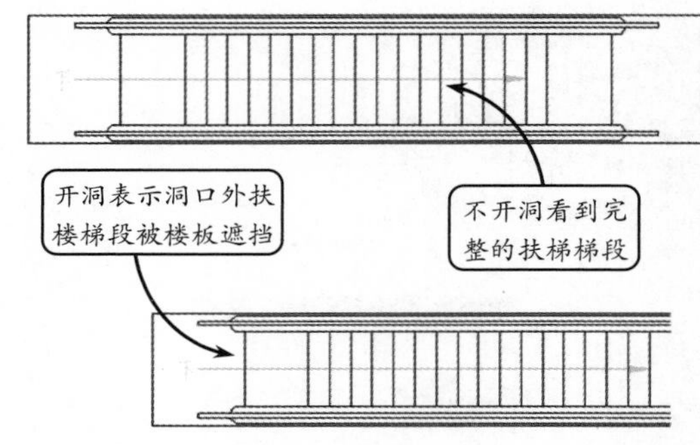

图 6-35 楼梯开洞和不开洞

在对话框中设置扶梯参数后，单击【确定】按钮确认操作。此时光标位置将显示扶梯效果，这样便在当前图形的扶梯位置插入了指定的扶梯，如图 6-36 所示。

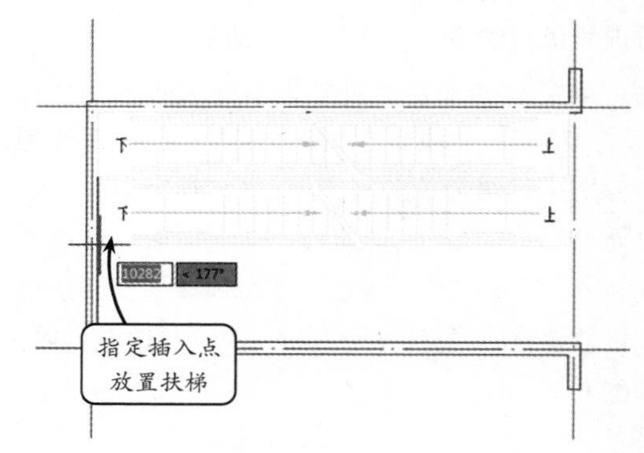

图 6-36 自动扶梯

6.2 楼梯扶手与栏杆

扶手作为与梯段配合的构件，将与梯段和台阶产生关联。放置在梯段上的扶手，可以遮挡梯段，也可以被梯段的剖切线剖断。通过【连接扶手】命令，可以把不同分段的扶手连接起来。

6.2.1 添加扶手

使用该工具，将以楼梯段或沿上楼方向的多段线路径为基线，生成楼梯扶手。系统将自动识别楼梯段和台阶，但是不识别组合后的多跑楼梯与双跑楼梯。

选择【楼梯其他】|【添加扶手】选项，或在命令行中输入 TJFS，命令行将显示“请选择梯段或作为路径的曲线（线/弧/圆/多段线）：”提示信息。此时，选取梯段或已有曲线，并分别输入扶手宽度、扶手顶面高度、扶手距边，然后，双击创建的扶手，进入【扶手】对话框进行扶手的编辑，如图 6-37 所示。该对话框主要参数含义如下所述。

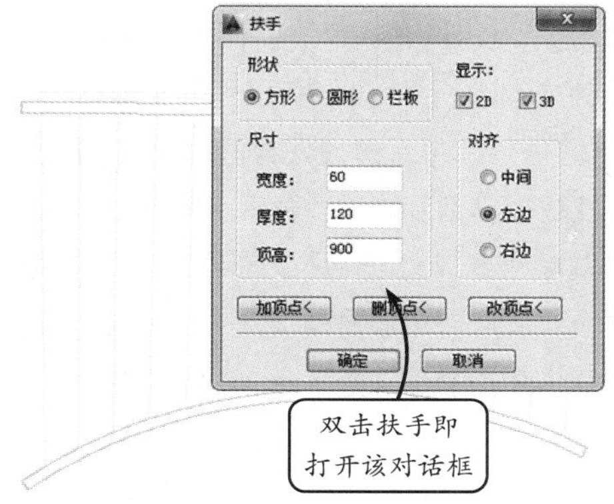

图 6-37　【扶手】对话框

- **形状**　扶手的形状可选矩形、圆形和栏板 3 种，然后在下面分别输入适当的尺寸。
- **对齐**　仅对多段线、直线、圆弧和圆作为基线时起作用。多段线和直线用作基线时，以绘制时取点方向为基准方向；对于圆弧和圆，内侧为左，外侧为右。楼梯段用作基线时，对齐默认为对中。为与其他扶手连接，往往需要改为一致的对齐方向。
- **加/减顶点**　可通过单击【加顶点<】和【删顶点<】按钮，进入图形中修改扶手各段高度。即，首先将光标移到扶手上，程序会自动显示顶点位置，此时输入顶点标高值或者输入 P 取对象标高。

6.2.2　连接扶手

使用添加扶手命令可以在楼梯段或沿上楼方向的多段线路经生成扶手，可自动识别楼梯段和台阶。

提示

扶手是楼梯的重要组成部分，扶手可以用优质硬木、金属型材（铁管、不锈钢、铝合金等）、工程塑料及水泥砂浆抹灰、水磨石、天然石材制作。室外楼梯不宜使用木扶手，以免淋雨后变形和开裂。不论何种材料的扶手，其表面必须要光滑、圆润，以便于搭扶。绝大多数扶手是连续设置的，接头处应当仔细处理，使之平滑过渡。金属扶手通常与栏杆焊接；抹灰类扶手在栏板上端直接饰面；木及塑料扶手在安装之前应事先在栏杆顶部设置通长的斜倾扁铁，扁铁上预留安装钉孔，然后把扶手安放在扁铁上，并用螺丝固定好。

上、下梯段的扶手在平台转弯处往往存在高差，应进行调整和处理。当上、下梯段在同一位置起步时，可以把楼梯井处的横向扶手倾斜设置，连接上、下两段扶手。如果把平台处栏杆外伸约 1/2 踏步或者将上、下梯段错开一个踏步，就可以使扶手顺利连接。但这种做法，栏杆占用平台尺寸较多，楼梯的占用面积也要增加。

选择【楼梯其他】|【连接扶手】选项，或在命令行中输入 LJFS，命令行将显示“选择待连接的扶手（注意与顶点顺序一致）：”提示信息。此时，依次选取待连接的两段扶手，按回车键，即可获得连接扶手效果，如图 6-38 所示。

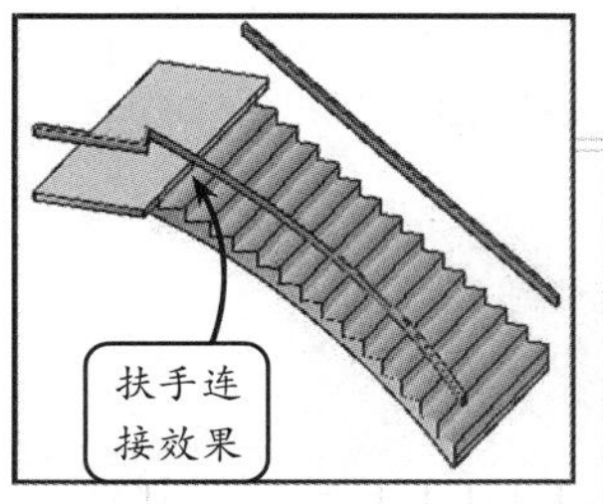

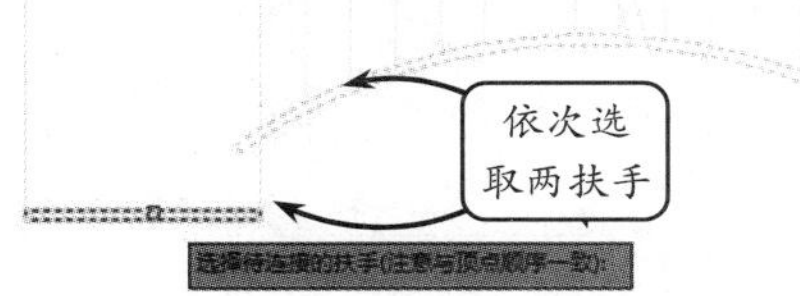

图 6-38　连接扶手

6.2.3 创建楼梯的栏杆

6.1 节中所介绍的部分楼梯有自动添加竖栏杆的设置，但有些楼梯命令仅可创建扶手，或者栏杆与扶手都没有。此时可先按上述方法创建扶手，然后通过栏杆库指定栏杆类型，创建楼梯栏杆，并通过路径排列创建所有的栏杆特征。

1. 添加栏杆

在屏幕菜单中选择【三维建模】|【造型对象】|【栏杆库】选项，将打开【天正图库管理系统】对话框。在此对话框中存在多种类型的天正系统自带的栏杆图块。选择其中任意一个图块后，双击该图块即可，如图 6-39 所示。

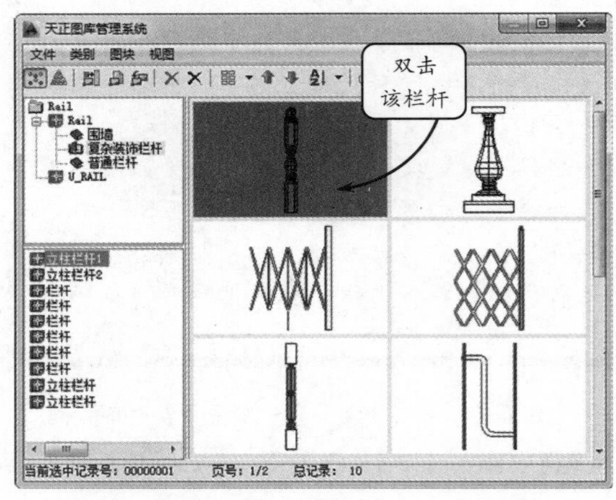

图 6-39 【天正图库管理系统】对话框

在图块管理器中选中栏杆图块后，打开【图块编辑】对话框。可通过该对话框设置栏杆图块的大小，即在此输入尺寸或输入比例，如图 6-40 所示。

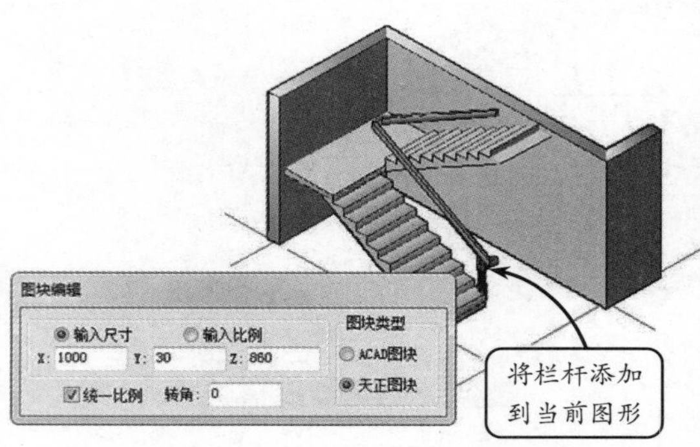

图 6-40 添加栏杆

技巧

在【图块编辑】对话框中，选择两种方法的任意一种来设置图块的大小时，如果启用了【统一比例】复选框，则若在数值框中改变任意一个数值，其他的尺寸值均会自动改变。反之，则需要在每一个文本框内输入具体的尺寸值。

2. 路径排列

使用【栏杆库】功能仅仅能够创建单个的楼梯栏杆对象，要获得所有的栏杆对象，还必须通过路径排列来实现。

在屏幕菜单中选择【三维建模】|【造型工具】|【路径排列】选项，命令行将提示“请选择作为路径的曲线（线/弧/圆/多段线）或可绑定对象（路径曲面/扶手/坡屋顶）:”提示信息。将鼠标移动到视图中的扶手上面，单击，将扶手选中，以作为路径的曲线。

接着，命令行又提示“请选择作为路径排列的对象”提示信息，在视图中选择刚才插入的栏杆图块，选中后右击该图块，打开【路径排列】对话框。在此对话框中设置以扶手作为路径排列的栏杆单元之间的尺寸值，如图 6-41 所示。

图 6-41 【路径排列】对话框

此时，在该对话框中输入单元宽度或指定宽度，然后单击【预览<】按钮查看路径排列效果，

右击或按回车键返回上级对话框。如果不满意，将重新设置参数进行预览。如果排列正确，单击【确定】按钮确认操作，如图 6-42 所示。

提示

在设置路径排列参数时，当设置完参数后，在【路径排列】对话框中单击【预览】按钮，在轴侧图中就可以看到当前楼梯、栏杆及扶手的三维模型效果。

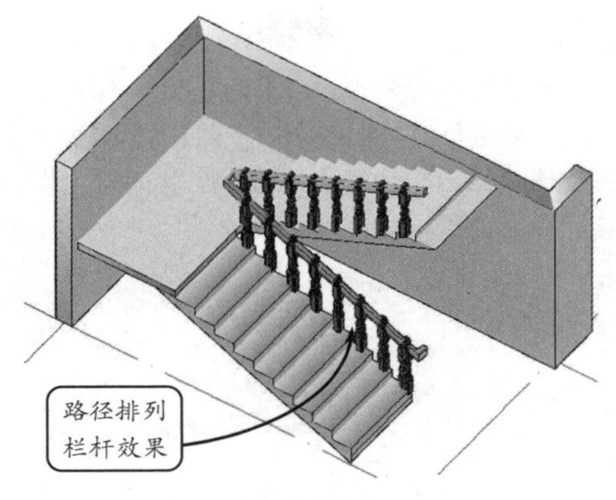

图 6-42　路径排列效果

6.3 创建室外设施

TArch 提供了创建各种室外设施的命令，比如创建阳台、台阶等。通过在对话框中设置参数来完成图形的创建。对于基于墙体创建的阳台、台阶与坡道等自定义对象，可使用夹点编辑功能，编辑这些构件。

6.3.1　创建阳台

使用【阳台】命令可以预先设定样式直接绘制阳台或根据已有的路径线生成阳台。以任意绘制方式创建阳台。阳台可以自动遮挡散水，阳台对象可以被柱子局部遮挡。

选择【楼梯其他】|【阳台】选项，或在命令行中输入 YT，打开【绘制阳台】对话框，如图 6-43 所示。

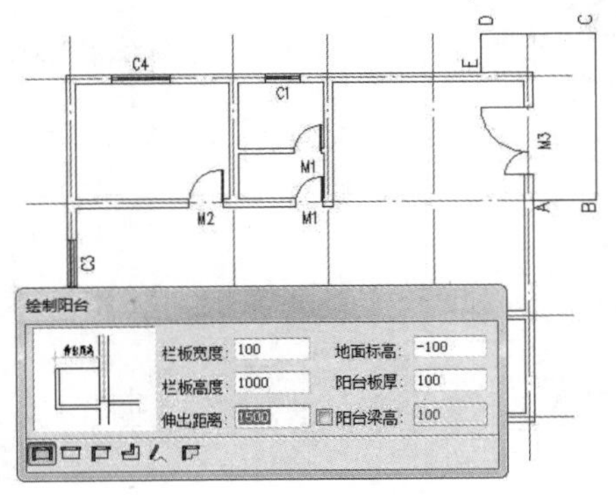

图 6-43　【绘制阳台】对话框

该对话框中下方工具栏从左到右分别为凹阳台、矩形阳台、阴角阳台、偏移生成、任意绘制与选择已有路径绘制共 6 种阳台绘制方式。启用【阳台梁高】复选框后，输入阳台梁高度可创建梁式阳台。

1. 凹阳台和矩形阳台

这两类阳台绘制方法较为简单。其中，绘制凹阳台时只需要分别指定阳台的起始点和终止点即可；而绘制矩形阳台时，指定两矩形角点即可获得阳台绘制效果，如图 6-44 所示。如果阳台在室内一侧显示，按热键 F 翻转阳台。

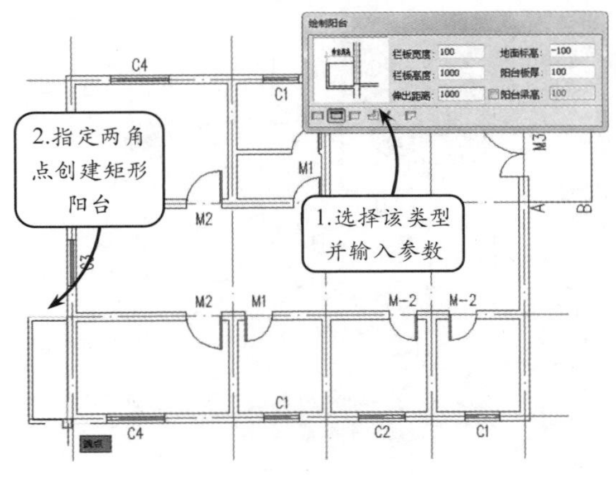

图 6-44　绘制矩形阳台

2. 阴角阳台

绘制该类型阳台时，首先给出外墙阴角点，

沿着阳台长度方向拖动。如果阳台在室内一侧显示，按热键 F 翻转阳台；如果阳台参数不正确，可在【绘制阳台】对话框中修改参数，最后输入阳台长度值或者给出阳台终点位置，按回车键，即可获得该类阳台效果，如图 6-45 所示。

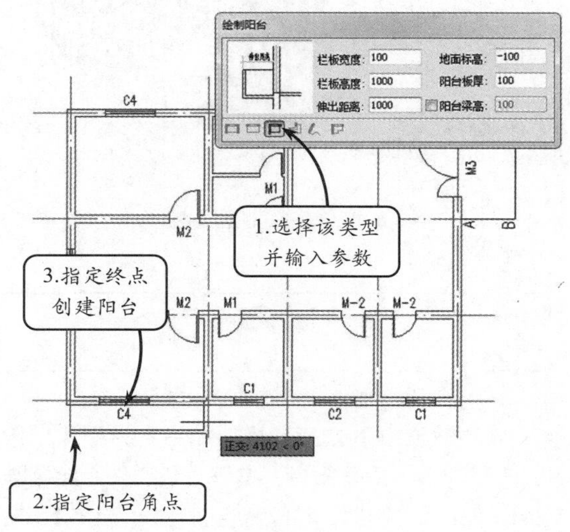

图 6-45 阴角阳台

3．沿墙偏移绘制

该绘制阳台方式是通过依次指定点，从而形成阳台路径线来获得阳台绘制效果的。如图 6-46 所示，依次指定 *A*、*B*、*C*、*D*、*E* 点，然后选取相邻墙体，即可获得阳台绘制效果。

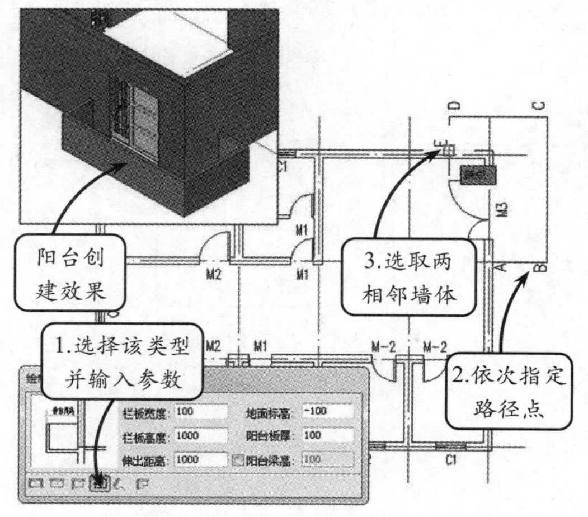

图 6-46 沿墙偏移绘制阳台

4．任意绘制

该绘制方法与沿墙偏移绘制阳台类似，所不同的是，在依次指定点并选取邻接墙体后，命令行显示"请点取接墙的边:"提示信息。可分别选取接墙的边线或按回车键，系统将以红色自动识别出墙边接着再按回车键，即可获得阳台绘制效果，如图 6-47 所示。

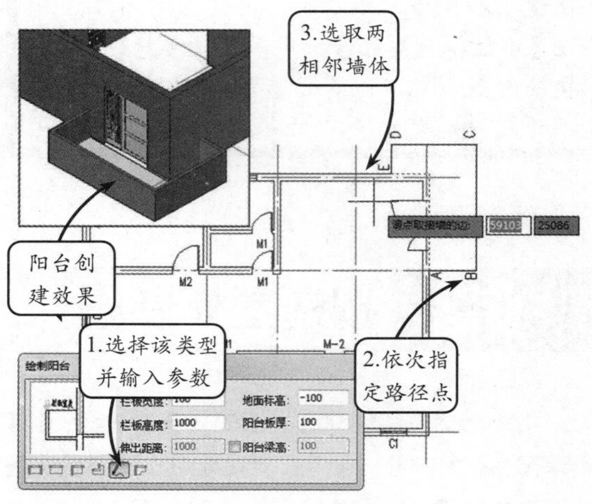

图 6-47 任意绘制阳台

5．选择已有路径绘制

使用该方法绘制阳台时，首先选取已有路径作为阳台路径线，然后分别选取邻接墙体，并根据需要选取接墙的边或按回车键，即可获得阳台绘制效果。如图 6-48 所示选取多段线，并分别选取连接墙体，按回车键即可获得阳台效果。

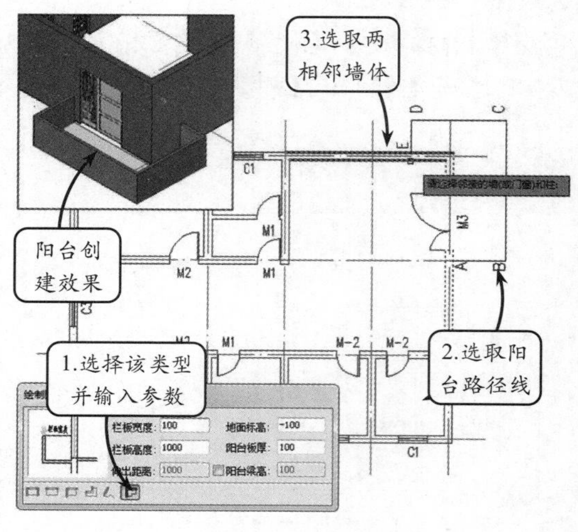

图 6-48 选择已有路径绘制阳台

提示

阳台的一切设施和空间安排都要切合实用，同时注意安全与卫生。阳台的面积一般都不大，在 3~4 ㎡。人们既要活动，又要种花草，有时还要堆放杂物。如果安排不当，会造成杂乱、拥挤。面积狭小的阳台不应作太多的安排，尽量省下空间来满足主要功能。阳台的美体现在与自然接触中所展现出来的生机，让人们感受到一般在室内无法得到的美感享受。可以在阳台内培植一些盆栽花木，既可观赏，又可遮阳。

6.3.2 创建散水

使用【散水】命令可以自动搜索外墙线绘制散水。散水是在房屋外墙的外侧，用不透水的材料做出一定宽度，且向外倾斜的保护带，所起的作用是防止墙根处积水。

选择【楼梯其他】|【散水】选项，或在命令行中输入 SS，打开【散水】对话框。在该对话框中设置散水参数值，如图 6-49 所示。

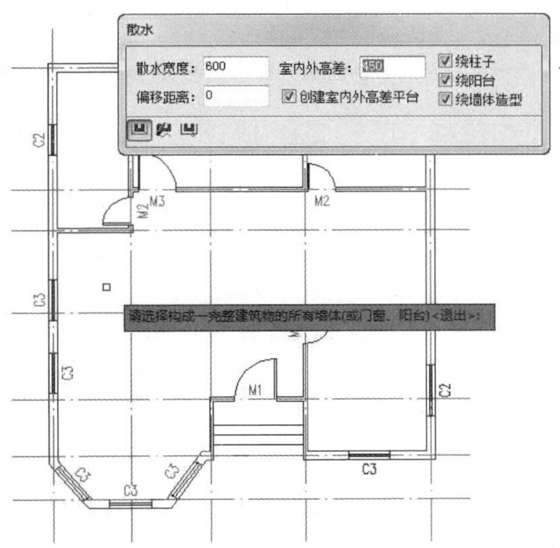

图 6-49 【散水】对话框

可在【室内外高差】文本框中输入本工程范围使用的室内外高差。在【偏移外墙皮】文本框输入本工程外墙勒脚对外墙皮的偏移值。在【散水宽度】文本框中输入新的散水宽度。可启用【创建室内外高差平台】复选框。启用【散水绕柱子/阳台】复选框，散水将绕过柱子或阳台创建，否则，散水将穿过柱子或阳台创建，要按设计实际要求启用。

此时，命令行将显示“选择构成一完整建筑物的所有墙体（或门窗）”提示信息，可框选所有建筑图形，按回车键，即可获得散水布局效果，如图 6-50 所示。

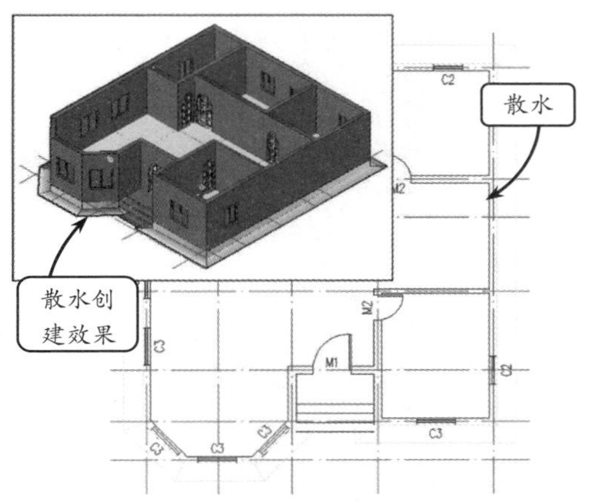

图 6-50 创建散水

提示

执行散水操作时，选择视图中的所有墙体。可以通过框选的方式选择。框选墙体的同时，不可避免地要将其他的构件选中，在这里并不用考虑会选中多余的构件。因为此时系统只会选择矩形框内所有的墙体，并不会选中多余的构件。

在生成三维散水及室内外高层的同时，还生成了室内的地面。所有生成的这些模型，在 TArch 2014 中均是可以编辑的。双击散水对象，进入对象编辑状态。此时，将显示动态提示栏，如图 6-51 所示。

通过执行提示栏所显示的各个选项，可以将散水编辑成不同的效果。这些提示信息选项的含义如下所示。

- **加顶点** 通过在提示信息的命令行内输入 A，可以执行此命令，它主要用于在散水上添加新顶点，生成新的散水形状，如

图 6-52 所示。

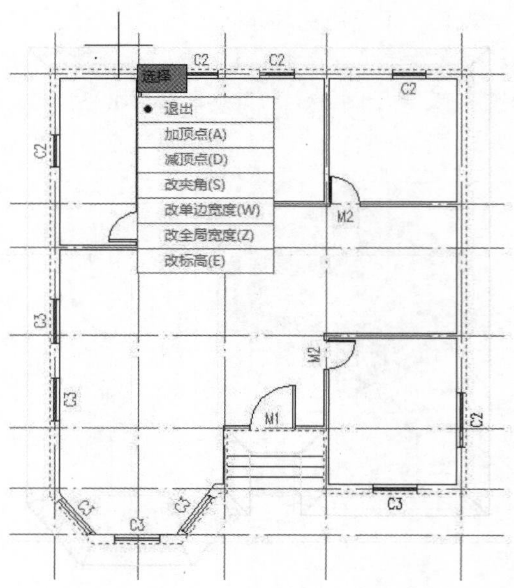

图 6-51　散水的编辑信息

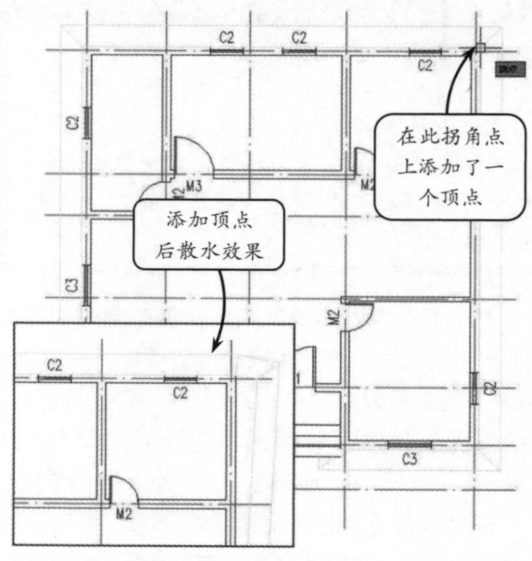

图 6-52　添加顶点后的散水效果

- ❑ **减顶点**　要选择【减顶点】选项，只需要在命令行中直接输入 D 即可。此命令主要用于将选中的顶点删除，它正好与【加顶点】选项的功能相反。
- ❑ **改夹角**　要选择【改夹角】选项，只需要在命令行中直接输入 S，然后选取待编辑的顶点，并输入夹角值，即可获得改夹角效果。
- ❑ **改宽度**　要选择【改宽度】选项，只需要在命令行中直接输入 W，然后选取待编辑散水构件，并输入新的宽度值，即可获得改宽度效果，如图 6-53 所示。

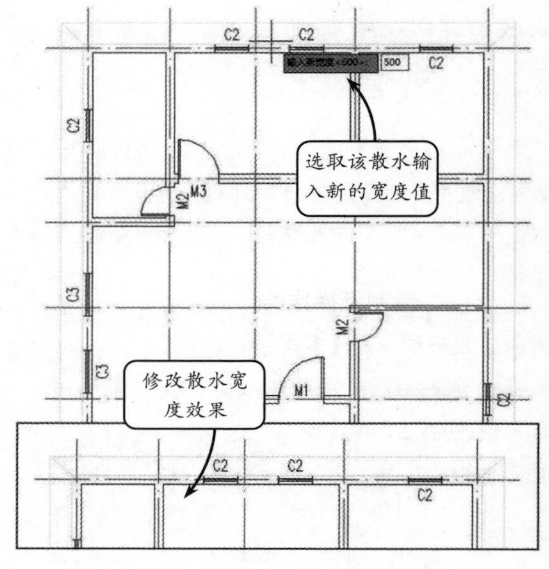

图 6-53　改宽度

- ❑ **改标高**　如果要改变所选择顶点的标高值，只要在选择【改标高】选项后的命令行内直接输入新的标高值即可。

6.3.3　绘制台阶

台阶的平面形式种类较多，应当与建筑的级别、功能及基地周围的环境相适应。较常见的台阶形式有单面踏步、两面踏步、三面踏步、单面踏步带花池（花台）等，如图 6-54 所示。部分大型公共建筑经常会把行车坡道与台阶合并成为一个构件，强调了建筑入口的重要性，提高了建筑的地位。

使用【台阶】命令，可直接绘制矩形单面台阶、矩形三面台阶、阴角台阶、沿墙偏移等预定样式的台阶，或把预先绘制好的多段线转成台阶、直接绘制平台创建台阶。如平台不能由本命令创建，应下降一个踏步高，绘制下一级台阶，以此作为平台。直台阶两侧需要单独补充直线画出二维边界。台阶可以自动遮挡之前绘制的散水。

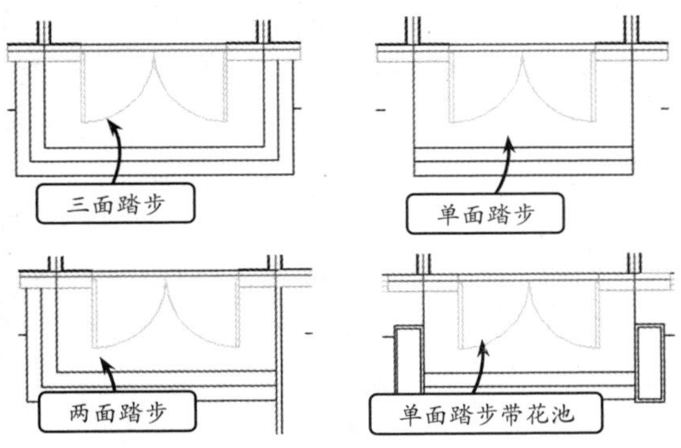

图 6-54　常见的 4 种类型的台阶

台阶的绘制及操作类似于阳台，即直接绘制台阶，或把预先用【多段线】命令绘制好的造型线转换为台阶即可。选择【楼梯其他】|【台阶】选项，或在命令行中输入 TJ，打开【台阶】对话框，如图 6-55 所示。

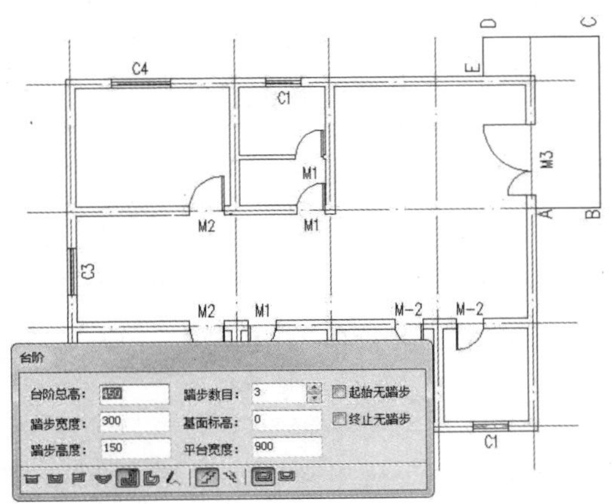

图 6-55　【台阶】对话框

由该对话框最下方工具栏可知，绘制方式包括矩形单面台阶、矩形三面台阶、矩形阴角台阶、弧形台阶、沿墙偏移绘制、选择已有路径绘制和任意绘制共 7 种绘制方式。楼梯类型分为普通台阶与下沉式台阶两种，前者用于门口高于地坪的情况，后者用于门口低于地坪的情况。此外，基面定义可以是平台面和外轮廓面两种，后者多用于下沉式台阶。

台阶创建与阳台创建方法基本相同，可参照阳台创建方法创建台阶。以【沿墙偏移绘制】方法为例，单击按钮并选取平台轮廓线 *A*、*B*、*C*、*D*、*E*，然后按命令行提示选择邻接的墙（或门窗）和柱，即可获得台阶创建效果，如图 6-56 所示。

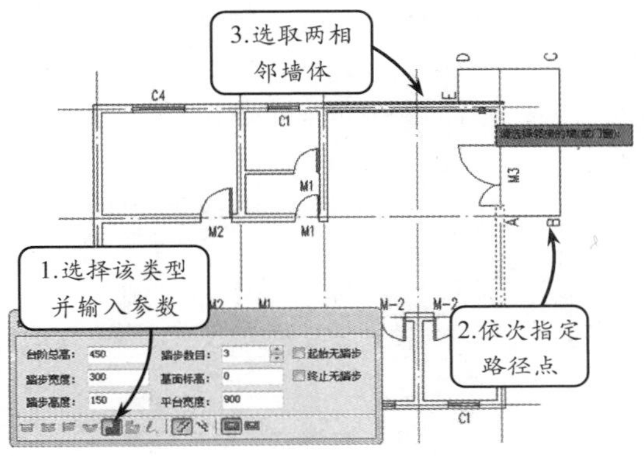

图 6-56　创建台阶

> **提示**
>
> 为了满足起码的使用要求，台阶顶部平台的宽度应大于所连通的门洞口宽度，一般至少每边应宽出 600 mm。室外台阶顶部平台的深度不应小于 1.0 m。由于室外台阶受雨、雪的影响较大，为确保人身安全，台阶的坡度宜平缓些。通常，踏步的踏面宽度不应小于 300 mm，踢面高度不应大于 160 mm。

6.3.4　绘制坡道

坡道的主要作用是为车辆和残疾人的通行提供便利。坡道按照其用途的不同，可以分成行车坡道和轮椅坡道两类。行车坡道分为普通行车坡道与回车坡道两种。普通行车坡道布置在有车辆进出的建筑入口处，例如车库、库房等。如图 6-57 所示。

回车坡道与台阶踏步组合在一起，布置在某些大型公共建筑的入口处，例如办公楼、旅馆、医院等，如图 6-58 所示。

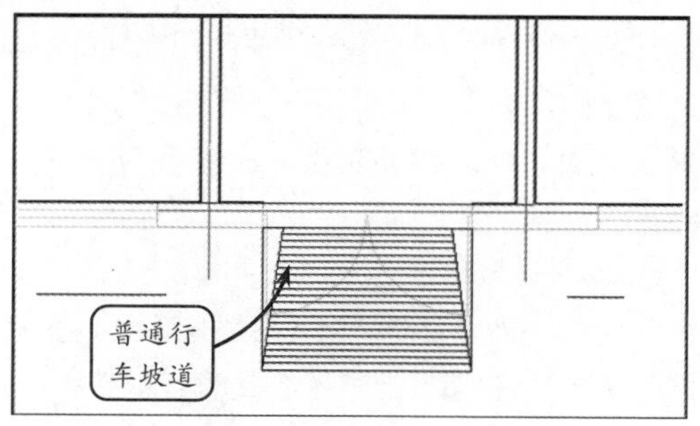

图 6-57　普通行车坡道

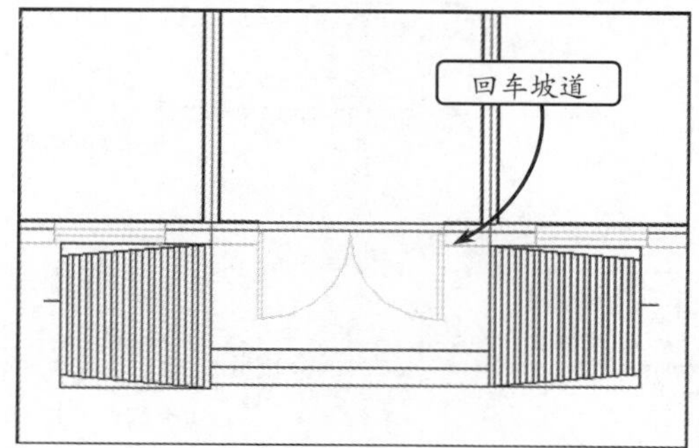

图 6-58　回车坡道与台阶踏步组合

可使用【坡道】命令，通过参数构造单跑的入口坡道。多跑、曲边与圆弧坡道，由各楼梯命令中【作为坡道】选项创建。坡道也可以遮挡之前绘制的散水。

选择【楼梯其他】|【坡道】选项，或在命令行中输入 PD，打开【坡道】对话框，如图 6-59 所示。设置参数值并按照命令行提示调整坡道位置，指定放置点，即可获得坡道绘制效果。

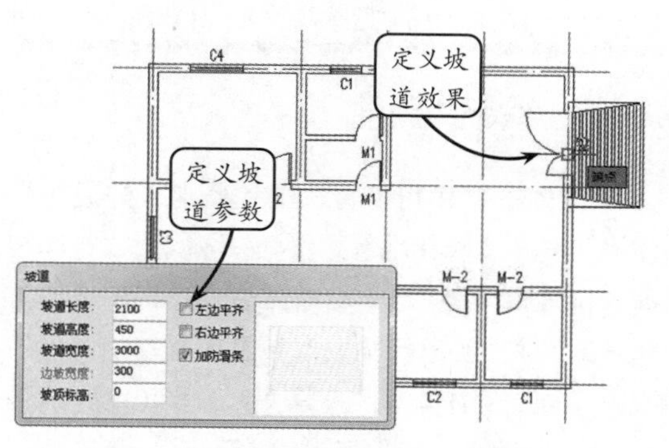

图 6-59　【坡道】对话框

在此对话框中，当设置【坡道参数】选项区域中的选项时，在右边的预览框内的几何形状会随着这些参数的变化而相应改变。其中，在【边坡宽度】文本框中输入参数值，可以控制坡道两侧的边坡形状。当【边坡宽度】的值为 0 时，坡道的左右两边会自动平齐。

反过来，当启用【左边平齐】和【右边平齐】复选框后，对话框中的【边坡宽度】参数将不起作用。在【坡顶标高】文本框中输入数值，可以简单地看作是坡道的顶部和水平地面的落差。

设置参数光标，显示坡道效果，同时命令行将显示“点取位置或{转 90 度[A]/左右翻转[S]/上下翻转[D]/改转角[R]/改基点[T]}<退出>:”提示信息，各选项含义如下所示。

- ❑ **转 90 度**　该选项用于将该坡道旋转 90°。根据提示可以多次进行旋转。
- ❑ **左右翻转**　该选项将坡道水平翻转。可以多次在左、右两个方向进行翻转。
- ❑ **上下翻转**　该选项将坡道垂直翻转。可以多次在上、下两个方向进行翻转。
- ❑ **改转角**　该选项按照命令行的提示设置角度，插入坡道对象。
- ❑ **改基点**　通过此选项可以更改坡道的基点。

坡道作为天正建筑系统的自定义对象，具有自己特定的夹点编辑功能。选定坡道后，夹点显示如图 6-60 所示。

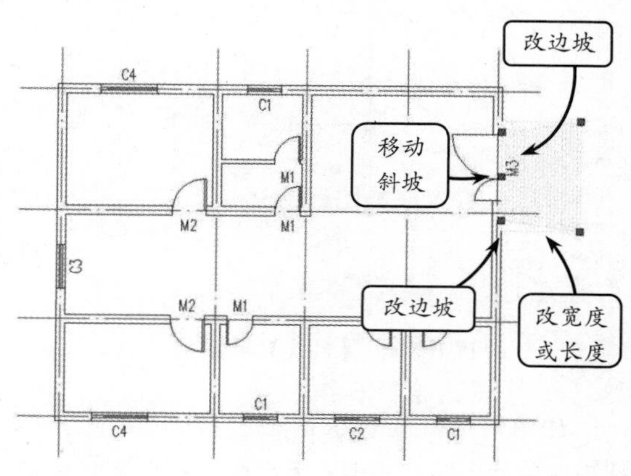

图 6-60　选定坡道后显示的夹点

其中，使用【移动斜坡】夹点，可对坡道进

行移动，以改变其位置，其夹点位于坡道上边缘中心位置。使用【改边坡】夹点可改变坡道边坡的宽度，对于没有边坡的坡道则没有此夹点。例如，当设置左、右平齐或边坡宽度为 0 时，则该夹点不存在。使用【改长度】夹点可改变坡道的总宽和总长，不改变边坡宽度尺寸。

如果要修改已经绘制好的坡道，除了用夹点进行编辑外，还可以用右键菜单中的【对象编辑】选项来进行修改（也就是使用【坡道】对话框对坡道进行编辑）。

提示

普通行车坡道的宽度应大于所连通的门洞口宽度，一般每边至少≥600 mm。坡道的坡度与建筑的室内外高差及坡道的面层处理方法有关。光滑材料坡道≤1∶12，粗糙材料坡道（包括设置防滑条的坡道）≤1∶6，带防滑齿坡道≤1∶4。回车坡道的宽度与坡道半径及车辆规格有关，坡道的坡度应≤1∶10。

6.4 综合案例 1：绘制别墅小楼平面图

本例将绘制小别墅平面图，效果如图 6-61 所示。在建筑设计中，通常别墅楼房的造型比较独特、新颖。从结构方面看，它与其他的同类建筑相比也比较复杂。别墅小楼主要表现外边的风格，造型美观，装饰性比较强。

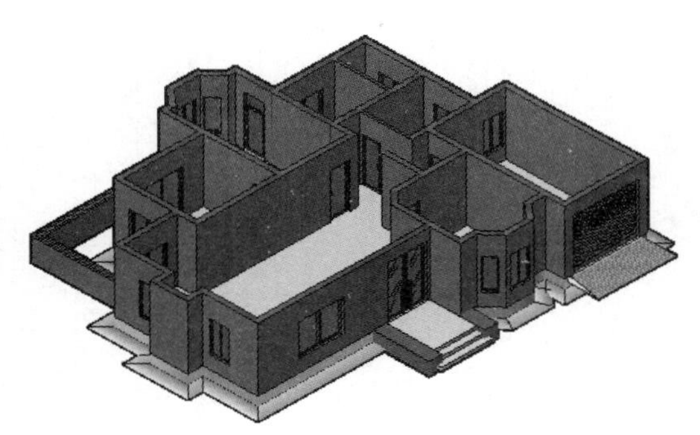

图 6-61　绘制小别墅平面图

绘制小别墅平面图时，首先利用【台阶】工具绘制大门前的台阶。台阶踏步只在大门正前方有，平台两侧没有。不过可以在台阶两侧添加侧墩。在实际情况下，侧墩要比台阶平台稍高一点。然后利用【阳台】工具绘制阳台，并利用【坡道】工具绘制车库前的坡道。要注意坡道的下坡方向。最后在整个建筑底部添加散水。

操作步骤

STEP|01 对于小别墅框架的创建，可以使用前面介绍的方法来完成，这里就不再对其框架详细叙述了。可以直接打开小别墅文件，效果如图 6-62 所示。

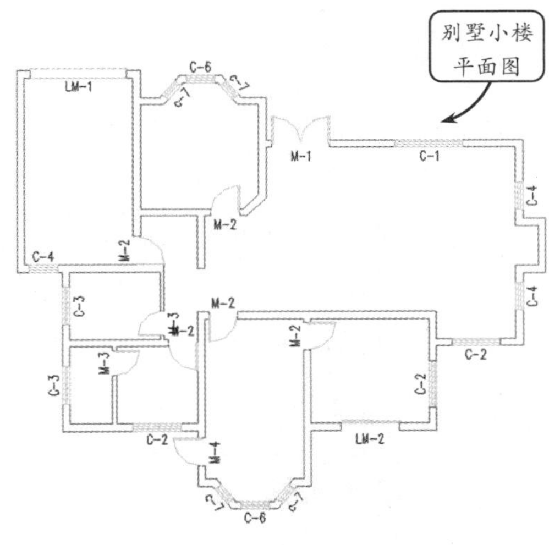

图 6-62　小别墅平面图

STEP|02 选择【楼梯其他】|【阳台】选项，在打开的对话框中设置阳台参数，效果如图 6-63 所示。

STEP|03 设置完参数后，依次选取轴线与墙线的两个交点 A 和 B，分别作为起点和终点，并单击鼠标右键，即可完成阳台的绘制。效果如图 6-64 所示。

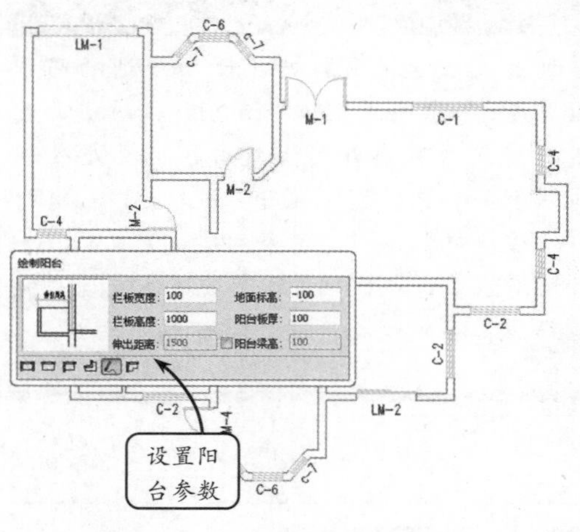

图 6-63 设置阳台参数

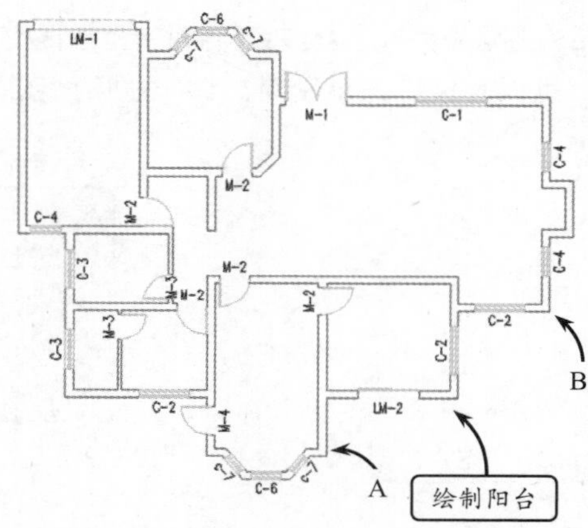

图 6-64 绘制阳台

STEP|04 将【轴线】图层隐藏，切换【西南等轴测】为当前视图，并切换【概念】为当前视觉样式，观察创建的阳台的三维效果，如图 6-65 所示。

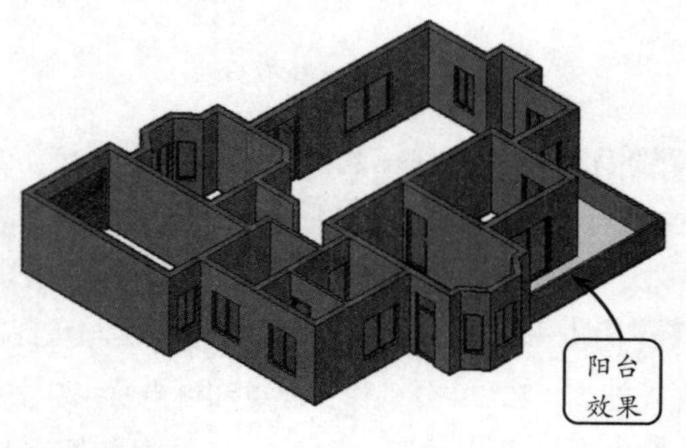

图 6-65 三维效果

STEP|05 返回到原来的视图。然后选择【楼梯其他】|【坡道】选项，在打开的对话框中设置坡道的各个参数，效果如图 6-66 所示。

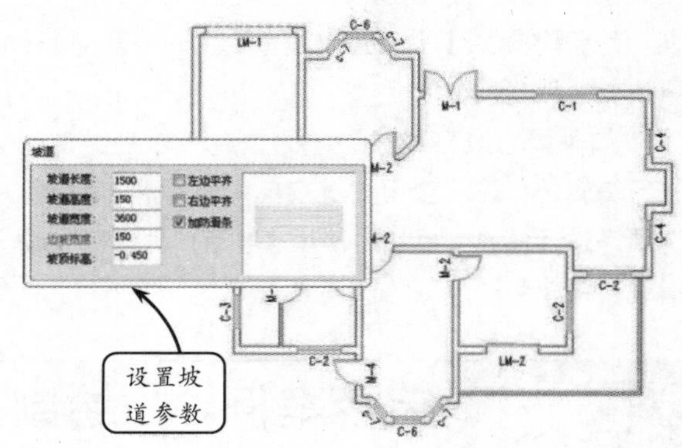

图 6-66 设置坡道参数

STEP|06 设置完坡道参数后，在命令行中输入 T，指定坡道顶部端点为新的基点。然后在命令行中输入 D，上下翻。接着选取要插入的位置，效果如图 6-67 所示。

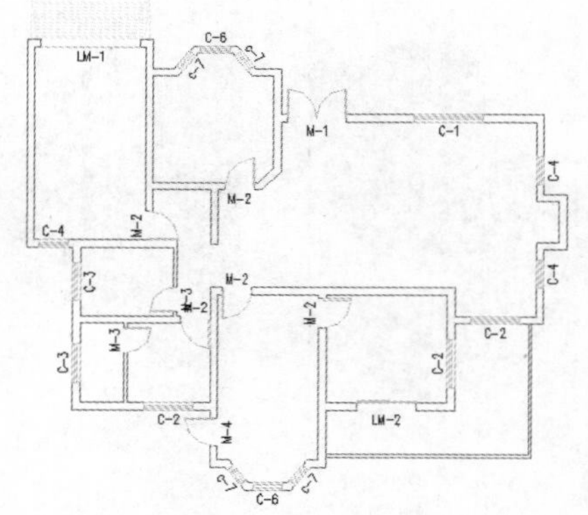

图 6-67 插入坡道

STEP|07 切换【东南等轴测】为当前视图，并切换【概念】为当前视觉样式，观察创建的坡道的三维效果，如图 6-68 所示。

STEP|08 返回到原来的视图。利用【矩形】工具选取点 *D* 为基点，输入偏移坐标@-660，0，确定第一角点，并输入相对坐标@-3300，1600，确定第二角点，绘制矩形。然后选择【楼梯其他】|【台阶】选项，在打开的对话框中设置台阶参数，效果

如图 6-69 所示。

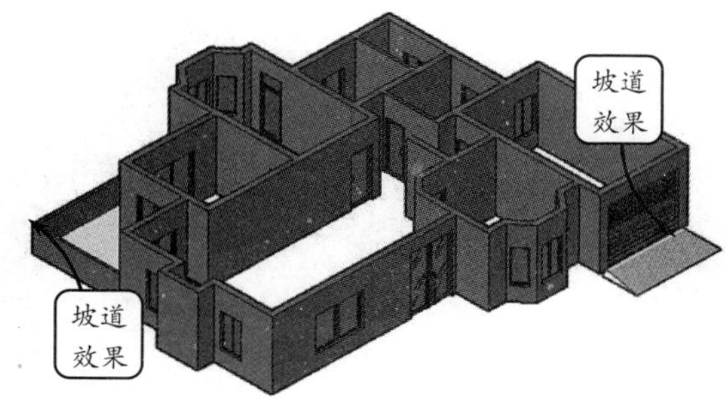

图 6-68 三维效果

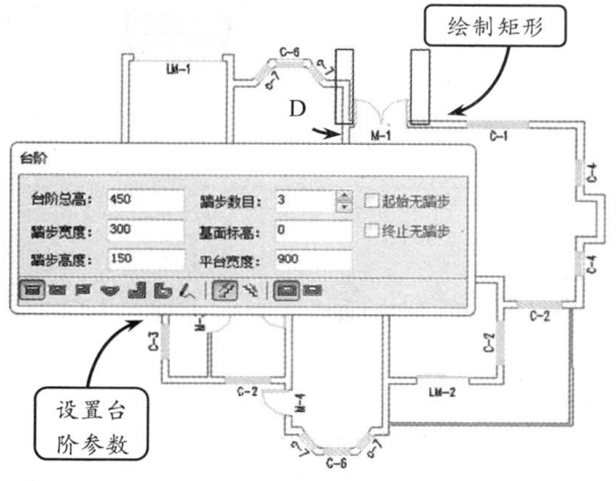

图 6-69 绘制台阶平台轮廓线

STEP|09 接下来绘制台阶两侧的侧墩。首先在台阶一侧绘制 2600×600 的矩形，以此作为侧墩的轮廓线，并将此矩形复制到台阶的另一侧，效果如图 6-70 所示。

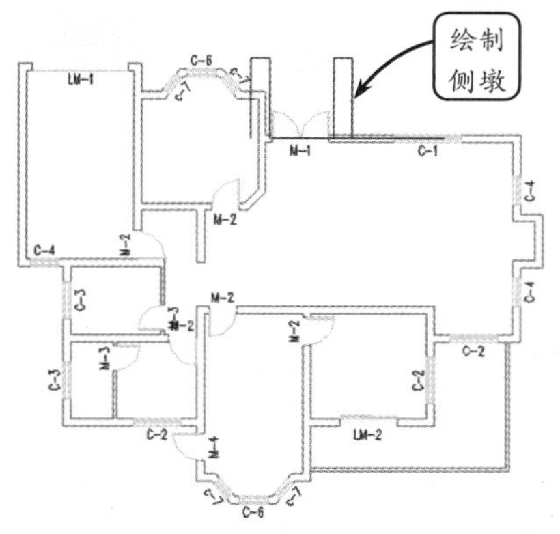

图 6-70 绘制侧墩轮廓线

STEP|10 切换【西南等轴测】为当前视图，并切换【概念】为当前视觉样式。然后选择【三维建模】|【造型对象】|【平板】选项，选取上一步绘制的矩形，并指定板厚为600，创建侧墩实体，效果如图 6-71 所示。

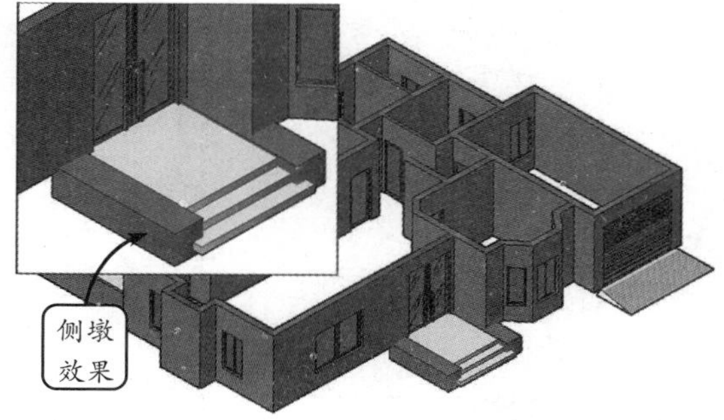

图 6-71 绘制侧墩

STEP|11 通过在三维视图中观察可知，此时的侧墩与台阶平台顶面平齐。通常情况下侧墩应比平台高出 60mm。因此选择【工具】|【移位】选项，选取两个侧墩并输入 Z，将其向上移动 60，效果如图 6-72 所示。

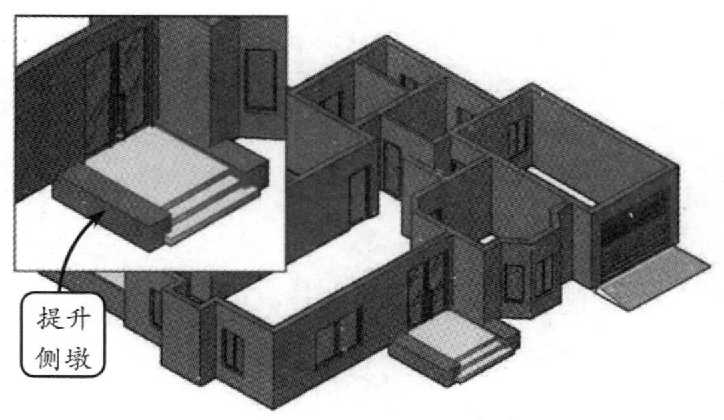

图 6-72 提升侧墩

STEP|12 按照同样的方法绘制后门的台阶。然后选择【楼梯其他】|【散水】选项，命令行提示选择构成完整建筑物的所有墙体，在图中框选所有的墙体，效果如图 6-73 所示。

STEP|13 将所有的墙体选中后，在【散水】对话框中设置散水的参数。然后单击鼠标右键，系统将自动创建散水，效果如图 6-74 所示。

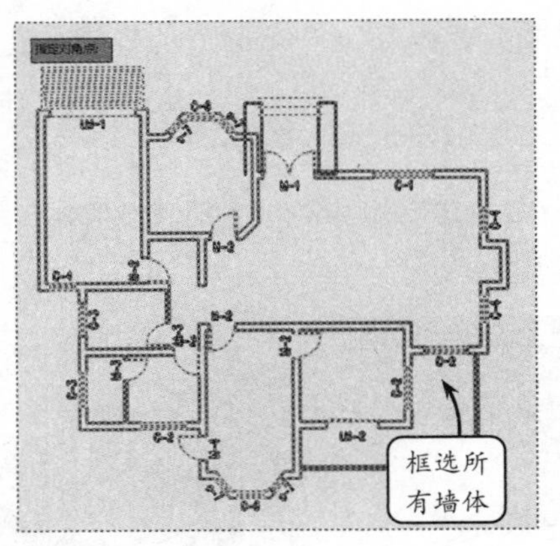

图 6-73 选取所有墙体

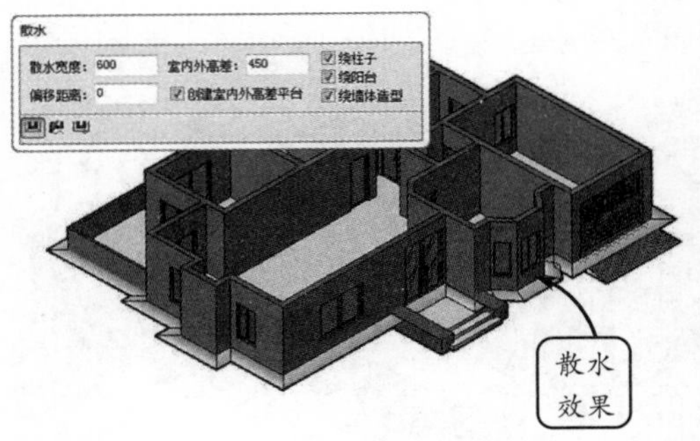

图 6-74 创建的散水效果

6.5 综合案例 2：绘制某住宅平面图

本例将绘制某住宅平面图，效果如图 6-75 所示。该住宅楼主要表现为面积空间很大，可以满足用户的需要。内部空间得到了有效的结合，同时又能很好地采光纳风，使房屋更舒服温馨。

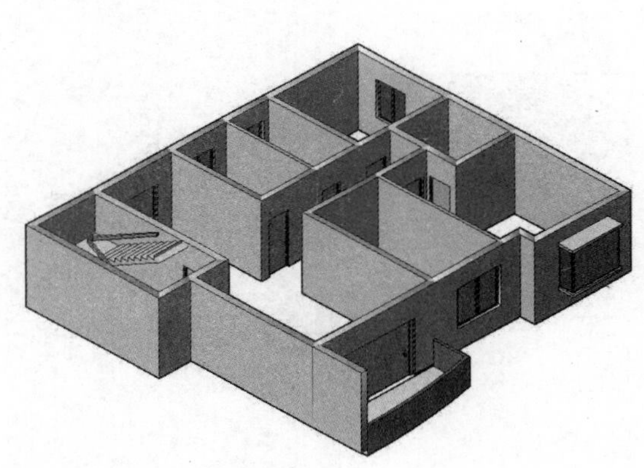

图 6-75 住宅平面图

绘制该住宅楼平面时，首先利用【阳台】工具绘制阳台，接着利用【阳角阳台】绘制 L 型的阳台，最后利用【双跑楼梯】工具在楼梯间添加双跑楼梯。

操作步骤

STEP|01 对于小别墅框架的创建，可以使用前面介绍的方法来完成，这里就不再对其框架详细叙述了。可以直接打开住宅楼文件，效果如图 6-76 所示。

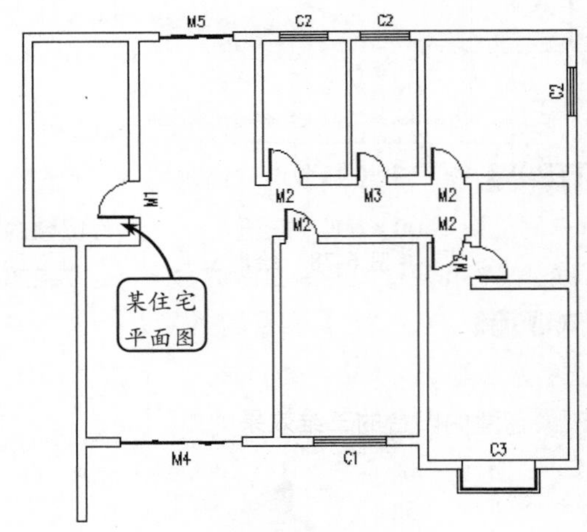

图 6-76 小别墅平面图

STEP|02 将【轴线】图层显示出来。然后选择【楼梯其他】|【阳台】选项，在打开的对话框中设置阳台参数，效果如图 6-77 所示。

STEP|03 设置完参数后，依次选取轴线与墙线的两个交点 *A* 和 *B*，分别作为起点和终点，并单击鼠标右键，完成阳台的绘制，效果如图 6-78 所示。

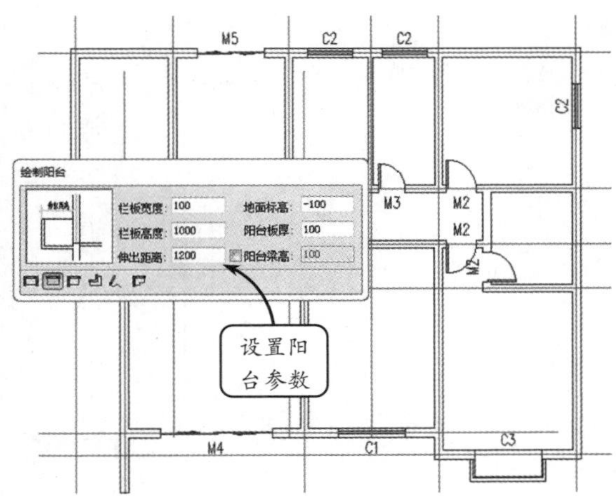

图 6-77　设置阳台参数

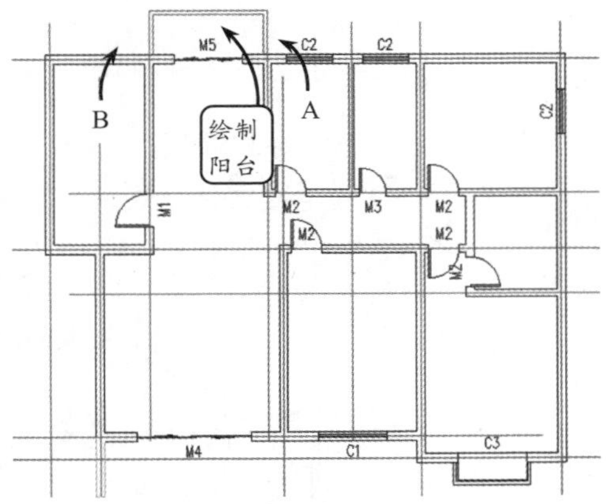

图 6-78　绘制阳台

STEP|04 将【轴线】图层隐藏，切换【东北等轴测】为当前视图，并切换【概念】为当前视觉样式，观察创建的阳台的三维效果，如图 6-79 所示。

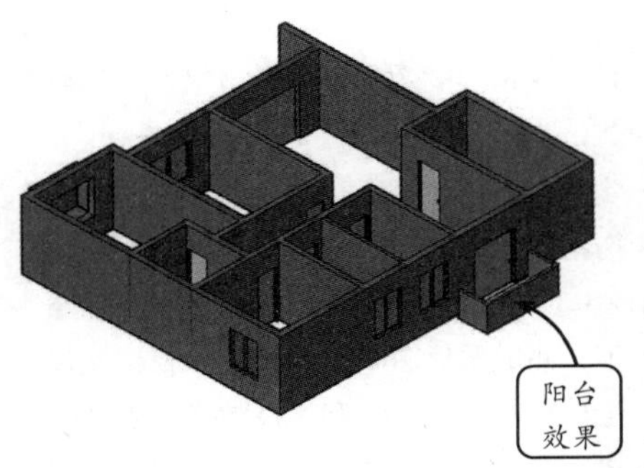

图 6-79　三维效果

STEP|05 将【轴线】图层显示出来。然后选择【楼梯其他】|【阳台】选项，在打开的对话框中设置阳台参数，效果如图 6-80 所示。

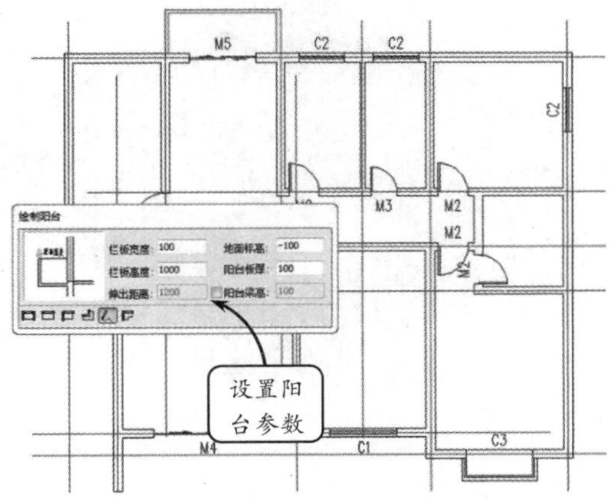

图 6-80　设置阳台参数

STEP|06 设置完参数后，依次选取轴线，分别以 *A*、*B* 和 *C* 作为起点、中点和终点，并单击鼠标右键，最后框选邻近的墙、门窗，即可完成阳台的绘制，效果如图 6-81 所示。

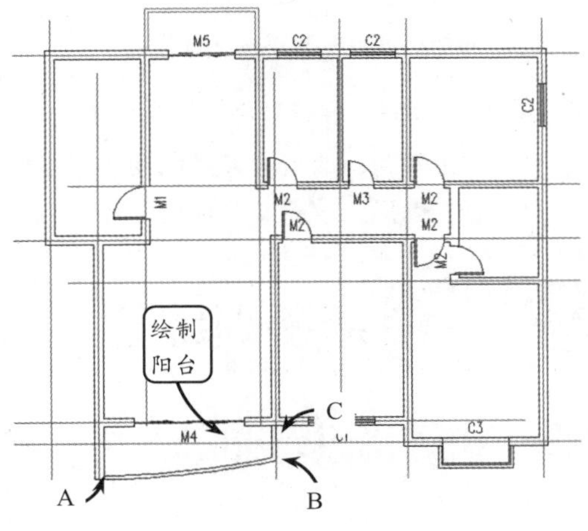

图 6-81　创建阳台

STEP|07 将【轴线】图层隐藏，切换【西南等轴测】为当前视图，并切换【概念】为当前视觉样式，观察创建的阳台的三维效果，如图 6-82 所示。

STEP|08 切换【平面图为】当前视图。然后选择

【楼梯其他】|【双跑楼梯】选项，在打开的对话框中，按照图 6-83 所示内容设置楼梯参数。

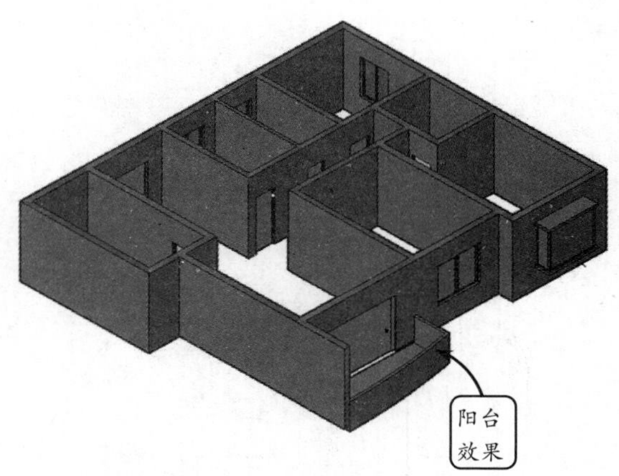

图 6-82　三维效果

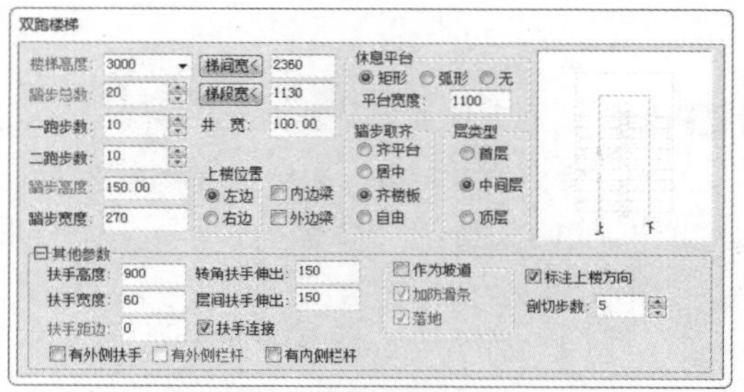

图 6-83　设置双跑楼梯参数

STEP|09 设置好楼梯参数后，在命令中输入 T，指定楼梯左上端为新的基点。然后指定点 E 为插入点，插入楼梯图形。效果如图 6-84 所示。

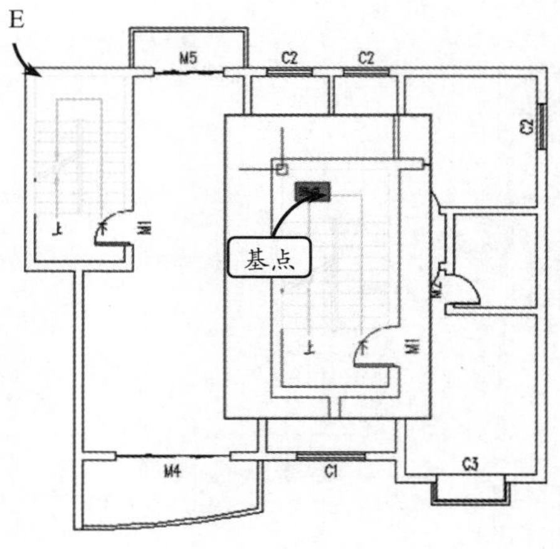

图 6-84　插入楼梯

STEP|10 切换【西南等轴测】为当前视图，观察创建双跑楼梯效果，如图 6-85 所示。

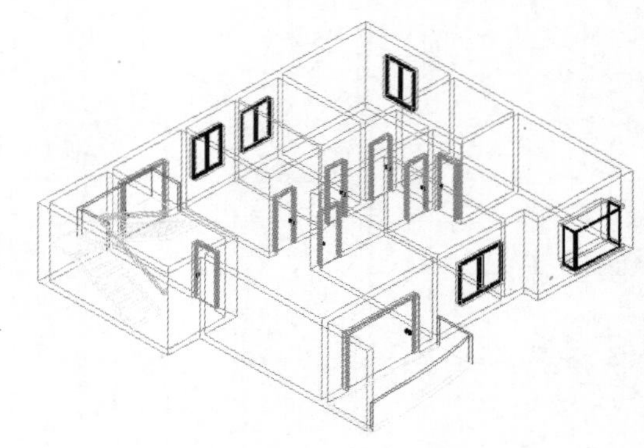

图 6-85　三维效果

6.6 新手训练营

练习 1：绘制小别墅平面图

本练习要求绘制小别墅平面图，效果如图 6-86 所示。由于建筑室内外地坪存在高差，需要在建筑入口处设置台阶和坡道，作为建筑室内外的过渡。台阶和坡道均为室外构件，其中台阶是供人们进出建筑之用的，而坡道是为车辆或残疾人而设置的。因此，在一般情况下，台阶的踏步数不多，坡道长度不大。建筑图形中常见的室外构件除了这两者之外，还包括阳台、散水和花池等构件。在本例中将介绍这些构件的创建方法。

绘制小别墅平面图时，首先利用【台阶】工具绘制大门前的台阶。台阶踏步只在大门正前方有，平台两侧没有。不过，可以在台阶两侧添加侧墩。在实际情况下，侧墩要比台阶平台稍高一点。然后利用【阳台】工具绘制阳台，并利用【坡道】工具绘制车库前的坡道。要注意坡道的下坡方向。最后，在整个建筑底部添加散水。

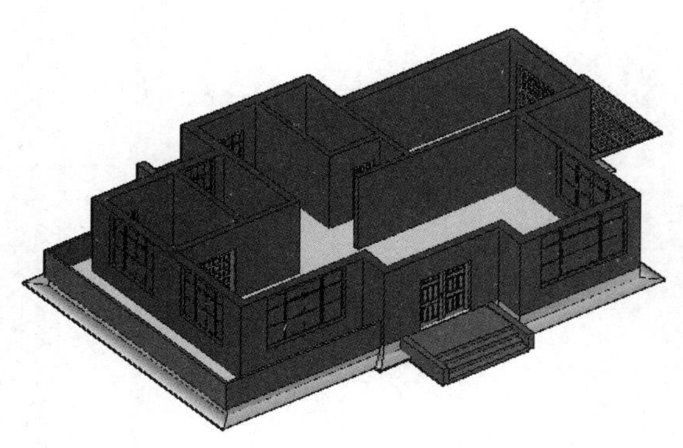

图 6-86 绘制小别墅平面图

练习 2：绘制私人别墅平面图

本练习要求绘制私人别墅平面图，效果如图 6-87 所示。在建筑设计中，从构造方面看，私人别墅楼房比其他同类建筑物要复杂。其造型多追求独特、新颖。私人别墅小楼主要表现在外表风格个性、造型美观、修饰性比较强。如该例中墙体后部为凸出造型，并且大门前设计有游廊。

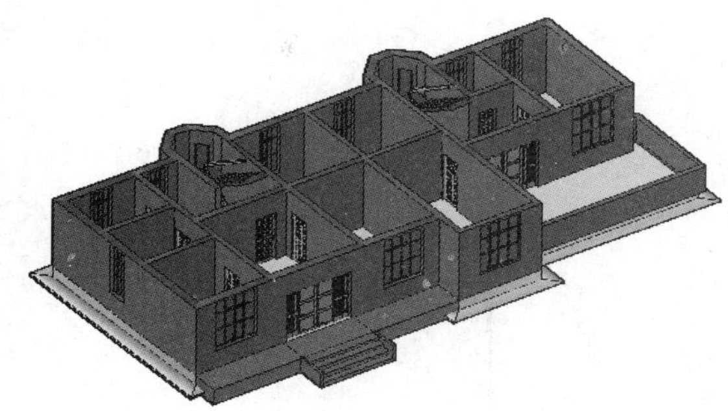

图 6-87 绘制私人别墅平面图

绘制私人别墅平面图时，首先利用【台阶】工具绘制大门前的台阶，并在台阶两侧添加侧墩。然后绘制游廊的轮廓线，利用【平板】工具将其加厚，创建游廊平台。接着，利用【阳角阳台】绘制 L 型的阳台，并利用【双跑楼梯】工具，在楼梯间添加双跑楼梯。最后，利用【散水】工具为整个建筑添加散水。

第 7 章

房间

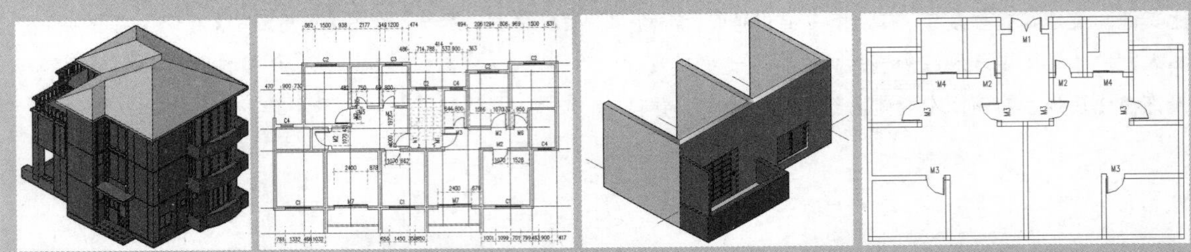

当建筑平面图中的墙体、门窗、柱子和各种室内外设施创建完成后，标注和报批便成为建筑设计中的必要环节。房间对象用于表示不同的面积类型。TArch 2014 可以自动搜索房间，查询房间信息，并计算房间面积，同时还对房间内部进行布置，包括添加房间踢脚线、洁具、隔断、分格等。在建筑物的顶部还需要创建房间屋顶。可以根据天正建筑提供的多种屋顶类型来选择适合的屋顶结构，并添加屋顶必要的辅助构件。

本章主要讲述查询房间面积的各种方法，以及在房间内部添加踢脚线、分格和洁具的方法，并重点讲述创建各类屋顶对象的方法。

7.1 房间查询

在 TArch 2014 中提供了多种房间面积查询功能，可针对不同的查询要求进行对应的查询操作，比如搜索房间、房间轮廓、房间排序等，这些工具为用户进行房间管理提供了方便的信息查询功能。

7.1.1　搜索房间

选择【房间屋顶】|【搜索房间】选项，或在命令行中输入 SSFJ，打开【搜索房间】对话框，如图 7-1 所示。该对话框中主要参数项的含义如下所述。

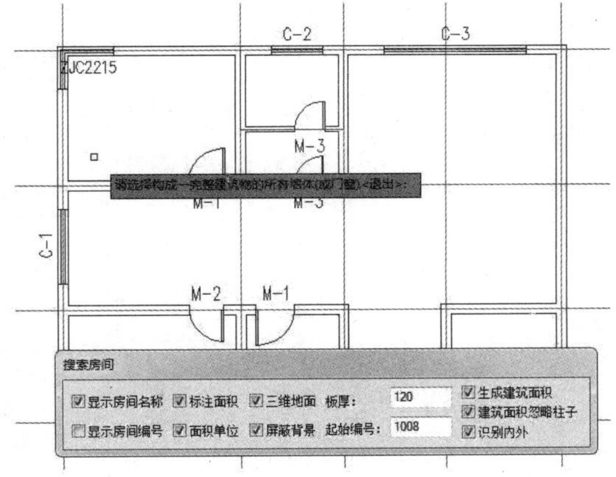

图 7-1　【搜索房间】对话框

- **标注面积**　房间使用面积的标注形式，用于指定是否显示面积数值。
- **面积单位**　用于指定是否标注面积单位，默认以平方米（m^2）单位标注。
- **显示房间名称/显示房间编号**　房间的标识类型。建筑平面图标识房间名称；对于其他专业，标识房间编号，也可以同时标识。
- **三维地面**　启用该复选框，则表示同时沿着房间对象边界生成三维地面。
- **板厚**　生成三维地面时，给出地面的厚度。
- **生成建筑面积**　在搜索生成房间的同时，计算建筑面积。
- **建筑面积忽略柱子**　根据建筑面积测量规范，建筑面积包括凸出的结构柱与墙垛，也可以选择忽略凸出的装饰柱与墙垛。
- **屏蔽背景**　启用该复选框后，将利用擦去功能屏蔽房间标注下面的填充图案。
- **识别内外**　启用该复选框后将同时执行识别内外墙功能，用于建筑节能。

在此对话框中，启用相应的选项及设置相应的参数后，命令行将显示“请选择构成一完整建筑物的所有墙体（或门窗）:”提示信息。在当前图形中单击选择墙体的起点位置，将所有的房间墙体选中，最后单击鼠标右键。此时命令行将显示“建筑面积的标注位置<退出>:”提示信息，指定位置放置标注即可，如图 7-2 所示。

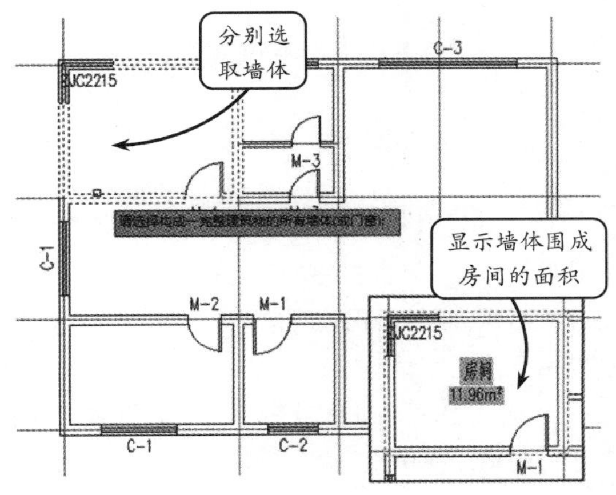

图 7-2　搜索房间

> **提示**
>
> 房间名称和房间编号是房间的标识。前者用来描述房间的功能，后者用来区别不同的房间。在平面图上，可选择标注房间编号或者房间名称，同时选择标注房间的面积。

7.1.2 房间轮廓

房间轮廓线以封闭多段线表示。轮廓线可以用在其他方面，如，把它转为地面或用来作为生成踢脚线等装饰线脚的边界。

选择【房间屋顶】|【房间轮廓】选项，或在命令行中输入 FJLK，按命令行提示，在房间内任意指定一点，此时命令行将显示“是否生成封闭的多段线?是（Y）/否（N） <Y>:”提示信息。按要求键入 N 或按回车键即可，如图 7-3 所示。

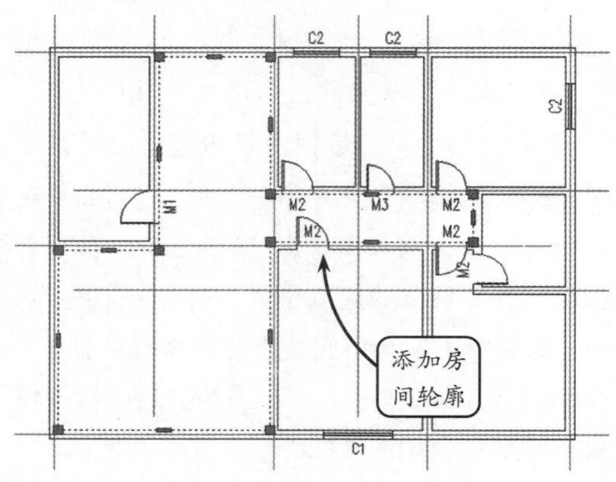

图 7-3 添加房间轮廓

7.1.3 房间排序

使用该工具可以按某种排序方式对房间对象编号重新排序。参加排序的不仅有普通房间，还包括公摊面积、洞口面积等对象。这些对象参与排序，主要用于节能和暖通设计。

选择【房间屋顶】|【房间排序】选项，或在命令行中输入 FJPX，命令行将显示“请选择房间对象<退出>:”提示信息。常使用两对角点框选出本次排序的范围。对于有分区编号要求的，可选择区域，多次排序，实现分区编号，并按回车键结束选择，如图 7-4 所示。

然后按命令行提示选择本次排序的起始点。此处的 UCS 是用于房间排序的临时用户坐标系。指定绕 Z 轴的旋转角度。接着，命令行将显示“起始编号<1001>:”提示信息。按回车键，输入新的编号。重复操作，对其他房间进行排序，效果如图 7-5 所示。

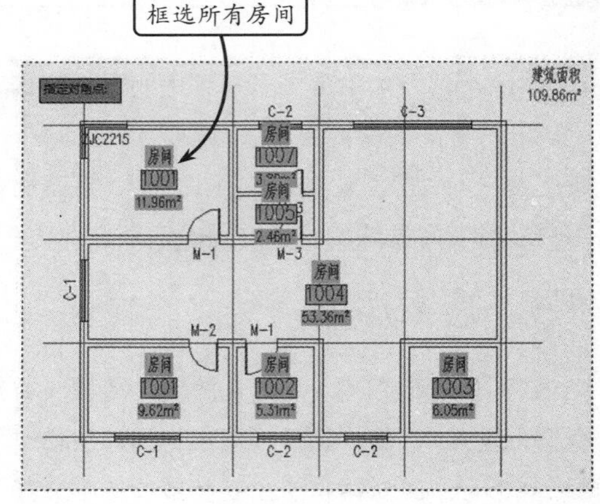

图 7-4 框选所有房间

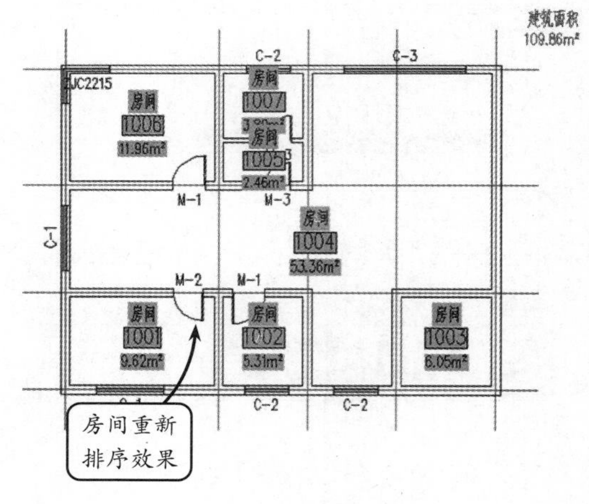

图 7-5 房间排序

提示

排序原则是：Y 坐标优先；Y 坐标大，则编号大；Y 坐标相等时，比较 X 坐标，X 坐标大，则编号大。对于 X、Y 的方向，支持用户设置，相当于设置了 UCS。根据用户输入的房间编号，可分析判断编号规则，自动增加编号。

7.1.4 查询面积

【查询面积】工具用于动态查询由天正墙体组

成的房间面积、阳台面积及闭合多段线围合的区域面积，并可创建面积对象自定义标注在图上。

选择【房间屋顶】|【查询面积】选项，或在命令行中输入 CXMJ，将打开【查询面积】对话框，如图 7-6 所示。

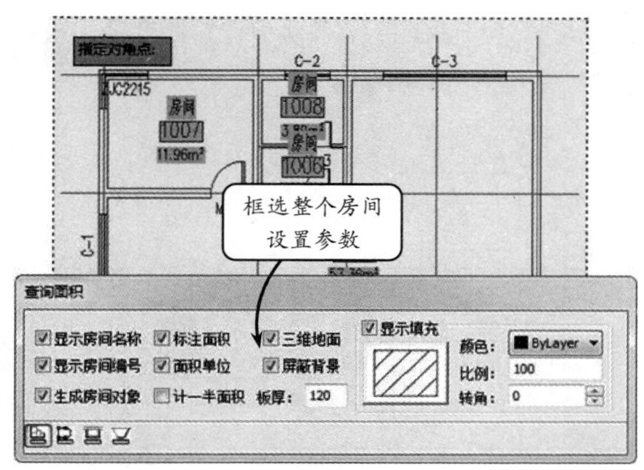

图 7-6 【查询面积】对话框

该命令的功能与【搜索房间】命令类似，不同点在于：执行【查询面积】命令后，在显示对话框的同时，可在各个房间上移动光标，动态显示这些房间的面积，当不希望标注房间名称和编号时，可禁用【生成房间对象】复选框，只创建房间的面积标注。

在该对话框中查询房间，如需查询阳台或者给出的多段线，可单击对话框中工具栏内的图标，如图 7-6 所示，分别表示查询房间、封闭曲线和阳台。

- **查询房间面积** 在【查询面积】对话框中默认查询房间面积，可按命令行提示框选查询面积的平面图范围。可在多个平面图中选择查询。光标移动到房间的同时将显示该房间的面积。如果需要标注，可指定一点，光标移到平面图外面时会显示出该平面图的建筑面积，如图 7-7 所示。
- **查询封闭曲线** 该查询方式用于封闭曲线面积查询。在【查询面积】对话框中单击按钮，命令行将显示“选择闭合多段线或圆<退出>:”提示信息。此时，可选择表示面积的闭合多段线或者圆，光标处将显示该面积。此时，按回车键，即可在该闭合多段线中心标注面积。

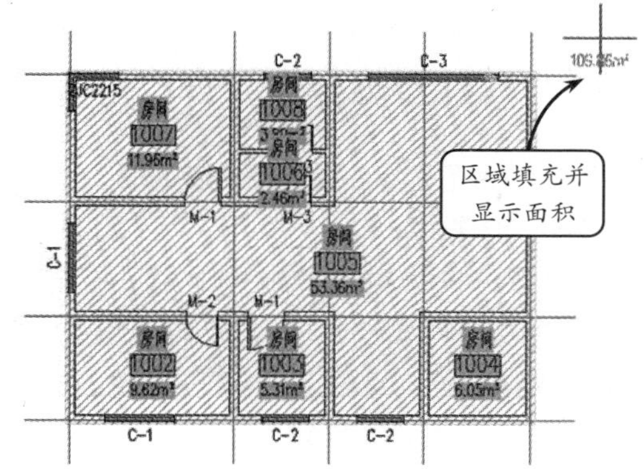

图 7-7 查询房间面积

- **阳台面积查询** 该查询方式用于查询阳台面积。单击按钮，然后选取天正阳台对象，光标处将显示阳台面积。此时可在面积标注位置给点，或者按回车键，在该阳台中心标注面积，如图 7-8 所示。

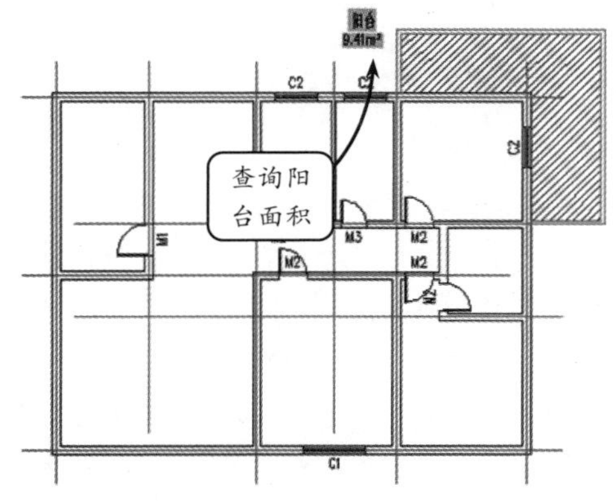

图 7-8 查询阳台面积

对于阳台面积的计算，是算一半面积还是算全部面积，各处不尽相同。可在【天正选项】对话框中的【基本设定】选项卡中启用或禁用【阳台按一半面积计算】复选框，个别要求可通过阳台面积对象编辑修改。

注意

在阳台平面不规则，无法用天正阳台对象直接创建阳台面积时，可使用本选项创建多边形面积，然后将对象编辑为“套内阳台 面积”。

7.1.5 套内面积

该工具用于计算住宅单元的套内面积，并创建套内面积的房间对象。

选择【房间屋顶】|【套内面积】选项，或在命令行中输入 TNMJ，将打开【套内面积】对话框，如图 7-9 所示。

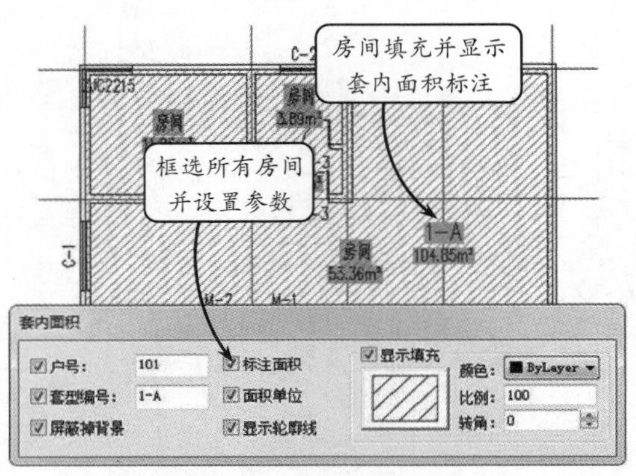

图 7-9 【套内面积】对话框

在该对话框中输入需要标注的套型编号和户号。前者是套型的分类，同一套型编号可以在不同楼层（单元）重复（尽管面积也许有差别）；而户号是区别住户的唯一编号。

将光标移到图形中，响应命令行“请选择同属一套住宅的所有房间面积对象与阳台面积对象：”提示信息。可逐个选择或框选应包括在套内的各房间面积对象，选中的房间面积对象会亮显。然后按回车键或者给点，在适当位置标注套型编号和面积。

提示

在执行【套内面积】操作时，系统所生成的面积值为所生成的封闭多段线内的面积值，其中不包括阳台的面积。要计算包括阳台的面积，需要进行面积累加。

7.1.6 面积计算

该工具用于统计执行【查询面积】或【套内面积】等命令后获得的房间使用面积、阳台面积、建筑面积等，用于不能直接测量面积的情况，取面积对象或者标注数字均可。

选择【房间屋顶】|【面积计算】选项，或在命令行中输入 MJJS，将打开【面积计算】对话框，如图 7-10 所示。

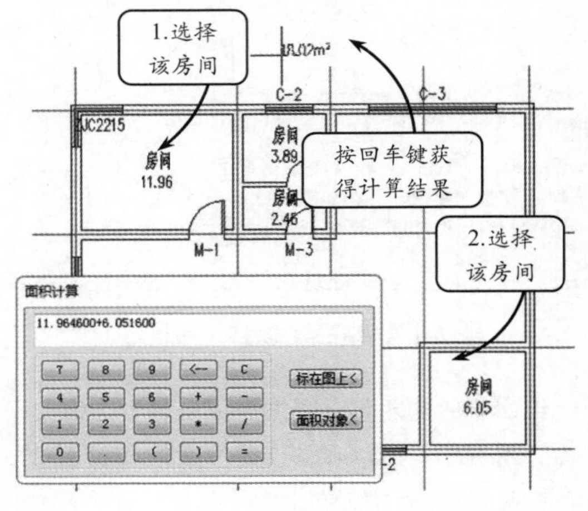

图 7-10 【面积计算】对话框

在该对话框中可直接输入面积数字，并通过加、减运算符号和等号获得运算结果。也可以分别选取面积对象，按回车键，获得累加面积参数。如果要在图中标注计算参数，可单击【标在图上<】按钮，然后指定放置位置即可。

提示

目前【搜索房间】命令无法直接搜索得到嵌套平面的环形走廊本身的净面积，但可以搜索到走廊外圈和内圈的两个面积。可以使用该工具使两者相减获得走廊面积。

7.1.7 公摊面积

该工具用于定义按本层或全楼（幢）进行公摊的房间面积对象。需要预先通过【搜索房间】或【查询面积】命令创建房间面积。标准层自身的共用面积不需要通过执行本命令进行定义，没有归入套内面积的部分自动按层公摊。

选择【房间屋顶】|【公摊面积】选项，或在命令行中输入 GTMJ，按命令行提示分别选择多个已有的房间对象，并按回车键确认操作。如图 7-11 所示。

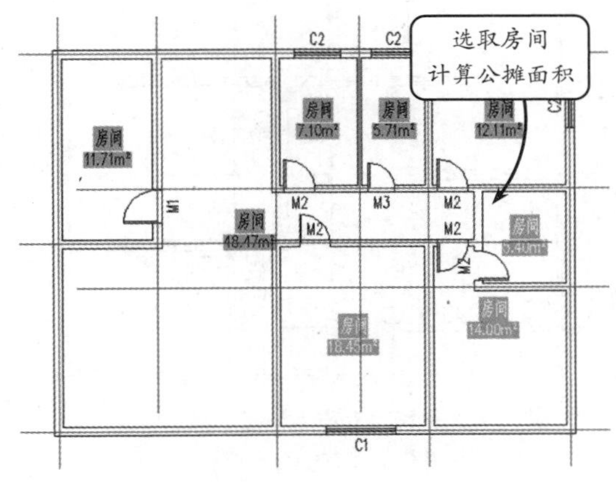

图 7-11　公摊面积

7.2 房间的布置

天正提供了多种工具命令，用于房间与天花板的布置。其中，【添加踢脚线】适用于装修建模，在绘制装饰阶段的装饰图时，经常使用奇数或偶数线框网格图来表示地板及天花吊顶，以便将房间布置的尽可能整洁、美观、舒适。

7.2.1　加踢脚线

踢脚线主要用于装饰和保护墙角。使用该命令可以自动搜索房间轮廓，用户可以根据自己的需要选择踢脚截面，生成二维和三维一体的踢脚线。门和洞口处会自动断开。可用于室内装饰设计。

选择【房间屋顶】|【房间布置】|【加踢脚线】选项，或在命令行中输入 JTJX，打开【踢脚线生成】对话框，如图 7-12 所示。该对话框中的主要参数及其具体设置方法如下所述。

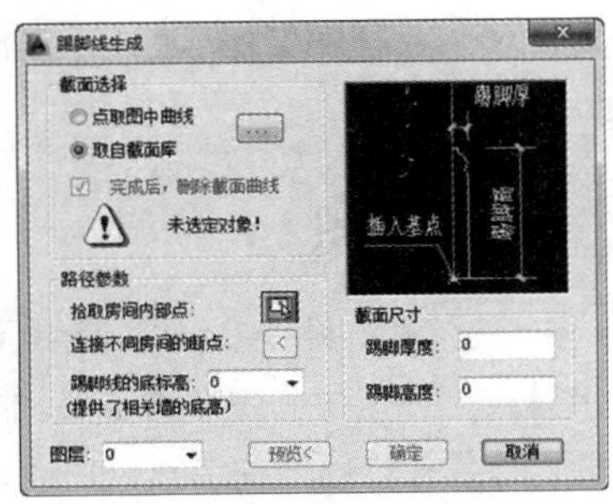

图 7-12　【踢脚线生成】对话框

- **取自截面库**　选择该单选按钮后，单击右边的按钮 ，打开【天正图库管理系统】对话框。选择【踢脚线】选项，并在右侧预览区中双击选择需要的截面样式，如图 7-13 所示。

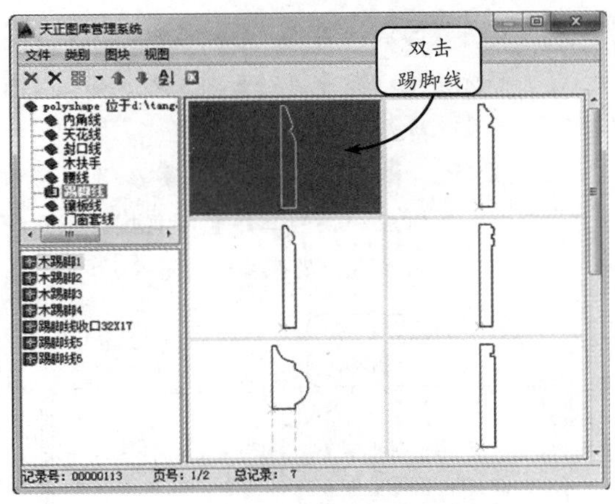

图 7-13　选择踢脚线类型

- **选取图中曲线**　选择该单选按钮后，单击右边的按钮 ，进入图形中选取截面形状。此时，命令行将显示“请选择作为断面形状的封闭多段线:”提示信息。选择作为断面形状的封闭多段线（作为踢脚线的必须是多段线，*X* 方向代表踢脚的厚度，*Y* 方向代表踢脚的高度），如图 7-14 所示。

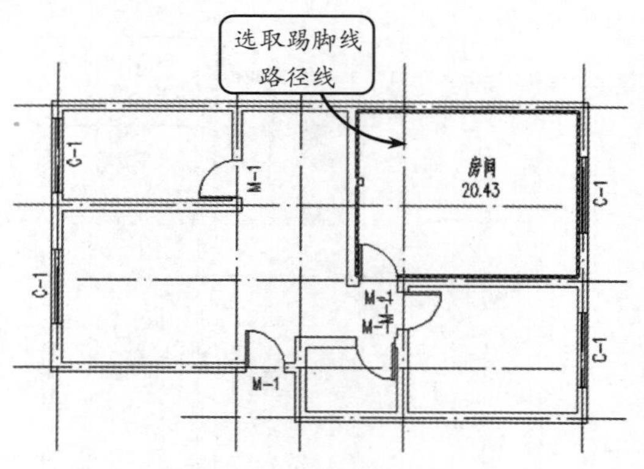

图 7-14 选取多段线

- **拾取房间内部点** 在指定多段线和踢脚线类型后，还需要指定踢脚线所在的房间，即单击按钮。在加踢脚线的房间里点取一个点，并按回车键确认操作。
- **连接不同房间的断点** 单击按钮，然后按命令行点取门洞外侧两点。如果房间之间的门洞是无门套的，应该连接踢脚线断点。
- **踢脚线的底标高** 可在该文本框中输入踢脚线的底标高值。也可在下拉列表中选择标高值。在房间内有高差时，在指定标高处生成踢脚线。
- **预览<** 单击该按钮可观察参数是否合理。此时应切换到三维轴测视图，否则将看不到三维显示的踢脚线，如图 7-15 所示。

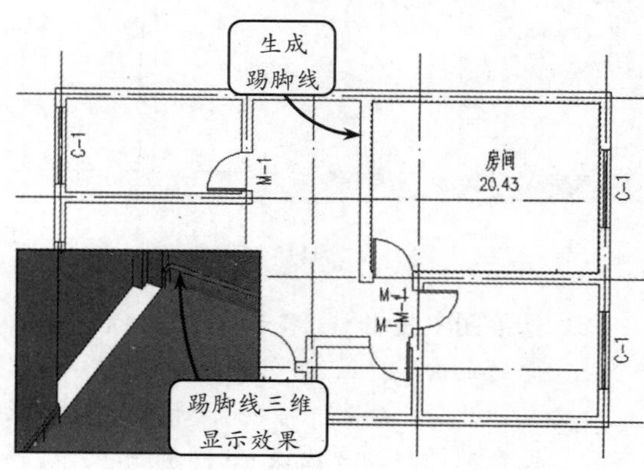

图 7-15 预览踢脚线创建效果

- **截面尺寸** 截面高度和厚度尺寸，默认为选取的截面实际尺寸，用户可修改。

7.2.2 奇数分格

该工具用于绘制按奇数分格的地面或天花平面，经常用于布置地板砖和天花板的装饰。

选择【房间屋顶】|【房间布置】|【奇数分格】选项，或在命令行中输入 JSFG，然后按命令行提示依次指定四边形的 3 个角点，并分别输入第一点和第二点方向上的分格宽度，以及第二点和第三点方向上的分格宽度，即可获得奇数分格效果，如图 7-16 所示。

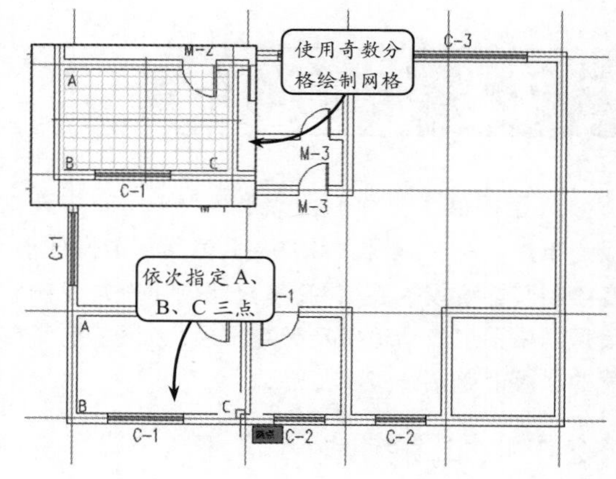

图 7-16 奇数分格

7.2.3 偶数分格

该工具用于绘制按偶数分格的地面或天花平面，经常用于布置地板砖和天花板的装饰。

选择【房间屋顶】|【房间布置】|【偶数分格】选项，或在命令行中输入 OSFG，然后按照与奇数分格完全相同的方法进行操作，即可获得偶数分格线，如图 7-17 所示。

7.2.4 布置洁具

执行【布置洁具】命令，可以使用天正图库中的多种洁具类型在卫生间中布置洁具。根据卫生间使用需要，布置各种不同的洁具。并且，可以使用隔断、隔板的设置。

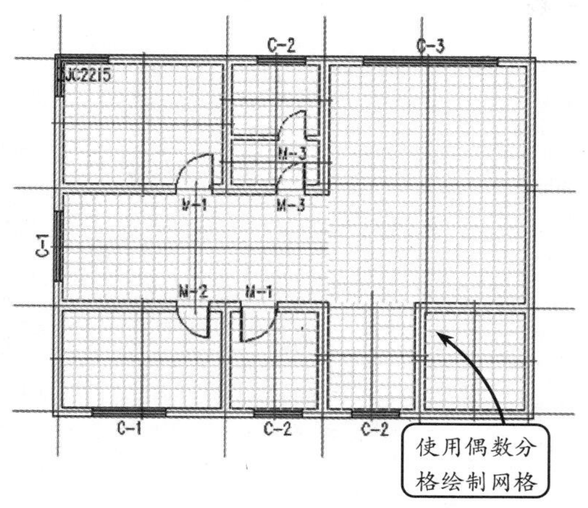

图 7-17 偶数分格

选择【房间屋顶】|【房间布置】|【布置洁具】选项，或在命令行中输入 BZJJ，打开【天正洁具】对话框，如图 7-18 所示。

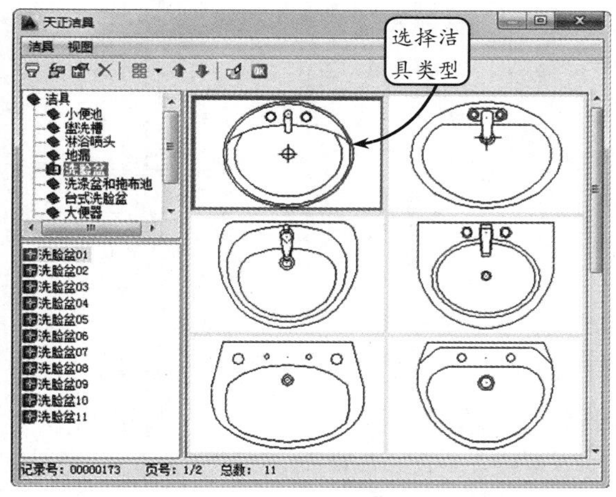

图 7-18 【天正洁具】对话框

在此对话框中，选取不同类型的洁具后，系统会自动给出与该类型相适应的布置方法。在预览框中双击所需布置的卫生洁具。常用布置洁具的操作方式如下所示。

1. 普通洗脸盆、大小便器、淋浴喷头、洗涤盆的布置

普通洗脸盆、大小便器、淋浴喷头、洗涤盆是卫生间最常见的洁具专业设施，在【天正洁具】图库中双击所需布置的卫生洁具，屏幕弹出相应的布置洁具对话框，如图 7-19 所示。

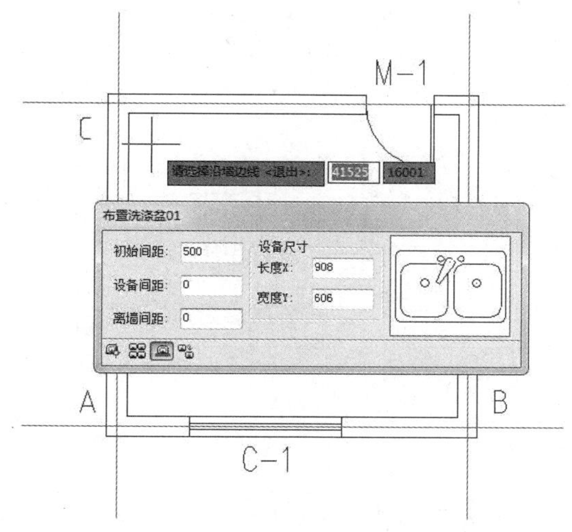

图 7-19 【布置洗涤盆】对话框

通过此对话框的选项，可以设置布置洁具的相关参数。对话框中各选项的含义如下所述。

- **初始间距** 在该文本框定义参数值，用于控制第一个洁具插入点与墙角点的距离。
- **设备间距** 在该文本框定义参数值，用于控制插入的设备之间的插入点 间距。
- **离墙间距** 在该文本框定义设备插入点距墙边的距离。对于坐便器等设备，这个值为 0，即紧靠墙边布置。

当布置洁具对话框出现在屏幕上时，命令行将显示“请点取墙体边线或选择已有洁具:”提示信息。此时，在洁具背后的墙线上取点或选择已有的洁具，然后按命令行提示确定洁具的方位点，即可定位该洁具。接着，在洁具增加方向取点，获得另一个相同类型的洁具，如图 7-20 所示。

2. 台式洗脸盆的布置

在【天正洁具】图库中双击所需布置的卫生洁具，屏幕弹出相应的布置洁具对话框（与上述洗涤盆等相同），并且，在打开布置洁具对话框的同时显示出交互命令。但是，台式洗脸盆的交互命令与上面提到的交互命令略有不同，如下所述。

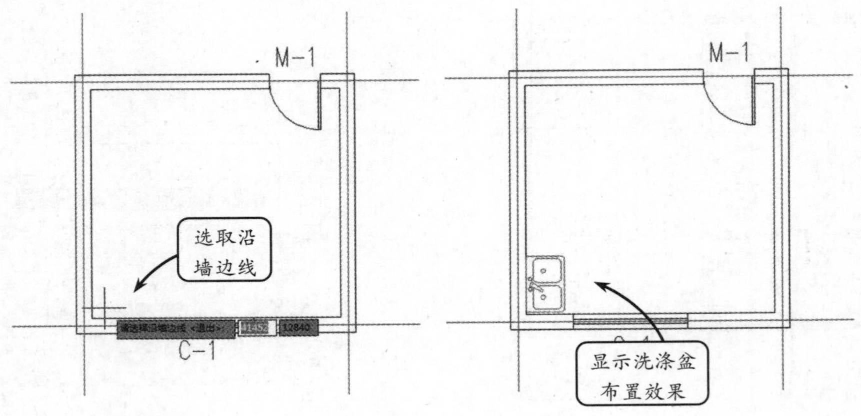

图 7-20　布置洗涤盆

双击选择台式洗脸盆后，按命令行提示在洁具背墙内皮上，靠近初始间距的一端取点。然后，在第一个洁具的插入位置指定点为基点。接着，在洁具增加方向取点，获得另一个相同类型的洁具。洁具插入完成后按回车键。这些操作与上述方法完全相同，所不同的是：在执行上述操作后，命令行将显示"台面宽度<700>:"提示信息，在命令行输入台面宽度。命令行将再次显示"台面长度<2100>:"提示信息，输入台面长度，并按回车键，即可获得台式洗脸盆的布置效果，如图 7-21 所示。

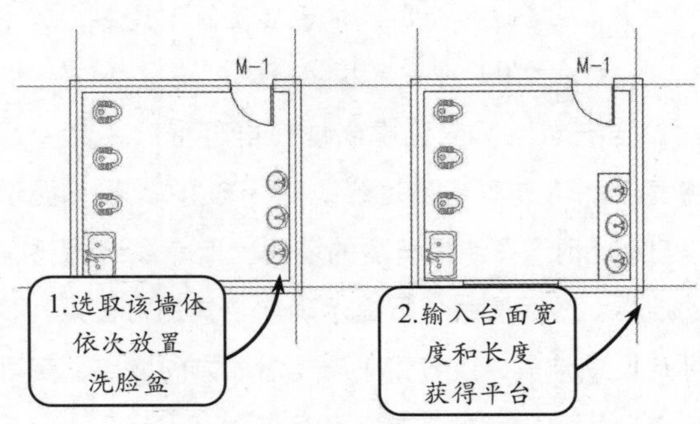

图 7-21　台式洗脸盆的布置

3．浴缸、拖布池的布置

在【天正洁具】对话框中左侧洁具类型列表框中选择【浴缸】选项，则在对话框的右侧预览框内将显示浴缸的样式。双击所需布置的卫生洁具，系统会在屏幕上弹出【布置浴缸】对话框，如图 7-22 所示。

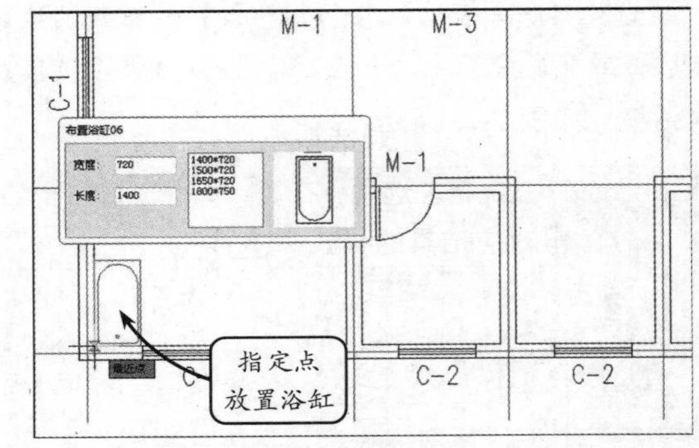

图 7-22　【布置浴缸】对话框

在该对话框中，可以直接选取浴缸尺寸列表，也可以输入其他尺寸。同时，根据命令行显示的交互命令，在视图中选择浴缸短边所在墙体一侧，按回车键获得浴缸插入效果。

4．小便池的布置

在【天正洁具】对话框中左侧洁具类型列表框中选择【小便池】选项，在对话框的右侧预览框内将显示出对应洁具的样式。

双击所需布置的卫生洁具，系统直接进入视图环境，而非打开相应的对话框。双击小便池样式后，命令行将显示"请选择布置洁具的墙线 <退出>:"提示信息，选取安装小便池的墙内皮，并指定小便池的起始点。然后，分别输入小便池的长度、宽度，以及台阶的宽度，按回车键，即可获得小便池的布置效果，如图 7-23 所示。

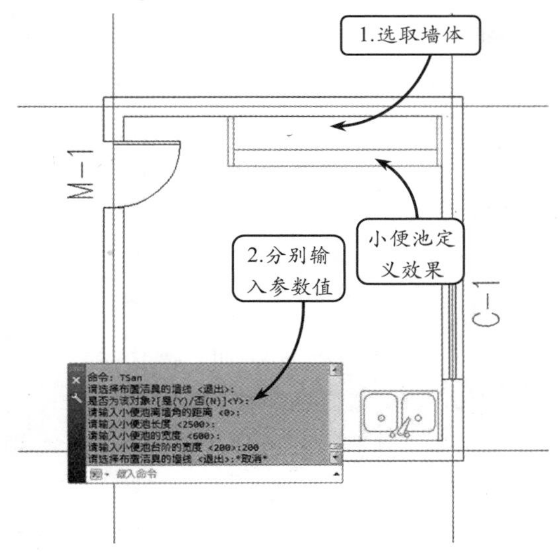

图 7-23 小便池的布置

5. 盥洗槽的布置

在【天正洁具】对话框中左侧洁具类型列表框中选择【盥洗槽】选项，在对话框的右侧预览框内将显示出对应洁具的样式。

双击所需布置的卫生洁具，系统直接进入视图环境，而非打开相应的对话框。双击盥洗槽样式后，命令行将显示"请选择布置洁具的墙线 <退出>:"提示信息，选取安装盥洗槽的墙内皮，并指定盥洗槽的起始点。然后，分别输入盥洗槽的长度、宽度，以及水沟的宽度和水龙头的个数，按回车键，即可获得盥洗槽的布置效果，如图 7-24 所示。

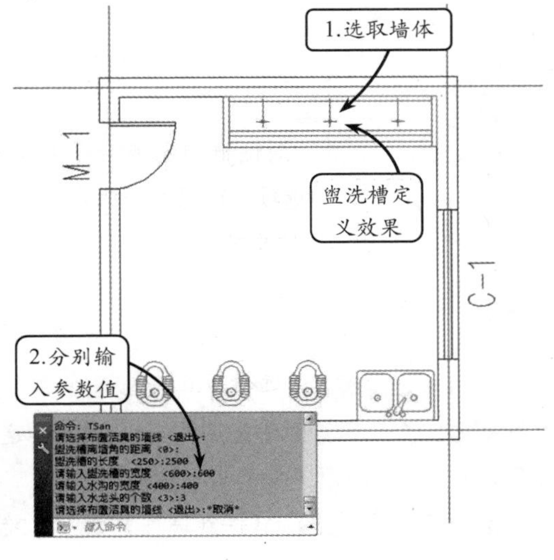

图 7-24 盥洗槽的布置

> **提示**
>
> 到这里为止，卫生间的洁具就布置完成了。依此类推，通过 TArch 软件布置其他房间的图块，同样会得到一样的效果。用户不妨尝试一下布置其他房间的设施。

7.2.5 布置隔断

使用该工具，通过两点选取已经插入的洁具，布置卫生间隔断。

选择【房间屋顶】|【房间布置】|【布置隔断】选项，或在命令行中输入 BZGD，按命令行提示指定靠近端墙的洁具外侧点为起点，并输入隔板长度、宽度、间距，即可完成布置隔断的操作，如图 7-25 所示。

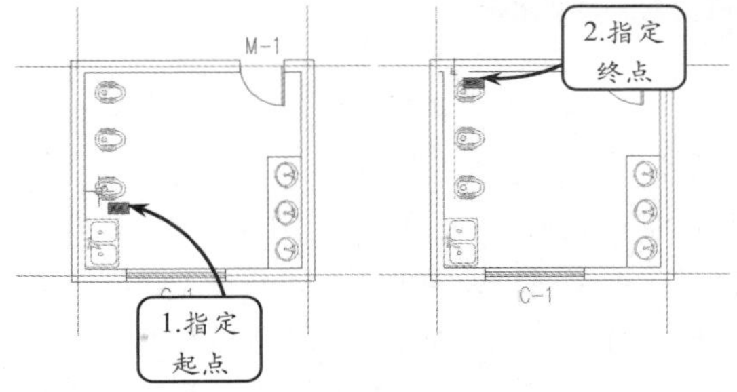

图 7-25 选取起点和终点

选取起点和终点后，接着按命令行提示分别输入隔板长度和隔断门宽度值，系统将自动在洁具的附近生成隔断和隔板，如图 7-26 所示。

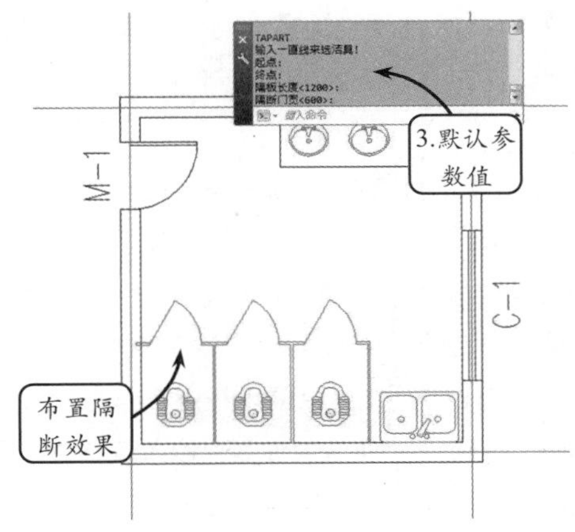

图 7-26 布置隔断效果

7.2.6 布置隔板

通过两点选取已经插入的洁具，布置卫生洁具，主要用于小便器之间的隔板。

选择【房间屋顶】|【房间布置】|【布置隔板】选项，或在命令行中输入 BZGB，分别指定起点和终点后，按命令行提示输入隔板长度值，按回车键，即可获得布置隔板效果，如图 7-27 所示。

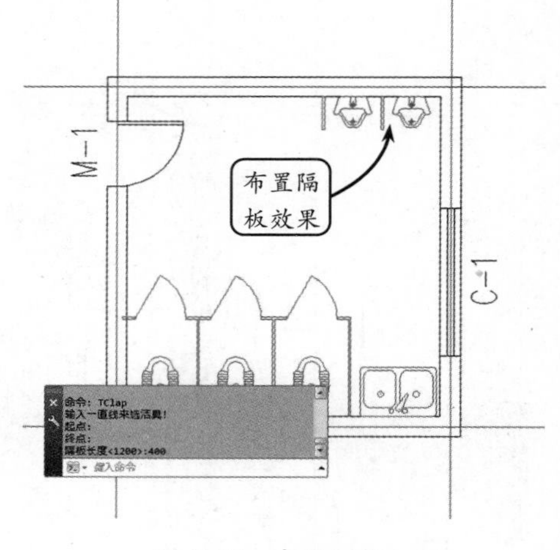

图 7-27 布置隔板

7.3 创建屋顶对象

屋顶是房屋的重要组成部分，也是房屋最上部的外围防护构件。TArch 2014 提供了多种屋顶造型功能，包括任意坡顶、人字坡顶、攒尖屋顶和矩形屋顶 4 种。用户也可以利用三维造型工具自建其他形式的屋顶，如，将平板对象和路径曲面对象相结合，构造带有复杂檐口的平屋顶，利用路径曲面构建曲面屋顶。天正屋顶均为自定义对象，支持对象编辑、特性编辑和夹点编辑等编辑方式。

7.3.1 搜屋顶线

使用【搜屋顶线】命令可以搜索整个建筑物的墙体，并在其外墙的外皮基础上，生成屋顶平面轮廓线。

选择【房间屋顶】|【搜屋顶线】选项，或在命令行中输入 SWDX，命令行将显示“请选择构成一完整建筑物的所有墙体（或门窗）:”提示信息。此时，应选择组成同一个建筑物的所有墙体，即框选所有建筑区域，以便系统自动搜索出建筑外轮廓线。按回车键确认操作后，输入偏移外皮距离（即屋顶的出檐长度），系统将自动生成屋顶线，效果如图 7-28 所示。

在个别情况下，屋顶线有可能自动搜索失败。用户可沿外墙外皮绘制一条封闭的多段线，然后再用【偏移】命令偏移出一个屋檐挑出长度，以后可把它当作屋顶线进行操作。

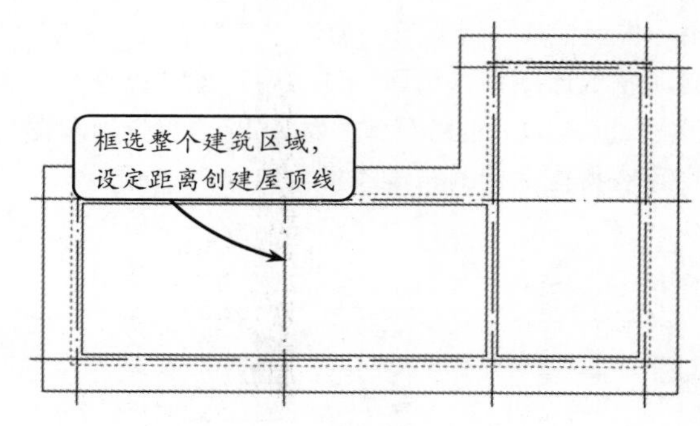

图 7-28 搜屋顶线

7.3.2 任意坡顶

使用【任意坡顶】命令可以由封闭的任意形状多段线生成指定坡度的坡形屋顶。应按照指定的坡度角生成坡形屋顶。

选择【房间屋顶】|【任意坡顶】选项，或在命令行中输入 RYPD，命令行将显示“选择一封闭

的多段线<退出>:”提示信息。此时选取搜屋顶线，并按命令行提示输入坡度角。如果屋顶有出檐，输入搜屋顶线时输入的偏移距离，系统随即生成等坡度的四坡屋顶。如果没有出檐，可直接按回车键，生成任意坡顶效果，如图 7-29 所示。

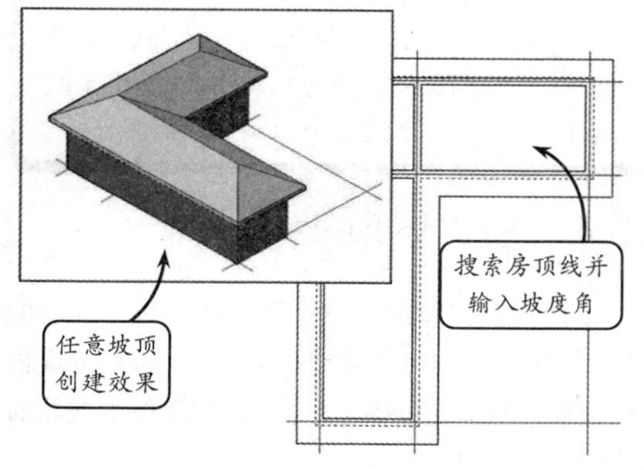

图 7-29　任意坡顶

使用【任意坡顶】命令生成的四坡屋顶，可通过夹点和对话框方式进行修改。屋顶夹点有两种，一是顶点夹点，二是边夹点。拖动夹点可以改变屋顶平面形状，但不能改变坡度。如图 7-30 所示。

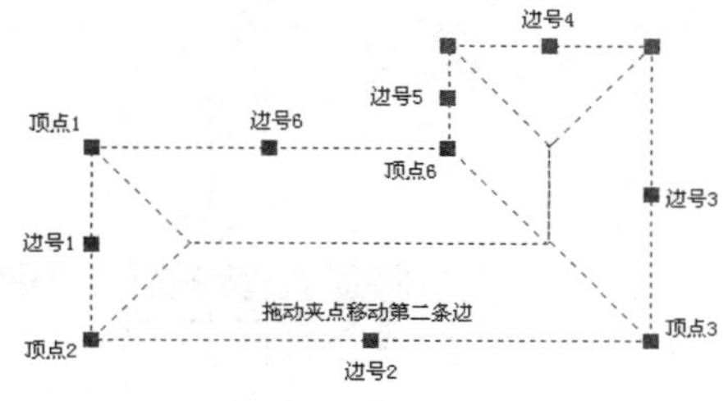

图 7-30　任意坡顶的夹点与边号

另外，双击坡屋顶，在打开的【任意坡顶】对话框中，可以对各个坡面的坡度进行修改。其中，把某一坡的坡角设置为 90°，可以创建双坡屋顶，如图 7-31 所示，

7.3.3　人字坡顶

使用【人字坡顶】命令可以由封闭的多段线指定两点，定义脊线，生成指定坡度角的人字坡屋顶或单坡屋顶。

> **提示**
>
> 修改坡度参数时，把端坡的坡角设置为 90°（坡度为“无”）时为双坡屋顶，修改参数后单击新增的【应用】按钮，可以马上看到坡顶的变化。其中，底标高是坡顶各顶点所在的标高。由于出檐的原因，这些点都低于相对标高±0.00。

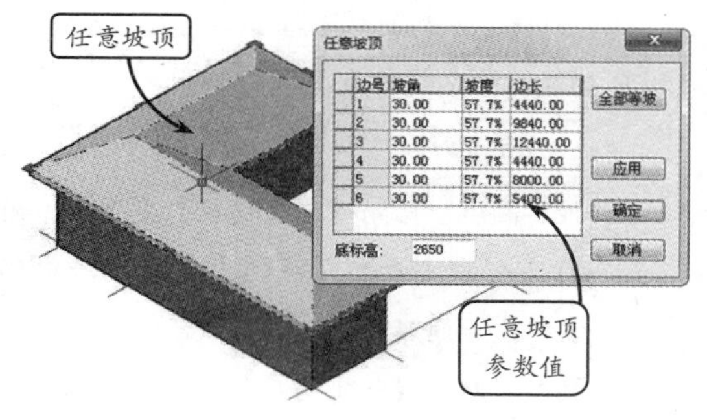

图 7-31　改变坡角后的效果

选择【房间屋顶】|【人字坡顶】选项，或在命令行中输入 RZPD，命令行将显示“请选择一封闭的多段线<退出>:”提示信息。此时选择作为坡屋顶边界的多段线，即上节获得的搜索顶线，然后分别输入脊线的起点和终点，如图 7-32 所示。

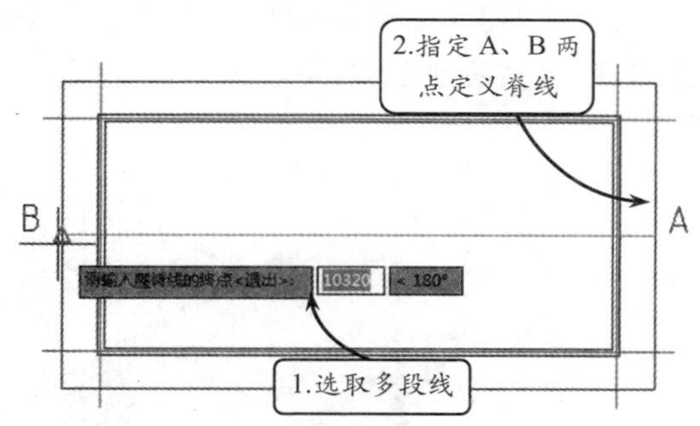

图 7-32　选取多段线并指定起点和终点

完成上述操作后，打开【人字坡顶】对话框，如图 7-33 所示。在该对话框中定义坡顶参数值，各参数项含义及设置方法如下所述。

- **左坡角/右坡角**　在各栏中分别输入坡角，无论脊线是否居中，默认左、右坡角都是相等的。

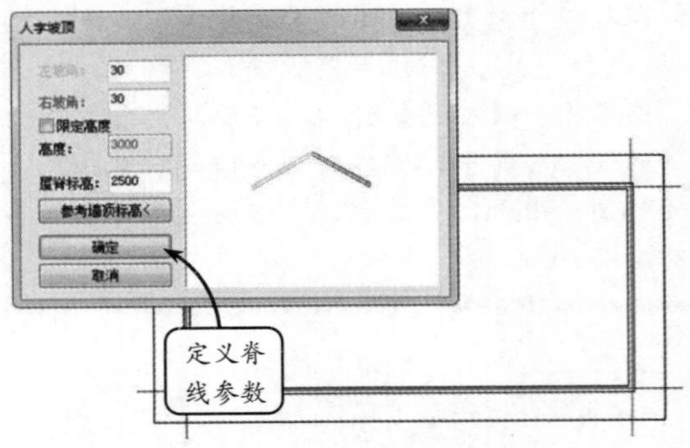

图 7-33　定义坡顶参数

- ❑ **限定高度**　启用【限定高度】复选框，用高度而非坡角定义屋顶，脊线不居中时左、右坡角不等。
- ❑ **高度**　启用【限定高度】复选框后，在此输入坡屋顶高度。
- ❑ **屋脊标高**　以本图 Z=0 起算的屋脊高度。
- ❑ **参考墙顶标高<**　选取相关墙对象，可以沿高度方向移动坡顶，使屋顶与墙顶关联。
- ❑ **图像框**　在其中显示屋顶三维预览图。拖动光标可旋转屋顶。支持滚轮缩放、中键平移。

在该对话框中设置标高参数值后，单击【确定】按钮，系统将创建人字形坡顶，效果如图 7-34 所示。

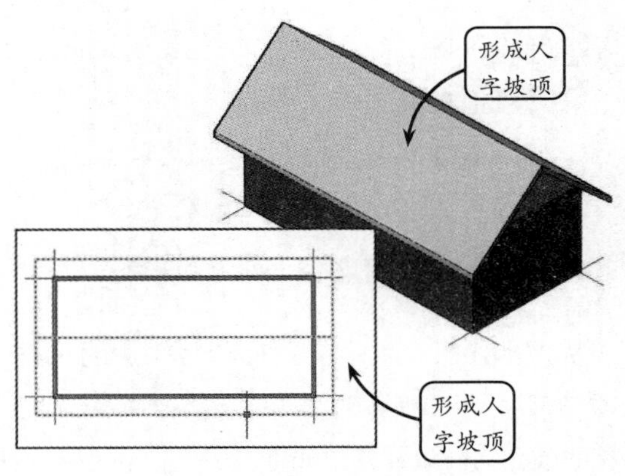

图 7-34　人字坡顶

注意

启用【限定高度】复选框后可以按设计的屋顶高创建对称的人字屋顶。此时，如果拖动屋脊线，屋顶依然维持坡角和檐板边界位置不变，但两坡不再对称，屋顶高度不再有意义。屋顶对象在特性栏中提供了檐板厚参数，可由用户修改。该参数的变化不影响屋脊标高。坡顶高度是以檐口起算的，屋脊线不居中时坡顶高度没有意义。

7.3.4　攒尖屋顶

使用【攒尖屋顶】命令可以通过指定屋顶的边数、出檐长等参数来绘制攒尖屋顶。该命令提供了构造攒尖屋顶三维模型的方法，但不能生成曲面构成的中国古建亭子顶。

选择【房间屋顶】|【攒尖屋顶】选项，或在命令行中输入 CJWD，打开【攒尖屋顶】对话框，如图 7-35 所示。该对话框中各参数项的含义如下所述。

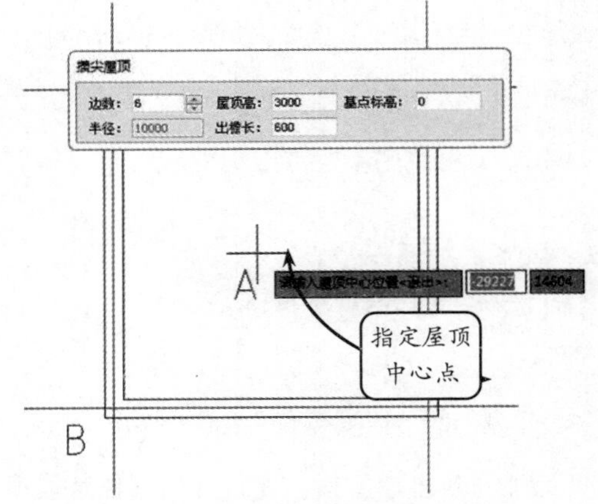

图 7-35　【攒尖屋顶】对话框

- ❑ **屋顶高**　攒尖屋顶净高度。
- ❑ **边数**　屋顶正多边形的边数。
- ❑ **出檐长**　从屋顶中心开始偏移到边界的长度，默认为 700，也可以为 0。
- ❑ **基点标高**　与墙柱连接的屋顶上皮处的屋面标高，默认该标高为楼层标高 0。
- ❑ **半径**　坡顶多边形外接圆的半径。

在确定所有尺寸参数后，需要在图形上给定屋顶位置点和伸展位置点。首先，命令行将显示"输入屋顶中心位置<退出>："提示信息，可用光标点取屋顶的中心点。然后，按命令行提示拖动光标，指定屋顶与柱子交点（定位多边形外接圆），即可获得攒尖屋顶，最后，将攒尖屋顶移动到指定位置即可，如图 7-36 所示。

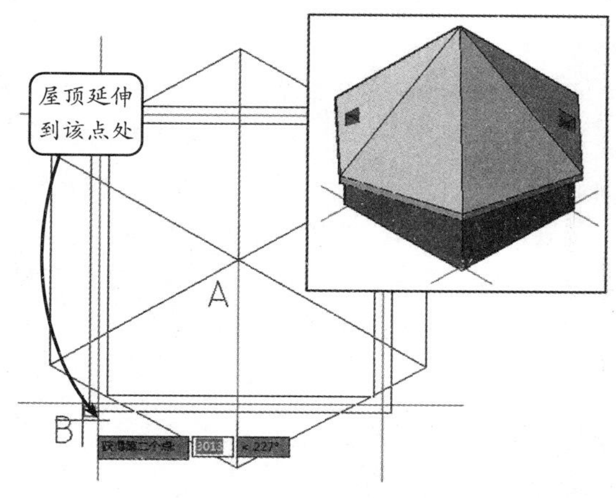

图 7-36 创建攒尖屋顶

7.3.5 矩形屋顶

该工具通过指定 3 点定义矩形来绘制歇山屋顶、四坡屋顶、双坡屋顶和攒尖屋顶。使用该工具绘制的屋顶平面仅限于矩形。

选择【房间屋顶】|【矩形屋顶】选项，或在命令行中输入 JXWD，打开【矩形屋顶】对话框，如图 7-37 所示。

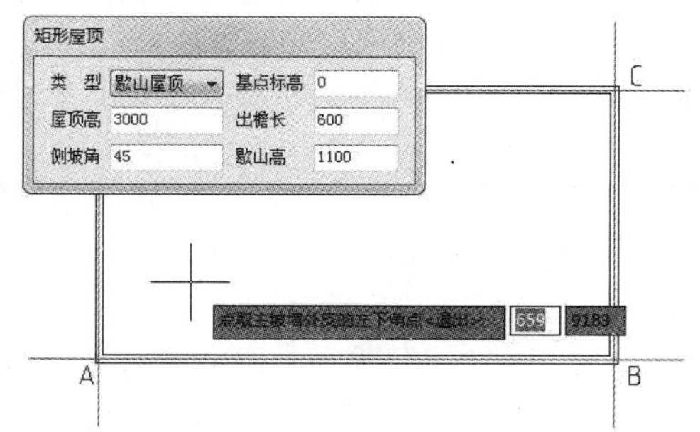

图 7-37 【矩形屋顶】对话框

- **类型** 有歇山屋顶、四坡屋顶、人字屋顶、攒尖屋顶共计 4 种类型。选择不同的屋顶类型，对应参数项也不尽相同。
- **屋顶高** 从插入基点开始到屋脊的高度。
- **基点标高** 默认将屋顶单独作为一个楼层。默认基点位于屋面，标高是 0，屋顶在其下层墙顶放置时，应为墙高加檐板厚。
- **出檐长** 屋顶檐口到主坡墙外皮的距离。该参数项仅用于【歇山屋顶】类型。
- **歇山高** 歇山屋顶侧面垂直部分的高度。为 0 时屋顶的类型退化为四坡屋顶。
- **侧坡角** 位于矩形短边的坡面与水平面之间的倾斜角。该角度受屋顶高的限制，两者之间的配合有一定的取值范围。
- **出山长** 类型为人字屋顶时短边方向屋顶的出挑长度。该参数项仅用于【人字屋顶】类型。
- **檐板厚** 屋顶檐板的厚度垂直向上计算，默认为 200，在特性栏修改。
- **屋脊长** 屋脊线的长度，由侧坡角算出，在特性栏修改。

这 4 种矩形屋顶对应的创建方法完全相同。以创建歇山屋顶为例，在绘图区拖动屋顶，给定位置与尺寸、初始角度，不必关闭对话框。具体创建方法是，依次选取主坡墙外皮的左下角点、右下角点和右上角点，即可获得歇山屋顶创建效果，如图 7-38 所示。

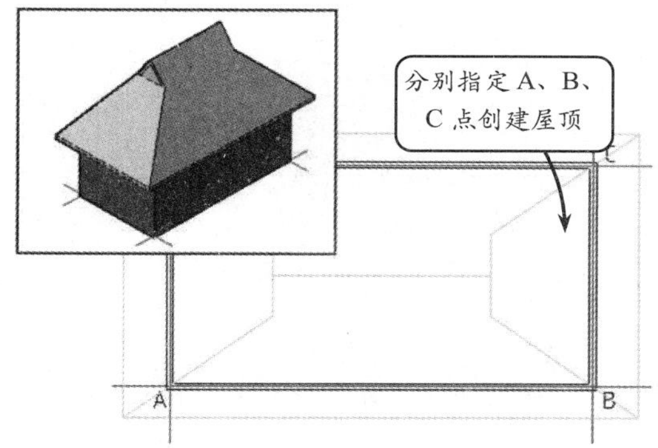

图 7-38 创建歇山屋顶

7.3.6 加老虎窗

老虎窗是开屋顶上的天窗，主要用于屋顶部的采光和通风。使用【加老虎窗】命令可在三维屋顶生成各种样式的老虎窗图。

选择【房间屋顶】|【加老虎窗】选项，或在命令行中输入 JLHC，命令行将提示“请选择坡屋顶坡面<退出>:”信息。选取已有的坡屋顶。如该处多于两个坡面，亮显后命令行继续提示“是否为加亮的坡面?（Y/N） Y:”信息，按回车键确认或键入 N 退出，命令行又要求指定老虎窗的位置。在坡屋顶上单击一点后，打开【加老虎窗】对话框，如图 7-39 所示。该对话框主要参数的含义及设置方法如下所述。

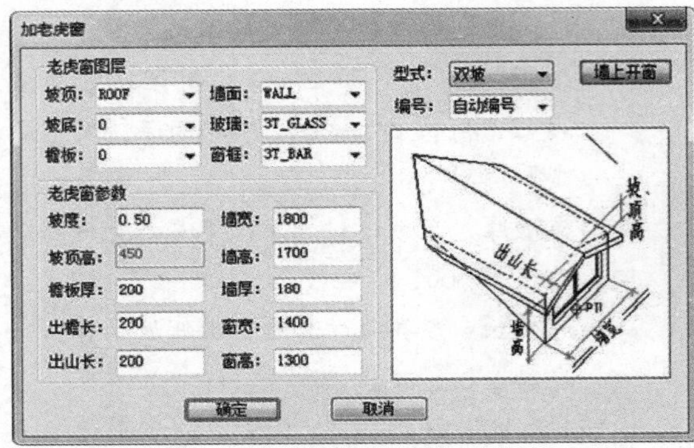

图 7-39 【加老虎窗】对话框

- ❑ **型式** 有双坡、三角坡、平顶坡、梯形坡和三坡共计 5 种类型，参照图 7-40 所示的各类型图示效果。

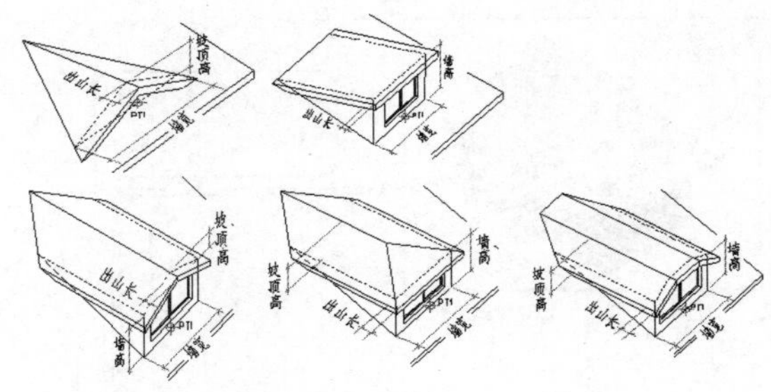

图 7-40 老虎窗的 5 种类型

- ❑ **编号** 老虎窗编号，可输入编号或在列表框中选择编号。
- ❑ **窗高/窗宽** 老虎窗开启的小窗高度与宽度。
- ❑ **墙宽/墙高** 老虎窗正面墙体的宽度与侧面墙体的高度。
- ❑ **坡顶高/坡度** 老虎窗自身坡顶高度与坡面的倾斜度。
- ❑ **墙上开窗** 本按钮是默认打开的属性。不激活该按钮，则老虎窗自身的墙上不开窗。

在对话框中设置好老虎窗的参数后，单击【确定】按钮，关闭该对话框，出现老虎窗平面供预览。此时，按命令行提示，在坡屋面上拖动老虎窗到插入位置。反坡向时，老虎窗会自动适应坡面，改变其方向。然后，在坡屋面上拖动老虎窗到插入位置，按回车键，即可获得老虎窗创建效果，如图 7-41 所示。

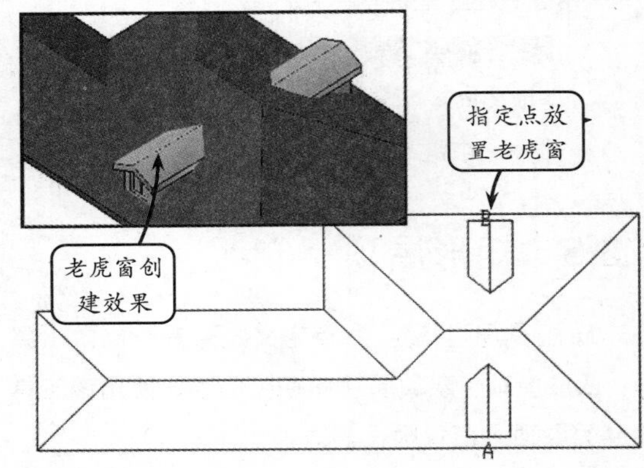

图 7-41 创建老虎窗

提示

双击老虎窗，进入对象编辑状态，即可在对话框中对其进行修改。也可以选择老虎窗，按 Ctrl+1 键进入特性表，进行修改。

7.3.7 加雨水管

屋顶是为室内环境遮风挡雨的，因此，在创建时，应使用【加雨水管】命令，可以在屋顶平面图中绘制雨水管穿过女儿墙或檐板的图块。

选择【房间屋顶】|【加雨水管】选项，或在

命令行中输入 JYSG，按命令行提示，依次指定雨水管的起始点（入水口）和结束点（出水口），即可获得加雨水管效果，如图 7-42 所示。

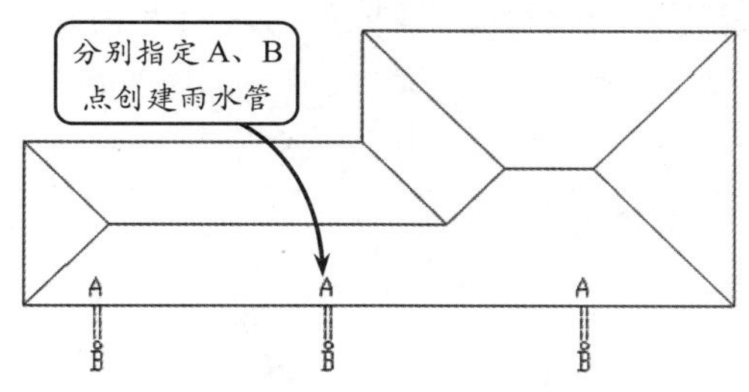

图 7-42　加雨水管

TArch 7.4 综合案例 1：布置卫生间的洁具

本例将在卫生间中布置各种洁具，效果如图 7-43 所示。随着人民生活水平的不断提高，在公共场所的卫生间越来越标准、干净、整洁。例如，卫生间的地面铺设防滑地板砖，统一布置大坐便器，设立隔断和隔板等，使得人们在其中能够体会清洁舒爽的环境。当然，要构建标准式的卫生间，首先需要经济合理的设计图纸。本例将创建一个标准式卫生间，让用户清晰地了解卫生间需要布置哪些洁具。

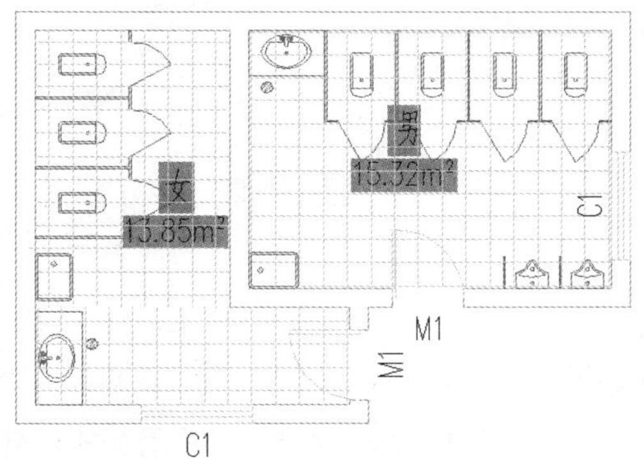

图 7-43　卫生间大样图

布置该卫生间时，首先可以利用【查询面积】工具，查询男、女卫生间各自的面积。然后，利用【布置洁具】工具，分别指定对应的大便器、小便器、洗脸盆和拖布池等，并利用【布置隔断】工具在大便器上布置隔断墙。接着，利用【布置隔板】工具布置小便器间的隔板。最后，利用【奇数分格】工具为各空间布置地面网格，并添加地漏，标注地面的流水坡度。

操作步骤

STEP|01 首先利用【墙体】和【门窗】工具，在图中创建出男、女卫生间的框架图，其中，墙体的高度为 3000，效果如图 7-44 所示。

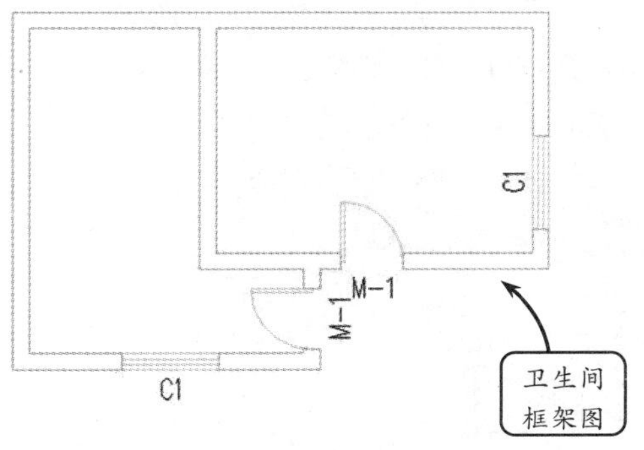

图 7-44　卫生间框架图

STEP|02 选择【房间屋顶】|【查询面积】选项，将光标分别移动到卫生间的每一部分双击，会在指定的位置产生房间的面积值，效果如图 7-45 所示。

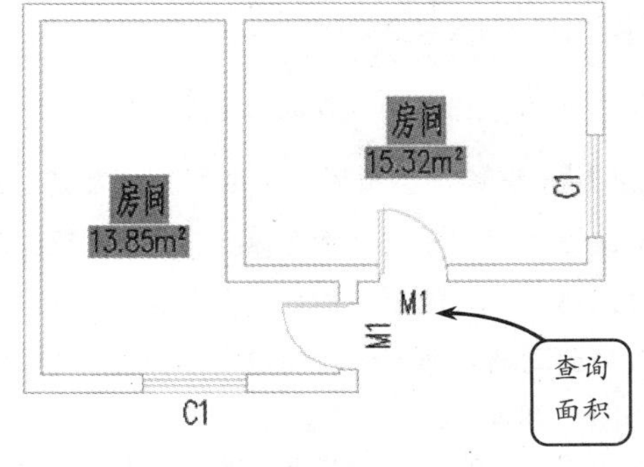

图 7-45　查询面积

STEP|03 继续利用创建文字，为各个房间分别添加对应的“男”、“女”字样，效果如图 7-46 所示。

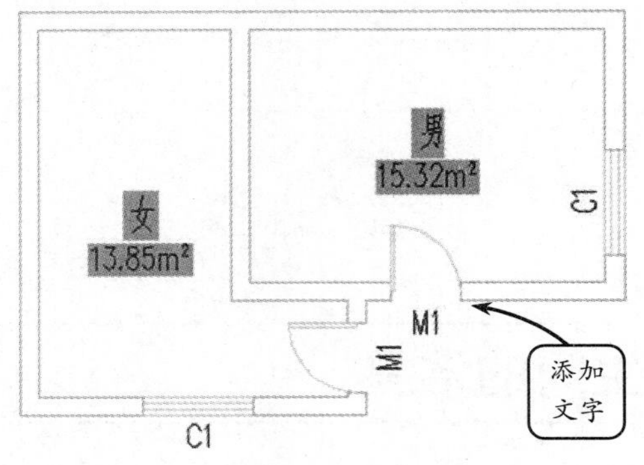

图 7-46　添加文字

STEP|04 选择【房间屋顶】|【房间布置】|【布置洁具】选项，在打开的对话框中选择【大便器】选项，并从预览框内选择一种大便器图块。双击此图块，打开布置洁具对话框。然后在该对话框中设置该洁具的参数，效果如图 7-47 所示。

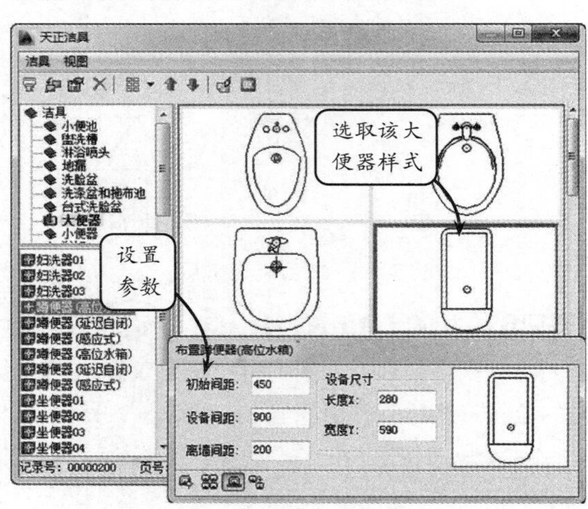

图 7-47　设置大便器

STEP|05 设置好参数后，选取竖直的墙体边线，并选取墙体右下角点为插入基点。此时，系统将自动插入第一个大便器。然后，向上连续单击两次，系统将自动插入第二个大便器和第三个大便器，效果如图 7-48 所示。

STEP|06 在插入大便器后，使用同样的方法在图中插入小便器。对于小便器，只在男卫生间布置。它的参数及布置效果如图 7-49 所示。

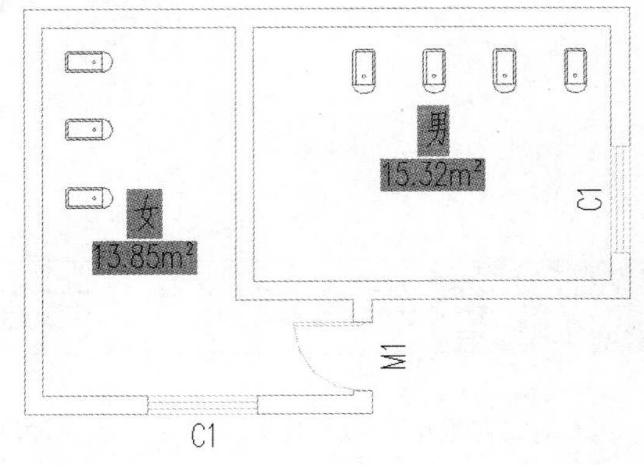

图 7-48　插入大便器效果

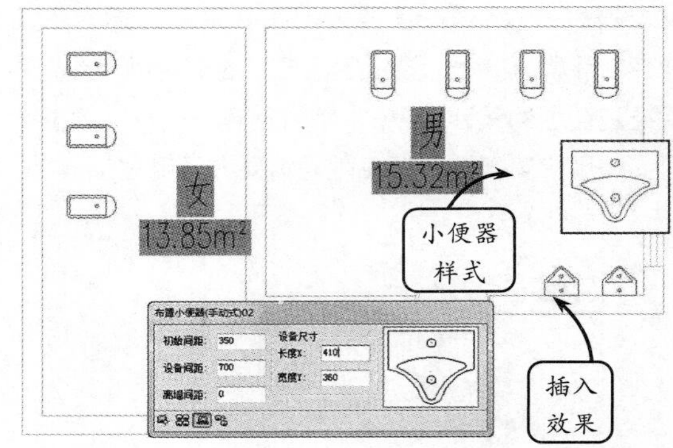

图 7-49　插入小便器

STEP|07 按照同样的方法布置台式洗脸盆，其参数设置如图 7-50 所示。然后选取竖直墙体为沿墙边线，并指定墙体右下角点为插入的基点。接着，向上单击，插入第二个洗脸盆，并单击鼠标右键，输入台面宽度为 700，台面长度为 1 800，单击鼠标右键确认操作。

STEP|08 接下来，在男厕布置台式洗脸盆，其参数设置如图 7-51 所示。然后，选取男厕竖直墙体为沿墙边线，并指定墙体右下角点为插入的基点。接着，向上单击插入，并单击鼠标右键输入台面宽度为 700、台面长度为 948，单击鼠标右键确认操作。

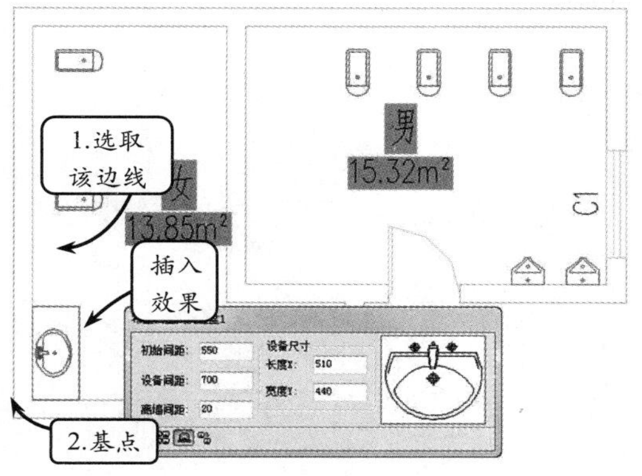

图 7-50　插入台式洗脸盆

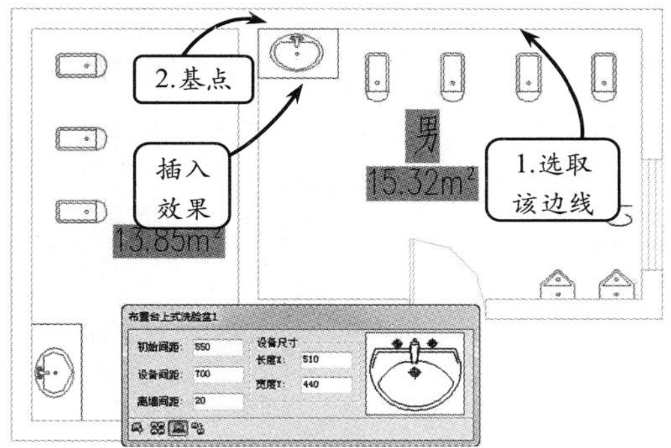

图 7-51　插入男厕台式洗脸盆

STEP|09 继续利用【布置洁具】工具为男、女厕分别添加圆形地漏。单击鼠标右键确认，效果如图 7-52 所示。

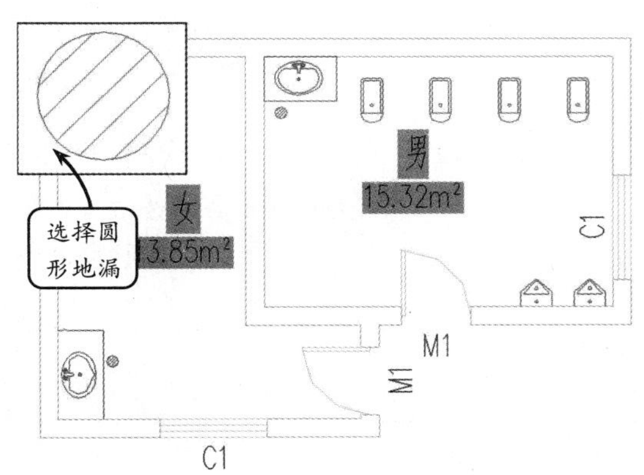

图 7-52　插入地漏

STEP|010 选择【房间屋顶】|【房间布置】|【布置隔断】选项，选取女厕第一个大便器下方一点为起点，并选取最上方大便器上方一点为终点。然后单击鼠标右键，输入隔断长度为 1 430、宽度为 700，单击鼠标右键确认，效果如图 7-53 所示。

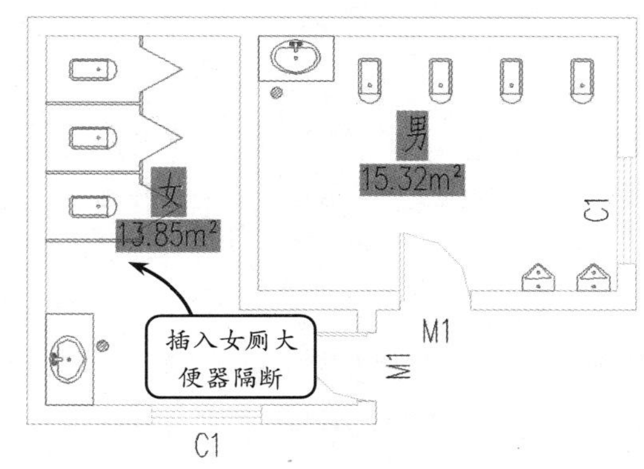

图 7-53　布置女厕隔断

STEP|11 利用【布置隔断】工具选取男厕洗手盆下方一点为起点，并选取顶部大便器上方一点为终点。然后输入隔断长度为 1 430、宽度为 700。此时的隔断门与设计不相符，一般情况下隔断门均是向外开门的。因此，通过编辑隔断门的夹点，改变它们的开启方向，效果如图 7-54 所示。

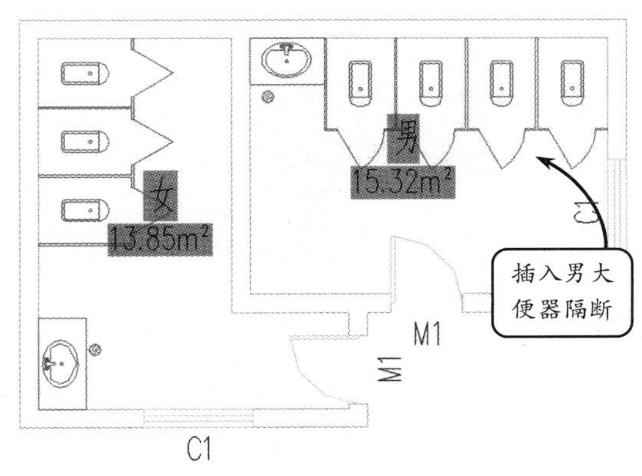

图 7-54　布置男厕隔断

STEP|12 接着开始布置隔板，隔板通常是布置在小便器上的。选择【房间屋顶】|【房间布置】|【布置隔板】选项，选取男厕第一个小便器下方一点为起点，并选取上面第二个小便器上方一点为终点，接受默认的隔板长度 400，效果如图 7-55 所示。

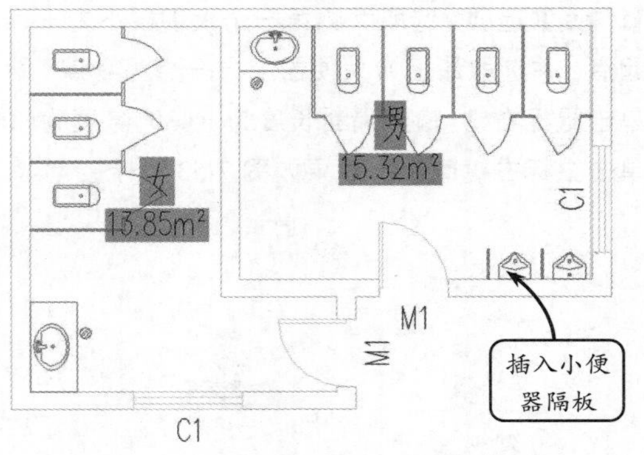

图 7-55　布置小便器隔板

STEP|13 继续利用【布置洁具】工具为女厕添加拖布池。选取竖直墙体为沿墙边线，并指定墙体左上端点为插入基点，单击鼠标右键确认，效果如图 7-56 所示。

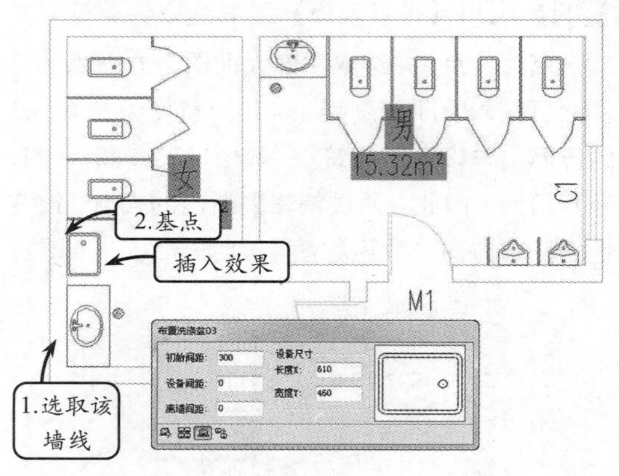

图 7-56　布置女厕拖布池

STEP|14 继续利用【布置洁具】工具为男厕添加拖布池。选取竖直墙体为沿墙边线，并指定墙体右上端点为插入基点，单击鼠标右键确认，效果如图 7-57 所示。

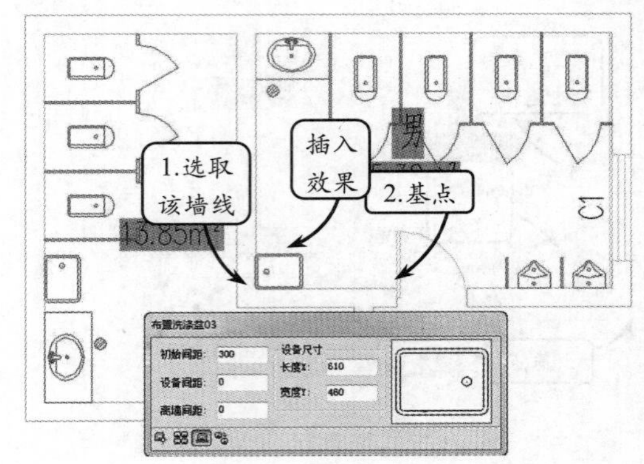

图 7-57　布置男厕拖布池

STEP|15 选择【房间屋顶】|【房间布置】|【奇数分格】选项，在图中选取布置网格的四边线，并设置网格的尺寸为 300×300。在卫生间平面图上加上网格，以表示地板和顶棚，效果如图 7-58 所示。

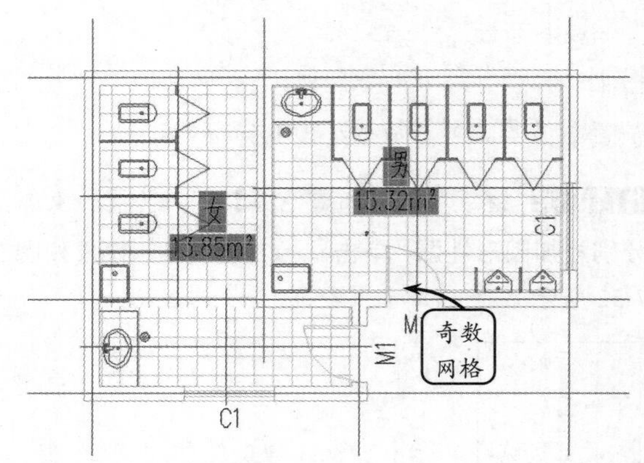

图 7-58　布置地面和顶棚的网格

7.5 综合案例 2：绘制屋顶

本例将为住宅楼添加屋顶，效果如图 7-59 所示。任何一栋建筑物，都是由墙体和门窗组合而成的。在日常生活中，常见的建筑物就是住宅楼。在众多住宅楼类型的屋顶中，创建方法基本上都不一样。有时候，绘制屋顶会出现多种造型的屋顶，就需要结合不同类型的屋顶，来选择相应的创建方法。本例主要采用任意坡顶，绘制住宅楼屋顶。

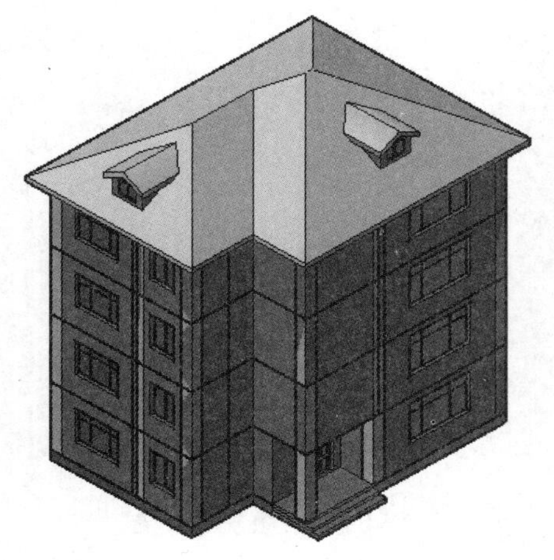

图 7-59 创建屋顶效果

绘制该住宅楼的屋顶时，首先可以利用【搜屋顶线】工具，选择所有的墙体和门窗，为屋顶添加屋顶线。然后，利用【任意坡顶】工具，选择墙上的各个角点，确定屋顶的位置。

操作步骤

STEP|01 选择【房间屋顶】|【搜屋顶线】选项，框选所有的墙体和门窗，设置外皮距离为 700，创建搜屋顶线。效果如图 7-60 所示。

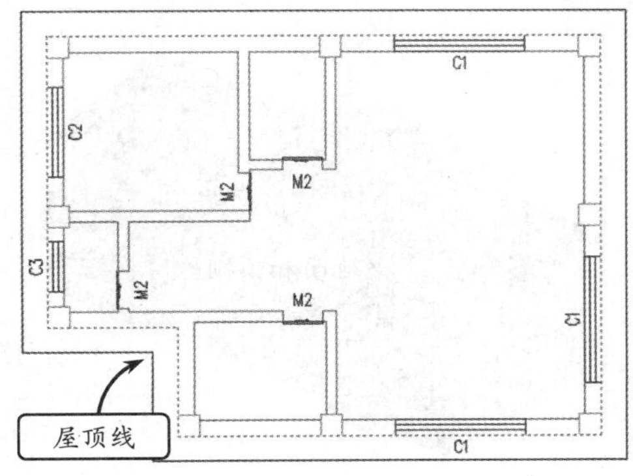

图 7-60 搜屋顶线

STEP|02 选择【房间屋顶】|【任意坡顶】选项，选取屋顶线，并设置坡角为 30°，出檐长为 700，创建屋顶，效果如图 7-61 所示。

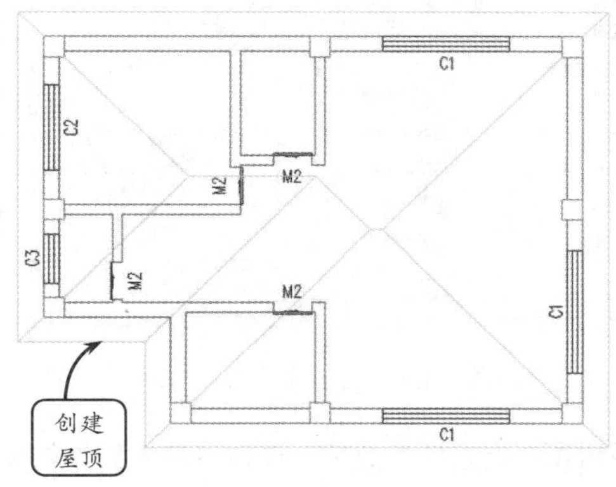

图 7-61 创建屋顶

STEP|03 切换【西南等轴测】为当前视图，并切换【概念】为当前样式，观察创建的任意坡顶，效果如图 7-62 所示。

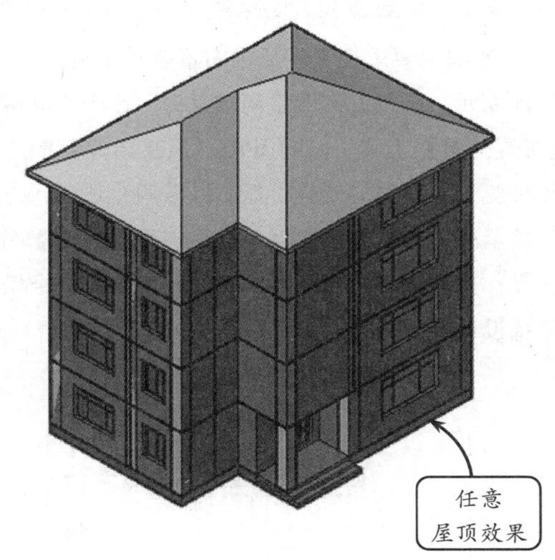

图 7-62 任意坡顶三维效果

STEP|04 创建完屋顶以后，下面开始在其上添加老虎窗。首先，将其他图层隐藏，只显示屋顶。然后，选择【房间屋顶】|【加老虎窗】选项，在图中选取横向的三维坡屋面，打开【加老虎窗】对话框。接着，在该对话框中设置老虎窗的造型及参数，效果如图 7-63 所示。

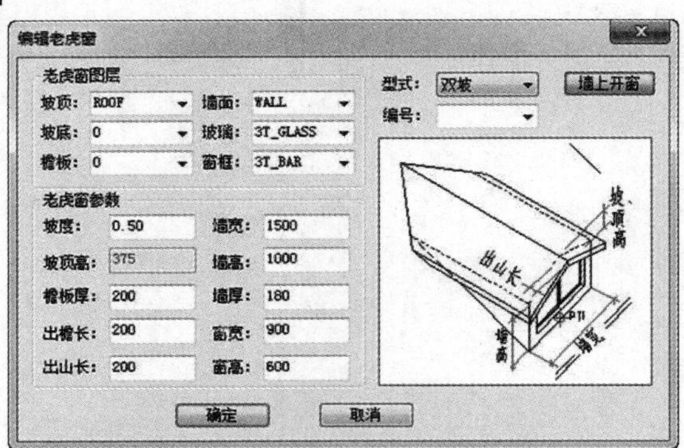

图 7-63　设置老虎窗参数

STEP|05 设置好参数后，单击【确定】按钮关闭对话框，并在图中指定老虎窗的位置，效果如图 7-64 所示。

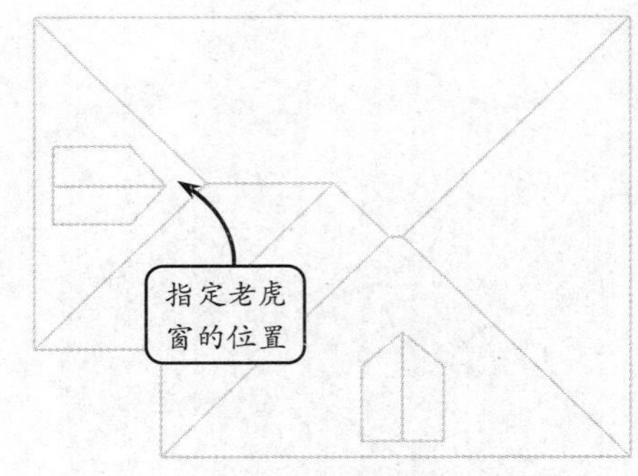

图 7-64　指定老虎窗位置

7.6 新手训练营

练习 1：布置卫生间洁具

本练习要求在卫生间中布置各种洁具，效果如图 7-65 所示。在布置该卫生间洁具时，首先在屏幕单击【布置洁具】工具，从打开的【天正洁具】图库中选择相应的要布置的洁具。然后，按照合适的尺寸，将洁具紧凑地布置于卫生间。最后，利用【奇数分格】工具，为各空间布置地面网格，这样，可以轻松了解要铺设地板的数目。

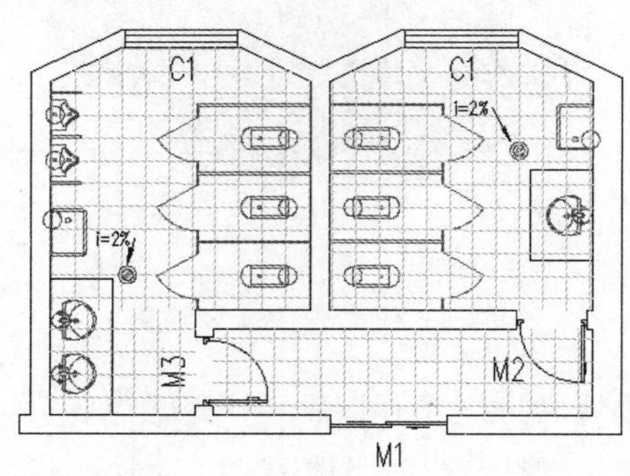

图 7-65　卫生间大样图

练习 2：绘制别墅屋顶

本练习要求为别墅添加屋顶，效果如图 7-66 所示。在众多类型的屋顶中，每一类型的创建方法基本上是一样的，无非是参数设置略有不同。有时在一个屋顶中会出现多种造型的屋顶，此时就需要结合不同类型的屋顶，来选择相应的创建方法。在本例中主要采用四坡屋顶。其中，正面屋顶上开有两个双坡形式的老虎窗。

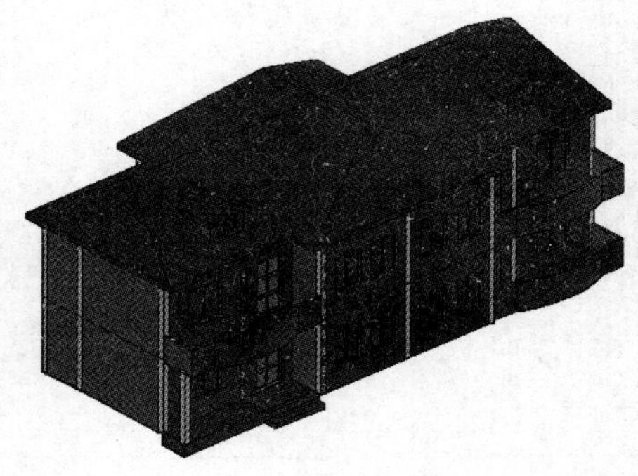

图 7-66　创建屋顶效果

第 8 章

文字与表格

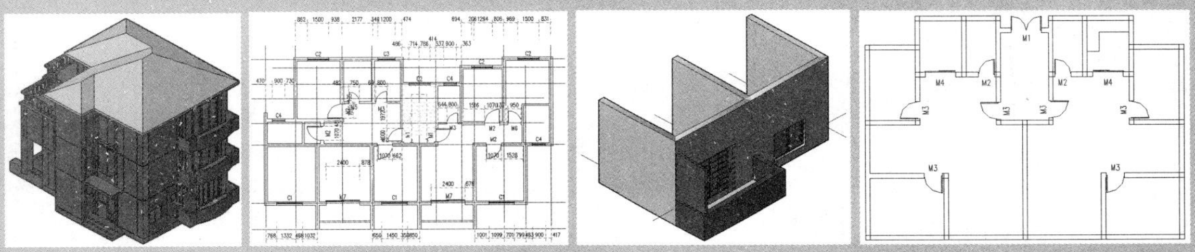

在建筑绘图过程中，应根据需要添加适当的文字说明，以对图形中不便于表达的内容加以说明，这样不仅可以更好地表达设计的思想，同时还能使图形更清晰、更完整。一般来说，建筑设计的设计说明通常由文字和表格组成。与 AutoCAD 的文字标注功能相比，TArch 2014 对文字的创建和编辑更加完善，提高了建筑绘图的工作效率。

本章主要讲述 TArch 2014 文字和表格的创建及编辑方法。

8.1 文字

在建筑施工图中，有许多地方需要标注文字，以进行施工设计说明。TArch 提供了很多种创建文字的方法。文字主要包括单行文字、多行文字、曲线文字等，在绘制不同的图形时，可以选择不一样的文字工具来进行标注说明。

8.1.1 文字样式

文字样式即文字的高度、宽度、字体、样式名称等特征。利用【文字样式】工具可以创建用户所需要的文字样式或对创建的样式进行修改。

选择【文字表格】|【文字样式】选项，将打开【文字样式】对话框。该对话框中有多个选项组，如图 8-1 所示。

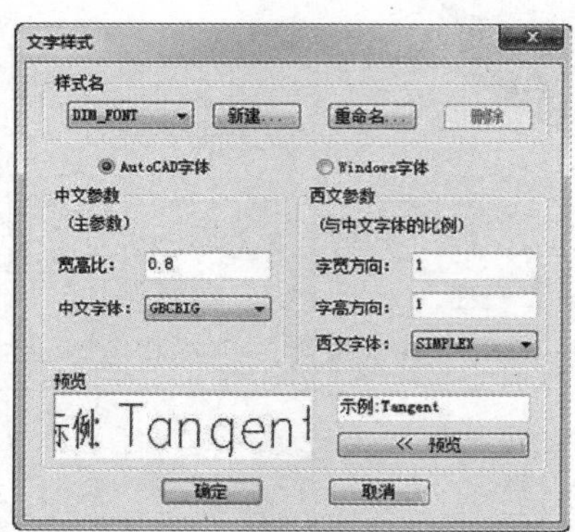

图 8-1 【文字样式】对话框

天正文字最突出的优点是：对 AutoCAD 的 SHX 字体，以及 Windows 的 Truetype 字体所存在的名义字高与实际字高不等的问题做了自动修正，使汉字与西文的文字标注符合国家制图标准的要求。

可通过选择对应的单选按钮来定义当前文字样式。如果选择【AutoCAD 字体】单选按钮，将由文字参数与西文参数两项内容共同决定此文字样式的组成。如果选择【Windows 字体】单选按钮，则此样式只有由中文参数的各项内容来确定。与前者相比，这类字体打印效果美观，缺点是，会降低系统运行速度。

8.1.2 创建单行文字

使用该命令可以新建的天正文字样式绘制单行文字，并很方便地为文字设置上下标、加圆圈、添加特殊符号，导入专业词库内容等。

选择【文字表格】|【单行文字】选项，将打开【单行文字】对话框，如图 8-2 所示。在该对话框中对文本进行设置，然后在视图中移动并单击鼠标，即可创建文本。

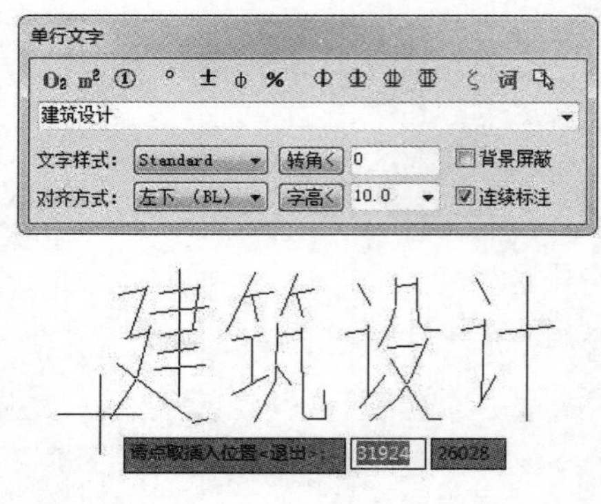

图 8-2 【单行文字】对话框

如果要对当前文字进行设置上下标、加圆圈操作，可选择需要编辑的文本，然后单击对应的按钮即可。如图 8-2 所示，选中天正文本，可进行加圆圈操作。要添加钢筋符号或其他特殊符号，可在文本框中确定插入的位置，然后单击对应的按钮即可。

8.1.3 创建多行文字

使用该命令可以使用已经设置好的天正文字样式，以段落的形式输入多行文字。在输入的文字内容中，可以很方便地设置文字的上下标、页宽，以及进行文字的换行处理。输入完毕后，可随时拖动夹点改变页宽。

该工具类似于 AutoCAD 中的【多行文字】工具。选择【文字表格】|【多行文字】选项，将打开【多行文字】对话框，如图 8-3 所示。可以在该对话框中输入多行文字，适用于文字较多的设计说明、设计规范等操作。

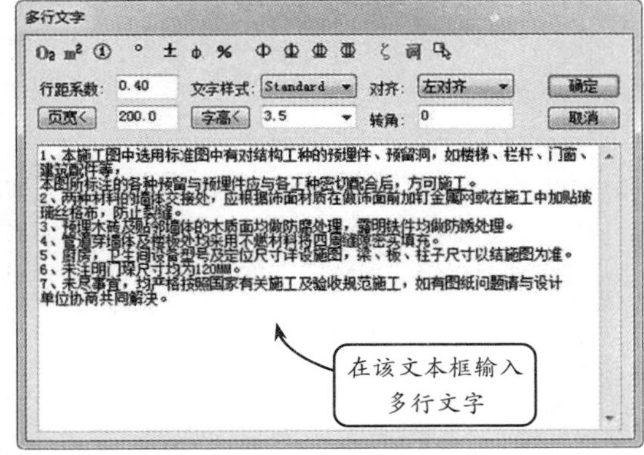

图 8-3　【多行文字】对话框

可在文字输入区输入多行文字，也可以接受来自剪贴板的其他文本编辑内容。如，由 Word 编辑的文本可以通过 Ctrl+C 键，复制到剪贴板，再由 Ctrl+V 键，输入到文字编辑区。可在其中随意修改其内容。允许硬回车，也可以由页宽控制段落的宽度。

在确定行距系数时，与 AutoCAD 的 MTEXT 中的行距有所不同。本系数表示的是行间的净距，单位是当前的文字高度。比如，"1"为两行间相隔一空行。本参数决定整段文字的疏密程度。此外还可设置字高和对齐方式。

文字内容编辑完毕以后，单击【确定】按钮，完成多行文字输入。该工具的自动换行功能特别适合输入以中文为主的设计说明文字，如图 8-4 所示。

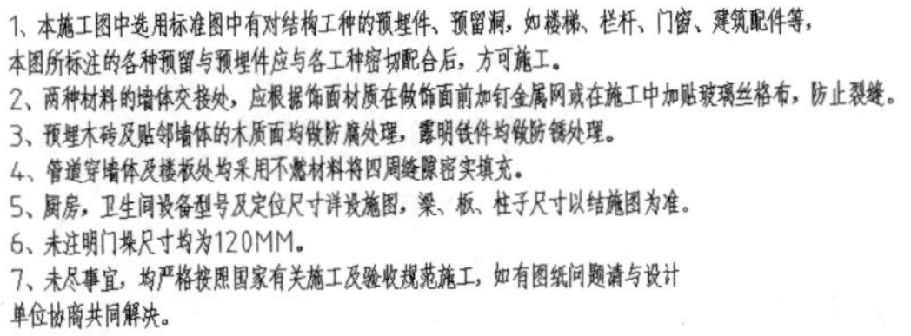

1、本施工图中选用标准图中有对结构工种的预埋件、预留洞，如楼梯、栏杆、门窗、建筑配件等，
本图所标注的各种预留与预埋件应与各工种密切配合后，方可施工。
2、两种材料的墙体交接处，应根据饰面材质在做饰面前加钉金属网或在施工中加贴玻璃丝格布，防止裂缝。
3、预埋木砖及贴邻墙体的木质面均做防腐处理，露明铁件均做防锈处理。
4、管道穿墙体及楼板处均采用不燃材料将四周缝隙密实填充。
5、厨房，卫生间设备型号及定位尺寸详设施图，梁、板、柱子尺寸以结施图为准。
6、未注明门垛尺寸均为120MM。
7、未尽事宜，均严格按照国家有关施工及验收规范施工，如有图纸问题请与设计
单位协商共同解决。

图 8-4　多行文字

提示

多行文字对象设有两个夹点，左侧的夹点用于整体移动，右侧的夹点用于拖动改变段落宽度。当宽度小于设定值时，多行文字对象会自动换行。最后一行的结束位置由该对象的对齐方式决定。

8.1.4　创建曲线文字

使用该命令可以直接按弧线方向书写中英文符号，或者在已有的多段线上布置中英文字符号来绘制曲线文字。

选择【文字表格】|【曲线文字】选项，命令行将显示"A-直接写弧线文字/P-按已有曲线布置文字<A>："提示信息。可在命令行种输入 A 或 P 来选择书写弧线文字的类型。两种文字的对比效果如图 8-5 所示。

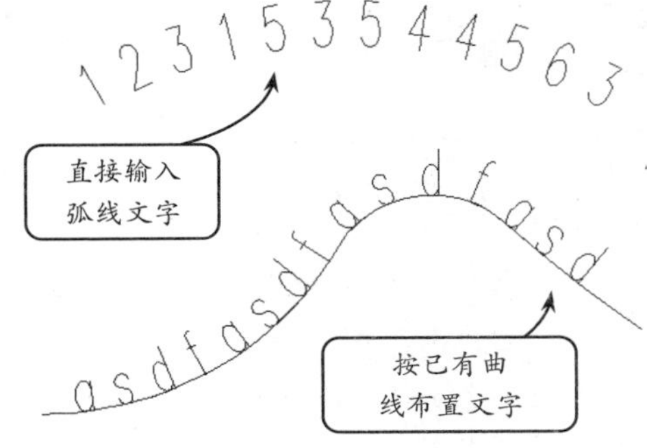

图 8-5　曲线文字

提示

选项 P 可使文字按已有的曲线排列。有效的文字基线不包括【样条线】图元。要得到光滑的曲线，可以将【多段线】拟合，来得到光滑曲线。

在文字编辑功能方面，不仅可调用天正专业词库添加特殊文字信息，还可进行必要的文字转化、文字合并、统一字高和查找替换操作，最重要的是解决了 AutoCAD 在标注文字时出现的大量乱码问题。可通过该软件的【繁简转换】功能快速获得准

确文字显示效果。

8.1.5 专业词库

TArch 为用户提供了一个字块图库，其中存储了一些常用的建筑专业词汇和多行文字段落，以便随时插入图中。词库还可在各种符号标注命令中调用。其中，做法标注命令可调用北方地区常用的 88J1-X12000 版工程做法的主要内容。

选择【文字表格】|【专业词库】选项，将打开【专业词库】对话框，如图 8-6 所示。该对话框中主要参数项的含义及设置方法如下所述。

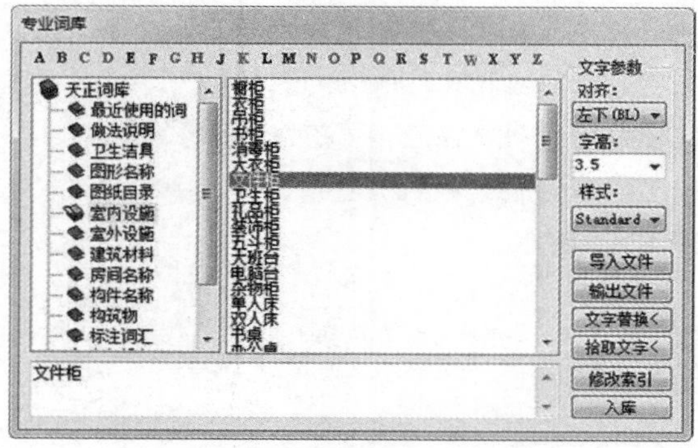

图 8-6 【专业词库】对话框

- ❑ **词汇分类** 在词库中按不同专业进行分类，也称为分类或目录。一个目录下可以创建多个子目录，列表存放很多词汇。
- ❑ **词汇索引表** 按分类组织起词汇索引表，对应一个词汇分类的列表存放多个词汇或者索引。材料做法中默认为索引，可以通过【右键】|【重命名】修改。
- ❑ **入库** 把编辑框内的内容保存入库。索引区中单行文字全显示，多行文字默认显示第一行。可以通过【右键】|【重命名】，修改索引名。
- ❑ **导入文件** 把文本文件中的内容，按行作为词汇，导入当前类别（目录）中，有效扩大了词汇量。在 TArch 2014 中，词库文件为 dict.xml（可导入旧的 dict.dbf）。
- ❑ **输出文件** 在对话框中，可选择把当前类别中所有的词汇输出为文本文档或 XML 文档。目前，Tx 文件只支持词条。
- ❑ **文字替换<** 在对话框中选择好目标文字，然后单击此按钮，按照命令行提示“请选择要替换的文字图元<文字插入>:”选取将要替换的文字对象。
- ❑ **拾取文字<** 单击该按钮，然后在视图中单击需要拾取的文字，选择的文字将出现在左侧的编辑栏中。可对其进行必要的修改或替换。
- ❑ **修改索引** 在文字编辑区修改将要插入的文字（回车可增加行数），单击此按钮后，更新词汇列表中的词汇索引。
- ❑ **字母按钮** 位于对话框的最上方，以汉语拼音的韵母排序检索，用于快速检索词汇表中与之对应的第一个词汇。

8.1.6 转角自纠

该命令用于翻转调整图中单行文字的方向，它符合制图标准对文字方向的规定。可以一次选取多个文字一起纠正。

首先，选择视图中需要调整翻转的文字标注，并选择【文字表格】|【转角自纠】选项，或先执行命令然后选择翻转位置，接着按回车键确认操作，系统将执行转角自纠操作。以上两种做法的结果是相同，如图 8-7 所示。

图 8-7 翻转文字

8.1.7 文字转化

使用该工具可将天正旧版本生成的 AutoCAD

格式单行文字转化为天正文字，并保持原来每一个文字对象的独立性，不对其进行合并处理。该操作对于 AutoCAD 生成的单行文字起作用，但对多行文字不起作用。

选择【文字表格】|【文字转化】选项，然后分别选择图上的多个文字串，命令行将显示转化信息成功的转化为天正文字。

8.1.8　文字合并

使用该工具可将天正旧版本生成的 AutoCAD 格式单行文字转化为天正多行文字或单行文字，并保持原来每个一个文字对象的独立性，不对其进行合并处理。

选择【文字表格】|【文字合并】选项，分别选择图上的多个文字串，并按回车键确认操作。此时，命令行将显示"[合并为单行文字（D）]<合并为多行文字>:"提示信息。直接按回车键表示默认合并为一个多行文字，键入 D 则表示合并为单行文字。然后，按命令行提示拖动合并后的文字段落，到达目标位置后取点定位。合并效果如图 8-8 所示。

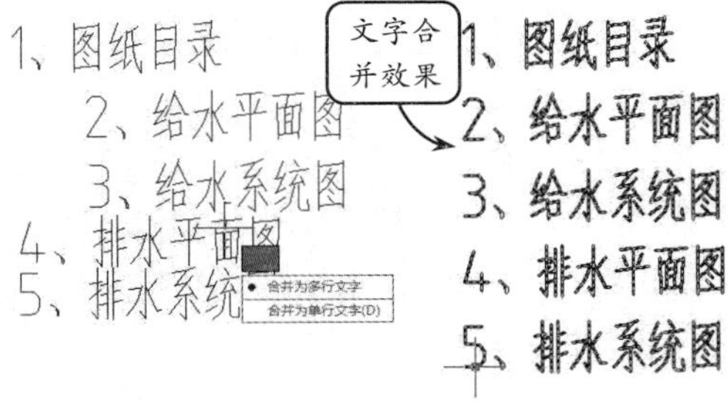

图 8-8　文字合并

如果要合并的文字是比较长的段落，多合并为多行文字，否则，合并后的单行文字会非常长。在处理设计说明等比较复杂的说明文字时，应尽量把合并后的文字移动到空白处，然后使用对象编辑功能，检查文字和数字是否正确。此外，还要把合并后遗留的多余换行符删除，并删除原来的段落。移动的多行文字将取代原来的文字段落。

8.1.9　统一字高

使用该工具，将涉及 AutoCAD 文字或天正文字的文字字高按给定尺寸进行统一，使其成为相同字高的文字。

选择【文字表格】|【统一字高】选项，然后选择这些要统一高度的文字，并按回车键确认操作，最后输入新的统一字高即可。这里的字高也是指完成后的图纸尺寸，如图 8-9 所示。

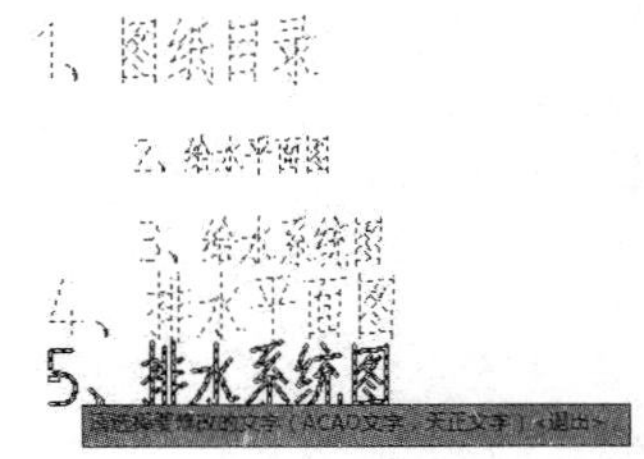

图 8-9　统一字高

8.1.10　查找替换

使用该工具查找、替换当前图形中所有的文字，包括 AutoCAD 文字、天正文字和包含在其他对象中的文字。在 TArch 中，可以查找、替换轴号文字和索引图号、索引符号中的圈内文字，但不包括在图块内的文字和属性文字。

选择【文字表格】|【查找替换】选项，将打开【查找和替换】对话框，如图 8-10 所示。可在【搜索范围】列表框中选择整个图形，也可单击按钮，框选需要替换的文字区域。然后，分别输入查找字符串和替换字符串。接着，单击【查找】按钮，查找字符串，并可单击【替换】或【全部替换】按钮，系统将按要求进行逐一替换或者全体替换。

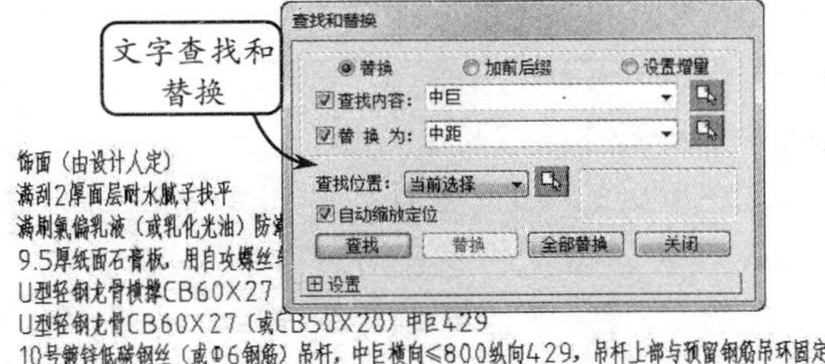

图 8-10　【查找和替换】对话框

在搜索过程中，在图上找到的该文字处将显示红框，单击下一个时，红框转到下一个找到文字的位置。查找替换后，在右边统计搜索结果。如果显示“共替换 0 个”或者“共找到 0 个”，表示没有找到需要替换的文字，或者没有找到需要查找的文字。

8.1.11 繁简转换

中国大陆与港台地区习惯使用不同的汉字内码，这给双方的图纸交流带来了困难，【繁简转换】命令能将当前图档的内码在 Big5 与 GB 之间进行转换。为保证本命令的成功执行，转换后应重新设置文字样式，使字体内码与目标内码字体一致。

选择【文字表格】|【繁简转换】选项，将打开【繁简转换】对话框，如图 8-11 所示。在其中选择转换方式。例如，要处理繁体图纸，可分别选择【繁转简】和【选择对象】单选按钮，然后单击【确定】按钮，并在屏幕中选取要转换的繁体文字，按回车键即可。

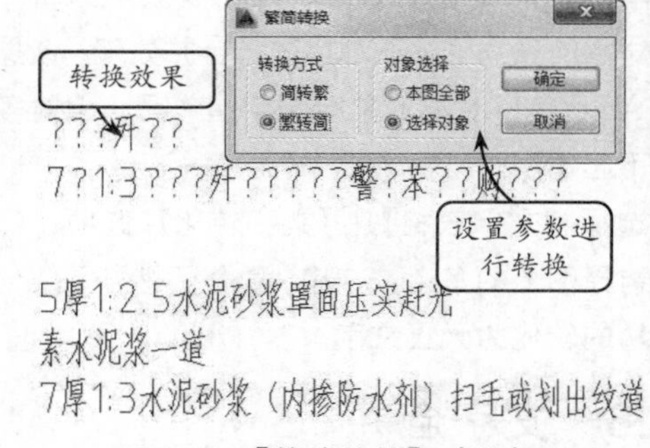

图 8-11 【繁简转换】对话框

注意

经转换后，图 8-11 中的文字还是一种乱码状态。原因是，这时已经转换内码，但是使用的文字样式中的字体还是原来的繁体字体，如 CHINASET.shx。此时，可以通过 Ctrl+1 键显示特性栏，把其中的字体更改为简体字体，如 GBCBIG.shx。

8.2 表格工具

TArch 中的表格工具主要包括表格设定、新建表格、拆分表格、合并表格等。表格可以说明多种同类物体的不同参数，因此在绘图中经常要创建表格。

8.2.1 表格设定

使用该工具可按已知行列参数，通过对话框新建一个表格。根据提供的图纸表格，用户可以根据需要并可以对标题文字参数、标题、表行、表列和内容等全局属性进行设置。

双击新建的表格，可以打开【表格设定】对话框，如图 8-12 所示。在该对话框各个选项卡中定义表格参数，并且，可通过右侧编辑命令完成新建表格的单元格编辑。

- **文字参数** 在该选项卡中定义文字总体参数，其中包括文字大小、对齐方式和文字样式等。可在【行距系数】列表框中定义单元格内文字的行间净距，单位是当前的文字高度。启用【强制下属行列和单元格继承表格文字特性】复选框后，单元格内的所有文字将强行按本页设置的属性显示，未涉及的选项保留原属性。禁用该复选框后，进行过单独个性设置的单元格文字将保留原设置。

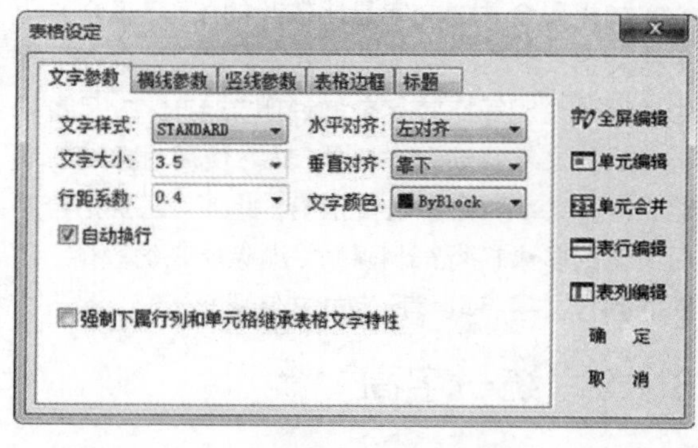

图 8-12 【表格设定】对话框

- ❑ **标题** 在该选项卡中主要设置标题的显示方式，可设置为隐藏或显示标题，还可设置标题高度和行距系数。此外，还可启用【标题在边框外】复选框，将标题栏取消，标题文字显示在边框外。
- ❑ **横线参数** 在该选项卡中主要设置表格横线参数。启用【不分格横线】复选框后，整个表格的所有表行均取消横格线，其下方参数设置无效。启用【强制下属各行继承】复选框，整个表格的所有表行将按本页设置的属性显示；禁用该复选框，则进行过单独个性设置的单元格将保留原设置。

在设置行高特性参数时，如果选择【固定】方式，行高将固定为【行高】文本框所设置的高度不变；如果选择【至少】方式，表示无论如何拖动夹点，行高都不能小于全局设定里给出的全局行高值；如选择【自动】方式，表示选定行的单元格文字内容允许自动换行，但是某个单元格的自动换行要取决于它所在的列或者单元格是否已经设为自动换行；如果选择【自由】方式，则在选定行首部会增加多个夹点，可自由拖曳夹点改变行高。

- ❑ **竖线参数** 该选项卡主要设置表格竖线参数，对应参数项与【横线参数】选项卡完全相同，对应的设置方法也相同。

8.2.2 新建表格

表格对象由单元格、标题和边框构成。单元格和标题的表现是文字，边框的表现是线条。单元格是表行和表列的交汇点。天正表格通过表格全局设定、行列特征和单元格特征 3 个层次控制表格的表现，可以制作出各种不同外观的表格，如图 8-13 所示。

选择【文字表格】|【新建表格】选项，将打开【新建表格】对话框，如图 8-14 所示。从中可以对新建表格的行数和列数进行设置。单击【确定】按钮，确认参数设置。然后指定放置点，即可获得新建表格。

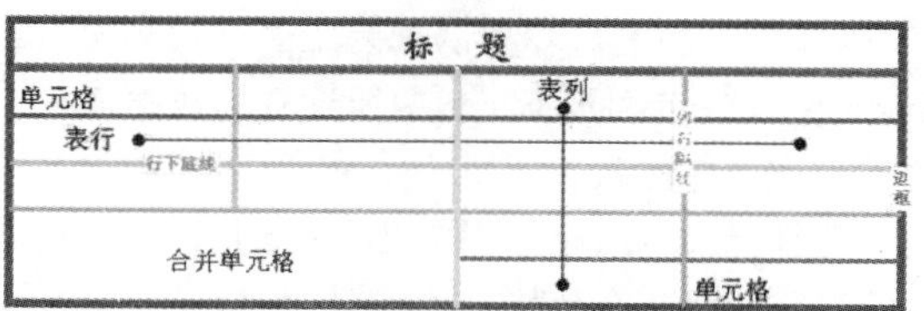

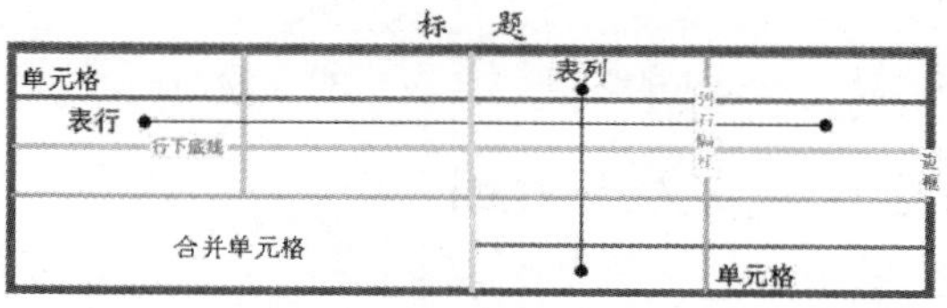

图 8-13 表格对象

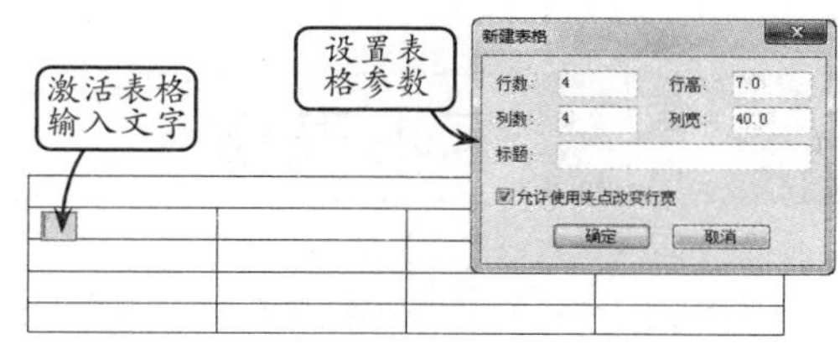

图 8-14 【新建表格】对话框

此时，在表格内部的空格内进行双击，即可在显示的文本框中输入对应的文字。使用相同方法分别在相应的表格中输入文字。

8.2.3 转出 Word

TArch 提供了与 Word 之间导出表格文件的接口，可以把表格对象的内容输出到 Word 文件中，供用户在其中制作报告文件。

选择【转出 Word】选项，按命令行提示选择一个表格对象，系统将自动启动 Word，并创建一个新的 Word 文档，把所选定的表格内容输入到该文档中。

8.2.4 转出 Excel

天正提供了 TArch 与 Excel 之间交换表格文件的接口，可以把表格对象的内容输出到 Excel 中，供用户在其中进行统计和打印，还可以根据 Excel 中的数据表更新原有的天正表格。当然，也可以读入 Excel 中建立的数据表格，创建天正表格对象。

【转出 Excel】命令可以把天正表格对象输出到 Excel 中，或者读入 Excel 中所建立的数据表格，创建天正表格对象。

选择【文字表格】|【转出 Excel】选项，按命令行提示选择一个表格对象，系统将自动开启一个 Excel 进程，并把所选定的表格内容输入到 Excel 中。转出 Excel 的内容包含表格的标题。

8.2.5 读入 Excel

使用【读入 Excel】命令可以把当前 Excel 表单中选中的数据更新到指定的天正表格中，支持 Excel 中保留的小数位数。选择【读入 Excel】选项，如果没有打开 Excel 文件，会提示要先打开一个 Excel 文件并框选要复制的范围；如果要新建表格，可单击【是（Y）】按钮，并给出新建表格对象的位置；如果更新表格，则选择已有的一个表格对象即可。

使用该工具要求事先在 Excel 表单中选中一个区域，系统根据 Excel 表单中选中的内容，新建或更新天正的表格对象。在更新天正表格对象的同时，系统会检验 Excel 选中的行列数目与所点取的天正表格对象的行列数目是否匹配，并按照单元格一一对应地进行更新。如果不匹配，将拒绝执行。

8.3 编辑表格

在创建表格后，应根据需要分别对表格进行编辑。如，调整行高、列宽、文字颜色、文字样式、文字大小以及文字位置等，如有必要，还应选取表格，进行全屏编辑，或拆分、合并、添加、删除表格行和列。此外，还可通过导入或导出 Word/Excel 表格内容，辅助进行表格内容设定。

8.3.1 表列编辑

使用该工具可以对视图中所选择的表列进行删除、插入等操作，并可以通过设定对话框来对表格中的文字颜色、文字样式、文字大小以及文字位置进行设置。

选择【表格编辑】|【表列编辑】选项，命令行将显示“*请点取一表列以编辑属性或[多列属性（M）/插入列（A）/加末列（T）/删除列（E）/交换列（X）]*”提示信息。在命令行输入相应的字母，然后在视图中选择表列，即可完成对该列的编辑。图 8-15 所示的是不同命令效果。

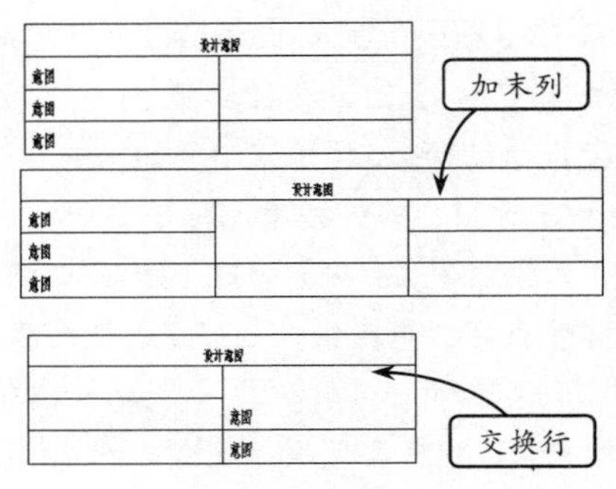

图 8-15　表列编辑

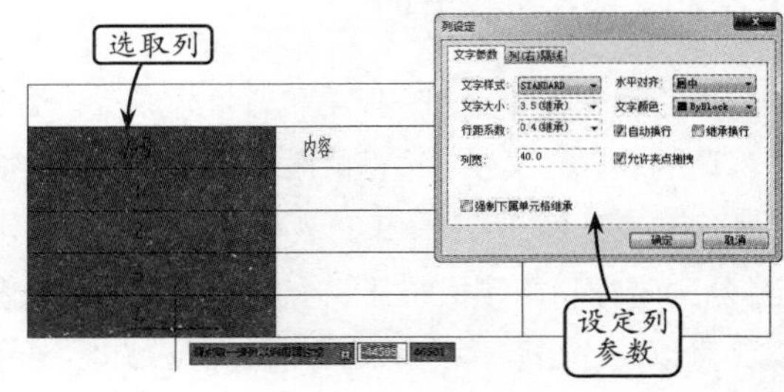

图 8-16　【列设定】对话框

可直接在视图中选择需要编辑的列，将打开【列设定】对话框，如图 8-16 所示。在该对话框中可以设置行的属性参数，然后在视图中选择将要编辑的列，即可完成对该列的编辑。

在该对话框中启用【继承表格竖线参数】复选框，本次操作的表列对象将按全局表列的参数设置显示；启用【强制下属单元格继承】复选框，本次操作的表列各单元格将按文字参数设置显示；启用

【不设竖线】复选框，相邻两列间的竖线将不显示，但相邻单元不进行合并；启用【自动换行】复选框，表列内的文字在超过单元格宽后自动换行。必须和前面提到的行高特性结合起来才可以完成自动换行操作。

> **技巧**
>
> 对于表格的尺寸调整，除了用命令外，还可以通过拖动图中的夹点，来获得合适的表格尺寸。其中，拖动右下角夹点，可以按不同比例任意改变整个表格的大小，行列宽高、字高会随着缩放，自动调整为合理的尺寸。

8.3.2 表行编辑

使用该工具可以选择视图的表行进行编辑，可以对表行进行删除、插入等操作，并可以通过设定对话框来对表格中的文字颜色、文字样式、文字大小以及文字位置进行设置。

选择【表格编辑】|【表行编辑】选项，然后按照表列编辑相同的方法进行行编辑即可，这里不再赘述。

8.3.3 全屏编辑

该工具用于从图形中取得所选表格，在对话框中进行行、列编辑以及单元格编辑，单元格编辑也可由在位编辑所取代。

从视图中选择需要编辑的表格，将打开【表格内容】对话框，如图 8-17 所示。此时，可在对话框中编辑各个单元格的内容，还可以进行表行、表列的操作，包括行列的删除和复制等。

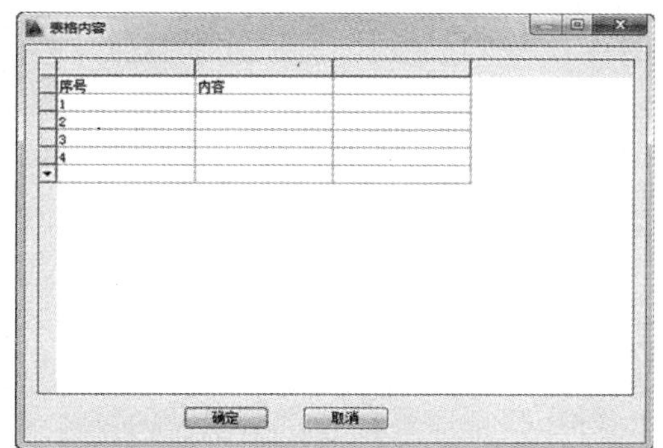

图 8-17 【表格内容】对话框

选择一到多个表行（表列）后右击行（列）首，将显示图 8-18 所示的快捷菜单。还可以拖动多个表行（表列）实现移动、交换的功能。最后，单击【确定】按钮，完成全屏编辑操作。全屏编辑界面的最大化按钮适用于大型表格的编辑。

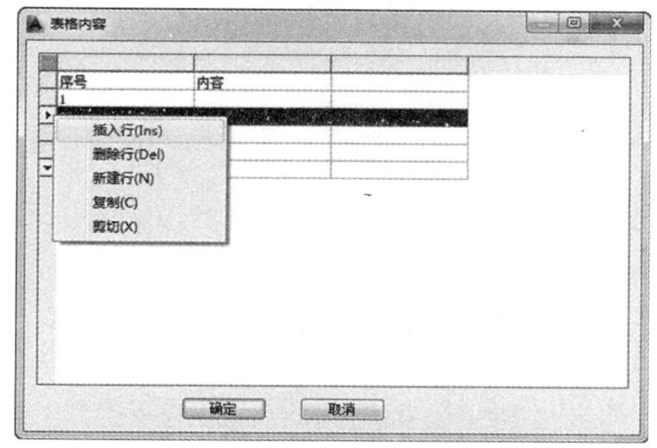

图 8-18 行列编辑

8.3.4 拆分表格

使用该工具可以把表格按行或者按列拆分为多个表格，也可以按用户设定的行、列数自动拆分。它有丰富的选项供用户选择，如保留标题、规定表头行数等。选择【表格编辑】|【拆分表格】选项，将打开【拆分表格】对话框，如图 8-19 所示。

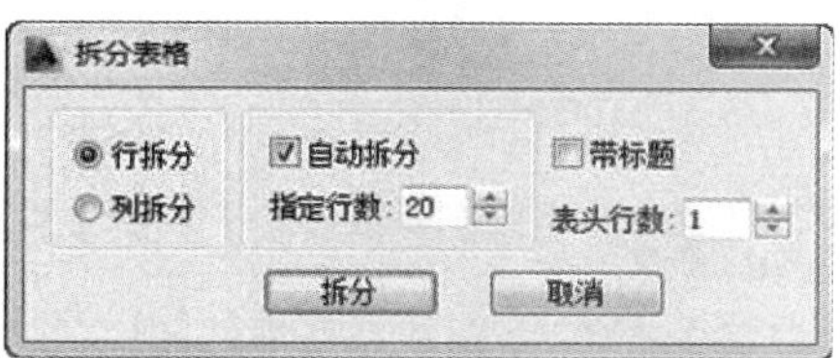

图 8-19 【拆分表格】对话框

在该对话框中，选择【列拆分】（或者【列拆分】）单选按钮，确定拆分的方向，并在【指定列数】（或【指定行数】）列表框中设置拆分的数量，图 8-20 所示的是使用列拆分的对比效果。

选择【带标题】单选按钮，可以控制拆分后的表格是否带有原来的标题（包括在表外的标题）。若选择【行拆分】单选按钮，则【表头行数】列表框可用，以定义拆分后的表头行数。如果值大于 0，则表示按行拆分后的每一个表格将以该行数的表头为首，按照指定行数，在原表格首行开始复制。

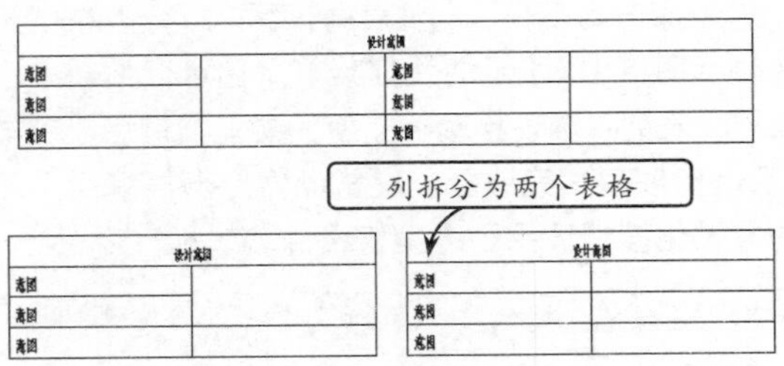

图 8-20　列拆分

8.3.5　合并表格

使用该工具可把多个表格逐次合并为一个表格。这些待合并的表格行、列数可以与原来表格不等。默认按行合并，也可以改为按列合并。

选择【合并表格】选项，命令行将显示“选择第一个表格或[列合并（C）]”提示信息。输入字母 C，可以在行合并和列合并之间进行切换。然后，选择另一个表格，即可获得合并表格效果，图 8-21 所示为进行列合并。

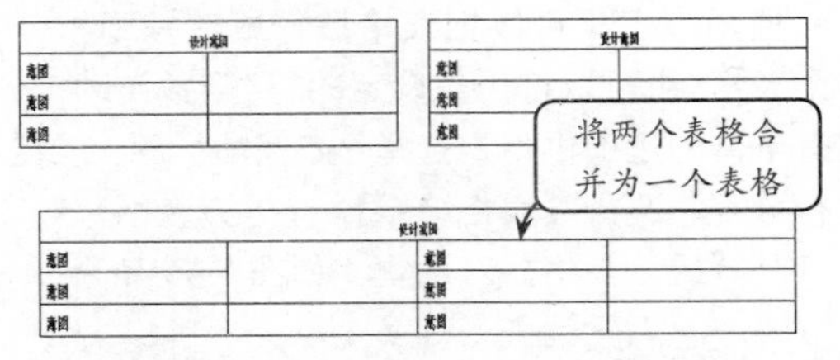

图 8-21　合并表格

注意

如果被合并的表格有不同列数，最终表格的列数将为最多的列数。各个表格合并后多余的表头需由用户自行删除。

8.3.6　增加表行

使用该工具对表格进行编辑，可在选择行上方一次增加一行或者复制当前行到新行。也可以通过【表行编辑】工具实现。

选择【增加表行】选项，命令行将显示“请点取一表行以（在本行之前）插入新行[在本行之后插入（A）/复制当前行（S）]<退出>:”提示信息。指定插入添加行方式，则在选取表格时将显示方块光标。此时，单击要增加表行的位置，即可获得添加表行效果，如图 8-22 所示。

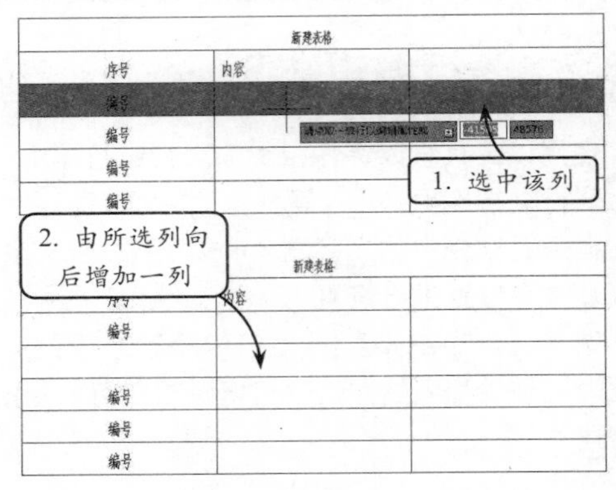

图 8-22　增加表行

8.3.7　删除表行

使用该工具对表格进行编辑，可以行作为单位，一次删除当前指定的行。选择【删除表行】选项，光标在移动表格时将显示为方块光标。单击要删除的某一行，按回车键确认删除操作即可。

8.4　编辑单元

TArch 提供的编辑表格单元工具包括单元格编辑、单元格递增、单元累加、单元复制，单元合并、撤销合并等。通过这些命令可以对表格单元内容、文字等进行编辑。

8.4.1　单元格编辑

使用该工具启动【单元格编辑】对话框，可方便地编辑该单元格内容或改变单元格文字的显示属性。实际上可以使用在位编辑取代该功能，双击要编辑的单元格即可进入在位编辑状态，可直接对单元格内容进行修改。

选择【单元格编辑】选项，然后选中表格中的任意单元格，将打开【单元格编辑】对话框，如图 8-23 所示。

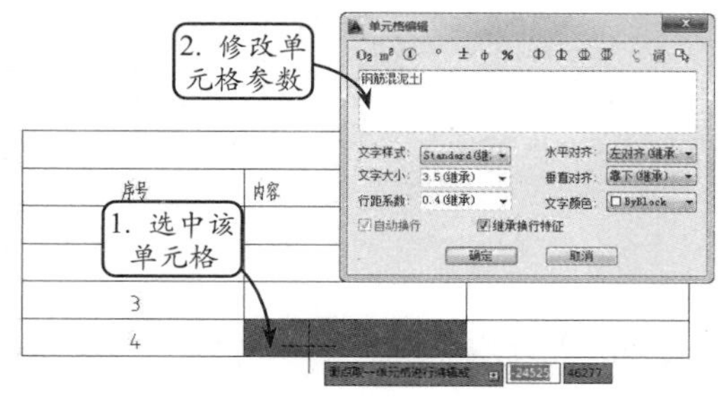

图 8-23 【单元格编辑】对话框

在该对话框中可以设置文字样式、文字大小、垂直对齐等参数，并可以在对话框中插入各种特殊符号。

如果要求一次修改多个单元格的内容，可以键入 M，选定多个单元格，并按回车键确认操作，这样即可在打开的对话框中进行单元格编辑操作，如图 8-24 所示。对于已经合并的单元格，可进行分解，即通过键入 X，单击指定的单元格，即可把这个单元格分解还原为独立的标准单元格，同时恢复单元格间的分隔线。

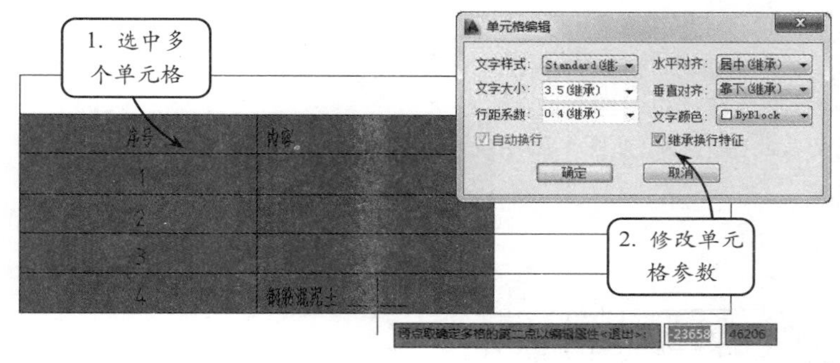

图 8-24 单元格编辑

8.4.2 单元格递增

使用该工具将含数字或字母的单元格文字内容在同一行或同一列复制，并同时将文字内的某一项递增或递减。

选择【单元格递增】选项，按命令行提示，分别选择第一个单元格和最后一个单元格，即可完成单元递增操作，同时对图形进行更新，如图 8-25 所示。在选择最后一个单元格时，可选择执行：按住 Shift 键，可改为复制，编号不进行递增，按住 Shift 键的同时按 Ctrl 键，编号改为递减。

8.4.3 单元累加

使用该工具可累加行或列中的数值，结果将填写在指定的空白单元格中。选择【单元累加】选项，按命令行提示，选择第一个需累加的单元格和最后一个需累加的单元格，然后选择存放累加结果的单元格，即可获得单元累加效果，如图 8-26 所示。

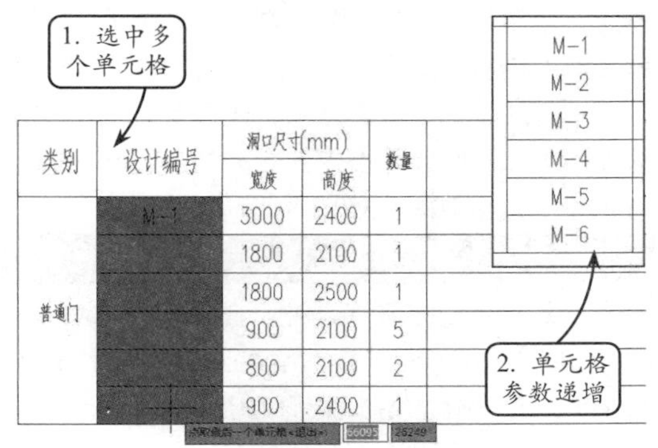

图 8-25 单元格递增

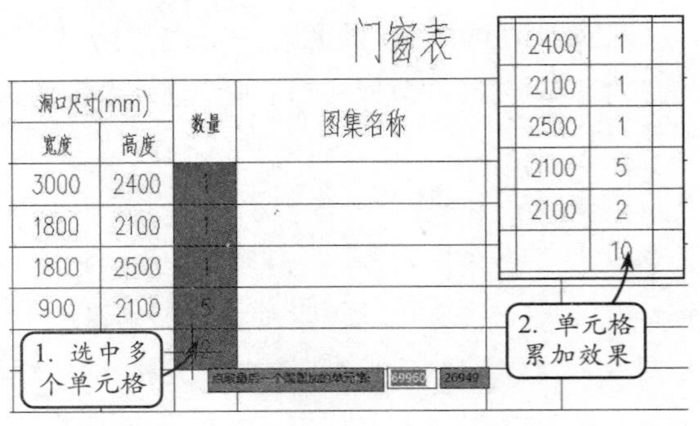

图 8-26　单元累加

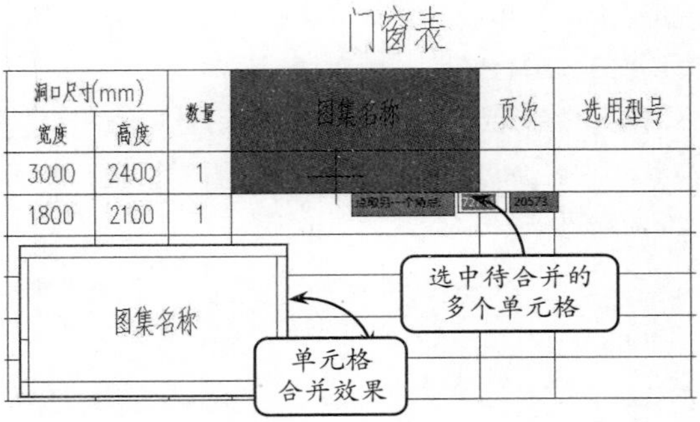

图 8-28　单元合并

8.4.4　单元复制

使用该工具可复制表格中某一单元格内容或者图内的文字至目标单元格，并且可以连续地在表格中复制选定的单元格文本。

选择【单元复制】选项后，在表格中选择需要复制的单元格内容，然后在表格中的其他单元格上单击，便可以复制单元格内容，如图 8-27 所示。

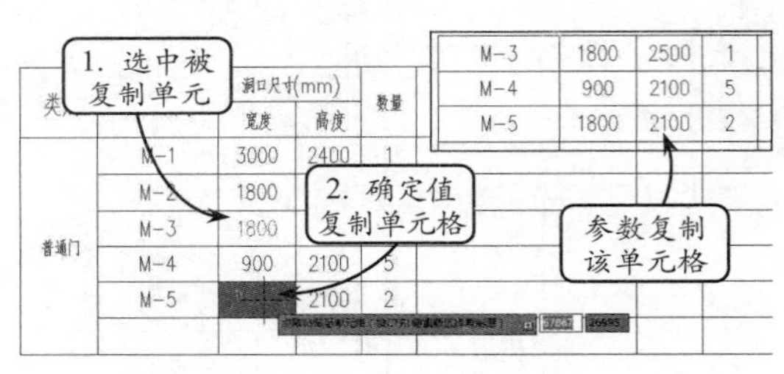

图 8-27　单元复制

8.4.5　单元合并

可以将选中的两个单元格或者多个单元格合并为一个单元格，单元格内的文字将显示为第一个单元格的内容。这是图表操作最主要的操作之一。

选择【单元合并】选项，按命令行提示，分别指定两角点，框选表格中要合并的单元格，即可获得合并单元格效果，如图 8-28 所示。

提示

合并后的单元格文字居中，使用的是第一个单元格中的文字内容。需要注意的是，点取这两个角点时，不要点取在横、竖线上，而应点取单元格内部。

8.4.6　合并撤销

撤销合并是单元合并的逆过程，可以将合并后的单元格分解为合并前的单元格。使用该工具后，在视图中需要分解的单元格上单击，即可完成分解。

选择【撤销合并】选项，然后选取已经合并的单元格，即可恢复该单元格的原有组成结构，但是合并前对应的单元格的文字仍然是合并后的文字，如图 8-29 所示。

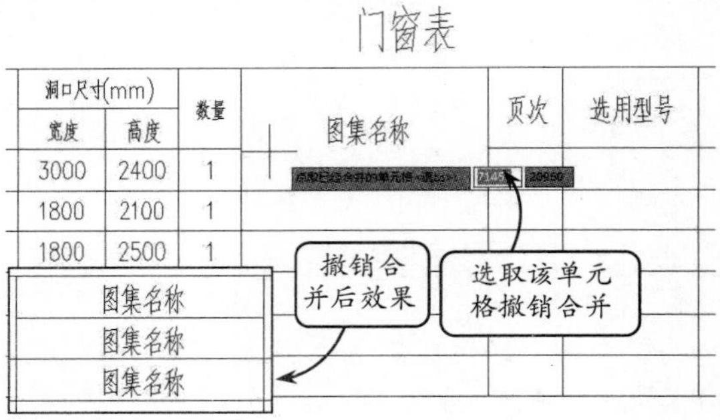

图 8-29　撤销合并

8.4.7　单元插图

使用该工具将 AutoCAD 图块或者天正图块插入到天正表格中指定的一个或者多个单元格，配合【单元编辑】和【在位编辑】，可对已经插入图块的表格单元进行修改。

选择【单元插图】选项，将打开【单元插图】对话框，如图 8-30 所示。该对话框中的主要参数项含义如下所述。

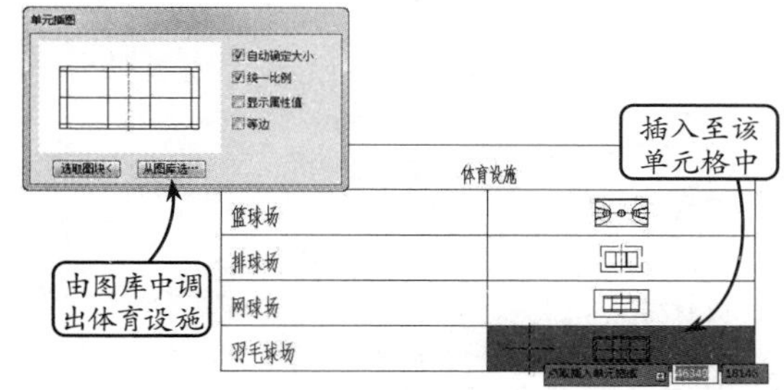

图 8-30　【单元插图】对话框

- **自动确定大小**　使图块在插入时充满单元格。
- **统一比例**　插入单元时保持 X 和 Y 方向的比例统一。改变表格大小时，图块比例不变。
- **显示属性值**　插入包含属性的图块，插入后显示属性值。
- **等边**　插入时自动缩放图块，使得图块 X、Y 方向尺寸相等。
- **选取图块<**　单击该按钮，从图面已经插入的图块中选择要插入单元格的图块，包括 AutoCAD 图块或天正图块。
- **从图库选…**　单击该按钮，将打开【天正图库管理系统】对话框，从中选择要插入单元格的图块。

无论使用选取图块还是从图库选图块，在执行这些操作确定图块后，均可选择放置图块的单元格，来获得单元插图效果。图 8-30 将门联窗图块插入到了对应的单元格中。

8.5 综合案例 1：创建工程设计说明

本例将创建工程设计说明以及建筑材料表格，效果如图 8-31 所示。绘制该工程设计说明图时，首先利用【单行文字】绘制工程设计说明标题。接着利用【多行文字】工具输入相应工程设计说明。最后利用【门窗表】工具创建该建筑所有的门窗明细表格。

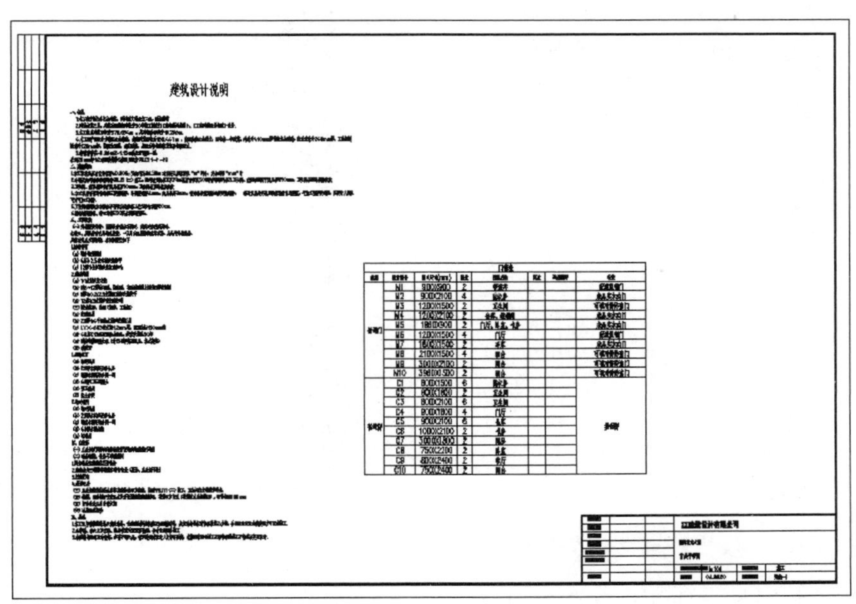

图 8-31　创建工程文字说明

操作步骤

STEP|01 选择【文字表格】|【文字样式】选项，在打开的【文字样式】对话框中设置文字样式，如图 8-32 所示。

图 8-32 创建文字样式

STEP|02 选择【文字表格】|【单行文字】命令，在打开的【单行文字】对话框中设置参数，如图 8-33 所示。

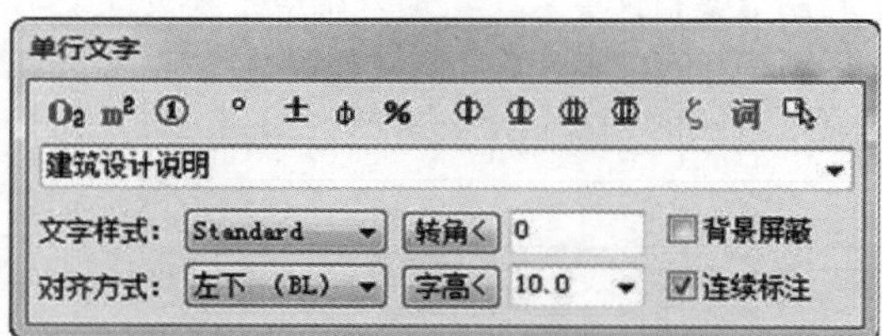

图 8-33 【单行文字】对话框

STEP|03 在绘图区中点取单行文字的插入位置，创建文字的效果如图 8-34 所示。

建筑设计说明

图 8-34 单行文字

STEP|04 选择【文字表格】|【多行文字】选项，在打开的【多行文字】对话框中设置参数。输入文字，如图 8-35 所示。

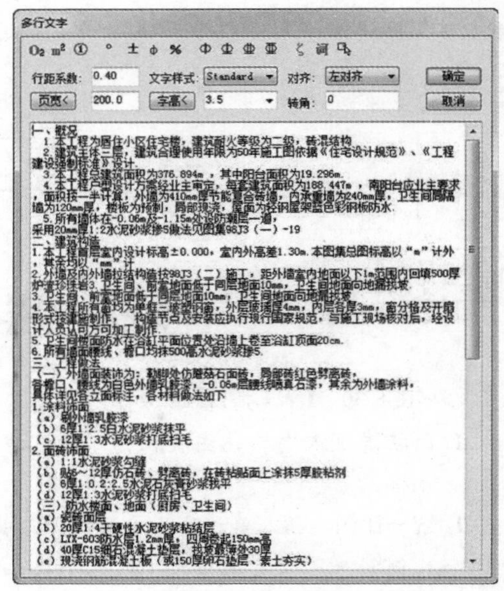

图 8-35 【多行文字】对话框

STEP|05 单击【确定】按钮，在绘图区中点取文字的插入位置，完成多行文字的创建，如图 8-36 所示。

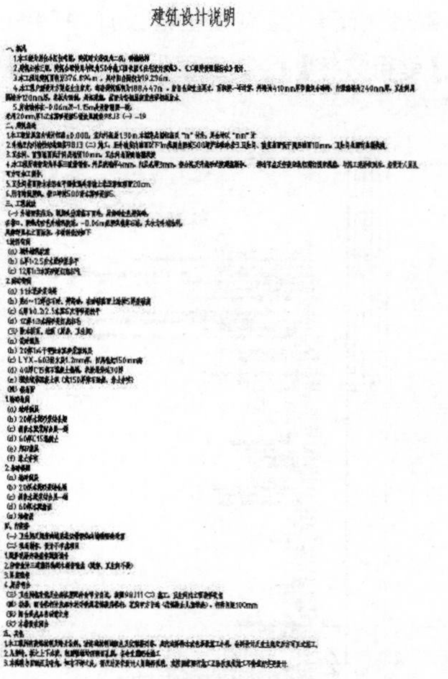

建筑设计说明

图 8-36 创建多行文字

STEP|06 选择【文字表格】|【新建表格】命令，在打开的【新建表格】对话框中设置参数，如图

8-37 所示。

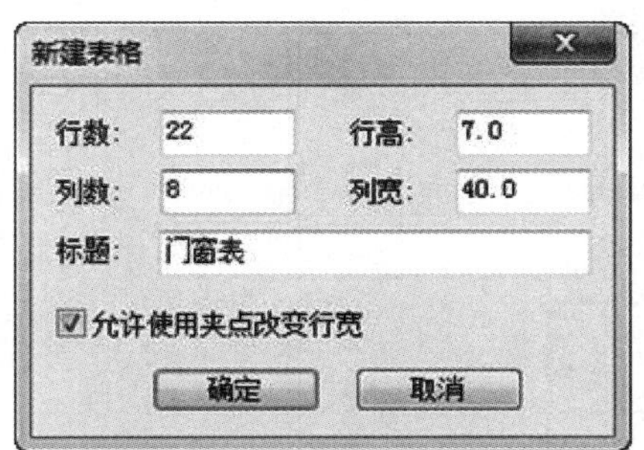

图 8-37 【新建表格】对话框

STEP|07 单击【确定】按钮。在绘图区中点取表格的左上角点，创建表格的结果如图 8-38 所示。

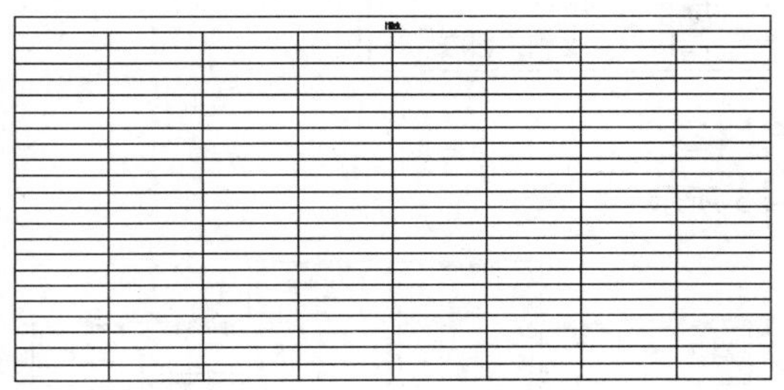

图 8-38 新建表格

STEP|08 选择【文字表格】|【单元合并】选项，进行夹点编辑。修改表格的结果如图 8-39 所示。

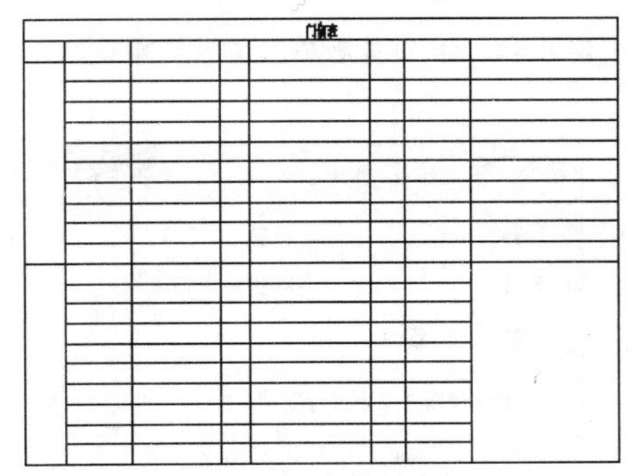

图 8-39 编辑表格

STEP|09 选择【文字表格】|【全屏编辑】选项，在打开的【表格内容】对话框中输入表格的内容，如图 8-40 所示。

图 8-40 【表格内容】对话框

STEP|10 接着，添加表格内容中其他门和窗的备注，最终效果如图 8-41 所示。

门窗表							
类型	设计编号	洞口尺寸(mm)	数量	图集名称	页次	选用型号	备注
普通门	M1	900X900	2	管道井			保温塑钢门
	M2	900X2100	4	洗衣房			成品实木内门
	M3	1200X1500	2	卫生间			可视对讲防盗门
	M4	1200X2100	2	仓库、楼梯间			成品实木内门
	M5	1860X900	2	门厅、卧室、书房			成品实木内门
	M6	1200X1500	4	门厅			保温塑钢门
	M7	1800X1500	2	车库			成品实木内门
	M8	2100X1500	4	晒台			可视对讲防盗门
	M9	3000X2100	2	阳台			可视对讲防盗门
	M10	3960X1500	2	晒台			可视对讲防盗门
普通窗	C1	600X1500	6	洗衣房			塑钢窗
	C2	800X1800	2	卫生间			
	C3	800X2100	6	卫生间			
	C4	900X1800	4	门厅			
	C5	900X2100	6	仓库			
	C6	1000X2100	2	书房			
	C7	3000X1800	2	厨房			
	C8	750X2200	2	卧室			
	C9	800X2400	2	客厅			
	C10	750X2400	2	阳台			

图 8-41 表格内容

8.6 综合案例 2：绘制文字门窗表格

在建筑绘制过程中，TArch 应为建筑的细部结构提供详细的说明，还需要为各房间添加文字功能说明。接着，利用【门窗表】工具为该建筑添加所有门窗的明细表格，并对表格进行相应的编辑。这样才能完整和直观地表现图纸整体的设计思想和内容。效果如图 8-42 所示。

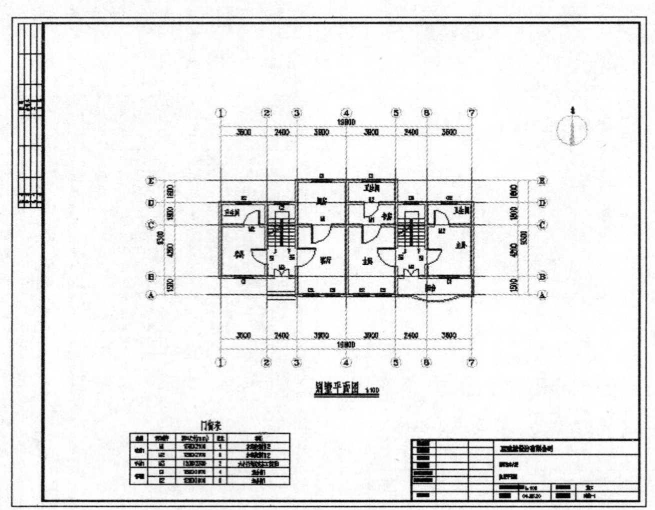

图 8-42　文字表格

在绘制该建筑门窗表时，可以利用【门窗表】工具绘制该建筑的门窗明细表格，对表格进行相应的编辑。

操作步骤

STEP|01 选择【文字表格】|【单行文字】选项，在打开的对话框中输入文字，并按照图 8-43 所示内容设置文本参数。接着，在绘图区合适位置处单击，确定文字位置。

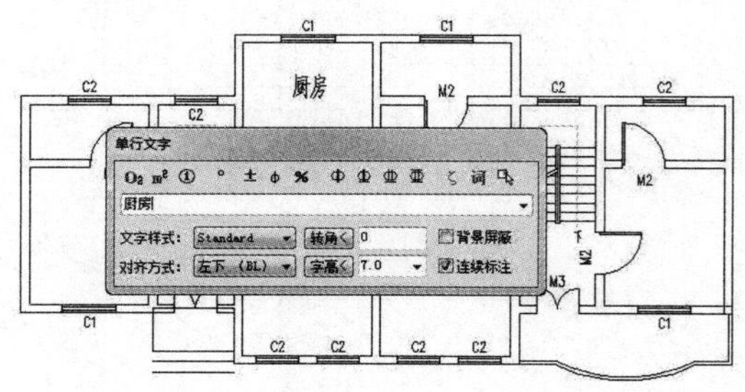

图 8-43　文本输入

STEP|02 利用【单行文字】工具继续在绘图区中合适的位置单击，连续插入不同的文字标注，添加其他房间的功能文字说明。效果如图 8-44 所示。

STEP|03 选择【文字表格】|【新建表格】命令，在打开的【新建表格】对话框中设置参数，如图 8-45 所示。

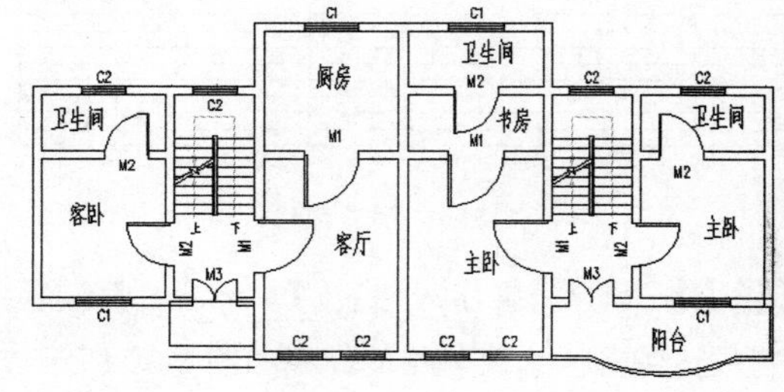

图 8-44　添加其他房间功能文字说明

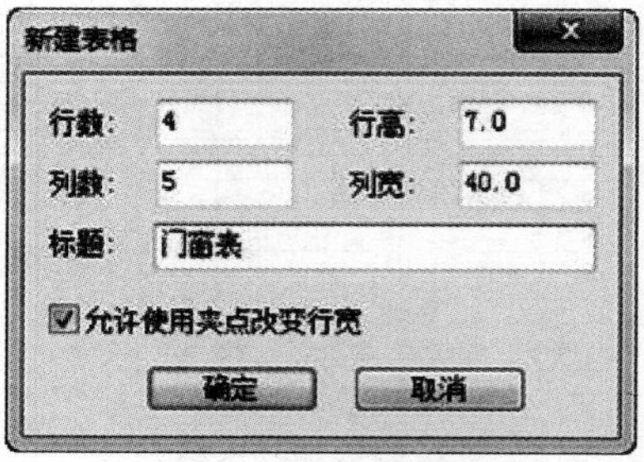

图 8-45　【新建表格】对话框

STEP|04 在对话框中单击【确定】按钮，在绘图区中点取表格的左上角点，创建表格的结果如图 8-46 所示。

STEP|05 选择【文字表格】|【单元合并】选项，并进行夹点编辑，修改表格的结果如图 8-47 所示。

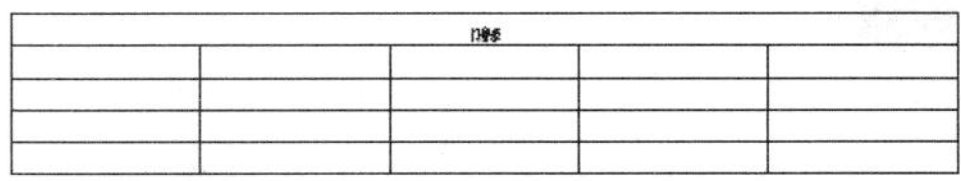

图 8-46　新建表格

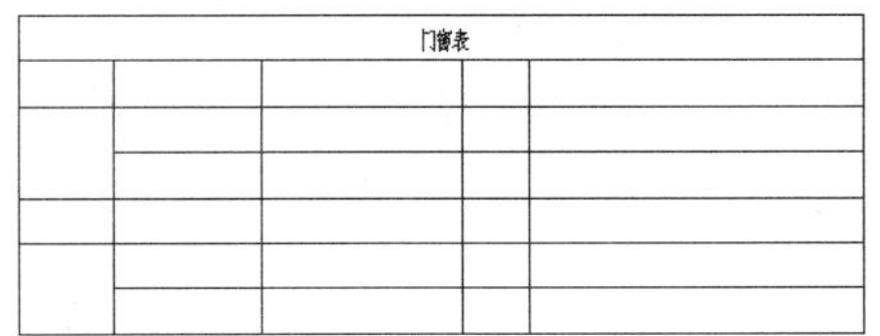

图 8-47　编辑表格

STEP|06 选择【文字表格】|【全屏编辑】选项，在打开的【表格内容】对话框中输入表格的内容，如图 8-48 所示。

STEP|07 接着添加表格内容中其他门和窗的备注。最终效果如图 8-49 所示。

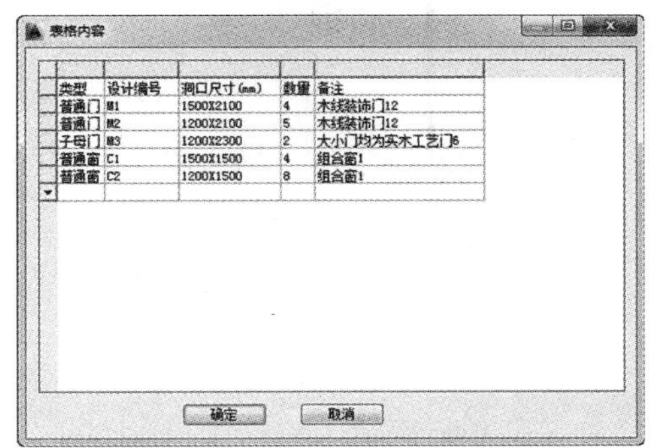

类型	设计编号	洞口尺寸(mm)	数量	备注
普通门	M1	1500X2100	4	木线装饰门12
普通门	M2	1200X2100	5	木线装饰门12
子母门	M3	1200X2300	2	大小门均为实木工艺门6
普通窗	C1	1500X1500	4	组合窗1
普通窗	C2	1200X1500	8	组合窗1

图 8-48　【表格内容】对话框

门窗表				
类型	设计编号	洞口尺寸(mm)	数量	备注
普通门	M1	1500X2100	4	木线装饰门12
	M2	1200X2100	5	木线装饰门12
子母门	M3	1200X2300	2	大小门均为实木工艺门6
普通窗	C1	1500X1500	4	组合窗1
	C2	1200X1500	8	组合窗1

图 8-49　表格内容

8.7 新手训练营

练习 1：绘制表格

本练习要求绘制表格，效果如图 8-50 所示。在实际的建筑图纸设计和绘制过程中，还需要添加建筑图形门窗明细表，这样才能完整和直观地表现图纸整体的设计思想和内容。

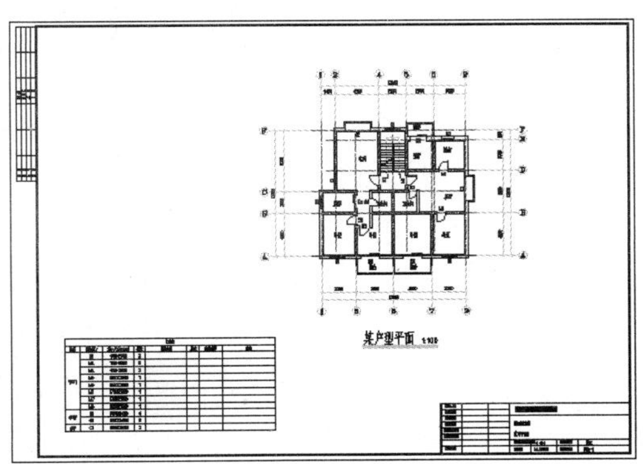

图 8-50　文字表格

在绘制门窗表格时，应利用【文字表格】工具创建该建筑所有门窗的明细表格，对表格进行相应的编辑。

练习 2：创建工程设计说明

本练习要求创建工程设计说明，效果如图 8-51 所示。在建筑绘图过程中，根据工程设计施工时的需要添加适当的文字说明，这样才能明确对工程设计思想和内容的说明表达。绘制该建筑设计说明图时，首先利用【单行文字】工具绘制工程设计说明标题。接着利用【多行文字】工具输入相应工程设计说明。

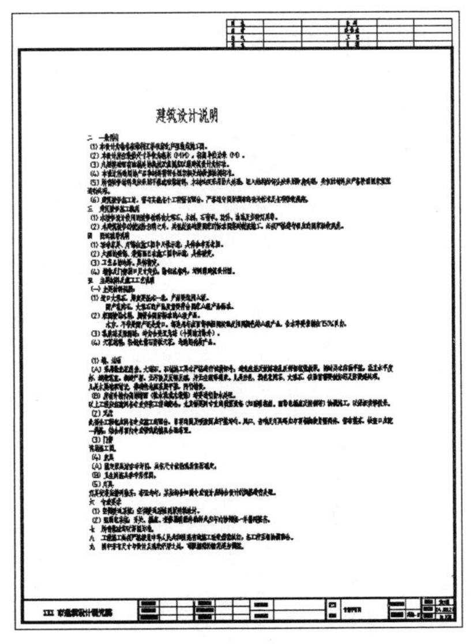

图 8-51　创建工程设计说明

第 9 章

尺寸标注

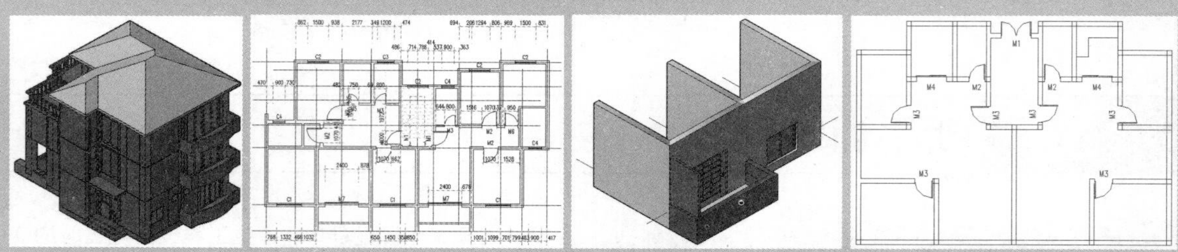

尺寸标注是建筑绘图中的重要组成部分。图纸绘制完成后，应根据需要进行详细的标注。准确的尺寸是设计交流和建筑施工所必需的。TArch 2014 提供了符合国内建筑制图标准的尺寸标注样式，用户可以非常方便快捷地完成对建筑图形的规范化尺寸标注。

本章首先讲解 TArch 2014 创建各类型尺寸标注的方法，然后介绍天正建筑尺寸标注编辑工具。

9.1 创建尺寸标注

在绘制过程中，总需要对各种各样的图形进行尺寸标注。TArch 2014 提供了多种创建尺寸标注的工具，大致可以分为门窗标注、墙厚标注、两点标注等类别。多种符合行业规范的尺寸标注方式正好满足了用户的需求，能够真正提高设计者的绘图效率。

9.1.1　门窗标注

使用该工具可以标注建筑平面图的门窗尺寸。在平面图中可以参考轴网的第一、二道尺寸显示，自动标注直墙和圆弧墙上的门窗尺寸。

选择【尺寸标注】|【门窗标注】选项，按命令行提示在第一道尺寸线外面不远处取一个点 *P*1，然后在外墙内侧取一个点 *P*2，系统将自动定位，绘制该段墙体的门窗标注，如图 9-1 所示。

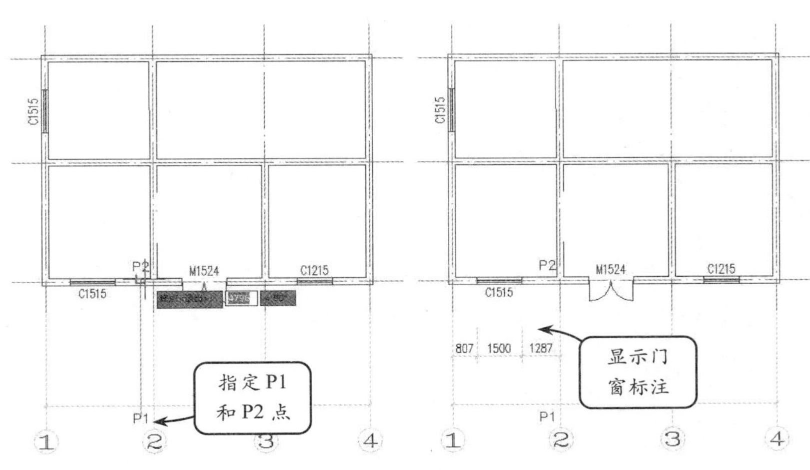

图 9-1　门窗标注

9.1.2　墙厚标注

使用该命令可以对两点连线经过的墙体，为墙体绘制厚度尺寸。标注时可识别墙体的方向，标注出与墙体正交的墙厚尺寸。

选择【尺寸标注】|【墙厚标注】选项，然后在视图中捕捉墙体的两边端线，系统将自动标注墙线以及轴线之间的距离，如图 9-2 所示。

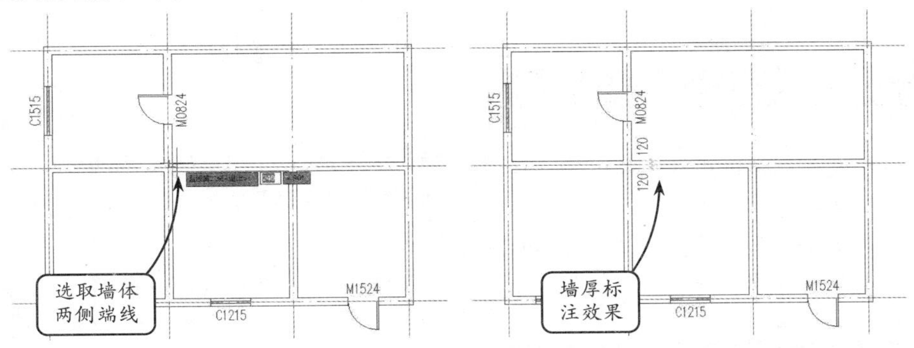

图 9-2　墙厚标注

如果不希望标注轴线，可以在标注前将视图中的轴线隐藏起来。方法是，在视图中选择需要隐藏的轴线，然后从右键菜单中选择【通用编辑】|【局部隐藏】选项，将选择的轴线隐藏起来。如果需要将隐藏的物体显示出来，选择【工具】|【恢复可见】选项即可。

9.1.3 两点标注

使用该命令可以为两点连线附近有关的轴线、墙线、门窗、柱子等构件标注尺寸，并可标注各墙中点或添加其他标注点。

选择【尺寸标注】|【两点标注】选项，命令行将显示"起点(当前墙面标注)或[墙中标注(C)]"提示信息。在视图中捕捉需要标注区间的两个端点，在两端点连线之间的墙段和轴线将以虚线显示，如图 9-3 所示，

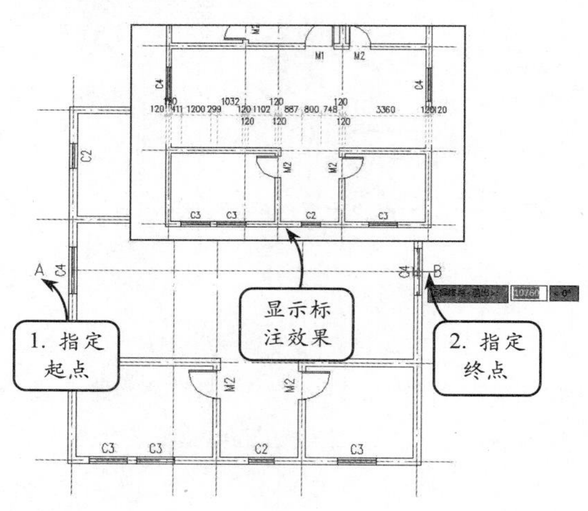

图 9-3 两点标注

提示

两点标注默认的标注对象是墙体和轴线，即使选择的两端点内包含需要标注的门窗，最终的标注结果也将忽略门窗。所以，当命令行提示选择其他要标注的门窗或柱子时，用户还需要在视图中选择需要标注的门窗，选择的对象将以虚线显示。

9.1.4 内门标注

内门标注命令主要用于标注室内建筑物门窗尺寸以及定门与墙垛之间的距离尺寸。

选择【尺寸标注】|【内门标注】选项，按命令行提示，在标注门窗的另一侧点取起点，或键入 A 改为垛宽定位。然后，经过标注的室内门窗，在尺寸线标注位置上给终点，即可获得内门标注效果，如图 9-4 所示。

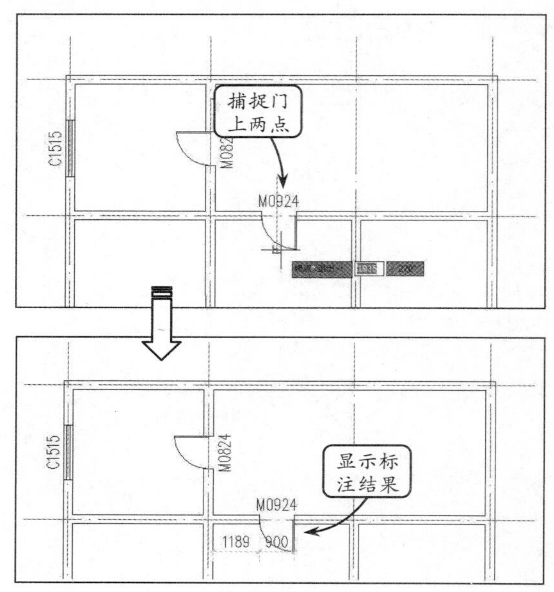

图 9-4 内门标注

在指定点时，捕捉的第二个端点如果在门窗图标的另一侧，标注参照将以另一侧的墙为基准进行标注。由此可见，在具体的标注过程中，用户可以选择不同的标注基准进行标注。

9.1.5 快速标注

快速标注命令与 AutoCAD 的同名命令类似，适用于天正对象，可以快速识别图形外轮廓或者基线点，并沿着对象的长宽方向标注对象的几何特征尺寸。

选择【尺寸标注】|【快速标注】选项，命令行将显示"请选择需要尺寸标注的实体"提示信息。框选需要标注的几何图形，按回车键，即可完成快

速标注的操作。如图 9-5 所示。

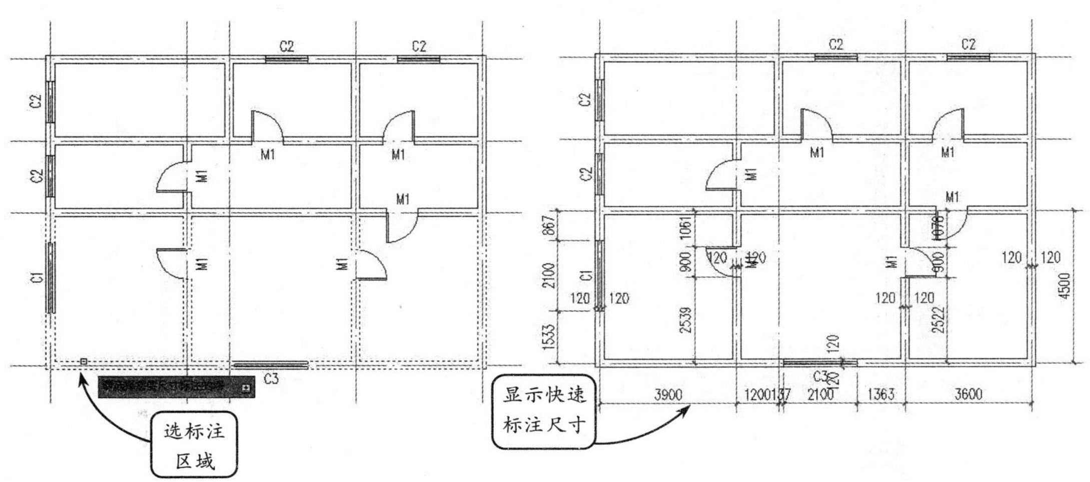

图 9-5　快速标注

9.1.6　自由标注

该命令类似 AutoCAD 的同名命令，适用于天正对象，用于在选取平面图后快速标注外包尺寸线。

选择【尺寸标注】|【自由标注】选项，命令行将显示"选择要标注的几何图形："提示信息。框选需要标注的几何图形，按回车键，即可完成自由标注的操作。如图 9-6 所示。

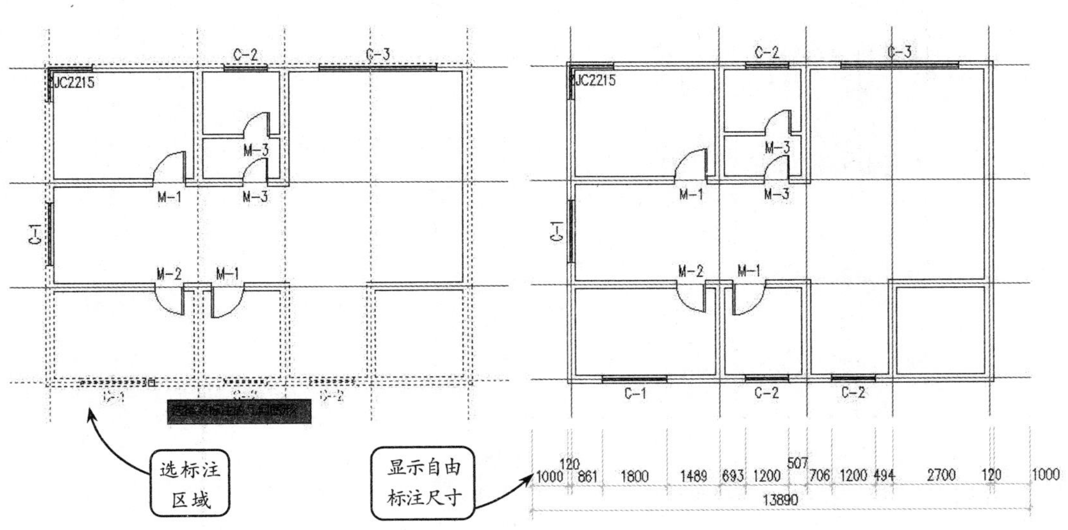

图 9-6　自由标注

9.1.7　逐点标注

使用该工具选取一串给定点，即沿指定方向和选定的位置标注尺寸。特别适用于没有指定天正对象特征，需要取点定位标注的情况，以及其他标注命令难以完成的尺寸标注。

选择【尺寸标注】|【逐点标注】选项，命令行将显示"起点或[参考点（R）]"提示信息。此时，在视图中选择需要标注的起点，然后在视图中选择需要标注的第二点，可以确定标注的方向。再

次在墙体上单击，可以确定标注的位置。在视图中捕捉其他需要标注的点，并按回车键将获得连续标注效果，如图 9-7 所示。

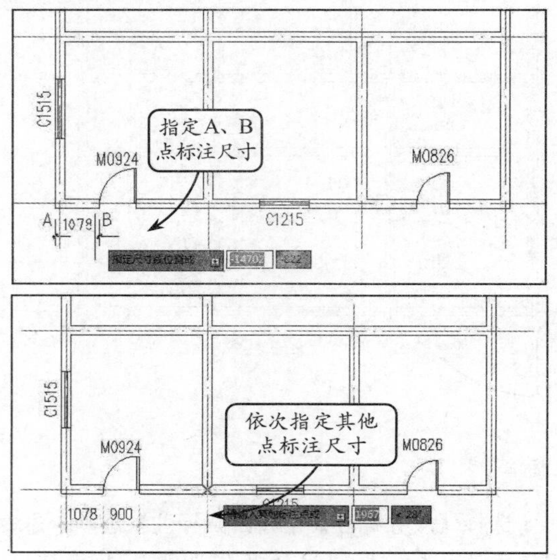

图 9-7　确定标注位置

9.1.8　楼梯标注

使用该标注工具可以标注各种直楼梯、楼梯的踏步、楼梯井宽、休息平台深度等楼梯尺寸。

选择【尺寸标注】|【楼梯标注】选项，命令行将显示“请点取待标注的楼梯(注：双跑、双分平行、交叉、剪刀楼梯点取其不同位置可标注不同尺寸)<退出>:”提示信息。此时，在视图中选择需要标注的起点和终点，如图 9-8 所示。

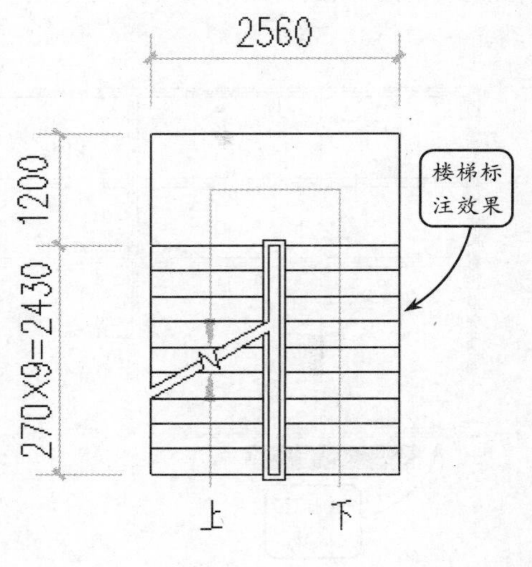

图 9-8　楼梯标注

9.1.9　外包尺寸

使用该工具可将已经标注的轴网按照外包尺寸进行标注。外包尺寸只包含外墙侧厚度的总尺寸。

选择【外包尺寸】选项，按命令行提示框选对角点后提示找到 XX 个对象，按回车键确认操作，然后分别选择第一和第二道尺寸线，即可获得外包尺寸效果，如图 9-9 所示。

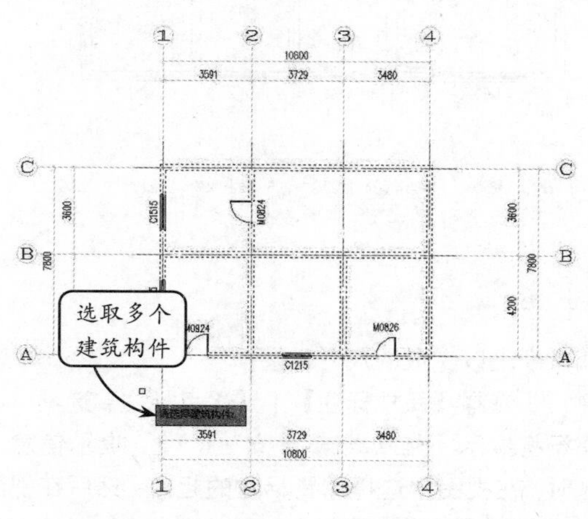

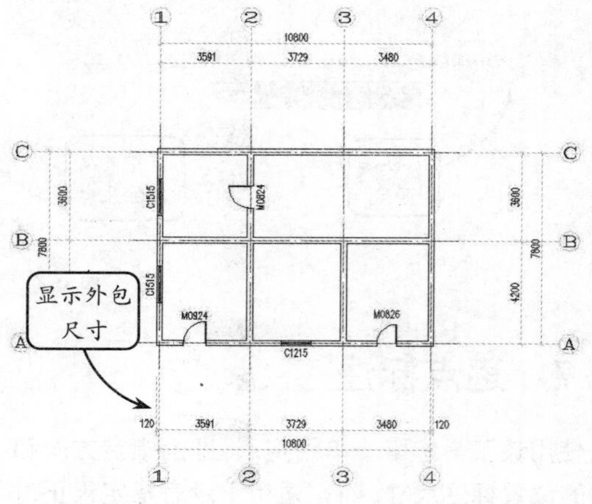

图 9-9　外包尺寸

9.1.10　半径标注

使用该命令可以标注弧线或圆弧墙的半径。尺寸文字容纳不下时，会按照制图标准规定，自动引出，标注在尺寸线外侧。

选择【尺寸标注】｜【半径标注】选项，然后在视图中选择需要进行标注的圆弧线或者圆弧墙，如图 9-10 所示。【直径标注】工具的作用与【半径标注】工具标注方法完全相同，这里不再赘述。

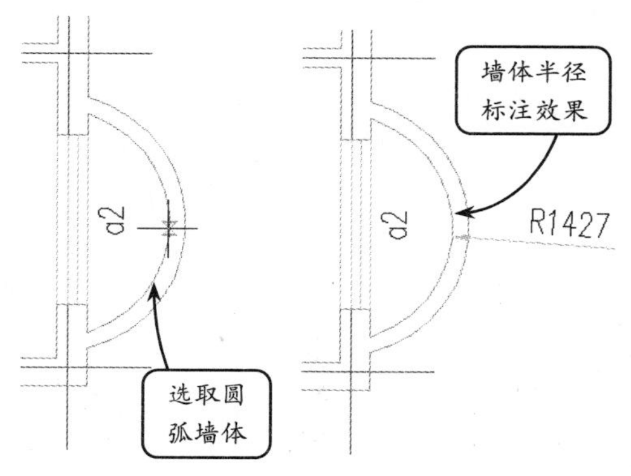

图 9-10　半径标注

9.1.11　角度标注

角度标注类似于 AutoCAD 中的角度标注功能，可以逆时针方向标注两根直线之间的夹角，注意，按逆时针方向依次选择要标注的直线。图 9-11 所示是按照不同的顺序选择两夹角直线的标注结果。

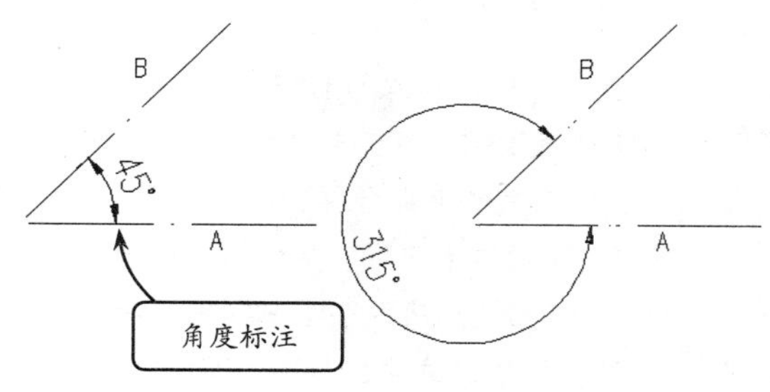

图 9-11　角度标注

9.1.12　弧长标注

该工具以国家建筑制图标准规定的弧长标注画法分段标注弧长，可在弧长、角度和弦长 3 种状态下相互转换。

选择【尺寸标注】｜【弧长标注】选项，按命令行提示选取准备标注的弧墙、弧线（类似于逐点标注），拖动到标注的最终位置。如果继续指定参照，将进行其他标注。按回车键，即可获得弧长标注效果，如图 9-12 所示。

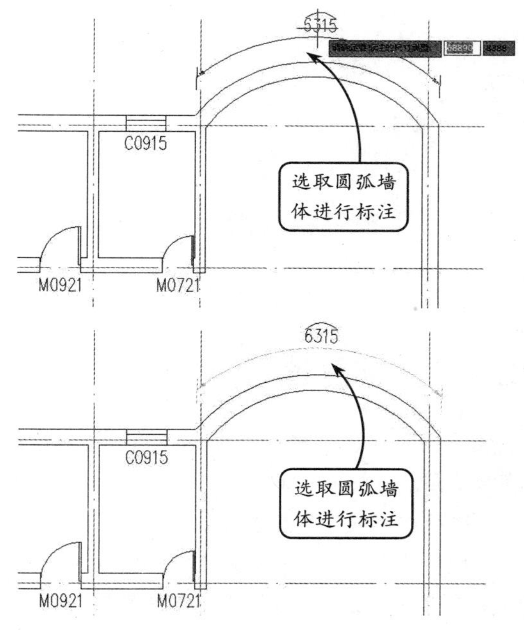

图 9-12　弧长标注

9.2　编辑尺寸标注

尺寸标注对象是天正自定义对象。TArch 2014 提供了专门编辑尺寸标注的工具，主要有文字复位、裁剪延伸、合并区间等工具，能根据需要方便快捷地对尺寸标注对象进行编辑处理。

9.2.1 文字复位

使用该工具可以将尺寸标注中通过拖动夹点移动过的文字恢复回原来的初始位置，从而解决夹点拖动不当时与其他夹点合并的问题。

选择【文字复位】选项，并选择要恢复的天正尺寸标注（可多选），然后按回车键确认操作，系统将把选到的尺寸标注中的所有文字恢复至原始位置，如图 9-13 所示。

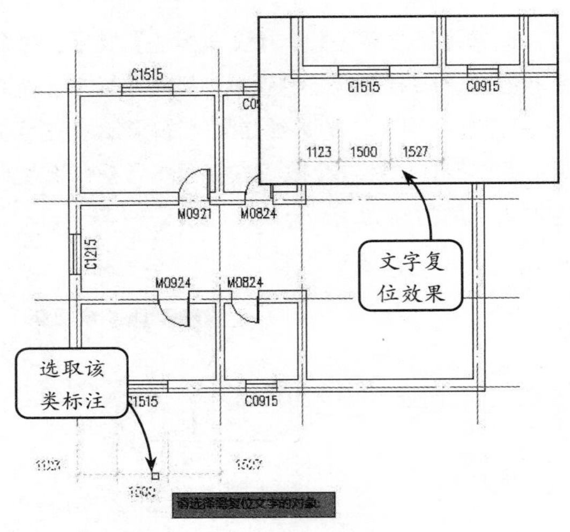

图 9-13 文字复位

9.2.2 文字复值

使用该工具可以将尺寸标注中被有意修改的文字恢复回尺寸的初始数值。有时，为了方便起见，会对一些标注尺寸文字加以改动。为了适应校核或提取工程量等需要尺寸和标注文字一致的场合，可以使用该工具按实测尺寸恢复文字的数值。

选择【文字复值】选项，选取需要恢复的天正尺寸标注（可多选），按回车键，系统将把选到的尺寸标注中的所有文字恢复为实测数值，如图 9-14 所示。

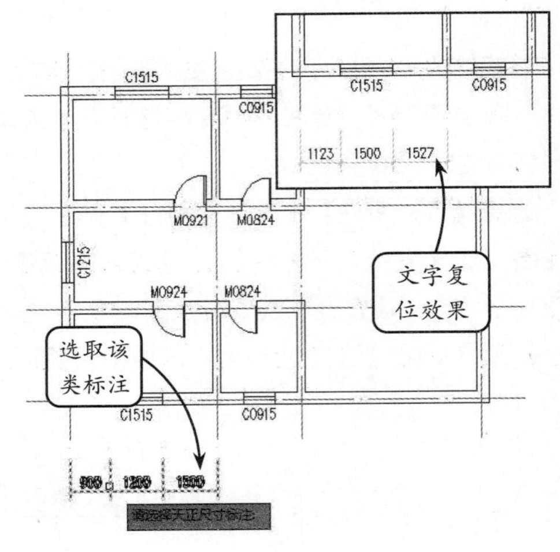

图 9-14 文字复值

9.2.3 剪裁延伸

使用该命令可以根据指定的位置进行裁剪或延伸。本命令综合了【剪裁】和【延伸】两个命令，同时还能自动更新尺寸文本。

选择【剪裁延伸】选项，按命令行提示，选取剪裁线将要延伸到的位置点，然后选取进行剪裁或延伸的尺寸线，则所选择的尺寸线的一端便完成了相应的剪裁或延伸，如图 9-15 所示。

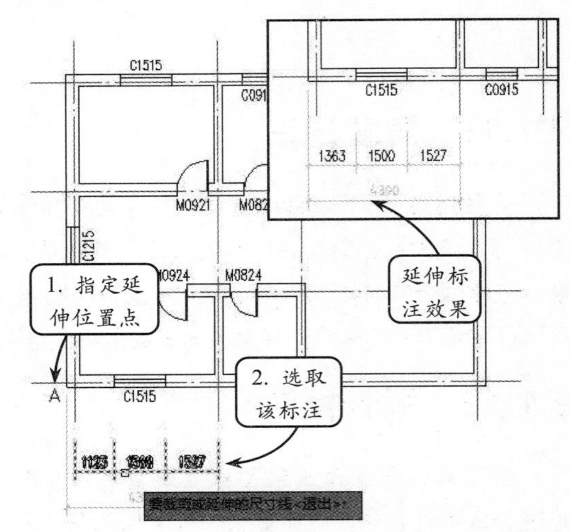

图 9-15 剪裁和延伸

尺寸剪裁的使用方法与尺寸延伸类似，所不同的是：捕捉点的不同将决定系统对尺寸进行剪裁还是延伸。当捕捉点包含在尺寸标注范围内时，系统将使用剪裁方式；当捕捉点不包含在尺寸标注范围内时，系统将使用延伸方式。

注意

使用剪裁方式对尺寸进行编辑的过程中，单击尺寸线不同的位置，将产生不同的剪裁结果，单击的尺寸标注一端将被删除。

9.2.4　取消尺寸

使用该命令可以删除连续标注中的任何一个尺寸标注区间。有时候，为了提高绘制的效率，会将不需要的标注，进行段标注删除。

选择【取消尺寸】选项，然后选取要删除的尺寸线区间内的文字或尺寸线，再选取其他要删除的区间，并按回车键，即可获得取消尺寸效果，如图 9-16 所示。

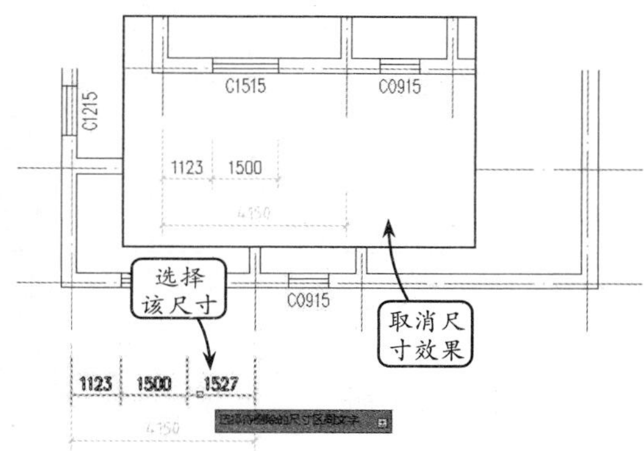

图 9-16　取消尺寸效果

9.2.5　增补尺寸

使用该工具可以在已经有的直线尺寸标注中增加标注区间，增补新的尺寸界线，断开原有区间，但不增加新标注对象。

选择【增补尺寸】选项，在视图中单击需要增补的尺寸标注，然后捕捉增补点，系统将按照捕捉点增加标注，如图 9-17 所示。

提示

尺寸标注夹点提供“增补尺寸”模式控制。拖动尺寸标注夹点时，按 Ctrl 键，切换为“增补尺寸”模式，即可在拖动位置添加尺寸界线。

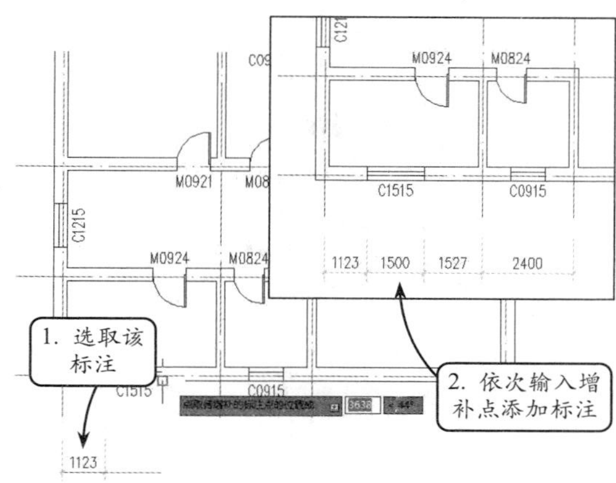

图 9-17　增补尺寸

9.2.6　连接尺寸

使用该工具连接两个独立的直线或圆弧尺寸标注，可以将原来的两个标注对象合并成为一个标注对象。

选择【连接尺寸】选项，在视图中选择需要连接的两个尺寸标注，并且在中间没有尺寸标注的部分添加标注，从而将 3 个标注尺寸形成一个整体，如图 9-18 所示。

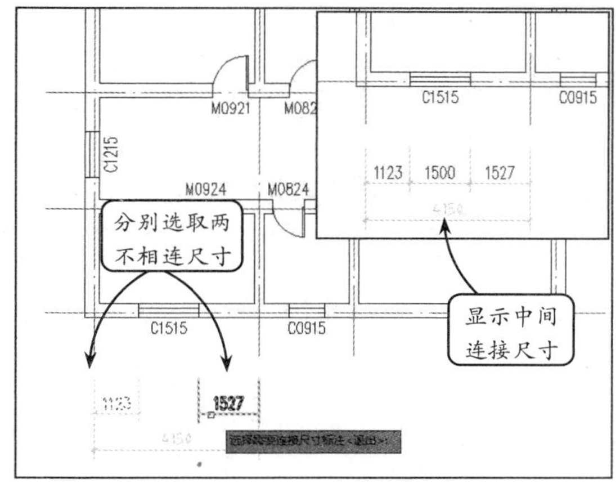

图 9-18　连接尺寸标注

使用该工具也可以连接不在同一弧线上的圆弧标注，如图 9-19 所示。使用该工具后，连续在视图中选择需要连接的多个弧长标注，所有标注将连接在同一弧线上，但弧长标注和直线标注不能够连接到一起。

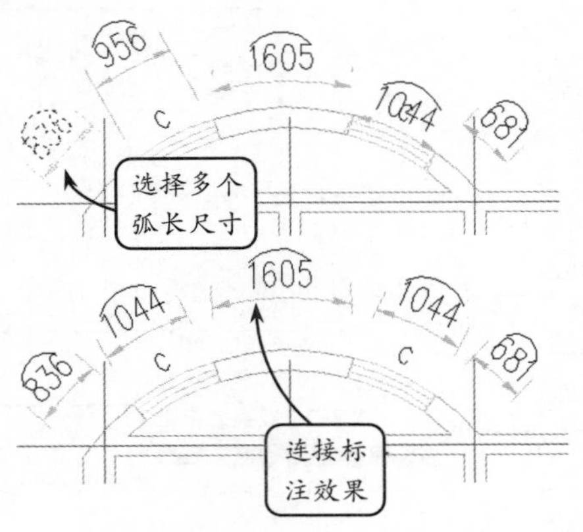

图 9-19　连接标注

提示

如果两个标注对象不共线，连接后的标注对象将以第一次点取的标注对象（主尺寸标注）对齐，第二次可以一次点取多个标注对象。如果其中有不平行的直线标注对象，程序会将它们按主标注的方向作投影，然后再连接尺寸。

9.2.7　尺寸打断

使用该命令可以在指定的尺寸界线上将尺寸标注打断，使其成为两段互相独立的尺寸标注对象，并可以各自实现拖动夹点、移动和复制。

选择【尺寸打断】选项，然后在已存在的尺寸标注合适的位置上单击，单击尺寸标注上的一段，该段及其一侧的尺寸标注将自动分离，如图 9-20 所示。

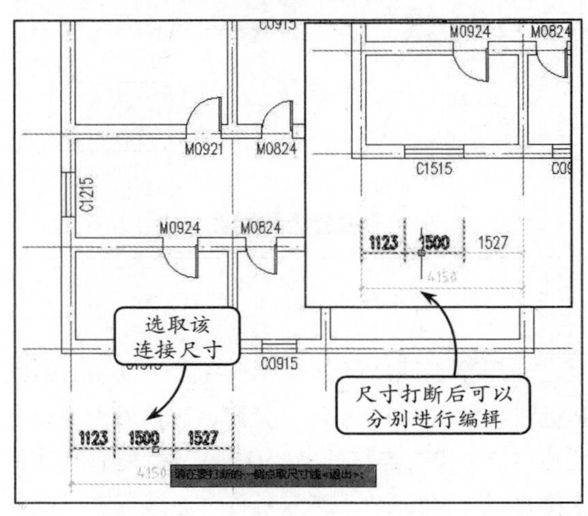

图 9-20　尺寸打断

9.2.8　合并区间

使用该工具可以框选多个相邻的区间，将其合并为一个区间。

选择【合并区间】选项，然后在视图中单击需要合并的两个区间之间的尺寸界线，两个标注区间将合并到一起，如图 9-21 所示。

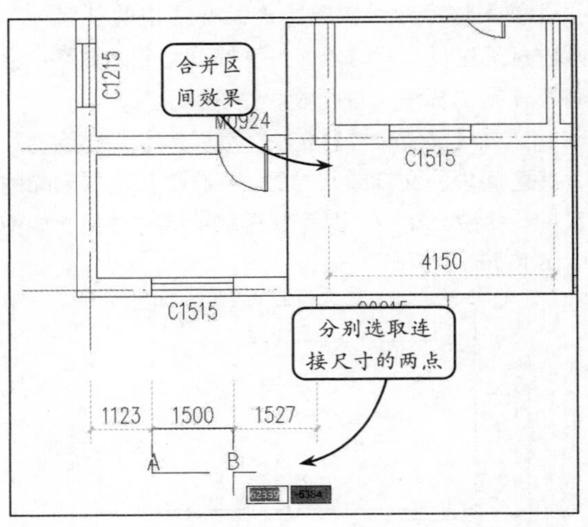

图 9-21　合并区间

9.2.9　等分区间

使用该工具可将一个尺寸标注的区间等分为多个尺寸标注区间。

选择该工具后，在视图中选择需要等分的区间标注，命令行将提示“请输入等分数”信息。在命令行中输入数值 3，系统将自动等分标注区间，并进行标注，结果如图 9-22 所示。

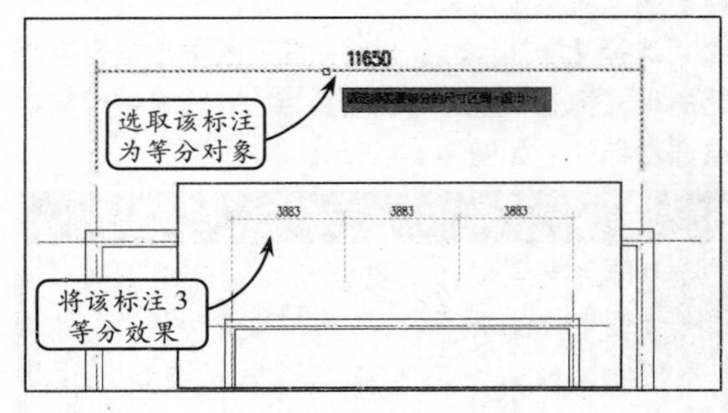

图 9-22　等分区间

9.2.10　等式标注

使用该工具可以对指定的尺寸标注区间尺寸自动按等分数列出等分公式以作为标注文字，对于除不尽的尺寸保留一位小数。

选择【等式标注】选项，然后选取要按等式标注的区间尺寸线，并输入等分数，则该区间的尺寸文字按等式标注，如图 9-23 所示。

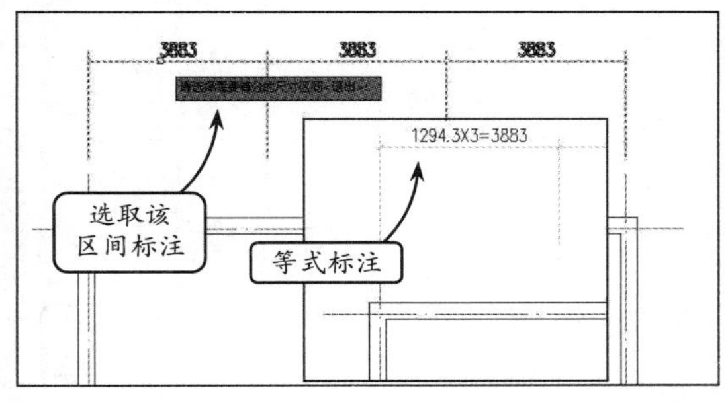

图 9-23　等式标注

9.2.11　对齐标注

使用该工具可以一次按 Y 方向对齐多个尺寸标注对象，对齐后各个尺寸标注对象按参考标注的高度对齐排列。

选择【对齐标注】选项，然后选取作为样板的标注，它的高度将作为对齐的标准。接着，选取其他要对齐排列的标注，按回车键，即可获得对齐标注效果，如图 9-24 所示。

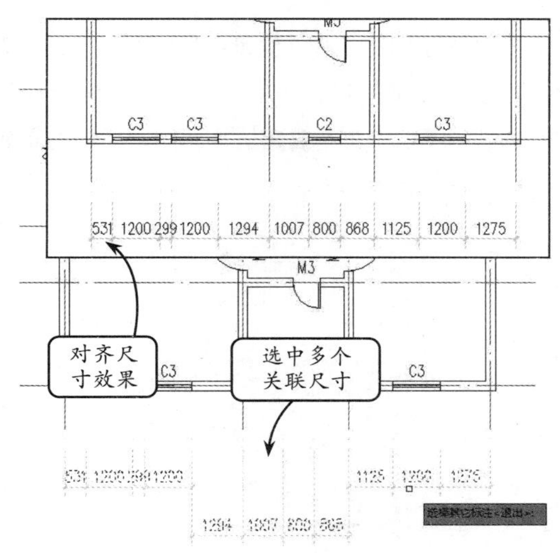

图 9-24　对齐标注

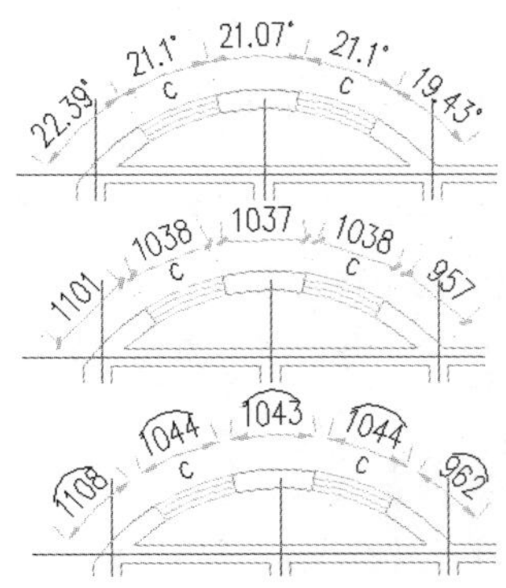

图 9-25　切换 3 种标注类型

9.2.12　切换角标

该工具对应圆弧线或者圆弧墙，角度标注对象可以在角度标注、弦长标注与弧长标注 3 种模式之间切换。

选择【切换角标】选项，将角度标注或者弦长标注，切换为其他模式显示，按回车键，即可获得切换角标效果。图 9-25 所示为圆弧墙的不同标注样式。

9.2.13　尺寸转化

使用该工具可以将视图中存在的 AutoCAD 尺寸标注转换为天正尺寸标注。这样，天正工具栏的尺寸编辑工具就可以应用到转化后的尺寸标注上。

选择【尺寸转化】选项，然后一次选择多个尺寸标注，按回车键，系统将进行转化，并在命令行显示出全部选中的 N 个对象成功地转化为天正尺寸标注。

9.3　综合案例 1：标注居民楼平面图

本例将标注居民楼平面图，效果如图 9-26 所示。在实际的建筑图纸的设计和绘制过程中，通常

TArch 天正建筑设计与工程应用从新手到高手

还需要对图形标注，来完整和直观地表现设计，使用户在观看图纸的过程中能够得到整个设计的思想及内容。所以，在完成建筑平面图之后，需要准确地标注各部分的尺寸。

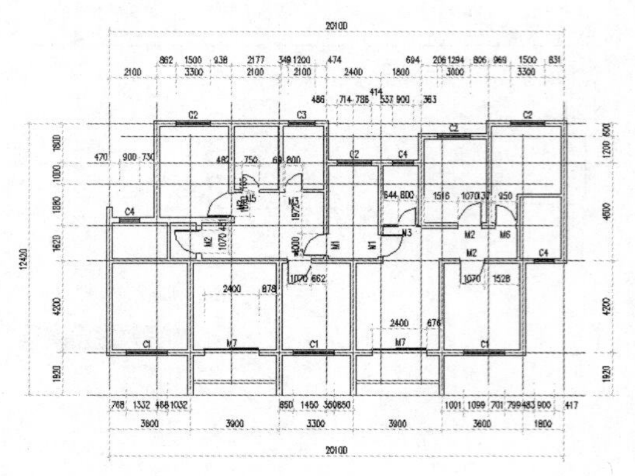

图 9-26　标注结果

标注该小户型平面图时，可首先利用【两点轴标】工具标注图形的墙体矢量尺寸，其中包括墙体的长宽、墙厚。然后，利用【门窗标注】对各个门窗进行标注。

操作步骤

STEP|01 选择【尺寸标注】|【逐点标注】选项，选取图 9-27 所示的两段轴线，并单击鼠标右键，将出现标注尺寸线。然后，将标注尺寸线移动至合适位置并单击鼠标右键，确定标注位置。这样，该段墙体的尺寸就标注完成了。

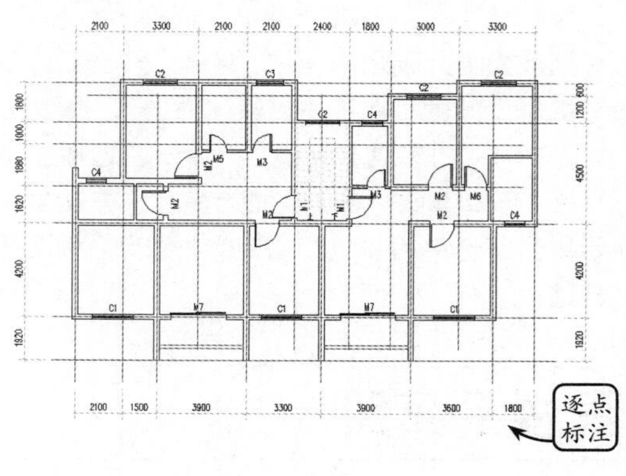

图 9-27　逐点标注

STEP|02 继续利用【逐点标注】工具，选取图 9-28 所示的两段轴线，并单击鼠标右键，将出现标注尺寸线。然后将标注尺寸线移动至合适位置，并单击鼠标右键，确定标注位置。这样，该段墙体的尺寸就标注完成了。

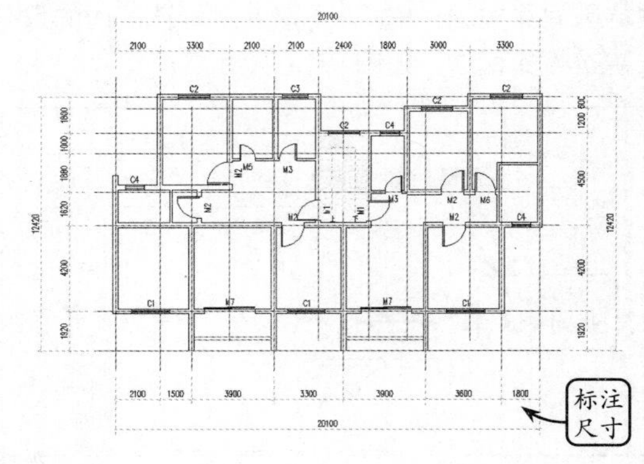

图 9-28　标注总尺寸

STEP|03 选择【尺寸标注】|【墙厚标注】选项，选取需要标注墙体的轴线，移动并单击鼠标右键，确定尺寸标注位置，效果如图 9-29 所示。

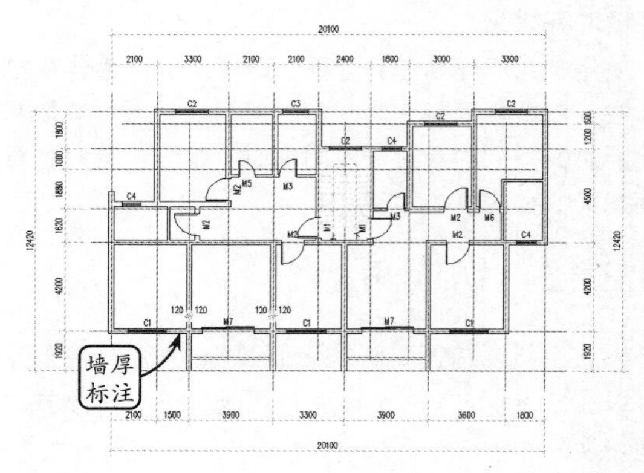

图 9-29　标注墙厚

STEP|04 选取上面所有的尺寸标注并单击鼠标右键，在打开的快捷菜单中选择【通用编辑】选项。然后，在打开的下拉列表中选择【局部隐藏】选项，将标注隐藏。接着，选择【尺寸标注】|【门窗标注】选项，选取需要标注门窗的墙段，系统将自动对该段墙体及窗户的尺寸进行标注，效果如图 9-30 所示。

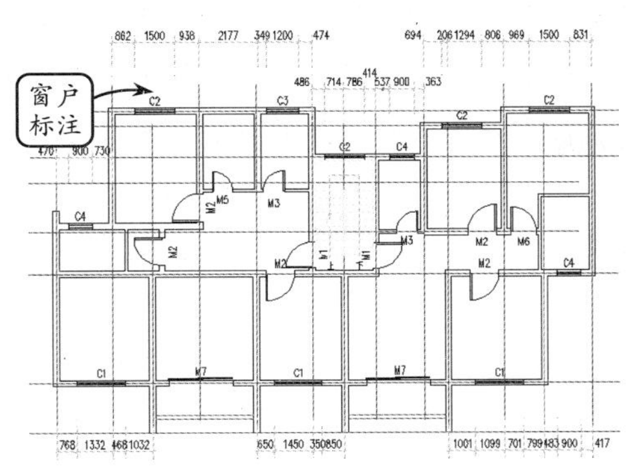

图 9-30　标注窗户

STEP|05 门的标注方法与窗户的标注方法类似。选择【尺寸标注】|【内门标注】选项，选取需要标注的门，然后确定参照墙段，效果如图 9-31 所示。

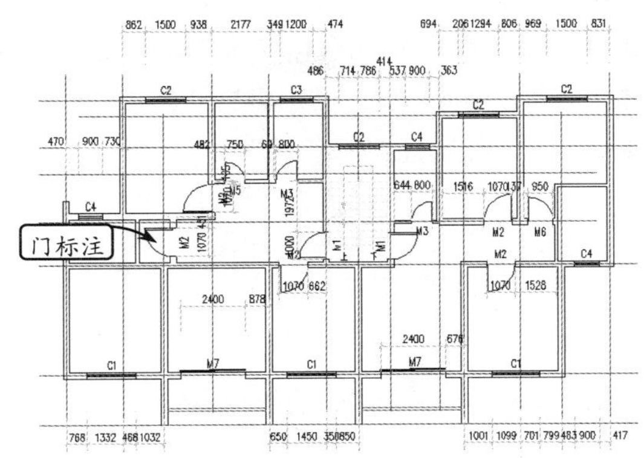

图 9-31　标注门

9.4 综合案例 2：标注小户型平面图

本例将标注小户型平面图，效果如图 9-32 所示。标注建筑图形除了标注简单的长、宽等一些矢量尺寸外，在实际的建筑图纸设计和绘制过程中，还需要一些符号标注、建筑图形门窗明细表、图题名称和图框等，这样才能完整和直观地表现图纸整体的设计思想和内容。所以，在完成建筑平面图之后，不仅需要准确的标注各部分的尺寸，还需要添加必要的符号标注。

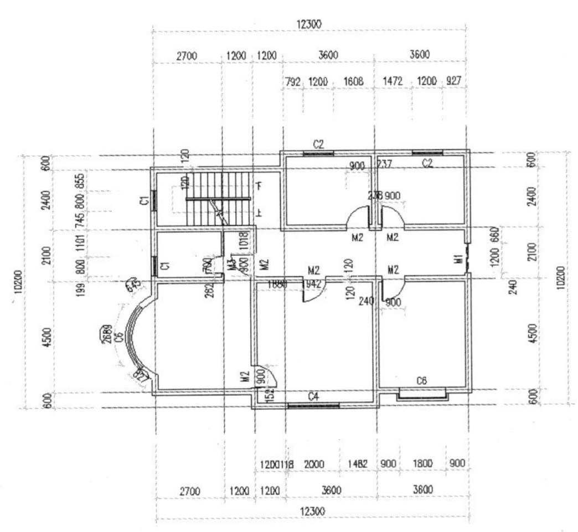

图 9-32　标注效果

标注该小户型平面图时，首先利用【两点轴标】工具标注图形的整体尺寸。为了避免重复标注，只需标注下侧和右侧尺寸。然后，利用【墙厚标注】工具标注一段墙体的厚度。最后，利用【门窗标注】对各个门窗进行标注。

操作步骤

STEP|01 选择【尺寸标注】|【逐点标注】选项，选取图中两段墙体的轴线，移动并单击鼠标右键，确定尺寸标注的位置。为了避免重复标注，这里只标注图形底部和右侧的尺寸，效果如图 9-33 所示。

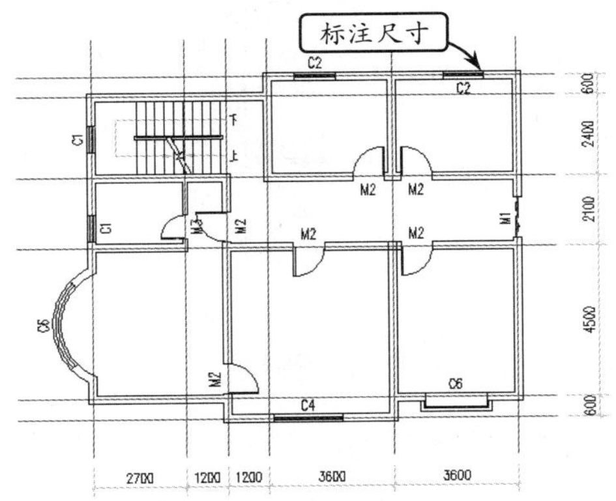

图 9-33　逐点标注

STEP|02 选择【尺寸标注】|【快速标注】选项，选取图 9-34 所示的两段轴线，并单击鼠标右键，将出现标注尺寸线。然后将标注尺寸线移动至合适位置，并单击鼠标右键，确定标注位置。这样，该段墙体的尺寸就标注完成了。

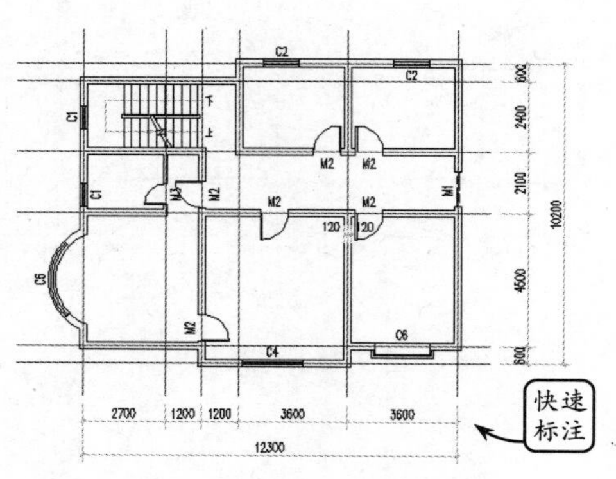

图 9-34　标注总尺寸

STEP|03 选择【尺寸标注】|【墙厚标注】选项，选取需要标注墙体的两端，对图纸中的墙厚进行标注。这里不需要对所有的墙段进行标注，只需标注部分不同宽度的墙段即可。标注部分墙体效果如图 9-35 所示。

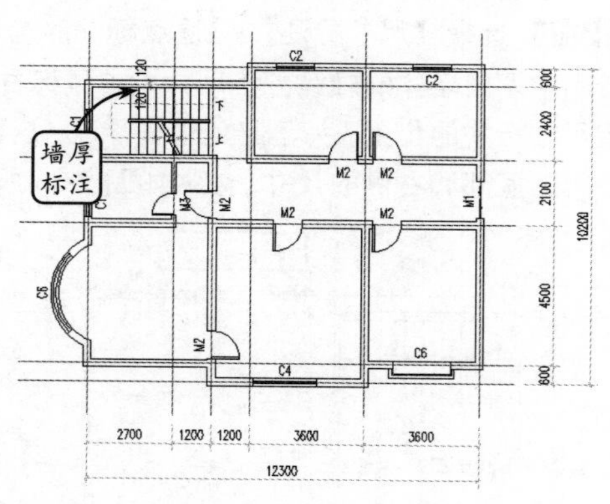

图 9-35　标注墙厚

STEP|04 选取所有的尺寸标注并单击鼠标右键，在打开的快捷菜单中选择【通用编辑】选项。然后，在打开的下拉列表中选择【局部隐藏】选项，将标注隐藏。接着，选择【尺寸标注】|【门窗标注】选项，选取需要标注门窗的墙段。系统将自动对该段墙体及窗户的尺寸进行标注，效果如图 9-36 所示。

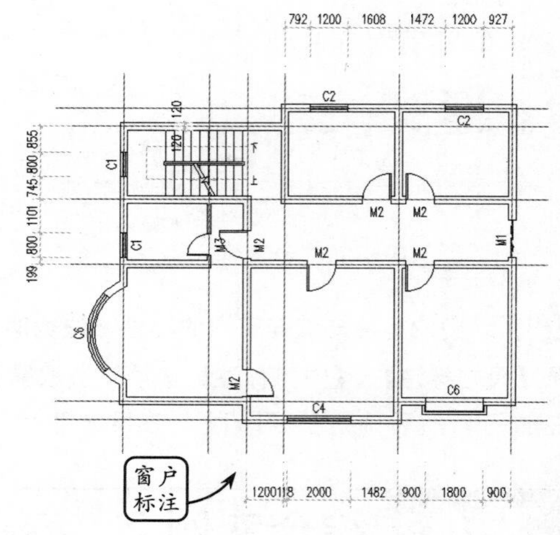

图 9-36　标注窗户

STEP|05 选择【尺寸标注】|【弧长标注】选项，选取图中的弧形窗户，系统将自动标注窗户的弧度。移动鼠标，并选取该弧线上的其他点，之后单击鼠标左键，效果如图 9-37 所示。

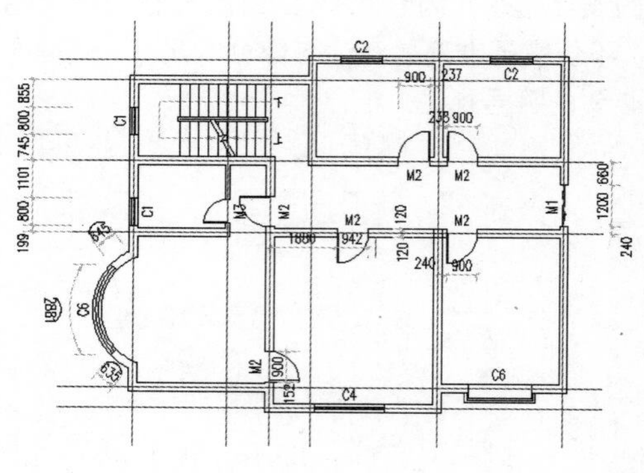

图标 9-37　标注弧形窗

STEP|06 选择【尺寸标注】|【内门标注】选项，选取需要标注的门，再次单击鼠标左键，确定参照墙段，效果如图 9-38 所示。

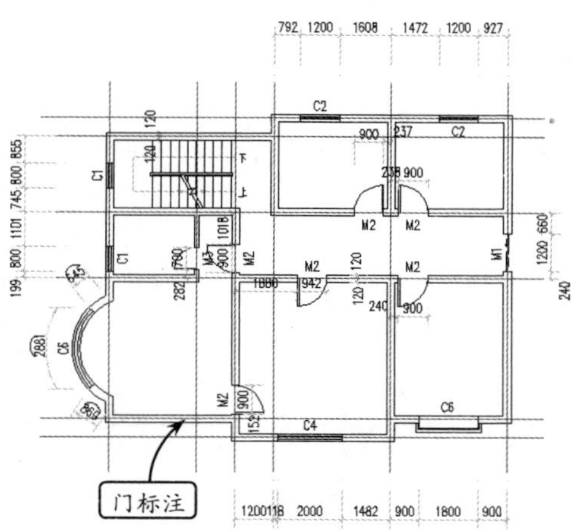

图 9-38 标注门

TArch 9.5 新手训练营

练习 1：标注别墅平面图

本练习要求标注别墅平面图，效果如图 9-39 所示。在实际的建筑图纸设计和绘制过程中，还需要在图中进行一些符号标注，来完整和直观地表现设计，使用户能够得到整个设计思想以及内容。所以，在完成建筑平面图之后，不仅需要准确地标注各部分的尺寸，还需要添加必要的符号标注。

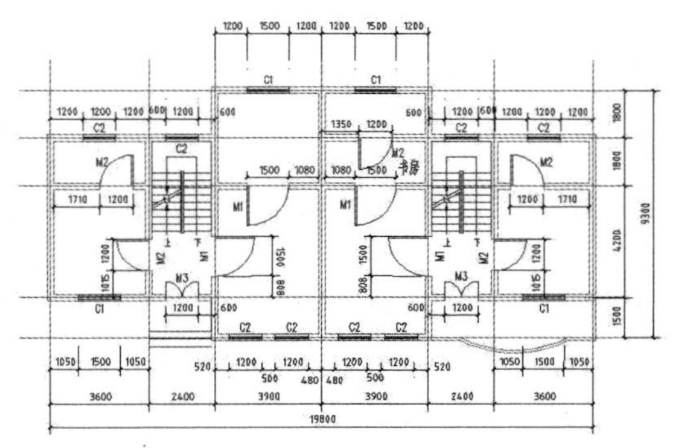

图 9-39 标注效果

标注该别墅平面图时，首先利用【两点轴标】工具标注图形的整体尺寸。为了避免重复标注，只需标注下侧和右侧尺寸。然后利用【墙厚标注】示意标注一段墙体的厚度。最后利用【门窗标注】对各个门窗进行标注。

练习 2：标注某户型平面图

本练习要求标注某户型平面图，效果如图 9-40 所示。标注平面图需要设计者按照一定的顺序，对图纸中需要进行标注的构件或者墙体尺寸进行合理标注。通过本练习，可以向用户介绍如何对建筑图纸进行标注，同时使用户了解图纸标注的简单顺序，以及标注过程中的一些技巧。

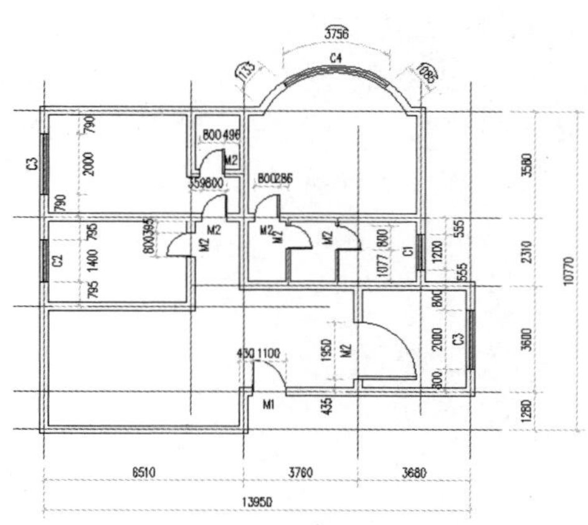

图 9-40 标注效果

标注该平面图时，首先利用【逐点轴标】标注各条轴线间墙体的长度，并利用【逐点轴标】标注墙体的总尺寸。然后，利用【墙厚标注】示意标注一段墙体的厚度，并利用【门窗标注】对各个门窗进行标注。接着，利用【半径标注】标注弧形墙的半径，并利用【弧长标注】标注弧形墙上带弧形窗的弧长即可。

第 10 章

符号标注

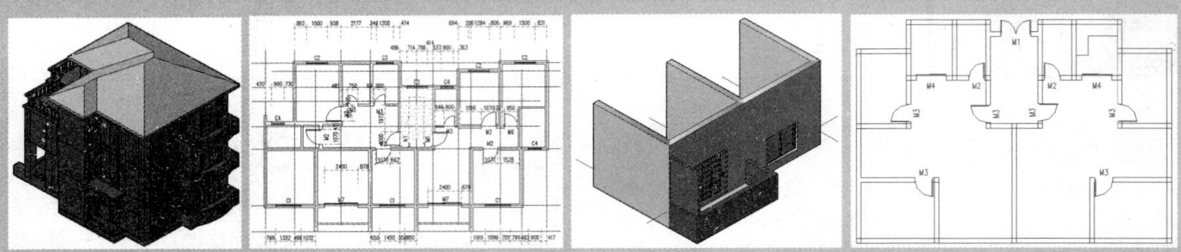

在建筑图形绘制完成之后，都要对其进行符号标注。比如标高标注，表明物体的离地高度、自身高度等信息，以供读图和施工之用。按照国标规定的建筑工程符号画法，天正提供了自定义符号标注，可以方便地进行剖切号、指北针、箭头等工程符号标注。

本章首先介绍标高符号的创建方法，然后介绍箭头、剖切、指北针、图名等工程符号的标注方法。

TArch 10.1 符号标高

标高是标注建筑物体高度方向的一种尺寸形式，能够对符号大小，文字字高等参数进行适应性调整，以满足规范的要求。剖切符号除了可以满足施工图的标注要求外，还为生成剖面定义了与平面图的对应规则。

10.1.1　坐标标注

【坐标标注】命令用于在建筑图上指定点来绘制坐标标注，在总平面图上标注测量坐标或者施工坐标。

选择【符号标注】|【坐标标注】选项，命令行将显示“请点取标注点或[设置（S）]”提示信息。可首先输入字母 S，然后在打开的【坐标标注】对话框中设置标注参数，然后分别指定标注点和放置点，即可获得坐标标注效果，如图 10-1 所示。

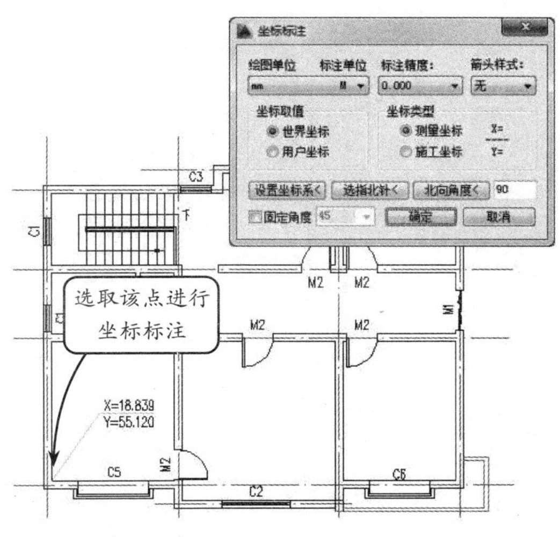

图 10-1　坐标标注

10.1.2　坐标检查

使用该命令可以在平面图上检查测量坐标或施工坐标，避免人为修改坐标标注值，从而导致设计位置错误。

选择【符号标注】|【坐标检查】选项，将打开【坐标检查】对话框，如图 10-2 所示。在该对话框中选择合适的坐标系类型、标注单位和精度，并单击【确定】按钮确认操作。然后，分别选取待检查的坐标标注，按回车键，命令行将显示检查结果。

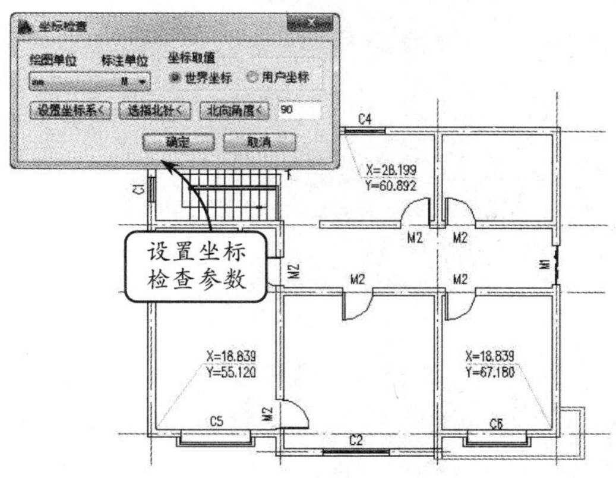

图 10-2　坐标检查

10.1.3　标高标注

使用该命令可以在总平面图、立面图、剖面图中进行标高标注、绝对标高和相对标高的关联标注。

选择【符号标注】|【标高标注】选项，将打开【标高标注】对话框，在该对话框中设置标高参数，如图 10-3 所示。

默认禁用【手工输入】复选框，自动取光标所在的 Y 坐标作为标高数值。当启用【手工输入】复选框时，要求在表格内输入楼层标高。其他参数包括：文字样式与字高、精度。上面有 5 个可按下的图标按钮，其中，实心三角按钮▼除了用于总图也用于沉降点标高标注。其他几个按钮可以同时起作用，例如，可注写带有“基线”"和“引线”的标高符号。此时，命令行将提示点取基线端点和引线位置。

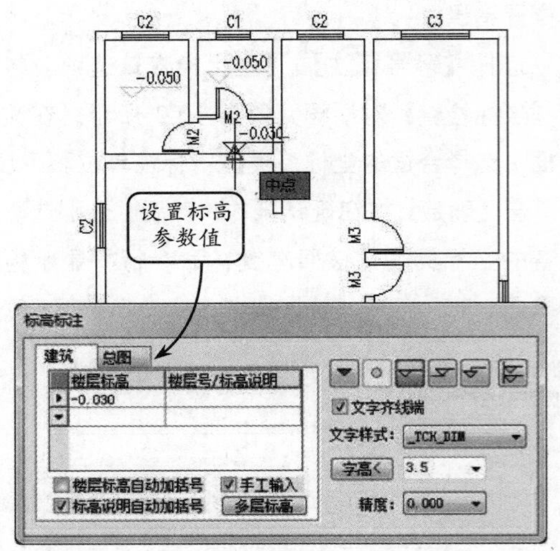

图 10-3　编辑标高符号

删除标高的方法是：选中表格中的某行数值，然后按 Delete 键即可。双击自动输入的标高对象，即可进入在位编辑，可直接修改标高数值，如图 10-4 所示。

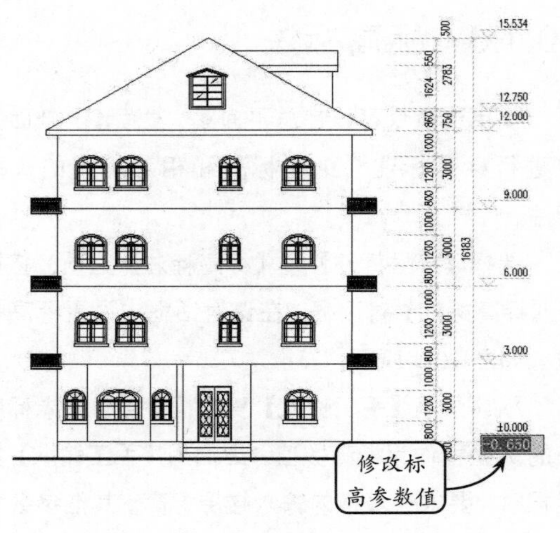

图 10-4　编辑标高

10.1.4　标高检查

使用该命令可以在立面图和剖面图上检查天正标高符号。为避免由于人为修改标高标注值而导致的设计位置错误，可使用【标高检查】命令检查世界坐标系 WCS 下的标高标注和用户坐标系 UCS 下的标高标注。在立面图和剖面图上选择其中一个坐标系进行检查，并应确保与绘制时的条件一致。

选择【标高检查】选项，然后选择作为标准的具有正确标高数值的标高符号，分别选择需要检查的其他标高符号，按回车键确认选取。系统将显示检查结果，第一个错误的标高符号会被红色方框框起来，如图 10-5 所示，以最下面的标高为标准，分别对上面 8 个标高进行检查，命令行将显示全部正确。

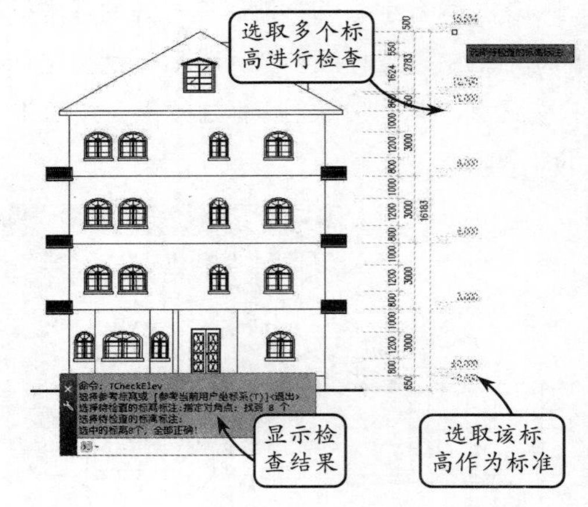

图 10-5　检查标高

10.1.5　标高对齐

使用【标高对齐】工具可以把选中的所有标高按新点取的标高位置或参考标高位置竖向对齐。

选择【符号标注】|【标高对齐】选项，命令行将显示“请选择需对齐的标高标注或[参考对齐(Q)]<退出>:”提示信息，然后选取对齐的标高标注。如图 10-6 所示。

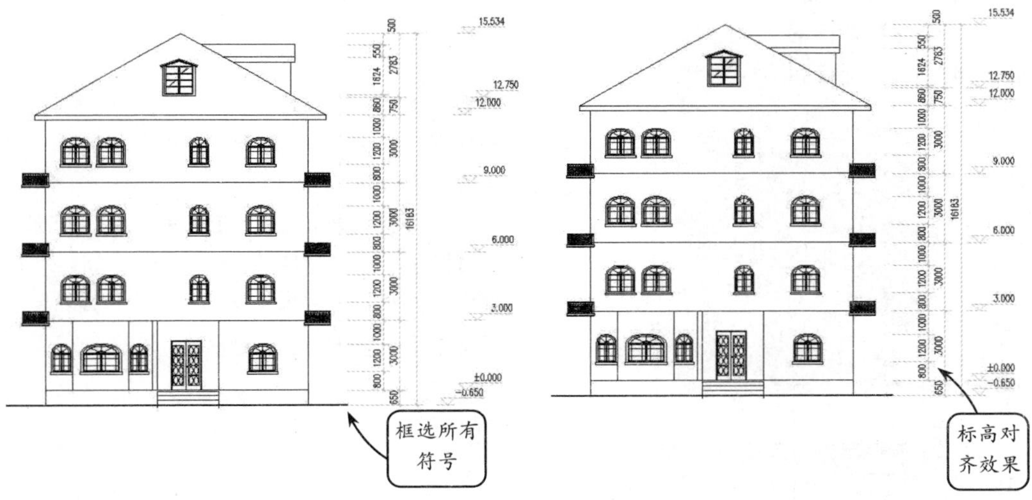

图 10-6　对齐标高

10.2 工程符号标注

工程符号标注主要有做法标注、引出标注等。做法标注可以对立面图或剖面图的具体做法进行标注，引出标注则以引线的形式来标注图形信息。

10.2.1　箭头引注

使用该工具可绘制带有箭头的引出标注。文字可从线端标注也可在线上标注。引线可以多次转折，用于楼梯方向线、坡度等标注。TArch 共提供了 5 种箭头样式和两行说明文字。

选择【符号标注】|【箭头引注】选项，将打开【箭头引注】对话框，如图 10-7 所示。在对话框中输入引线端部要标注的文字。可以从下拉列表选取所保存的历史文字记录，也可以不输入文字只画箭头。此外，对话框中还提供了更改箭头长度、样式的功能。箭头长度从最终图纸尺寸为准，以毫米为单位给出，并且提供了多种可选的箭头样式。

设置箭头引注参数后，首先指定箭头起点，然后画出引线（直线或弧线），并按回车键确认操作，即可获得箭头引注效果。此外，双击箭头引注中的文字，即可进入在位编辑状态修改文字。

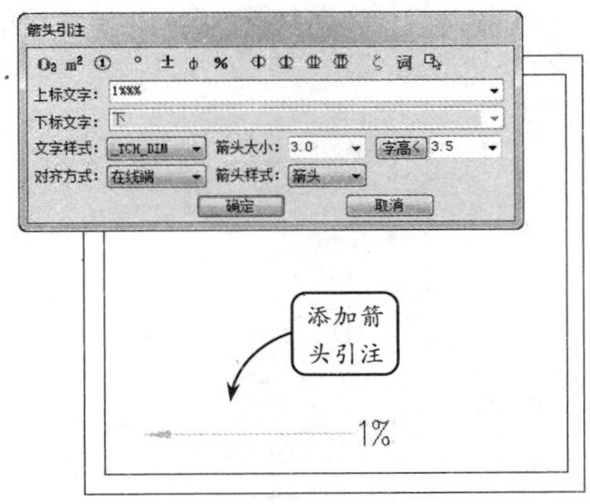

图 10-7　【箭头引注】对话框

10.2.2　引出标注

使用该工具可以对多个标注点进行说明性的文字标注，系统将自动按端点对齐文字。该工具具有拖动自动跟随的特性。

选择【符号标注】|【引出标注】选项，将打开【编辑引出标注】对话框，如图 10-8 所示。在该对话框中分别输入上标和下标文字，并在视图中进行标注。

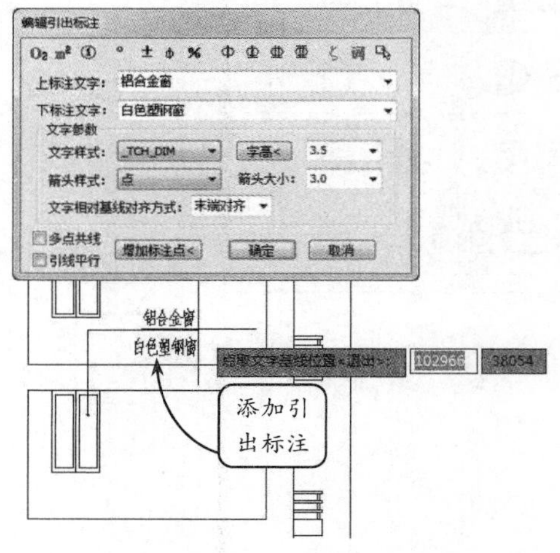

图 10-8 引出标注

对于完成的引出标注，可以通过双击该标注的引线，在弹出的【编辑引出标注】对话框中对引注进行修改，也可以直接双击标注文字，对文字进行修改，如图 10-9 所示。在编辑标注的位置时可以使用前面介绍的夹点编辑方法，直接拖动标注上的 3 个夹点即可。

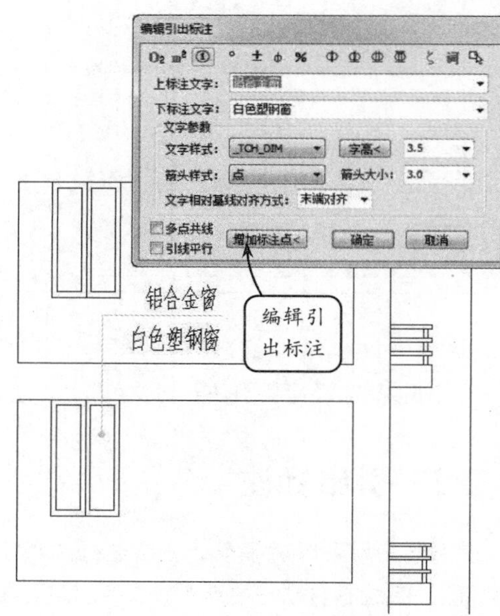

图 10-9 编辑引出标注

10.2.3 做法标注

使用该工具可以在施工图纸上标注工程的材料做法。通过专业词库可调入北方地区常用的 88J1-X1（2000 版）的墙面、地面、楼面、顶棚和屋面标准做法。

选择【符号标注】|【做法标注】选项，将打开【做法标注】对话框，如图 10-10 所示。在文本框中输入单行或多行文字，并添加特殊符号，或选择文本进行上下标识等操作。

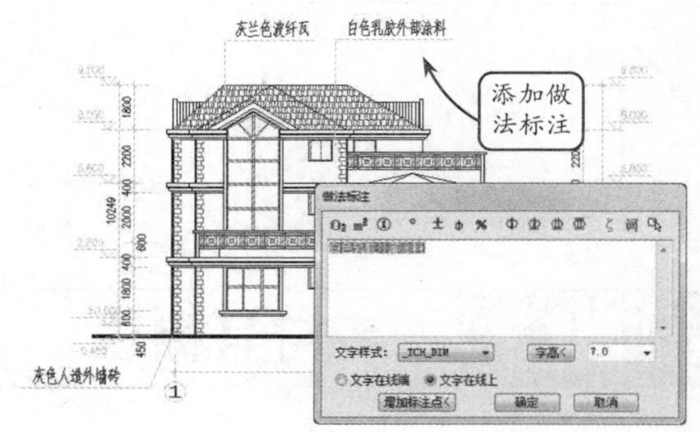

图 10-10 做法标注

> **提示**
>
> 在【做法标注】对话框中，如果选择【文字在线端】单选按钮，文字内容将标注在文字基线线端，为一行表示，多用于建筑图；如果选择【文字在线上】单选按钮，文字内容将标注在文字基线线上，按基线长度自动换行，多用于装修图。

10.2.4 索引符号

【索引符号】命令可以为图中另有详图的某一部分标注索引号，指出这些部分的详图在哪张图上。

选择【索引符号】选项，将打开【索引符号】对话框。可在【索引图号】和【索引编号】输入框中输入图号和编号，并可在【上标注文字】和【下标注文字】编辑框中设置索引线上、下的标注文字。图 10-11 所示分别为【指向索引】和【剖切索引】

的标注效果。

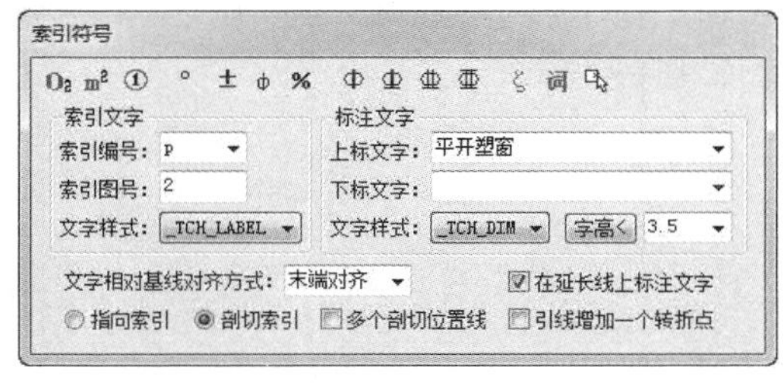

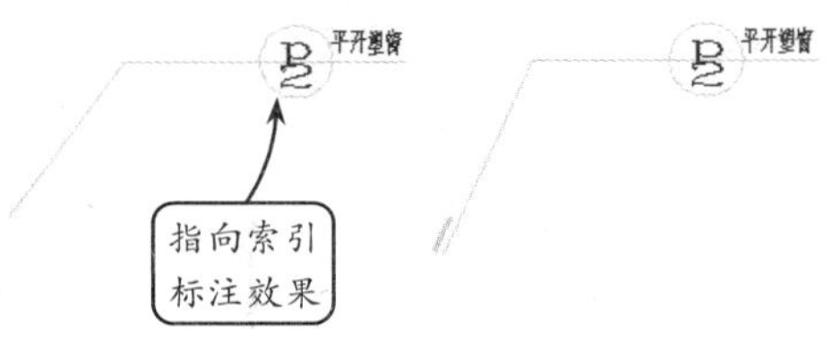

图 10-11　索引标注

如果选择【连续标注】单选按钮，就可以在视图中进行连续索引标注。如果设置索引符号为“－”，则说明索引的图形就在当前图形中。图 10-12 所示为索引屋檐断面的标注效果。

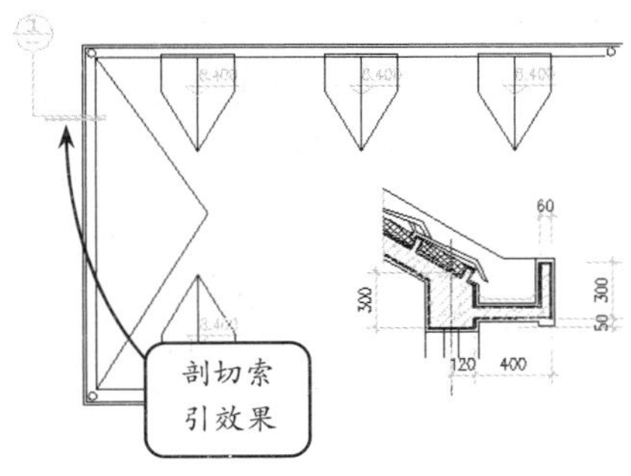

图 10-12　剖切索引

10.2.5　索引图名

使用该工具可以为图中被索引的详图标注索引图名。通过索引图名可以使用户准确地找到图纸中索引的构件或剖切图位置。

选择【索引图名】选项，按命令行提示分别输入被索引的图号、索引编号和比例，即可获得索引图名效果，如图 10-13 所示。

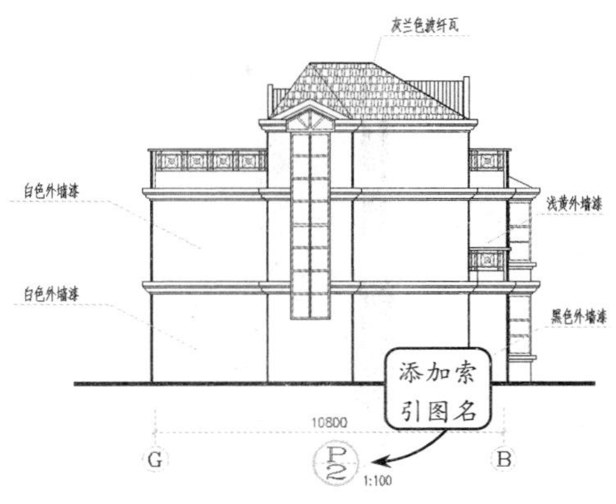

图 10-13　索引图名

10.2.6　剖切符号

使用该工具在图中标注国标规定的断面剖切符号，用于定义编号的剖面图，表示剖切断面上的构件以及从该处沿视线方向可见的建筑部件，生成剖面符号，定义剖面方向。

选择【剖切符号】选项，在打开的【剖切符号】对话框中设置参数，如图 10-14 所示。将剖切符号插入至绘图区中，即可完成剖切符号的操作。

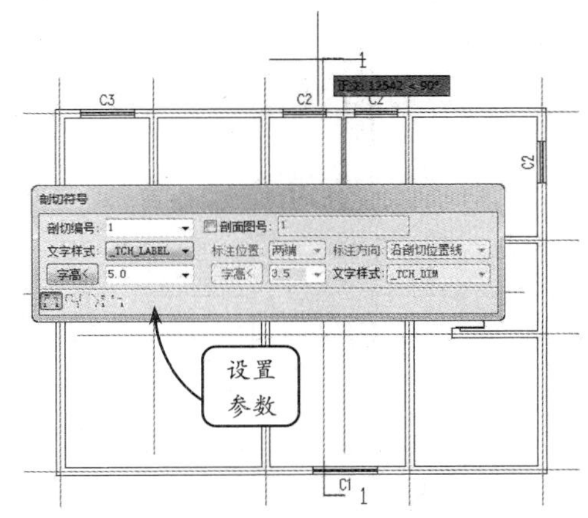

图 10-14　设置参数

在图中标注国标规定的断面剖切符号，通过指定剖切编号来绘制剖切符号，以表明图中被剖切的位置，如图 10-15 所示。

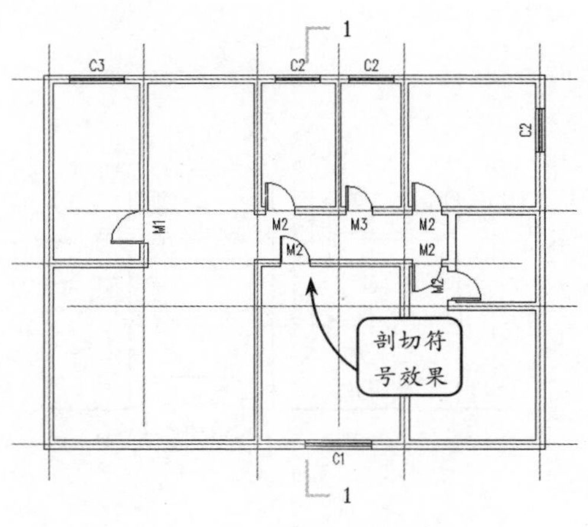

图 10-15　剖切符号

10.2.7　加折断线

使用该工具绘制折断线，形式符合制图规范的要求。可以依照当前比例更新其大小。该工具主要适用于建筑施工的建筑详图中。

选择【加折断线】选项，按命令行提示选取折断线起点，或者键入 S，选择已有的多段线。然后，选取折断线终点，或者键入 N 修改折断数目（如果输入 N，需要输入折断数目，然后选取终点）。接着，拖动切割线边框，改变保留范围（外部被切割），给点完成命令。如果按回车键，则仅画出折断线，如图 10-16 所示。

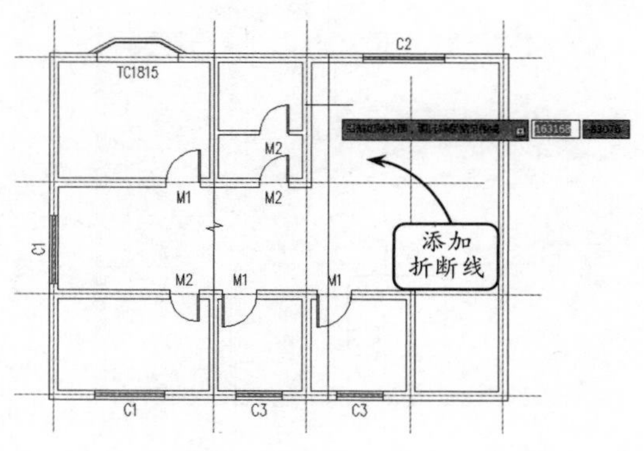

图 10-16　加折断线

10.2.8　画对称轴

该工具用于在施工图纸上标注表示对称轴的自定义对象。执行该命令后，按照命令行提示在建筑图中的对称位置绘制对称轴。

选择【符号标注】|【画对称轴】选项，分别指定对称轴的两个端点，即可获得画对称轴绘制效果，如图 10-17 所示。

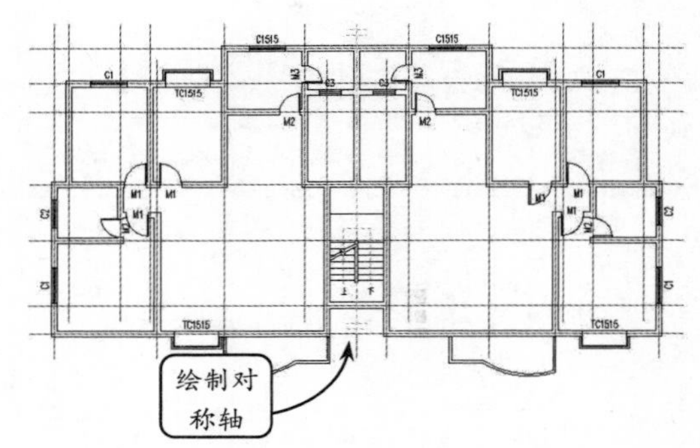

图 10-17　绘制对称轴

10.2.9　画指北针

使用该工具可以在图上绘制一个国标规定的指北针符号。从插入点到橡皮线的终点定义为指北针的方向，这个方向在坐标标注时起指示北向坐标的作用。

选择【画指北针】选项，然后选取指北针的插入点，并拖动光标，或键入角度，定义指北针方向（X 正向为 0），如图 10-18 所示。

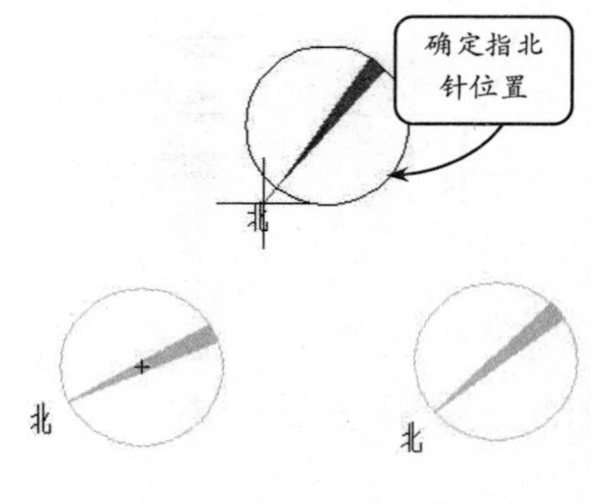

图 10-18　添加指北针

文字北总是与当前 UCS 上方对齐，但它是独立的文字对象，编辑时不会自动处理与符号的关系。

10.2.10　图名标注

【图名标注】命令可以在图中标注图名和比例。比例发生变化时会自动调整其中的文字至合理大小。

选择【图名标注】选项，将打开【图名标注】对话框。在该对话框中设置参数，并在图形的下方合适的位置选取插入位置，完成图名标注的绘制，如图 10-19 所示。

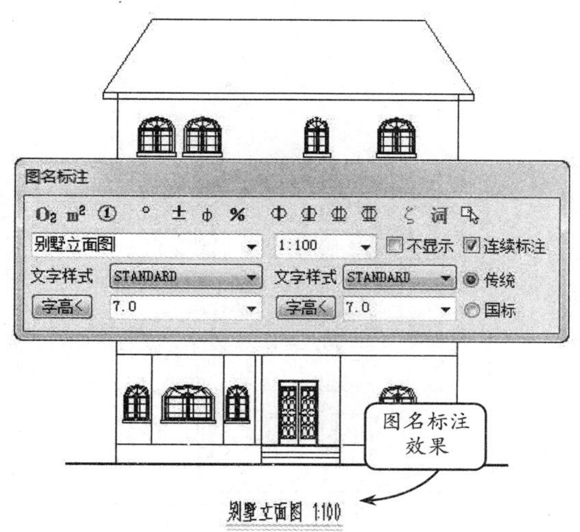

图 10-19　图名标注

10.3 综合案例 1：标注小别墅立面图工程符号

本例将为小别墅立面图标注工程符号，效果如图 10-20 所示。该小别墅共有 6 层。每一层的立面图都能够清晰地反映出每层的结构、门窗数量。图中主要标注类型包括：工程符号、单轴标注和标注图名等。

图 10-20　小别墅立面图标注效果

标注该小别墅立面图时，首先利用【标高标注】工具标注图形的整体工程符号，然后利用【单轴标注】为图形标注单轴标注，最后利用【图名标注】工具为图形添加图题说明。

操作步骤

STEP|01 选择【符号标注】|【标高标注】选项，在打开的【标高标注】对话框中设置参数，效果如图 10-21 所示。

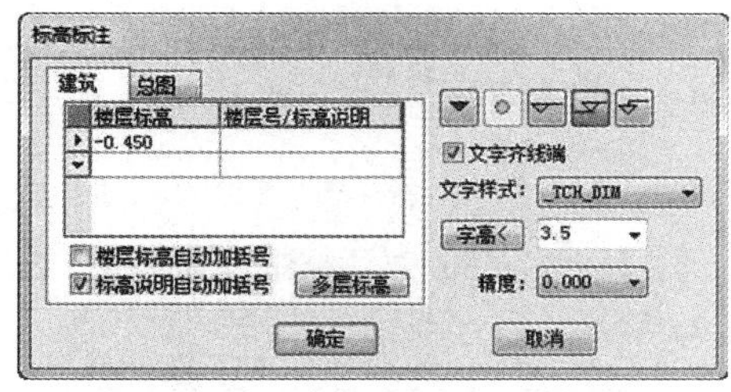

图 10-21　【标高标注】对话框

STEP|02 在绘图区中任意点选取标高点和标高方向，标注效果如图 10-22 所示。

STEP|03 继续利用【标高标注】工具，在对话框中修改标高参数，完成立面图形标注效果，如图

10-23 所示。

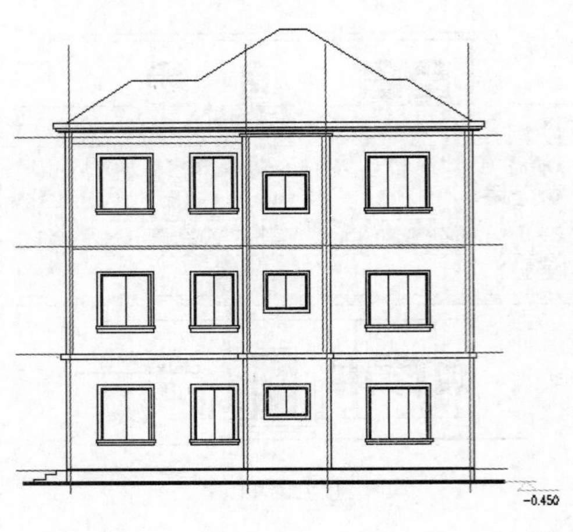

图 10-22　标注效果

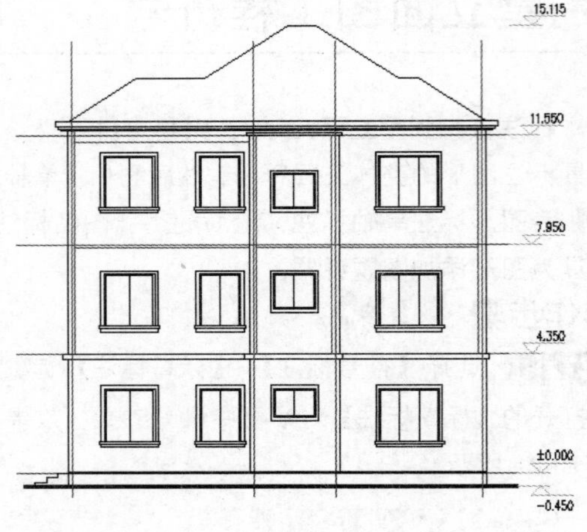

图 10-23　标高标注

STEP|04 选择【轴网柱子】|【轴网标注】选项，在打开的【轴网标注】对话框中设置参数。效果如图 10-24 所示。

图 10-24　【轴网标注】对话框

STEP|05 在图形底部标注单轴标注和轴号，效果如图 10-25 所示。

图 10-25　单轴标注

STEP|06 选择【符号标注】|【图名标注】选项，在打开的对话框中设置参数，如图 10-26 所示。

图 10-26　【图名标注】对话框

STEP|07 在立面图的下方合适的位置选取插入位置，即可完成图名标注的绘制，效果如图 10-27 所示。

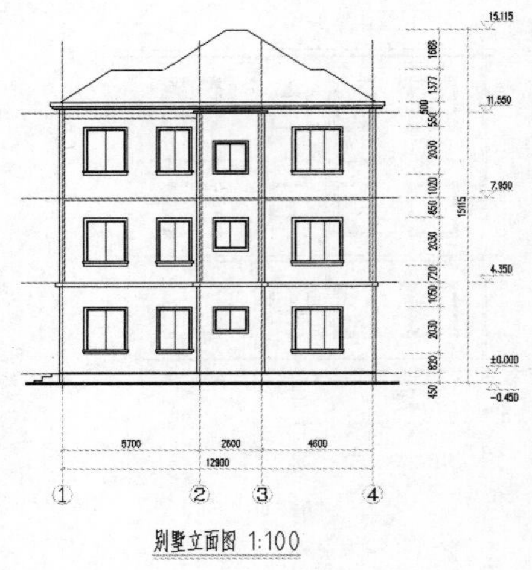

图 10-27　图名标注

TArch 10.4 综合案例 2：标注别墅一层平面图工程符号

本例将标注别墅一层平面图工程符号，效果如图 10-28 所示。建筑图形绘制完毕后，通常还需要结合一些标注符号，来完整和直观地表现设计思想，使用户在预览图纸的过程中能够清晰地看到整体建筑设计结构。

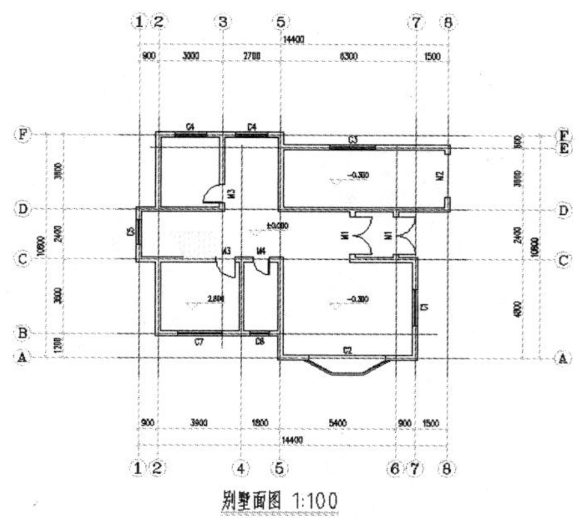

图 10-28　标注别墅平面图工程符号

标注该别墅一层平面图时，首先利用【标高标注】工具标注图形的所有工程符号，然后利用【单轴标注】为图形标注单轴标注，最后利用【图名标注】工具为图形添加图题说明。

操作步骤

STEP|01 选择【符号标准】|【标高标注】选项，在打开的【标高标注】对话框中设置参数，如图 10-29 所示。

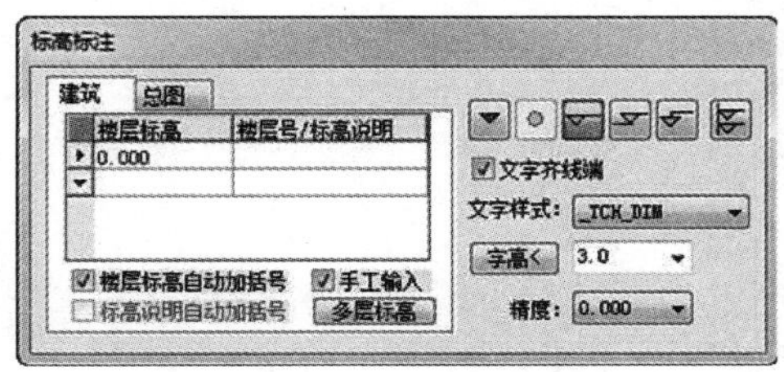

图 10-29　【标高标注】对话框

STEP|02 在绘图区中选取要标注的标高位置，效果如图 10-30 所示。

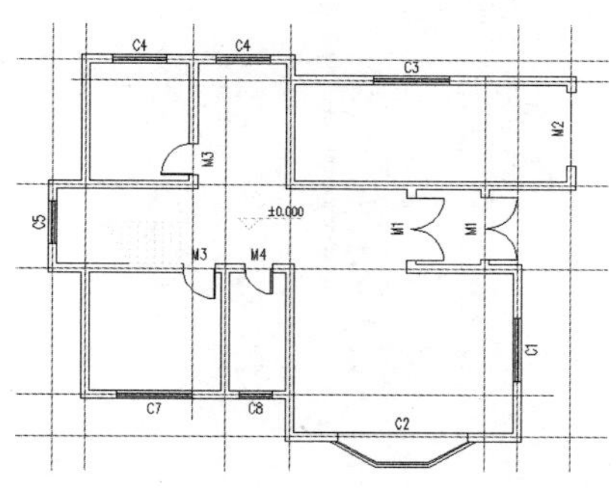

图 10-30　标注效果

STEP|03 继续利用【标高标注】工具，在打开的对话框中修改标高参数，完成立面图形标注效果，如图 10-31 所示。

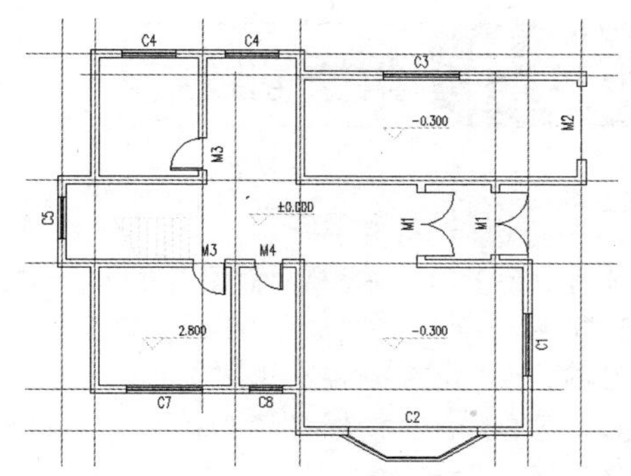

图 10-31　标高标注

STEP|04 选择【轴网柱子】|【轴网标注】选项，在打开的【轴网标注】对话框中设置参数，如图 10-32 所示。

图 10-32　【轴网标注】对话框

STEP|05 在图形底部依次为横向的轴线与竖向的轴线标注尺寸，效果如图 10-33 所示。

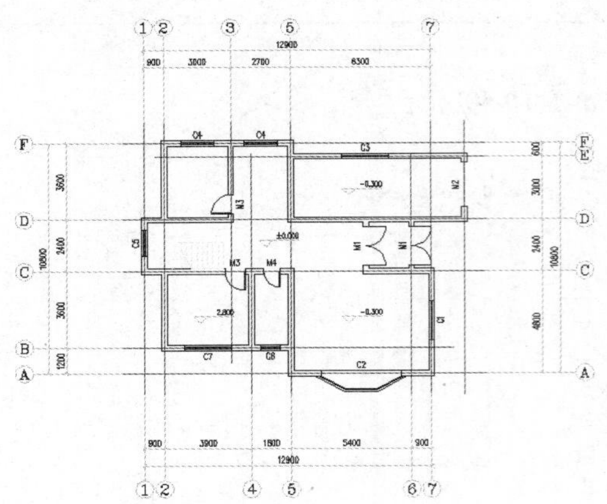

图 10-33　轴网标注

STEP|06 选择【符号标注】|【图名标注】选项，在打开的对话框中设置参数，如图 10-34 所示。

STEP|07 在平面图的下方合适的位置选取插入位置，即可完成图名标注的绘制，效果如图 10-35 所示。

图 10-34　【图名标注】对话框

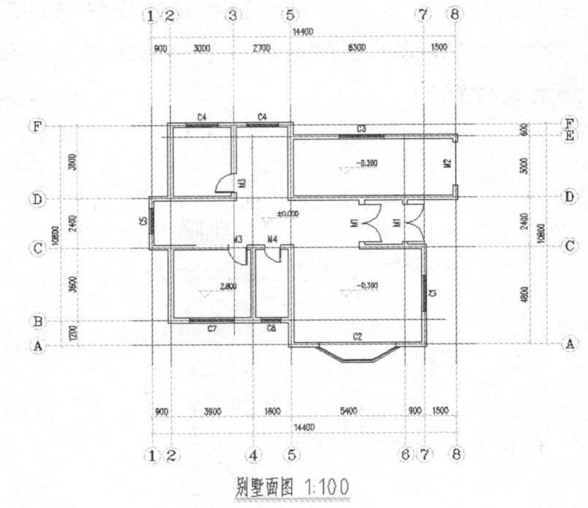

图 10-35　图名标注

10.5 新手训练营

练习 1：标注住宅楼立面图

本练习要求标注住宅楼立面图工程符号，效果如图 10-36 所示。当一栋建筑物的各层平面图（包括屋顶）绘制好后，还需要进行一些符号标注。为了体现建筑设计思想，通过本练习，可以使用户了解如何对建筑图纸标注工程符号。

图 10-36　住宅楼立面图效果

标注住宅楼立面图时，可以首先利用【标高标注】工具，为每一层楼层标出楼层高度，并利用【单轴标注】工具，标注楼层单轴号，最后利用【图名标注】工具为该立面图标注名称。

练习 2：标注楼梯扶手剖视图形

本练习要求标注楼梯护手剖视图形符号标注，效果如图 10-37 所示。楼梯扶手用于建筑楼梯，是上、下楼的交通工具，同时也起到安全保护作用。

标注该楼梯护手时，可利用【做法标注】工具为楼梯护手添加材料说明，并利用【索引符号】为该图形添加索引符号说明。

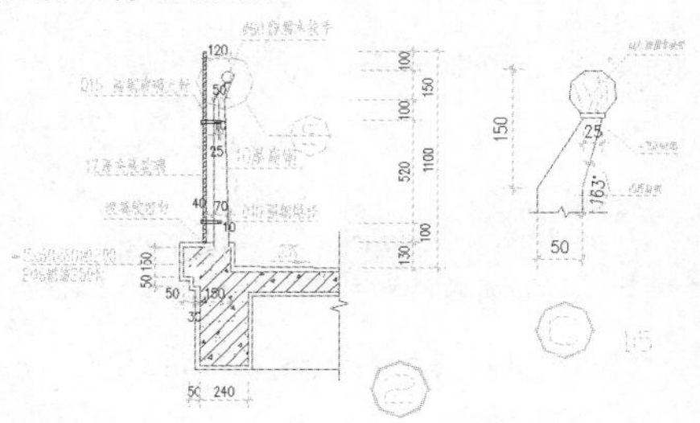

图 10-37　楼梯扶手剖视图形标注效果

第 11 章

立面图

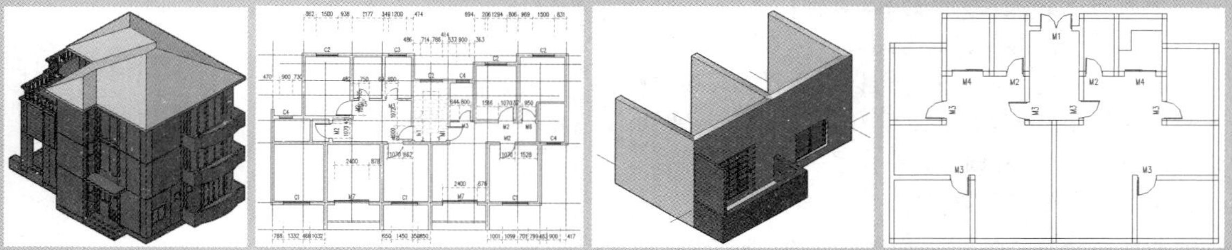

在设计好一套工程项目的各层平面图后，需要绘制立面图，来表达立面图的设计细节。立面的图形表达和平面图有很大的区别。立面图是将建筑物的外立面与其平行的投影面进行投射所得到的投影图，主要用来表达建筑物的外部造型、门窗位置及形式、墙面装饰材料、阳台、雨蓬等部分的材料和做法。天正立面图形是通过平面图构件中的三维信息进行自动消隐而获得的二维图形。

本章首先介绍立面图的生成和创建方法，然后详细讲解天正立面的编辑和深化方法。

11.1 工程管理

TArch 2014 的立面生成是由【工程管理】功能实现的。在【工程管理】选项界面上，通过新建工程→添加图纸（平面图）的操作流程来建立工程。

在工程的基础上定义平面图与楼层的关系，从而建立平面图与立面楼层之间的关系，生成立面图。

11.1.1 【工程管理】面板

【工程管理】面板是天正建筑管理工程项目的工具。使用该面板，用户可以新建和打开工程，并进行导入图纸和楼层表等常用操作。

选择【文件布图】|【工程管理】选项，将打开【工程管理】选项界面，如图 11-1 所示。通过单击界面上方的下拉列表，可以打开【工程管理】菜单，打开【工程管理】面板，建立由各楼层平面图组成的楼层表。界面上方提供了创建立面、剖面、三维模型等图形的工具按钮。

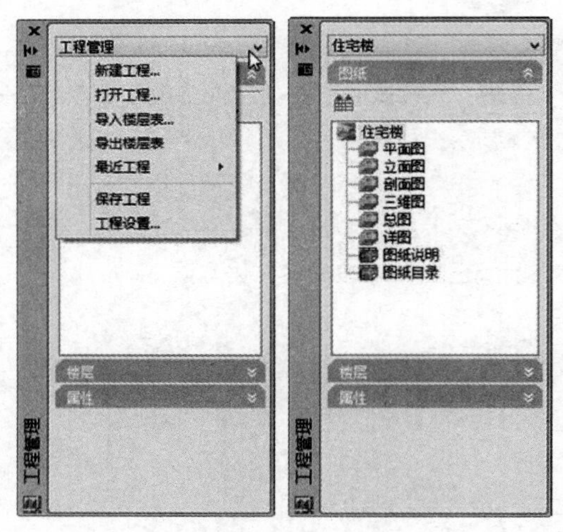

图 11-1 【工程管理】界面

11.1.2 新建工程

使用【新建工程】工具可以管理用户定义的工程管理项目中参与生成立面、剖面三维的各平面图形文件或区域。

单击【新建工程】列表项，将打开【另存为】对话框。在该对话框中，选取保存该工程的 DWG 文件的文件夹作为路径，并输入新工程名称即可，如图 11-2 所示。

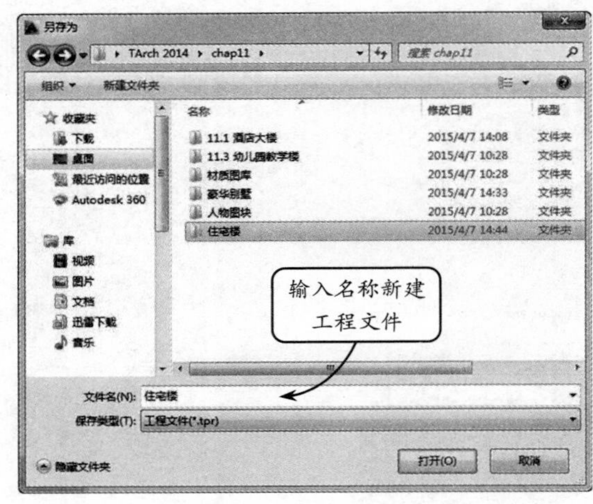

图 11-2 【另存为】对话框

11.1.3 添加图纸

新建工程之后，还需要在该新工程中添加图纸，把绘制好的图纸移到该工程文件夹中，以方便立面图和剖面图的自动生成。

在【图纸】选项组中，将鼠标置于【平面图】选项上，单击鼠标右键，在弹出的快捷菜单中选择【添加图纸】选项，如图 11-3 所示。

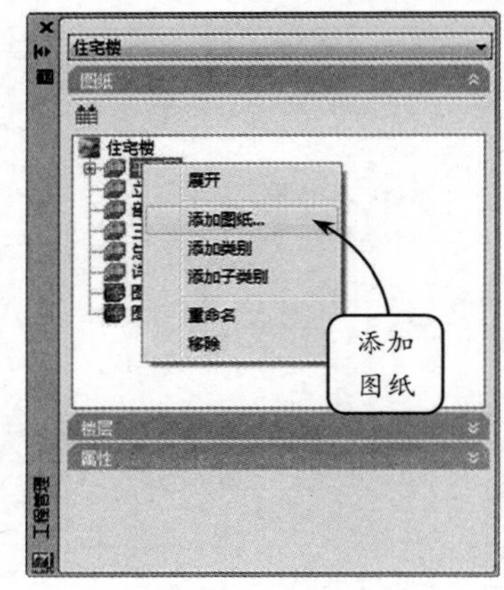

图 11-3 添加图纸

打开【选择图纸】对话框，如图 11-4 所示。选中所需的平面图，单击【打开】按钮即可完成图纸添加。

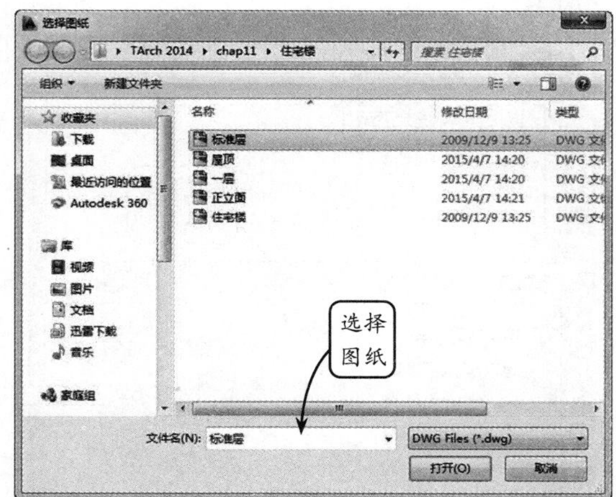

图 11-4　【选择图纸】对话框

11.1.4　打开工程

使用该工具可打开已有工程。在图纸集中的树形列表中会列出本工程的名称与该工程所属的图形文件名称，在楼层表中会列出本工程的楼层定义。

单击【打开工程】列表项，将打开【打开】对话框。在该对话框中浏览要打开的工程文件(*.tpr)，单击【打开】按钮，打开该工程文件，如图 11-5 所示。

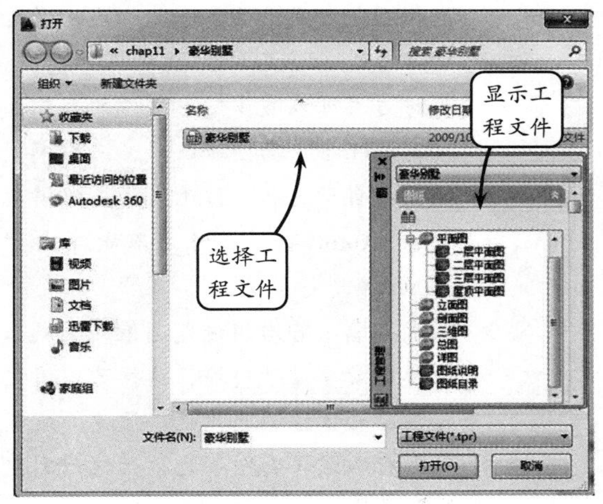

图 11-5　打开工程文件

11.1.5　创建楼层表

新建工程后，可以在其中创建楼层表。用户可以通过自定义层高、选择楼层等步骤来生成楼层表。如图 11-6 所示。

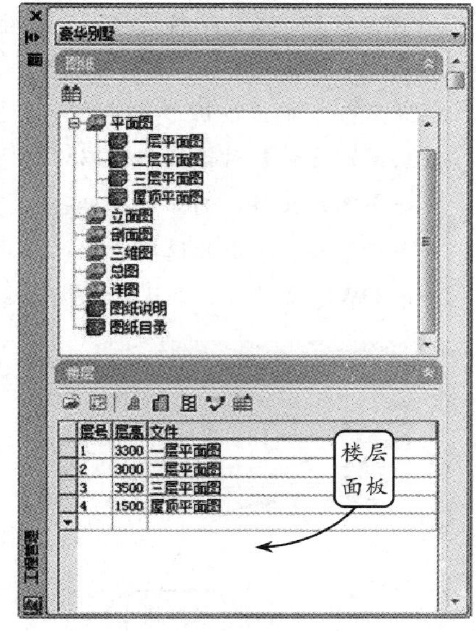

图 11-6　楼层面板

1．楼层表操作

当展开【楼层】卷展对话框时，用户可以看到一个表格。通过在表格中输入相应的信息，可以定义一个楼层。楼层表格的含义及使用方法如下所述。

- **层号**　在此列表格中，可以设置一组自然层号顺序码，例如 1、2、3 等。从第一行开始填写，一组自然层顺序对应一个标准层文件。在楼层表格中设置层号时，对于标准层有多层的，可以将自然层的顺序码输入一个表格中（例如 2~5），这样可以省去过多的编号。
- **层高**　在此列表格中，可以填写各个楼层的层高。层高不同的楼层属于不同的标准层。单位为 mm。
- **文件**　在此列表格中可以填写标准层的文件名。单击空白文件栏将出现按钮，单击按钮□可以浏览、选取文件、定义标准层。

- **表格的行首按钮** 单击行首按钮表示选一行，右击该按钮将显示本行的操作菜单。
- **按钮** 单击此按钮可以增加一行。

2. 楼层工具

在选项板上方显示有多个楼层编辑按钮，其功能包括打开楼层文件，以及将各层楼层文件组合为三维建筑模型效果，具体设置方法如下所述。

- **选择文件** 单击按钮，将打开【选择标准层图形文件】对话框。可以为标准层选择一个图形文件。例如，先单击表行选择一个标准层，单击此选项为该标准层指定一个 DWG 文件。如图 11-7 所示。

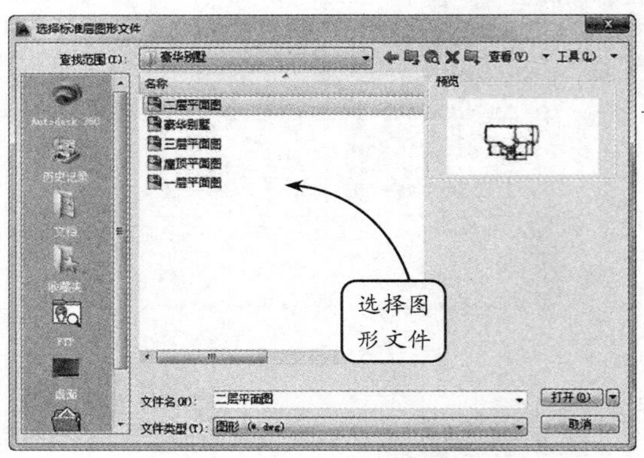

图 11-7 【选择标准层图形文件】对话框

- **框选标准层** 单击按钮，可以在视图中框选图形文件。在启用此按钮之前，先单击表行，选择对应当前图的标准层。然后单击此按钮，根据命令行的提示，在视图中框选图形。
- **三维组合** 本功能可以从楼层表获得标准层与自然层的关系，把平面图按用户在对话框中的设置转化为三维模型，并按自然层关系叠加成为整体建筑模型，以供三维渲染使用。单击按钮，将打开【楼层组合】对话框，如图 11-8 所示。系统会根据事先在【楼层】卷展对话框中设置的楼层定义，来创建三维建筑模型。对该对话框中主要参数项的功能说明如下。

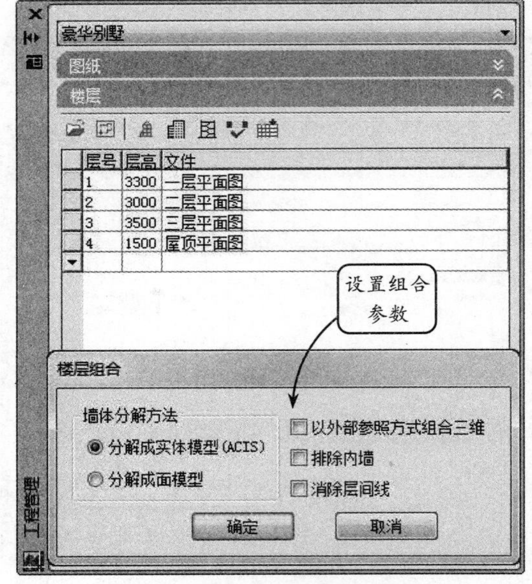

图 11-8 【楼层组合】对话框

- **分解成实体模型** 为了输出到其他软件进行渲染（如 3DSMAX），系统会自动把各个标准层内的专业构件（如墙体、柱子）分解成三维实体（3DSOLID），用户可以使用相关的选项进行编辑。
- **分解成面模型** 系统会自动把各个标准层内的专业构件分解成网格面，用户可以使用拉伸(Stretch)等选项修改。
- **以外部参照方式组合三维** 启用该复选框后，各层平面不插入本图，通过外部参照（Xref）方式生成三维模型。这种方式可以减少图形文件的开销，同时，在各平面图修改后，三维模型能做到自动更新。但生成的三维模型仅供 AutoCAD 使用，不能导出到 3DMAX 进行渲染。
- **排除内墙** 若启用该复选框，生成三维模型就不显示内墙。这样可以简化模型，减少渲染工作量。注意，应确保各标准层平面图事先执行【识别内外】选项。
- **消除层间线** 若启用该复选框，生成的三维模型就会把各楼层墙体合并成为一个实体，否则各层是分开的多个实体。

单击【确定】按钮确认操作，显示【输入要生成的三维文件】对话框，在其中给出三维模型的文件名，单击【保存】按钮后，输出三维模型。系统将执行三维组合操作，效果如图 11-9 所示。

- ❑ **建筑立面**　单击按钮，系统会根据用户事先在【楼层】卷展对话框中设置的楼层定义，创建建筑立面图。
- ❑ **建筑剖面**　单击按钮，系统会根据用户事先在【楼层】卷展对话框中设置的楼层定义，创建建筑剖面图。
- ❑ **门窗检查**　单击按钮，系统会根据用户事先在【楼层】卷展对话框中设置的楼层定义，检查工程各层平面图的门窗定义。

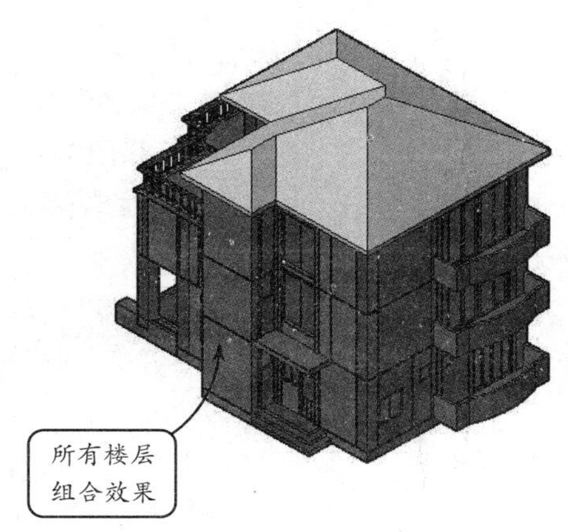

图 11-9　三维组合效果

- ❑ **门窗总表**　单击按钮，系统会根据用户事先在【楼层】卷展对话框中设置的楼层定义，创建工程各层平面图的门窗总表。

11.2 创建立面图

在完成了各层平面图的绘制后，同时在新工程中添加图纸并设置楼层表后，TArch 软件就可以自动生成立面图了。

11.2.1　建筑立面

创建建筑立面图的前提是完成了各层平面图的绘制。根据绘制的平面图可以直接生成立面图，并可以完成立面图的尺寸以及标高标注。

选择【立面】｜【建筑立面】选项，命令行将显示“请输入立面方向或正立面（F）/背立面（B）/左立面（L）/右立面（R）<退出>:”提示信息，可以在命令行输入代表视图的字母。此时命令行提示“请选择要出现在立面图上的轴线”，可在视图中选择基线，按回车键，打开【立面生成设置】对话框，如图 11-10 所示。该对话框中主要参数项的含义如下所述。

- ❑ **多层消隐/单层消隐**　前者考虑到两个相邻楼层的消隐，速度较慢，但考虑楼梯扶手等伸入上层的情况，消隐精度比较好。

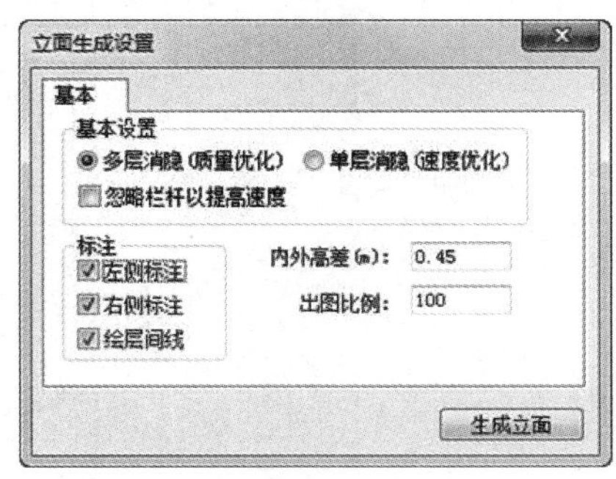

图 11-10　生成设置

- ❑ **内外高差**　室内地面与室外地坪的高差。
- ❑ **出图比例**　立面图的打印出图比例。
- ❑ **左侧标注/右侧标注**　指定是否标注立面图左、右两侧的竖向标注，含楼层标高和尺寸。
- ❑ **绘层间线**　指定楼层之间的水平横线是否绘制。
- ❑ **忽略栏杆**　启用此复选框，能够优化计算，以免消隐计算的时间大大增长，可忽略复杂栏杆的生成。

完成设置后，单击【立面生成】按钮，将打开【输入要生成的文件】对话框。在【文件名】右侧的文本框中输入将要保存的文件名，如图 11-11 所示。单击【保存】按钮，系统将自动生成立面图，并保存在该目录下。

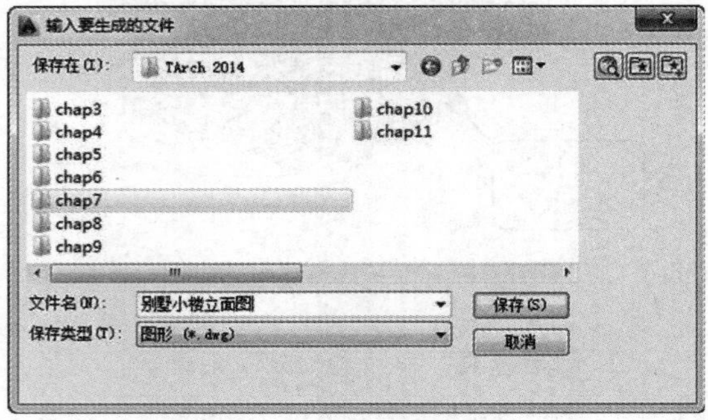

图 11-11 保存文件

完成操作后，视图将显示得到的立面图效果，并按照在【立面生成设置】对话框中的设置，对得到的立面图进行尺寸标注，如图 11-12 所示。当然，此时得到的效果并不完善，还需要进行进一步的修改。

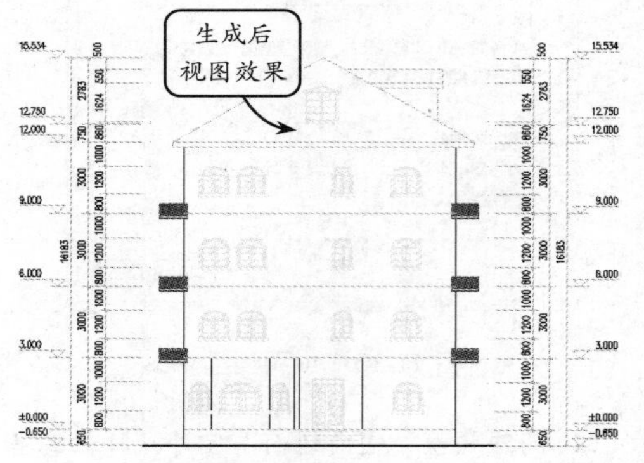

图 11-12 生成立面图

提示

天正立面图形是通过平面图构件中的三维信息进行消隐获得的纯粹二维图形，除了符号与尺寸标注对象以及门窗、阳台图块是天正自定义对象外，其他图形构成元素都是 AutoCAD 的基本对象。

11.2.2 构件立面

使用该工具可以生成当前标准层、局部构件，以及三维图块对象在选定方向上的立面图与顶视图。生成的立面图内容取决于选定的对象的三维图形。

以双分楼梯为例，选择【立面】|【构件立面】选项，命令行将显示"请输入立面方向或正立面(F)/背立面（B）/左立面（L）/右立面（R）<退出>："提示信息，可以在命令行输入代表视图的字母，例如输入字母 L。此时命令行将显示"请选择要生成立面的建筑构件"提示信息。选取该楼梯构件，如图 11-13 所示。

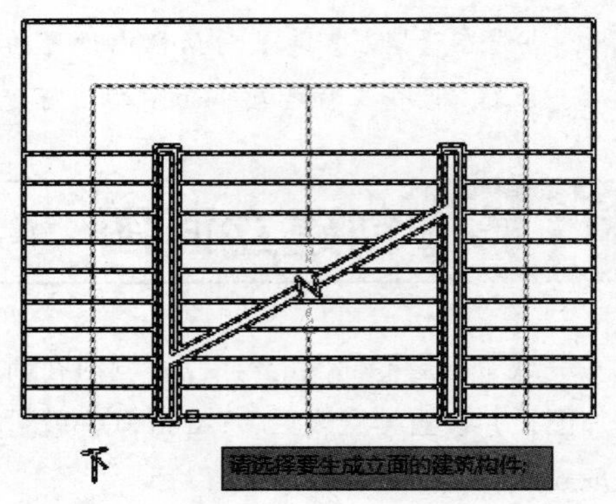

图 11-13 双分楼梯

选取楼梯构件后，命令行将显示"请点取放置位置:"提示信息。指定立面图放置位置，将显示立面图效果，如图 11-14 所示。

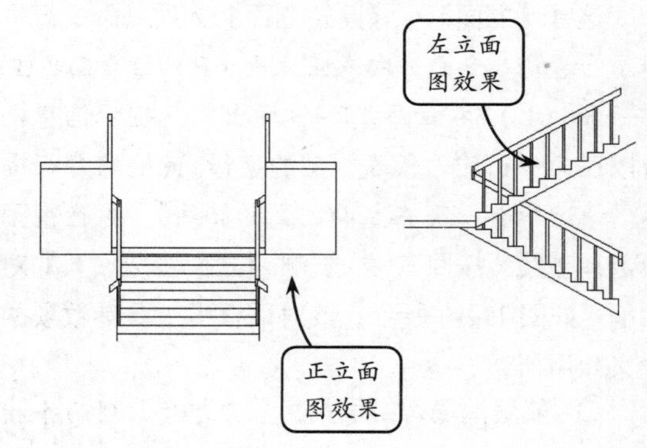

图 11-14 楼梯正立面图和左立面图

11.3 编辑立面图

在生成立面图后，得到的立面图形的部分构件难免会存在一些误差，这时就需要对立面图进行编辑与深化。在 TArch 中，可以对立面门窗、立面阳台等进行修改。下面详细介绍具体的操作方法。

11.3.1 立面门窗

使用该工具可以替换、添加立面图上的门窗，该工具同时也是立、剖面图的门窗图块管理工具。在绘图区中拾取需要替换的门窗样式，即可完成立面门窗的修改操作。

选择【立面】|【立面门窗】选项，在视图中打开图 11-15 所示的【天正图库管理系统】对话框。

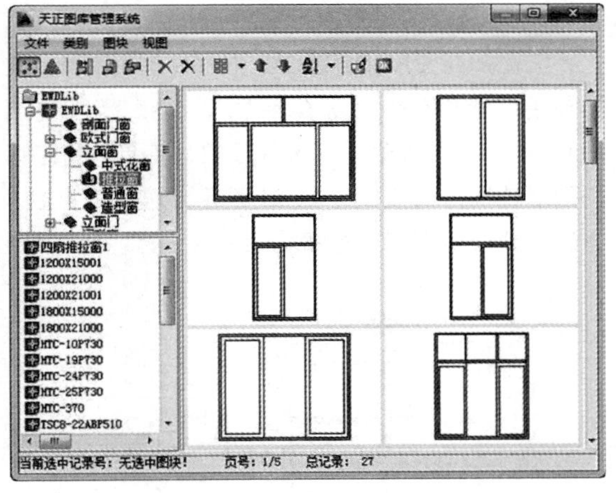

图 11-15 门窗图库

在图库中选择需要插入的门窗样式，然后单击对话框中的【替换】按钮，并按命令行提示在视图中选择需要插入的门窗，可以连续单击需要替换的门窗。选择后的门窗将以虚线显示。选择的结果如图 11-16 所示。

按回车键，完成门窗的选择，程序将自动识别图块中由插入点和右上角定位点所确定的范围，将对应的洞口方框等替换为指定的门窗图块。图 11-17 所示的是替换后的结果。

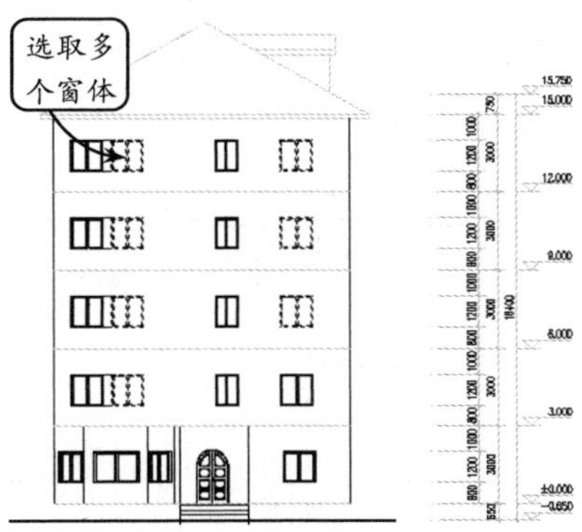

图 11-16 选择门窗

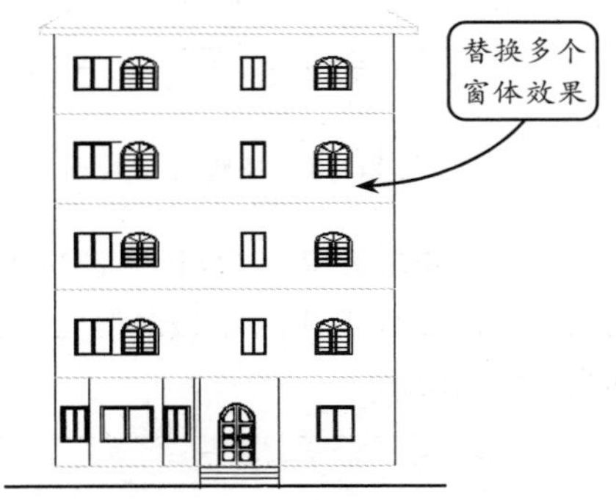

图 11-17 替换门窗

除了替换已有门窗外，使用该工具，在图库中双击所需门窗图块，还将打开【图块编辑】对话框，同时命令行将显示“点取插入点[转 90（A）/左右（S）/上下（D）/对齐（F）/外框（E）/转角（R）/基点（T）/更换（C）]<退出>：”提示信息，可执行不同的编辑操作。

例如输入字母 E，指定两角点，可插入与门窗洞口外框尺寸相当的门窗。程序会自动按照图块中由插入点和右上角定位点所确定的范围，将对应的洞口方框等替换为指定的门窗图块。

11.3.2 立面窗套

在 TArch 2014 中，使用该工具可以为已有的立面窗生成全包的窗套或窗上沿线和下沿线。

选择【立面】|【立面窗套】选项后，命令行将显示"请指定窗套的左下角点<退出>"提示信息。在视图中绘制框形区域，作为窗套的轮廓。通常捕捉门窗的两个角点来作为窗套的外轮廓，如图11-18 所示。

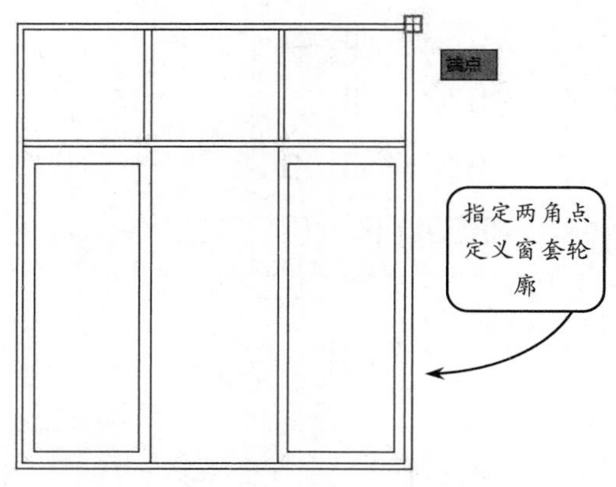

图 11-18　捕捉窗套轮廓

捕捉窗套轮廓后，在视图中打开【窗套参数】对话框，如图 11-19 所示。该对话框中主要参数项的含义如下所述。

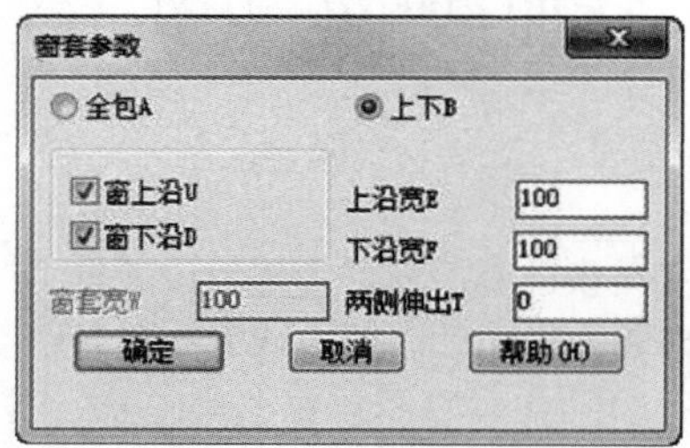

图 11-19　窗套参数

- ❑ **全包**　环窗四周创建矩形封闭窗套。
- ❑ **上下**　在窗的上下方分别生成窗上沿与窗下沿。
- ❑ **窗上沿/窗下沿**　仅在选择【上下】单选按钮时该选项组选项才有效，分别表示仅要窗上沿或仅要窗下沿。
- ❑ **上沿宽/下沿宽**　表示窗上沿线与窗下沿线的宽度。
- ❑ **两侧伸出**　窗上、下沿两侧伸出的长度。
- ❑ **窗套宽**　除窗上、下沿以外部分的窗套宽。

完成设置后，单击对话框中的【确定】按钮，可以在所选区域内生成窗套。图 11-20 所示的分别是【全包】和【上下】两种窗套类型的对比效果。

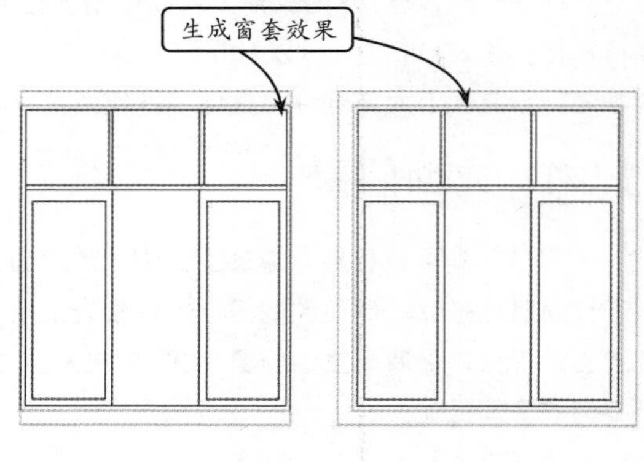

图 11-20　生成窗套

通常，在添加完窗套后，可以将其转换为块，并将其添加到图库中，以便我们后面调用图块。其方法是：选择添加窗套后的造型，然后使用 AutoCAD 软件提供的【创建图块】工具，将选择的图形转换为块，如图 11-21 所示。选择门窗后，将选择整个门窗和窗套图块。

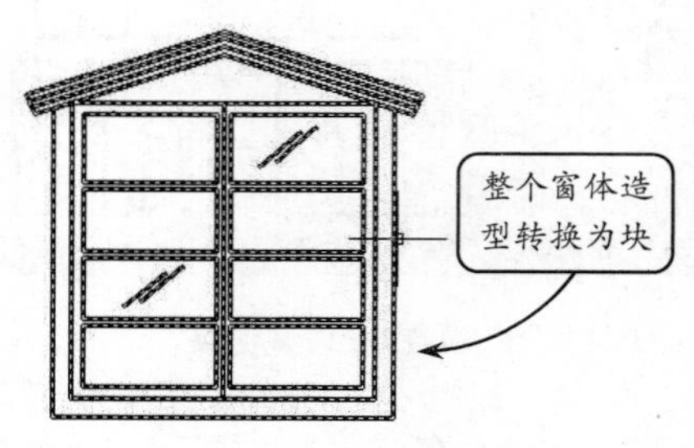

图 11-21　转化为块

然后，选择【立面】|【立面门窗】选项，在视图中打开【天正图库管理系统】对话框。选择目标图库，然后单击【新图入库】按钮。在视图中选择需要添加到图库的门窗图块，将图块添加到图库中。添加的图块以蓝色显示，图 11-22 所示的是添加两种不同窗套的窗块效果。

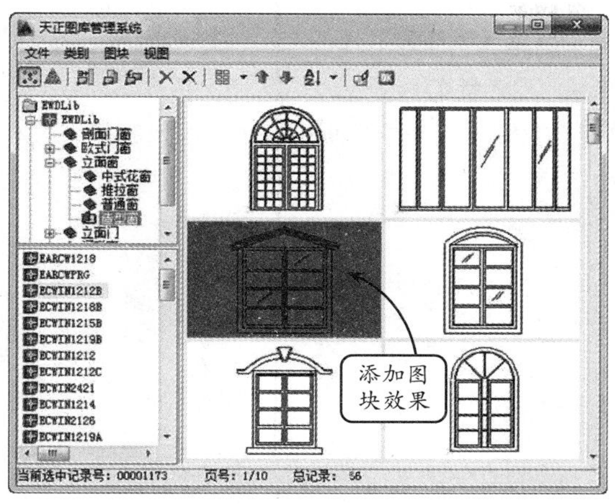

图 11-22 添加图块

11.3.3 立面阳台

使用该工具可以在立面图中替换已有阳台或直接创建阳台。该工具同时也是立面阳台图块的管理的工具。

选择【立面】|【立面阳台】选项后，将打开【天正图库管理系统】对话框。该图库中包含了多种阳台样式供用户选择，如图 11-23 所示。可以按照指定立面窗套和自定义窗套的方法进行立面阳台操作，这里不再赘述。

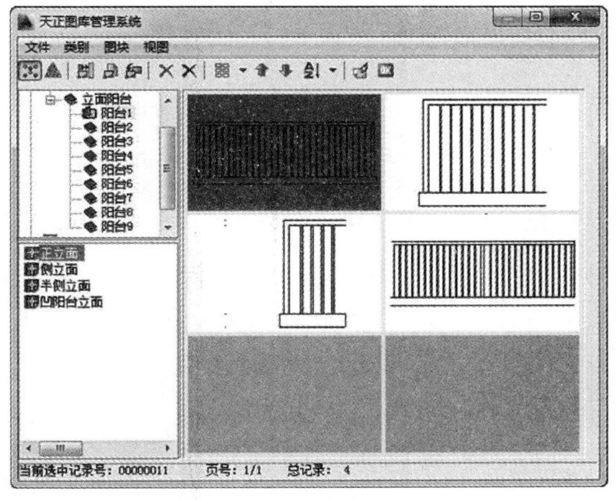

图 11-23 阳台图库

11.3.4 立面屋顶

本命令可完成包括平屋顶、单坡屋顶、双坡屋顶、四坡屋顶与歇山屋顶的正立面和侧立面、组合的屋顶立面、一侧与相邻墙体或其他屋面相连接的不对称屋顶的绘制。

选择【立面】|【立面屋顶】选项，将在视图中打开【立面屋顶参数】对话框，如图 11-24 所示。

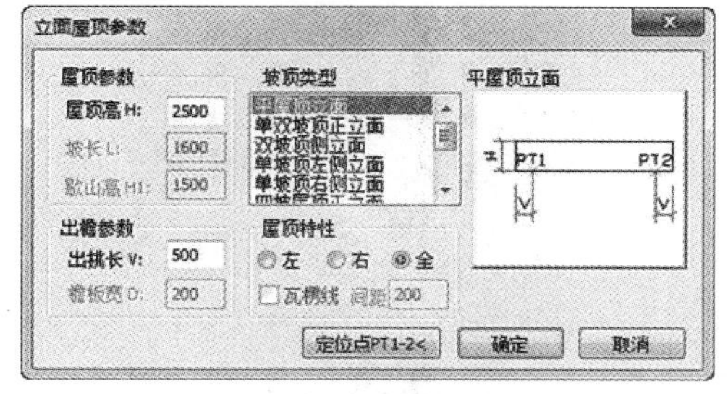

图 11-24 立面屋顶

先从【坡顶类型】列表框中选择所需屋顶类型，然后在【屋顶参数】选项组中分别定义各屋顶参数，并根据需要设置屋顶特性中的【左】、【右】或【全】3 个互锁按钮。完成设置后，可以单击对话框中的【定位点 PT1-2<】按钮，将自动关闭对话框，并切换到视图中，即可在视图中捕捉两点来定义屋顶宽，如图 11-25 所示。

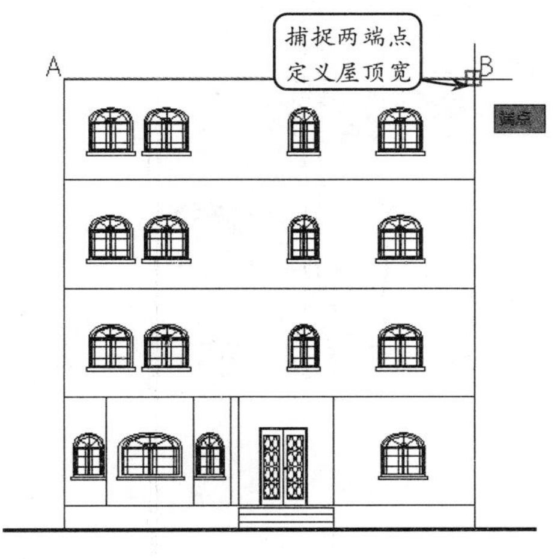

图 11-25 捕捉点

捕捉两点后，视图将返回到【立面屋顶参数】对话框。此时，用户可以对原来的设置进行最后的确认。完成设置后，单击【确定】按钮，系统将按照捕捉点自动生成立面屋顶，如图 11-26 所示。

图 11-26　生成立面屋顶

11.3.5　门窗参数

使用该工具可以对生成的立面门窗尺寸以及门窗底标高进行修改。用户修改完立面门窗尺寸后，系统会按尺寸更新所选门窗。

选择【立面】|【门窗参数】选项，然后按照命令行提示，在视图中选择需要修改的门窗，按回车键结束选择，再按命令行提示，分别定义新的底标高、高度和宽度值，如图 11-27 所示。各个被选中的门窗均以底部中点为基点对称更新。

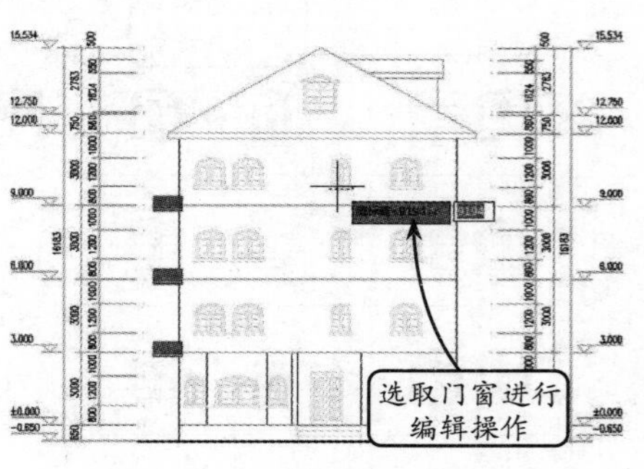

图 11-27　编辑门窗参数

11.3.6　雨水管线

使用该工具可以在立面图中按给定的位置生成竖直向下的雨水管。通过命令行的提示可以设置雨水管的半径值，通过在视图中点取位置可以确定雨水管的长度。

选择【立面】|【雨水管线】选项后，命令行将显示“请指定雨水管的起点：P--参考点/<起点>”提示信息，在视图中捕捉两点作为雨水管的起点和落地点，如图 11-28 所示。

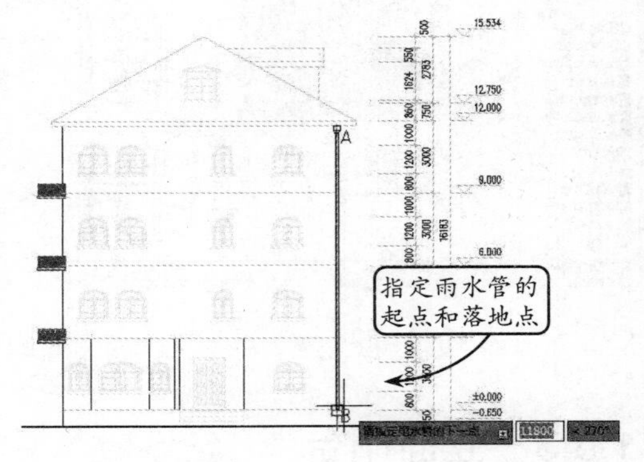

图 11-28　指定雨水管的起点和落地点

命令行将显示“请指定雨水管的管径”提示信息。可以直接在命令行输入雨水管的半径，也可以通过在视图中捕捉两点之间的距离作为管径，随即在上面两点间竖向画出平行的雨水管，其间的墙面分层线均被雨水管断开，如图 11-29 所示。

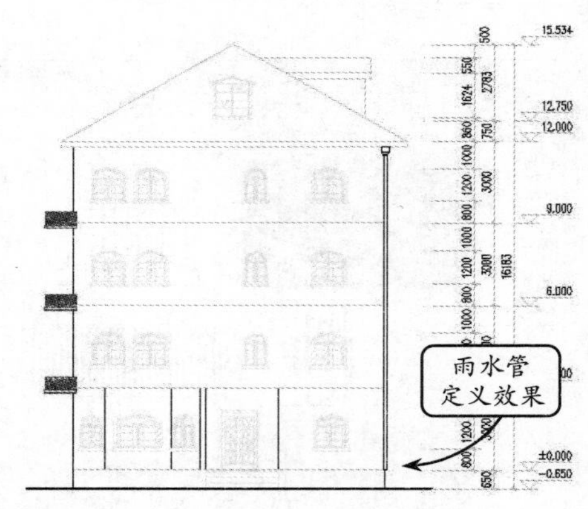

图 11-29　插入雨水管

11.3.7　柱立面线

使用该工具可以绘制圆柱立面效果，使圆柱更具立体感。

选择【立面】|【柱立面线】选项，然后按命令行提示分别输入起始角、包含角、立面线数目，命令行将显示"输入矩形边界的第一个角点<选择边界>:"提示信息。分别指定两角点即可获得柱立面线效果，如图 11-30 所示。

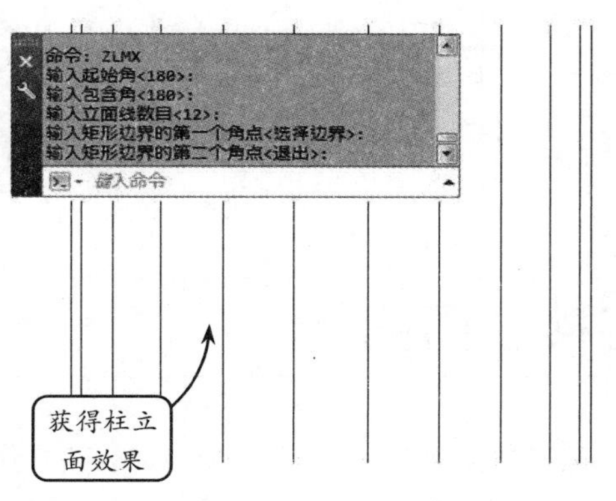

图 11-30　柱立面效果

竖线密集的地方显示该处为向内弯曲状态，竖线稀疏的地方表明该处曲面与视图接近平行。

11.3.8　立面轮廓

使用该工具可以自动搜索建筑立面外轮廓，并在边界上加一圈粗实线，但不包括地坪线在内。

选择【立面】|【立面轮廓】选项，按照命令行提示，在视图中选择需要添加立面轮廓的外墙边界线和屋顶线并按回车键，此时键入 30~50 之间的数值。系统自动搜索轮廓线位置，并将轮廓线以红色虚线显示，如图 11-31 所示。

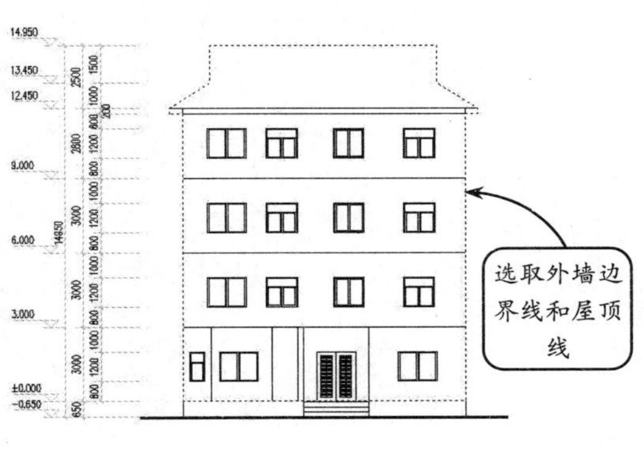

图 11-31　立面轮廓线

命令行将显示"请输入轮廓线宽度<0>:"提示信息。在命令行中输入要生成的轮廓线宽度值，轮廓线将以该数值显示，如图 11-32 所示。但是，在复杂的情况下搜索轮廓线会失败，将无法生成轮廓线。此时可使用【多段线】工具绘制立面轮廓线。

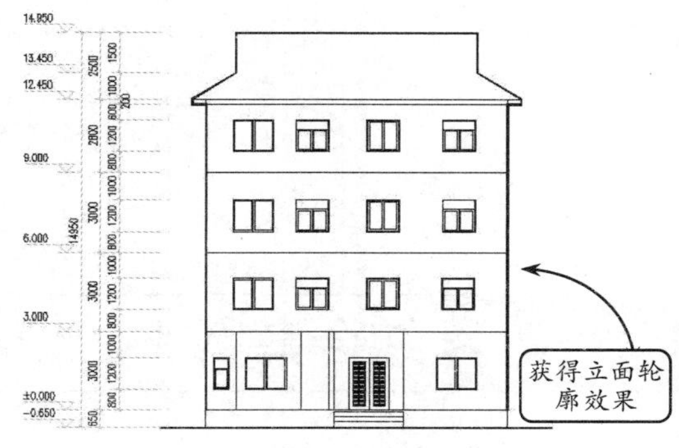

图 11-32　生成轮廓线

11.3.9　图形剪裁

【图形剪裁】工具主要用于将用户绘制的剪裁框内的对象修剪掉，常用来对立面图进行处理，如构件的遮挡或者楼层的消隐等。

选择【立面】|【图形剪裁】选项，命令行将显示"请选择被剪裁的对象"提示信息。选取待剪裁的立面图对象，被选择的对象将以虚线显示。然后，按照命令行提示在视图中选择剪裁区域，如图 11-33 所示。

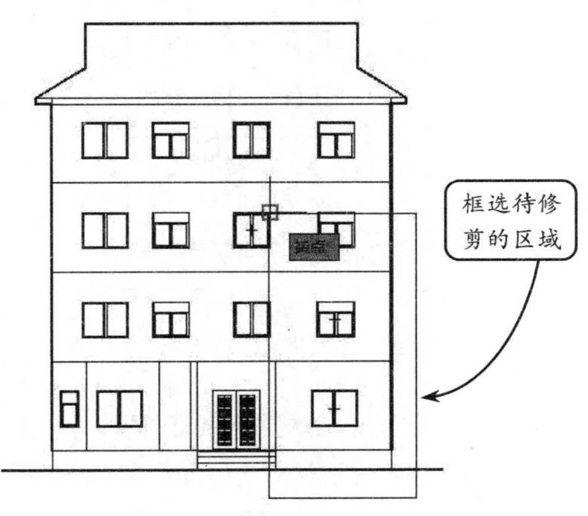

图 11-33　选择剪裁区域

确定剪裁区域后，系统会将剪裁区域内的图形从视图中删除，如图 11-34 所示。命令行将显示"矩形的第一个角点或[多边形剪裁（P）/多段线定边界（L）/图块定边界（B）]"提示信息，此时可以根据需要，输入字母 P 或 L，来确定以哪种方式选择剪裁区域。

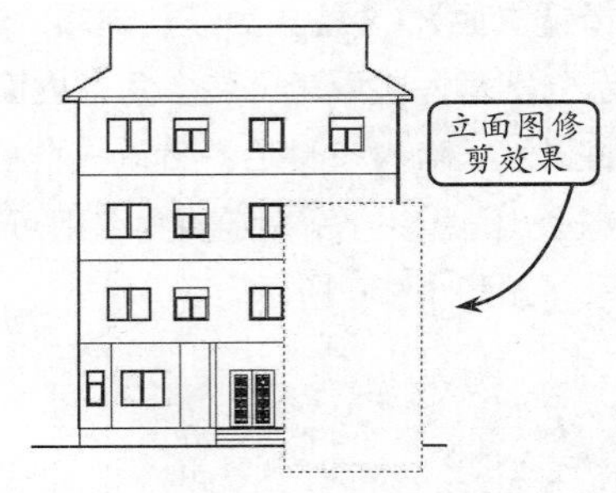

图 11-34　剪裁效果

11.4 综合案例 1：绘制住宅楼立面图

本例将绘制住宅楼立面图，效果如图 11-35 所示。当一栋建筑物的各层平面图，包括屋顶绘制好后，系统便能根据现有的各层平面图，自动创建该建筑的立面图。但是，一般自动创建的立面图会比较粗糙，还需要对其进行后续的精细加工，诸如，替换门窗和阳台样式、添加窗套、封闭屋顶并填充，以及标注墙面所用材料等。这样才能获得一幅比较完整的建筑立面图。

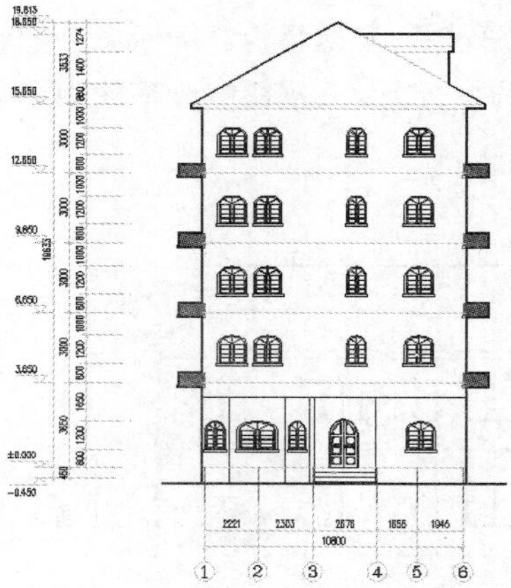

图 11-35　住宅楼立面图效果

绘制该立面图时，首先打开位于同一个文件夹下的各层平面图。然后利用【移动】工具，将一层平面图的左下轴线的交点调整至坐标原点。这样，将来生成的各楼层立面才能对齐。接着，利用【工程管理】工具创建好住宅楼的楼层表，然后利用【建筑立面】工具自动创建立面图。最后，对立面图进行编辑，如，完善尺寸标注、标注标高、替换门窗和阳台样式、添加窗套、填充屋顶，以及标注墙面所用材料等。

操作步骤

STEP|01 首先确定已经绘制好各个楼层的平面图，包括一层、二层和屋顶平面图，并确保其共同存在于一个文件夹下。然后，分别打开各楼层平面图，效果如图 11-36 所示。

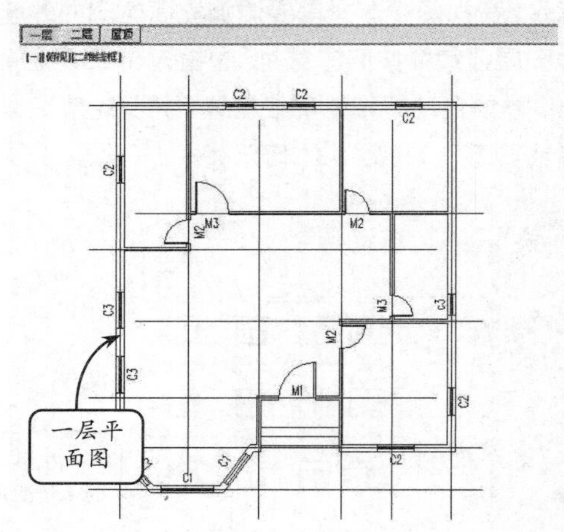

图 11-36　打开住宅楼各层图纸

STEP|02 选择【文件布图】|【工程管理】选项，在打开的对话框中新建一名为"住宅楼"的工程，

并将其保存在当前图纸所在的文件夹下。然后，展开【楼层】面板，对工程的【层号】、【层高】和【文件】进行设置，效果如图 11-37 所示。

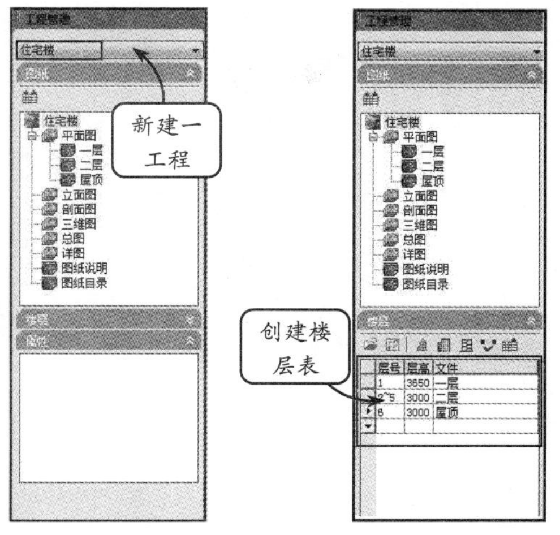

图 11-37　楼层设置

STEP|03 选择【立面】|【建筑立面】选项，在命令行中输入 F，指定创建正立面。此时，系统提示选择将要出现在立面图上的轴线，依次选取 14 条竖直的轴线为将要出现在立面图上的轴线，效果如图 11-38 所示。

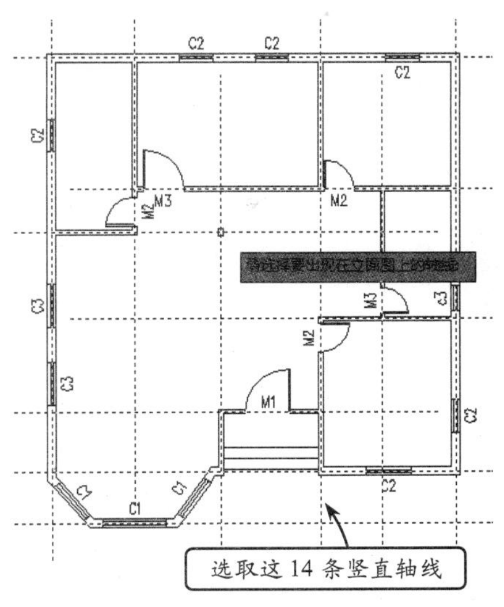

图 11-38　指定要创建的立面图

STEP|04 指定完将要出现在立面图上的轴线后单击鼠标右键，系统将打开【立面生成设置】对话框。然后在该对话框中禁用【右侧标注】复选框，如图 11-39 所示。

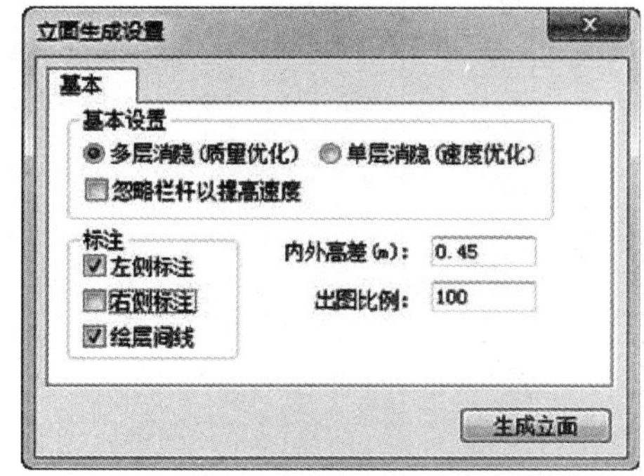

图 11-39　立面生成设置

STEP|05 完成设置后单击【生成立面】按钮，在打开的【保存】对话框中指定保存路径，并输入文件名。然后单击【保存】按钮，系统将按照设置自动创建建筑立面。效果如图 11-40 所示。

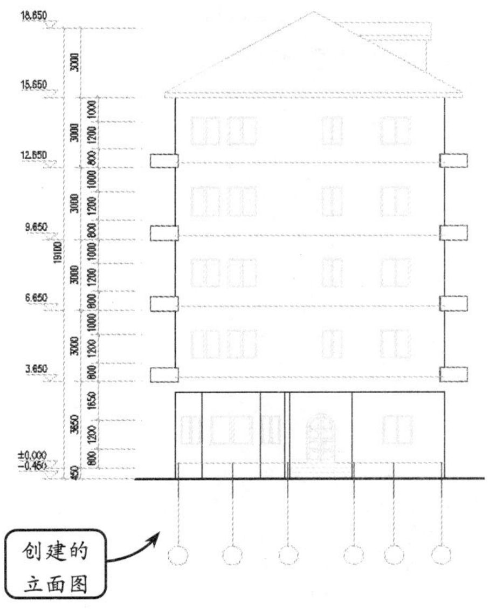

图 11-40　创建的立面图效果

STEP|06 通过调整夹点的方法，将左侧的尺寸向右移动。然后利用【镜像】工具选取最底部标高为要镜像的对象，并指定竖直轴线与地坪线的任意两个交点为镜像点，将该标高镜像，将源对象删除。效果如图 11-41 所示。

TArch 天正建筑设计与工程应用从新手到高手

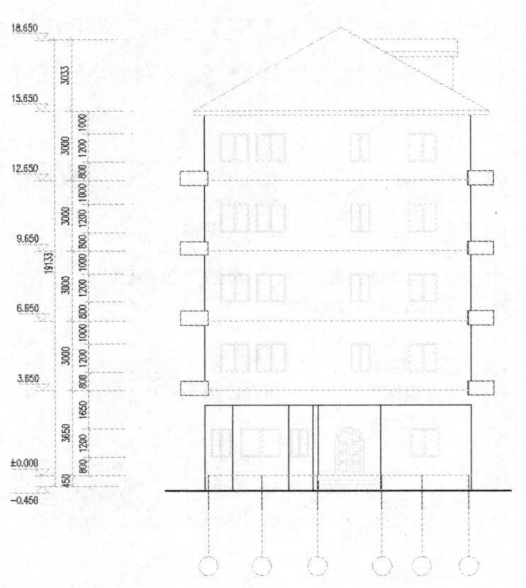

图 11-41　调整尺寸标注位置

STEP|07 观察创建的立面图，发现左侧的尺寸标注并未标注完整。因此，选择【尺寸标注】|【尺寸编辑】|【增补尺寸】选项，选取标注线并选取需要添加标注的点。选取的点将自动添加到选取的标注线上，效果如图 11-42 所示。

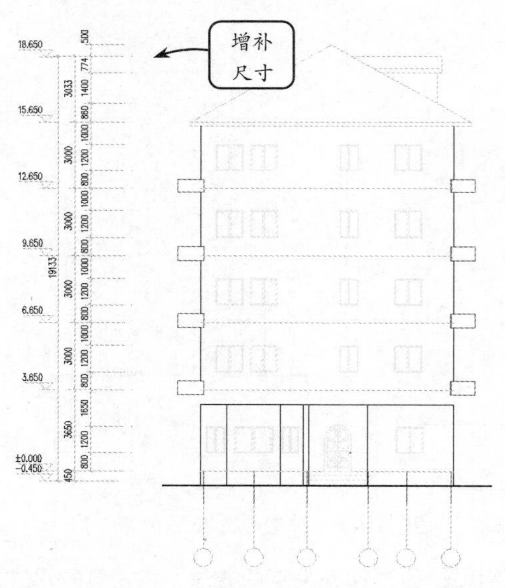

图 11-42　增补尺寸

STEP|08 继续对另两条标注线添加尺寸标注。然后选择【尺寸标注】|【尺寸编辑】|【合并区间】选项，框选两个尺寸标注进行合并，效果如图 11-43 所示。

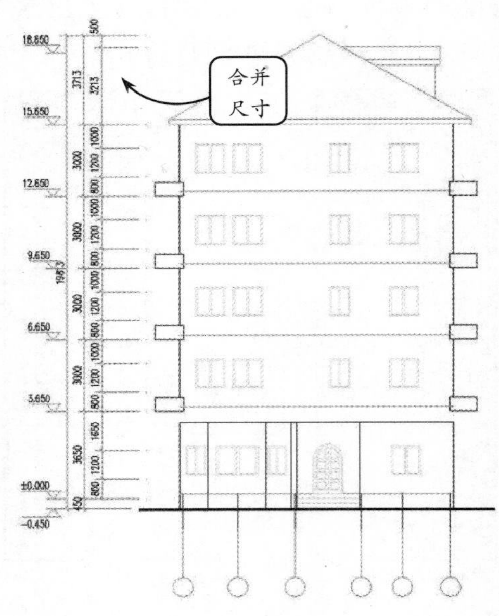

图 11-43　完善标注

STEP|09 选择【符号标注】|【标高标注】选项，在打开的对话框中单击【带基线】按钮，输入标高数值为 19.1113。然后，在指定位置单击，确定标柱的位置。再次单击，确定标注的方向，效果如图 11-44 所示。

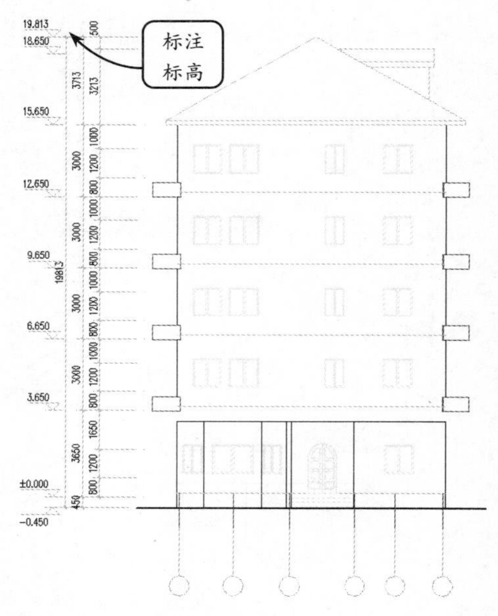

图 11-44　标高标注

STEP|10 将创建立面图时生成的轴线编号删除。然后利用【轴网轴标】工具依次选取最左侧和最右侧的两条竖直轴线，并单击鼠标右键，效果如图 11-45 所示。

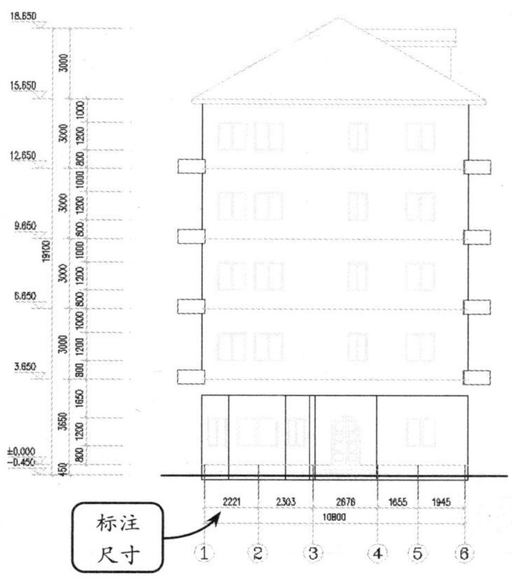

图 11-45　轴网轴标

STEP|11 利用【局部隐藏】工具将尺寸标注隐藏。然后选择【立面】|【立面门窗】选项，在打开的【天正图库管理系统】面板中选择 EWIN1219B 造型窗。接着，单击【替换】按钮，并选取需要替换的门窗，按下回车键，即可将选取的门窗替换。效果如图 11-46 所示。

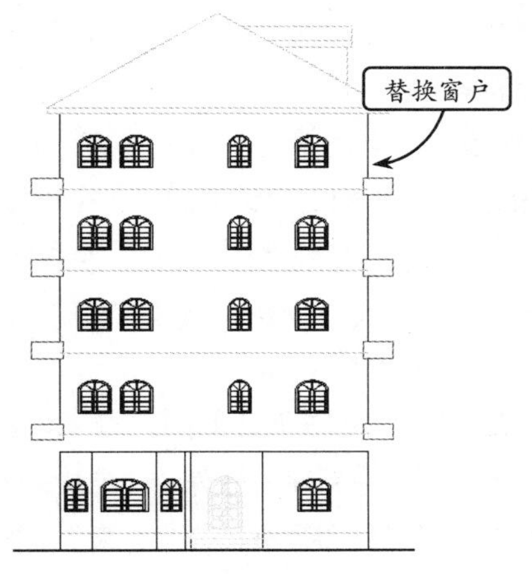

图 11-46　替换窗户

STEP|12 选择【立面】|【立面阳台】选项，在打开的【天正图库管理系统】面板中选择立面阳台 1。然后单击【替换】按钮，并选取需要替换的阳台，按下回车键，即可将选取的阳台替换。效果如图 11-47 所示。

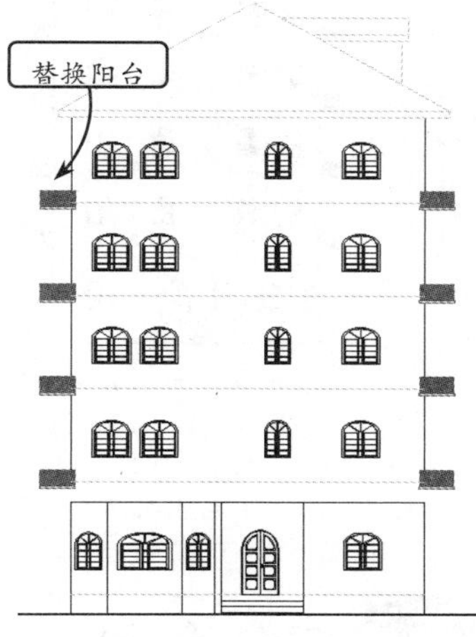

图 11-47　替换阳台

STEP|13 选择【立面】|【立面窗套】选项，指定窗户的两个对角点，并单击鼠标右键，将打开【窗套参数】对话框。然后，按照图 11-48 所示内容设置窗套参数，为卧室所有窗户添加只有下沿的窗套。

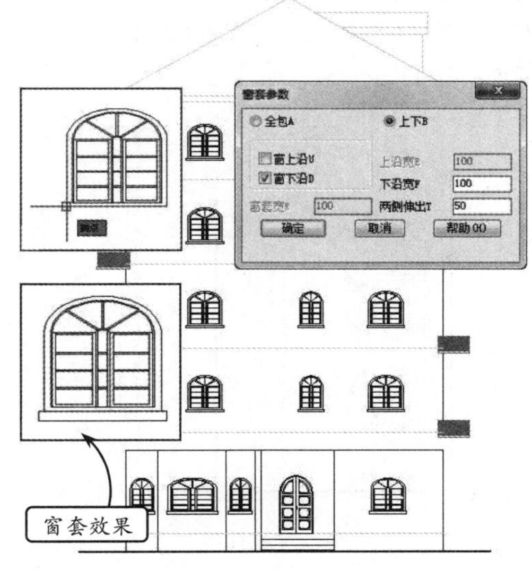

图 11-48　添加窗套

STEP|14 选择【立面】｜【立面轮廓】命令。选

择二维对象并按回车键，轮廓线的宽度为 50，如图 11-49 所示。

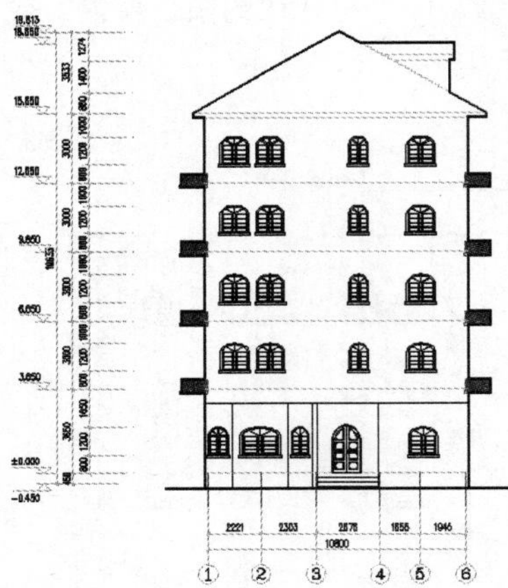

图 11-49　住宅立面图

11.5 综合案例 2：绘制居民楼

本例将绘制居民楼的立面图，效果如图 11-50 所示。建筑立面图是平行于建筑房屋立面的投影，主要用于体现建筑物外观造型、风格特征。通常把主要入口或反映房屋主要外貌特征的立面图称为正立面图，其他 3 个面分别为背立面图、左立面图及右立面图。本例所绘制的立面图为该居民楼的正立面图。

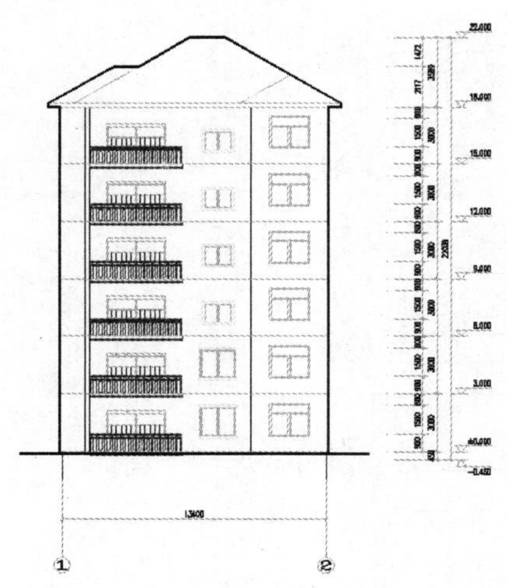

图 11-50　绘制居民楼立面图

绘制该立面图时，首先打开位于同一个文件夹下的各层平面图。然后，利用【移动】工具将一层平面图的左下轴线的交点调整至坐标原点。这样，将来生成的各楼层立面才能对齐。接着，利用【工程管理】工具创建好住宅楼的楼层表，再利用【建筑立面】工具自动创建立面图。最后，对立面图进行编辑，如，完善尺寸标注、标注标高、替换门窗和阳台样式、添加窗套、填充屋顶，以及标注墙面所用材料等。

操作步骤

STEP|01 首先，确定已经绘制好各个楼层的平面图，包括一层、二层和屋顶平面图，并确保其共同存在于一个文件夹下。然后，分别打开各楼层平面图，效果如图 11-51 所示。

STEP|02 选择【文件布图】|【工程管理】选项，在打开的对话框中新建一名为“住宅楼”的工程，并将其保存在当前图纸所在的文件夹下。然后展开【楼层】面板，对工程的【层号】、【层高】和【文件】进行设置，效果如图 11-52 所示。

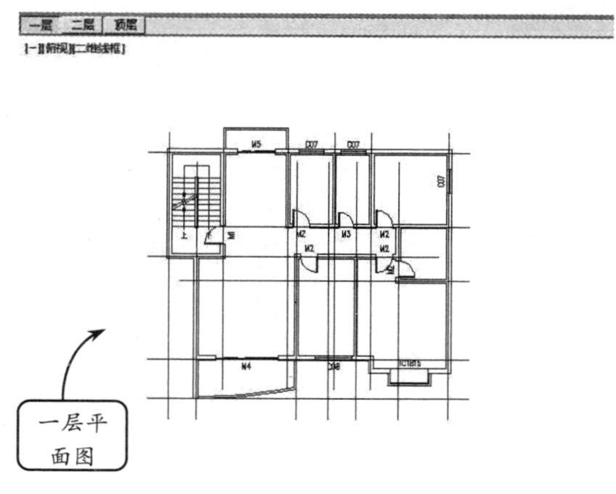

图 11-51　打开居民楼各层图纸

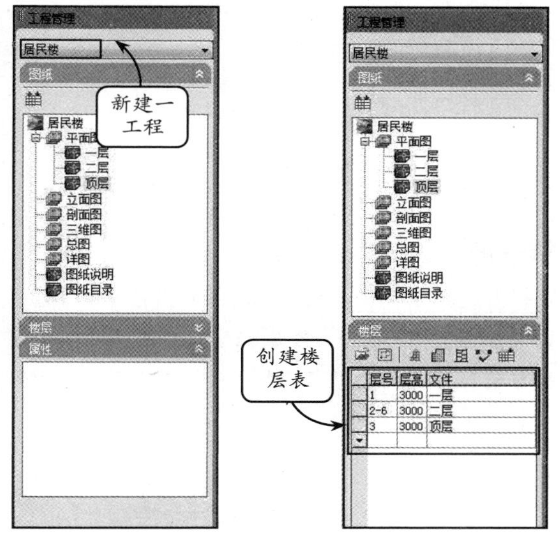

图 11-52　楼层设置

STEP|03 选择【立面】|【建筑立面】选项，在命令行中输入 F，指定创建正立面。此时，系统提示选择将要出现在立面图上的轴线。依次选取 2 条竖直的轴线为将要出现在立面图上的轴线，效果如图 11-53 所示。

STEP|04 指定完将要出现在立面图上的轴线后单击鼠标右键，系统将打开【立面生成设置】对话框。在该对话框中，禁用【左侧标注】复选框，如图 11-54 所示。

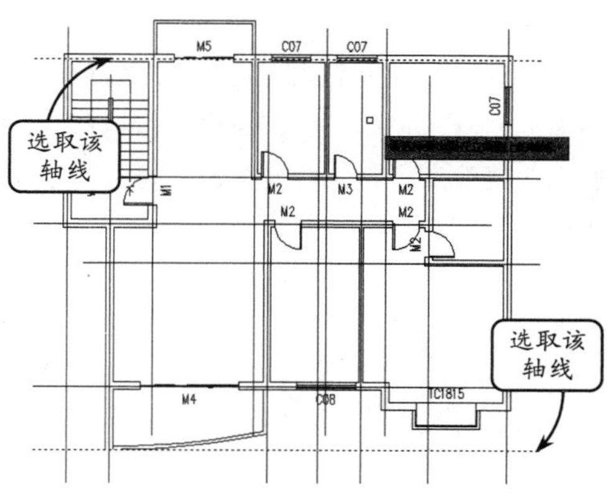

图 11-53　指定要创建的立面图

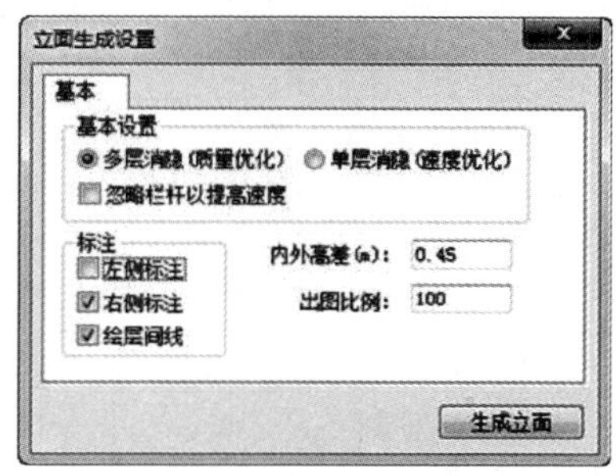

图 11-54　立面生成设置

STEP|05 完成设置后单击【生成立面】按钮，在打开的【保存】对话框中指定保存路径并输入文件名。然后单击【保存】按钮，系统将按照设置自动创建建筑立面，效果如图 11-55 所示。

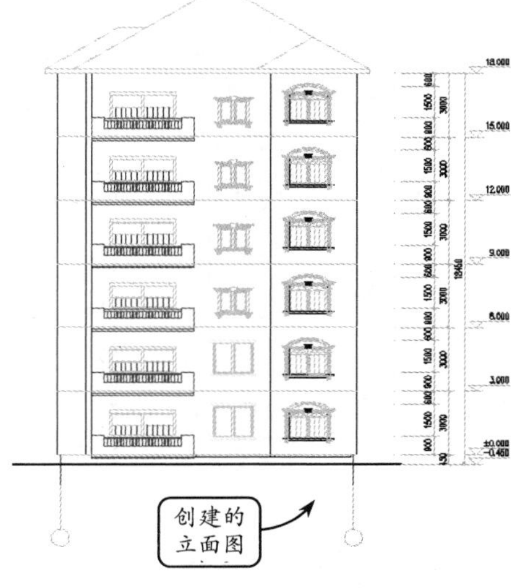

图 11-55　创建的立面图效果

STEP|06 通过调整夹点的方法，将左侧的尺寸向右移动。然后利用【镜像】工具选取最底部标高为要镜像的对象，并指定竖直轴线与地坪线的任意两个交点为镜像点，将该标高镜像，将源对象删除。效果如图 11-56 所示。

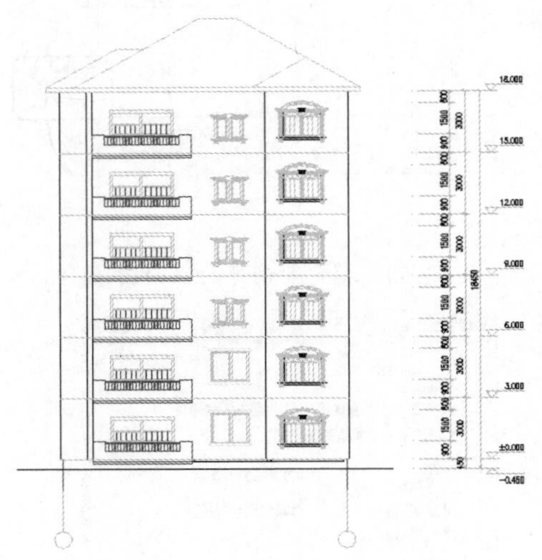

图 11-56　调整尺寸标注位置

STEP|07 观察创建的立面图，发现左侧的尺寸标注并未标注完整。因此，选择【尺寸标注】|【尺寸编辑】|【增补尺寸】选项，选取标注线，并选取需要添加标注的点，选取的点将自动添加到选取的标注线上，效果如图 11-57 所示。

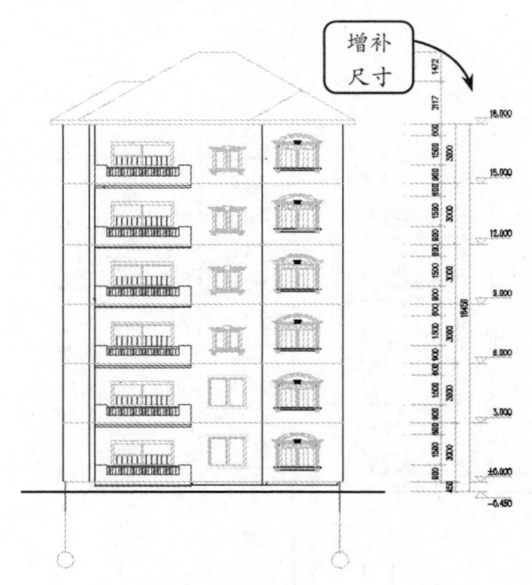

图 11-57　增补尺寸

STEP|08 继续对另两条标注线添加尺寸标注。然后选择【尺寸标注】|【尺寸编辑】|【合并区间】选项，框选两个尺寸标注进行合并，效果如图 11-58 所示。

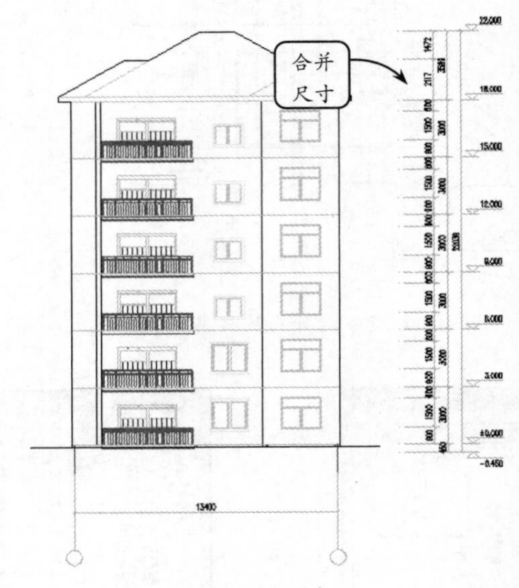

图 11-58　完善标注

STEP|09 选择【符号标注】|【标高标注】选项，在打开的对话框中单击【带基线】按钮，并输入标高数值为 19.1113。然后在指定位置单击，确定标柱的位置，再次单击，确定标注的方向，效果如图 11-59 所示。

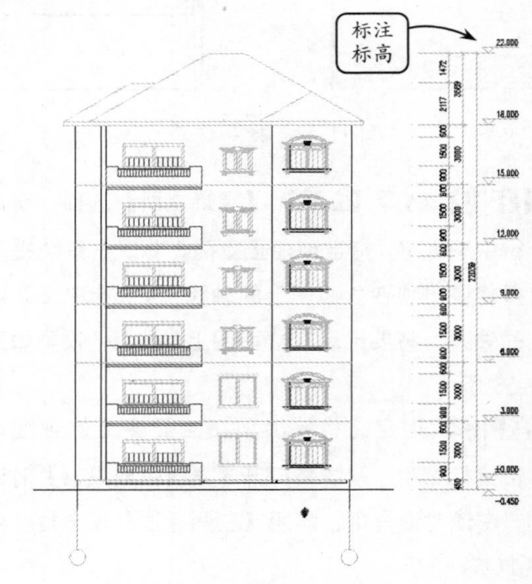

图 11-59　标高标注

STEP|10 将创建立面图时生成的轴线编号删除。然后利用【轴网轴标】工具，依次选取最左侧和最右侧的两条竖直轴线，并单击鼠标右键，效果如图 11-60 所示。

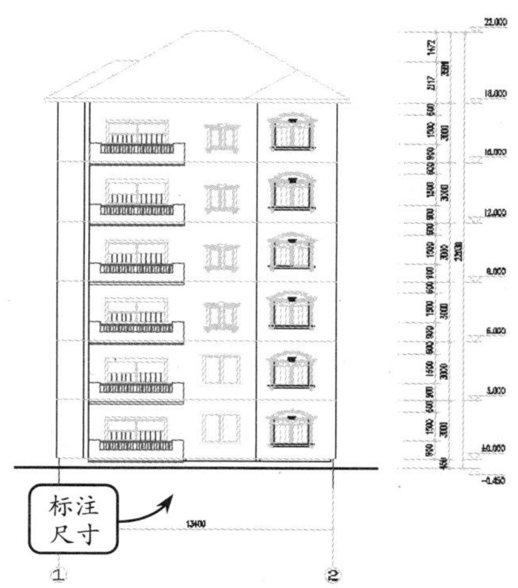

图 11-60 轴网轴标

STEP|11 利用【局部隐藏】工具将尺寸标注隐藏。然后选择【立面】|【立面门窗】选项，在打开的【天正图库管理系统】面板中分别选择 PSC5-39P130 和 PSC5-53P130 造型窗。接着，单击【替换】按钮，并选取需要替换的门窗，按下回车键，即可将选取的门窗替换。效果如图 11-61 所示。

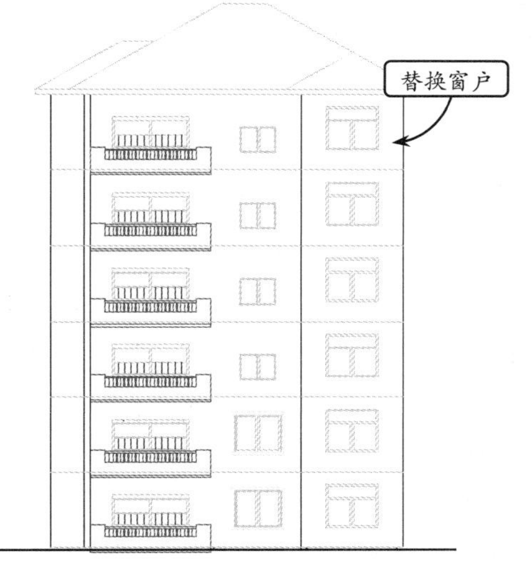

图 11-61 替换窗户

STEP|12 选择【立面】|【立面阳台】选项，在打开的【天正图库管理系统】面板中选择立面阳台 3。然后，单击【替换】按钮，并选取需要替换的阳台，按下回车键，即可将选取的阳台替换。效果如图 11-62 所示。

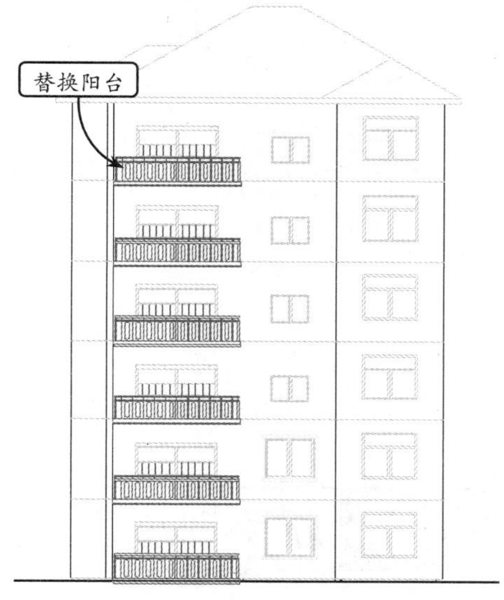

图 11-62 替换阳台

STEP|13 选择【立面】|【立面窗套】选项，指定窗户的两个对角点，并单击鼠标右键，将打开【窗套参数】对话框。然后按照图 11-63 所示内容设置窗套参数，为卧室所有窗户添加只有下沿的窗套。

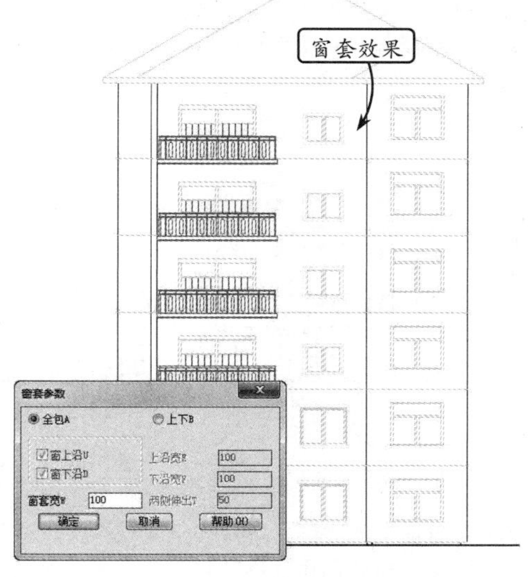

图 11-63 添加窗套

STEP|14 选择【立面】|【立面轮廓】命令。选择二维对象并按回车键，轮廓线的宽度为 50，如

图 11-64 所示。

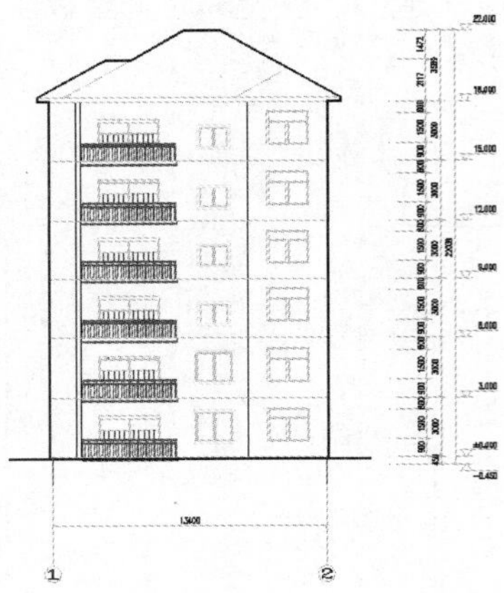

图 11-64　居民楼立面图

11.6 新手训练营

练习 1：绘制立面图

本练习要求绘制住宅楼立面图，效果如图 11-65 所示。当一栋建筑物的各层平面图，包括屋顶绘制好后，系统便能根据现有的各层平面图，自动创建该建筑的立面图。但是，一般自动创建的立面图会比较粗糙，还需要对其进行后续的精细加工，诸如，替换门窗和阳台样式、添加窗套、封闭屋顶并填充，以及标注墙面所用材料等，这样才能获得一幅比较完整的建筑立面图。

图 11-65　住宅楼立面图效果

绘制该立面图时，首先打开位于同一个文件夹下的各层平面图。然后利用【移动】工具将一层平面图的左下轴线的交点调整至坐标原点，这样将来生成的各楼层立面才能对齐。接着，利用【工程管理】工具创建好住宅楼的楼层表，再利用【建筑立面】工具自动创建立面图。最后，对立面图进行编辑，如，完善尺寸标注、标注标高、替换门窗和阳台样式、添加窗套、填充屋顶，以及标注墙面所用材料等。

练习 2：绘制豪华别墅

本练习要求创建居民楼的立面图，效果如图 11-66 所示。建筑立面图是平行于建筑房屋立面的投影，主要用于体现建筑物外观造型、风格特征。通常把主要入口或反映房屋主要外貌特征的立面图称为正立面图，其他 3 个面分别为背立面图、左立面图及右立面图。本练习所绘制的立面图为该居民楼的正立面图。

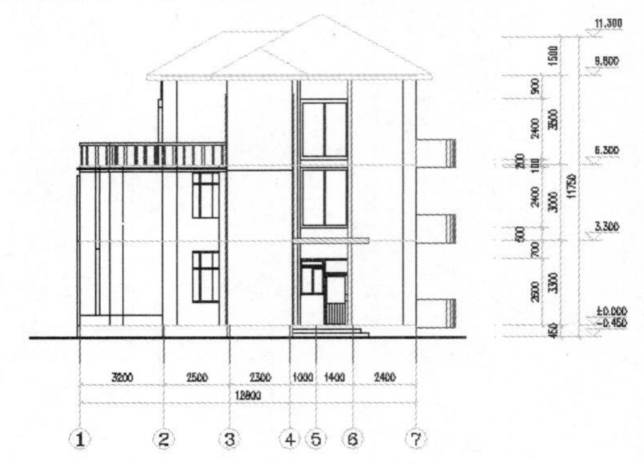

图 11-66　绘制立面图

绘制该立面图时，首先打开位于同一个文件夹下的各层平面图，并利用【移动】工具对齐各楼层。然后，利用【工程管理】工具创建住宅楼的楼层表，再利用【建筑立面】工具自动创建立面图。最后对立面图进行后续编辑即可。

第 12 章

剖面图

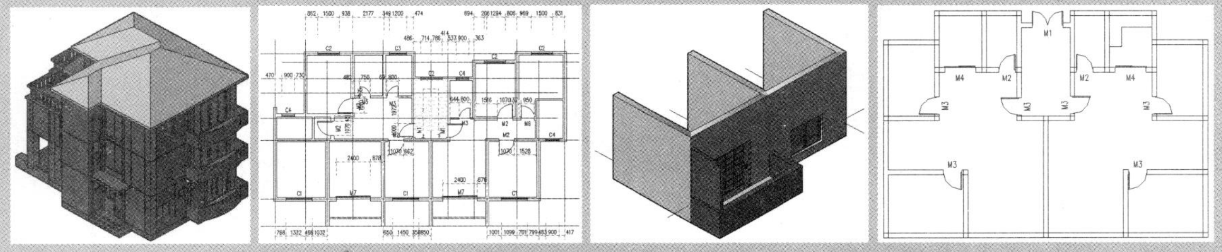

在建筑设计中绘制一幅完整的工程图纸，不仅需要绘制工程的各层平面图及立面图，还需要绘制剖面图，以表达建筑物的剖面设计细节，如各楼层地面、内外墙、屋顶、楼梯、阳台等构造，以及建筑物承重构件的位置及相互关系（如各层的梁、板、柱及墙体的连接关系等）。

本章主要讲述创建建筑剖面图的方法，然后详细讲解各剖面图的编辑和深化工具的使用方法，以创建出完整的、准确的建筑剖面图。

12.1 创建剖面图

剖面图和立面图一样，也是由多个平面图在建立三维模型后，进行剖切与消隐计算生成的。

剖面图表现的是建筑三维模型的一个剖切与投影视图，与立面图一样，受三维模型细节和视线方向建筑物遮挡的影响。天正剖面图形是通过平面图构件中的三维信息在指定剖切位置消隐获得的纯粹二维图形，除了符号与尺寸标注对象以及可见立面门窗阳台图块是天正自定义对象外，诸如墙线等工具都是 AutoCAD 的基本对象，提供了对墙线的加粗和填充命令。

12.1.1 建筑剖面

【建筑剖面】命令可以一次生成多层建筑剖面，也可以将打开的标准层文件生成剖面，其操作方式与单层立面类似，只是在生成单层剖面之前，需要选择【符号标注】|【剖面剖切】选项绘制其剖切线，如图 12-1 所示。

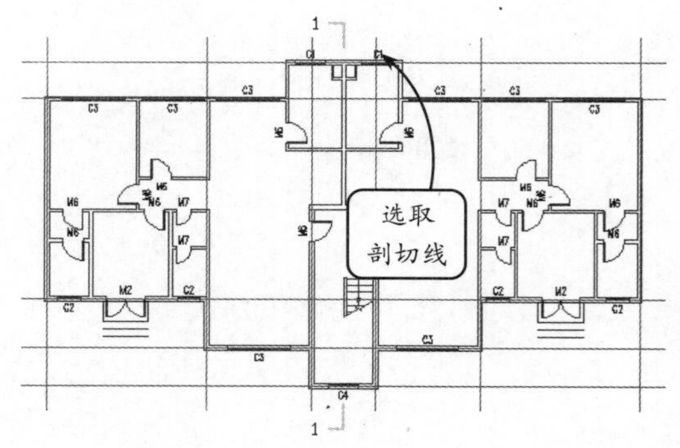

图 12-1 剖切符号

在生成剖面图之前，同样需要新建或打开一个工程文件，并将楼层标保存在当前单层图纸文件的同一目录下。执行【建筑剖面】命令前必须先行存盘，否则无法对存盘后更新的对象创建剖面。然后选择【剖面】|【建筑剖面】选项，按照命令行提示，在视图中选择剖切线和剖面图的基线，如图 12-2 所示。

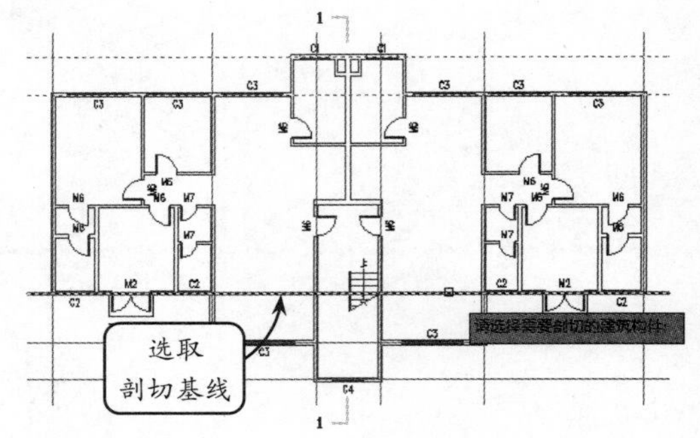

图 12-2 选择剖面图的基线

完成上述操作后，按回车键，将打开【剖面生成设置】对话框，如图 12-3 所示。该对话框中主要参数项的含义如下所述。

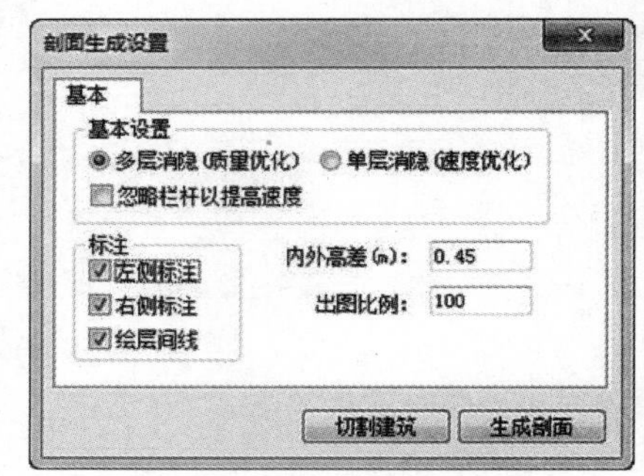

图 12-3 剖面生成设置

- **多层消隐/单层消隐** 前者考虑到两个相邻楼层的消隐，速度较慢，但可考虑楼梯扶手等伸入上层的情况，消隐精度比较好。
- **内外高差** 室内地面与室外地坪的高差。
- **出图比例** 剖面图的打印出图比例。
- **左侧标注/右侧标注** 指定是否标注剖面图左右两侧的竖向标注，含楼层标高和尺寸。
- **绘层间线** 楼层之间的水平横线是否绘制。
- **忽略栏杆** 启用此复选框，为了优化计算，忽略复杂栏杆的生成。

通过在打开的对话框中进行相应的设置，可以控制剖面的生成速率以及标注样式等。单击【生成剖面】按钮后，将出现标准文件对话框用来保存剖面图文件。输入剖面图的文件名及路径，单击【确认】后，即可生成剖面图，如图 12-4 所示。

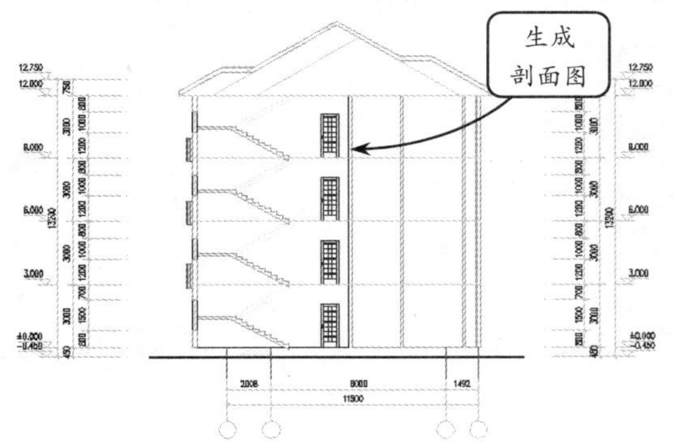

图 12-4　剖面图

由于建筑平面图中不表示楼板，在剖面图中则需要表示楼板。本软件可以自动添加层间线，用户自己用【偏移】命令即可创建楼板厚度。如果已用【平板】或者【房间】命令创建了楼板，则使用该工具会按楼板厚度生成楼板线。

在剖面图中创建的墙、柱、梁、楼板不再是专业对象。所以，在剖面图中可使用通用 AutoCAD 编辑命令进行修改，或者使用剖面菜单下的命令加粗或填充图案。

12.1.2　构件剖面

使用该工具可以生成当前标准层、局部构件或三维图块对象在指定剖视方向上的剖视图，主要用于在剖视图中补充建筑构件。该工具的使用方法比较简单，同生成建筑剖面类似。需要生成剖面的构件同样必须含有剖切符号。

选择【剖面】|【构件剖面】选项，命令行将显示“请选择一剖切线:”提示信息。可以在视图中选择剖切线，如图 12-5 所示。

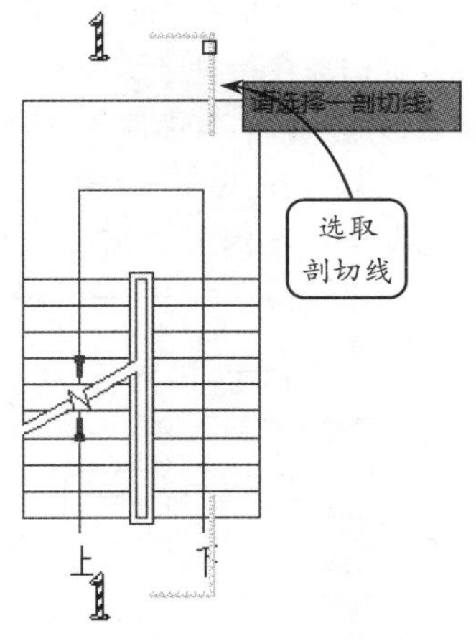

图 12-5　楼梯剖切

接着，命令行将提示“请选择需要剖切的建筑构件:”，在视图中选择楼梯构件，即选取剖切楼梯对象。最后，按照命令行提示，选择一条轴线作为剖切基线。系统将自动生成构件剖面，如图 12-6 所示。

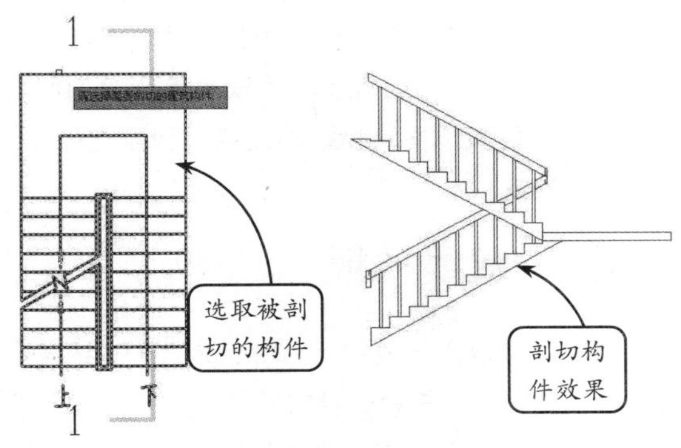

图 12-6　生成剖面

TArch 12.2 绘制剖面图

TArch 2014 提供了绘制剖面图形的命令，主要有画剖面墙、双线楼板、预制楼板等。可以调用这些命令，通过设置各项参数来绘制指定的剖面图形。比如，调用【画剖面墙】命令，可以通过指定剖面墙的起点、终点和墙厚来绘制剖面墙图形。

12.2.1　画剖面墙

使用该工具可以用一对平行的 AutoCAD 直线

或圆弧对象，在 S_WALL 图层上直接绘制剖面墙。

选择【剖面】|【画剖面墙】选项，命令行将显示"请点取墙的起点(圆弧墙宜逆时针绘制)/F-取参照点/D-单段/<退出>:"提示信息。在剖面图中指定起点，此时命令行将显示"请点取直墙的下一点/A-弧墙/W-墙厚/F-取参照点/U-回退/<结束>:"提示信息。指定剖面墙下一点位置，按回车键，将获得剖面墙效果，如图 12-7 所示。

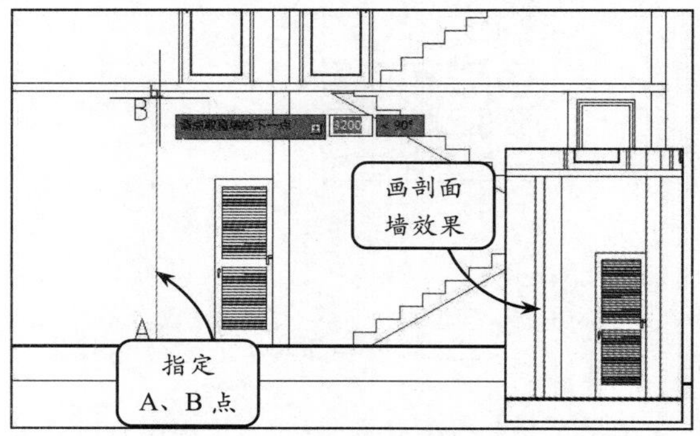

图 12-7　画剖面墙

在指定起点后，如果输入字母 A，将进入弧墙绘制状态；输入字母 W，可修改剖面墙宽度；输入字母 F，则可取一个定位方便的点作为参考点；输入字母 U，则当在原有道路上取一点作为剖面墙端点时，将取消新画的那段剖面墙，回到上一点，等待继续输入。

12.2.2　双线楼板

该工具可以用一对平行的 AutoCAD 直线在视图中绘制楼板。以任意一种方式启用该命令后，便可以在视图中捕捉两点，作为楼板的起点和终点。

选择【剖面】|【双线楼板】选项，按命令行提示，分别指定楼板的起始点和结束点，如图 12-8 所示。

此时命令行将提示"楼板顶面标高<3000>:"。输入标高值，然后按命令行提示输入楼板厚的值(向上加厚输负值)，按回车键，即可获得双线楼板效果，如图 12-9 所示。

12.2.3　预制楼板

使用该工具可以在剖面图上添加各种预制楼板。选择【剖面】|【预制楼板】选项，将打开【剖面楼板参数】对话框，如图 12-10 所示。可在对话框的【楼板类型】选项组中选择合适的楼板类型，并可通过其他参数项定义预制楼板主要参数。

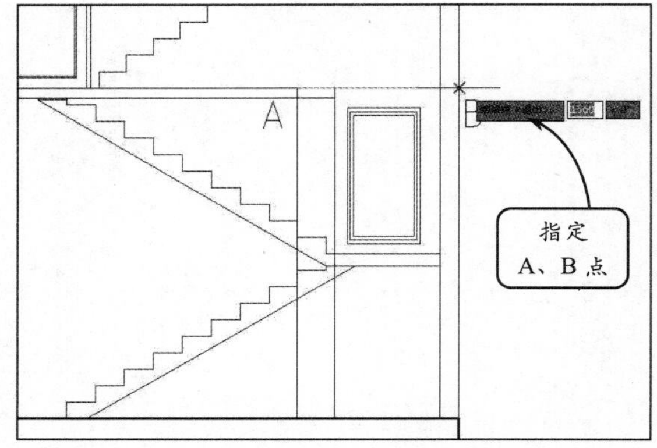

图 12-8　捕捉点

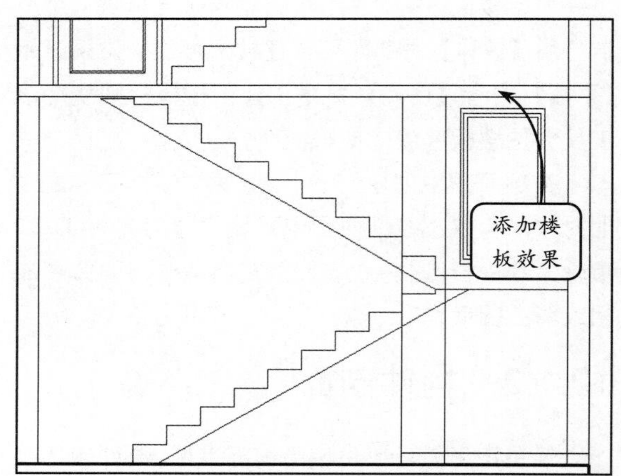

图 12-9　添加楼板效果

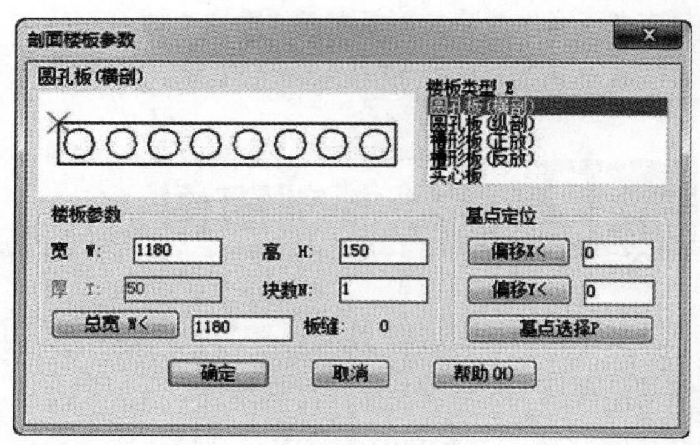

图 12-10　设置参数

- **楼板类型** 选定当前预制楼板的形式，包括：圆孔板（横剖和纵剖）、槽形板（正放和反放）、实心板。
- **楼板参数** 确定当前楼板的尺寸和布置情况，包括：楼板尺寸【宽 A】、【高 H】和槽形板【厚 T】以及布置情况【块数 N】等。其中，【总宽<】是全部预制板和板缝的总宽度，从图上单击获取，修改单块板宽和块数，可以获得合理的板缝宽度。
- **基点定位** 确定楼板的基点与楼板角点的相对位置，包括【偏移 X<】、【偏移 Y<】和【基点选择 P】。
- **基点选择 P：** 连续单击【基点选择 P】按钮，可以控制基点与插入楼板的位置关系。

通过其他参数可以设置楼板的一些矢量值。完成设置后，单击【确定】按钮，命令行将提示"请给出楼板的插入点:"。在视图中捕捉点作为插入点，然后按照命令行提示捕捉一点来控制楼板的插入方向，即可获得预制楼板放置效果，如图 12-11 所示。

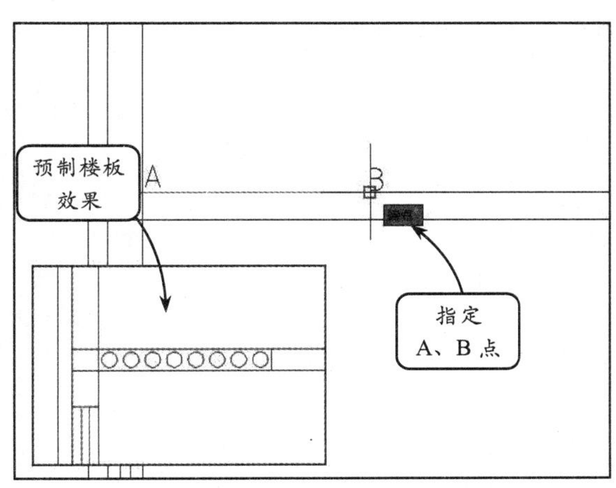

图 12-11 放置楼板

12.2.4 加剖断梁

使用该工具可以在剖面楼板处按给出尺寸加梁剖面，并裁剪双线楼板底线。在视图中添加了剖断梁后，一般还要使用【修剪】工具对多余的线条进行剪裁。

选择【剖面】|【加剖断梁】选项，命令行将显示"请输入剖面梁的参照点 <退出>:"提示信息。选取楼板顶面的定位参考点，并按命令行提示分别输入梁左侧到参照点的距离、梁右侧到参照点的距离和梁底边到参照点的距离，按回车键，即可获得加剖断梁效果，如图 12-12 所示。

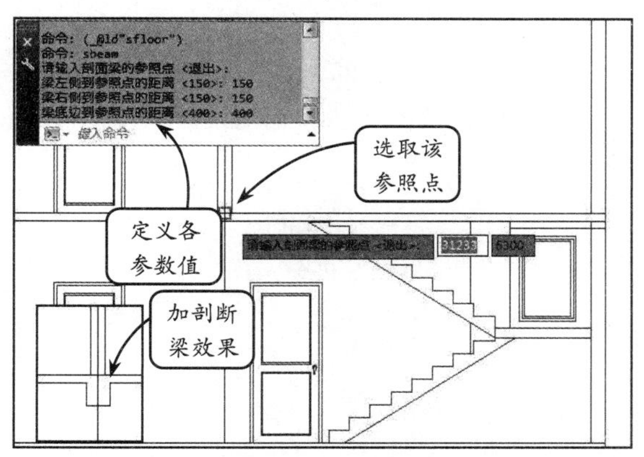

图 12-12 加剖断梁

12.2.5 剖面门窗

使用该工具可以连续插入剖面门窗（包括含有门窗过梁或开启门窗扇的非标准剖面门窗），替换已经插入的剖面门窗。此外，它还可以修改剖面门窗高度与窗台高度值，为剖面门窗详图的绘制和修改提供了全新的工具。

选择【剖面】|【剖面门窗】选项，视图中将打开【剖面门样式】对话框。单击对话框中的门样式，可以打开【天正图库管理系统】对话框。可以从中选择用户需要的门窗样式，如图 12-13 所示。

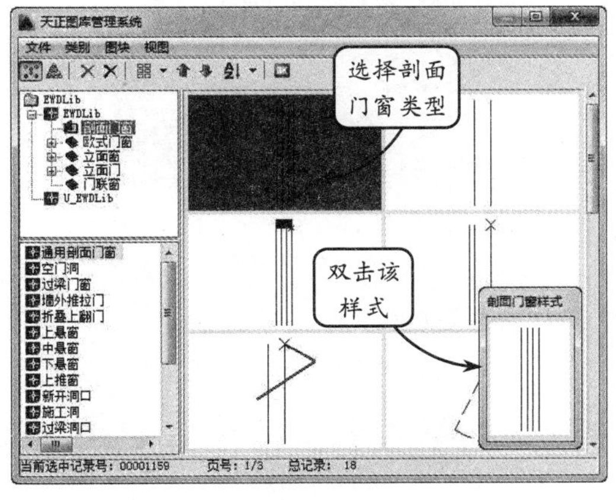

图 12-13 图库

选择剖面门窗样式后，命令行将提示“请点取要插入门窗的剖面墙线[选择剖面门窗样式（S）/替换剖面门窗（E）/改窗台高（E）/改窗高（H）]<退出>:”。可直接选取插入门窗的剖面墙线，然后按命令行提示输入门窗下口到墙下端距离，以及门窗的高度。最后按回车键，即可获得剖面门窗效果，如图 12-14 所示。

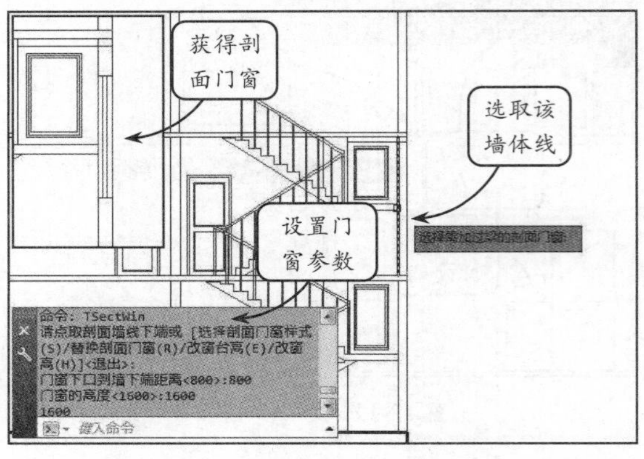

图 12-14　剖面门窗

12.2.6　剖面檐口

使用该工具可以在视图中添加剖面檐口，例如楼层顶部的女儿墙、现浇挑檐和现浇坡檐等。

选择【剖面】|【剖面檐口】选项，将在视图中打开【剖面檐口参数】对话框，如图 12-15 所示。该对话框主要由以下 3 个选项组组成。

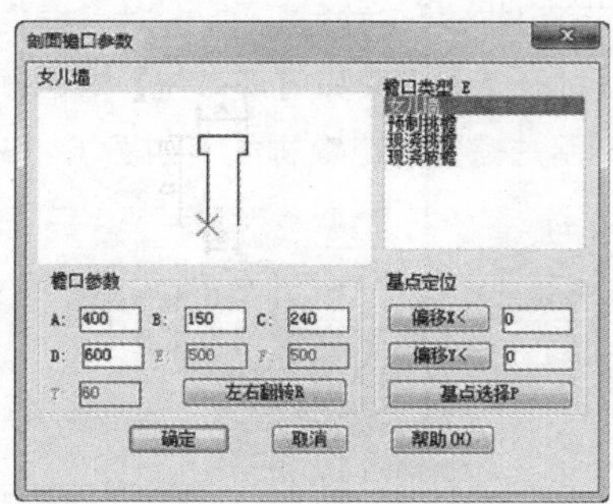

图 12-15　【剖面檐口参数】对话框

- ❑ **檐口类型**　选择当前檐口的形式，有 4 个选项，分别为【女儿墙】、【预制挑檐】、【现浇挑檐】和【现浇坡檐】。
- ❑ **檐口参数**　确定檐口的尺寸及相对位置。各参数的意义参见图 12-15。单击【左右翻转 R】按钮，可使檐口作整体翻转。
- ❑ **基点定位**　用以选择屋顶的基点与屋顶的角点的相对位置，包括【偏移 X<】、【偏移 Y<】和【基点选择 P】3 个按钮。

剖面檐口的插入方式与剖面门窗、预制楼板等构件的插入方法类似，都是以捕捉基点的方法来放置构件的。其所有参数控制都包含在【剖面檐口参数】对话框中。完成设置后，单击【确定】按钮，然后按照命令行提示，在视图中捕捉基点，以确定构件的插入位置，如图 12-16 所示。

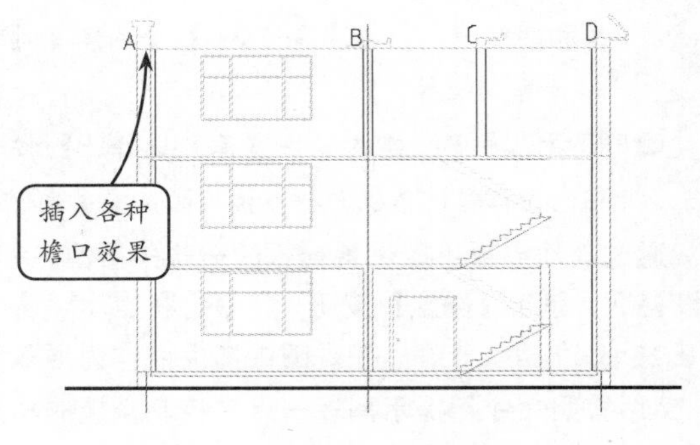

图 12-16　插入檐口

12.2.7　门窗过梁

使用该工具可以在剖面门窗上方画出给定梁高的矩形过梁剖面（带有灰度填充）。

选择【剖面】|【门窗过梁】选项，按命令行提示选择需加过梁的门窗，并按回车键确认操作。此时命令行将显示“输入梁高<120>:”提示信息，键入门窗过梁高，并按回车键，即可获得门窗过梁效果，如图 12-17 所示。

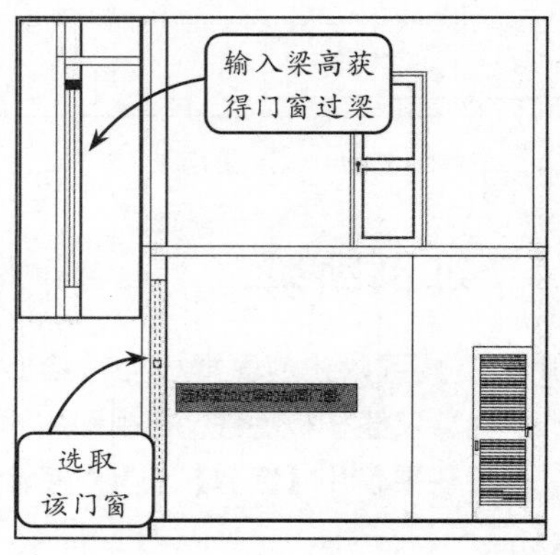

图 12-17　门窗过梁

TArch 12.3 剖面楼梯与栏杆

楼梯及其栏杆构件剖切在剖面图中是最常见的，也是最为复杂的一部分。由于剖切位置的关系，楼梯间的一部分会被剖切到，而另一部分则不会被剖切到。TArch 2014 提供了多种剖面楼梯与栏杆工具，使得不必通过平面图剖切，便可直接创建详细的楼梯、栏杆、栏板等剖面构件。

12.3.1 参数楼梯

使用该工具可创建两种梁式楼梯和两种板式楼梯，并可从平面楼梯获取梯段参数。可一次绘制超过一跑的双跑 U 形楼梯，条件是，各跑步数相同，而且之间相互对应（没有错步），此时参数中的梯段高是其中的分段高度而非总高度。

选择【剖面】|【参数楼梯】选项，在当前绘图区中将打开【参数楼梯】对话框。设置楼梯参数，如图 12-18 所示。

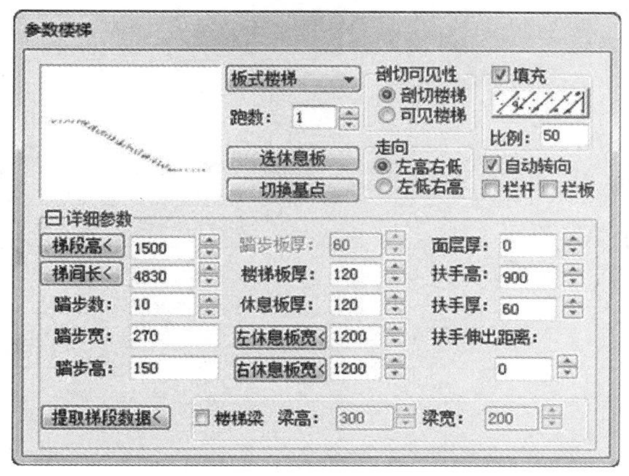

图 12-18 【参数楼梯】对话框

该对话框由多个参数项组成。其中，单击【参数】按钮，将展开或压缩该对话框参数，各主要参数项的含义及设置方法可参照表 12-1。

表 12-1 【参数楼梯】对话框参数项的含义及设置方法

参数项	含义及设置方法
梯段类型列表	选定当前梯段的形式，有 4 种可选：板式楼梯、梁式现浇 L 形、梁式现浇△形和梁式预制
跑数	默认跑数为 1，在无模式对话框下可以连续绘制，此时各跑之间不能自动遮挡。跑数大于 2 时，各跑间按剖切与可见关系自动遮挡
剖切可见性	用以选择画出的梯段是剖切部分还是可见部分，以图层 S_STAIR 或 S_E_STAIR 表示，颜色也有区别
自动转向	在每次执行单跑楼梯绘制后，如启用此项，楼梯走向会自动更换，便于绘制多层的双跑楼梯
选休息板	用于确定是否绘出左右两侧的休息板，包括：全有、全无、左有和右有
切换基点	确定基点（绿色×）在楼梯上的位置，在左右平台板端部切换
栏杆/栏板	一对互锁的复选框，切换栏杆或者栏板，也可两者都不启用
填充	以颜色填充剖切部分的梯段和休息平台区域，可见部分不填充
梯段高<	当前梯段左右平台面之间的高差
梯间长<	当前楼梯间总长度，用户可以单击该按钮，从图上取两点获得，也可以直接键入，其值为梯段长度加左右休息平台宽的常数
踏步数	当前梯段的踏步数量，用户可以单击调整
踏步宽	当前梯段的踏步宽度，由用户输入或修改。它的改变会同时影响左右休息平台宽，需要适当调整
踏步高	当前梯段的踏步高，通过梯段高/踏步数算得

续表

参数项	含义及设置方法
踏步板厚	梁式预制楼梯和现浇 L 形楼梯时使用的踏步板厚度
楼梯板厚	用于现浇楼梯板厚度
左（右）休息板宽<	当前楼梯间的左右休息平台（楼板）宽度，可以由用户键入、从图上取得或者由系统算出。均为 0 时，梯间长等于梯段长。修改左休息板长后，相应右休息板长会自动改变，反之亦然
面层厚	当前梯段的装饰面层厚度
扶手（栏板）高	当前梯段的扶手/栏板高
扶手厚	当前梯段的扶手厚度
扶手伸出距离	从当前梯段开始到扶手接头外边结束的距离（可以为 0）
提取楼梯数据<	从天正 5 以上平面楼梯对象提取梯段数据。为双跑楼梯时只提取第一跑数据
楼梯梁	启用后，需分别在编辑框中输入楼梯梁剖面高度和宽度
梁高	选梁式楼梯后将出现此参数，应大于楼梯板厚

在图 12-18 所示的参数对话框中包含多种参数。部分参数只能在参数设置框中设置，其中包括【踏步宽】、【踏步高】等参数；还有部分参数，可以通过在视图中捕捉两点距离来作为楼梯的矢量参数，其中包括【总长】、【总高】等，如图 12-19 所示。

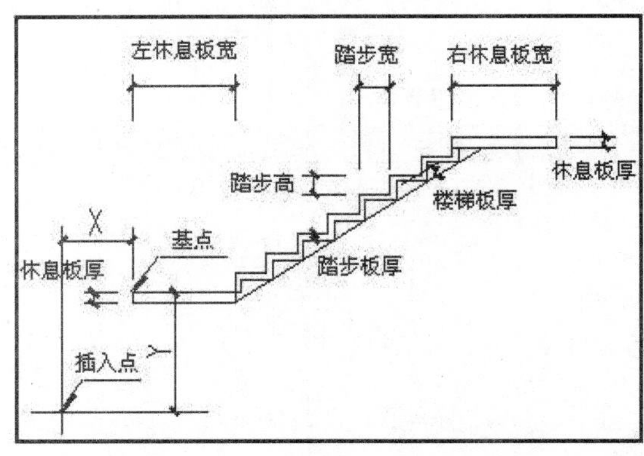

图 12-19 对话框控件说明

注意

直接创建的多跑剖面楼梯带有梯段遮挡特性，逐段叠加的楼梯梯段不能自动遮挡栏杆，可使用 AutoCAD 的【剪裁】命令进行编辑操作。

12.3.2 参数栏杆

该工具可按参数交互方式生成楼梯栏杆。其使用方法与【参数楼梯】类似，但是插入的栏杆参数必须与插入的楼梯参数相匹配。

选择【剖面】|【参数栏杆】选项，将打开【剖面楼梯栏杆参数】对话框，如图 12-20 所示。在该对话框中可以设置楼梯【梯段长】、【踏步高】等参数，并应当设置其与楼梯的参数相吻合，否则得到的栏杆将与楼梯交错。

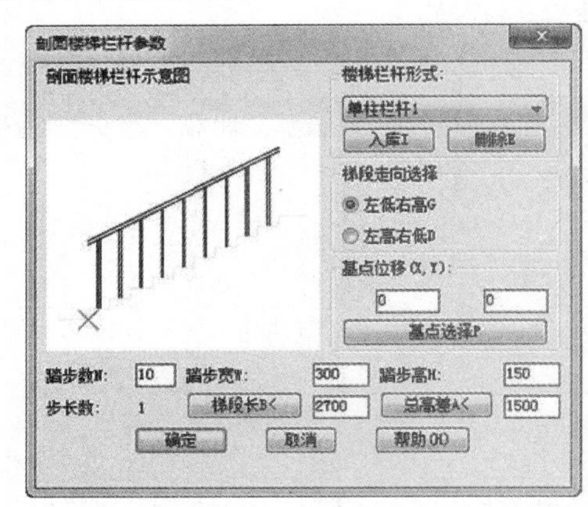

图 12-20 栏杆参数

完成设置后，在视图中捕捉楼梯上的点。可以插入一段栏杆，然后调整楼梯走向，再次插入栏杆，图 12-21 所示的是插入栏杆后的效果。

使用【参数栏杆】工具不仅可以插入匹配楼梯的栏杆，还可以通过设置踏步高度的值得到水平栏杆。图 12-22 所示为在顶层楼梯添加水平栏杆的效果。可以看到，灵活地运用【参数栏杆】，可以得到各种自定义的栏杆造型，并将其放置在合适的位置。

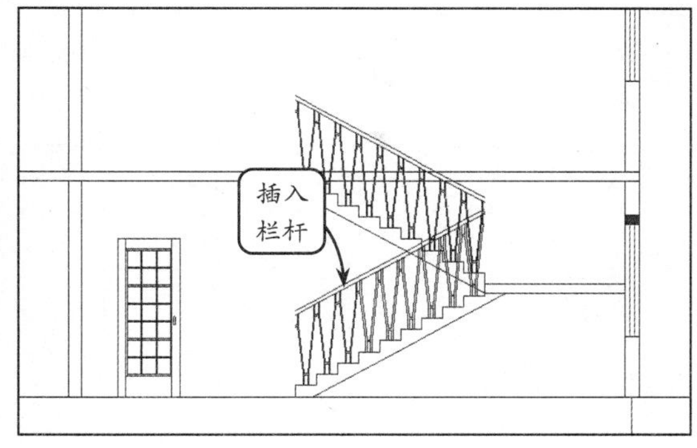

图 12-21　插入栏杆

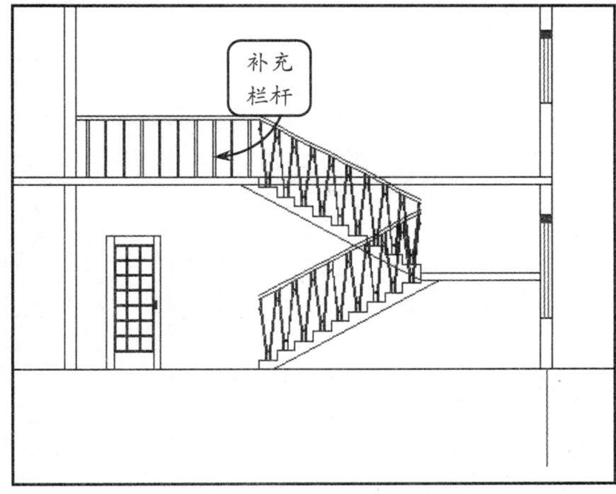

图 12-22　补充栏杆

12.3.3　楼梯栏杆

使用该工具可以根据图层识别双跑楼梯中剖切到的梯段与可见的梯段，能够按常用的直栏杆设计，自动处理两相邻梯跑栏杆的遮挡关系。与【参数栏杆】工具不同的是，该工具只能在楼梯图形上添加栏杆。

选择【剖面】|【楼梯栏杆】选项，命令行将显示“请输入楼梯扶手的高度<1000>:”提示信息，可键入新值，也可按回车键接受默认值。此时，命令行将显示“是否打断遮挡线<Y/N>?<Yes>”提示信息，可键入 N，或者按回车键使用默认值。接着，分别指定起点和终点，将显示楼梯栏杆效果，如图 12-23 所示。

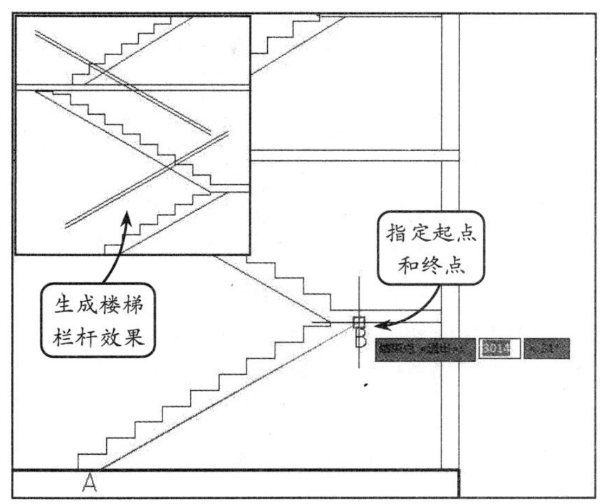

图 12-23　楼梯栏杆

12.3.4　楼梯栏板

该工具的操作与【楼梯栏杆】选项相同。可以根据实心栏板设计。可按图层自动处理栏板遮挡踏步，可见梯段以虚线表示，剖面梯段以实线表示，被遮挡的栏板将消隐显示，另一段将以虚线显示。

选择【剖面】|【楼梯栏板】选项，按命令行提示，输入楼梯扶手的高度，并指定是否打断遮挡线，按回车键，即可获得楼梯栏板效果。如图 12-24 所示，指定高度为 1 000，打断折线，获得楼梯栏板效果。

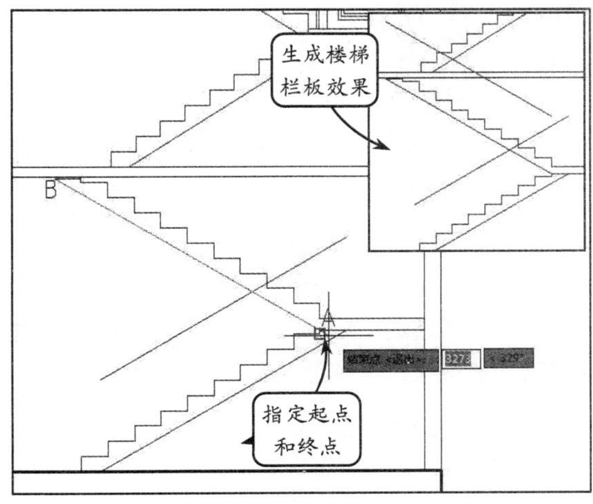

图 12-24　楼梯栏板

12.3.5 扶手接头

该工具与【剖面楼梯】、【参数栏杆】、【楼梯栏杆】、【楼梯栏板】各命令均可配合使用。对楼梯扶手和楼梯栏板的接头作倒角与水平连接处理，水平伸出长度可以由用户输入。

选择【剖面】|【扶手接头】选项，命令行将显示“请输入扶手伸出距离<0.00>:”提示信息，此时输入伸出距离。命令行将显示“请选择是否增加栏杆[增加栏杆（Y）/不增加栏杆（N）]<增加栏杆（Y）>:”提示信息，默认是在接头处增加栏杆（对于栏板，两者效果相同）。接着，按命令行提示，分别指定两角点，定义扶手接头区域，如图 12-25 所示。

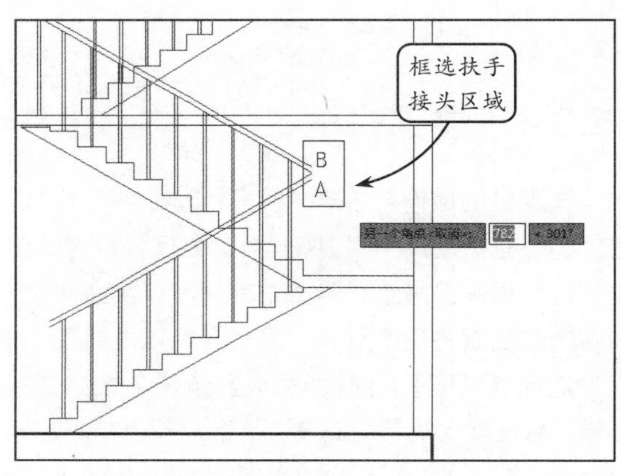

图 12-25 扶手接头

系统将自动对选择的两段栏杆进行连接处理。图 12-26 所示为对两段楼体进行连接的效果。用户应该注意的是：在连接的过程中，点取不同的点，将得到不同的连接效果，这需要用户在具体的操作中去体会。

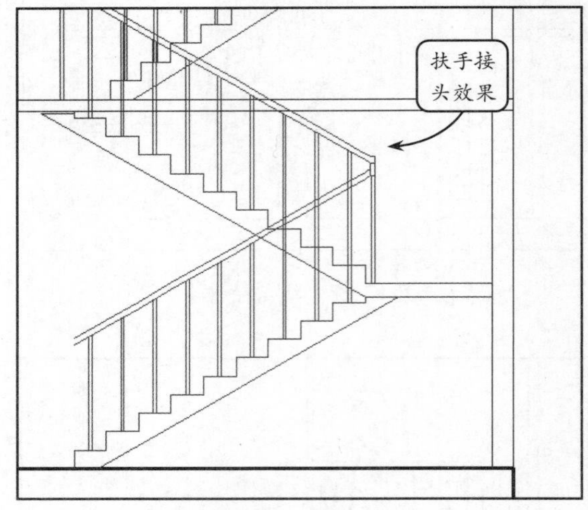

图 12-26 扶手接头

12.4 修饰剖面图

生成后的剖面图（包括可见立面图）是纯二维图形，可对其应用多种墙体加粗、填充命令。通常，生成的楼层剖面图只是简单的线条组合，并不能够完整地表达建筑信息。而通过天正提供的修饰工具则可以加深对剖面结构、材料等方面的表达，使用户能够迅速地读图、识图。

12.4.1 剖面填充

使用该工具可以使剖面墙线与楼梯按指定的材料图例作图案填充。它与 AutoCAD 的【图案填充】使用条件不同，该工具不要求墙端封闭即可填充图案。

选择【剖面】|【剖面填充】选项，按命令行提示选取填充对象，按回车键，将打开【请点取所需的填充图案:】对话框，如图 12-27 所示。

通过设置【比例】参数框中的数值，可以控制图案在视图中的分布密度。单击【填充预演】按钮，可以在视图中预览填充效果。单击【图案库】按钮，可以在视图中打开图 12-28 所示的图案库，从中可以选择需要的图案进行填充。

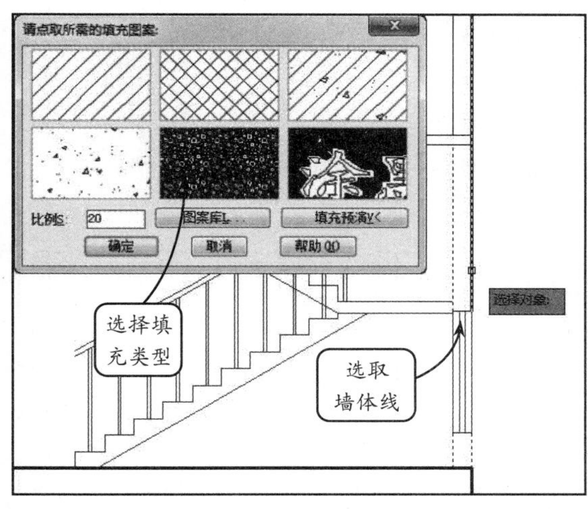

图 12-27 【请点取所需的填充图案:】对话框

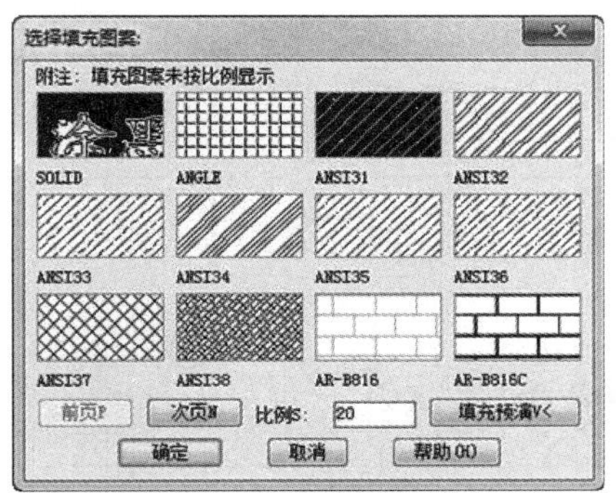

图 12-28 图案库

双击被选中的填充图案，被选墙线将显示填充图案效果，如图 12-29 所示。如果图案【比例】值过大，则图案在填充区域将不显示。可以适当调整比例值。

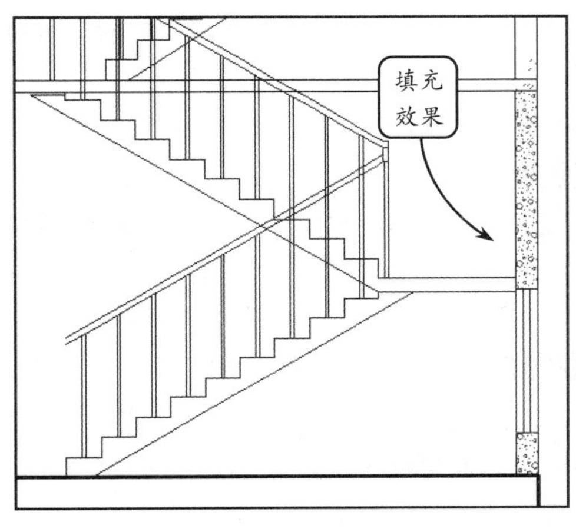

图 12-29 填充墙体

12.4.2 居中加粗

使用该工具可以将剖面图中指定的两段墙线向墙两侧加粗。这些加粗的墙线是绘制在 PUB_WALL 图层的多段线。

选择【剖面】|【居中加粗】选项，命令行将显示“请选取要变粗的剖面墙线梁板楼梯线（向两侧加粗）<全选>:”提示信息。以任意选择方式选取需要加粗的墙线或楼梯、梁板线。被选择的部分将亮显。继续选择，或者按回车键结束选择。误选时，按 ESC 键放弃操作。加粗效果如图 12-30 所示。

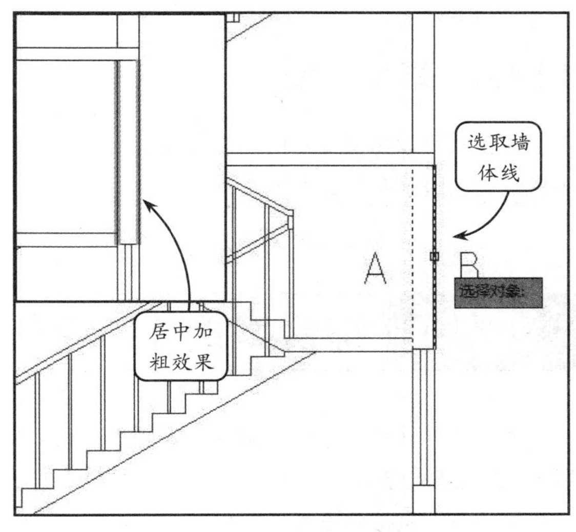

图 12-30 居中加粗

12.4.3 向内加粗

该工具的作用与【居中加粗】类似，唯一不同的是，该工具将选择的墙体向内以一定的厚度加粗，能达到窗墙平齐的出图效果。

选择【剖面】|【向内加粗】选项，命令行将显示“请选取要变粗的剖面墙线梁板楼梯线（向两侧加粗）<全选>:”提示信息。以任意选择方式选取需要加粗的墙线或楼梯、梁板线。被选择的部分将亮显。继续选择，或者按回车键结束选择。误选时，按 Esc 键放弃操作。加粗效果如图 12-31 所示。

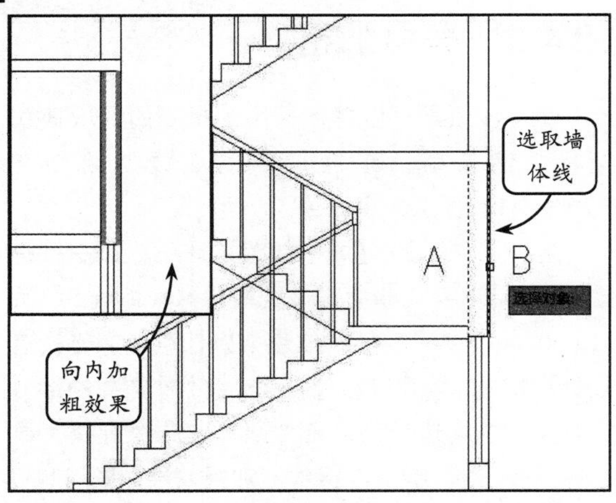

图 12-31 向内加粗

12.4.4 取消加粗

该工具可以将已加粗的剖面墙线恢复原状，但不影响该墙线已有的剖面填充。

选择【剖面】|【取消加粗】选项，按命令行提示选取已经加粗的墙线，或按回车键恢复本图所有的加粗墙线。继续选择，或者按回车键结束选择。误选时，按 Esc 键放弃操作。取消加粗效果如图 12-32 所示。

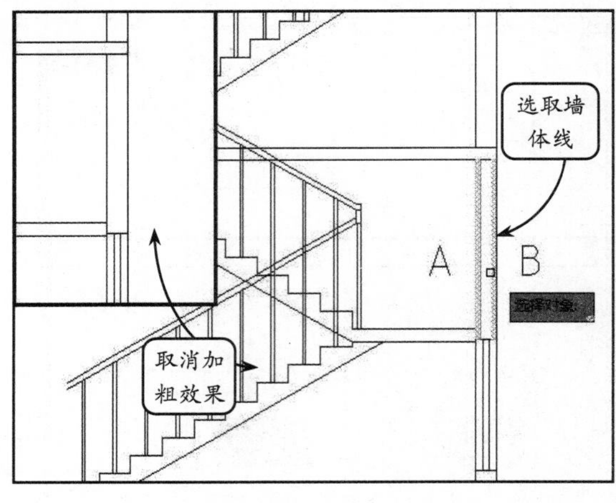

图 12-32 取消加粗

12.5 综合案例 1：绘制住宅楼剖面图

本例将创建住宅楼的剖面图，效果如图 12-33 所示。剖面图与立面图的创建都是一样的。假设用一个平面将建筑楼房沿着某一特定位置切开，移去剖面与观察者之间的部分，绘制出剩下部分的正投影图，即可创建剖面图。立面图主要反映建筑外部的风貌特征，而通过剖面图则可以清晰了解建筑内部的各层结构。

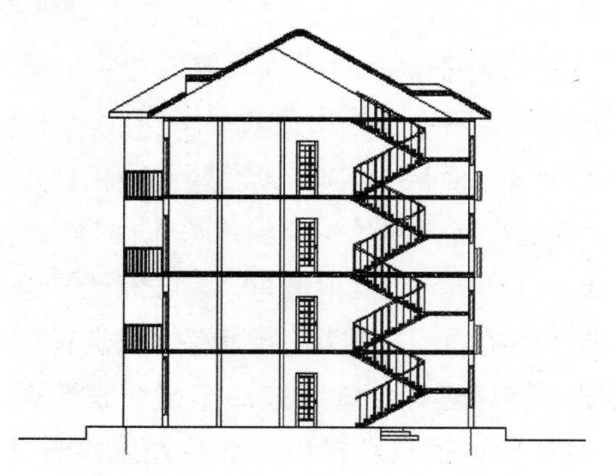
图 12-33 住宅楼剖面图

绘制该剖面图时，首先打开位于同一个文件夹下的各层平面图。然后利用【移动】工具对齐各楼层。再利用【工程管理】工具创建住宅楼的楼层表。进入二层平面图，利用【剖面剖切】工具绘制剖切符号。接着，利用【建筑剖面】工具指定剖切符号，自动创建剖面图。最后对剖面图进行后续编辑与完善。

操作步骤

STEP|01 首先绘制好各个楼层的平面图，包括首层平面图、标准层平面图以及屋顶平面图，并确保它们共在一个文件夹下。然后，在图中分别打开各楼层平面图。效果如图 12-34 所示。

STEP|02 选择【文件布图】|【工程管理】选项，在打开的对话框中新建一名为“住宅楼剖面图”的工程，并将其保存在当前图纸所在的文件夹下。然后，展开【楼层】面板，对工程的【层号】、【层高】和【文件】进行设置，如图 12-35 所示。

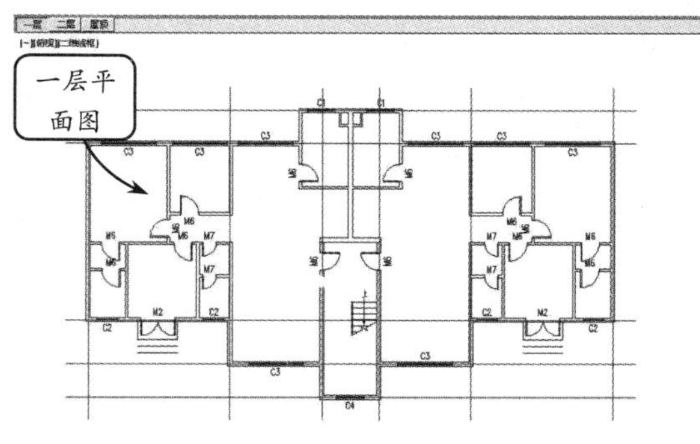

图 12-34　打开图纸

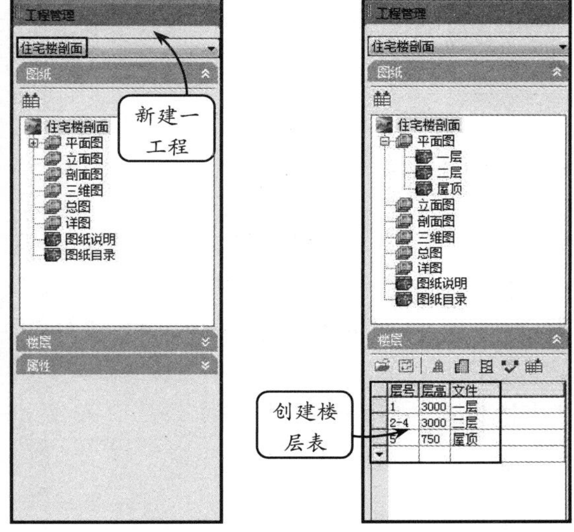

图 12-35　楼层设置

STEP|03 由于创建剖面图需要选择合适的剖切位置，因此首先进入二层平面图。然后，选择【符号标注】|【剖面剖切】选项，输入剖切编号为 1，并按照图 12-36 所示绘制剖切标注符号。

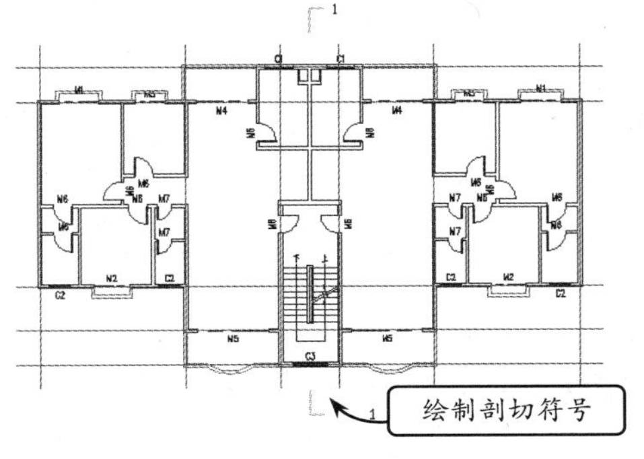

图 12-36　绘制剖切符号

STEP|04 选择【剖面】|【建筑剖面】选项，选取上一步所绘制的剖切线为要使用的剖切线，并指定最上方和最下方的两条轴线为在剖面图中将要出现的轴线，效果如图 12-37 所示。

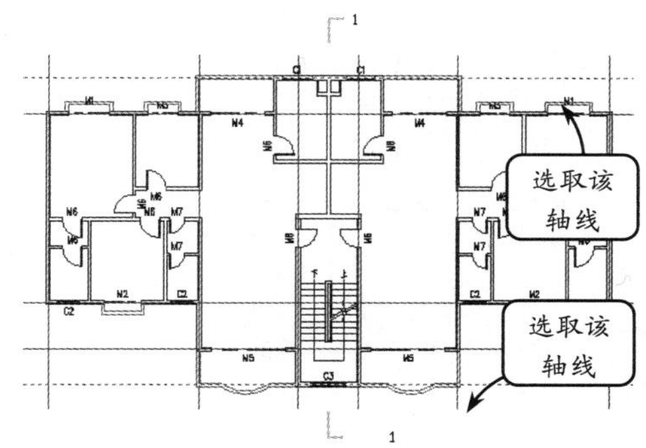

图 12-37　指定要创建的剖切图

STEP|05 指定完将要在剖面图中出现的轴线后，单击鼠标右键，系统将打开【剖面生成设置】对话框。在该对话框中禁用【右侧标注】复选框，如图 12-38 所示。

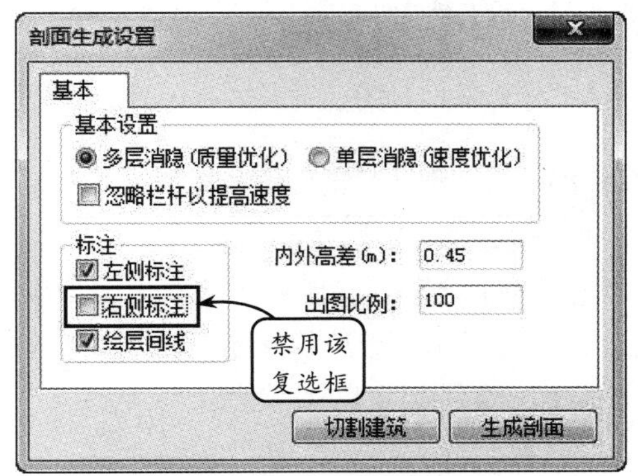

图 12-38　剖面生成设置

STEP|06 单击该对话框中的【生成剖面】按钮，在打开的【输入要生成的文件】对话框中输入文件名为“住宅楼剖面图”。然后，单击【保存】按钮，系统将按照设置自动创建剖面图。效果如图 12-39 所示。

STEP|07 利用【移动】工具将左侧的尺寸向右移动，并将最下方的轴线编号删除。然后，利用【镜像】工具选取最底部标高为要镜像的对象，并指定

竖直轴线与地坪线的任意两个交点为镜像点。将该标高镜像，将源对象删除，效果如图 12-40 所示。

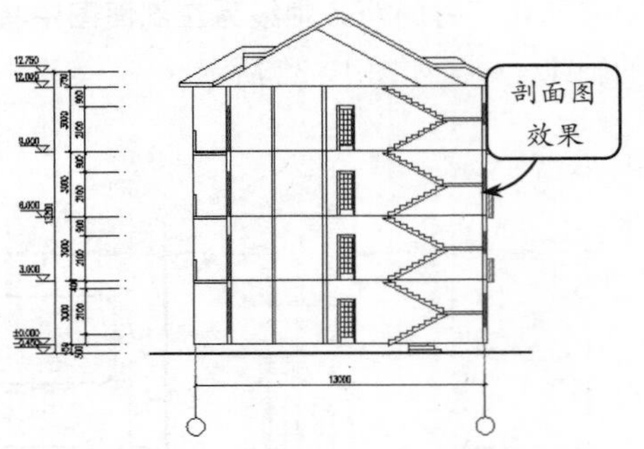

图 12-39　剖面图效果

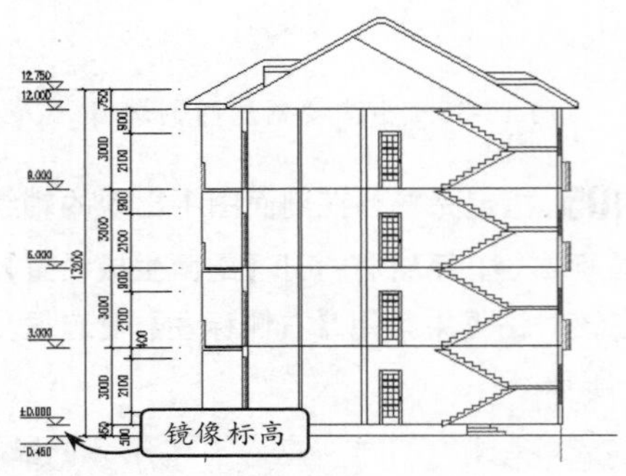

图 12-40　调整尺寸线和标高位置

STEP|08 观察创建的剖面图，发现左侧的尺寸标注并未标注完整。选择【尺寸标注】|【尺寸编辑】|【增补尺寸】选项，在图中选取标注线，并选取需要添加标注的点。选取的点将自动添加到选择的标注线上，效果如图 12-41 所示。

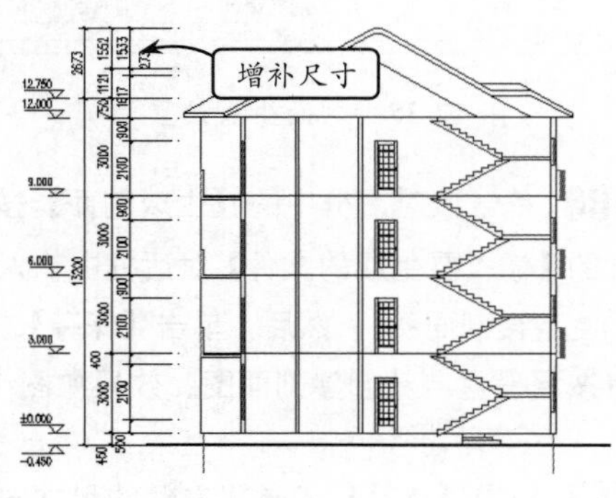

图 12-41　增补尺寸

STEP|09 选择【尺寸标注】|【尺寸编辑】|【合并区间】选项，框选两个尺寸标注进行合并。然后，选择【符号标注】|【标高标注】选项，在打开的对话框中单击【带基线】按钮。接着，在指定位置单击确定标柱的位置，再次单击确定标注的方向。效果如图 12-42 所示。

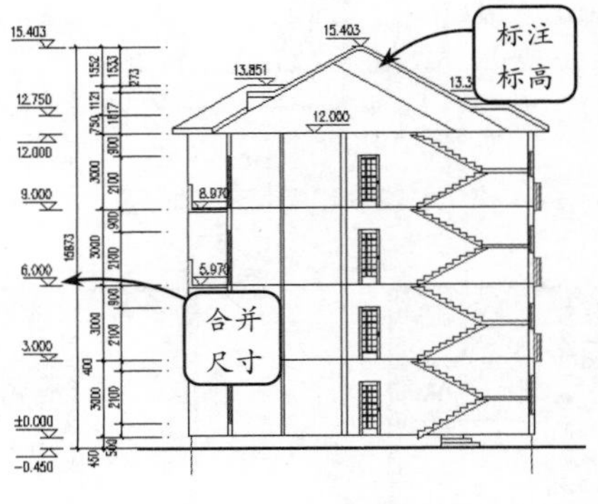

图 12-42　标注标高

STEP|10 选择【剖面】|【双线楼板】选项，选取一层楼板线的左右两个端点，并接受默认的标高数值，输入数值 120 并单击鼠标右键。然后绘制其他楼板，并利用【修剪】工具以各层楼板为修剪边界，对与之相交的墙体进行修剪。效果如图 12-43 所示。

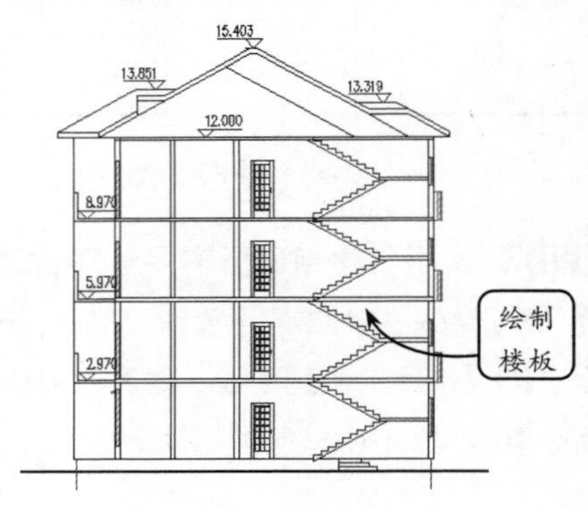

图 12-43　绘制楼板

STEP|11 将剖面图底部的基准轴线删除，然后利用【多段线】工具按照图 12-44 所示绘制多段线，并将绘制的多段线的宽度值更改为 0.35。如果更改线条宽度后线条宽度并未改变，可单击状态栏中的【线宽】按钮进行更改。

STEP|12 将标高隐藏，选择【剖面】|【门窗过梁】选项，选取需要添加过梁的门窗（可以累积选取）。然后单击鼠标，右键确认，并输入梁高数值为 120。

单击鼠标右键，即可在所选取的门窗上添加过梁，效果如图 12-45 所示。

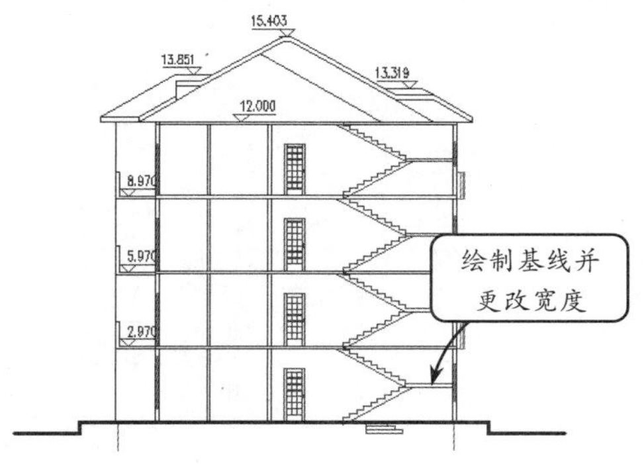

图 12-44　绘制基线

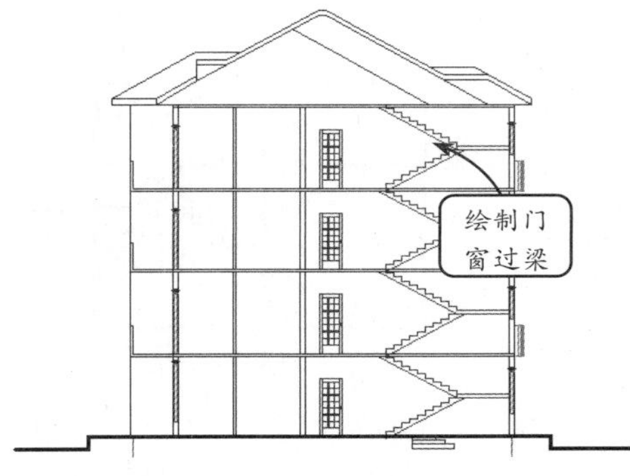

图 12-45　添加门窗过梁

STEP|13 选择【剖面】|【参数栏杆】选项，将打开【剖面楼梯栏杆参数】对话框。然后，在该对话框中按照图 12-46 所示内容设置阳台栏杆的参数。

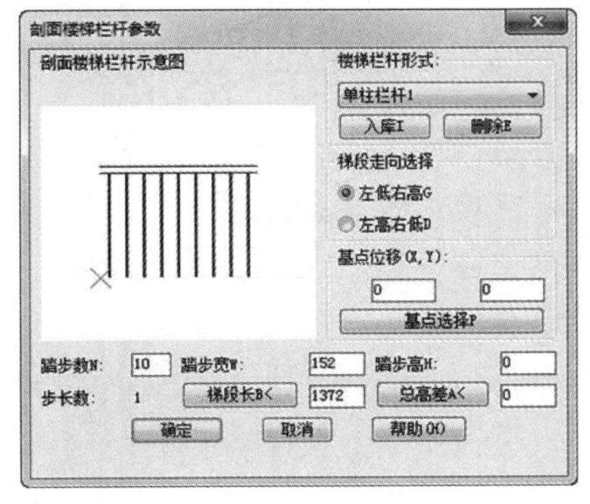

图 12-46　设置阳台栏杆参数

STEP|14 完成设置后，单击【确定】按钮，并选取阳台的左下角点为栏杆的插入点，系统将按照设置自动在阳台上添加栏杆。然后，按照同样的方法，继续在其他楼层的阳台上添加栏杆。效果如图 12-47 所示。

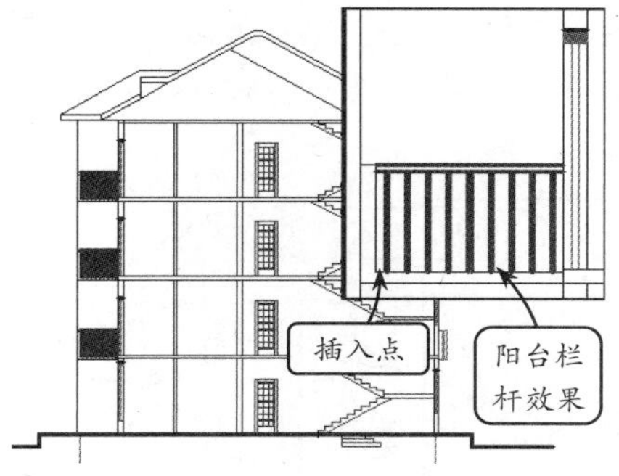

图 12-47　添加阳台栏杆

STEP|15 选择【剖面】|【参数栏杆】选项，将打开【剖面楼梯栏杆参数】对话框。然后在该对话框中按照图 12-48 所示内容设置楼梯栏杆的参数。

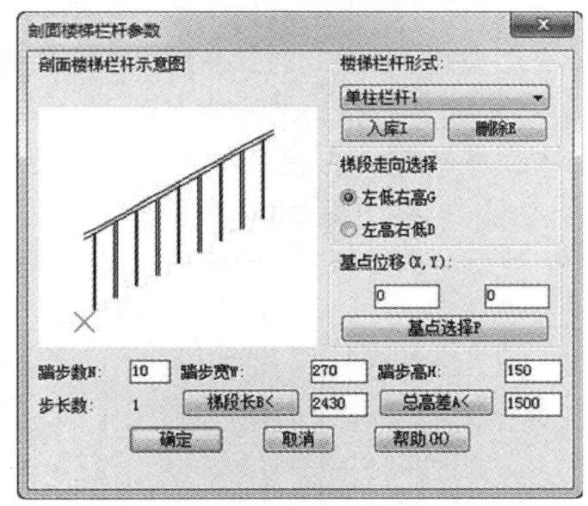

图 12-48　设置楼梯栏杆参数

STEP|16 设置完参数后，单击【确定】按钮，并选取楼梯与地坪线的交点作为栏杆的插入点，插入楼梯栏杆。效果如图 12-49 所示。

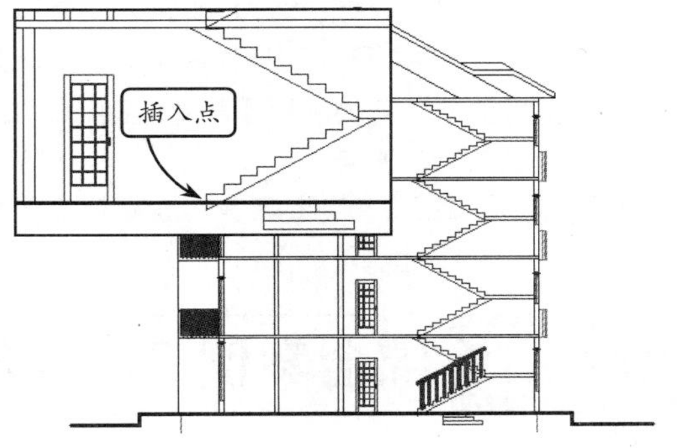

图 12-49　插入楼梯栏杆

STEP|17 继续利用【参数栏杆】工具，单击【左高右低】单选按钮，其他参数采用默认设置。然后，选取楼梯休息平台的左上端点为插入点，在两种走向的楼梯上添加相同参数的栏杆。效果如图 12-50 所示。

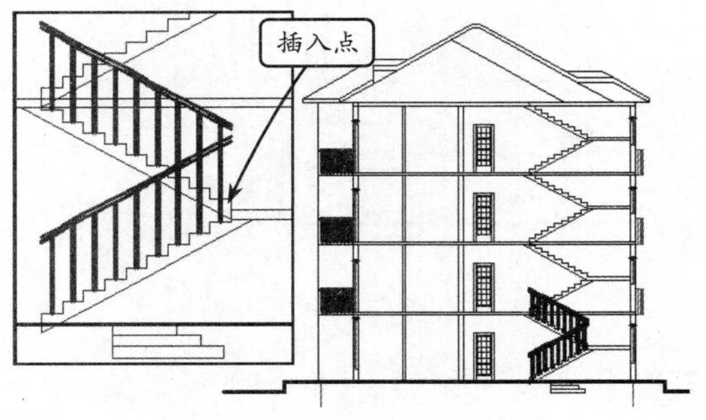

图 12-50　插入另一走向的楼梯栏杆

STEP|18 选择【剖面】|【扶手接头】选项，输入扶手伸出距离为 120。此时，系统提示是否增加栏杆。输入 Y 增加栏杆。然后依次选取一段扶手的端点 *A* 和另一段扶手的端点 *B*，即可创建两段扶手之间的接头。效果如图 12-51 所示。

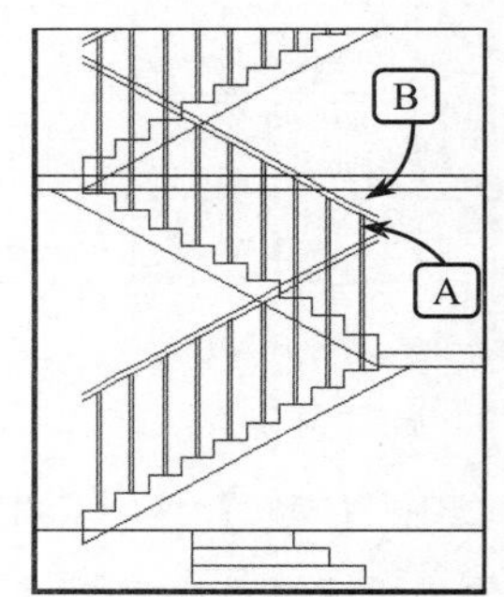

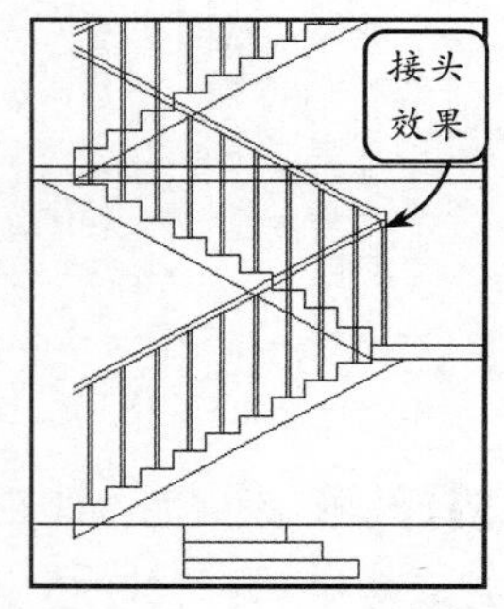

图 12-51　添加扶手接头

STEP|19 继续利用【扶手接头】工具为所有楼梯扶手创建接头。其中，最顶层楼梯扶手的上端和最底层楼梯扶手的下端直接利用【直线】工具封口即可，效果如图 12-52 所示。

STEP|20 利用【图案填充】工具，设置填充图案为混凝土，填充比例为 20，对楼板和楼梯剖面进行填充，效果如图 12-53 所示。

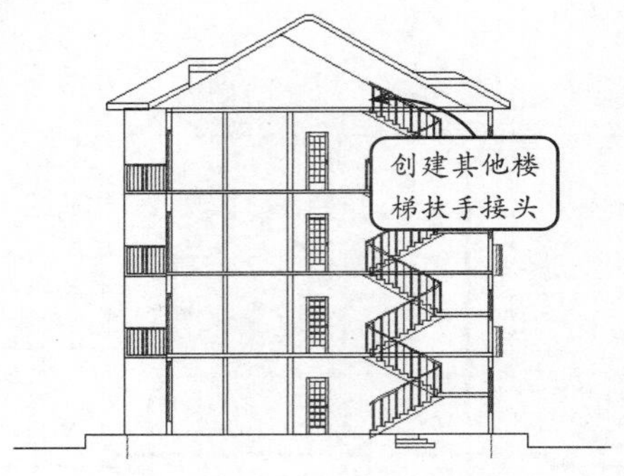

图 12-52　对所有楼梯扶手添加接头

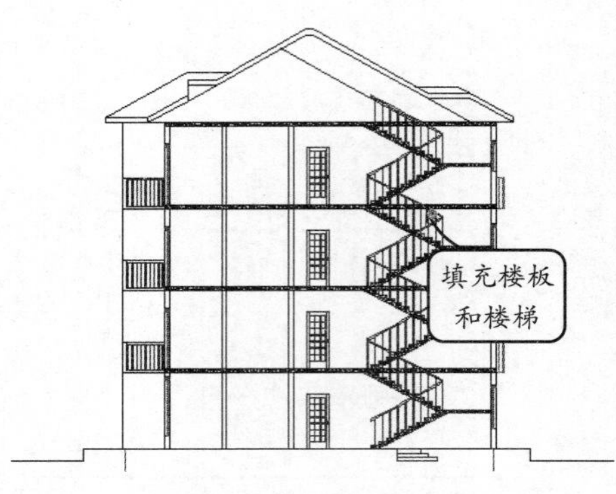

图 12-53　填充楼板和楼梯

STEP|21 继续利用【图案填充】工具，按照相同的参数设置对屋顶和阳台剖面进行填充，效果如图 12-54 所示。

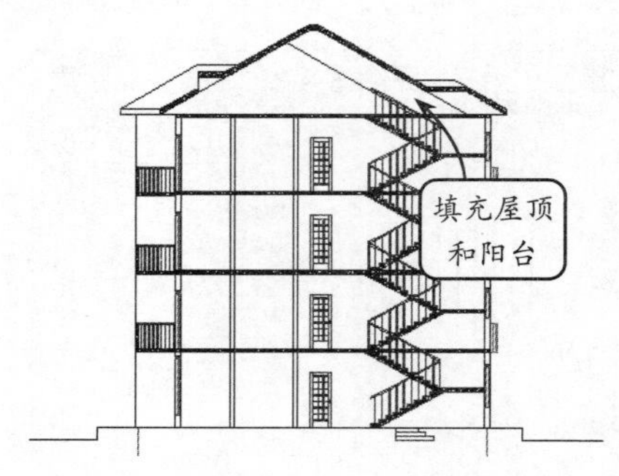

图 12-54　填充屋顶和阳台

12.6 综合案例 2：绘制别墅剖面图

创建别墅的剖面图与立面图一样，效果如图 12-55 所示，都需要绘制好各层平面图，系统才能根据现有的各层平面图，自动创建该别墅的剖面图。所不同的是，创建剖面图还需要绘制剖切符号。本例将从中间对建筑进行剖切。注意，绘制的剖切符号要经过楼梯间的楼梯，这样，创建的剖面图才能够很清晰地展示楼梯间的结构。

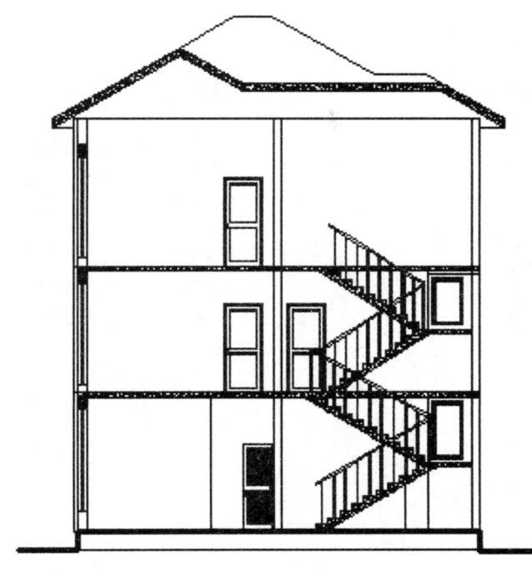

图 12-55　别墅剖面图

绘制该剖面图时，首先打开位于同一个文件夹下的各层平面图。然后利用【移动】工具对齐各楼层。接着再利用【工程管理】工具创建住宅楼的楼层表，进入一层平面图，利用【剖面剖切】工具绘制剖切符号。接着，利用【建筑剖面】工具指定剖切符号，自动创建剖面图。最后，对剖面图进行后续编辑与完善。

操作步骤

STEP|01 首先绘制好各个楼层的平面图，包括首层平面图、标准层平面图以及屋顶平面图，并确保它们共在一个文件夹下。然后，在图中分别打开各楼层平面图。效果如图 12-56 所示。

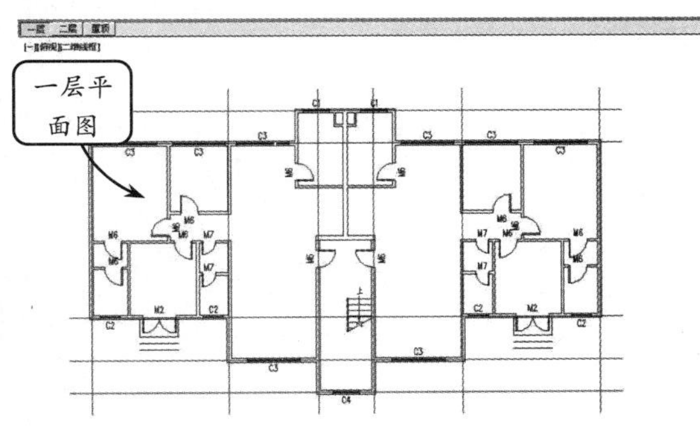

图 12-56　打开图纸

STEP|02 选择【文件布图】|【工程管理】选项，在打开的对话框中新建一名为“别墅剖面图”，并将其保存在当前图纸所在的文件夹下。然后，展开【楼层】面板，对工程的【层号】、【层高】和【文件】进行设置，如图 12-57 所示。

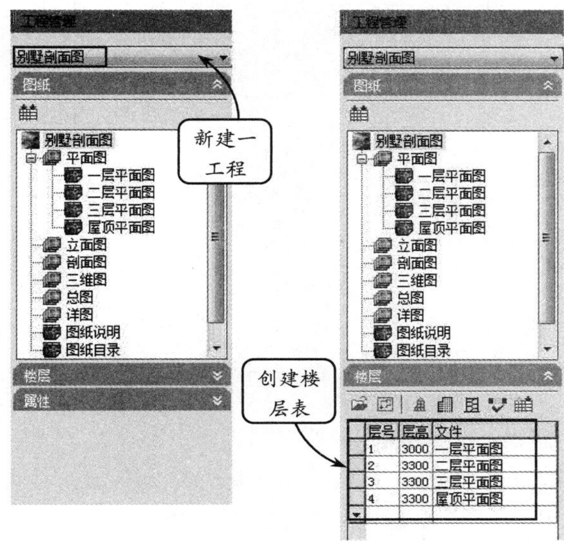

图 12-57　楼层设置

STEP|03 创建好楼层的立面图后，接下来创建楼层的剖面图。由于创建剖面图需要选择合适的剖切位置，因此首先进入一层平面图。然后，利用【剖面剖切】工具，输入剖切编号为 1，按照图 12-58 所示绘制剖切标注符号。

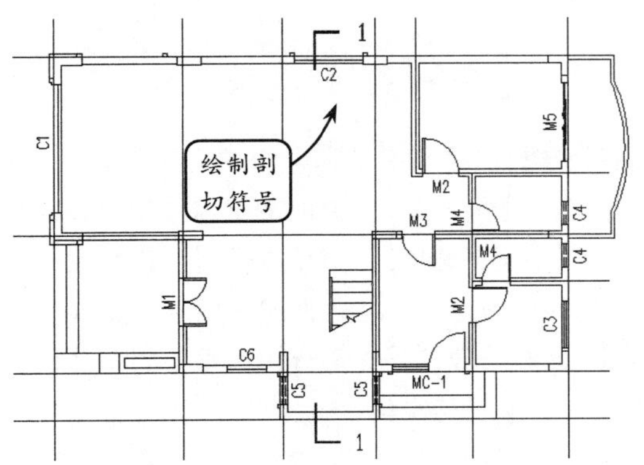

图 12-58　绘制剖切符号

STEP|04 利用【建筑剖面】工具选取上一步所绘

制的剖切线为要使用的剖切线，并指定最上方和最下方的两条轴线为在剖面图中将要出现的轴线，效果如图 12-59 所示。

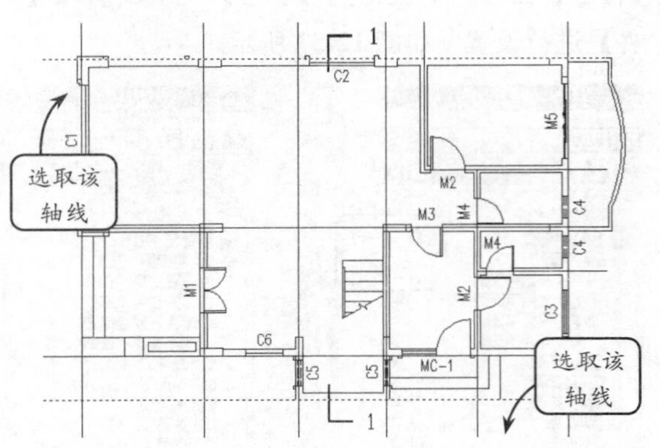

图 12-59　指定要创建的剖切图

STEP|05 指定完将要在剖面图中出现的轴线后单击鼠标右键，系统将打开【剖面生成设置】对话框。在该对话框中禁用【右侧标注】复选框，如图 12-60 所示。

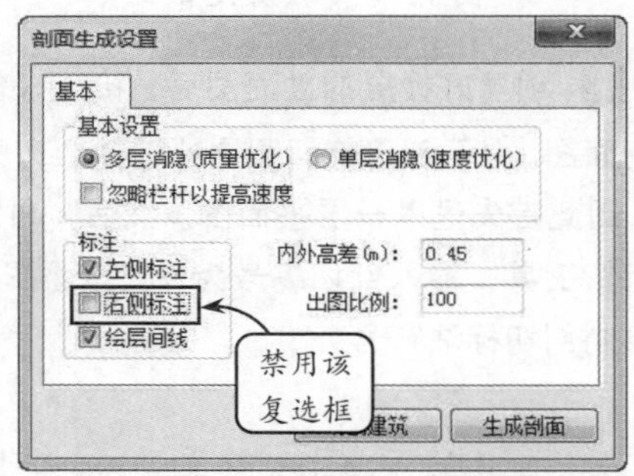

图 12-60　剖面生成设置

STEP|06 单击该对话框中的【生成剖面】按钮，在打开的【输入要生成的文件】对话框中输入文件名为“别墅剖面图”。然后单击【保存】按钮，系统将按照设置自动创建剖面图，效果如图 12-61 所示。

STEP|07 将屋顶多余的线段删除。利用【镜像】工具将最底部标高镜像，并将源对象删除。然后，将图形底部的水平尺寸删除，效果如图 12-62 所示。

STEP|08 观察创建的剖面图，发现左侧的尺寸标注并未标注完整。选择【尺寸标注】|【尺寸编辑】|【增补尺寸】选项，在图中选取标注线，并选取需要添加标注的点。选取的点将自动添加到选择的标注线上，效果如图 12-63 所示。

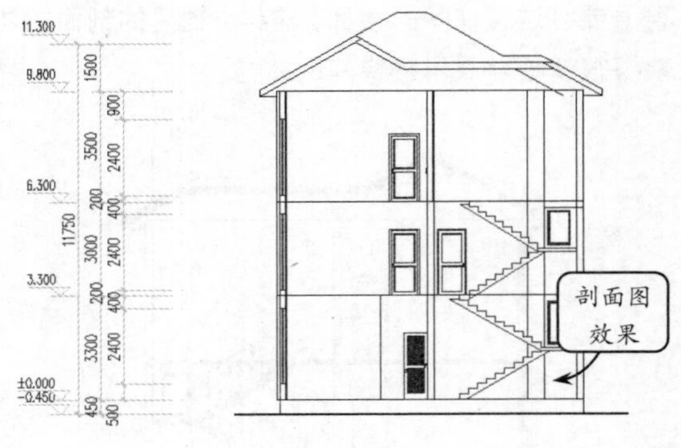

图 12-61　剖面图效果

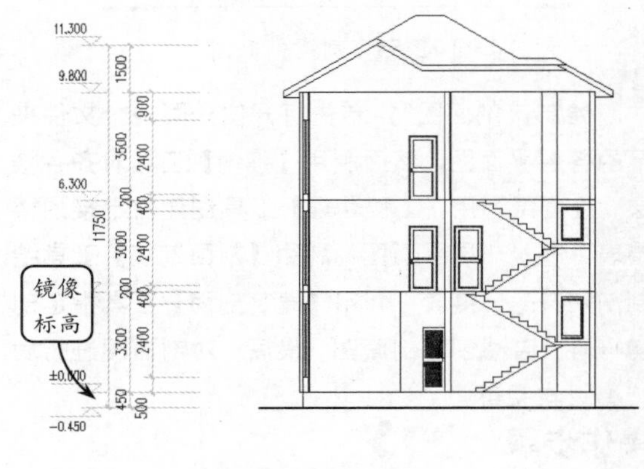

图 12-62　镜像标高

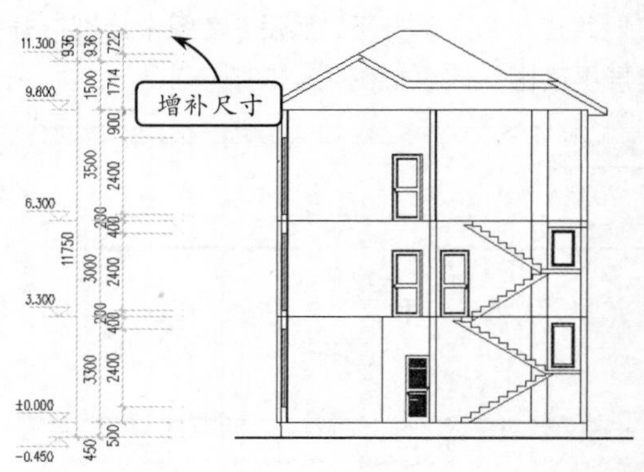

图 12-63　增补尺寸

STEP|09 选择【尺寸标注】|【尺寸编辑】|【合并区间】选项，框选两个尺寸标注进行合并。然后，选择【符号标注】|【标高标注】选项，在打开的对话框中单击【带基线】按钮，按照图 12-64 所示，分别标注屋顶和各层楼板的标高。

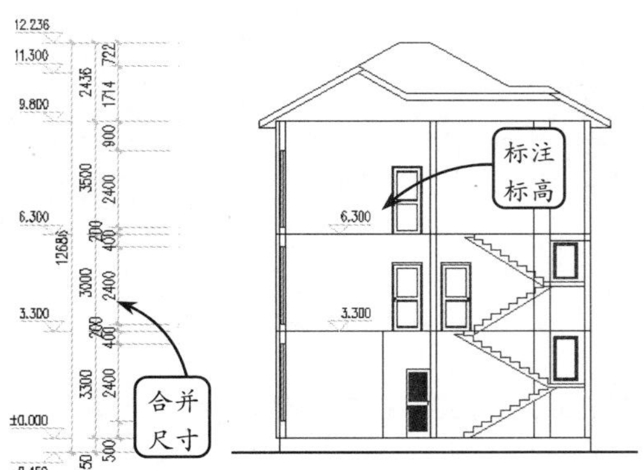

图 12-64　标注标高

STEP|10 选择【剖面】|【双线楼板】选项，选取一层楼板线的左右两个端点，并接受默认的标高数值，输入数值 100，绘制一层楼板。然后绘制其他楼板，并利用【修剪】工具，以各层楼板为修剪边界，对与之相交的墙体进行修剪。效果如图 12-65 所示。

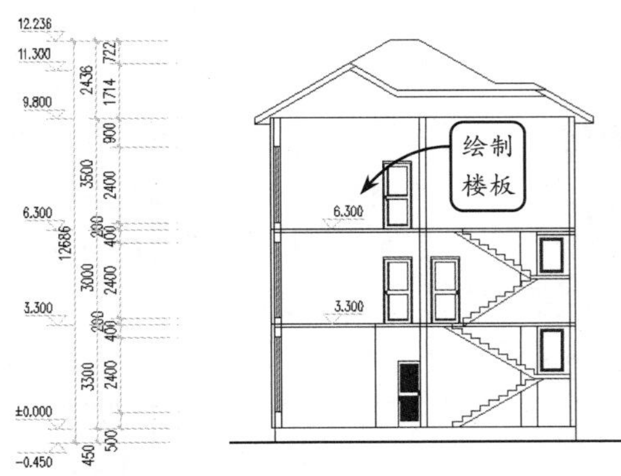

图 12-65　绘制楼板

STEP|11 将标高和尺寸标注隐藏。然后选择【剖面】|【门窗过梁】选项，选取需要添加过梁的门窗（可以累积选取）。接着，单击鼠标右键确认，并输入梁高数值为 300。单击鼠标右键，即可在所选取的门窗上添加过梁，效果如图 12-66 所示。

STEP|12 选择【剖面】|【参数栏杆】选项，将打开【剖面楼梯栏杆参数】对话框。在该对话框中按照图 12-67 所示内容设置楼梯栏杆的参数。

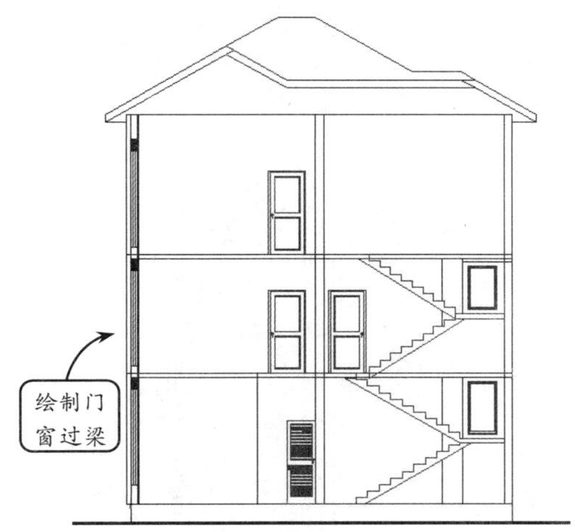

图 12-66　添加门窗过梁

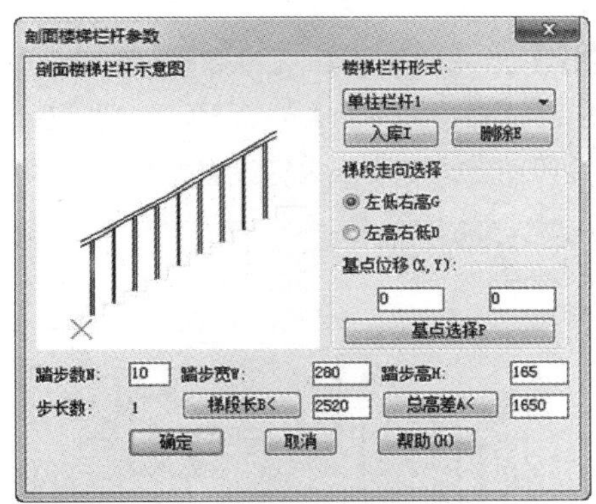

图 12-67　设置楼梯栏杆参数

STEP|13 设置完参数后，单击【确定】按钮，并选取楼梯与一层地板的交点作为栏杆的插入点，插入楼梯栏杆。效果如图 12-68 所示。

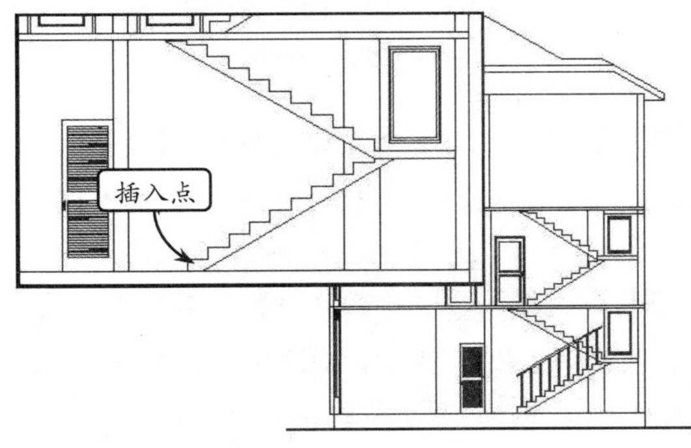

图 12-68　插入楼梯栏杆

STEP|14 继续利用【参数栏杆】工具，单击【左高右低】单选按钮，其他参数采用默认设置。然后，选取楼梯休息平台的左上端点为插入点，在两种走向的楼梯上添加相同参数的栏杆，效果如图 12-69 所示。

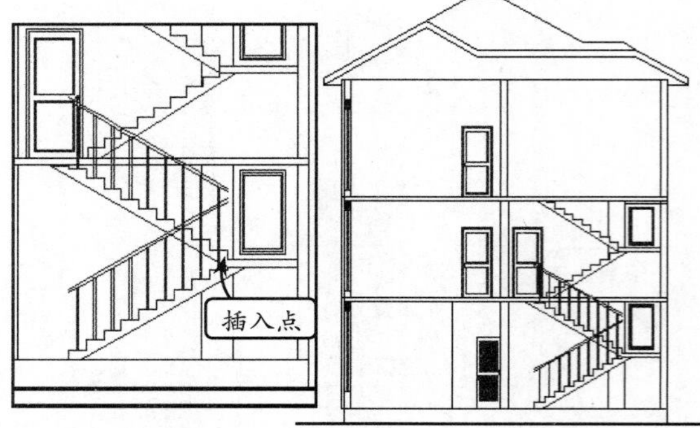

图 12-69　插入另一走向的楼梯栏杆

STEP|15 选择【剖面】|【参数栏杆】选项，将打开【剖面楼梯栏杆参数】对话框。然后，在该对话框中按照图 12-70 所示内容设置楼梯栏杆的参数。

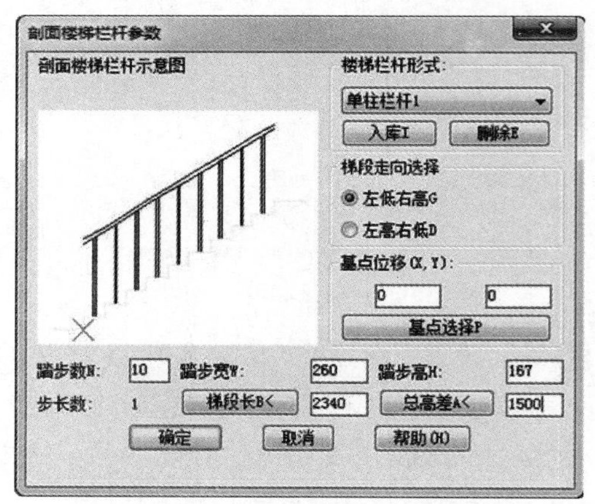

图 12-70　设置楼梯栏杆参数

STEP|16 设置完参数后，单击【确定】按钮，并选取楼梯与二层楼板的交点作为栏杆的插入点，插入楼梯栏杆。效果如图 12-71 所示。

STEP|17 继续利用【参数栏杆】工具，单击【左高右低】单选按钮，其他参数采用默认设置。然后，选取二楼楼梯休息平台的左上端点为插入点，在两种走向的楼梯上添加相同参数的栏杆。效果如图 12-72 所示。

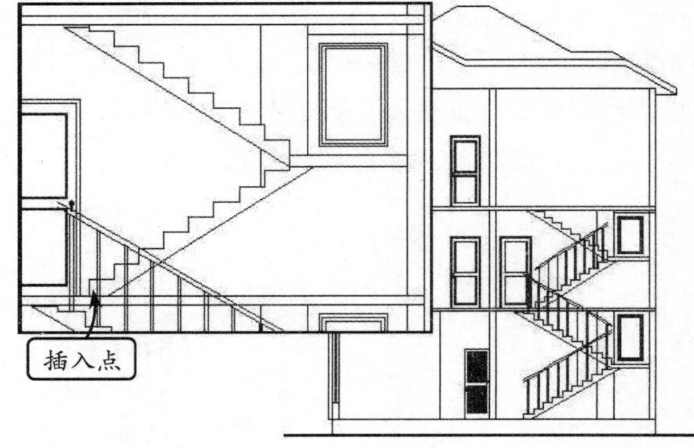

图 12-71　插入楼梯栏杆

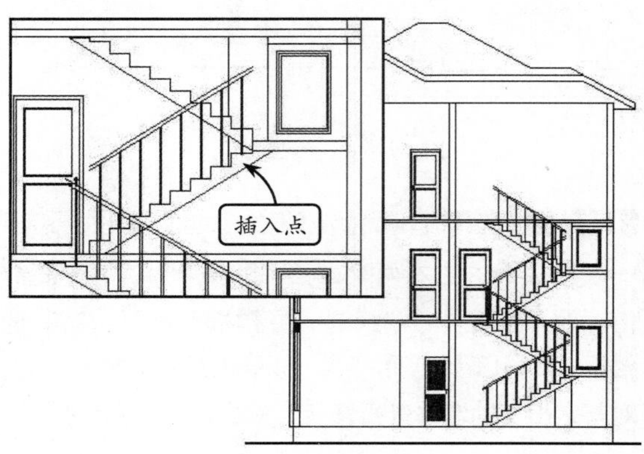

图 12-72　插入另一走向的楼梯栏杆

STEP|18 利用【扶手接头】工具，输入扶手伸出距离为 120。此时系统将提示是否增加栏杆，输入 Y，增加栏杆。然后依次选取一段扶手的端点 *A* 和另一段扶手的端点 *B*，即可创建两段扶手之间的接头。效果如图 12-73 所示。

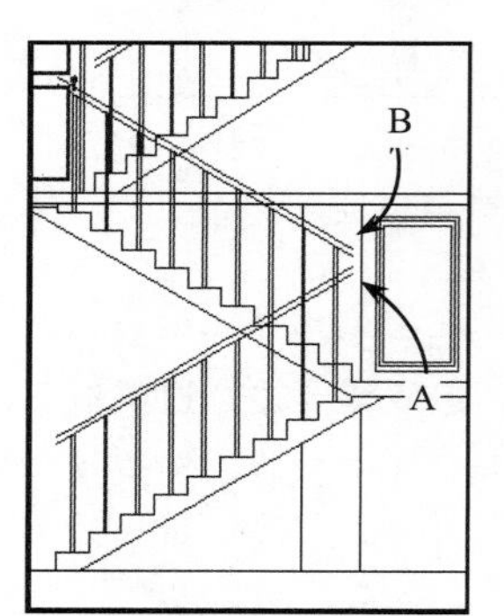

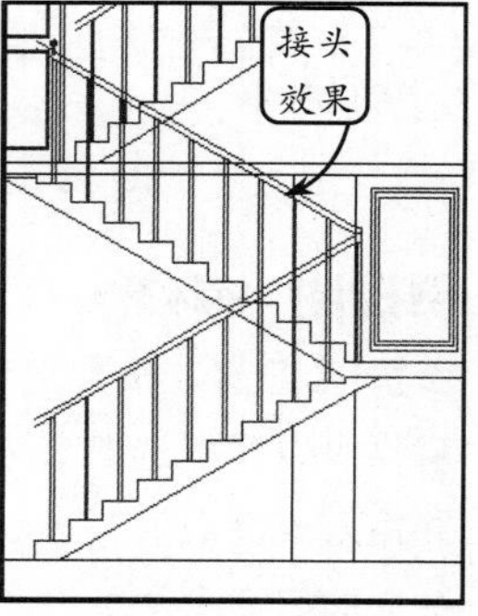

图 12-73　添加扶手接头

STEP|19 继续利用【扶手接头】工具为所有楼梯扶手创建接头。其中，最顶层楼梯扶手和最底层楼梯扶手端部直接利用【直线】工具封口即可。效果如图 12-74 所示。

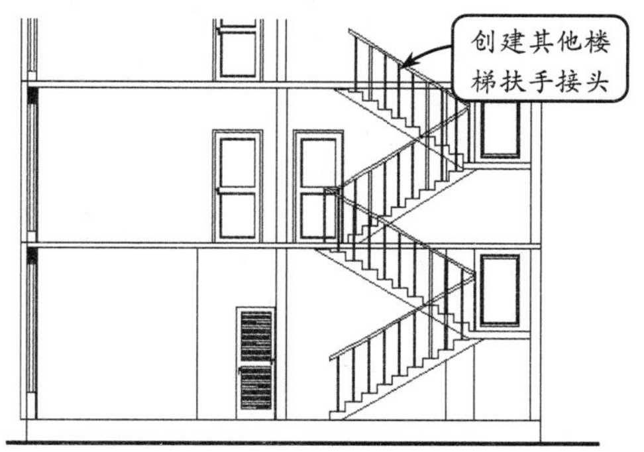

图 12-74 对所有楼梯扶手添加接头

STEP|20 利用【删除】工具将剖面图底部的基准线轴线删除。然后利用【多段线】工具按照图 12-75 所示绘制多段线，并将宽度值改为 0.35。

STEP|21 利用【剖面填充】工具设置填充图案为混凝土，填充比例为 20，对楼板和楼梯剖面进行填充。继续利用【剖面填充】工具，按照相同的参数设置对屋顶剖面进行填充。然后将剖面图底部的基准轴线删除，并利用【多段线】工具，按照图 12-76 所示绘制多段线，将其宽度值更改为 0.35。

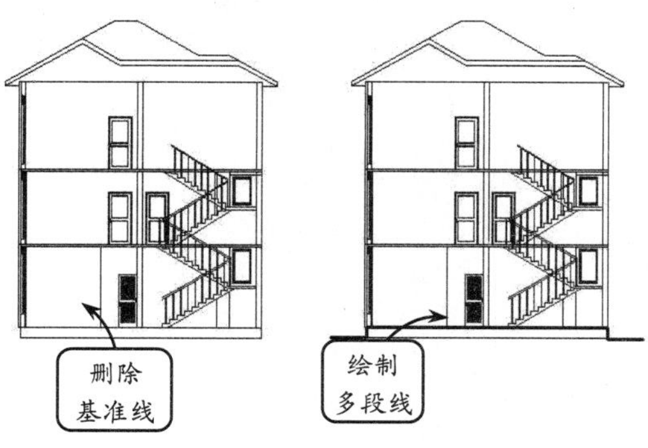

图 12-75 绘制多段线

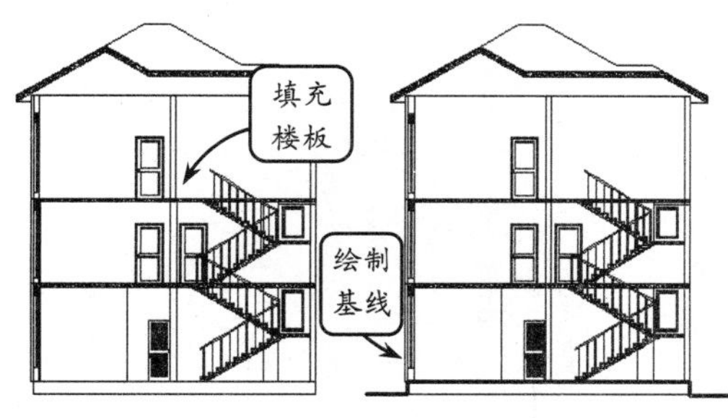

图 12-76 填充楼板和楼梯并绘制基线

TArch 12.7 新手训练营

练习 1：绘制剖面图

本练习要求创建住宅楼剖面图，效果如图 12-77 所示。创建建筑的剖面图与立面图一样，需要绘制好各层平面图，系统才能根据现有的各层平面图，自动创建该建筑的剖面图。所不同的是，创建剖面图还需要绘制剖切符号。但是，并不需要这些符号必须在首层平面标注，而应以执行剖切时使用的剖切符号为准。同样，自动创建的剖面图也比较粗糙，还需要进行后续的编辑加工。

绘制该剖面图时，首先打开位于同一个文件夹下的各层平面图。然后利用【移动】工具将一层平面图左下角轴线的交点调整至坐标原点。接着，利用【工程管理】工具创建住宅楼的楼层表，并进入二层平面图，利用【剖面剖切】工具绘制剖切符号。然后，利用【建筑剖面】工具指定该剖切符号，自动创建剖面图。最后，对剖面图进行编辑，如完善尺寸标注、加工楼梯图形、绘制阳台栏杆和填充楼板等。

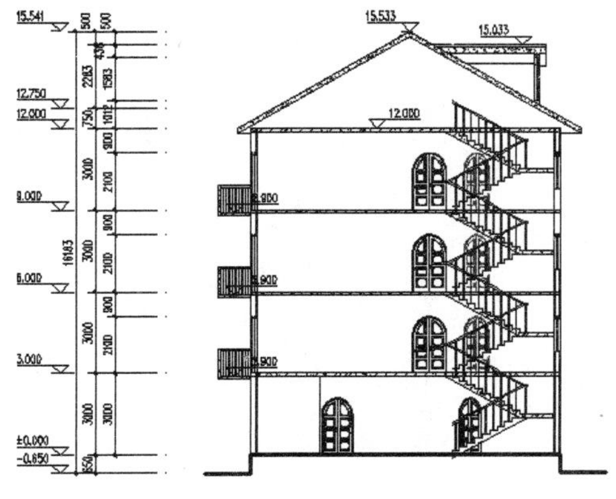

图 12-77 住宅楼剖面图

练习 2：绘制写字楼剖面图

本练习要求创建写字楼剖面图，效果如图 12-78 所示。创建建筑的剖面图与立面图一样。

绘制该剖面图时，首先打开位于同一个文件夹下的各层平面图。然后利用【移动】工具将一层平面图左下角轴线的交点调整至坐标原点。接着，利用【工程管理】工具创建住宅楼的楼层表，并进入一层平面图，利用【剖面剖切】工具绘制剖切符号。利用【建筑剖面】工具，指定剖切符号，自动创建剖面图。最后，对剖面图进行编辑，如完善尺寸标注、绘制楼梯栏杆和填充楼板等。

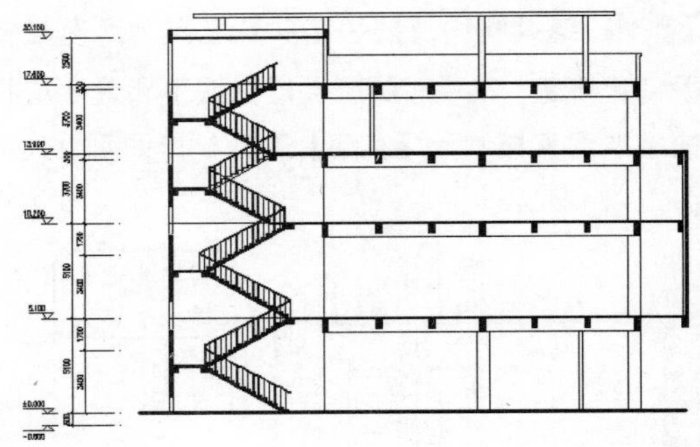

图 12-78　写字楼剖面图

第 13 章

三维建模及图形导出

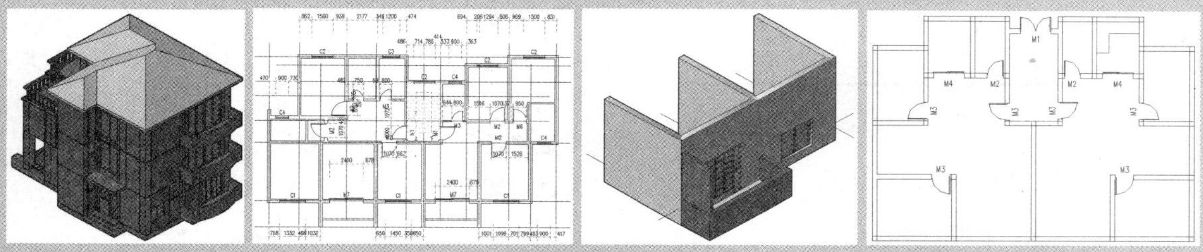

在平面绘制完成的同时也就获得了三维模型效果。为避免重复操作，用户可以根据实际情况对三维对象进行修改编辑。TArch 2014 提供了创建三维造型的功能，例如创建平板对象、竖板对象、路径界面对象等。同样，对绘制完成的三维模型，也可以调用【线转面】、【实体转面】等命令，对其进行编辑修改。

本章首先介绍三维造型工具的使用方法，然后讲解三维模型的一些编辑工具。

TArch 13.1 三维造型对象

TArch 2014 提供了绘制三维造型对象（如平板、竖板、变截面体等对象）的命令，使用这些命令可以快速创建三维对象。

13.1.1 平板

使用该命令可以绘制板式构件，如实心和镂空的楼板、平屋顶、楼梯休息平台、装饰板和雨篷挑檐，也可以创建其他方向的斜向板式构件。

选择【三维建模】|【造型对象】|【平板】选项，按命令行提示，选择封闭的多段线或圆，如图 13-1 所示。

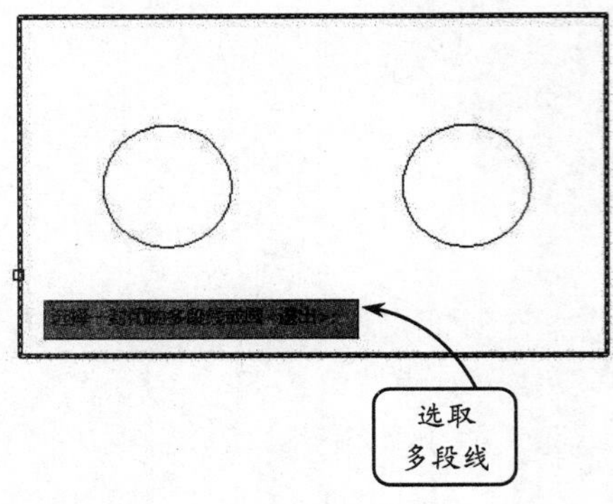

图 13-1　选取多段线

此时，命令行将显示“请点取不可见的边<结束>或[参考点（R）]<退出>:”提示信息。如果有需要不可见边可选取一边或多个不可见边。不可见边实际是存在的，只是在二维显示中不可见，主要是为了与其他构件衔接得更好。如果不需要选取，可直接按回车键。命令行将再次显示“选择作为板内洞口的封闭的多段线或圆:”提示信息。如果有多段线，可选取一段多段线，没有则按回车键。

完成上述操作后，命令行将显示“板厚（负值表示向下生成）<200>:”提示信息，输入板厚后将生成平板。如果平板以顶面定位，则输入负数，表示向下生成。图 13-2 所示为选取多段线后连续按回车键并输入厚度值-150 所获得的平板效果。

图 13-2　创建平板

需要说明的是：在使用此命令前，必须先用绘图工具绘制一封闭的多段线作为平板的轮廓线。对于创建好的平板对象，可对其进行编辑操作。双击平板将显示编辑选项，如图 13-3 所示。各选项含义及设置方法如下所述。

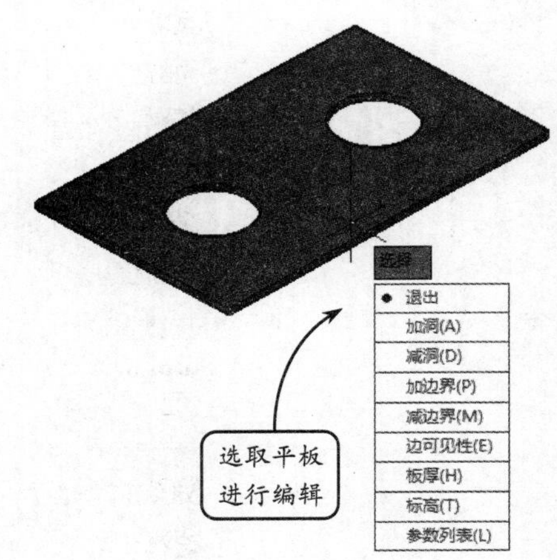

图 13-3　平板编辑选项

- **加洞（A）** 选择该选项，可以在平板中添加通透的洞口。使用此选项，命令行将会提示“选择封闭的多段线或圆:”的信息。选中平板中定义洞口的闭合多段线，平板上就会增加若干洞口。
- **减洞（D）** 选择该选项，可以移除平板中的洞口。使用此选项时，命令行将会提示

"选择要移除的洞:"信息。选中平板中定义的洞口，然后按回车键，即可从平板中移除该洞口。

- **边可见性（E）** 选择该选项，可以控制哪些边在二维视图中不可见。无法逐个控制洞口各边的可见性。使用此选项时，命令行将会提示"点取不可见的边或[全可见(Y)/全不可见(N)]<退出>:"信息。在视图中点取要设置成不可见的边即可。
- **板厚（H）** 选择该选项，可以编辑平板的板厚。其中，正数表示平板向上生成，负数表示平板向下生成。厚度可以为 0，表示一个薄片。
- **标高（T）** 选择该选项，可以更改平板的基面标高。
- **参数列表（L）** 选择该选项，程序会提供该平板的一些基本参数属性，以便于用户查看和修改。

13.1.2　竖板

使用该命令可绘制竖直方向的板式构件，如遮阳板、阳台隔断等。常用于创建建筑物入口处的雨篷、遮阳板、阳台隔断等建筑构件。

选择【竖板】选项，按命令行提示，分别指定竖板的起点和终点，如图 13-4 所示。然后按命令行提示，分别输入竖板起点标高、终点标高、起边高度和终边高度，接着输入板厚值。

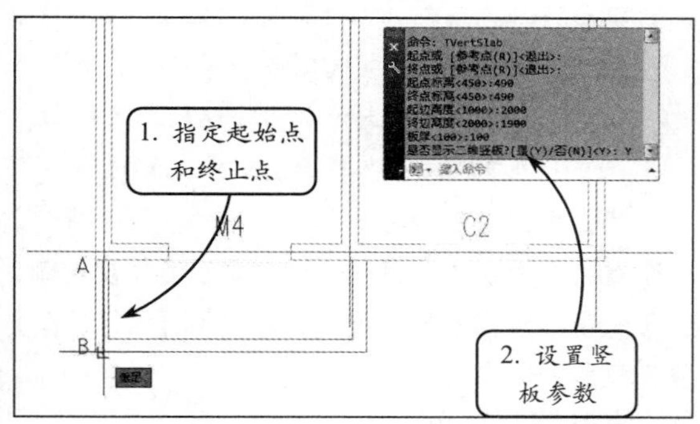

图 13-4　指定竖板起点和终点

此时，命令行将显示"是否显示二维竖板?(Y/N)[Y]:"提示信息，键入 Y 或 N，即可获得竖板效果，如图 13-5 所示。

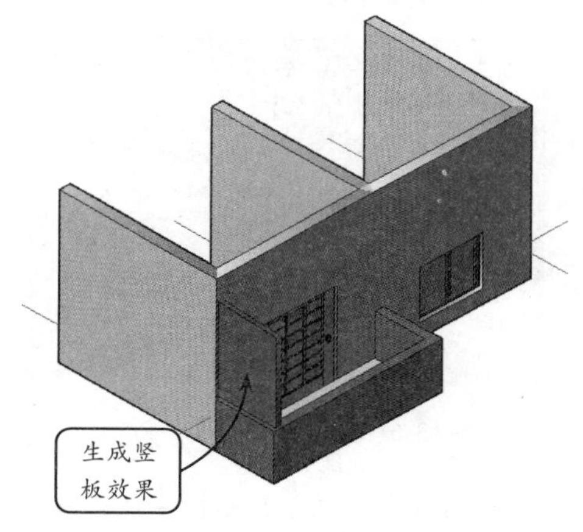

图 13-5　竖板

提示

竖板对象只有两个夹点，一个用于移动终点，也就是更改终点与起点距离，另外一个用于移动竖板位置。

13.1.3　路径曲面

使用该命令可以采用已经绘制的路径和截面放样的方式绘制三维图形。路径可以是圆、圆弧、二维或三维多段线等（多段线不要求封闭）。生成后的路径曲面对象可以进行编辑修改。

1．创建路径曲面

该工具采用沿路径等截面放样方式创建三维，是最常用的造型方法之一。路径可以是三维多段线或二维多段线和圆，多段线不要求封闭。生成后的路径曲面对象可以进行编辑修改，并且，路径曲面对象支持【裁剪】与【延伸】命令。

选择【路径曲面】选项，将打开【路径曲面】对话框，如图 13-6 所示。该对话框由多个选项组组成，各选项组对应设置方法如下所述。

- **选择路径曲线或可绑定对象** 单击此区域中的选择对象按钮，进入图中选择路径。选取成功后出现 V 形手势，并有文字提示。路径可以是直线、圆弧、圆、多段线或可绑定对象路径曲面、扶手和多坡屋顶边线，但是墙体不能作为路径。

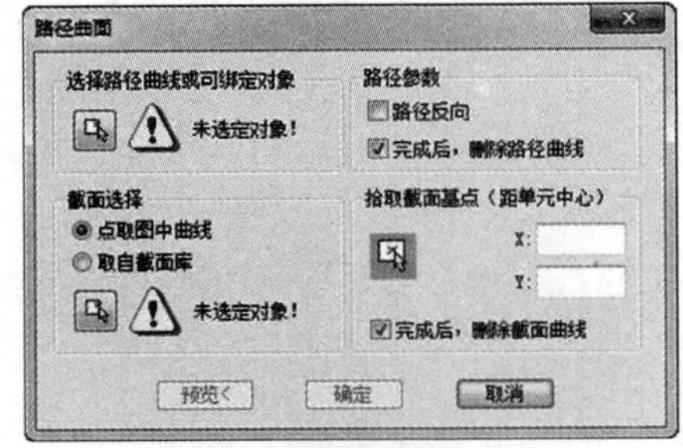

图 13-6 【路径曲面】对话框

- ❑ **截面选择** 在此区域中单击选择截面的按钮，可从图中选取，也可进入图库选择。选取成功后，出现 V 形手势，并有文字提示。截面可以是线、圆弧、圆、多段线等对象，如图 13-7 所示。

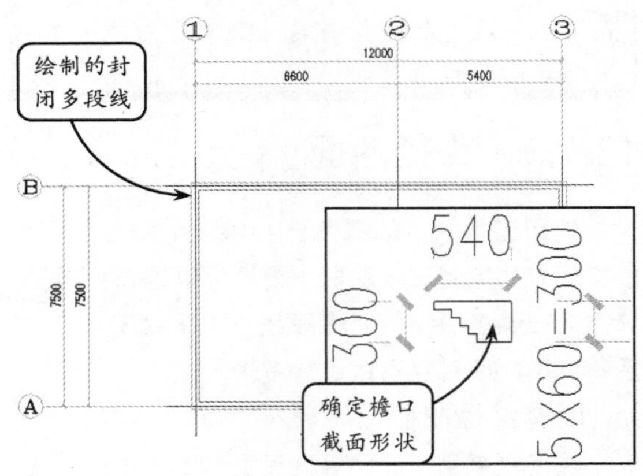

图 13-7 绘制封闭多段线和截面图形

当用户选择【取自截面库】单选按钮时，单击按钮，系统会在屏幕上弹出【天正图库管理系统】对话框。从此图库中，可以选择想要的截面形状。如图 13-8 所示。

- ❑ **路径参数** 在选择好路径和截面图形后，用户可以单击【预览】按钮，即可从三维图中观察到在指定路径上绘制出的等截面（在所生成的模型中都是同样的截面）的三维曲面对象，如图 13-9 所示。

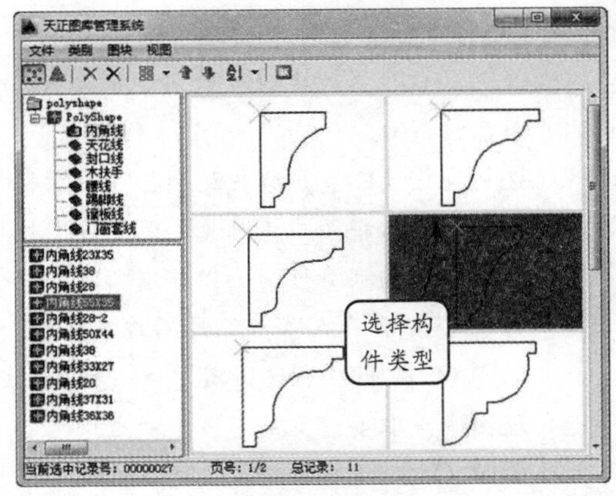

图 13-8 【天正图库管理系统】对话框

图 13-9 创建好的檐口线

可以从预览图中判断其生成模型以后的截面方向是否正确。如果正确，单击【确定】按钮执行生成；如果不正确，则启用【路径反向】复选框，之后重新预览观察，此选项也可以看作是将截面进行水平翻转。

- ❑ **拾取截面基点** 选定截面与路径的交点，默认的截面基点为截面外包轮廓的形心。可单击该按钮在截面图形中重新选取。

用户可以拖曳绘图屏幕区域，打开两个视口。一个置为平面视图，另一个设定为三维透视窗口。如预览观察放样方向不正确，可启用【路径反向】复选框翻转过来。

2. 修改路径曲面

如要修改路径曲面参数，可选取路径曲面后右击并选择【对象编辑】选项，命令行将显示“请选择[加顶点（A）/减顶点（D）/设置顶点（S）/截面显示（W）/改截面（H）/关闭二维（G）]<退出>:”提示信息，各选项对应设置方法如下所述。

- **加顶点(A)**　可以在完成的路径曲面对象上增加顶点，详见 6.2.1 一节。
- **减顶点(D)**　在完成的路径曲面对象上删除指定顶点。
- **设置顶点(S)**　设置顶点的标高和夹角，提示参照点取该点的标高。
- **截面显示(W)**　重新显示用于放样的截面图形。
- **关闭二维(G)**　有时需要关闭路径曲面的二维表达，由用户自行绘制合适的形式。
- **改截面(H)**　提示点取新的截面，可以新截面替换旧截面，重建新的路径曲面。

13.1.4　变截面体

使用该命令可从栏杆单元库中调出栏杆单元，对其编辑后生成的栏杆在路径曲面上的各个截面之间将产生平滑过渡。多用于家居、装饰模型的建立。

该工具用 3 个不同截面沿着路径曲线放样。第二个截面在路径上的位置可选。变截面体由路径曲面造型发展而来，路径曲面依据单个截面造型，而变截面体采用 3 个或 2 个不同形状的截面，不同截面之间平滑过渡。可用于建筑装饰造型等。

选择【变截面体】选项，命令行将显示“请选取路径曲线（点取位置作为起始端）<退出>:”提示信息。此时，选取多段线（如非多段线要先转换）一端作第一截面端点。然后，按命令行提示，顺序选取 3 个截面封闭曲线和基点，如图 13-10 所示。

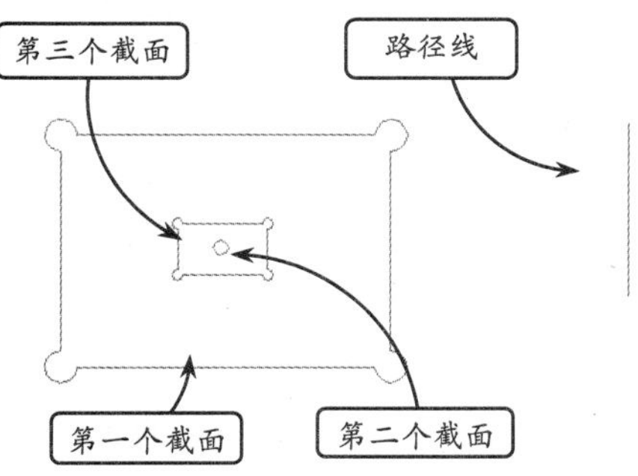

图 13-10　创建截面图形和多段线

完成上述操作后，命令行将显示“指定第 2 个截面在路径曲线的位置:”提示信息。此时，选取中间截面的位置，即可完成变截面体的绘制，如图 13-11 所示。

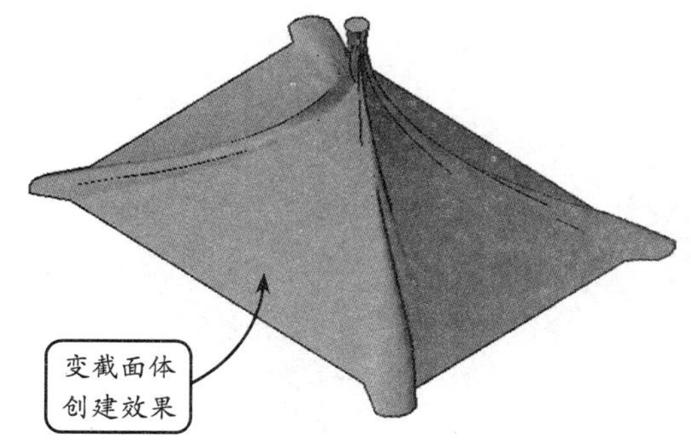

图 13-11　变截面体

> **技巧**
> 在启用【变截面体】命令之前，需要在视图中创建变截面体的截面图形。截面图形及路径曲线均在二维视图中绘制即可。最后的变截面体模型也是在二维视图下生成的。不用

13.1.5　等高建模

该命令主要用于将一组具有不同标高的多段线转成山坡模型。此命令通过为一组封闭的多段线绘制的等高线生成自定义对象的三维地面模型。

在执行该工具前，应先绘制出全部的闭合等高线。移动这些等高线到其相应的高度位置。可以使用【移位】命令或【移动】命令完成等高线 Z 标高的设置。如图 13-12 所示。

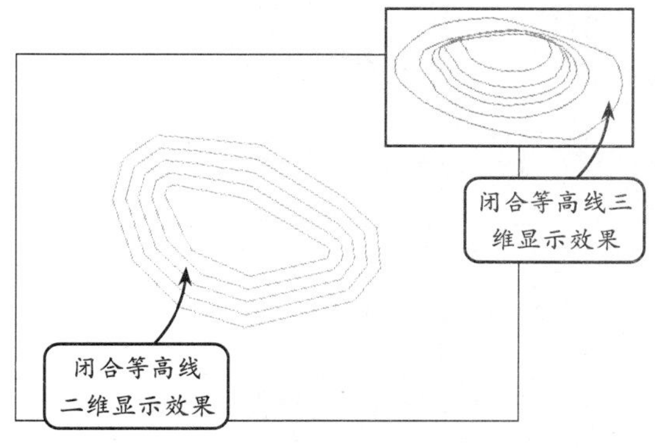

图 13-12　绘制的闭合等高线

选择【等高建模】选项，此时，命令行将显示"请选取闭合曲线<退出>:"提示信息。可选取已经给出高度作地面模型等高线的多个闭合多段线，系统随即绘制出基于该等高线的三维地面模型。如图 13-13 所示。

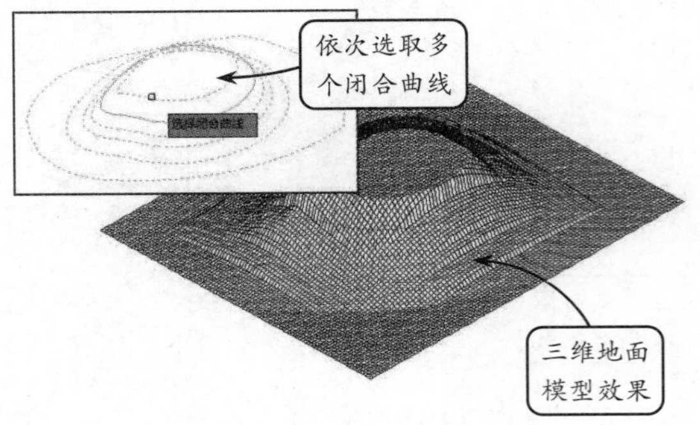

图 13-13　生成的三维地面模型

13.1.6　栏杆库

使用该命令可从栏杆单元库中调出栏杆单元，对其编辑后可生成栏杆。

选择【三维建模】|【造型对象】|【栏杆库】选项，将打开【天正图库管理系统】对话框，如图 13-14 所示。

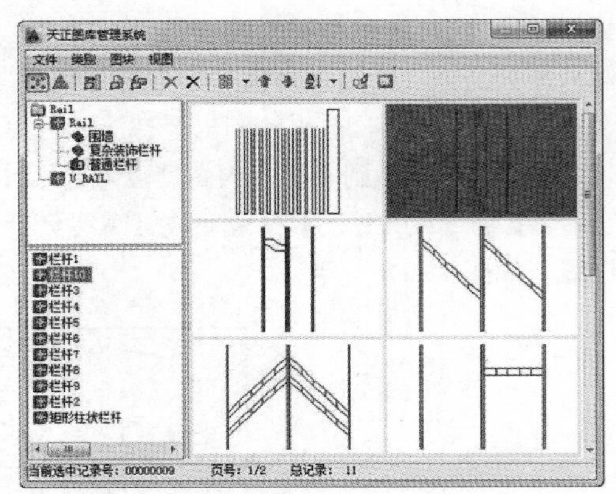

图 13-14　【天正图库管理系统】对话框

13.1.7　路径排列

使用该命令可沿着路径排列方向生成指定间距的图块对象，常用于生成楼梯栏杆。

选择【三维建模】|【造型对象】|【路径排列】选项，命令行将显示"请选择作为路径的曲线(线/弧/圆/多段线)或可绑定对象(路径曲面/扶手/坡屋顶):"提示信息。选取栏杆单元时，可以选择多个物体，然后将打开【路径排列】对话框，如图 13-15 所示。

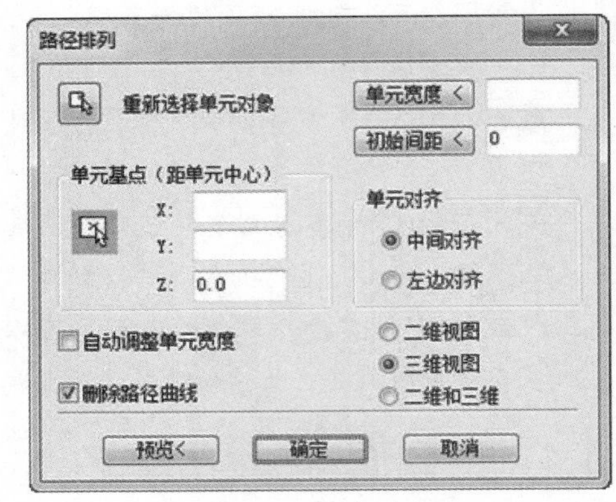

图 13-15　【路径排列】对话框

选取栏杆单元后，接着检查【单元宽度】及【初始间距】是否合适，单击【确定】按钮，即可完成栏杆的创建。效果如图 13-16 所示。

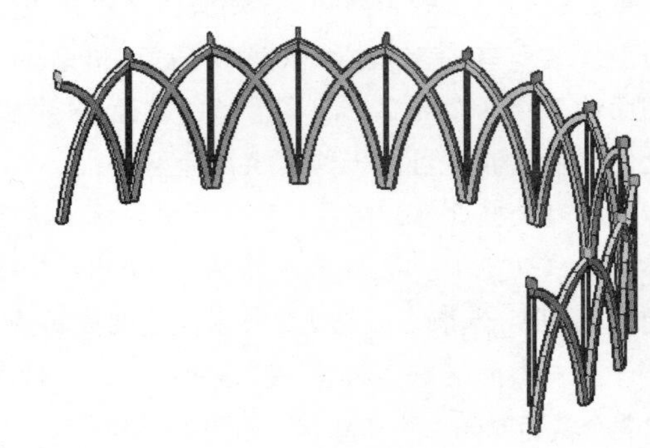

图 13-16　曲线排列三维效果

13.1.8　三维网架

使用该工具可沿着网架杆件中心绘制一组空间关联直线，并将其转换为有球节点的等直径空间钢管网架三维模型。在平面图上只能看到杆件中心线，而在三维视图中，球形节点可以看得清清楚楚，如图 13-17 所示。

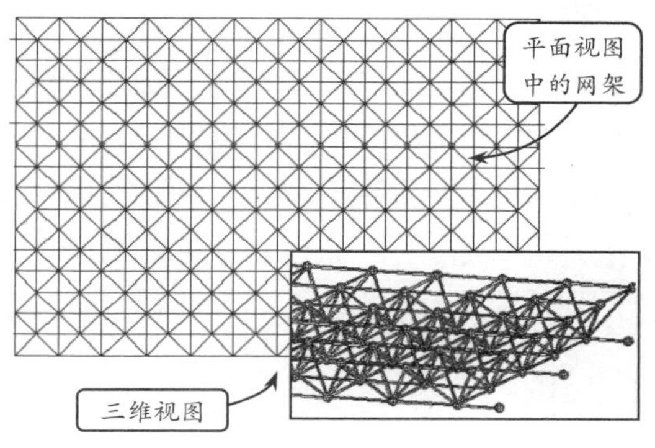

图 13-17　网架结构模型

使用此命令之前，需要先将网架结构各杆件的中心线绘制出来。然后，选择【三维网架】选项，命令行将显示“选择直线或多段线:”提示信息。此时，选取已有的杆件中心线，并按回车键退出选取，即可创建三维网架，如图 13-18 所示。

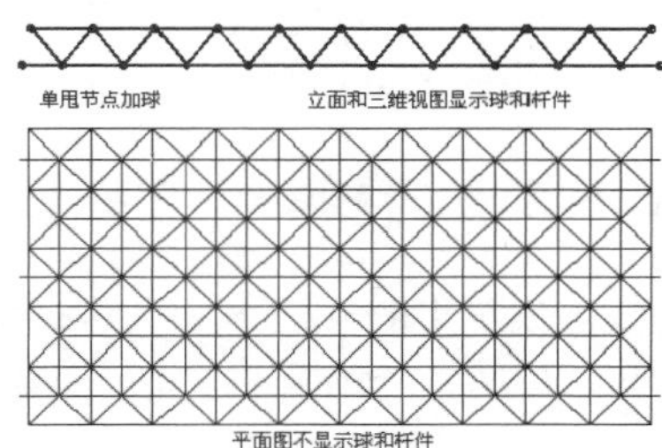

图 13-18　三维网架

选择已经绘制好的网架结构杆件线框图，单击鼠标右键，将打开【网架设计】对话框，如图 13-19 所示。此对话框中各选项的含义如下所述。

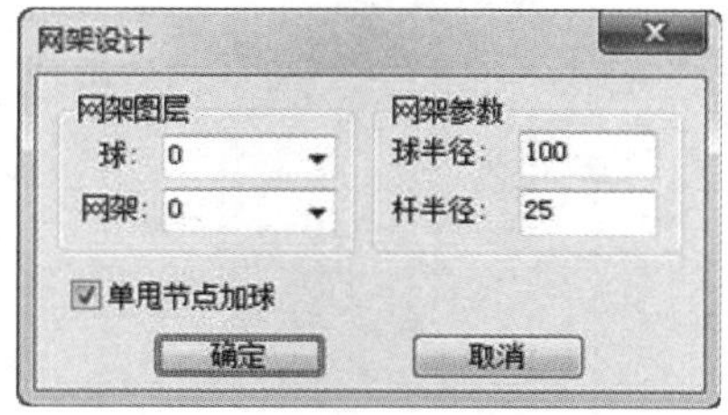

图 13-19　【网架设计】对话框

- **网架图层**　该选项组用于设置球和网架的所在图层。如果材质不同，则需要单独定义二者的图层，以便后期渲染。
- **网架参数**　该选项组用于设置球和杆的直径。
- **单甩节点加球**　启用该复选框后，单根直线的两个端点也将生成球节点。禁用后，系统只在两根以上直线交汇节点处生成球节点。

> **注意**
> 使用【三维网架】工具生成的空间网架模型不能指定单个杆件与球节点的直径和厚度。

TArch 13.2　三维编辑工具

所有实体都是由最基本的面和边组成的，因此可通过改变实体边和面的方法创建新的实体效果。TArch 2014 提供了三维编辑工具，如线转面、实体转面、片面合成等，这些工具可将指定的二维图形转换成三维图形。

13.2.1　线转面

在编辑三维图形时，为提高图形的显示速度，可以使用该工具根据由线构成的二维视图生成三维网格面。该工具还可将指定对象转换为实体特征。

使用【线转面】工具可以根据二维视图中构成面的边、直线或多段线生成三维网格面。

选择【三维建模】|【编辑工具】|【线转面】选项，命令行将显示“选择构成面的边（LINE/多段线）:”提示信息。此时，选取代表网格面的各边线。如图 13-20 所示，框选该图形中所有线条。

命令行将再次显示“是否删除原始的边线?（Y/N）[Y]:”提示信息。可根据需要保留或删除边线，随即可将由线构成的二维图形转换为三维网格面模型，如图 13-21 所示。

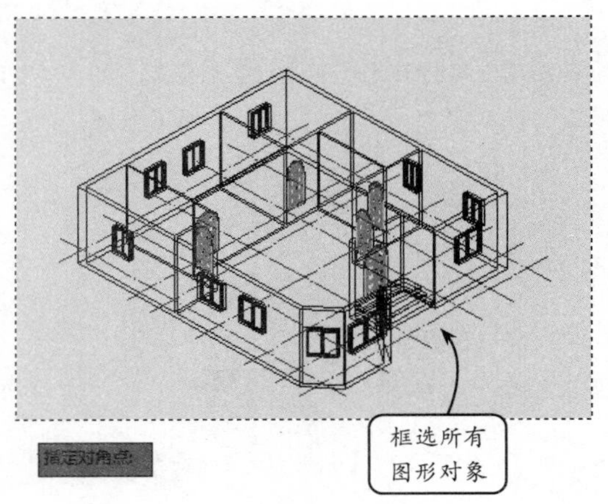

图 13-20　线转面

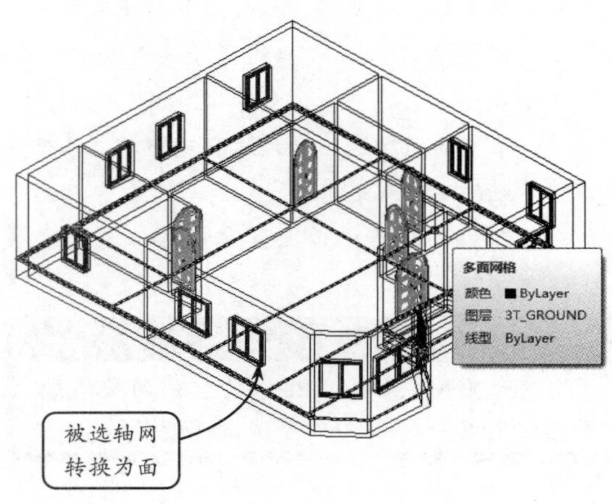

图 13-21　线转面

13.2.2　实体转面

使用【实体转面】命令可以将三维实体或面域转换为三维网格曲面模型。

选择【三维建模】|【编辑工具】|【实体转面】选项，命令行将显示“选择 ACIS 对象:”提示信息。此时，选取实体或面域，系统随即将实体模型转换为三维网格面模型。

13.2.3　面片合成

使用该命令可以将多个三维曲面转化为三维网格曲面模型，以便进行后续的编辑和修改。

选择【面片合成】选项，命令行将显示“选择三维面（3DFACE）:”提示信息。可以使用各种选择方式选择多个三维面对象，系统随即将三维面对象模型转换为三维网格面对象模型，如图 13-22 所示。

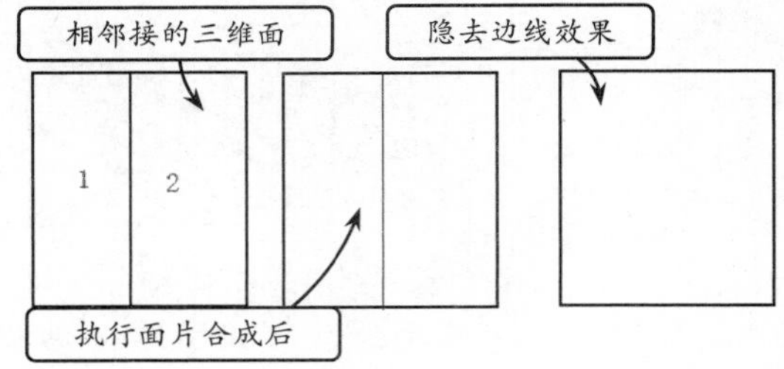

图 13-22　面片合成

如果选择集中包括了邻接的三维面，命令可以将它们合成一个更大的三维网格面，但仍保持原三维面边的可见性，不会自动隐藏内部边界线。该工具无法将三维面与网格面进行合并，主要用于把零散的三维面组合成为一个网格面对象，以方便操作。

13.2.4　隐去边线

使用该命令可以将三维面对象与网格面对象的指定边线变为不可见，以便进行后续的编辑和修改。

选择【隐去边线】选项，命令行将显示“点取 3DFace 或 PFace 的边:”提示信息，即选取三维面和网格面的边。此时，选取需要隐去的边界。当选取到多个对象时，会提示“是否为该对象？(Y/N) [Y]:”，分别执行确认操作即可，如图 13-23 所示。

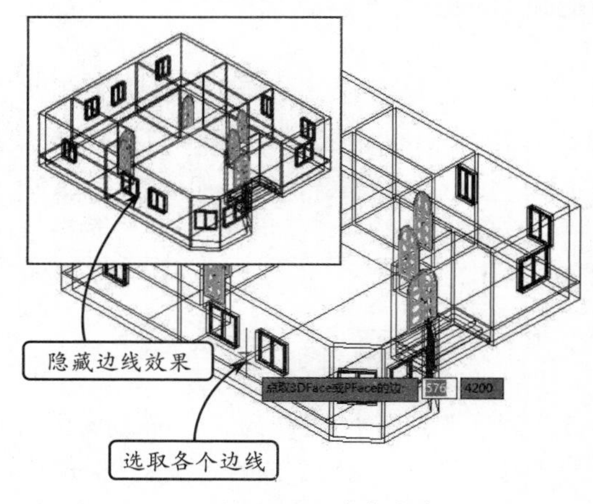

图 13-23　隐去边线

注意

在稍为复杂的图形中，几个三维面的边界常常是共线的。这时，相邻的两个对象要都选上，它们的边界才能隐去。

13.2.5　三维切割

使用【三维切割】命令可将三维模型切割为两部分。切割处将自动添加红色面。

选择【三维切割】选项，命令行将显示“请选择需要剖切的三维对象:”提示信息。此时，框选待切割的三维对象，如图 13-24 所示。

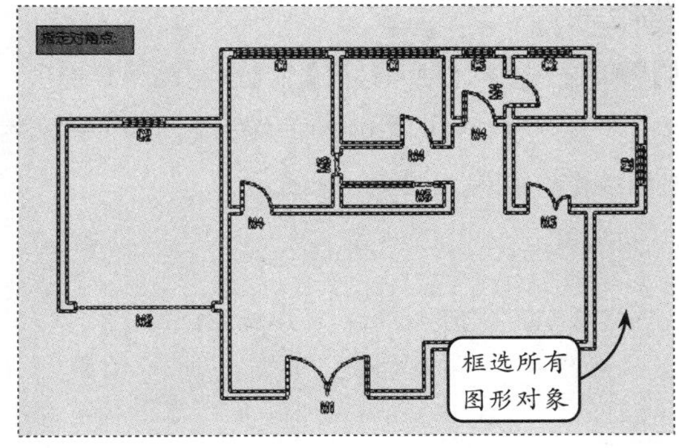

图 13-24　框选被切割建筑图形

命令行将再次显示“选择切割直线起点或[多段线切割（D）]<退出>:”提示信息。分别指定起点和终点，以两点连线为剖切线或者键入 D 选择已有多段线，如图 13-25 所示。

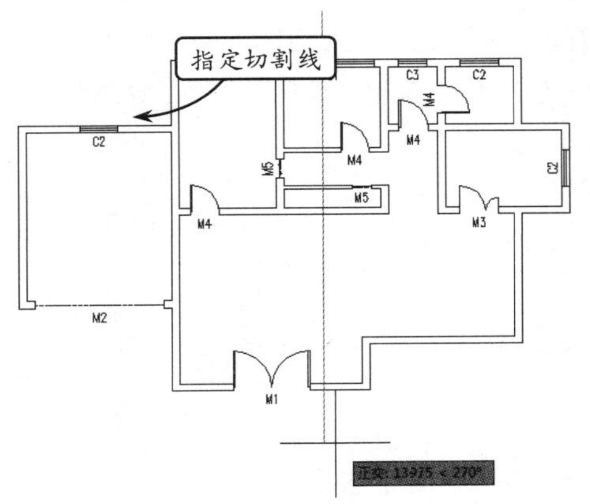

图 13-25　三维切割

以该工具进行剖切，生成其中一部分三维剖面模型图块后，可以转换视角，形成剖透视图。其中，剖面会自动使用暗红色面填充。图 13-26 所示为利用剖切后的模型创建的三维剖透视图。

图 13-26　三维切割效果

13.2.6　厚线变面

利用【厚线变面】命令可以将有厚度的线、弧、多段线对象按照厚度转化为网格面。

选择【厚线变面】选项，命令行将显示“选择有厚度的曲线:”提示信息。此时，选取要转换的对象（可以一次选择多个对象一起转换），并按回车键结束选择即可，效果如图 13-27 所示。

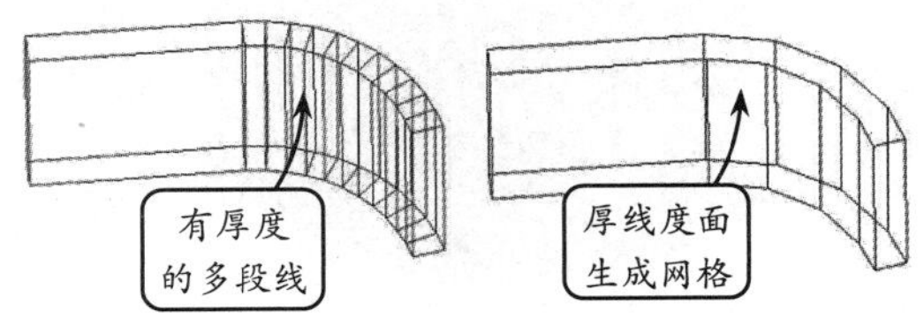

图 13-27　厚线变面

13.2.7　线面加厚

【线面加厚】命令可以为选中的闭合线和三维面赋予厚度，用于将线段加厚为平面，将三维面加厚为有顶部的多面体。

选择【线面加厚】选项，命令行将提示选择拉伸的对象，按回车键，将打开【线面加厚参数】对话框，如图 13-28 所示。单击【确定】按钮，即可完成线面加厚的操作。

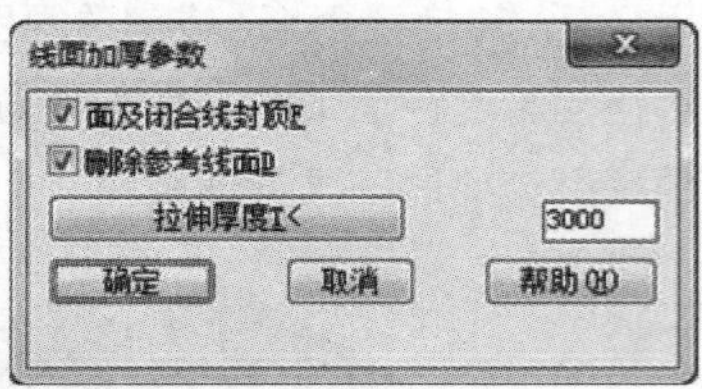

图 13-28 【线面加厚参数】对话框

13.3 综合案例：绘制住宿楼三维模型

本例将绘制某住宿楼三维模型，效果如图 13-29 所示。在创建建筑三维模型方面，天正提供了专门的【工程管理】工具。只要在同一个图形文件中，绘制出首层图形、标准层图形，以及屋顶图形，通过该工具就可以很轻松地创建一个完整的楼层图、建筑立面图、建筑剖面图等。这样大大加快了用户创建图纸及楼层的速度，在很多方面均显得比较智能化。

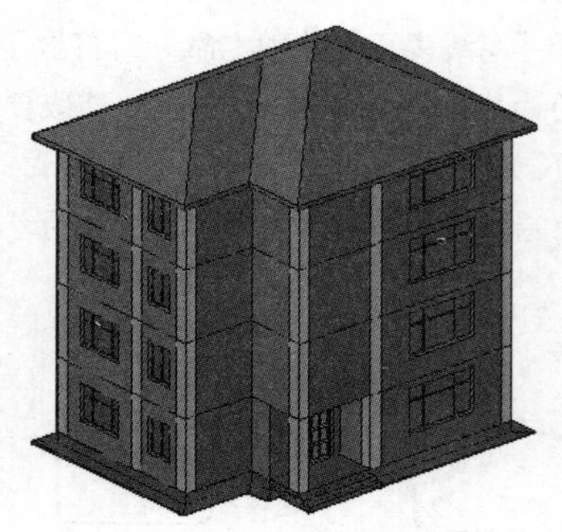

图 13-29 住宿楼三维模型

创建该住宿楼三维效果时，首先可以利用前面提供的方法，绘制该建筑的首层图形、标准层图形，以及屋顶图形。完成各楼层的平面图绘制后，新建一文件夹，并将各层平面图放置于其中。然后，利用【工程管理】工具新建一工程，并将其保存于新建的文件夹中。接着，根据各层层高创建楼层表，利用【三维组合】工具即可自动创建该住宿楼的三维模型。

操作步骤

STEP|01 选择【轴网柱子】|【绘制轴网】选项，在打开的【绘制轴网】对话框中依次设置下开和右进的参数，效果如图 13-30 所示。

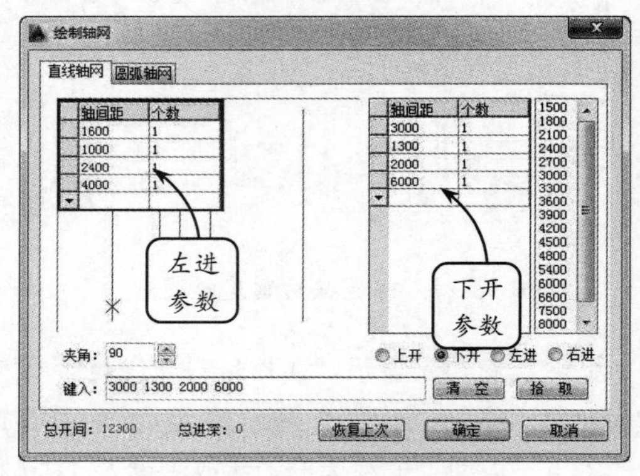

图 13-30 绘制轴网

STEP|02 在图中单击确定轴网的位置。然后，利用【绘制墙体】工具设置墙高为 3 000，左宽为 250，右宽为 120，沿着轴线绘制外墙体，效果如图 13-31 所示。

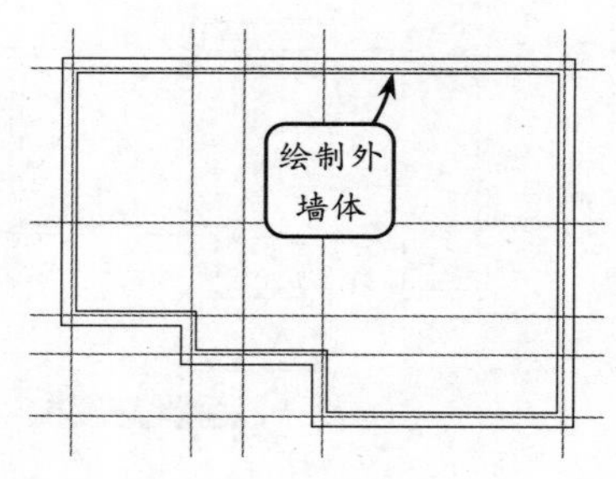

图 13-31 绘制外墙体

STEP|03 利用【绘制墙体】工具设置墙高为 3 000，左宽为 120，右宽为 120，沿着轴线绘制内墙体，效果如图 13-32 所示。

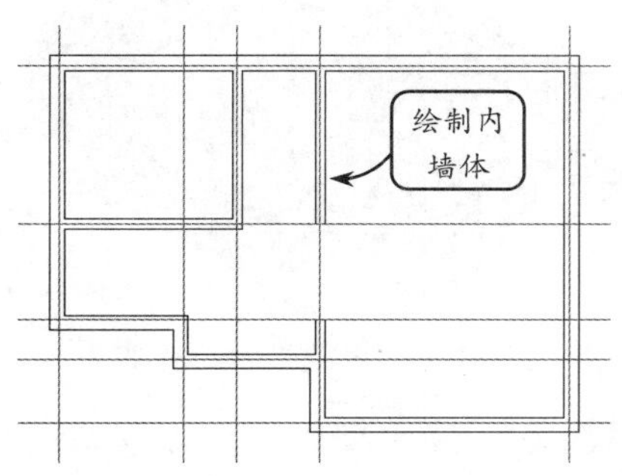

图 13-32　绘制内墙体

STEP|04 利用【偏移】工具将上部外墙体向下偏移 2 800，并将左边外墙体向右偏移 1 500。然后通过对象编辑将偏移所得的墙体的左右宽度均改为 120，并将多余墙体删除。效果如图 13-33 所示。

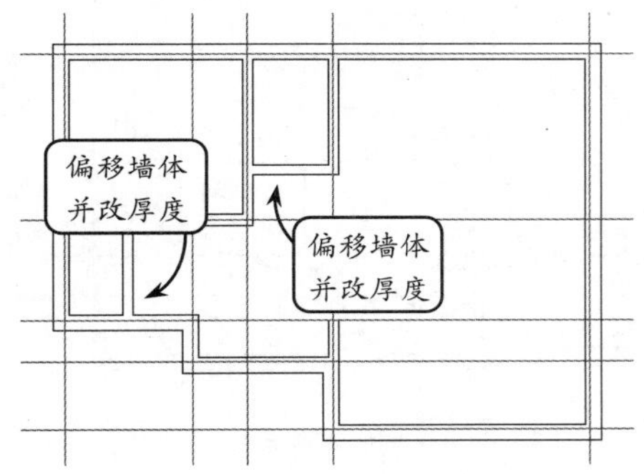

图 13-33　偏移墙体并改厚度

STEP|05 利用【标准柱】工具设置矩形标准柱的参数为 500×500，高度为 300。然后指定柱子的中心点为基点，并指定各条轴线的交点为插入点，将柱子插入到图形中。效果如图 13-34 所示。

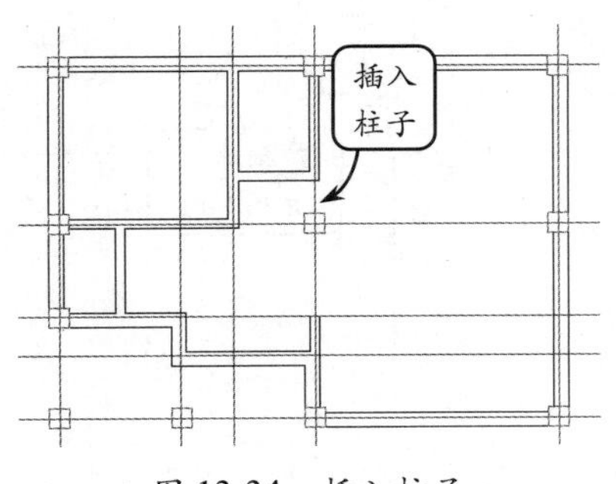

图 13-34　插入柱子

STEP|06 利用【门窗】工具，依次在图形中插入编号分别为 C1、C2 和 C3 的窗户，尺寸分别为 3000×1800、2100×1500 和 1200×1500，窗台高均为 900，插入方式均为等分插入，窗户样式均为有亮子的平开窗 4。效果如图 13-35 所示。

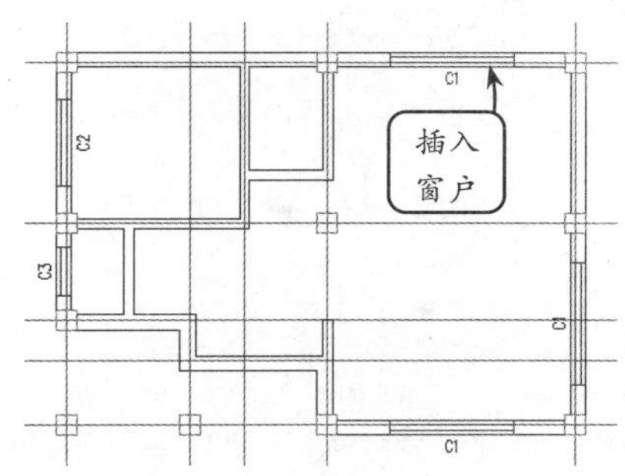

图 13-35　插入窗户

STEP|07 利用【门窗替换】工具，将 C3 窗户的样式替换为无亮子的塑钢窗。然后新建编号为 M1 的门，尺寸为 1800×2100，门槛高为 0。以垛宽定距为 350 的方式插入该大门。其中，门样式为双扇装饰门 7，效果如图 13-36 所示。

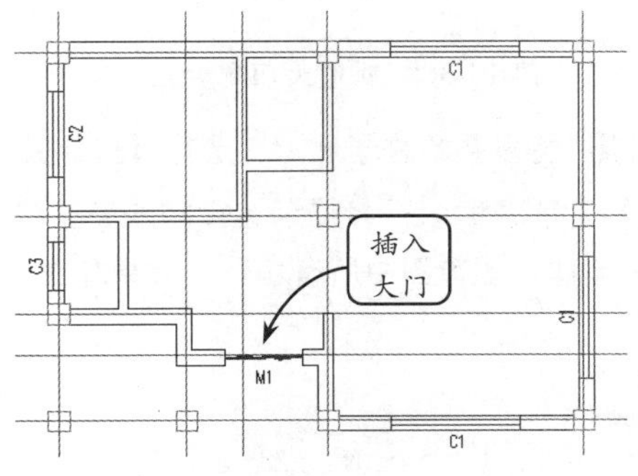

图 13-36　插入大门

STEP|08 新建编号为 M2 的门，尺寸为 900×2100，门槛高为 0，门样式为带木线的装饰门 1。然后以垛宽定距为 80 和以垛宽定距为 0 的方式分别插入该门，效果如图 13-37 所示。

STEP|09 利用【矩形】工具，在大门 M1 前绘制一矩形。然后利用【台阶】工具设置台阶参数，并选取该矩形为平台轮廓线。接着，选取图 13-38 所示矩形的三条边为没有踏步的边，并单击鼠标右键，即可完成台阶的创建。

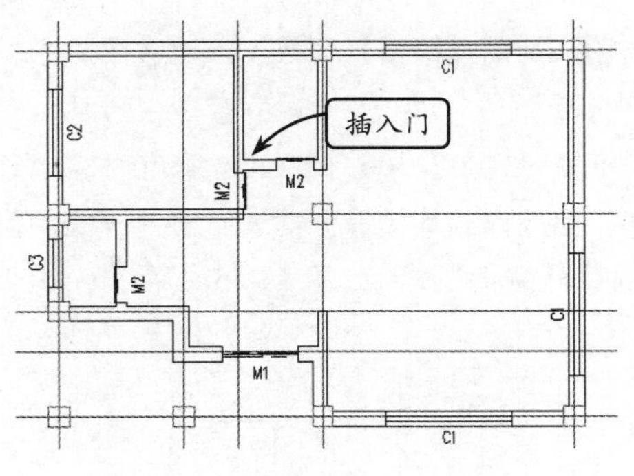

图 13-37　插入门

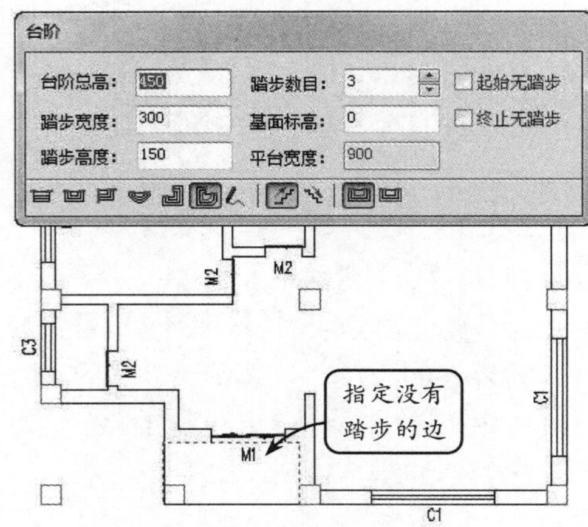

图 13-38　创建大门前台阶

STEP|10 将多余的柱子删除，选择【楼梯其他】|【散水】选项，命令行将提示选择构成完整建筑物的所有墙体。框选图中所有墙体，效果如图 13-39 所示。

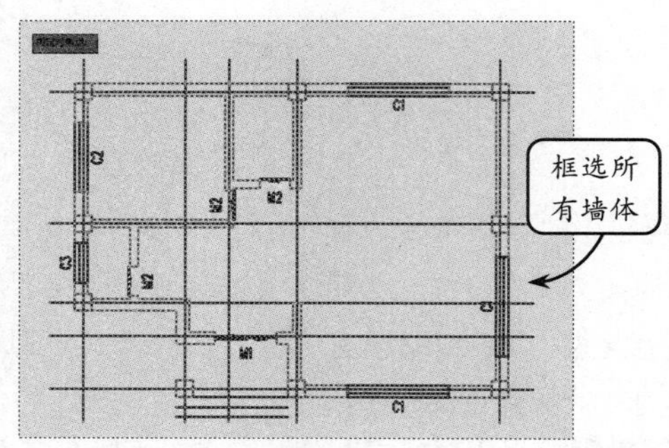

图 13-39　选取所有墙体

STEP|11 将所有的墙体选中后，在【散水】对话框中设置散水的参数。然后，单击鼠标右键，系统将自动创建散水。至此，一层平面图创建完成，效果如图 13-40 所示。

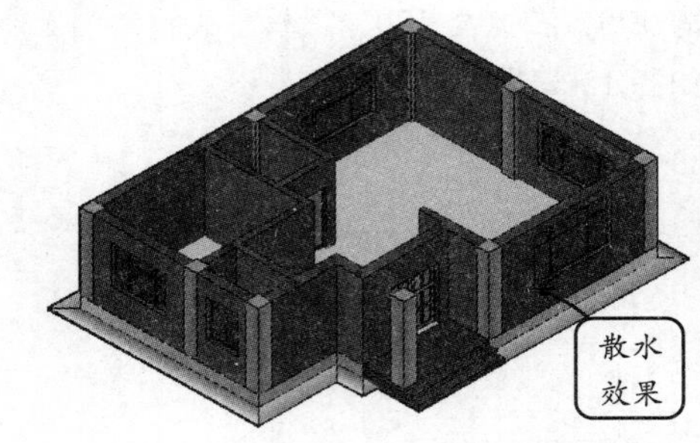

图 13-40　创建散水的效果

STEP|12 将“一层平面图”另存为“二层平面图”。然后将台阶、散水和一层的地面删除，并将大门 M1 和其所在墙体删除。接着，利用【绘制墙体】工具设置墙体高度为 3 000，左宽为 250，右宽为 120，沿着轴线完善墙体。然后通过对象编辑，修改图 13-41 所示墙体的左宽为 120，右宽为 120。

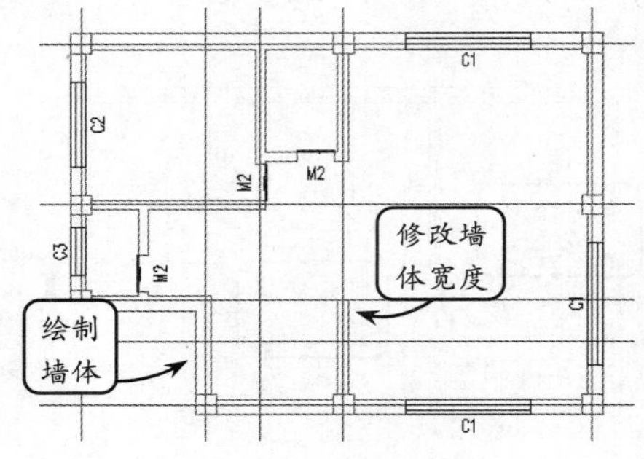

图 13-41　绘制墙体并修改墙厚

STEP|13 利用【绘制墙体】工具设置墙体高度为 3 000，左宽为 120，右宽为 120，沿着轴线绘制内墙体。然后以垛宽定距为 80 的方式插入门 M2，效果如图 13-42 所示。

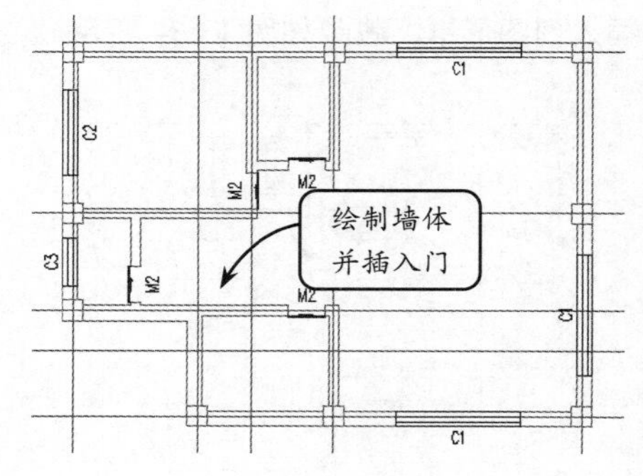

图 13-42　绘制墙体并插入门窗

STEP|14 利用【多段线】工具沿着外墙体绘制多段线。然后利用【平板】工具选取该多段线，并设置板厚为 100，创建楼板。至此，二层平面图创建完成，效果如图 13-43 所示。

图 13-43　绘制楼板

STEP|15 将“二层平面图”另存为“屋顶平面图”。然后利用【搜屋顶线】工具框选所有的墙体和门窗，设置外皮距离为 600，即可创建屋顶线。效果如图 13-44 所示。

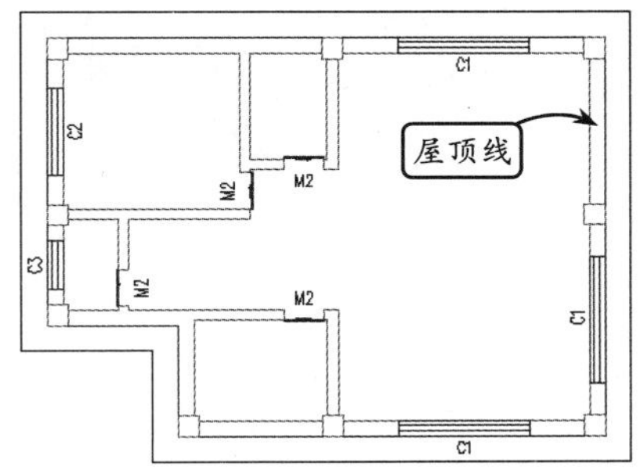

图 13-44　搜屋顶线

STEP|16 利用【任意屋顶】工具选取上步创建的屋顶线，并设置坡角为 30，出檐长为 600，创建屋顶。效果如图 13-45 所示。

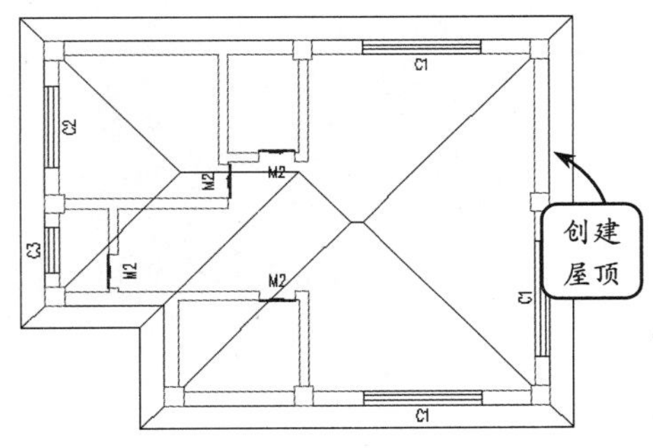

图 13-45　创建屋顶

STEP|17 将所有墙体和门窗，以及楼板删除。然后切换【西南等轴测】为当前视图，并切换【概念】为当前视觉样式，观察创建的屋顶的三维效果。接着，选取该屋顶，通过对象编辑工具，在打开的【任意坡顶】对话框中设置屋顶的底标高为 0。至此，该住宿楼的各个楼层创建完毕，效果如图 13-46 所示。

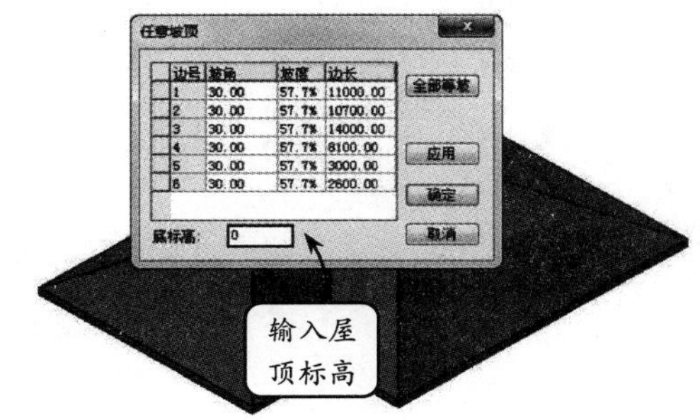

图 13-46　屋顶三维效果

STEP|18 新建一名称为“住宿楼”的文件夹，并将以上绘制的 3 个楼层的平面图全部放置于该文件夹中。然后依次打开该文件夹中的这 3 个图纸，效果如图 13-47 所示。

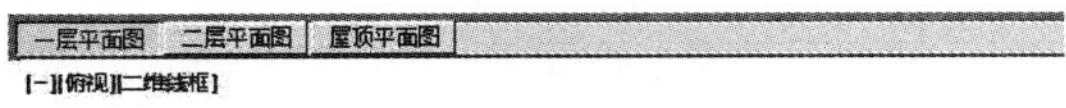

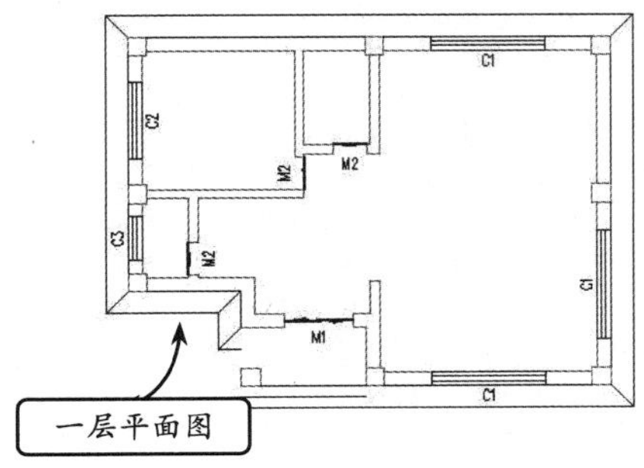

图 13-47　打开图纸

STEP|19 选择【文件布图】|【工程管理】选项，在打开的对话框中新建一名为“住宿楼”的工程，并将其保存在上步创建的文件夹下。然后展开【楼层】面板，对工程的【层号】、【层高】和【文件】

进行设置，效果如图 13-48 所示。

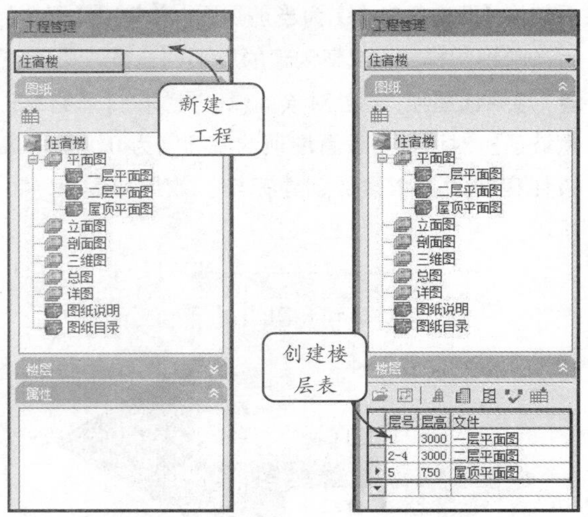

图 13-48 创建楼层表

STEP|20 选择【三维建模】|【三维组合】选项，在打开的【楼层组合】对话框中，选择【以外部参照方式组合三维】复选框。这样，系统将来创建的楼层三维模型将以外部参照的方式显示。这种方式对系统内存的占用量比较小。效果如图 13-49 所示。

STEP|21 接着，在该对话框中单击【确定】按钮，并在打开的【输入要生成的三维文件】对话框中输入文件名“住宿楼”，并单击【保存】按钮，系统将自动创建楼层的三维效果。如图 13-50 所示。

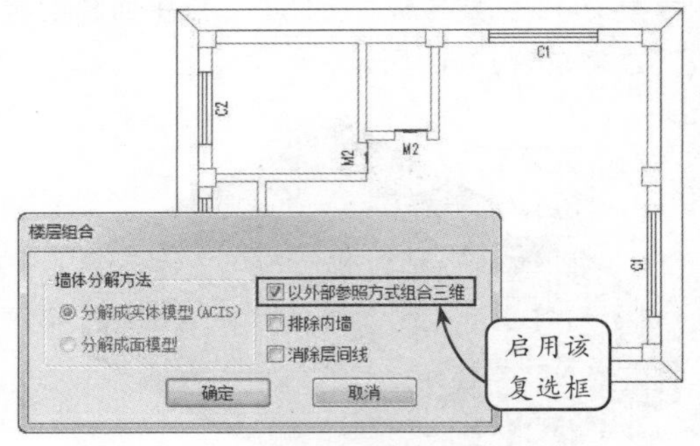

图 13-49 设置楼层组合参数

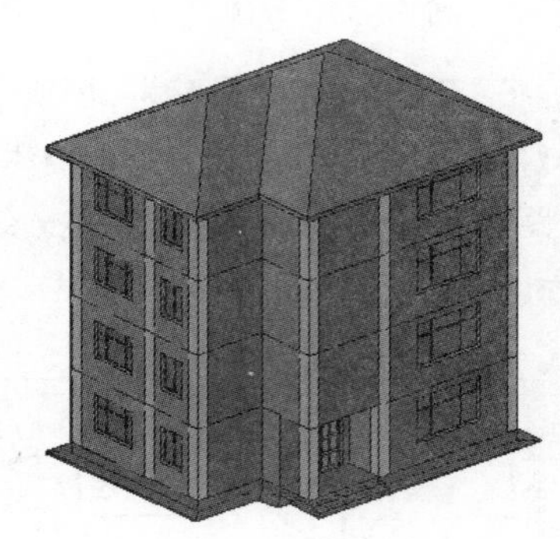

图 13-50 组合后住宅楼效果

13.5 新手训练营

练习：绘制多单元三维模型

本练习要求绘制多单元户型三维模型，效果如图 13-51 所示。在创建建筑三维模型方面，天正提供了专门的【工程管理】工具。只要在同一个图形文件中，绘制出首层图形、标准层图形，以及屋顶图形，通过该工具就可以很轻松地创建一个完整的楼层图、建筑立面图、建筑剖面图等。这样，大大加快了用户创建图纸及楼层的速度，在很多方面均显得比较智能化。

创建该单元三维效果时，首先绘制该建筑的首层图形、标准层图形，以及屋顶图形。完成各楼层的平面图绘制后，新建一文件夹，并将各层平面图放置于其中。然后，利用【工程管理】工具新建一工程，并将其保存于新建的文件夹中。接着，根据各层层高创建楼层表，利用【三维组合】工具即可自动创建该住宿楼的三维模型。

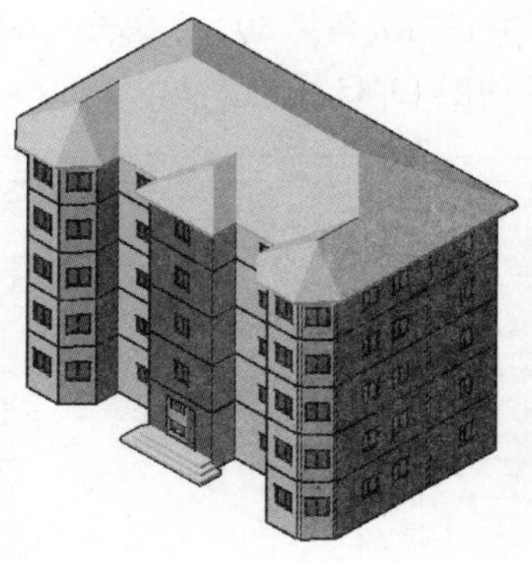

图 13-51 多单元三维模型

第 14 章

文件布图

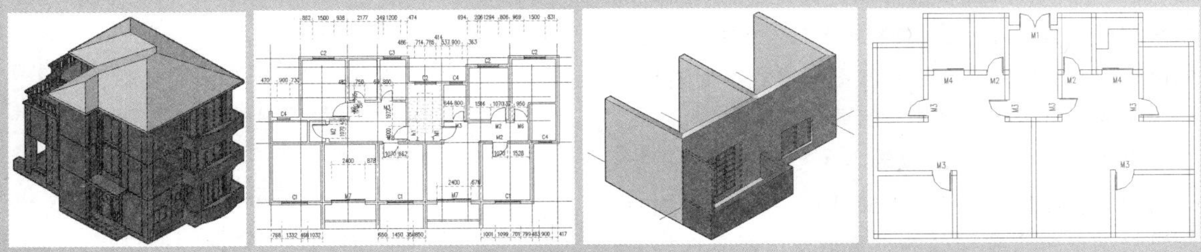

在绘制完图形后还需要进行布图，才可以打印输出。TArch 2014 提供了多种布图工具和图框库，以及在图纸空间进行多比例布图的方法。为了解决用户之间的图纸格式问题。TArch 提供了相关命令来转换图纸格式，实现不同版本之间的交流。

本章主要介绍图纸布局的方法和图纸布局使用到的天正命令，以及格式转换、图形转换命令。

14.1 图纸布局

TArch 图纸布局与 AutoCAD 相似，也具有适合单比例的模型布图与适合多比例的图纸空间布图。单击绘图窗口下方的【模型】和【布局】标签，可以在这两个空间之间互相切换。

14.1.1 插入图框

使用该命令可以在当前模型空间或图纸空间插入图框。TArch 提供了通常标题栏功能以及图框直接插入功能，预览图像框可以提供鼠标滚轮缩放与平移功能，插入图框前可按当前参数拖动图框，用来测试图幅合适与否。图框和标题栏均统一由图框库管理，能使用的标题栏和图框样式不受限制，新的带属性标题栏支持图纸目录生成。

选择【文件布图】|【插入图框】选项，将打开【插入图框】对话框，如图 14-1 所示。下面介绍该对话框中主要参数的设置方法以及具体插入图框的方法。

图 14-1 【插入图框】对话框

1. 【插入图框】对话框参数项介绍

【插入图框】对话框主要由【图幅】和【样式】两个选项组组成。此外，还可设定比例以及定义图纸空间。各参数项含义如下所述。

- **标准幅**　共有 A4～A0 五种标准图幅。单击某一图幅的按钮，就选定了相应的图幅。
- **图长/图宽**　通过键入数字，直接设定图纸的长、宽尺寸或显示标准图幅的图长与图宽。
- **横式/立式**　选定图纸格式为立式或横式。
- **加长**　选定加长型的标准图幅。单击右边的下三角按钮，出现国际标准图幅选择。
- **自定义**　如果使用过在图长和图宽栏中输入的非标准图框尺寸，则会把此尺寸作为自定义尺寸保存在此下拉列表中，单击右边下三角按钮，可以从中选择已保存的 20 个自定义尺。
- **比例**　设定图框的出图比例，此数字应与【打印】对话框的【出图比例】一致。此比例也可从列表中选取。如果列表没有，也可直接输入。启用【图纸空间】后，此控件暗显，比例自动设为 1:1。
- **图纸空间**　启用该复选框后，当前视图切换为图纸空间（布局），【比例 1:】自动设置为 1:1。
- **会签栏**　启用该复选框后，允许在图框左上角加入会签栏。单击右边的按钮，可从图框库中选取预先入库的会签栏。
- **标准标题栏**　启用该复选框后，允许在图框右下角加入国标样式的标题栏。单击右边的按钮可从图框库中选取预先入库的标题栏。
- **通长标题栏**　启用该复选框后，允许在图框右方或者下方加入用户自定义样式的标题栏，单击右边的【标准标题栏】按钮，从图框库中选取预先入库的标题栏，命令自动从用户所选中的标题栏尺寸判断插入的是竖向还是横向的标题栏，采取合理的插入方式，并添加通栏线。
- **右对齐**　图框在下方插入横向通长标题栏时，启用【右对齐】，可使得标题栏右对齐，而在左边插入附件栏。

- ❑ **附件栏** 启用【通长标题栏】复选框后，【附件栏】复选框将被激活。启用该复选框后，允许图框一端加入附件栏。单击右边的按钮，可从图框库中选取预先入库的附件栏，可以是设计单位徽标或者是会签栏。
- ❑ **直接插图框** 启用该复选框后，允许在当前图形中直接插入带有标题栏与会签栏的完整图框，而不必选择图幅尺寸和图纸格式。单击右边的按钮，可从图框库中选取预先入库的完整图框。

2. 插入图框的方法

设置图框参数后，可单击【插入】按钮，实时插入图框，也可指定 TArch 2014 图库中的图框类型插入图框，还可以在图纸空间插入图框。

- ❑ **实时图框插入** 就是由图库中选取预设的标题栏和会签栏，实时组成图框，插入当前图形。这是最常用的图框插入方法。即设置图框参数后，单击该对话框中的【插入】按钮，然后指定插入点，即可获得插入图框效果，如图 14-2 所示。

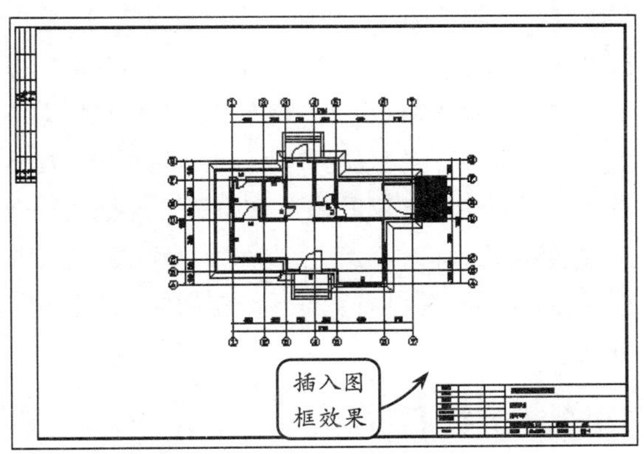

图 14-2 实时图框插入

- ❑ **直接插入图库中完整图框** 启用【直接插图框】复选框后，单击按钮，可进入图框库选择完整图框，其中每个标准图幅和加长图幅都要独立入库，每个图框都是带有标题栏和会签栏、院标等附件的完整图框，如图 14-3 所示。

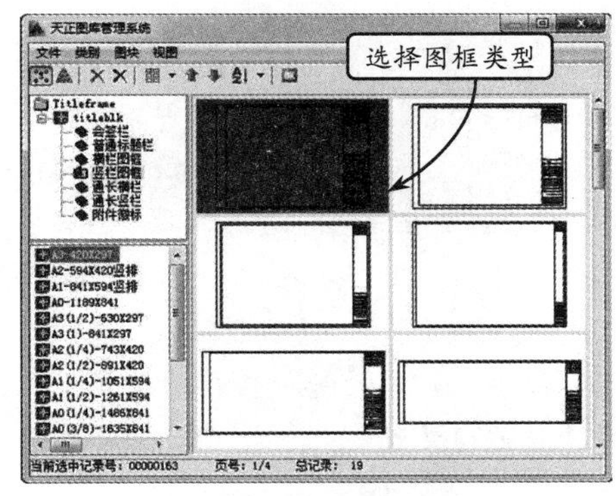

图 14-3 直接插入图库中完整图框

双击待选择的图框对象，将返回上级对话框。接着，单击【插入】按钮，并指定插入图框基点，即可获得插入图框效果，如图 14-4 所示。

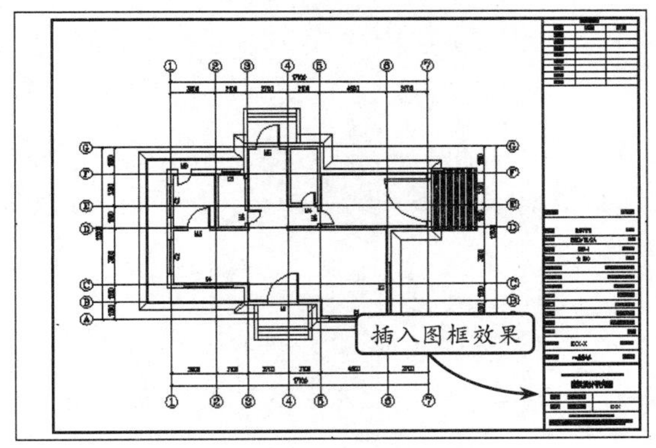

图 14-4 在模型空间中插入图框

- ❑ **在图纸空间插入图框** 在图纸空间中插入图框与在模型空间中插入图框区别主要是，在模型空间中，图框插入则选择比例，确定所有的选项后，单击【插入】按钮，拖动套入已经绘制的图形，而且在对话框中启用【图纸空间】复选框，绘图区立刻切换到图纸空间布局 1，图框的插入基点则自动定为左下角，默认插入点为(0,0)。

此时，命令行将显示“请点取插入位置[原点(Z)]<返回>Z:”提示信息，指定图框插入点即可在其他位置插入图框。键入 Z 则默认插入点为（0，0），按回车键，可返回重新更改参数。

14.1.2 图纸目录

该工具要求配合具有标准属性名称的特定标题栏或者图框使用。图框库中的图框横栏提供了符合要求的实例，入库后可形成该单位的标准图框库或者标准标题栏。在各图上双击标题栏，即可将默认内容修改为实际工程内容。

选择【文件布图】|【图纸目录】选项，将打开【天正构件库】对话框，如图 14-5 所示。在该对话框中选择目录对象。

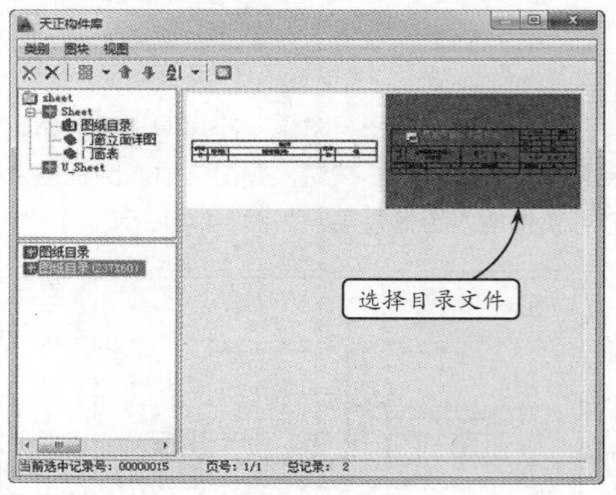

图 14-5 【天正构件库】对话框

双击目录文件，将打开【图纸文件选择】对话框，如图 14-6 所示。该对话框中主要参数项的含义及设置方法如下所述。

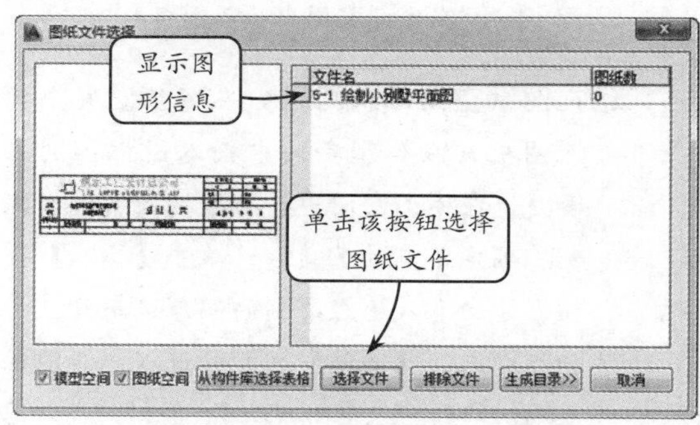

图 14-6 【图纸文件选择】对话框

- **模型空间** 默认为启用状态，表示在已经选择的图形文件中包括模型空间里插入的图框，禁用该复选框则表示只保留图纸空间图框。
- **图纸空间** 默认为启用状态，表示在已经选择的图形文件中包括图纸空间里插入的图框，禁用该复选框则表示只保留模型空间图框。
- **选择表格** 在天正构件库中选择并双击预先入库的用户图纸目录表格样板，所选的表格将显示在左边图像框。
- **选择文件** 单击该按钮将进入标准文件对话框。选择要添加入图纸目录列表的图形文件。按 Shift 键可以一次选多个文件。
- **排除文件** 选择要从图纸目录列表中排除的文件。按 Shift 键可以一次选多个文件。单击该按钮可以把这些文件从列表中去除。
- **生成目录**：完成图纸目录命令，结束对话框，由用户在图上插入图纸目录。

14.1.3 定义视口

该工具将模型空间指定区域内的图形以给定的比例布置到图纸空间，以创建多比例布图的视口。

选择【文件布图】|【定义视口】选项，如果当前空间为图纸空间，则会切换到模型空间，命令行将显示“请给出图形视口的第一点<退出>:”提示信息。在模型空间中，围绕布局图形外包矩形外取一点，命令行接着显示“第二点<退出>:”提示信息。选择外包矩形对角点作为第二点把图形套入，接着指定视口的比例，系统将切换到图纸空间。指定视口位置，将其布置到图纸空间中，如图 14-7 所示。

14.1.4 视口放大

使用该命令可以把当前工作区从图纸空间切换到模型空间，并提示选择视口按中心位置放大到全屏，直接放大该视口到全屏。

选择【文件布图】|【视口放大】选项，命令行将提示“放大视口<退出>:”。点取要放大视口的边界，此时工作区回到模型空间，并将此视口内

的模型放大到全屏，同时"当前比例"会自动改为该视口已定义的比例。

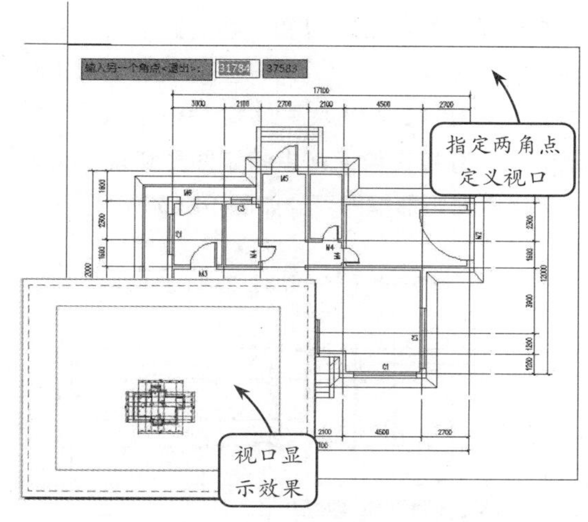

图 14-7　定义视口

14.1.5　改变比例

使用该命令可以改变模型空间中指定范围内图形的出图比例，包括视口本身的比例。如果修改成功，修改后的比例会自动作为新的当前比例。【改变比例】可以在模型空间使用，也可以在图纸空间使用。执行该命令后，建筑对象的大小不会变化，但工程符号的大小、尺寸和文字的字高等注释相关对象的大小会发生变化。

选择【文件布图】|【改变比例】选项，命令行将显示"请输入新的出图比例 1:<200>:"，请选择要改变比例的图元，如图 14-8 所示。

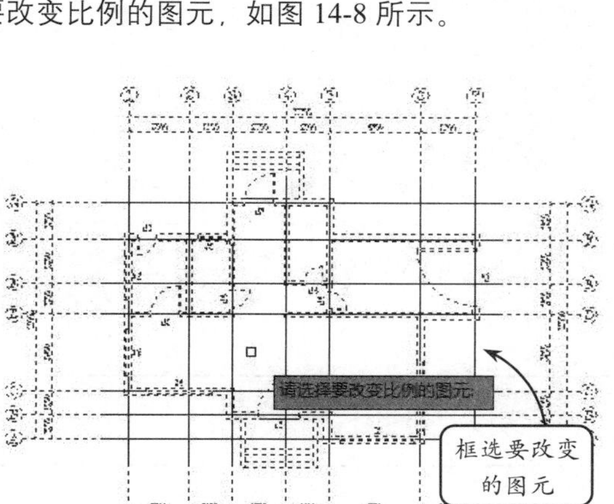

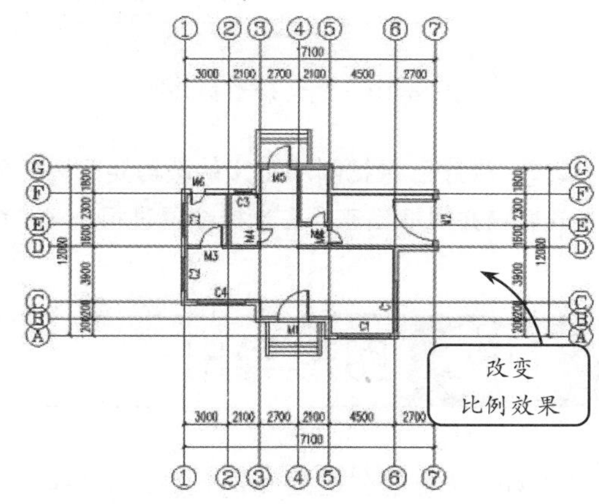

图 14-8　改变比例

14.1.6　布局旋转

【布局旋转】命令用于把要旋转布置的图形进行特殊角度旋转，以方便布置竖向的图框。

选择【文件布图】|【布局旋转】选项，命令行将显示"请选择布局旋转方式[基于基点(B)/旋转角度(A)]:"提示信息，如图 14-9 所示。

14.1.7　图形切割

该工具将以选定的矩形窗口、封闭曲线或图块边界在平面图内切割，并提取带有轴号和填充的局部区域用于详图。该命令使用了新定义的切割线对象，能在天正对象中间切割，遮挡范围可随意调整，可把切割线设置为折断线或隐藏。

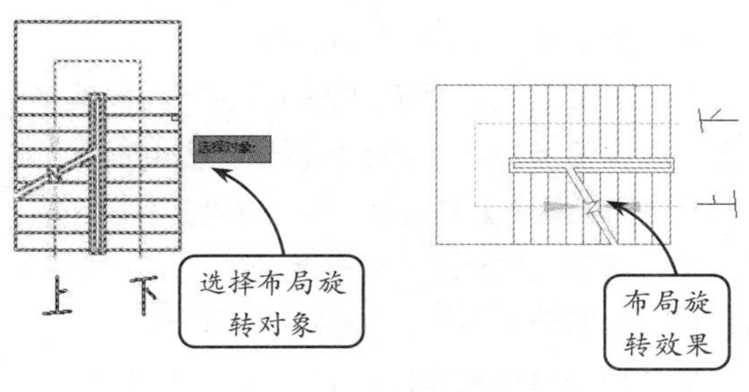

图 14-9　布局旋转

选择【文件布图】|【图形切割】选项，命令行将显示“矩形的第一个角点或 [多边形裁剪（P）/多段线定边界（L）/图块定边界（B）]<退出>:”提示信息。直接在绘图区中指定图形切割的两角点，定义裁剪矩形框即可，如图 14-10 所示。

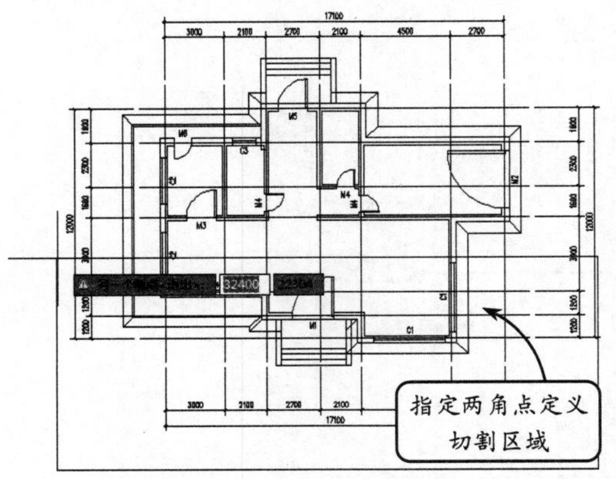

图 14-10　定义切割区域

此时，程序已经把刚才定义的裁剪矩形内的图形完成切割并提取出来。在光标位置进行拖动，命令行将提示“请点取插入位置:”。指定一点即可定位图形切割效果，如图 14-11 所示。

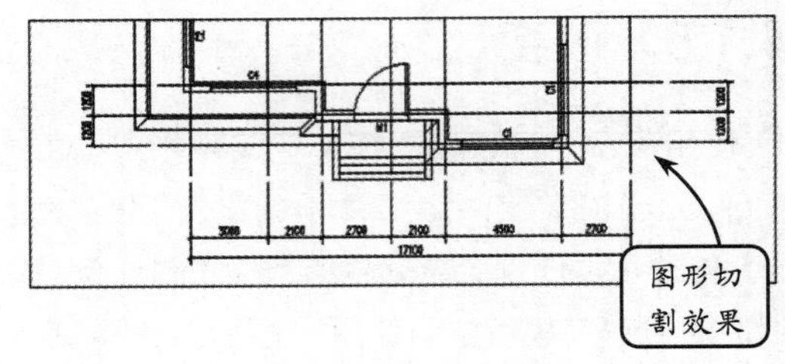

图 14-11　图形切割效果

此外，双击切割线还可显示【编辑切割线】对话框。设置其中某些边为折断边（显示折断线），并隐藏不打印的切割线，如图 14-12 所示。

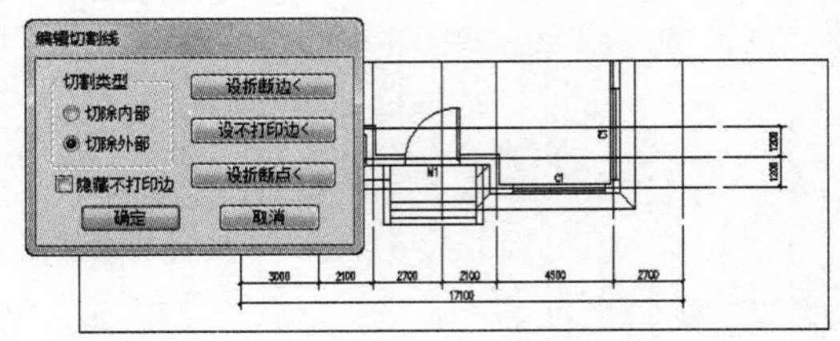

图 14-12　【编辑切割线】对话框

14.2 图形导出

TArch 2014 提供的图形导出命令主要有旧图转换、图形导出、图纸保护等。通过使用这些命令可以对图形进行转换或导出。

14.2.1　旧图转换

选择【文件布图】|【旧图转换】选项，将打开【旧图转换】对话框。用户可以为当前工程设置统一的三维参数，如图 14-13 所示。

转换完成后，再对不同的情况进行对象编辑。如果仅转换图上的部分旧版本图形，可以在对话框中启用【局部转换】复选框。单击【确定】按钮后，系统将按照指定的范围进行转换。这种方法适用于转换插入的旧版本图形，如图 14-14 所示。

完成旧图转换操作后，用户还应该对连续的尺寸标准运用【连接尺寸】命令加以连接，否则，尽管是天正标注对象，但依然是分段的，如图 14-15 所示。

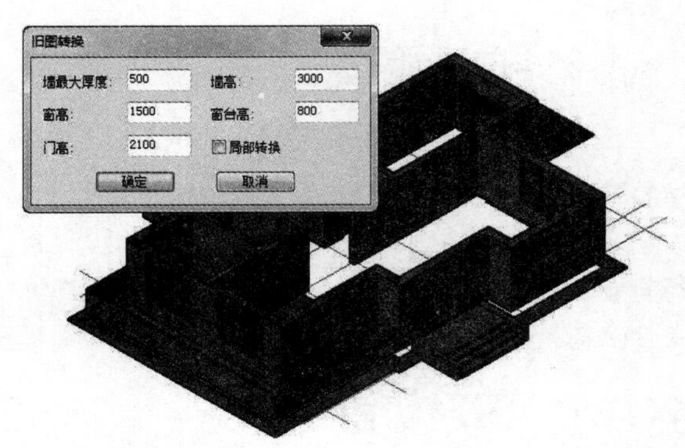

图 14-13　【旧图转换】对话框

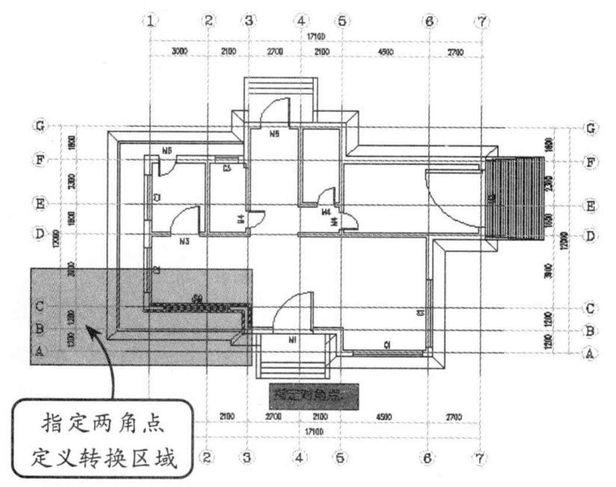

图 14-14 框选转换区域

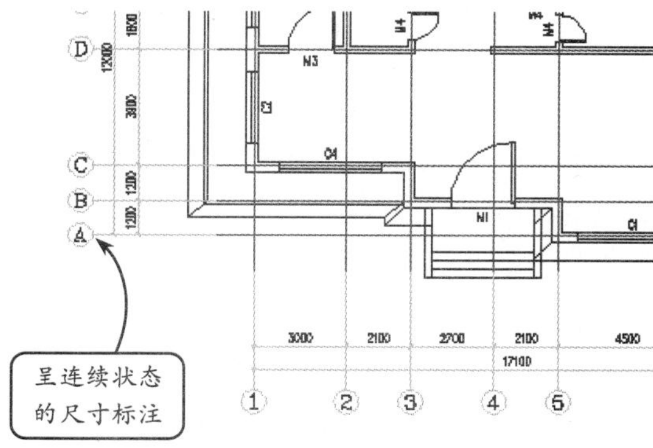

图 14-15 连接尺寸标注后的效果

在视图中再将其他的尺寸标注进行连接，最后使用前面介绍的编辑命令，调整视图中有缺陷的图形。最终效果如图 14-16 所示。

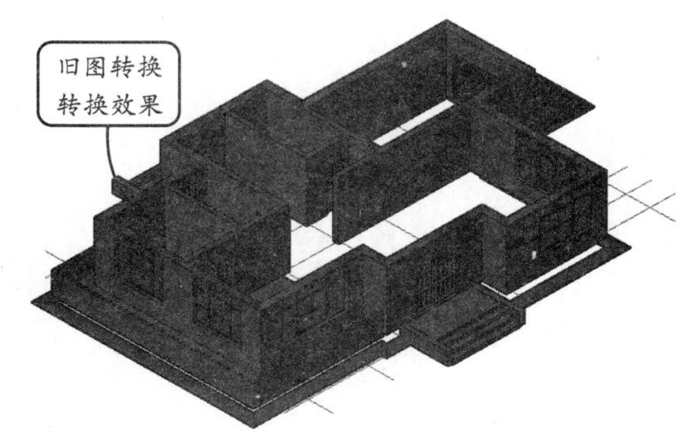

图 14-16 调整图形中的缺陷

14.2.2 图形导出

该工具可以将图档导出为天正各版本的 DWG 图或者各专业条件图。下行专业在使用天正给排水、电气的同版本号时，不必进行版本转换，否则应导出低版本号，达到与低版本兼容的目的。该工具支持图纸空间布局的导出。

在屏幕菜单中选择【文件布图】|【图形导出】选项，将打开【图形导出】对话框，如图 14-17 所示。

图 14-17 【图形导出】对话框

在此对话框的下面有两个下拉列表选项框，分别是【保存类型】选项和【导出内容】选项。在这两个下拉列表框内还有多个选项，下面来分别介绍它们的含义及功能。

- ❑ **保存类型** 单击此选项框右边的下三角按钮，即可弹出下拉列表。在此列表中显示提供的天正 1、天正 3、6、7 版本的图形格式转换。其中，7 版本表示格式不作转换。在这些选项中选择了相应的选项后，在文件名后均会添加_tX 的后缀(X=1、3、6、7)。
- ❑ **导出内容** 单击此选项右边的下三角按钮，同样会弹出含有多种选项的列表框，如图 14-18 所示。
- ❑ **全部内容** 该选项一般用于其他使用天正低版本的建筑，以解决图形文件交流的兼容问题。
- ❑ **三维模型** 选择此选项后，可不必转将当前视图转到轴测视图，在平面视图下即可导出天正对象构造的三维模型。

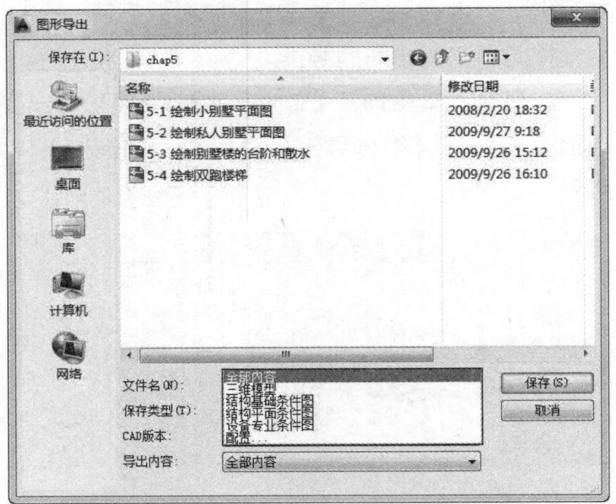

图 14-18 【导出内容】选项的下拉列表

- **结构基础条件图**　为结构工程师创建基础条件图。此时，门窗洞口将被删除，可以使墙体连续，砖墙可选保留，填充墙可删除或者转化为梁（受配置的控制），其他的处理包括删除矮墙、矮柱、尺寸标注、房间对象。混凝土墙保留（门改为洞口），其他内容均保留不变，如图 14-19 所示。

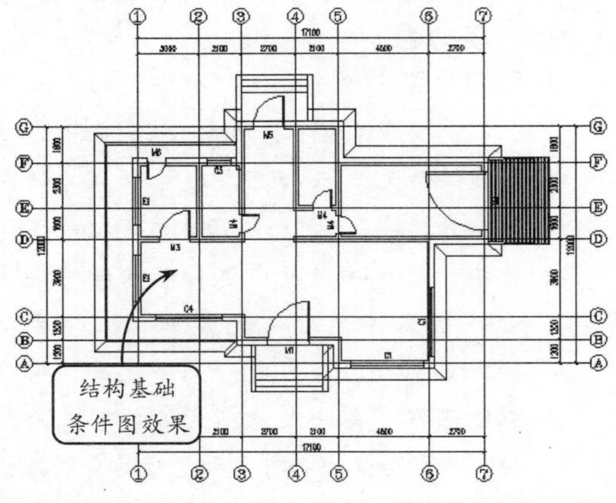

图 14-19 转换为结构基础条件图后的效果

- **结构平面条件图**　选择此选项，转换的图形将为结构工程师创建楼层平面图。砖墙可选保留（门改为洞口）或转化为梁，同样也受配置的控制，其他的处理包括删除矮墙、矮柱、尺寸标注、房间对象；混凝土墙保留（门改为洞口），其他内容均保留不变。
- **设备专业条件图**　选择此选项，转换的图形将为暖通、水、电专业创建楼层平面图。将隐藏门窗编号，删除门窗标注，其他内容均保留不变。
- **配置**　选择此选项，默认配置是按框架结构转为结构平面条件图设计的。此时，砖墙将转化为梁，填充墙将被删除。如果要转基础图，请单击【配置】选项，进入图 14-20 所示的【结构条件图选项】对话框中进行修改。

图 14-20 【结构条件图选项】对话框

14.2.3 批量转旧

该工具可以将当前版本的图档批量转化为天正旧版 DWG 格式。它同样支持图纸空间布局的转换。在转换 R14 版本时只转换第一个图纸空间布局，用户可以自定义文件的后缀。

选择【文件布图】|【批量转旧】选项，将打开【请选择待转换的文件】对话框，如图 14-21 所示。

在该对话框中，允许多选文件。单击【打开】按钮，确认操作，进入【选择目标文件夹】对话框。

在其中单击【新建文件夹】按钮，可以创建保存转换后的文件夹。进入到目标文件夹后，单击【确定】按钮，命令行将显示“请选择输出类型：[TArch7 文件(7)/TArch6 文件(6)/TArch3 文件(3)/TArch1 文件（1）]<1>:”提示信息。此时，选择目标文件的版本格式与目标路径即可，默认为天正 1 格式。

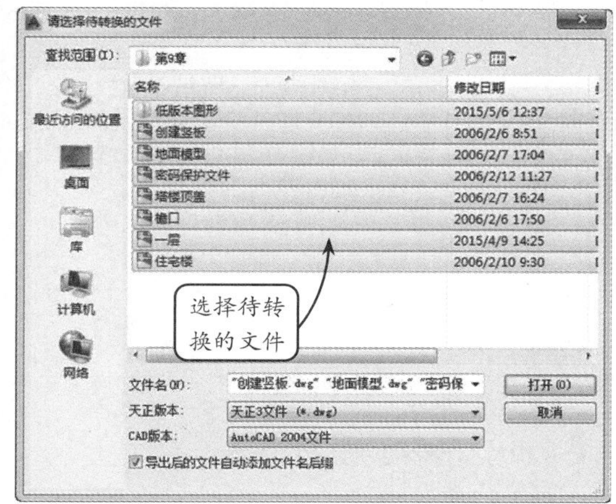

图 14-21 【请选择待转换的文件】对话框

接着，命令行将显示“请输入文件名后缀，或按 ESC 取消自动后缀<_t1>:”提示信息，按回车键，系统会给当前文件名加_t1，也可以键入自己指定的后缀，按回车键，即可开始进行转换。

14.2.4　图纸保护

【图纸保护】命令可以对指定的图形对象进行合并处理。通过对编辑功能的控制，使得图形文件只能被观察或打印，但不能修改，也不能被导出，达到保护设计成果的目的。

在屏幕菜单中选择【文件布图】|【图纸保护】选项，命令行将显示“选择需要保护的图元<退出>:”提示信息。此时，在当前图形中框选要保护的图形部分，按回车键，将打开【图纸保护设置】对话框，如图 14-22 所示。该对话框中主要参数项的含义如下所述。

- ❑ **禁止分解**　启用此复选框，可以使当前图形不被 Explode 命令分解。
- ❑ **禁止打印**　启用此复选框，可以使当前图形不被 Plot、Print 命令打印。

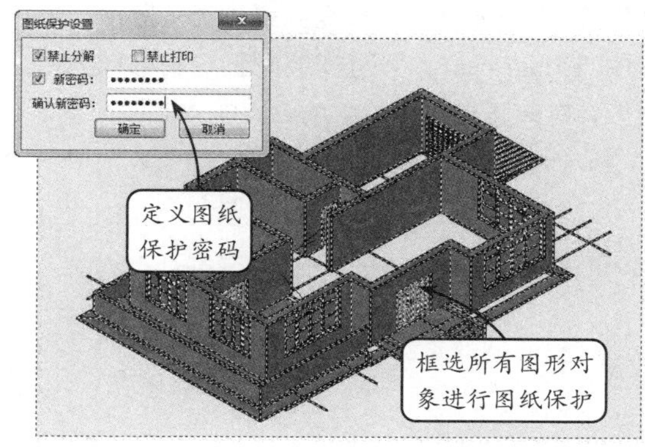

图 14-22 【图纸保护设置】对话框

- ❑ **新密码**　首次执行图纸保护，而且启用【禁止分解】时，应输入一个新密码，以备将来以该密码解除保护。
- ❑ **确认新密码**　输入新密码后，必须再次键入一遍新密码进行确认，避免密码输入发生错误。

在【图纸保护设置】对话框中输入密码时，密码可以是字符和数字，最长为 233 个英文字符，区分大小写。被保护后的图形不能嵌套执行多次保护，更严禁通过【图块】命令建块，插入外部文件除外。

> **注意**
>
> 为防止误操作或忘记密码，执行图纸保护前请先备份原文件。另外，用户不能通过另存为 DXF 等格式导出保护后的图形后再导入恢复原图。如果执行这样的操作，将会发现，

14.2.5　插件发布

【插件发布】命令可以把随天正附带的天正对象解释插件发布到指定的路径中，帮助用户观察或打印带有天正对象的文件，特别是带有保护对象的新文件。

在屏幕菜单中选择【文件布图】|【插件发布】选项，此时系统弹出【另存为】对话框，通过此对话框来选择插件发布的路径即可，如图 14-23 所示。

TArch 天正建筑设计与工程应用从新手到高手

在此对话框中选择文件发布路径和名称，单击【保存】按钮即可把插件复制到目标机器中。执行文件 TPlugIn.exe，即可安装天正对象解释插件，打开存有天正自定义对象的 DWG 文件。

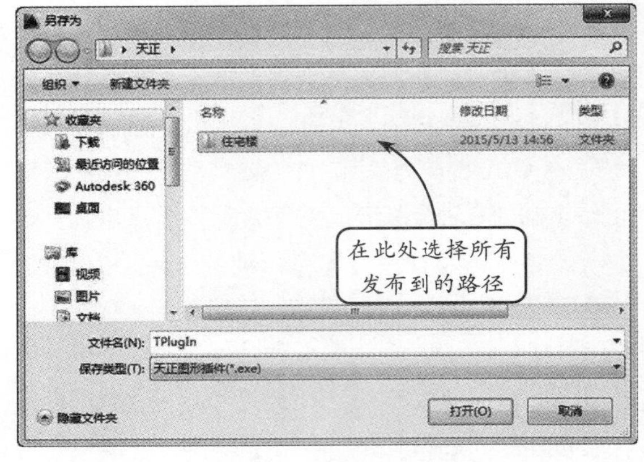

图 14-23 【另存为】对话框

14.3 图形转换工具

在 TArch 2014 提供了图层格式与图形颜色转换的命令。图形变线是把三维模型转换为线型显示。

14.3.1 图变单色

该工具提供把按图层定义绘制的彩色线框图形临时变为黑白线框图形的功能，适用于为编制印刷文档前对图形进行前处理。由于彩色的线框图形在黑白输出的照排系统中输出时色调偏淡，【图变单色】命令将不同的图层颜色临时统一改为指定的单一颜色，为抓图作好准备。

选择【文件布图】|【图变单色】选项，命令行将显示“请输入平面图要变成的颜色/1-红/2-黄/1-绿/4-青/3-蓝/6-粉/7-白/ <7>:”提示信息。可通过输入数字将颜色改为指定单色。如果直接按回车键，将全部变为黑色，如图 14-24 所示。

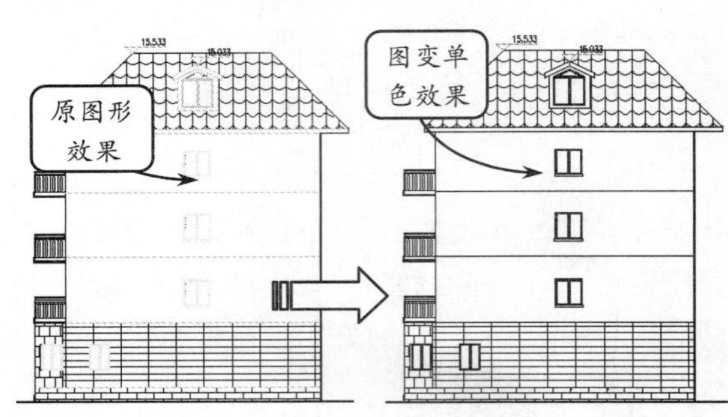

图 14-24 图变单色

提示

一般，常把背景颜色先设为白色，执行该命令后，在命令中选择“7—白色”（白背景下为黑色），图形中所有图层颜色改为黑色。

14.3.2 恢复颜色

该工具将图层颜色恢复为系统默认的颜色，即在当前图层标准中设定的颜色，是【图变单色】的逆操作。

选择【文件布图】|【颜色恢复】选项，执行后，将图层颜色恢复为系统默认的颜色，并没有人机交互操作，效果如图 14-25 所示。

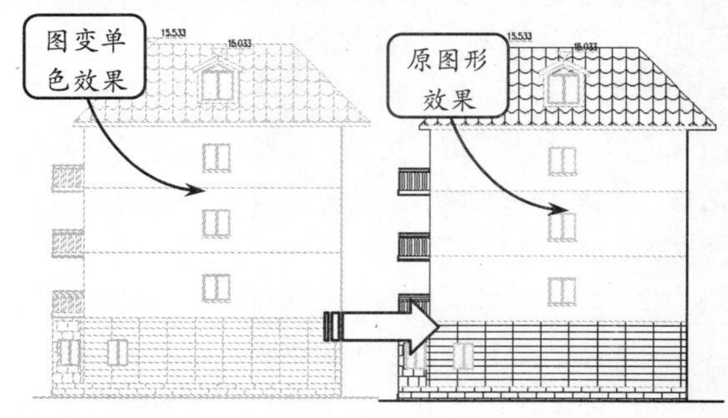

图 14-25 颜色恢复

14.3.3　图形变线

该命令把三维的模型投影为二维图形，并另存为新图。

选择【文件布图】|【图形变线】选项，命令行将显示“是否进行消除重线？(Y/N):”提示信息。若选 Y，则消除变换中产生的重合线段，如图 14-26 所示。转换后绘图精度将稍有损失。弧线在二维中由连接的多个直线段组成。

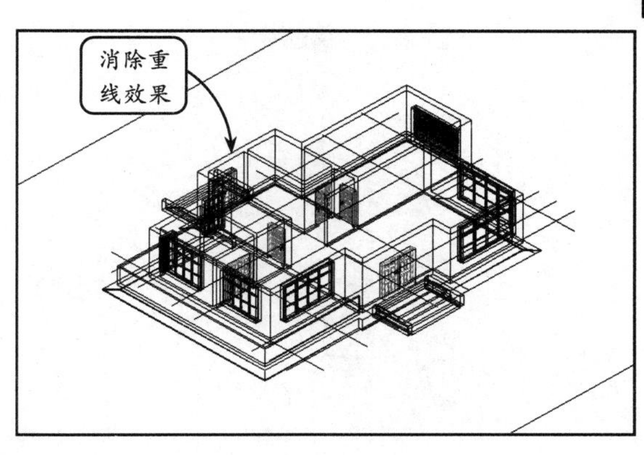

图 14-26　消除重线

第 15 章

绘制多层住宅楼全套施工图

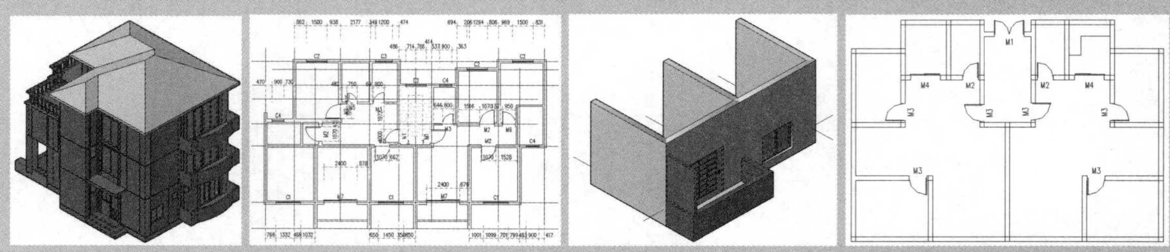

本章以某多层住宅楼为例，主要向读者讲解绘制多层住宅楼各个楼层建筑施工图纸的方法。通过本章的学习，读者能对前面章节所遗漏的内容加以补充学习。

绘制住宅楼建筑的平、立、剖面图，同时学习天正建筑的主要绘图思路和方法。首先创建轴网结构，然后创建柱子、墙体，再插入门窗、楼梯等，最后为平面图添加尺寸、文字和图名的标注。通过这一整套建筑的绘制，让用户了解 TArch，并能准确而高效地制作出建筑设计图。

TArch 15.1 绘制多层住宅平面图

在日常生活中，最常见的建筑就是住宅楼，住宅楼为人们提供了休息和住宿的场所、日常起居生活的空间。该住宅楼为 6 层以上建筑。每一层大致分为客厅、餐厅、卧室、厨房和卫生间等。其建筑结构不会完全相同。多层住宅多使用砖混结构，而高层建筑则主要是框架结构。

15.1.1　绘制多层住宅一层平面图

本节的住宅平面图分为两个户型，根据绘图顺序，首先创建轴网结构，然后创建柱子和墙体，再布置门窗、楼梯等建筑结构，最后对平面图添加尺寸、文字和图名的标注。

操作步骤

STEP|01 选择【轴网柱子】|【绘制轴网】选项，在打开的【绘制轴网】对话框中切换至【直线轴网】选项卡，并选择【下开】单选按钮，然后按照图 15-1 所示内容设置下开参数。

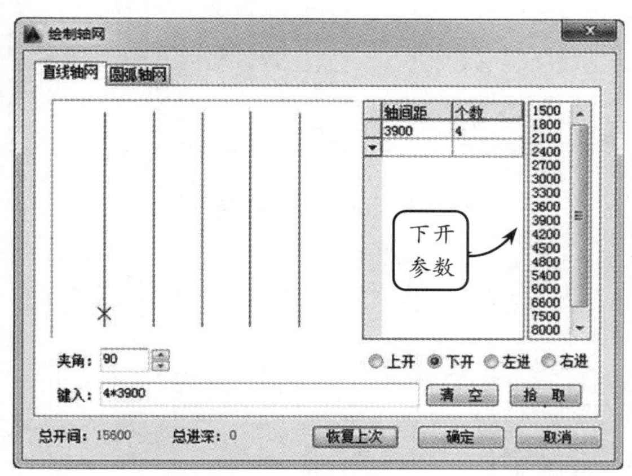

图 15-1　设置下开参数

STEP|02 在【绘制轴网】对话框中，选择【上开】单选按钮，然后按照图 15-2 所示内容设置上开参数。

STEP|03 在【绘制轴网】对话框中，选择【左进】单选按钮，然后按照图 15-3 所示内容设置去进参数。

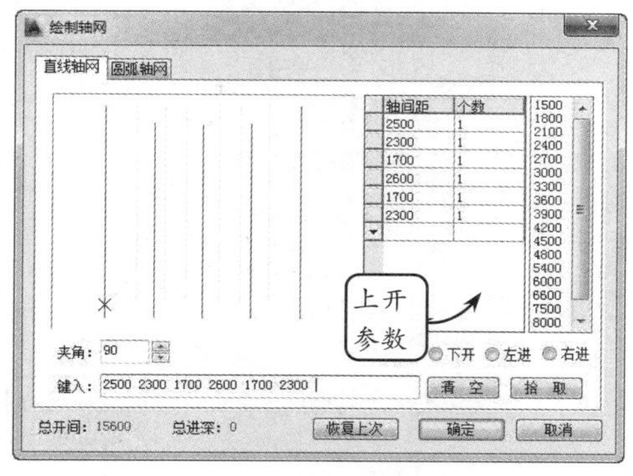

图 15-2　设置上开参数

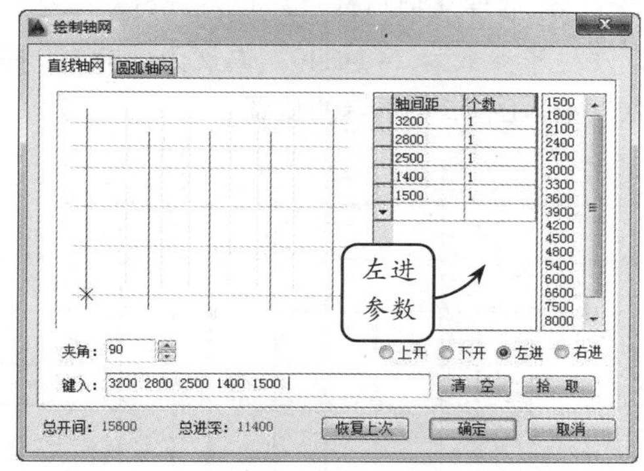

图 15-3　设置左进参数

STEP|04 单击【确定】按钮，关闭【绘制轴网】对话框。在绘图区中点取插入位置，绘制轴网结果如图 15-4 所示。

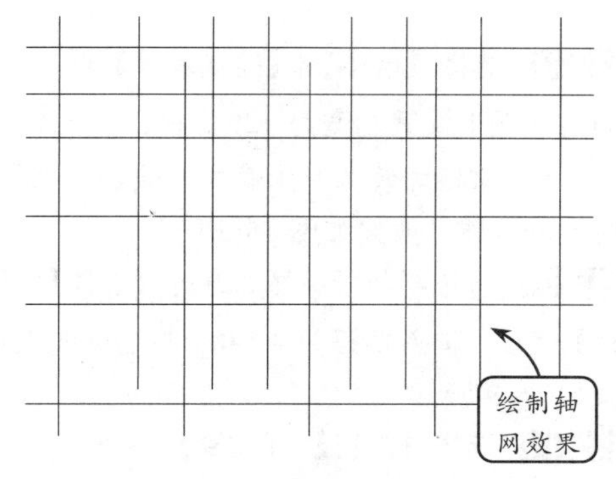

图 15-4　绘制轴网

STEP|05 然后，选择【轴网柱子】|【两点轴标】选项，依次为横向的轴线与竖向的轴线标注尺寸，效果如图 15-5 所示。

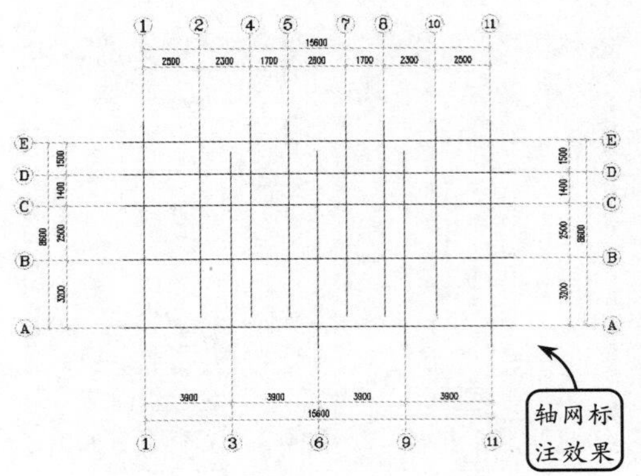

图 15-5　标注尺寸

STEP|06 选择【轴网柱子】|【标注柱】选项，设置标注柱子参数为 240×240，高度为 3 000，将柱子依次插入图 15-6 所示的位置。

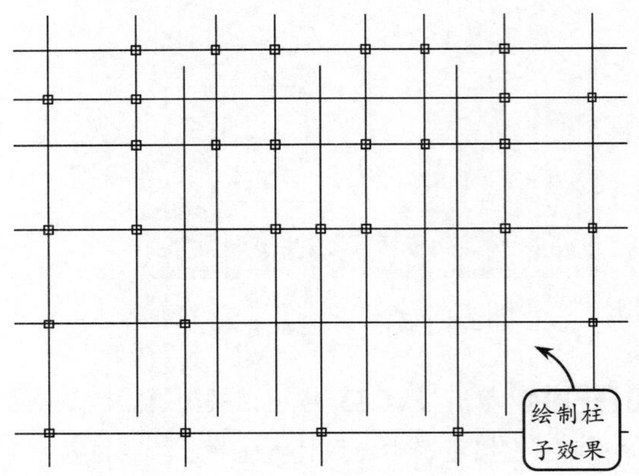

图 15-6　插入标注柱

STEP|07 选择【墙体】|【绘制墙体】选项，在打开的对话框中设置左宽为 120，右宽为 120，层高为 3 000，材料为砖墙，用途为一般墙。然后沿着轴线绘制墙体，效果如图 15-7 所示。

STEP|08 将轴网隐藏。然后选择【墙体】|【净距偏移】选项，输入偏移为 4 540，将墙体向上偏移。效果如 15-8 所示。

STEP|09 选择【门窗】|【门窗】选项，在打开的【门窗】对话框中设置好门窗参数，绘制门的效果如图 15-9 所示。

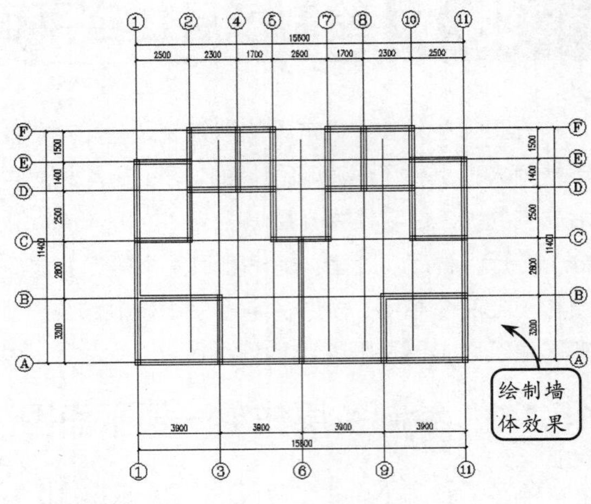

图 15-7　绘制墙体

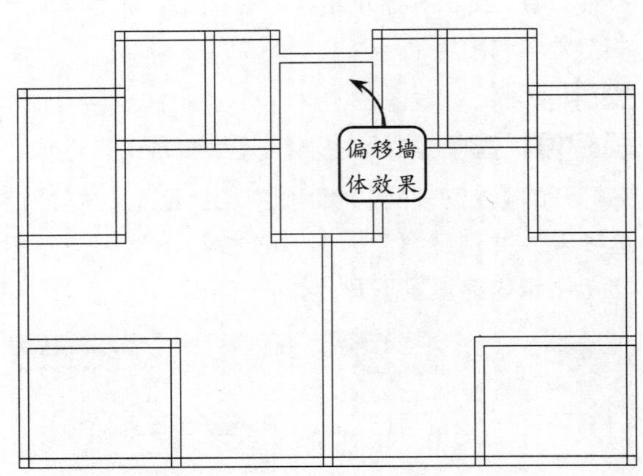

图 15-8　偏移墙体

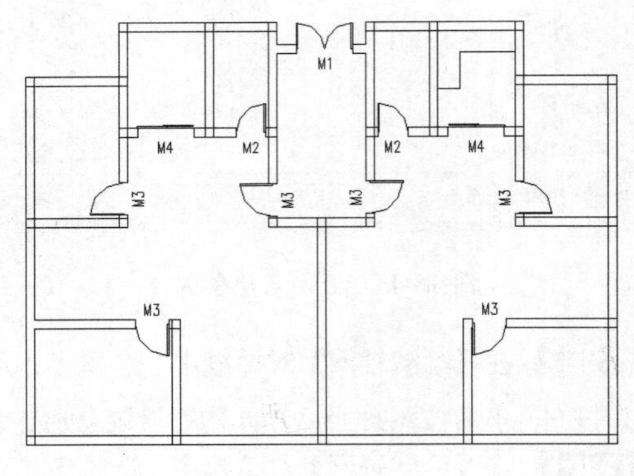

图 15-9　绘制门

STEP|10 选择【门窗】|【门窗】选项，在打开的

【门窗】对话框中设置好门窗参数。绘制窗户效果如图 15-10 所示。

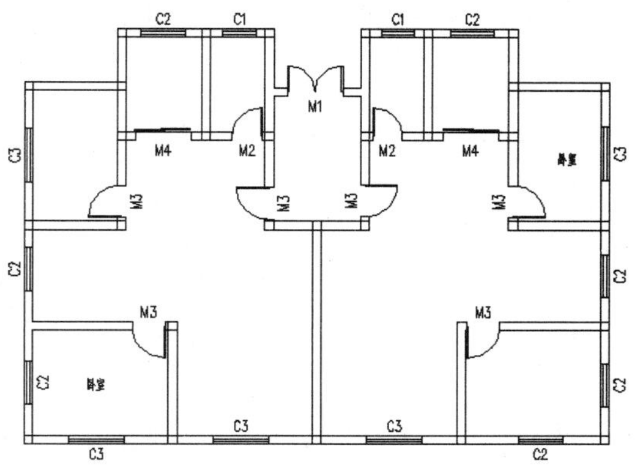

图 15-10　绘制窗户

STEP|11 选择【楼梯其他】|【双跑楼梯】选项，在打开的【双跑楼梯】对话框中设置参数，效果如图 15-11 所示。

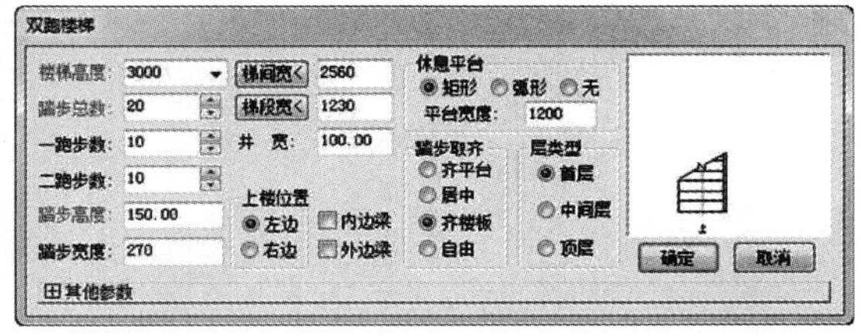

图 15-11　设置楼梯参数

STEP|12 设置好楼梯参数后，根据命令行的提示绘制双跑楼梯，效果如图 15-12 所示。

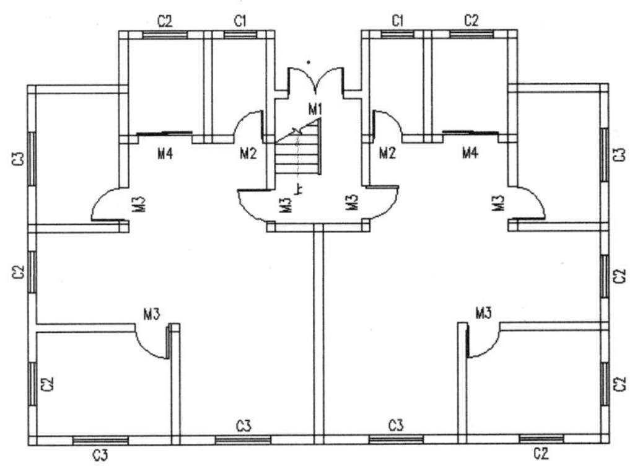

图 15-12　绘制双跑楼梯

STEP|13 利用【直线】工具，绘制直线，效果如图 15-13 所示。

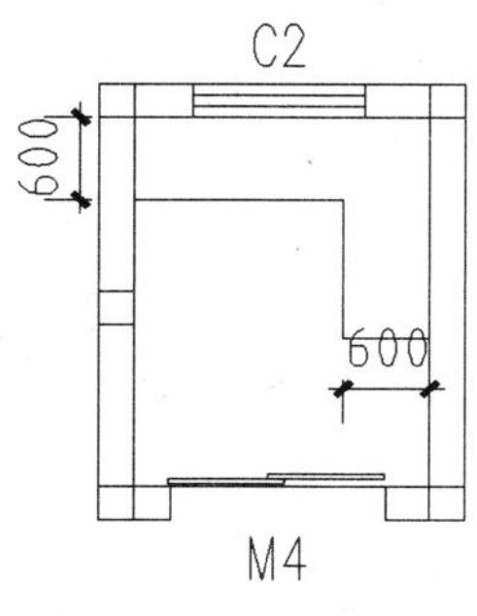

图 15-13　绘制直线

STEP|14 利用【布置洁具】工具，在打开的【天正洁具】对话框中选择洁具图形。如，双击样式图标，在打开的【布置洗涤盆 01】对话框中设置参数，如图 15-14 所示。

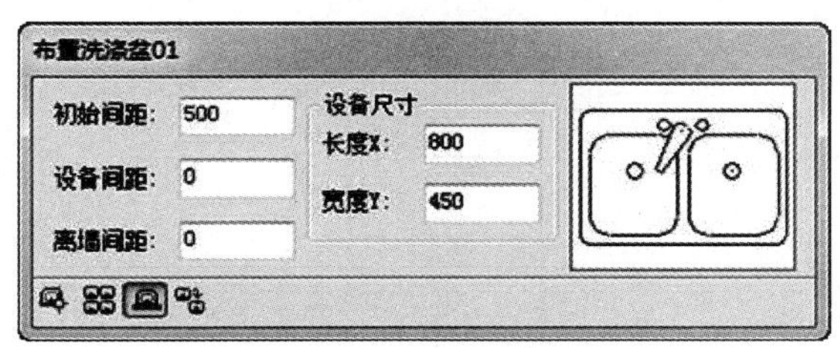

图 15-14　设置洁具参数

STEP|15 在绘图区中点取沿墙边线，插入洁具图形的结果如图 15-15 所示。

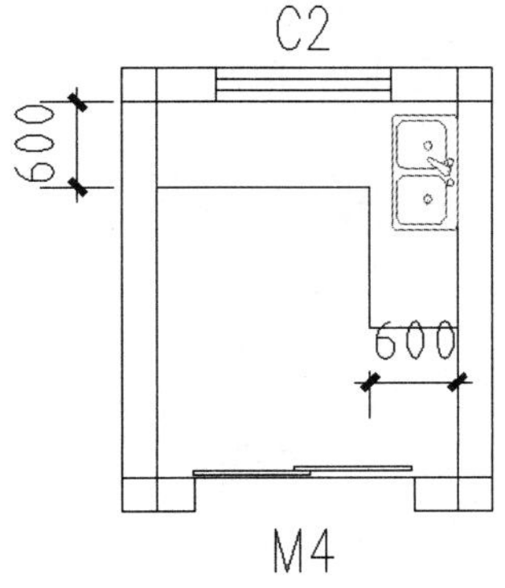

图 15-15　插入洁具

STEP|16 继续利用【天正洁具】工具，插入卫生间洁具图形，结果如图 15-16 所示。

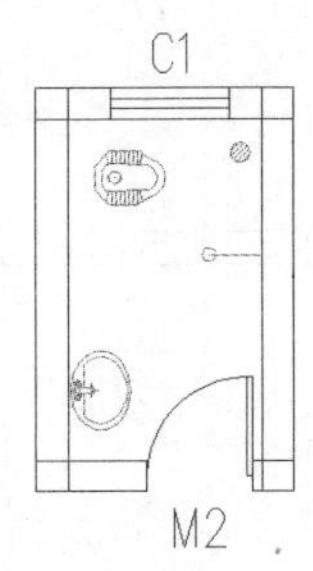

图 15-16　插入洁具

STEP|17 利用【镜像】工具，将厨房布置和卫生间洁具镜像到另外一边。绘制一层平面图的最终结果如图 15-17 所示。

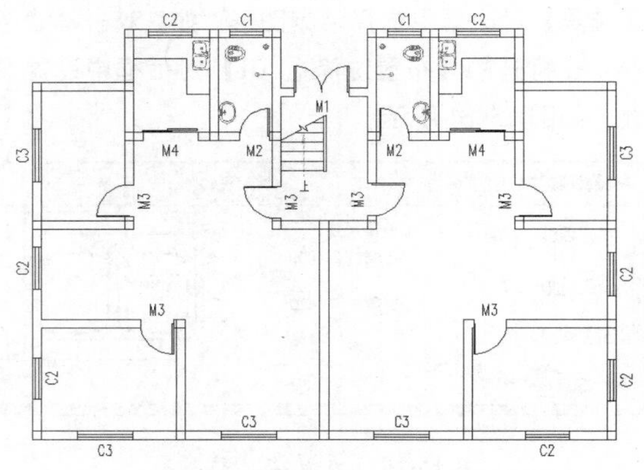

图 15-17　最终效果

STEP|18 利用【单行文字】工具，在打开的【单行文字】对话框中设置参数。在绘图区中点取文字的插入位置，效果如图 15-18 所示。

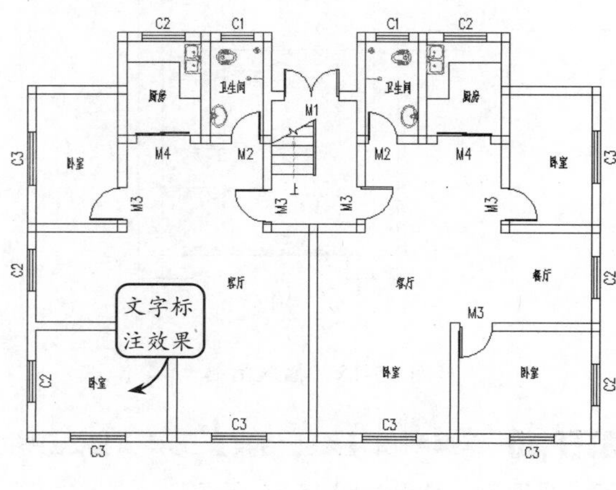

图 15-18　文字标注

STEP|19 选择【符号标注】|【图名标注】选项，在打开的【图名标注】对话框中设置参数。在绘图区中选取合适的位置插入图名标注，效果如图 15-19 所示。

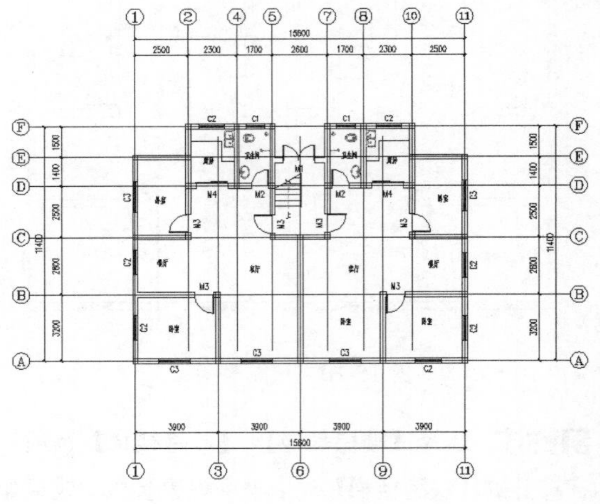

图 15-19　图名标注

15.1.2　绘制二至六层住宅平面图

对于住宅楼二至六层，可以在一层平面图的基础上进行修改绘制。将一层平面图另存为一个新的文件，再进行一些图形的增加和修改即可。

操作步骤

STEP|01 利用【删除】工具删除门 M1 和墙体，如图 15-20 所示。

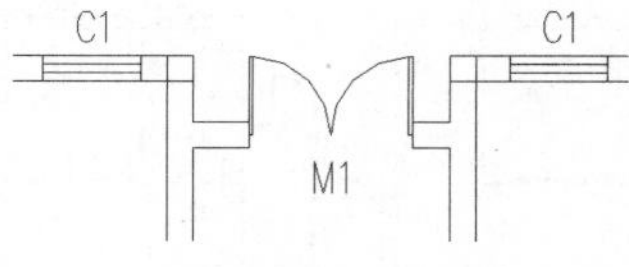

图 15-20　删除户门

STEP|02 利用【绘制墙体】和【门窗】工具，绘制墙体并插入窗，效果如图 15-21 所示。

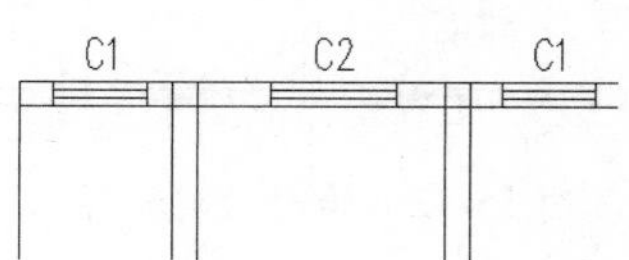

图 15-21　删除墙体和门窗

STEP|03 利用【删除】工具，删除多余的门和窗，并将楼梯的【层类型】改为【中间层】，效果如图 15-22 所示。

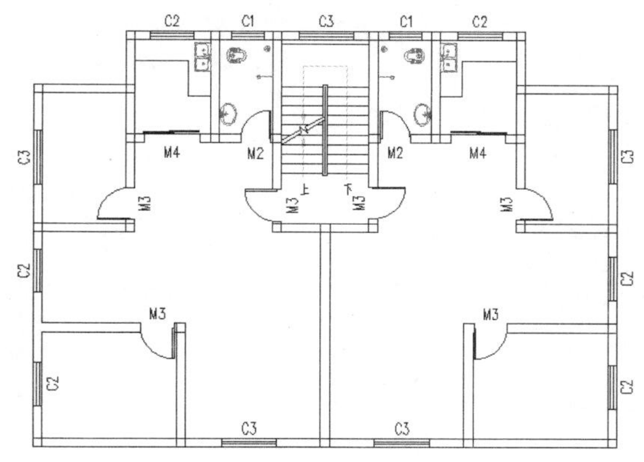

图 15-22　删除门窗

STEP|04 利用【门窗】工具，插入推拉门，宽度为 2 400，高度为 2 100。效果如图 15-23 所示。

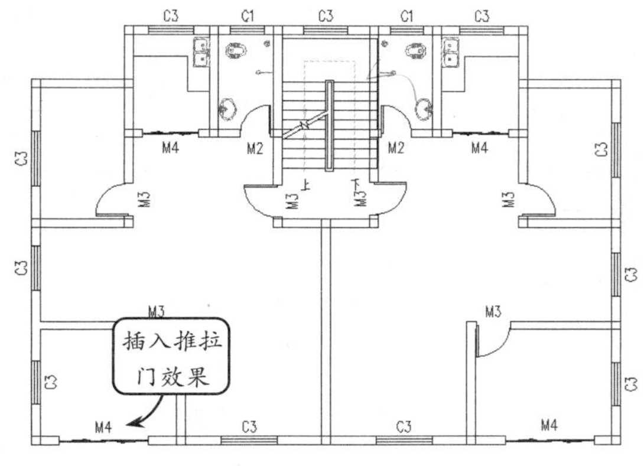

图 15-23　插入推拉门

STEP|05 利用【阳台】工具，设置好阳台参数。然后分别点取阳台起点和终点，插入阳台，效果如图 15-24 所示。

STEP|06 利用【单行文字】工具，在打开的【单行文字】对话框中设置参数。在绘图区中点取文字的插入位置，效果如图 15-25 所示。

STEP|07 利用【图名标注】工具，在打开的【图名标注】对话框中设置参数。在绘图区中选取合适的位置插入图名标注，效果如图 15-26 所示。

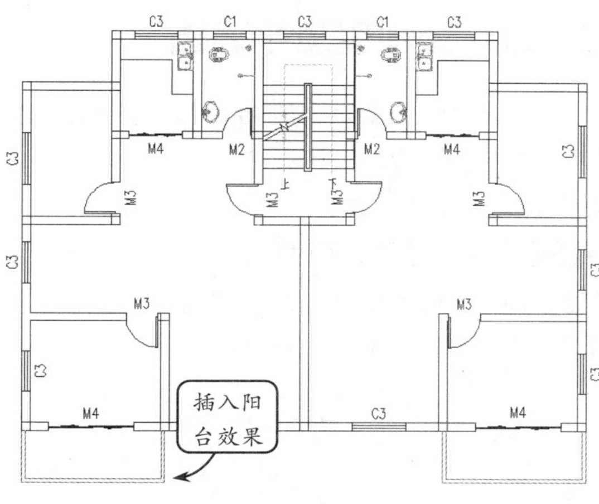

图 15-24　插入阳台

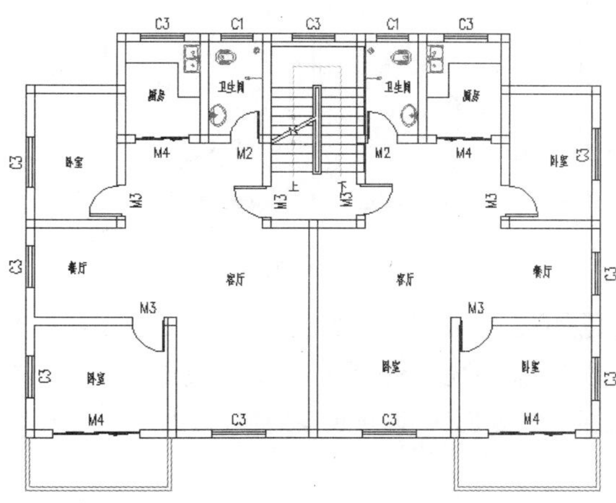

图 15-25　文字标注

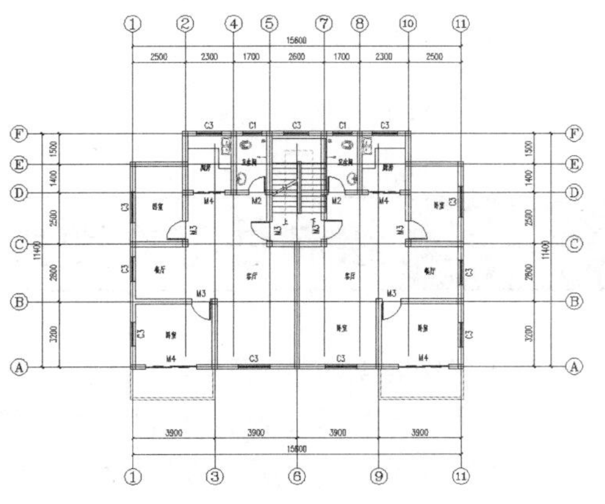

图 15-26　图名标注

15.1.3 绘制屋顶平面图

绘制屋顶平面图时，可以在二至六层平面图的基础上进行修改绘制。

操作步骤

STEP|01 利用【搜屋顶线】工具框选所有墙体，并设置偏移外皮距离为 600，单击鼠标右键确认，即可创建屋顶线，效果如图 15-27 所示。

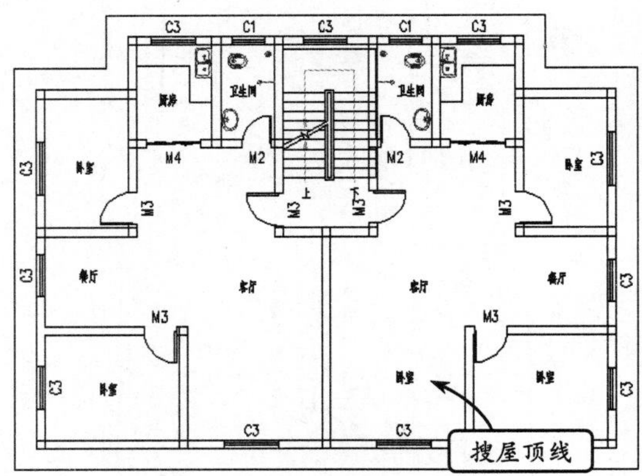

图 15-27 搜屋顶线

STEP|02 利用【任意屋顶】工具，选取上步创建的屋顶线，并设置出檐长为 600，坡度角为 30，单击鼠标右键确认，即可创建屋顶。如图 15-28 所示。

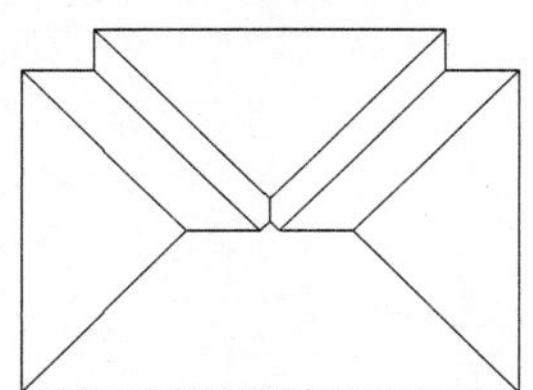

图 15-28 绘制屋顶

STEP|03 选择【房间屋顶】|【加老虎窗】选项。选择屋顶，并按回车键，弹出【加老虎窗】对话框，设置参数，如图 15-29 所示。

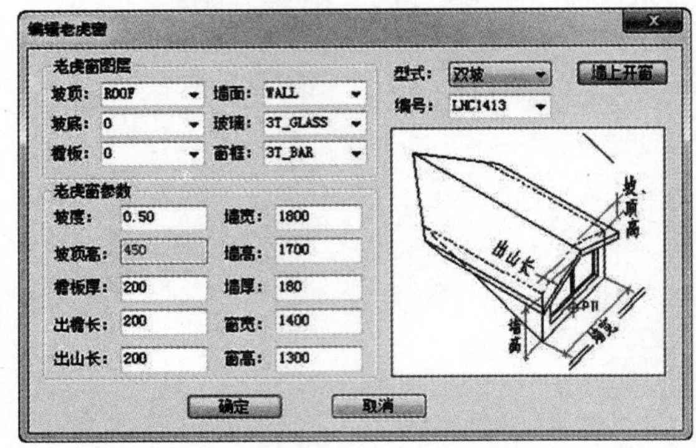

图 15-29 设置参数

STEP|04 设置完参数后，单击【确定】按钮，在绘图区点取老虎窗插入位置，如图 15-30 所示。

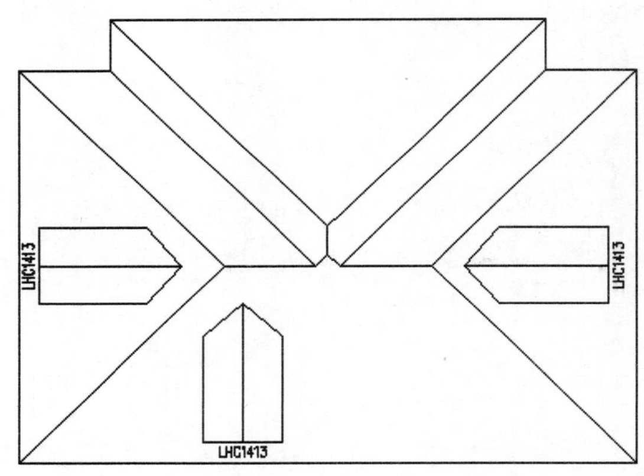

图 15-30 插入老虎窗

15.2 绘制住宅立面图

当该多层住宅楼层的各层平面图绘制完毕后，还需要使用【工程管理】工具，根据现有的各层平面图，自动创建该住宅。然后，再在此基础上进行完善和深化，近而得到准确的多层住宅立面图。

操作步骤

STEP|01 选择【文件布图】|【工程管理】选项，在打开的对话框中新建一名为【住宿楼】的工程，并将其保存在当前图纸的文件夹下。然后展开【楼层】面板，对工程的【层号】、【层高】和【文件】进行设置，效果如图 15-31 所示。

STEP|02 创建好楼层的三维模型后，接下来创建楼层的立面图。利用【建筑立面】工具，在命令行

中输入 L，指定创建左立面。此时，系统提示选择将要出现在立面图上的轴线。依次选取 5 条水平的轴线为将要出现在立面图上的轴线，效果如图 15-32 所示。

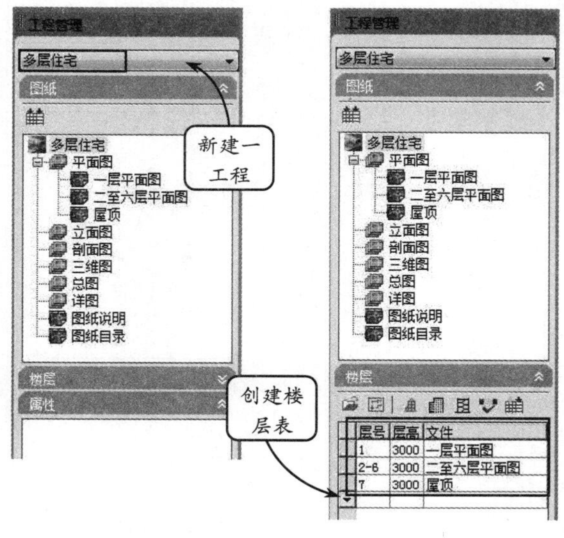

图 15-31　创建楼层表

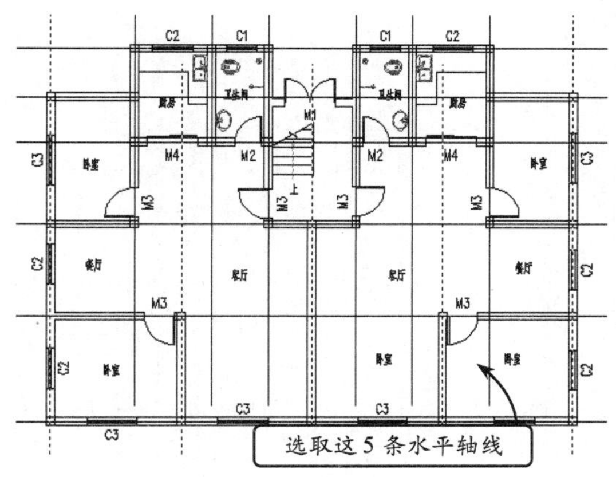

图 15-32　选取轴线

STEP|03 选择【立面】｜【建筑立面】命令，选择【正立面（F）】，并选择显示的轴线，按回车键，弹出【立面生成设置】对话框，参数设置如图 15-33 所示。

STEP|04 完成设置后单击【生成立面】按钮，在打开的保存对话框中指定保存路径并输入保存名称为“住宅楼立面图”。然后，单击【保存】按钮，系统将按照设置自动创建建筑立面图，效果如图 15-34 所示。

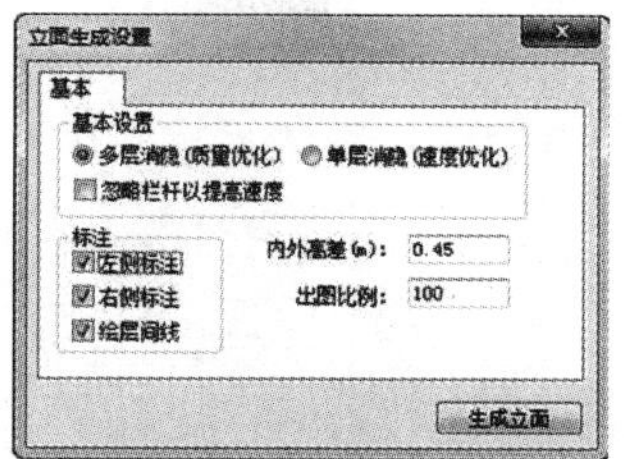

图 15-33　立面生成设置

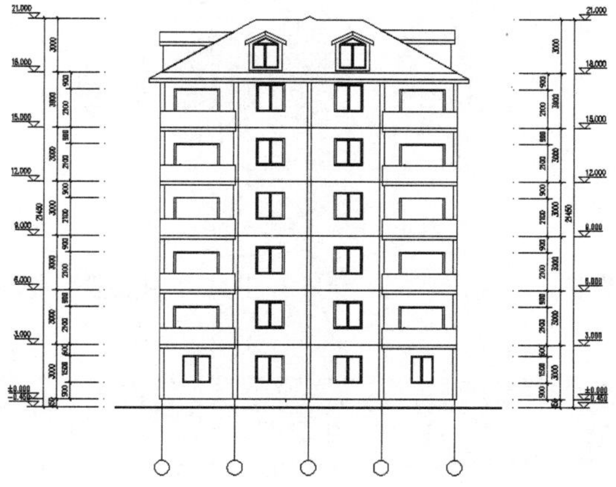

图 15-34　立面图效果

STEP|05 利用【局部隐藏】工具将尺寸标注隐藏。然后选择【立面】｜【立面门窗】选项，在打开的【天正图库管理系统】对话框中选择 PSC-5170130 造型窗。接着，单击【替换】按钮，并选取需要替换的门窗，按下回车键，即可将选取的门窗替换。效果如图 15-35 所示。

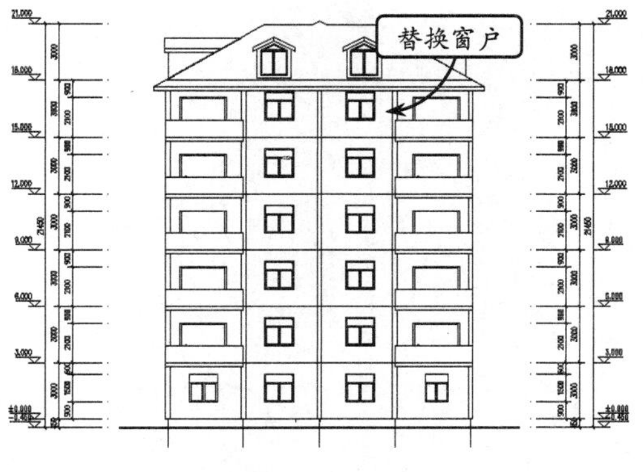

图 15-35　替换窗户

STEP|06 选择【立面】｜【立面阳台】选项，在打开的【天正图库管理系统】对话框中选择立面阳台 3。然后单击【替换】按钮，并选取需要替换的

阳台，按下回车键，即可将选取的阳台替换。效果如图 15-36 所示。

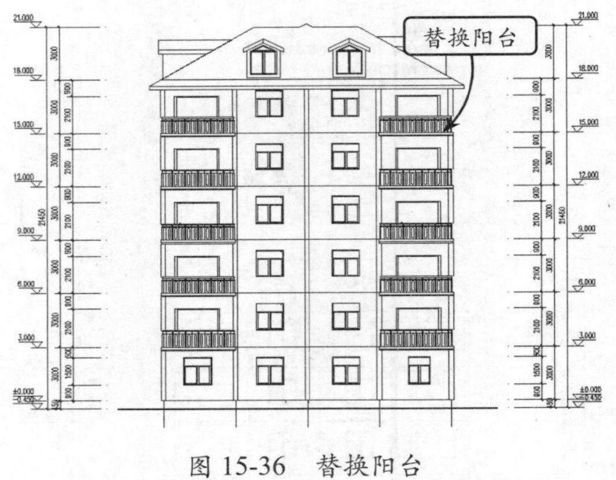

图 15-36　替换阳台

STEP|07 利用【图名标注】工具，在打开的【图名标注】对话框中设置参数。在绘图区中选取合适的位置插入图名标注，效果如图 15-37 所示。

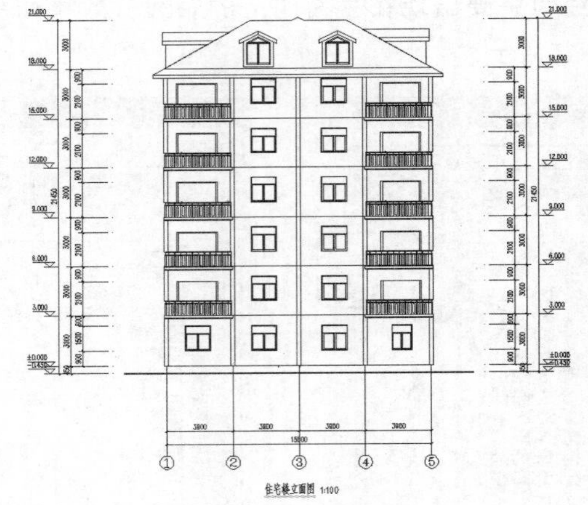

图 15-37　图名标注

15.3 绘制住宅剖面图

创建剖面图时，还需要先在指定的平面层上创建剖切符号，再根据工程管理文件以及剖切符号来创建剖面图文件。

操作步骤

STEP|01 创建好楼层的立面图后，接下来创建楼层的剖面图。由于创建剖面图需要选择合适的剖切位置，因此首先进入一层平面图。然后，利用【剖面剖切】工具输入剖切编号为 1，按照如图 15-38 所示绘制剖切标注符号。

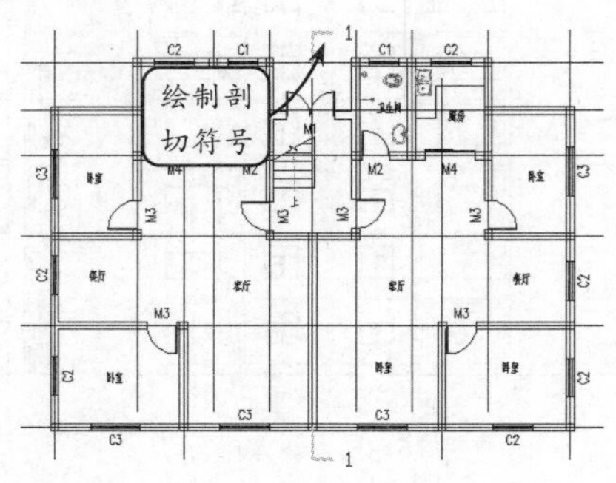

图 15-38　绘制剖切符号

STEP|02 利用【建筑剖面】工具，选取上一步所绘制的剖切线为要使用的剖切线，并指定最上方和最下方的两条轴线为在剖面图中将要出现的轴线，效果如图 15-39 所示。

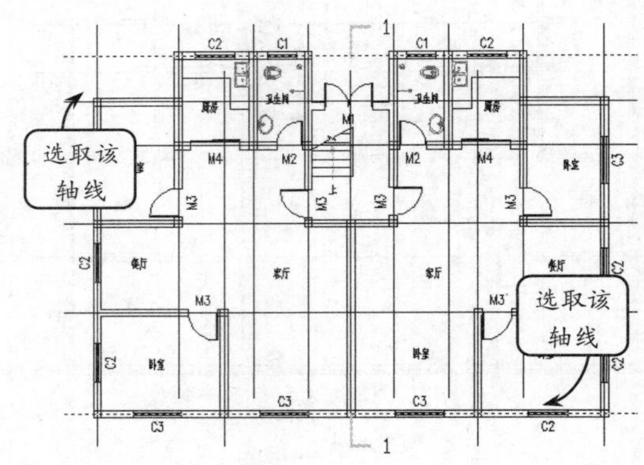

图 15-39　指定要创建的剖切图

STEP|03 指定完将要在剖面图中出现的轴线后单击鼠标右键，系统将打开【剖面生成设置】对话框。然后在该对话框中禁用【右侧标注】复选框，如图 15-40 所示。

STEP|04 单击该对话框中的【生成剖面】按钮，在打开的【输入要生成的文件】对话框中输入文件

名为“剖面图”。然后单击【保存】按钮，系统将按照设置自动创建剖面图，效果如图 15-41 所示。

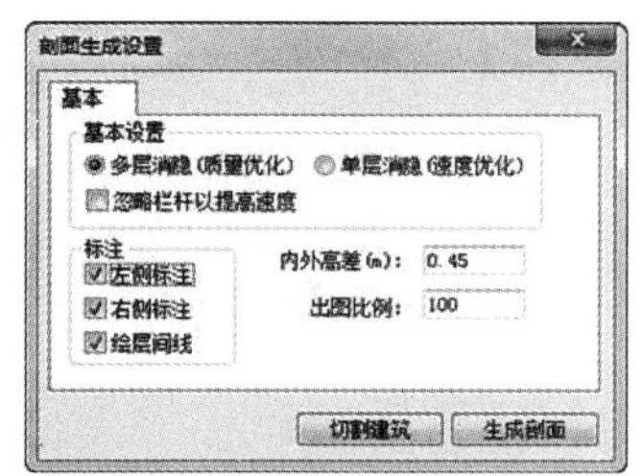

图 15-40　生成设置

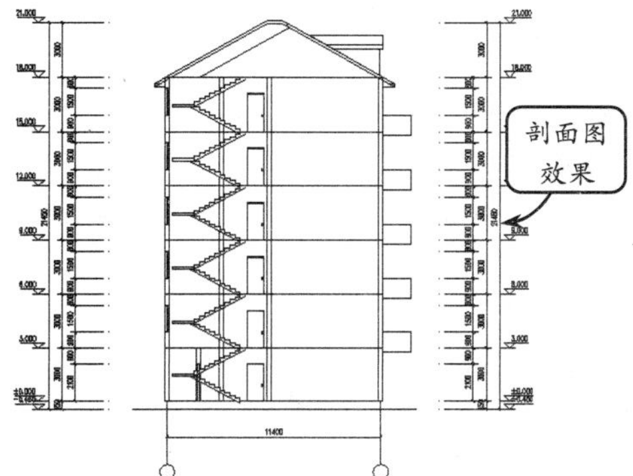

图 15-41　剖面图效果

STEP|05 选择【剖面】|【双线楼板】选项，点取起点和终点，绘制厚度为 200 的楼板，效果如图 15-42 所示。

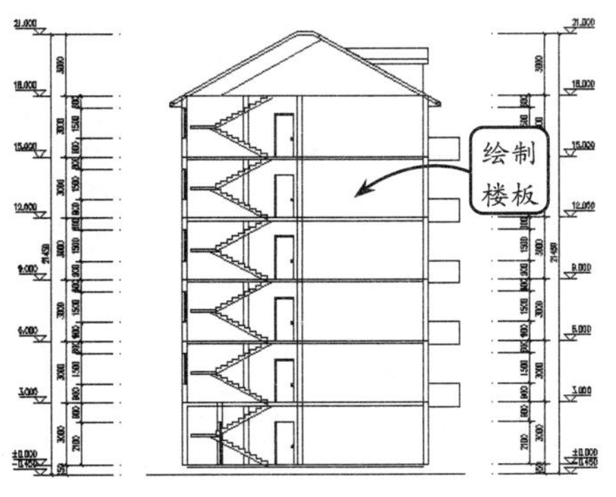

图 15-42　绘制楼板

STEP|06 将标高和尺寸标注隐藏。然后选择【剖面】|【门窗过梁】选项，选取需要添加过梁的门窗（可以累积选取）。接着单击鼠标右键确认，并输入梁高数值为 600。单击鼠标右键，即可在所选取的门窗上添加过梁，效果如图 15-43 所示。

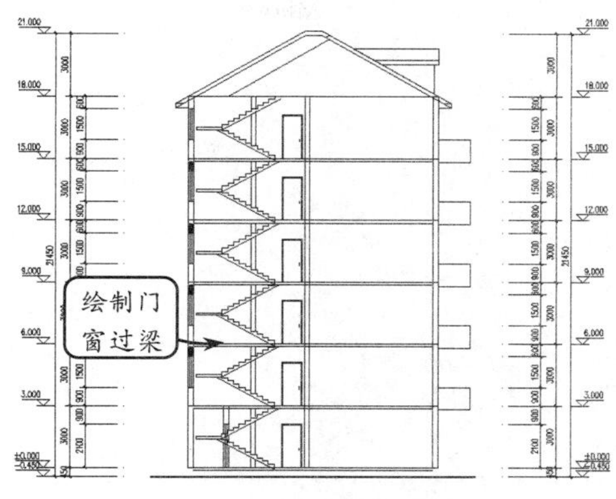

图 15-43　添加门窗过梁

STEP|07 利用【填充】工具，设置填充比例为 100，对楼板和楼梯剖面进行填充。效果如图 15-44 所示。

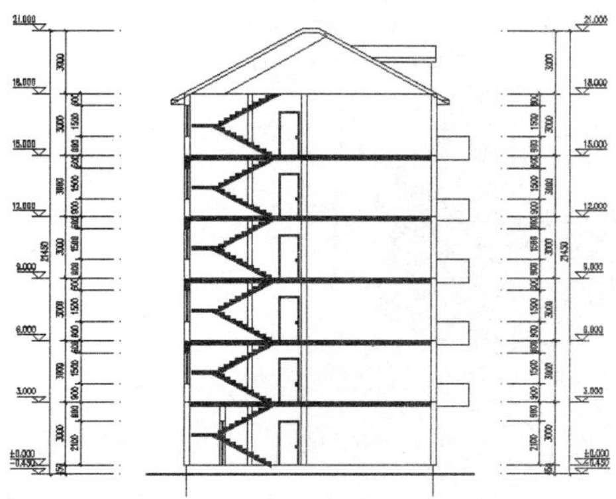

图 15-44　填充楼板和楼梯

STEP|08 利用【图名标注】工具，在打开的【图名标注】对话框中设置参数。在绘图区中选取合适的位置插入图名标注，效果如图 15-45 所示。

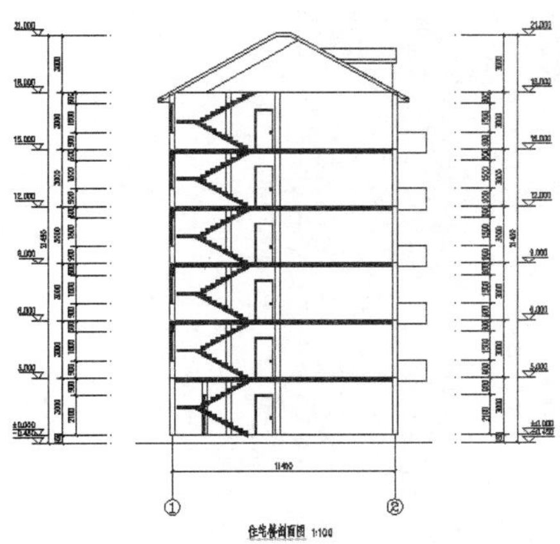

图 15-45　图名标注

第 16 章

绘制办公楼全套施工图

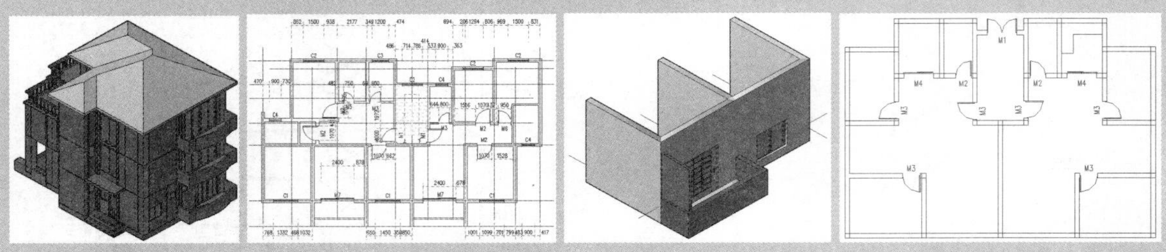

本章将以某办公楼施工图为例，学习使用天正的各项功能，介绍绘制全套施工图的方法。将完成办公楼一层平面图、屋顶平面图、立面图、剖面图的绘制，以全面讲解各图的绘制方法。希望用户在学习本章后，对绘制办公楼施工图有一定的认识了解。

TArch 16.1 绘制办公楼平面图

办公楼是机关、企业、事业单位行政管理人员、技术人员等的办公用房。办公楼建筑物体总体布局、采用框架结构，开间大，以便于办公空间自由分割。布置设施配套齐全，造型优美，装修型比较强。

16.1.1　绘制办公楼一层平面图

本节以办公楼一层平面图为例，介绍办公楼一层平面图的绘制方法。在绘制办公楼一层平面图时，根据绘图的顺序要求，首先创建轴网结构，然后创建柱子和墙体，再在墙体的基础上进行门窗的布置，接着进行其他附件的创建，最后为图形添加尺寸、文字和图名等标注。

操作步骤

STEP|01 选择【轴网柱子】|【绘制轴网】选项，在打开的【绘制轴网】对话框中切换至【直线轴网】选项卡，并选择【下开】单选按钮，然后按照图 16-1 所示内容设置下开参数。

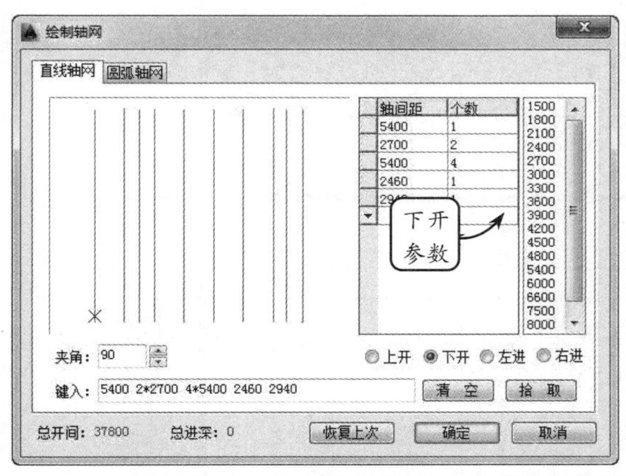

图 16-1　设置下开参数

STEP|02 在【绘制轴网】对话框中选择【上开】单选按钮，然后按照图 16-2 所示内容设置上开参数。

STEP|03 在【绘制轴网】对话框中选择【左进】单选按钮，然后按照图 16-3 所示内容设置左进参数。

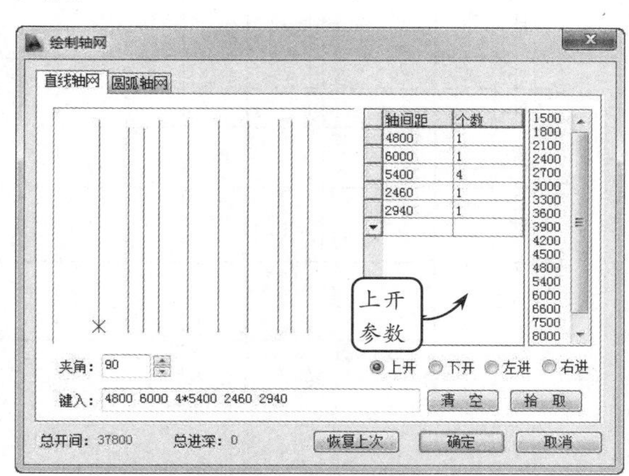

图 16-2　设置上开参数

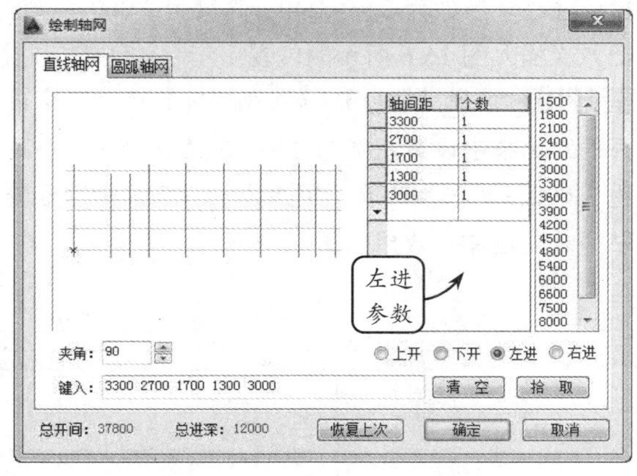

图 16-3　设置左进参数

STEP|04 单击【确定】按钮，关闭【绘制轴网】对话框。在绘图区中点取插入位置，绘制轴网结果如图 16-4 所示。

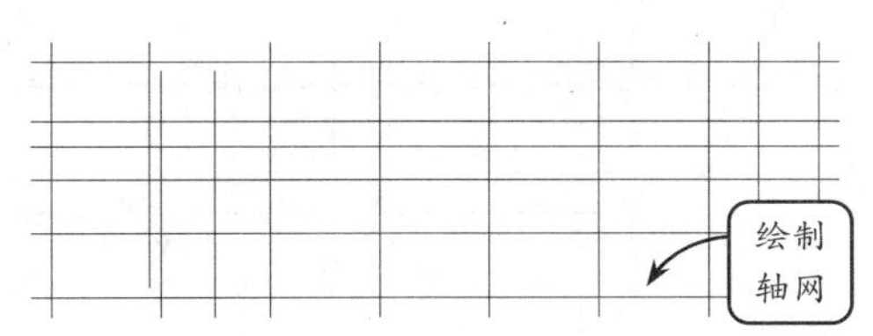

图 16-4　绘制轴网

STEP|05 然后选择【轴网柱子】|【两点轴标】选

项，依次为横向的轴线与竖向的轴线标注尺寸，效果如图 16-5 所示。

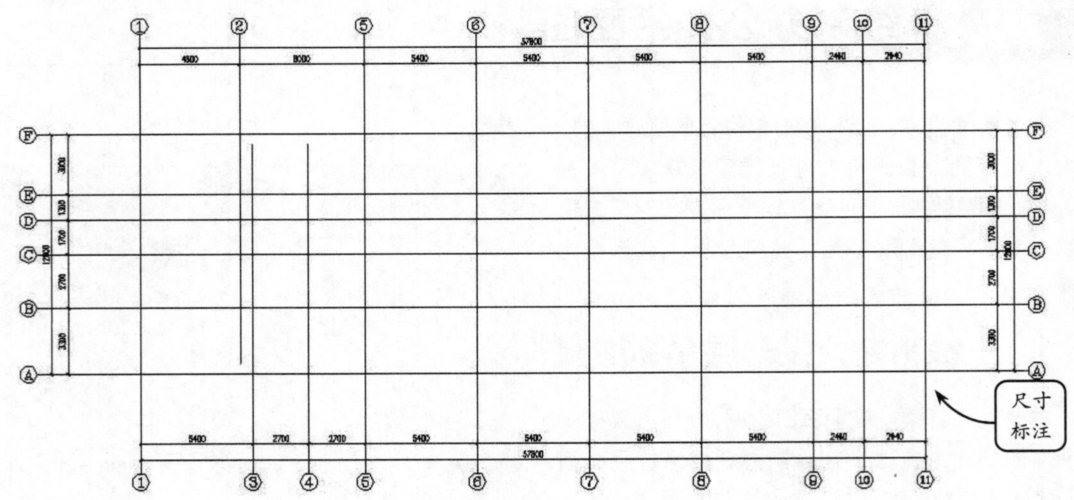

图 16-5　标注尺寸

STEP|06 选择【轴网柱子】|【标准柱】选项，设置标注柱子参数为 240×240，高度为 3 000，将柱子依次插入图 16-6 所示的位置。

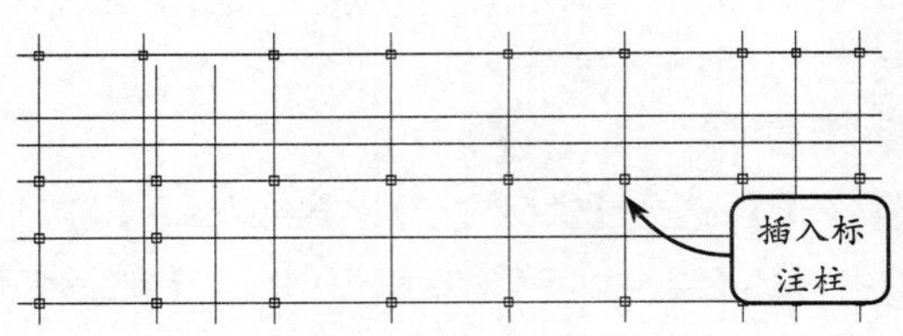

图 16-6　插入标注柱

STEP|07 选择【墙体】|【绘制墙体】选项，在打开的对话框中设置左宽为 120，右宽为 120，层高为 3 000，材料为砖墙，用途为一般墙。然后沿着轴线绘制墙体，效果如图 16-7 所示。

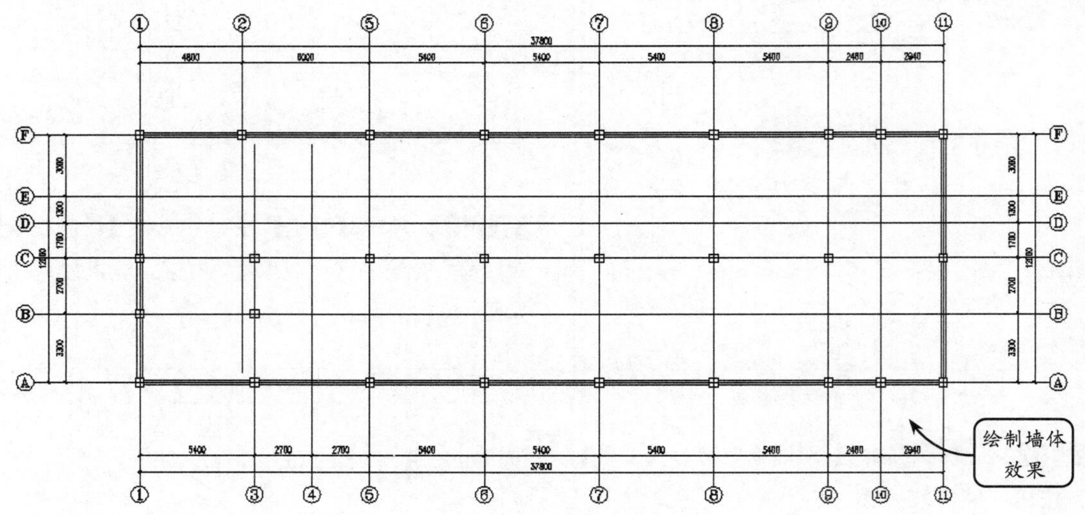

图 16-7　绘制墙体

STEP|08 利用【绘制墙体】绘制内墙，沿着轴线绘制内墙，效果如图 16-8 所示。

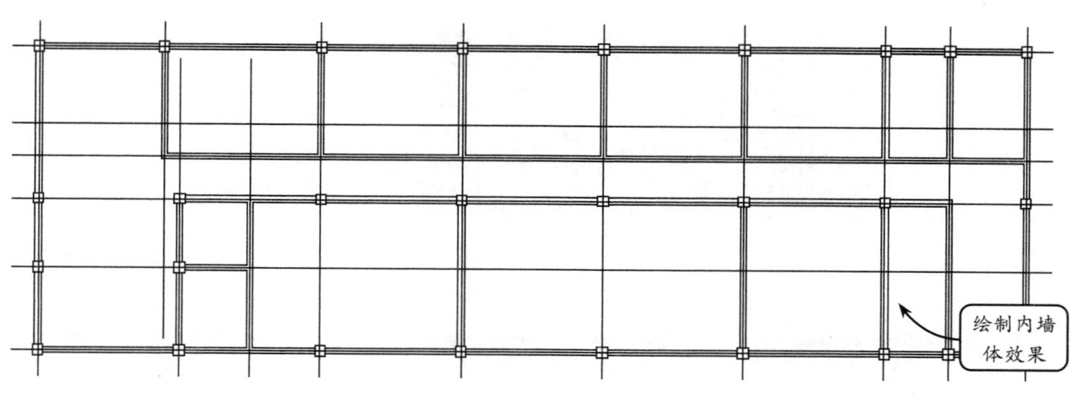

图 16-8　绘制内墙体

STEP|09 选择【门窗】|【门窗】选项，在打开的【门窗】对话框中设置好门窗参数，绘制好门，如图 16-9 所示。

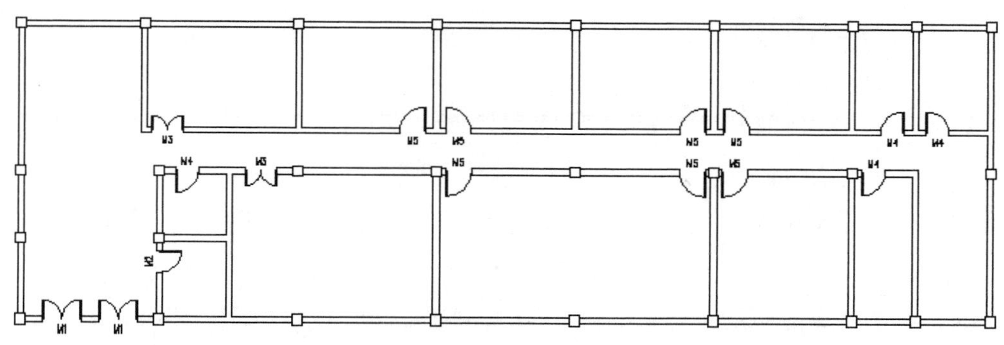

图 16-9　绘制门

STEP|10 选择【门窗】|【门窗】选项，在打开的【门窗】对话框中设置好门窗参数，绘制好窗，如图 16-10 所示。

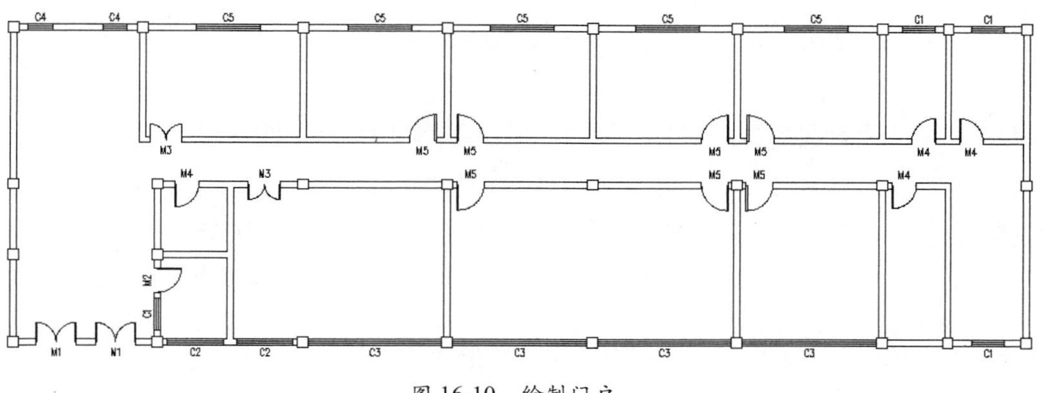

图 16-10　绘制门户

STEP|11 选择【楼梯其他】|【双跑楼梯】选项，在打开的【双跑楼梯】对话框中设置参数，效果如图 16-11 所示。

STEP|12 设置好楼梯参数后，根据命令行的提示插入双跑楼梯，效果如图 16-12 所示。

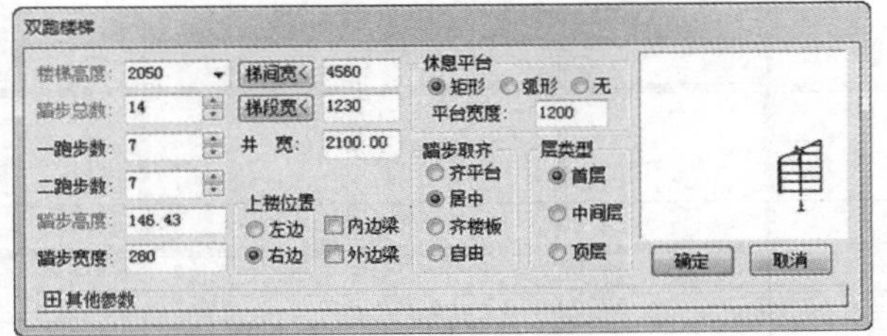

图 16-11　设置楼梯参数

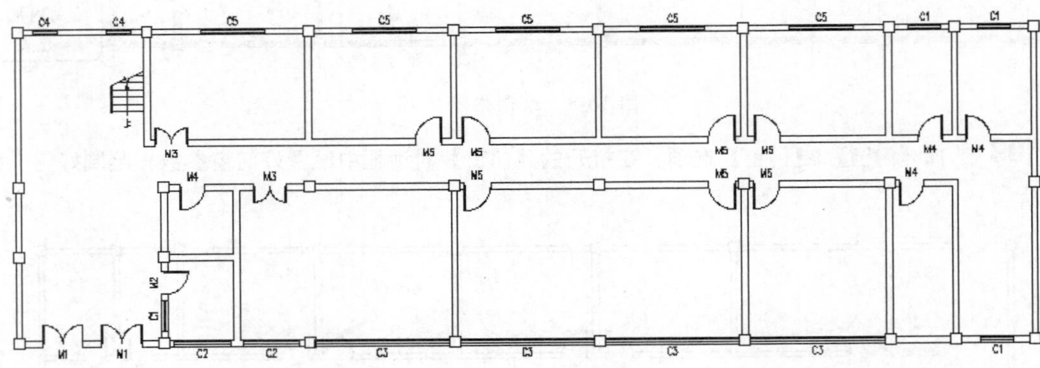

图 16-12　插入楼梯

STEP|13 继续利用【双跑楼梯】工具，绘制双跑楼梯，并将梯间宽该为 2 700，插入双跑楼梯，效果如图 16-13 所示。

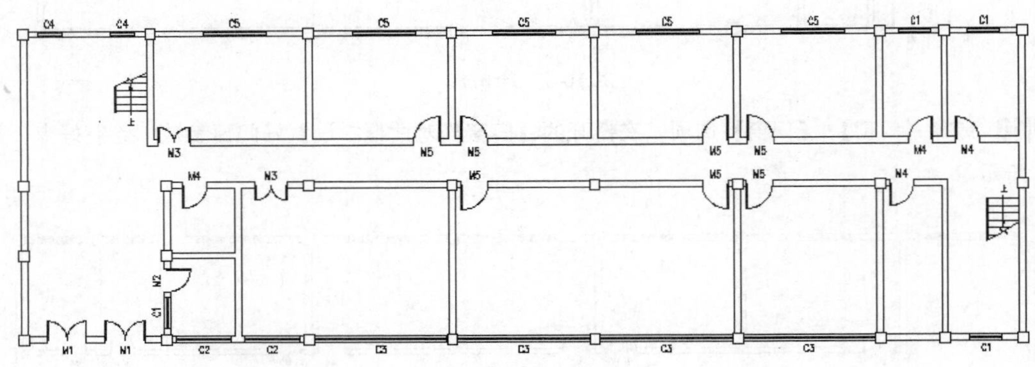

图 16-13　插入楼梯

STEP|14 选择【楼梯其他】|【天正洁具】选项，在打开的对话框中选择洁具图形。双击选择的洁具图形，在打开的【布置蹲便器（感应式）】对话框中设置参数。在绘图区中点取沿墙边线，插入蹲便器，如图 16-14 所示。

STEP|15 重复操作，插入男卫生间的小便器，如图 16-15 所示。

STEP|16 继续利用【布置洁具】工具为男、女厕添加洗脸盆，效果如图 16-16 所示。

STEP|17 选择【房屋屋顶】|【天正洁具】选项，在命令提示行中设置隔板长度为 1600，隔断门宽 600，按回车键确认，分别插入男女蹲便器之间的隔断如图 16-17 所示。

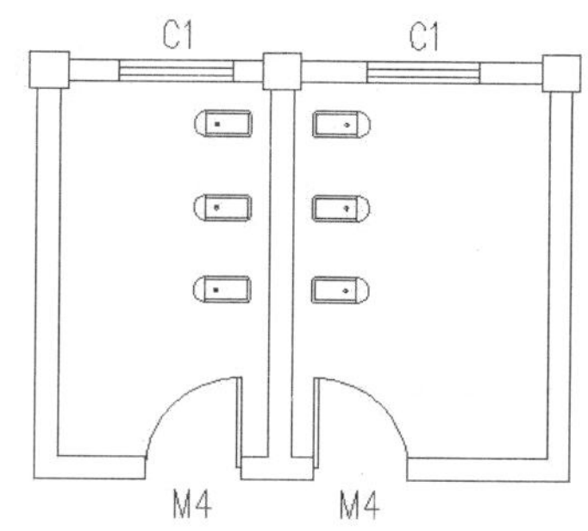

图 16-14　插入蹲便器

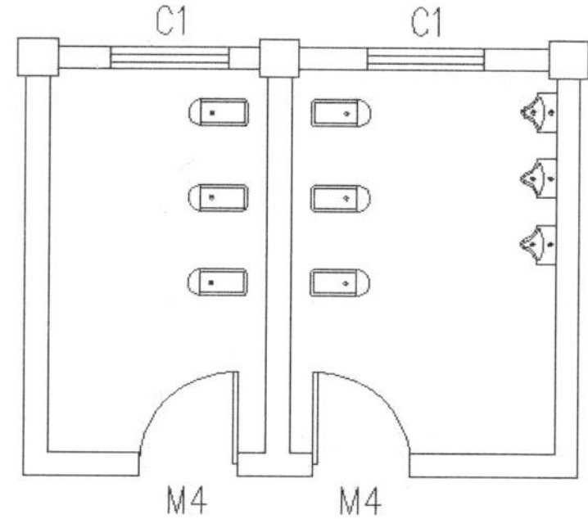

图 16-15　插入小便器

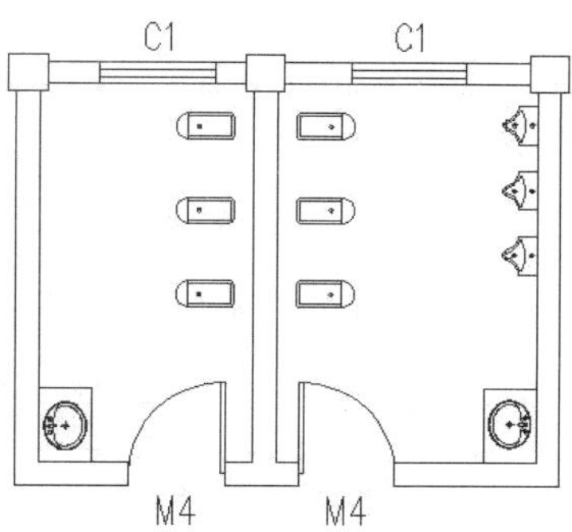

图 16-16　插入洗脸盆

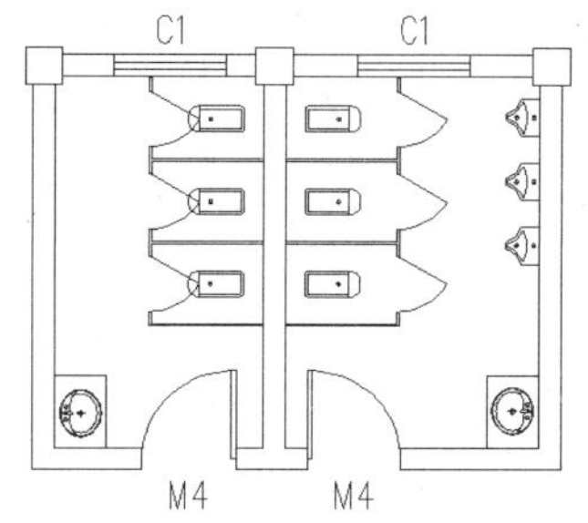

图 16-17　插入隔断

STEP|18 在绘图区中输入直线的起点和终点，设置隔板长度为 400，绘制男卫生间小便器之间的隔板，如图 16-18 所示。

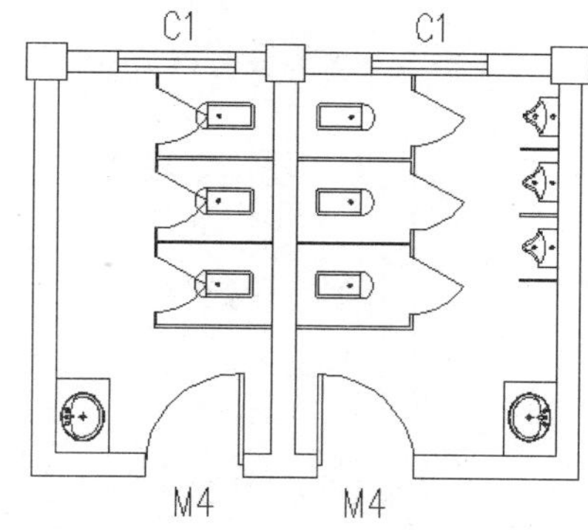

图 16-18　插入小便器隔板

STEP|19 选择【楼梯其他】|【台阶】选项，将打开【台阶】对话框，设置台阶参数，如图 16-19 所示。

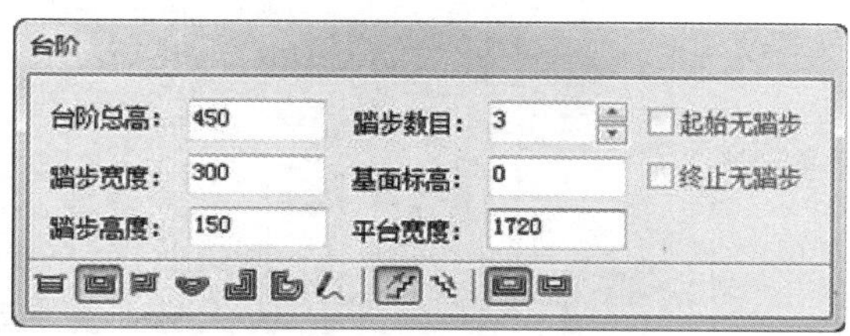

图 16-19　设置台阶参数

STEP|20 在绘图区分别点取台阶的起点和终点，绘制台阶，如图 16-20 所示。

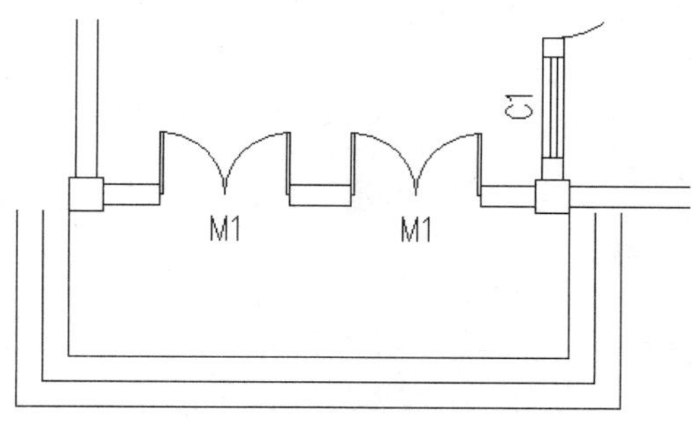

图 16-20　绘制台阶

STEP|21 选择【楼梯其他】|【散水】选项，在打开的【散水】对话框中设置参数，如图 16-21 所示。

图 16-21　散水参数设置

STEP|22 根据命令行的提示，选择构成一完整建筑物的所有墙体，按回车键，即可创建散水。效果如图 16-22 所示。

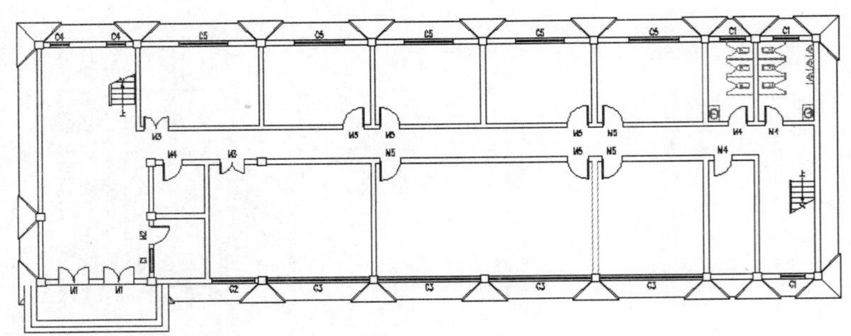

图 16-22　绘制散水

STEP|23 利用【单行文字】工具，在打开的【单行文字】对话框中设置参数。在绘图区中点取文字的插入位置，效果如图 16-23 所示。

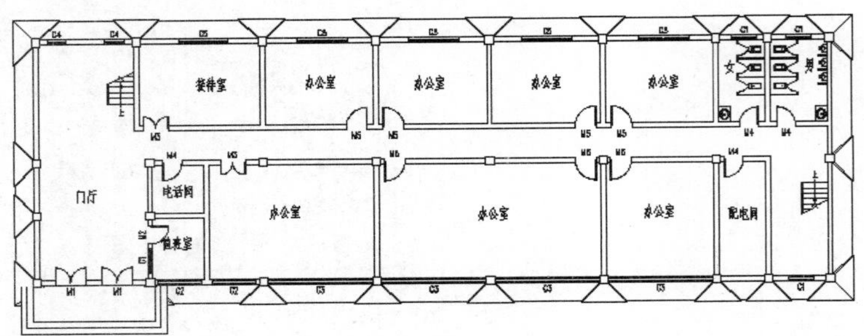

图 16-23　文字标注

STEP|24 选择【符号标注】|【图名标注】选项，在打开的【图名标注】对话框中设置参数。在绘图区中选取合适的位置插入图名标注，效果如图 16-24 所示。

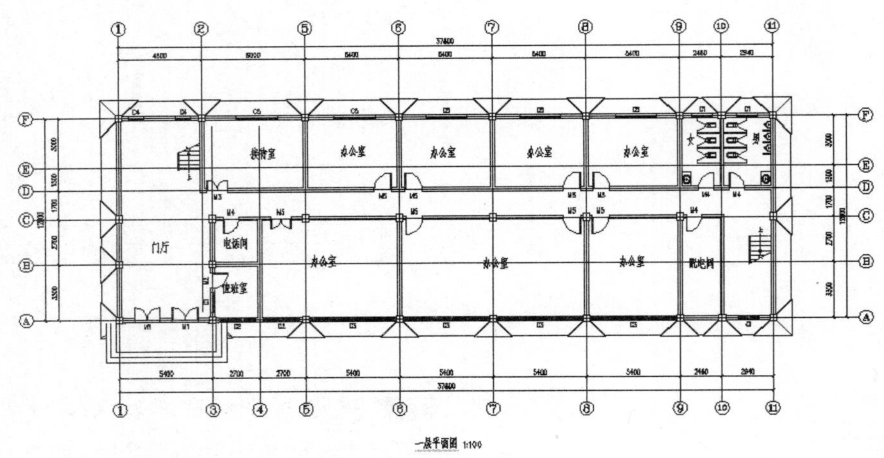

图 16-24　图名标注

16.1.2　绘制办公楼二至三层平面图

二至三层的布局和结构是完全相同的，可以在一层平面图的基础上进行修改绘制，再进行一些图形上的删除、增加和修改即可。

操作步骤

STEP|01 利用【删除】工具，删除台阶和入门，效果如图 16-25 所示。

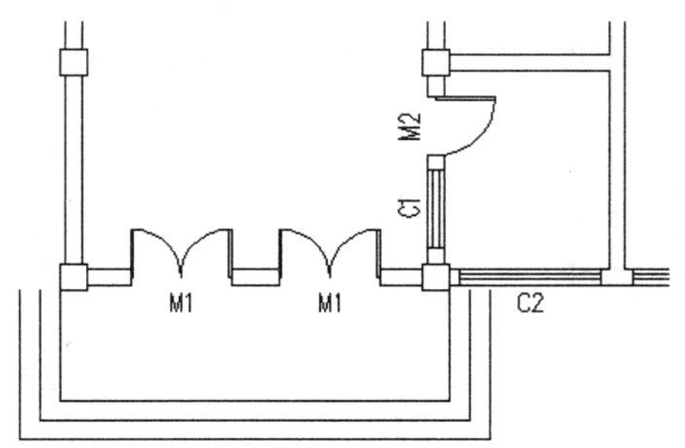

图 16-25　删除入户门和台阶

STEP|02 利用【门窗】工具，新建一编号为 C3 的窗户，设置窗宽为 5 000，窗高为 1 600，窗台高为 5 000，插入该窗，效果如图 16-26 所示。

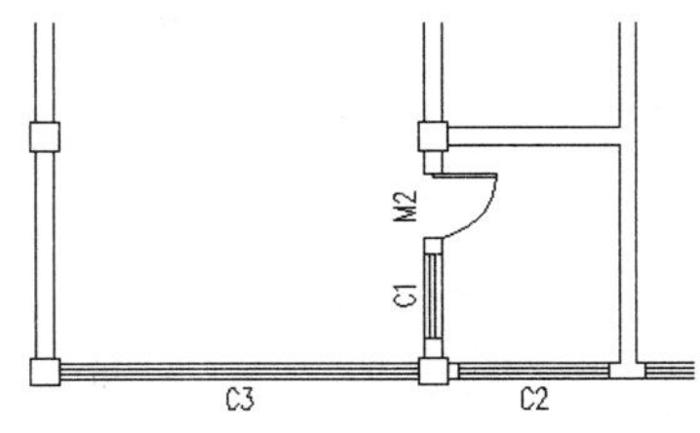

图 16-26　插入门窗

STEP|03 利用【删除】工具删除门窗和墙体，效果如图 16-27 所示。

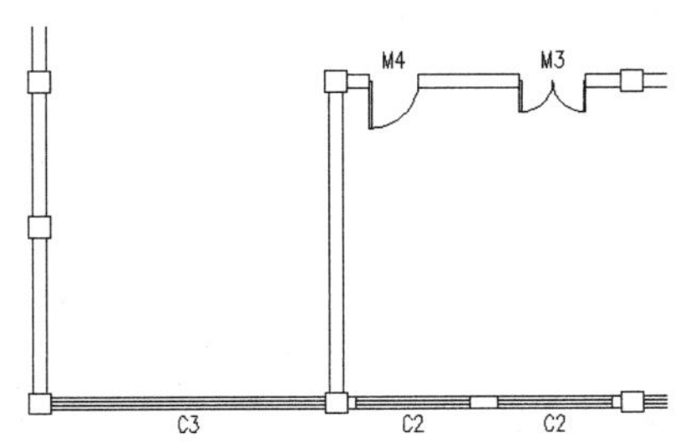

图 16-27　删除门窗和墙体

STEP|04 继续利用【删除】工具删除门窗，效果如图 16-28 所示。

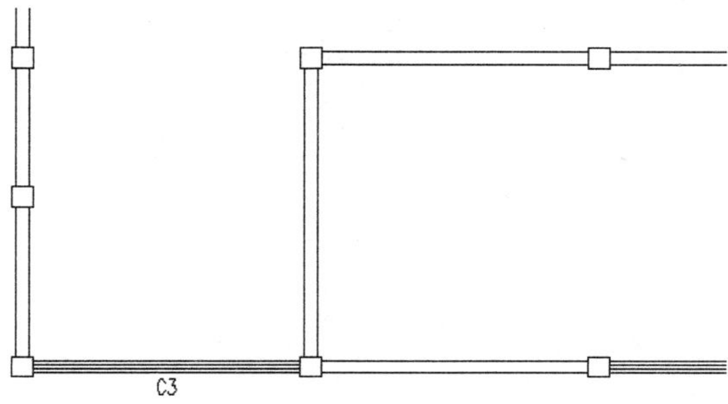

图 16-28　删除门窗

STEP|05 利用【门窗】工具，插入门窗 M3 和 C3，效果如图 16-29 所示。

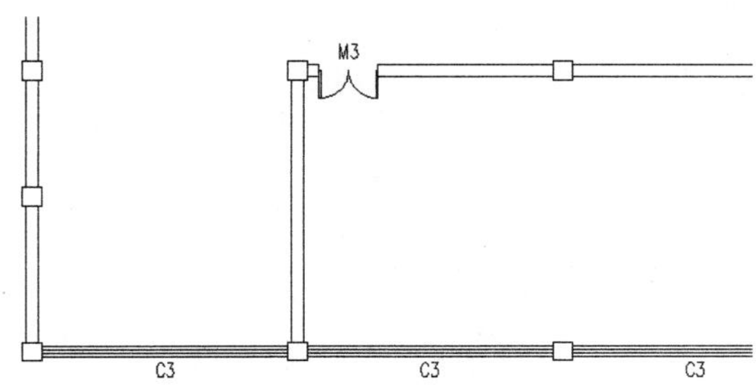

图 16-29　插入门窗

STEP|06 利用【删除】工具，删除 M5 和墙体，并绘制墙体，效果如图 16-30 所示。

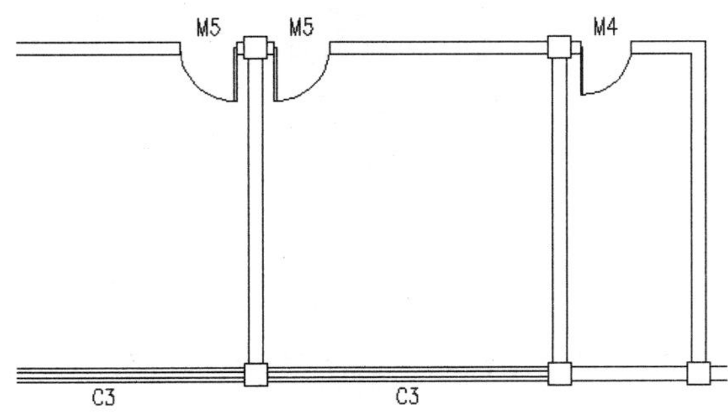

图 16-30　删除门窗和墙体

STEP|07 利用【门窗】工具，插入门，并将楼梯的【层类型】改为【中间层】，效果如图 16-31 所示。

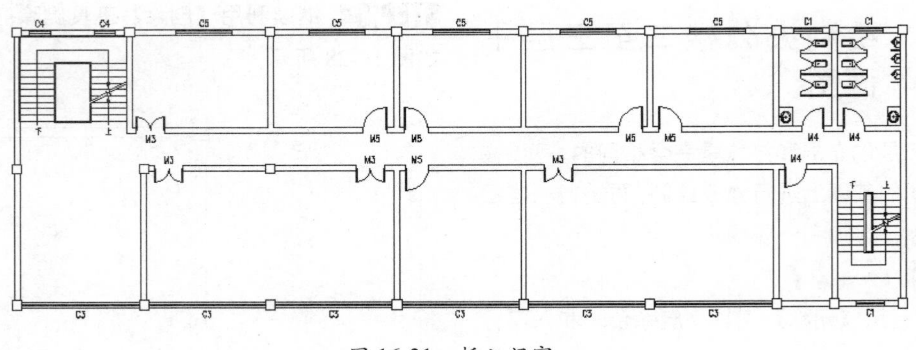

图 16-31　插入门窗

STEP|08 利用【单行文字】工具，在打开的【单行文字】对话框中设置参数。在绘图区中点取文字的插入位置。效果如图 16-32 所示。

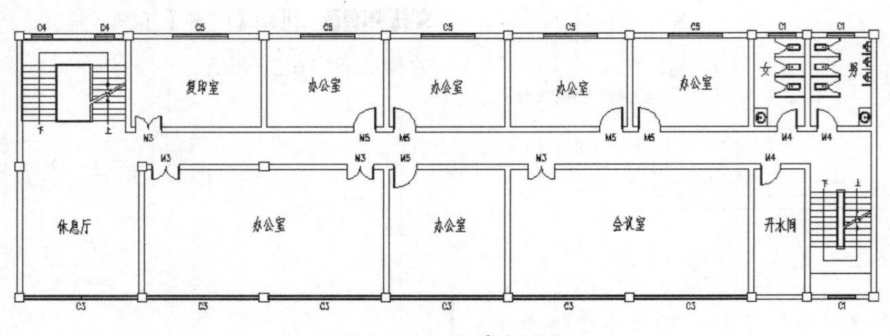

图 16-32　文字标注

STEP|09 利用【图名标注】工具，在打开的【图名标注】对话框中设置参数。在绘图区中点取插入位置，创建图名标注的效果如图 16-33 所示。

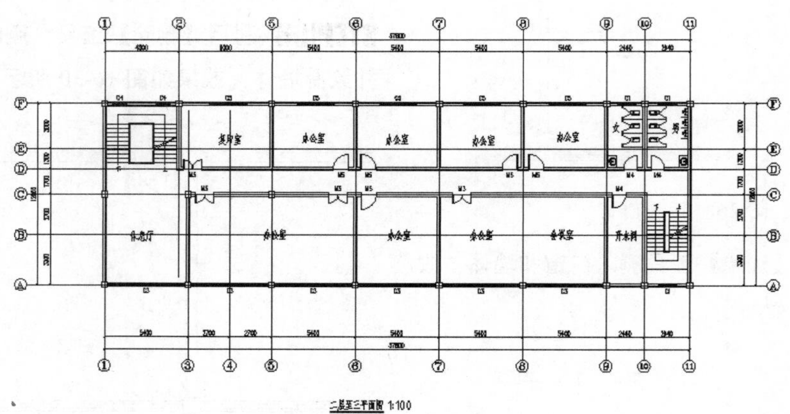

图 16-33　图名标注

16.1.3　绘制办公楼四层平面图

办公楼的四层为阅览、图书、会议室区域，由多个独立的办公室组成，因此需要删除一些墙体和门窗。

操作步骤

STEP|01 利用【删除】工具，删除门窗和墙体，效果如图 16-34 所示。

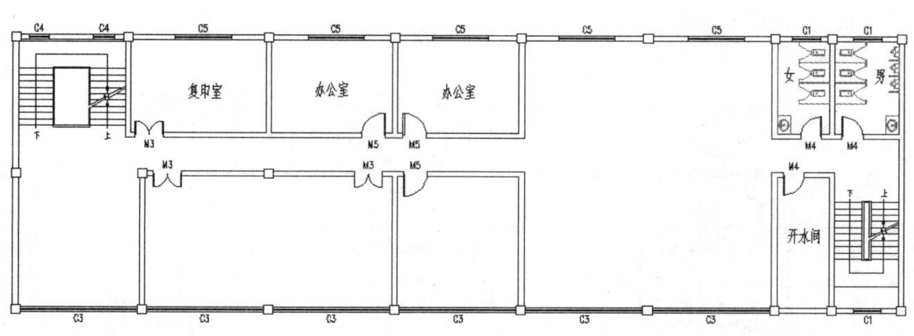

图 16-34　删除门窗和墙体

STEP|02 利用【绘制墙体】工具绘制墙体，并插入门窗，效果如图 16-35 所示。

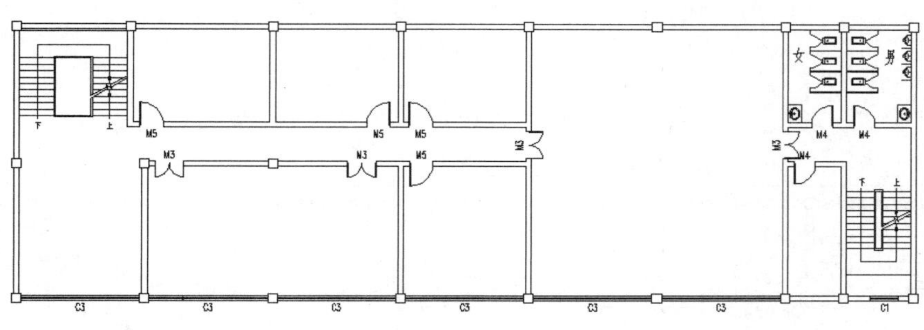

图 16-35　插入门窗

STEP|03 利用【单行文字】工具，在打开的【单行文字】对话框中设置参数。在绘图区中点取文字的插入位置。效果如图 16-36 所示。

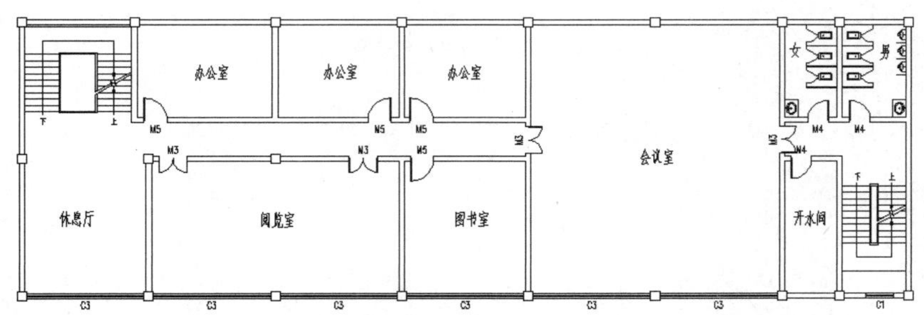

图 16-36　文字标注

STEP|04 利用【图名标注】工具，在打开的【图名标注】对话框中设置参数。在绘图区中点取插入位置，创建图名标注的效果如图 16-37 所示。

16.1.4　绘制办公楼屋顶平面图

绘制屋顶平面图时，可以在四层平面图的基础上进行修改绘制。

操作步骤

STEP|01 利用【搜屋顶线】工具，框选所有墙体，并设置偏移外皮距离为 600。单击鼠标右键确认，即可创建屋顶线，效果如图 16-38 所示。

STEP|02 利用【任意屋顶】工具选取创建的屋顶，并设置出檐长为 600，坡角为 30，单击鼠标右键确认，即可创建屋顶。然后，将其他组件全部删除，

只保留屋顶。效果如图 16-39 所示。

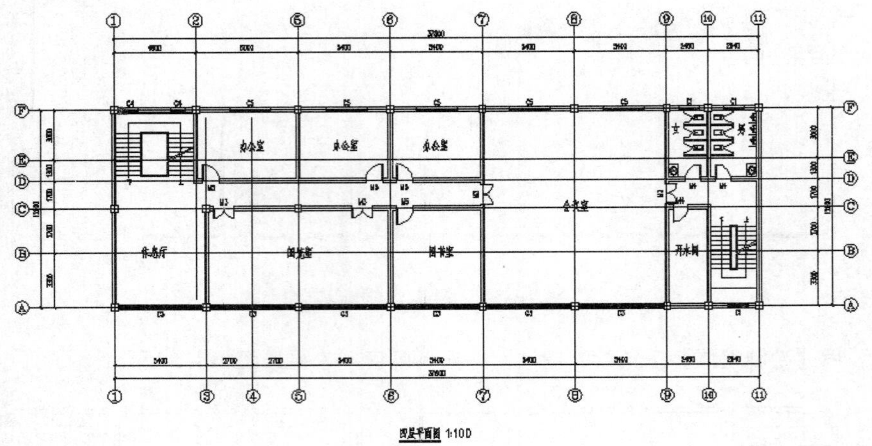

图 16-37　图名标注

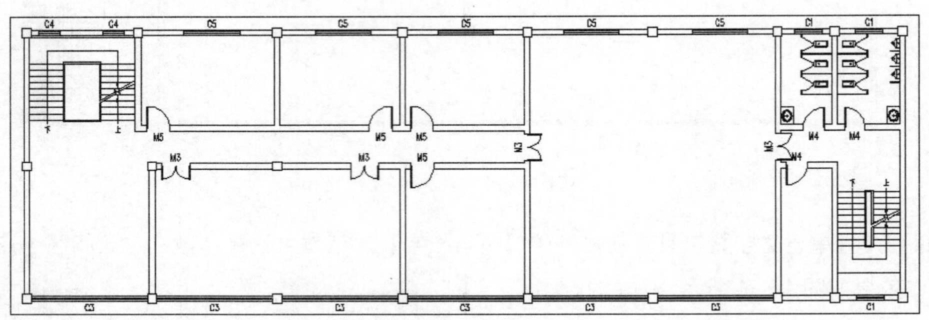

图 16-38　创建四坡屋顶

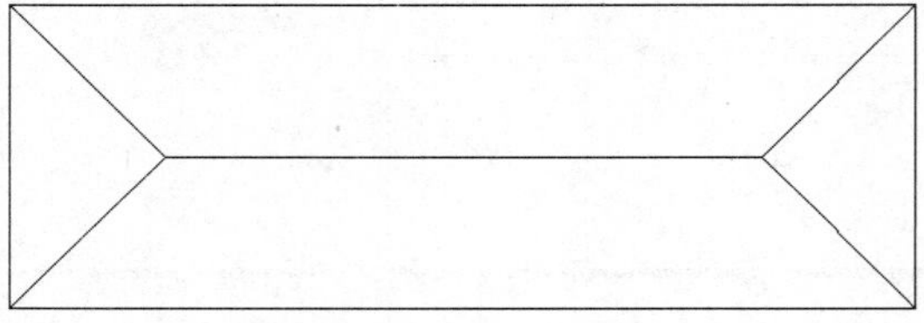

图 16-39　创建屋顶

16.2 绘制办公楼立面图

当该办公楼的各层平面图绘制好后，使用【工程管理】工具，根据现有的各层平面图，自动创建该住宅。本节将创建办公楼的立面图。

操作步骤

STEP|01 选择【文件布图】|【工程管理】选项，在打开的对话框中新建一名为“住宿楼”的工程，

并将其保存在当前图纸的文件夹下。然后展开【楼层】面板，对工程的【层号】、【层高】和【文件】进行设置，效果如图 16-40 所示。

STEP|02 创建好楼层的三维模型后，接下来创建楼层的立面图。利用【建筑立面】工具，在命令行中输入 L，指定创建左立面。此时，系统提示选择将要出现在立面图上的轴线，依次选取 10 条水平的轴线为将要出现在立面图上的轴线，效果如图 16-41 所示。

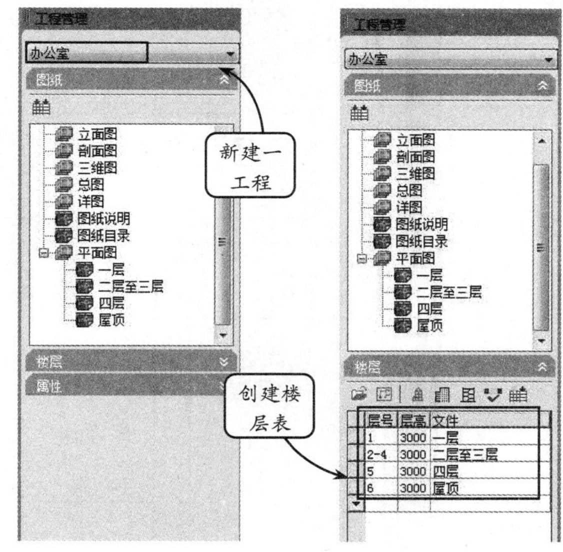

图 16-40 创建楼层表

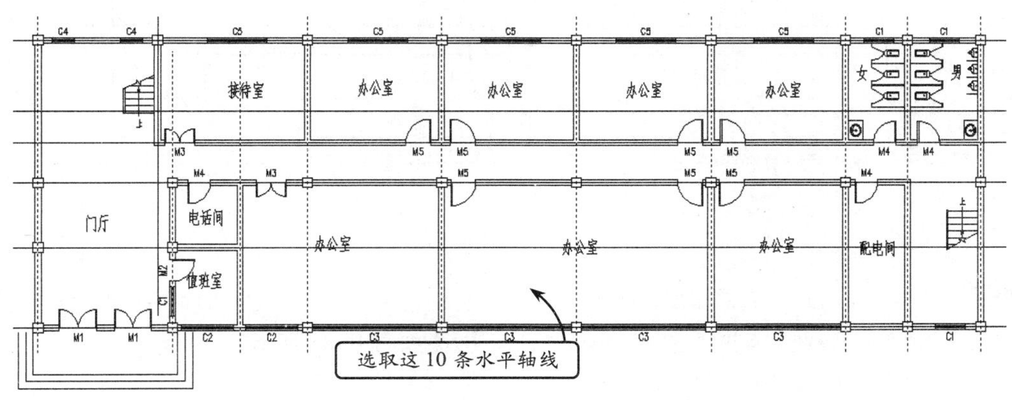

图 16-41 指定要创建的立面图

STEP|03 选择【立面】|【建筑立面】选项，选择【正立面（F）】，并选择显示的轴线，按回车键，将打开的【立面生成设置】对话框，参数设置如图 16-42 所示。

STEP|04 完成设置后单击【生成立面】按钮，在打开的对话框中指定保存路径，并输入保存名称为“办公室立面图”。然后单击【保存】按钮，系统将按照设置，自动创建建筑立面图，效果如图 16-43 所示。

STEP|05 利用【局部隐藏】工具将尺寸标注隐藏。然后，选择【立面】|【立面门窗】选项，在打开的【天正图库管理系统】面板中选择开平窗 0 普通窗。接着，单击【替换】按钮，并选取需要替换的门窗，按下回车键，即可将选取的门窗替换，效果如图 16-44 所示。

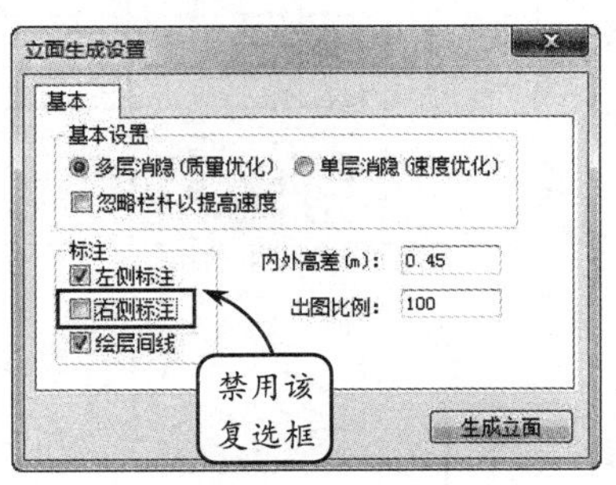

图 16-42 立面生成设置

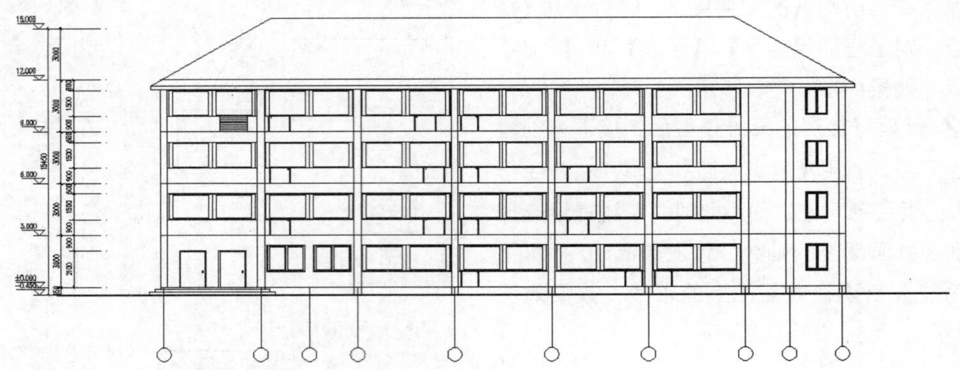

图 16-43　创建立面效果图

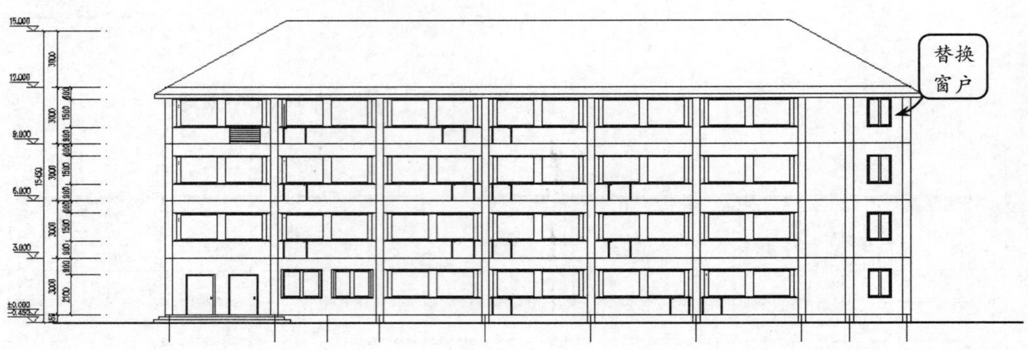

图 16-44　替换窗户

STEP|06 选择【立面】|【立面门窗】选项，在打开的【天正图库管理系统】面板中选择双扇玻璃门1。接着单击【替换】按钮，并选取需要替换的立面门，按下回车键，即可将选取的立面门替换，效果如图 16-45 所示。

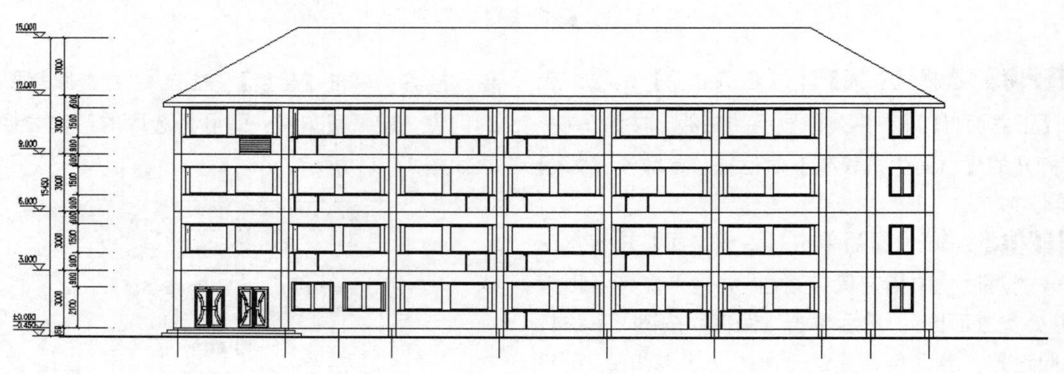

图 16-45　替换立面门

STEP|07 利用【图名标注】工具，在打开的【图名标注】对话框中设置参数。在绘图区中选取合适的位置插入图名标注，效果如图 16-46 所示。

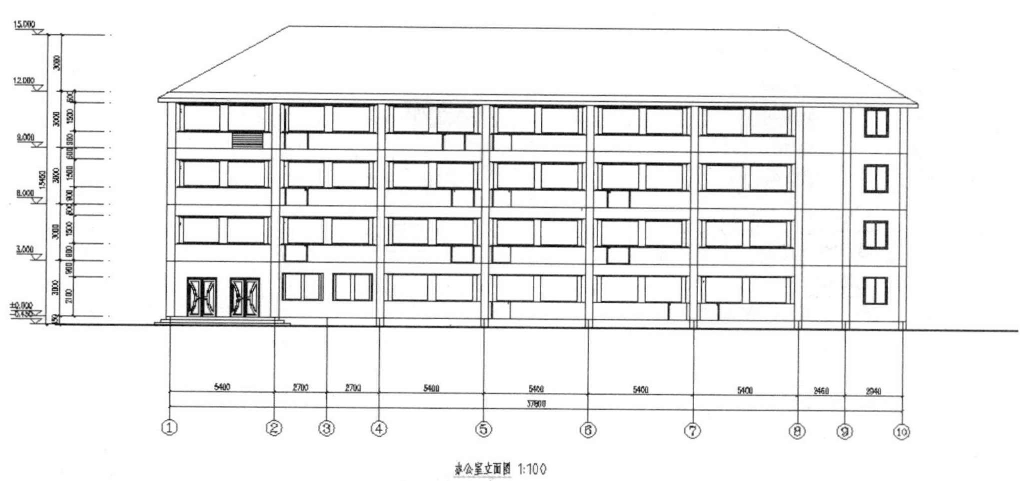

图 16-46　图名标注

16.3 绘制办公楼剖面图

创建办公楼的剖面图与创建立面图一样，都需要绘制好各层的平面图，然后根据各层的平面图自动创建该办公楼剖面图。创建剖面图还需要绘制剖切线符号。

操作步骤

STEP|01 利用【建筑剖面】工具选取上步所绘剖切线作为要使用的剖切线，并指定最上方和最下方的两条轴线为在剖面图中将要出现的轴线，效果如图 16-47 所示。

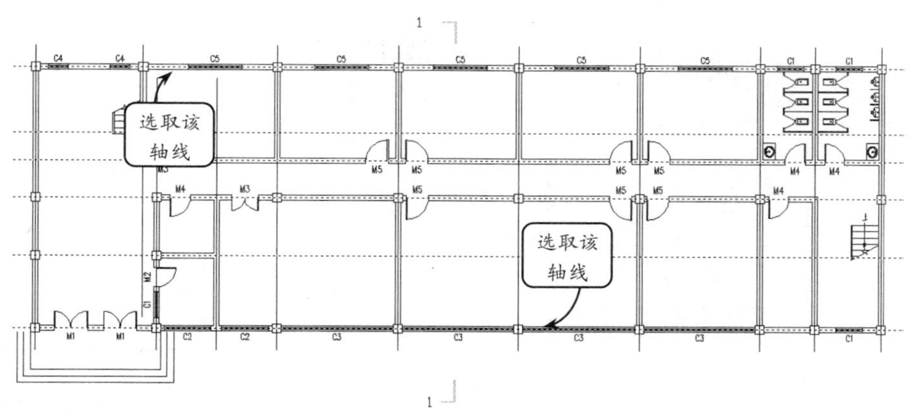

图 16-47　指定要创建的剖切图

STEP|02 指定完将要在剖面图中出现的轴线后单击鼠标右键，系统将打开【剖面生成设置】对话框。在该对话框中禁用【右侧标注】复选框，如图 16-48 所示。

STEP|03 单击该对话框中的【生成剖面】按钮，在打开的【输入要生成的文件】对话框中输入文件名为“剖面图”。然后单击【保存】按钮，系统将按照设置自动创建剖面图，效果如图 16-49 所示。

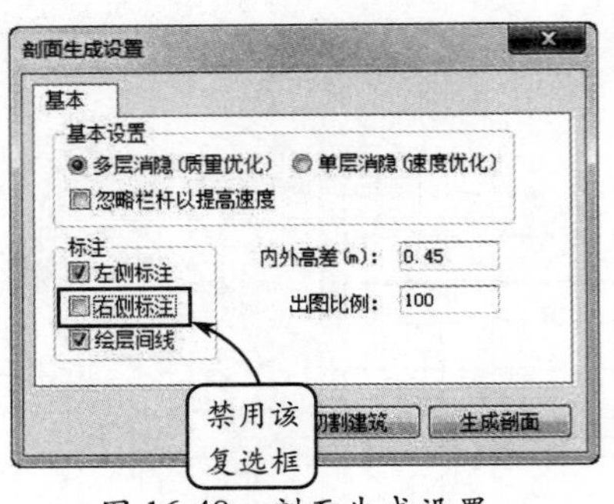

图 16-48　剖面生成设置

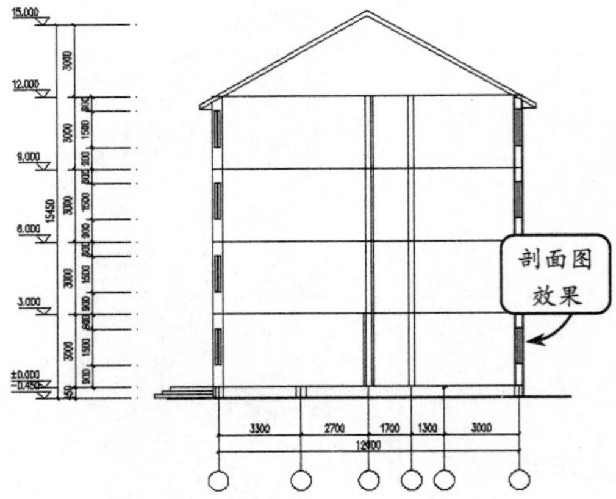

图 16-49　剖面图效果

STEP|04 选择【剖面】|【双线楼板】选项，点取起点和终点，绘制厚度为 200 的楼板，效果如图 16-50 所示。

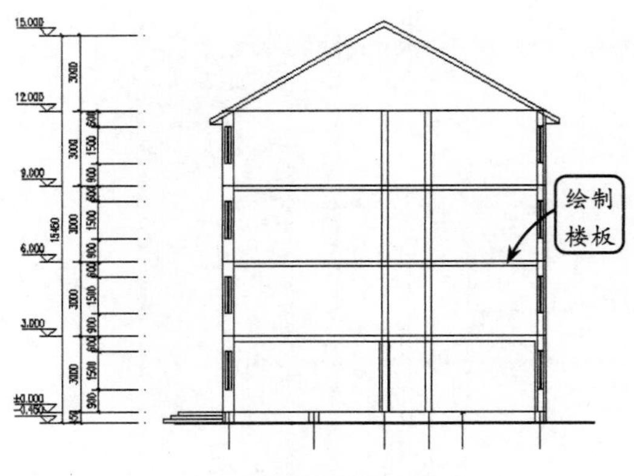

图 16-50　绘制楼板

STEP|05 然后选择【剖面】|【门窗过梁】选项，选取需要添加过梁的门窗（可以累积选取）。接着单击鼠标右键确认，并输入梁高数值为 400。单击鼠标右键，即可在所选取的门窗上添加过梁，效果如图 16-51 所示。

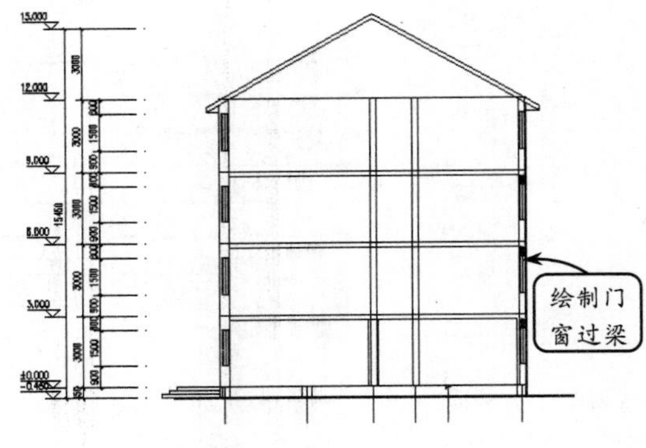

图 16-51　添加门窗过梁

STEP|06 利用【填充】工具，设置填充比例为 100，对楼板和楼梯剖面进行填充。效果如图 16-52 所示。

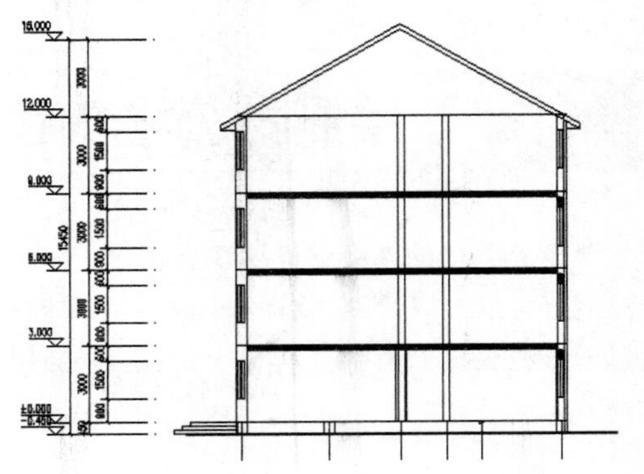

图 16-52　填充楼板

STEP|07 利用【图名标注】工具，在打开的【图名标注】对话框中设置参数。在绘图区中选取合适的位置插入图名标注，效果如图 16-53 所示。

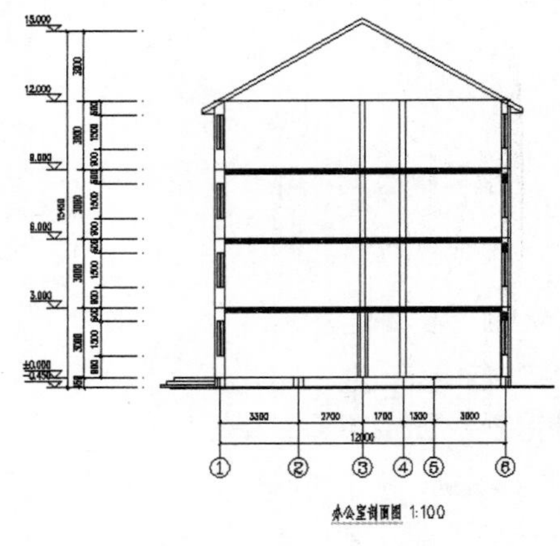

图 16-53　图名标注